■ 绿色建筑系列

绿色建筑节能技术与实例

白润波 孙 勇 主 编
马向前 徐宗美 副主编

化学工业出版社
·北京·

本书集合了近年来国内外建筑领域最新的绿色节能材料、技术、施工方法和实例，系统阐述了绿色建筑节能技术基本概念、基本方法及光明前景。全书主要介绍了绿色建筑材料和绿色建筑设计、施工等方面的节能技术和相关实例，具体按墙体、幕墙、门窗、屋面、楼地面等分别加以介绍。同时，本书还对绿色建筑节能评估体系、既有建筑节能改造技术与实例进行了重点叙述和系统讲解。

本书可供广大从事建筑、建材、城市规划等专业工程技术人员和从事建筑规划、设计、施工、管理等专业人员、政府有关部门工作人员及大专院校师生参考和使用。

图书在版编目（CIP）数据

绿色建筑节能技术与实例/白润波，孙勇主编．—北京：化学工业出版社，2012.2（2022.2重印）
（绿色建筑系列）
ISBN 978-7-122-13308-3

Ⅰ．绿…　Ⅱ．①白…②孙…　Ⅲ．生态建筑-工程技术　Ⅳ．TU18

中国版本图书馆CIP数据核字（2012）第008177号

责任编辑：朱　彤　　　文字编辑：刘莉珺
责任校对：边　涛　　　装帧设计：刘丽华

出版发行：化学工业出版社（北京市东城区青年湖南街13号　邮政编码100011）
印　　装：北京虎彩文化传播有限公司
787mm×1092mm　1/16　印张22¼　字数628千字　2022年2月北京第1版第2次印刷

购书咨询：010-64518888　　　售后服务：010-64518899
网　　址：http：//www.cip.com.cn
凡购买本书，如有缺损质量问题，本社销售中心负责调换。

定　　价：68.00元

前言

我国目前是世界上最大的建筑市场之一。建筑能耗占全社会总能耗的比重达28%，连同建筑材料生产和建筑施工过程的能耗所占比重接近50%。现在我国每年新建建筑中，有些是高能耗建筑；而既有建筑中，只有4%采取了提高能源效率措施，节能潜力巨大。从近几年建筑能耗的情况看，我国建筑用能呈现出逐年上升趋势。面对这种形势，我国政府对发展绿色建筑给予了高度重视，近年来陆续制定并提出了若干发展绿色建筑的重大决策。因此，树立全面、协调、可持续的科学发展观，在建筑领域里将传统高消耗型发展模式转向高效生态型发展模式，即走建筑绿色化之路，是我国乃至世界建筑的必然发展趋势。

绿色建筑是21世纪建筑发展的主流，是适应生态发展，改善人类居住条件的必然选择，绿色建筑理论研究也逐渐成为建筑学科的热点问题。正是在这样的背景下，化学工业出版社组织编写了这套《绿色建筑系列》丛书，与其他同类著作相比有以下几个特点。

（1）集概念、设计、施工、实例于一体，整体思路清晰，逻辑性强，适合不同层次和水平的读者阅读。

（2）将绿色建筑技术与具体实例相结合，从专业角度分析，极具针对性，将理论与实践相结合，并深入浅出地提供给各位读者。

（3）丛书涵盖了从建筑整体至各细部结构的技术与实例，范围广泛，内容详细，可操作性强。

（4）丛书注重推陈出新，紧跟时代步伐，力求将最新绿色建筑技术和最新应用实例及时呈现给广大读者。

本系列丛书作为国家“十一五”科技支撑计划（2006BAJ05A07）研究成果之一，得到了课题主持人徐学东教授的大力支持和帮助。本套丛书由孙勇教授担任主编。

这本《绿色建筑节能技术与实例》是《绿色建筑系列》丛书中的一本。本书集合了近年来国内外建筑领域最新的绿色节能材料、技术、施工方法和实例，从绿色节能建筑的概念产生、历史进程，到现在的建筑行业发展趋势，阐释了绿色建筑节能技术的光明前景。全书共分8章，主要介绍了绿色建筑材料和设计、施工方面的节能技术和相关实例，具体分为墙体、幕墙、门窗、屋面、楼地面等分别介绍。同时，书中还介绍了绿色建筑节能评估体系，并对既有建筑节能改造技术与实例进行了阐述。本书案例按各功能部位所采用的绿色节能措施展开，针对性强，便于实际应用。

本书由白润波、孙勇担任主编，马向前、徐宗美担任副主编。具体编写人员及分工为：白润波（第1章）、泰安市交通建筑设计院有限公司郭正清（第2章）、官俊良（第3章）、徐宗美（第4章）、山东临沂水利工程总公司马向前（第5章）、王存暖（第6章）；济南四建（集团）有限责任公司徐海宏（第7章）；吕秀丽（第8章）；全书由孙勇负责统稿。此外，张兆宽、张欣欣、朱坤等绘制了本书的部分图例，在此表示衷心感谢。同时，本书在编写过程中，还得到了化学工业出版社的大力支持和帮助。

鉴于作者学识水平有限，加之时间仓促，书中难免有疏漏之处，敬请广大读者批评指正。

编　者

2012年1月

目录

第1章 绪论

1.1 绿色建筑节能概述

1.1.1 绿色建筑的基本概念和内涵

随着社会的进一步发展，当人们的经济实力得到发展后，也期望对生活条件加以改善。对于生活条件的改善，首当其冲的便是对居住条件的改善。然而伴随着社会的进步，生态环境正遭受着严峻考验。在人们的居住方面，迫切需要一种新型的既省料节能又绿色环保的建筑形式。于是，绿色节能建筑便应运而生。

近年来，几乎所有楼盘无不以“绿色”、“生态”、“环保”为宣传口径吸引人们的眼球。然而真正被住房及城乡建设部承认或授予绿色建筑评价标识的并不多。现有所宣称的所谓“绿色建筑”有相当一部分是“假冒”的。那么，究竟什么才是真正的绿色建筑呢？

有些人将绿色建筑看成是“采菊东篱下，悠然见南山”的惬意场景，或是高科技产品堆积的“生活容器”，或是昂贵奢华舒适空间的享受，这些都存在一些片面。事实上，绿色建筑只是对这种新型建筑体系的一种习惯性称谓。与之对应的称谓还有很多，如“生态建筑”、“可持续性建筑”、“共生建筑”、“自维持建筑”、“有机建筑”、“仿生建筑”、“自然建筑”、“新乡土建筑”、“环境友好型建筑”、“生态城市”、“生态村”、“节能环保建筑”等。“绿色建筑”中的“绿色”，也并不是指一般意义的立体绿化、屋顶绿色建筑花园，而是代表一种概念或象征，指建筑对环境无害，能充分利用环境自然资源，并且在不破坏环境基本生态平衡条件下建造的一种建筑。

关于绿色建筑的定义，由于各国经济发展水平、地理位置和人均资源等条件的不同，国际上尚有不同的表述。如英国研究建筑生态的 BSRIA 中心把绿色建筑界定为：“对建立在资源效益和生态原则基础之上的、健康建筑环境的营建和管理。”此定义是从绿色建筑的营建和管理过程的角度所做的界定，强调了“资源效益和生态原则”和“健康”性能要求。马来西亚著名绿色建筑师杨经文指出：“绿色建筑作为可持续性建筑，它是以对自然负责的、积极贡献的方法在进行设计。”“生态设计概念的本质不是从与自然的斗争中撤退，更不是战败，而是坚持不懈地寻求对自然环境最小程度的影响，并且阻止它的退化。”在这里，杨经文认为绿色建筑就是“可持续性建筑”、“对环境有益且具有建设性的新型建筑”。美国加利福尼亚环境保护协会（Cal/EPA）指出：“绿色建筑也称为可持续建筑，是一种在设计、修建或在生态和资源方面有回收利用价值的建筑形式。”

上述各国对绿色建筑的阐述虽有不同，但普遍认为绿色建筑应是“可持续发展的、生态的、最低限度消耗资源的，同时又能提供更加环保、舒适的居住空间”。2004 年 8 月，我国建设部（现为住房及城乡建设部，以下同）在《全国绿色建筑创新奖管理办法》中给出了“绿色建筑”的明确定义，即“绿色建筑是指为人们提供健康、舒适、安全的居住、工作和活动的空间，同时实现高效率地利用资源（节能、节地、节水、节材）、最低限度地影响环境的建筑物。”从这一概念来看，一座绿色建筑，其概念，应该诞生于“绿色设计”阶段；其实体，形成于“绿色施工”过程；其效果，体现于建筑实体为社会“绿色服务”的时时刻刻。绿色建筑的“绿色”，应贯穿于建筑的整个环节和全寿命周期中。

2005 年 10 月，原建设部等部门颁布的《绿色建筑技术导则》中将绿色建筑定义为“绿色建筑是指在建筑的全寿命周期内，最大限度地节约资源（节能、节地、节水、节材）、保护环境和减少污染，为人们提供健康、适用和高效的使用空间，与自然和谐共生的建筑”。这里包含以下四方面内涵。①全寿命周期。主要强调建筑对资源和环境的影响在时间上的意义，关注的是建筑从最初的规划设计到后来的原材料开采、运输与加工、施工建设、运营管理、维修与改造、拆除及建筑垃圾的自然降解或资源的回收再利用等各个环节。②最大限度地节约资源、保护环境和减少污染。资源的节约和材料的循环使用是关键，力争减少二氧化碳的排放，做到“少费多用”。③满足建筑根本的功能需求。满足人们使用上的要求，为人们提供“健康”、“适用”和“高效”的使用空间。健康的要求是最基本的，节约不能以牺牲人的健康为代价。强调适用，强调适度消费的概念，不能提倡奢侈与浪费。高效使用资源是在节约资源和保护环境的前提下实现绿色建筑基本功能的根本途径和原则。这就要求必须大力开展绿色建筑技术创新，提高绿色建筑的技术含量。④与自然和谐共生。发展绿色建筑的最终目的是要实现人、建筑与自然的协调统一，这是绿色建筑的价值理想。这个定义集中了不少专家的智慧，得到了广泛认同。

概括来说，绿色建筑应包含三点内容：一是节能，二是保护环境，三是满足人们使用上的要求。它与普通建筑的区别在于。①老的建筑能耗非常大，在建造和使用过程中消耗了全球能源的 50%，产生了 34%的污染，而绿色建筑耗能可降低 70%～75%，有些发达国家达到零能源、零污染、零排放。②普通建筑采用的是商品化的生产技术，建造过程的标准化、产业化，造成建筑风格大同小异，千城一面；而绿色建筑强调的是采用本地的文化、本地的原材料，强调本地的自然和气候条件，这样在风格上完全本地化。③传统的建筑是封闭的，与自然环境隔离，室内环境往往不利于健康；而绿色建筑的内部与外部采取有效的连通办法，会随气候变化自动调节。④普通建筑形式仅仅在建造过程或使用过程中对环境负责；而绿色建筑强调的是从原材料的开采、加工、运输一直到使用，直至建筑物的废弃、拆除，都要对人负责。由此可以看出，绿色建筑并不像某些房地产企业那样，仅简单地用“节能”、“节水”、“隔热”、“保温”、“隔声”等字眼就能概括得了的，也并不是多建些草坪、多种些树木就是绿色建筑，或高投入、高智能化就是绿色建筑。

1.1.2 建筑节能的基本概念和内涵

在上述绿色建筑的定义中，“节能”是绿色建筑的基本要求、基本评价指标，是绿色建筑与普通建筑最根本的区别，也是绿色建筑兴起的原始动力。

建筑节能是关系人类命运的全球性课题。建筑节能在世界上的历史到现在只有 30 多年。1973 年第一次世界性能源危机以前，石油价格低廉，人们对节能并不关心。能源危机爆发后，石油价格飞涨，节能问题开始引起广泛重视。建筑用能要消耗全球大约 1/3 的能源，在建筑用能的同时，还向大气排放大量污染物，如总悬浮颗粒物（TSP）、二氧化硫（SO_2）、氮氧化物（NO_x）等。于是，各国普遍开始重视建筑节能。

在绿色建筑的发展过程中，世界上“建筑节能”的概念曾有过不同含义，自从 1973 年发生世界性能源危机以后的30多年里，在发达国家，它的说法已经经历了三个发展阶段：第一阶段，称为在建筑中节约能源（energy saving in buildings）；第二阶段，称为建筑中保持能源（energy conservation in buildings），即在建筑中减少能源的散失；第三阶段，称为在建筑中提高能源利用率（energy efficiency in buildings），即不是消极意义上的节省，而是积极意义上的提高能源利用效率。

在我国，现在通称的建筑节能，其含义应为第三阶段的内涵，即在建筑中合理地使用和有效利用能源，不断提高能源利用效率。具体来说，建筑节能是指在居住建筑和公共建筑的规划、设计、建造和使用过程中，通过执行现行建筑节能标准和采用经济合理的技术措施，提高建筑围护结构热工性能，采用节能型用能系统和可再生能源利用系统，保证建筑物使用功能和室内环境质量，切实降低建筑能源消耗，更加合理、有效地利用能源的活动。

建筑节能的内涵是指建筑物在建造和使用过程中，人们依照有关法律、法规的规定，采用节能型的建筑规划、设计，使用节能型的材料、器具、产品和技术，以提高建筑物的保温隔热性能，减少采暖、制冷、照明等能耗，在满足人们对建筑物舒适性需求（冬季室温在18℃以上，夏季室温在26℃以下）的前提下，达到在建筑物使用过程中，能源利用率得以提高的目的。

1.1.3 发展绿色建筑的意义

大力发展绿色建筑意义重大。它是落实以人为本，全面、协调、可持续的科学发展观的重要举措；是转变建筑业增长方式的迫切需要；是按照减量化、再利用、资源化的原则，促进资源综合利用，建设节约型社会，发展循环经济的必然选择；是节约能源，保障国家能源安全的关键环节；是探索解决建筑行业高投入、高消耗、高污染、低效益等问题的根本途径；是改造和提升传统的建筑业、建材业，实现建筑事业健康、协调、可持续发展的重大战略性工作。

（1）绿色建筑节约能源和资源，减少CO_2的排放　建筑本身就是能源消耗大户，同时对环境也有重大影响。据统计，全球有50%的能源用于建筑，同时人类从自然界所获得的50%以上的物质原料也是用来建造各类建筑及其附属设施。另外，建筑引起的空气污染、光污染、电磁污染占据了环境总污染的1/3还多。人类活动产生的垃圾，其中40%为建筑垃圾。对于发展中国家而言，由于大量人口涌入城市，对住宅、道路、地下工程、公共设施的需求越来越高，所耗费的能源也越来越多，这与日益匮乏的石油资源、煤资源产生了不可调和的矛盾。

21世纪上半叶中国的资源供应形势比20世纪严峻得多，特别是水、耕地与石油能源不足。如果不采取相应的有效措施，经济繁荣的自然资源物质基础将出现全面性危机。面对如此严峻的资源短缺、环境危机的局面，节约资源是中国缓解资源约束的现实选择。目前中国建筑业是占地、耗水、耗材和耗能大户，并存在严重的资源浪费、污染环境等问题，大力发展建筑节能和积极推进绿色建筑刻不容缓。这对全面落实科学发展观，建设资源节约型、环境友好型社会具有战略意义。

（2）绿色建筑减少环境污染，保护生态环境　大力发展绿色建筑是减少环境污染、保护生态环境、提高生活质量、保障人民身体健康的迫切需要。当前农村环境问题日益突出，生活污染加剧，工矿污染凸显，饮水安全存在隐患，呈现出污染从城市向农村转移的态势。这其中建筑行业是主要的污染源之一。要改变这种局面，就需要大力推进以最大限度地节约资源、保护环境和减少污染为主要特征的绿色建筑体系和生态城市建设，这是保障城乡人民健康的迫切需要。

（3）绿色建筑是建筑业转变增长方式的迫切需要　目前，发展绿色建筑已成为房地产业转型的重要方向，成为决定企业成败的关键因素。我国建筑能耗在终端总能耗中所占的比例为

30%，而且随着城镇化进程的加快而迅速攀升。房地产业在节能降耗减排中占据重要地位。大力发展绿色建筑，推进建筑节能，对于整个社会的节能降耗，建设资源节约型、环境友好型社会，以及实现整个经济可持续发展具有重要的现实意义。随着可持续发展和节能环保的理念深入人心，绿色建筑已成为建筑业发展的基本方向。

(4) 绿色建筑可提供更加舒适的生活环境　绿色建筑是生态建筑、可持续建筑。绿色建筑能够提供更加舒适的生活环境是由其本身性质决定的。其内容不仅包括建筑本身，也包括建筑内部以及建筑外部环境生态功能系统及建构社区安全、健康的稳定生态服务与维护功能系统。通过绿色建筑，可以充分利用一切资源，因地制宜，就地取材，从规划、设计、环境配置的建筑手法入手，通过各种绿色技术手段合理地提高建筑室内的舒适性，同时为居民提供良好的生活环境质量。室外环境是通过科学的整体设计，集成绿色配置、自然通风、自然采光、低能耗围护结构、新能源利用、中水回用、绿色建材和智能控制等高新技术，达到资源利用高效循环、节能措施综合有效、建筑环境健康舒适的目的。

当然，人们对于建筑质量的认识不可避免要经历一个从肤浅到内在的发展过程，从豪华装修到豪华绿化再到今天的绿色建筑，人们最终会发现，只有强调环境友好、健康高效的绿色建筑所带来的建筑质量，才是深刻而本质的。正是由于可持续发展、能源危机、房地产转型和消费者需求变化都在绿色建筑中找到了共同的契合点，绿色建筑的兴起成为了发展的必然选择。

1.1.4 绿色建筑的实现途径

在探索绿色建筑的实现途径之前，可以先看一下绿色建筑的特点，概括为以下方面。

(1) 绿色建筑的社会性　发展绿色建筑必须立足于现代人的生活水平、审美要求和道德、伦理价值观。在目前阶段，绿色建筑面临的最大问题是观念问题。

由于绿色建筑的内涵要求人们在日常生活中注意约束自己的行为，比如在建筑的设计阶段，建筑师或设备工程师应有意识地考虑到生活垃圾的回收利用，考虑到如何控制吸烟气体对非吸烟人群的危害；在建筑的运营阶段，要做到节能，就需要自觉地做到人走关灯、关电脑，节约用水，将空调温度调到26℃等。这些都不是技术能解决的问题，而是一个人的意识问题，生活习惯问题，这不仅仅是一种单纯的利己行为，也是一种利他行为。而这种利他性，则需要公共道德的监督和自我道德的约束。这种道德，即所谓的“环境道德”或“生态伦理”。

另一方面，现代生活和工作的节奏快、压力大，对舒适度和健康的关注程度，在很多时候远远高于产生这种舒适度所消耗的能源和资源。比如对大面积玻璃幕墙的追求，如果没有合理的配套遮阳设计会带来高昂的运营成本，更不用说光污染和维护、清洗的难度。尽管如此，在北京、上海等大城市，全玻璃幕墙建筑还是一天比一天多。

这就提示我们，在提倡绿色建筑的时候，应该尽可能地以满足现代人的心理需求为前提；否则，片面强调绿色建筑对资源和能源的节约、对生活的约束，不仅会增加绿色建筑在社会中推广的难度，甚至会产生一定的误解和抵触。

(2) 绿色建筑的技术性　发展绿色建筑必须立足于现有的资源状况和现代的技术体系，用现代技术来解决现代人面临的问题，满足现代生活产生的需求。

就建筑对环境的影响而言，传统的木结构建筑也许是最生态和环保的。除此以外，福建客家的土楼、陕北的窑洞都尽可能地应用了当地资源，而且所用的材料皆为原生的自然资源。由于黏土、岩石等材料本身优异的环境性能，使得土楼和窑洞的室内温湿度常年恒定在一定范围，是现代人梦寐以求的“恒温恒湿”、“冬暖夏凉”的建筑形式。如果说到环境污染，原始人的穴居、构巢等则更是最环保的居住方式，但人类不可能退回到那个时代。

因而，绿色建筑本身也代表了一系列新技术和新材料的应用，代表了设计师更新的设计方法，比如全生命周期的设计、整体设计、环境设计等，代表了一种新的、各个专业之间的融合和交叉趋势。在建筑领域内环保问题的解决，是基于新能源或可再生能源应用技术的成熟和发展，基于设计师、工程师设计理念和工具的更新，同时也基于新技术对传统设备的升级改造。

(3) 绿色建筑的经济性 绿色建筑的环境效益和社会效益毋庸置疑是有利于社会可持续发展的，但由于其初始投资往往较高，通常不被投资商所看好。若期望企业能够自愿投资、建设生态建筑，那么就必须从全生命周期的角度出发，综合地考虑绿色建筑的价值，即充分考虑建筑在使用过程中运行费用的降低，甚至对人体健康、社会的可持续发展产生影响，做出全面、客观评估。

在绿色建筑的建设成本和后期的运营维护成本之间有一个全生命周期的最佳平衡点，而建筑师和工程师的主要职责就是找到这个平衡点。

了解了绿色建筑的特点之后，可以看一下绿色建筑实现的途径。

相对于其他行业，建筑业更容易实现节能降耗减排。关键要把绿色建筑作为房地产业落实科学发展观、实现可持续发展的战略目标，从认识上再提高，制度上再完善，技术上再创新，市场上再开拓，在新建建筑全面推行绿色建筑标准的同时，加快既有建筑绿色化改造。具体而言，应注意把握好以下几点。

(1) 加大宣传力度，完善政策法规 要牢牢树立绿色建筑的意识并在社会上大力宣传，让人们理解绿色建筑的优点，组织全社会都参与到建筑节能的活动中来，形成全民节能的意识。

不仅如此，由于绿色建筑以及建筑节能市场是一个市场机制容易失灵的领域，尤其在既有住房节能改造、新能源的利用等方面，需要强有力的行政干预才能取得实质性进展。缺乏统一的协调管理机制，会形成不良竞争局面，也会产生各种社会资源的浪费。发达国家对建筑节能都有一系列财税政策支持，我国也应建立、健全相应的财税政策体系，鼓励和支持绿色建筑的发展。在政府经常性预算中设立建筑节能支出项目，主要用于节能宣传、技术开发、示范推广以及能耗调查和节能监管；将长期国债中一定的比例用于建筑节能投入；设立既有建筑节能改造专项基金和供热运行机制改革专项基金；对建筑节能产品减征增值税等。通过节能和环保政策，可以在很大程度上消除市场失灵对绿色建筑发展的消极影响，并可提高资源的配置效率。当然，绿色建筑以及既有建筑绿色化节能改造，光靠政府投入很难解决如此庞大的资金需求，社会各界投资，开发商、房屋产权单位、业主都要发挥积极作用，甚至引入外资参与。只有政策发挥好引导和规范作用，才有利于促进绿色建筑市场的健康发展；而不是过多干扰市场运行，去参与市场竞争甚至代替市场，妨碍其市场机制运作以调动各方面的积极性。

进一步完善相关的法律法规，可在制度上对建筑节能给予保证。通过法律手段，绿色建筑体系的技术规划才能够转化为全体社会成员自觉或被迫遵循的规范，绿色建筑运行机制和秩序才能够广泛和长期存在。

(2) 加快技术进步，整合技术资源 要发挥好技术和产品的节能环保作用。绿色、节能、环保等理念是通过很多技术体系来支撑的。要加快技术进步，不断创新技术、工艺、材料，在此基础上，根据气候条件、材料资源、技术成熟程度以及对绿色建筑的功能定位，因地制宜，选择推广适应当地需要的、行之有效的建筑节能技术和材料。

在技术创新上，着力创新节能降耗减排技术，节水与水资源利用的设计技术，提高室内环境质量设计技术等，加大外墙内保温技术、空心砖墙及复合墙体技术、节能窗的保温隔热和密封技术，以及太阳能、地热等可再生能源技术的开发应用力度。

在建材选用上，要按照节约能源资源和保护环境的原则，发展新型绿色建材，完善有关技术标准，实施资质认证制度，加强各项性能指标的检测，加速新型节能绿色建材的推广应用，并尽量使用可再生建材，加大对新型管材系统和节水节电设施的应用，如用化工合成管材替代传统的铸铁管材，全面推广节水水箱、便器和延时感应冲洗阀等节水设施，配置中水回用系统，广泛采用节能灯具、声光控开关等高效节电设施等。

在技术整合上，在绿色建筑领域，新观念、新技术、新建材不断涌现，不缺乏技术，缺乏的是整合。关键要根据建筑功能要求，把不同的节能技术有机地整合到同一建筑中，统筹协调发挥其各自的作用。例如，针对节能降耗，既应充分利用可再生能源，又要充分采用新兴技术、新型材料、新型装备，更多依赖建筑智能化系统来实现对各系统的控制，提高能源使用效率。

此外，应积极建立建筑节能技术交流推广平台，主动吸收国外先进的建筑节能经验和技术，并在全国广泛推广。

从建筑全寿命周期出发，正确处理节能、节地、节水、节材、环保及建筑功能之间的关系，鼓励绿色建筑技术、工艺、建材的研发，广泛利用智能技术完善建筑功能，降低建筑能耗并以绿色技术的不断创新，推动建筑业走向集约化发展的道路。

(3) 完善监管体系，注重过程监督 绿色建筑是一个贯穿规划、设计、施工、使用全过程的系统化工程，体现为全过程的系统管理。节能降耗并不仅仅是决策者和设计师的事情，需要每一个人都参与进来，在策划设计阶段要坚持节能环保原则，施工过程、建材选用、施工工艺和日常使用都要达到节能、降耗、环保的要求。

在立项阶段，在对新建建筑工程项目的可行性研究报告或者设计任务书进行论证和评价时，应包括合理利用能源的专题论证，并作为项目审批的重要内容。

在设计阶段，要对建筑物的各项环境指标进行周密考察，严格按照节能标准和规范进行设计。在设计过程中，针对绿色建筑各个构成要素，确定相应的设计原则和设计目标。综合考虑能源、资源、建筑材料、废弃物等各种建设过程和使用过程中有关因素，通过详细的环境评估、工程分析，选择合适的工作方式和手段，形成多元化的建筑文化。在设计完成后，要进行计算机模拟，对建筑本身、能源转换及设备系统、可再生能源这三项与建筑节能密切相关的内容进行评估，并进一步加以优化。

在招标阶段，实施市场准入制度，注意将建筑节能技术的落实列入重要评价条件，作为评定和选择的依据，施工单位应具备 ISO 14001 环境管理体系认证要求，具有相应的建筑和节能施工资质。

在施工阶段，采用快速施工工艺、清洁施工工艺、循环使用施工工艺、保温施工工艺等，以提高效率，节约能源，增加和延长材料的利用率；还可减少用材不当和施工污染对人体健康造成的影响；认真落实建筑节能管理相关措施，着力抓好建筑施工阶段执行标准的监管。

在验收阶段，把节能环保技术和建材的应用情况，作为审核工程质量不可忽视的因素，在检测的基础上对节能和各类环保指标进行科学评估和全面验收。

在使用阶段，建筑交付使用以后的物业管理和用户日常节能至关重要，物业管理部门要通过对设备运行状态进行监测和相关数据的测量汇总，用数据提醒用户如何最合理地实现节能目标，要细化到用户应该什么时候开窗通风等细节，而不是单靠空调调节室内温度。

绿色建筑所采用新技术、新设备运行状态的监视和控制，要纳入到现有的控制体系中来，实现这些新技术、设备与现有控制手段的有机结合。要定期检查能耗情况，结合气候变化、入住率、设备状况等实际使用条件下的能耗分项计量数据，判断该建筑运行管理是否节能高效，从而奖优罚劣，并完善包括节能和环保内容在内的房屋建筑质量赔偿办法。

(4) 充分发挥市场的激励和约束作用 在市场经济条件下，绿色建筑首先是一种商品，它从生产到消费背后有许多利益主体共同支撑，这些利益主体共同构成一条完整的产业链。作为这一产业链条的不同环节，开发机构、研究机构、设计机构、建设机构、产品供应商、行业协会、消费者、金融机构乃至媒体等方方面面，都在绿色建筑这项高度集成的系统工程的发展历程中扮演不同的角色，是制约绿色建筑发展的直接因素。只有市场机制才能将这些利益主体统一起来。要完善市场运行机制，使各个利益主体既各得其所，又相互配合，以调动各方面发展绿色建筑的积极性。发挥市场配置资源基础性作用的方式多种多样，除了各种要素的市场化配置之外，实行建筑能效认证和标识制度，是常用的市场化方式。德国制定了房屋建筑的能耗标准，提出了“能源证书”概念，即建筑开发商销售住房时，必须向购房者提供住宅每年能耗的“能源证书”，以提高透明度，让消费者放心；在美国，建筑要由该国绿色建筑委员会“能源与环境设计先锋”进行认证。只有当绿色环保成为社会消费的主流理念，绿色成为一种潮流绿色，建筑市场的发展才能形成不竭的动力。

总之，发展绿色建筑是建筑业转变发展方式的基本趋势。要抓住降低碳排放、降低能源消耗这个关键，努力发挥好技术创新的支持作用、行业监管的规范作用、政策引导的促进作用、市场机制的效率作用，实现绿色建筑的持续健康发展。

1.2 绿色建筑的发展

1.2.1 国外绿色建筑的发展

绿色建筑的概念是在20世纪60年代逐渐提出来的。但绿色建筑并不是人类以往建筑历史的终结或断裂，而是对人类古代、近代和现代一切优秀传统、合理成分的继承和发展。如果离开了对世界建筑历史经验，特别是节约资源和保护环境的绿色智慧的继承与发扬，绿色建筑就成了无源之水，无本之木。

古代西方的建筑思想集中体现在古罗马的维特鲁威的《建筑十书》中。该书的很多理论已经成为经典，被广泛传播和应用，用今天的视角看，维特鲁威所提出的“坚固、实用、美观”的建筑三原则，其中包含着一些有利于绿色建筑发展的思想。如他提出的“自然的适合”，即适应地域自然环境的思想；“建造适于健康的住宅”的思想；建筑的样式要“按照土地和方位的特性来确定”的建筑风格多样化思想；就地取材和关于使用遥远地方的建筑材料会造成运输困难和高耗费的思想；“与其建造其他装饰华丽的房间，不如建造对收获物能够致用的房舍”的建筑实用思想；反对浪费，保障建筑合理造价的思想等显著具有“绿色”成分，对今天的绿色建筑活动具有借鉴价值。

世界近代建筑发展史上也有很多绿色元素，如18世纪中期至19世纪上半期，由于产业革命给城市发展带来的负面效果逐渐显现，出现了工业生产污染严重、居住区密度过大、城市卫生状况恶化、环境质量急剧下降等问题，并引发了严重的社会问题。这一时期，英国、法国、美国等早期资本主义国家出现了城市公园绿地建设运动，这一实践是为解决当时社会城市卫生环境恶化问题应运而生的。城市公园与公共绿地在改善城市卫生环境、保障公众健康、提供休闲娱乐的公共空间，以及生态保护、安全防灾、创造良好的居住环境、诱导城市开发良性发展等方面功能显著，为大城市发展中被迫与自然隔离的人们创造了重新与自然亲近的机会。城市公园建设中提出了诸如城市公园与住宅联合开发模式、废弃地的恢复利用、设置开敞空间以提高城市防火灾能力，注重植被生态调节功能、公园系统等具有创新性的规划理念和方法。城市公园建设实践体现了城市化发展早期人们对于城市发展与自然环境相互关系的思考，表现出人们对城市与大自然相融合、创造良好生态环境的强烈愿望，一定程度上体现了早期生态觉醒，对后世城市绿地系统与生态规划影响深远。

真正的绿色建筑概念的提出和思潮的涌现是第二次世界大战之后的事情。第二次世界大战之后，随着欧洲、美国、日本经济的飞速发展，建筑能耗问题开始备受关注，节能要求促进了建筑节能理念的产生和发展。现代绿色建筑的发展沿革大致可分为三个阶段，即唤醒和孕育期（20世纪60年代），形成和发展期（1970～1990年）以及蓬勃兴起期（2000年以来）。

（1）生态意识的唤醒　20世纪60年代是人类生态意识被唤醒的时代，也是绿色建筑概念的孕育期。

1969 年，美籍意大利建筑师鲍罗·索勒里首次将生态与建筑两个独立概念综合在一起，提出了“生态建筑”的理念，使人们对建筑的本质又有了新的认识，建筑领域的生态意识从此被唤醒。

(2) 绿色建筑概念的形成和发展 1970～1990 年，绿色建筑概念逐步形成，其内涵和外延不断丰富，绿色建筑理论和实践逐步深入和发展，这是绿色建筑概念的形成和绿色建筑的发展期。

1990 年，英国“建筑研究所”BRE（Building Research Establishment）率先制定了世界上第一个绿色建筑评估体系“建筑研究所环境评估法”BREEAM（Building Research Establishment Environmental Assessment Method）。

1992 年，在巴西的里约热内卢召开的“联合国环境与发展大会”（United Nations Conference on Environment and Development，UNCED）上，国际社会广泛接受了“可持续发展”的概念，即“既满足当代人的需要，又不对后代人满足其需要的能力构成危害的发展”，并首次提出绿色建筑概念。

1993 年，美国出版了《可持续设计指导原则》一书，书中提出了尊重基地生态系统和文化脉络，结合功能需要，采用简单的适用技术，针对当地气候采用被动式能源策略，尽可能使用可更新的地方建筑材料等 9 项“可持续建筑设计原则”。

1993 年 6 月，国际建筑师协会第十九次代表大会通过了《芝加哥宣言》，宣言中提出保持和恢复生物多样性，资源消耗最小化，降低大气、土壤和水的污染，使建筑物卫生、安全、舒适以及提高环境意识等原则。

1995 年，美国绿色建筑委员会提出了能源及环境设计先导计划（LEED）。

1999 年 11 月世界绿色建筑协会（World Green Building Council，World GBC/WGBC）在美国成立。

(3) 世界范围内的蓬勃兴起 进入 21 世纪后，绿色建筑的内涵和外延更加丰富，绿色建筑理论和实践进一步深入和发展，受到各国的日益重视，在世界范围内形成了蓬勃兴起和迅速发展的态势，这是绿色建筑的蓬勃兴起期。

另外，绿色建筑评估体系逐渐完善。继 20 世纪 90 年代英国、美国、加拿大之后，进入 21 世纪，日本、德国、澳大利亚、挪威、法国等相继推出了适合于其地域特点的绿色建筑评估体系（见表 1-1）。至 2010 年，全球的绿色建筑评估体系已达 20 多个。而且，逐渐有国家和地区将绿色建筑标准作为强制性规定。在美国，2007 年 10 月 1 日，洛杉矶西好莱坞卫星城出台了美国第一个强制性的绿色建筑法令，给出了该城的绿色建筑标准，规定新建建筑、改建建筑都应该达到最低绿色标准。波特兰市要求城区内所有新建建筑都要达到 LEED 评价标准中的认证级要求，纽约政府要求建筑面积大于 $7500ft^2$（约 $700m^2$）的新建建筑都符合 LEED 标准。目前美国已有 10 个城市采用了基于 LEED 要求的法规，还有几十个城市已设定了自己的绿色标准。另外，有 17 个城市通过关于绿色建筑的决议案，还有 14 个城市通过相关行政命令。

表 1-1 世界部分国家和地区及组织绿色建筑评估体系

国家和地区	评估标准	国家和地区	评估标准
英国	BREEAM	加拿大	BEPAC
美国	LEED	澳大利亚	NABERS
国际组织“绿色建筑挑战”	GBTool	意大利	Protocollo
丹麦	BEAT	荷兰	Eco-Quantum
法国	ESCALE	瑞典	Eco-effect
芬兰	Promis E	日本	CASBEE
德国	LNB		
挪威	EcoProfile		

再者，绿色建筑经典工程不断涌现。例如，2001 年竣工的德国凯塞尔的可持续建筑中心在设计上考虑了大量的建筑节能设计手段，包括混合通风系统、辐射采暖、辐射供冷和地源热泵等；2003 年竣工的日本大阪酒井燃气大厦采用了多种节能措施，在提供有效的建筑功能和舒适的室内环境的情况下，达到节约能源的目的；2004 年竣工的希腊特尔斐考古博物馆是一个改建项目，在围护结构、建筑能源管理系统、夜间通风、混合通风、日光照明等方面节能效果显著；2006 年竣工的葡萄牙里斯本 21 世纪太阳能建筑也是绿色建筑的杰作，采用了被动式采暖、被动式供冷、BIPV 系统和地热能利用等。

1.2.2 国内绿色建筑的发展

绿色建筑中绿色要素在中国的发展同样可以追溯到古代。中国古代建筑文化独树一帜，它既是中国古代文化的重要载体，又是中国古代文化的艺术结晶。在中国古代建筑文化中，既有一些建筑的绿色观念，又有丰富的绿色建造经验。

我国传统民居大部分是绿色的，如生土民居的大部分建筑材料是可以循环使用的，旧房的墙土不仅对环境无害，而且是很好的肥料，对生态环境有益。典型的适应环境而营造的具有地方特色的建筑类型如下：黄土高原的窑洞建筑，新疆地区的“阿以旺”民居，川西滇西北的邛笼式建筑，福建西南山区的土楼建筑等。

1973 年，在联合国“人类环境大会”的影响下，我国首部环保法规性文件《关于保护和改善环境的若干规定（试行草案）》由国务院颁布执行。

20 世纪 80 年代以后，我国开始提倡建筑节能，但有关绿色建筑的系统研究还处于初始阶段，许多相关的技术研究领域还是空白。

2001 年 5 月，原建设部住宅产业化促进中心研究和编制了《绿色生态住宅小区建设要点与技术导则》，提出以科技为先导，总体目标是推进住宅生态环境建设及提高住宅产业化水平；并以住宅小区为载体，全面提高住宅小区节能、节水、节地水平，控制总体治污，带动绿色产业发展，实现社会、经济、环境效益的统一。

2002 年 7 月，原建设部陆续颁布了《关于推进住宅产业现代化提高住宅质量若干意见》、《中国生态住宅技术评估手册》升级版（2002 版），并对十多个住宅小区的设计方案进行了设计、施工、竣工验收全过程的评估、指导与跟踪检验。

2006 年 3 月，“第二届国际智能、绿色建筑与建筑节能大会暨新技术与产品博览会”在北京举行，大会的主题是“绿色、智能通向节能省地型建筑的捷径”，讨论了绿色建筑设计理论、方法和实践，建筑智能化与绿色建筑，建筑节能与绿色建筑，建筑生态、材料与绿色建筑，住宅产业与绿色建筑等重要内容，还正式颁布了《绿色建筑评价标准》。

2006 年 3 月至 2011 年 3 月间，在北京相继举办了第二届至第七届国际智能、绿色建筑与建筑节能大会暨新技术与产品博览会，探讨、交流并展示了绿色建筑在理论、技术及实践上的最新成果。值得指出的是在“第二届国际智能、绿色建筑与建筑节能大会暨新技术与产品博览会”（2006 年）上，建设部正式颁布了《绿色建筑评价标准》；在“第四届国际智能、绿色建筑与建筑节能大会暨新技术与产品博览会”（2008 年）上筹建成立了城市科学研究会节能与绿色建筑专业委员会，启动绿色建筑职业培训及政府培训；而最近举行的“第七届国际智能、绿色建筑与建筑节能大会暨新技术与产品博览会”（2011 年）上则传达了国家“十二五”国民经济和社会发展规划关于住房城乡建设领域节能减排的要求。

2007 年 8 月，原建设部又出台了《绿色建筑评价技术细则（试行）》和《绿色建筑评价标识管理办法》，开始建立起适合中国国情的绿色建筑评价体系。

近年来，中国绿色建筑应用实践不断取得新进展，一批优秀的建筑实例得以涌现，均取得了较好的社会经济效益。有数据表明，全国各地的节能减排和生态环境保护工作取得了突破性进展。以新建建筑为例，2008 年 1～10 月份全国城镇新建建筑设计阶段执行节能标准的比例达到98%，施工阶段达到82%。据此估算，2008年1～10月份新建的节能建筑可形成900万吨标准煤的节能能力。目前全国城镇已累计建成节能建筑面积28.5亿平方米，占城镇既有建筑总量的16.1%。可再生能源建筑一体化成规模应用也取得了实质性的进展，截至2008年10月底，太阳能光热应用面积达到10.3亿平方米，浅层地能应用面积超过1亿平方米。

1.3 绿色建筑节能评估体系

1.3.1 建立绿色建筑能耗评估体系的必要性

绿色节能建筑对社会进步、环境保护以及人类生活水平的提高等方面均有重要意义，人们对绿色建筑的理解也经历了一个认识不断深化的过程，从早期侧重建筑的环保性与节能性，到逐步认识舒适与健康的价值。进入20世纪90年代，人们逐渐意识到绿色建筑技术已经无法再以单项开发、简单叠加的手段继续发展下去，绿色建筑不仅是关于建筑技术的改良措施，同时也是关于社会、经济、文化等诸多方面的有机综合。发展绿色建筑也从偏重于技术层面的讨论向从技术到体制和文化的全方位透视和多学科研究转变。

绿色建筑在实践领域的实施和推广有赖于建立明确的绿色建筑评估系统，一套清晰的绿色建筑评估系统对绿色建筑概念的具体化，使绿色建筑脱离空中楼阁真正走入实践，以及对人们真正理解绿色建筑的内涵，都起着极其重要的作用。对绿色建筑进行评估，还可以在市场范围内为其提供一定规范和标准，识别虚假炒作的绿色建筑，鼓励和提倡优秀绿色建筑，达到规范建筑市场的目的。

(1) 技术意义　早期的绿色建筑研究以单项技术层面问题的研究为主，技术手段是孤立和片面的，没有形成有机整体，对设计与经济进行整合研究的意识还没有脱离经济分析，只是策略研究附属的认识阶段。但早期的单项技术研究成果为当代绿色建筑技术的多维度发展和系统整合奠定了坚实的基础。进入20世纪90年代以来，随着对绿色建筑认识的逐步深化和成熟，人们放弃了过于乌托邦的环保思想和仅靠道德约束和自觉性的自发环保行为，转而探索更具有可操作性的环保理念，环境与资本的结合成为未来世界环境保护事业发展的新方向，绿色建筑由此也进入一个从生态伦理提倡向生态实践研究深化的新阶段。绿色建筑技术的研究逐渐呈现自然科学、社会科学、人文科学、计算机科学、信息科学等多学科研究成果融合的趋势，这使得绿色建筑设计策略研究进入多维发展阶段。绿色建筑技术策略的深化与发展在材料、设备、形态学等不同领域展开。在技术发展的同时，技术与其他设计元素的整合也开始从过去的简单叠加、更多关注外围护结构本身的设计向技术与建筑整体系统有机结合的转变，逐渐成为绿色建筑系统。绿色建筑评价体系的建立是绿色建筑技术逐步完善和系统化的必然结果，它为绿色建筑技术的有机整合搭建了平台，使绿色建筑技术、信息技术、计算机技术等诸多学科能够在统一的平台上发挥各自作用，建立综合评价系统，为设计师、规划师、工程师和管理人员提供了比以往任何时候都更加简便易行、规章明确的绿色建筑评价工具和设计指南。

(2) 社会意义　绿色建筑评价体系的社会意义主要体现在健康生活方式的提倡、公众参与意识的增强、地方文化的延续和为管理者提供考核的方法等四个方面。

① 健康生活方式的提倡。绿色建筑评价体系的首要社会意义是倡导健康的生活方式，这是基于将绿色建筑的设计与建造看成是社会教育的过程。绿色建筑评价体系的原则是在有效利用资源和遵循生态规律的基础上，创造健康的建筑空间并保持可持续发展。这一概念纠正了人们以往的消费型生活方式的错误观念，指出不能一味地追求物质上的奢侈享受，而应在保持环境的可持续利用的前提下适度追求生活的舒适。从根本而言，建筑是为满足人的需要而建造起来的物质产品。当人们的文化意识与生活方式并非那么可持续时，绿色建筑本身的价值也会降

低，而只有产生切实的社会需要，与符合可持续发展要求的生活方式相匹配的绿色建筑才能发挥最佳效果。

② 公众参与意识的增强。绿色建筑评估体系不是为设计人员所垄断的专业工具，而是为规划师、设计师、工程师、管理者、开发商、业主、市民等所共同拥有的评价工具。它的开发打破了以往专业人员的垄断局面，积极鼓励市民等公众人员的参与。通过公众参与，引入建筑师与其他建筑使用者、建造参与者的对话机制，使得原本由建筑师主持的设计过程变得更为开放。事实证明多方意见的参与有助于创造具有活力和良好文化氛围、体现社会公正的社区。

③ 地方文化的延续。绿色建筑评估体系要求依据因地制宜的原则，结合建筑物所在地域的气候、资源、自然环境、经济、文化等特点对建筑进行评价。因此，优秀的绿色建筑总是烙上了深深的地方特色印记，是地方文化在建筑上的延续。

④ 为管理者提供考核的方法。近年来“绿色”、“生态”已经成为建筑业的时髦词，各地冠以“绿色”美名的工程项目比比皆是，如何真正判断这些项目的生态内涵，规范建筑市场，对公众和消费者负责，是摆在建筑业管理者面前的一大问题。绿色建筑评估体系正是在这种条件下为决策部分建立了一种认证机制，提供一种有效的手段以提高对建筑可持续发展的管理水平。通过建筑环境质量管理工具以及实实在在的数据测试和性能考核，用分级方式显示建筑的绿色水平，给予明确的质量认证，可以有效地杜绝打着生态旗号的假绿色建筑的发生，提高对建筑市场的管理水平。

(3) 经济意义　绿色建筑评价体系的经济意义可以分为宏观与微观两个层面。在宏观层面，绿色建筑评价体系从系统全寿命的角度出发，将绿色建筑设计所涉及的经济问题整合到从建材生产、设计、施工、运行、资源利用、垃圾处理、拆除直至自然资源再循环的整个过程。关于绿色建筑的经济考量不再局限于设计过程本身，而将策略扩展至对狭义的设计起到支持作用的政策层面，包括建立“绿色标签”制度，完善建筑环境审核和管理体系，加大与建筑相关的能源消耗、污染物排放等行为的纳税力度，健全环保法规体系等，从增加政府对可持续性建筑项目的经济扶持和提高以污染环境为代价的建设行为成本这两方面，为绿色建筑设计与建造创造良好的外部环境。这一目标的实现不完全是政府机构的责任，作为从事设计工作的建筑师同样对于制度的健全负有提出建议的义务，因为只有来自实践的需要才是最为真实与迫切的。将相关的政策问题纳入绿色建筑设计策略中，成为系统解决建筑所面临的经济问题的重要方面。

在微观层面，目前从经济角度出发的设计策略都更充分考虑项目的经济运作方式，并据此对具体的技术策略进行调整。绿色建筑评价体系由于提供了完善的指标内容，可以在建筑设计阶段作为设计的框架，整合考虑与场地选择及设计、建筑设计、建造过程以及建筑运行与维护的诸多问题，指导和贯穿整个项目的绿色设计过程。这些指标比一般的建筑规范从更明确的环境角度确立了标准和目标，建筑师在设计决策阶段就能迅速了解如何采用某一项措施使得建筑环境受益，如可以从中了解如何在传统使用方法的能源利用率上进行一定程度的改善，项目中使用可再生能源策略和设备的比例，敏感地段的设计要求，室内环境质量的设计标准以及资源节约和循环利用的标准等，并根据项目的特点和实际，选择合适的方面进行绿色设计。

(4) 环境意义　绿色建筑评价体系的理论基础是可持续发展的理念，因此无论各个国家的评价体系在结构上有多大差异，它们都有一个共同点：减小生态环境负荷，提高建筑环境质量，为后代发展留有余地。因此可以说，发展绿色建筑和其相应的评价体系，对于当代人更多的是责任和义务；而对于后代人而言更多的是利益和实惠。

1.3.2 绿色建筑评价体系的发展阶段和评价方式

1.3.2.1 绿色建筑评价体系的发展阶段

随着绿色建筑设计方式的不断进步以及绿色建筑实例的不断涌现，国际上对于绿色建筑的评价大致经历了以下三个不同阶段。

第一阶段：主要是进行相关产品及技术的一般评价、介绍与展示。

第二阶段：主要是对与环境生态概念相关的建筑热、声、光等物理性能进行方案设计阶段的软件模拟与评价。

第三阶段：以“可持续发展”为主要评价尺度，对建筑整体的环境表现进行综合审定与评价。这一阶段在各个国家相继出现了一批作用相似的评价工具。

今后，将对现阶段的评价工具与设计阶段的模拟辅助工具进行整合，并利用网络信息技术使评价方式与辅助技术手段得到更广泛和全面的应用和发展。

1.3.2.2 绿色建筑评价体系的评价方式

绿色建筑评价体系的建立，由于其涉及专业领域的广泛性、复杂性和多样性而成为一种非常重要而又复杂艰巨的工作。它不仅要求各个领域专家通力合作，共同制定出一套科学的评价体系和标准，而且要求这种体系和标准在实际操作中能简单易行，从而有利于促进绿色建筑事业的长远健康发展。

(1) 评价内容 根据不同国情以及对可持续的建筑与环境之间关系的具体理解，不同国家绿色建筑评价的具体内容和项目划分不尽相同。另外，随着国际绿色建筑的发展和提高，其内容也不断扩展和深化。目前，各国绿色建筑评价的内容，综合起来，可以划分为以下五大类指标项目。

① 环境。一方面是对水、土地、能源、建材等自然环境资源的消耗；另一方面是对环境的负担，包括对水、土地、空气等的污染，对生物物种多样性的破坏等。

② 健康。主要指室内环境质量。

③ 社会。绿色建筑的经济性及其使用、管理等社会问题。

④ 规划。包括场址的环境设计、交通规划等。

⑤ 设计。指设计中意在改进建设生态性能的手法等。

以上五大类指标项目又可以划分出子项和次子项等多个层次，包括几十条到几百条细则，需要输入定性和定量数据几十条到上千条不等。

(2) 评价机制 在各个国家的绿色生态建筑评价方式中所采用的评价机制也不完全相同，但一般来讲包括以下三个方面。

首先是确定评价指标项目，即根据当地的自然环境（包括地区需求、气候需求、生态类型等）以及建筑因素（包括建筑形式、发展阶段、地区实践）等条件，确立在当地（或本国）适用的建筑评价指标项目的详细构架。

其次是对以上确立的各项指标项目确定评价标准。这些标准可以是定性的，也可以是定量的。但一般都以现行的国家或地区规范以及公认的国际标准作为最重要的参照和准则。现行规范中没有规定的项目，应根据地区实践的实际水平和需要，组织专家进行编写。在有些评价工具中，评价标准还被设为标尺的形式，用来动态地反映地区实践的最佳水平和最新进展。

最后是根据标准对有关项目进行评价。

(3) 评价过程 绿色生态建筑的评价一般采用如下的评价程序。

① 第一步，输入数据。根据评价指标项目，输入相关设计、规划、管理、运行等方面的数值与文件资料。这些数值与文件资料可以通过记录、计算、模拟验证等途径获得。

② 第二步，综合评分。由具备资格的评审人员，根据有关评价标准，对各评价项目进行评价。一般采用加权累积的方法评定最后得分。

③ 第三步，确定等级。根据得分的多少，确定该绿色生态建筑的等级并颁发相应的登记认定证书。

1.3.3 国外绿色建筑节能的评估体系

围绕推广绿色建筑的目标，国外近年来发展了一些绿色建筑评价预测体系，并有相应的标准和模拟软件来评价。如美国 LEED 绿色建筑评估体系、德国的生态建筑导则 LNB、英国的 BREEM 评估体系、澳大利亚的建筑环境评价体系 NABERS、加拿大的 GBTool、挪威的 Eco Profile、法国的 ESCALE 等。

这些评估体系，基本上都涵盖了绿色建筑的三大主题，即减少对地球资源与环境的负荷和影响，创造健康、舒适的生活环境，与周围自然环境相融合，并制定了定量的评分体系，对评价内容尽可能采用模拟预测的方法得到定量指标，再根据定量指标进行分级评分。

1.3.3.1 英国建筑研究组织环境评价法（BREEAM）

（1）BREEAM 的发展历程　英国的建筑研究组织自 1988 年开始研发本国的建筑环境评估体系。《建筑研究组织环境评价法》（The Building Research Establishment Environmental Assessment Method，简称 BREEAM），是由英国“建筑研究组织”（BRE）和一些私人部门的研究者于 1990 年制定的。颁布 BREEAM 的最初目的是提高办公建筑的使用功能，为绿色建筑实践提供权威性指导，以减少建筑对全球和地区环境的负面影响。这是世界上第一个绿色建筑评估体系，为其他国家类似的评价体系提供了借鉴基础。之后的几年里，BREEAM 推出了评估其他建筑类型的不同分册（见表 1-2）。如今，BREEAM 已评估了英国市场 25%～30% 的新建办公建筑。资料显示，至 2000 年，BREEAM 已评估超过 500 个建筑项目。

表 1-2　BREEAM 评估体系主要版本及应用范围

BREEAM 版本	颁布时间	评估范围
BREEAM 1/90	1990 年	新建办公建筑的设计
BREEAM 2/91	1991 年	新建超级市场
BREEAM 3/91	1991 年	新建住宅
BREEAM 4/93	1993 年	已建办公建筑
BREEAM 5/93	1993 年	新建工业建筑
BREEAM 98 for Offices	1998 年	已建及新建办公建筑
BREEAM for Retail	2003 年	新建及运行商业建筑
BREEAM for Industrial Units	2004 年	新建工业建筑
BREEAM for Eco Home	2004 年	新建或翻新办公建筑，已建并使用新建及翻新独立住宅和公寓
Bespoke BREEAM		特殊类型建筑

（2）BREEAM 的评估方法和 BREEAM 体系　BREEAM 系统的基础是根据环境性能评分授予建筑绿色认证的制度，认证评估可以用于单体建筑，也可作为某一建筑群综合的环境评估。评估必须由 BRE 指定受过专门训练的独立评估员执行，BRE 负责确立评估标准和方法，为评估过程提供质量保证。认证体系授予绿色建筑标志，使得建筑所有者和使用者对建筑的环境特性有了直观认识。下面以 BREEAM 98 为例介绍 BREEAM 的评估方法和 BREEAM 体系。

BREEAM 98 是为建筑所有者、设计者和使用者设计的评估体系，以评判建筑在其整个寿命周期包含从建筑设计开始阶段的选址、设计、施工、使用直至最终报废拆除所有阶段的环境性能。为了易于被理解和接受，BREEAM 采用了透明、开放和简单的评估架构。所有的“评估条款”分别归类于不同的环境表现类别，包括建筑对全球、区域、场地和室内环境的影响；被评估的建筑如满足或达到某一评估标准的要求，就会获得一定的分数，所有分数累加得到最后的分数，BREEAM 给予“合格、良好、优良、优异”4 个级别的评定，最后由 BRE 授予被评估建筑正式的“评定资格”。其评估方法包括如下几方面。

首先，评估的内容包括建筑核心性能、设计建造和管理运行。其中处于设计阶段、新建成阶段和翻修建成阶段的建筑，从建筑核心性能、设计建造两方面评价，计算 BREEAM 等级和环境性能指数；属于被使用的现有建筑或是属于正在被评估的环境管理项目的一部分，从建筑核心性能、管理和运行两方面评价，计算 BREEAM 等级和环境性能指数；属于闲置的现有建筑或只需对结构和相关服务设施进行检查的建筑，对建筑核心性能进行评价并计算环境性能指数，无需计算 BREEAM 等级。

其次，评估条目包括九大方面：管理——总体的政策和规程；健康和舒适——室内和室外环境；能源——能耗和 CO_2 排放；运输——有关场地规划和运输时 CO_2 的排放；水——能耗和渗漏问题；原材料——原料选择及对环境的作用；土地使用——绿地和褐地使用；地区生态——场地的生态价值；污染——（除 CO_2 外的）空气和水污染。每一条目下分若干子条目，各对应不同的得分点，分别从建筑性能，或是设计与建造，或是管理与运行这三个方面对建筑进行评价，满足要求即可得到相应的分数。

再次，合计建筑核心性能方面的得分点，得出建筑核心性能分（BPS），合计设计与建造、管理与运行两大项各自的总分，根据建筑项目所出时间段的不同，计算 BPS＋设计与建造分或 BPS＋管理与运行分，得出 BREEAM 等级的总分。另外，由 BPS 值根据换算表换算出建筑的环境性能指数（EPI）。

最后，建筑的环境性能以直观的量化分数给出。根据分值，BRE 规定有关 BREEAM 评估结果的四个等级：合格、良好、优良、优异；同时规定了每个等级下设计与建造、管理与运行的最低限分值。

BREEAM 98 评估的是建筑在各个环境表现类别内的相对绿色程度，反映了绿色建筑在一定的社会技术环境下的相对表现，而不是绝对的可持续或绿色程度。与其他评估体系相比，BREEAM 98 的评估条款较为全面和成熟，包括了目前世界范围内绿色建筑实践及环境影响的研究成果和进步，也反映了英国绿色建筑的发展。受英国绿色建筑的启发，加拿大和澳大利亚出版了各自的 BREEAM 系统。

BREEAM 98 建立起了一套完整的培训、评定系统，使得 BREEAM 98 能得以推广。主要体现在以下几个方面。

① BREEAM 最显著的优势在于对建筑全生命周期环境的深入考察。

② 评估方法比较简单直接，是一种条款式的评价系统。

③ 建立了庞大的数据库，提供了各种建筑元素的环境影响数据，建筑师可以在早期设计阶段对项目进行环境影响分析。

④ 为保证评估的质量，BREEAM 从 1998 年开始培训并签发执照给 BREEAM 评估人及指定评估机构，保证了 BREEAM 评估的可靠性。

⑤ 针对每个不同建筑类型的评估版本，BREEAM 开发了简化的 PDF 格式自评版，任何人都可以在网上下载这些评估表格并对建筑进行简单自评。

1.3.3.2 加拿大绿色建造挑战（GBTool）

（1）GBTool 的发展历程　绿色建筑挑战（Green Building Challenge，简称 GBC）1996 年由加拿大发起，当时有美、英、法等 14 个国家参加。在两年间，各参与国通过对多达 35 个项目进行研究和广泛交流，最终确立了一套合理评价建筑物能量及环境特性的方法体系 GBTool。1998 年 10 月，在加拿大的温哥华召开了 14 国参加的绿色建筑国际会议（GBC 98），会议的中心议题是建立一个国际化绿色建筑评价体系，这一体系可以适应不同的国家和地区各自的技术水平和建筑文化传统。继 GBC 98 的成功召开之后，各国又开展了新一轮利用 GBTool 针对典型建筑物的环境特性进行评价的工作。2000 年 10 月，在荷兰马斯特里赫特召开了“可持续建筑 2000”（SB 2000）国际会议，各参与国在两年的时间里利用 GBTool 对各种典型建筑进行测试，并将其结果作为改进的建议在这次大会上提交，对 GBTool 进行了版本更新。对绿色建筑挑战，其目的是发展一套统一的性能参数指标，建立全球化的绿色建筑性能评价标准和认证系统，使有用的建筑性能信息可以在国家之间交换，最终使不同地区和国家之间的绿色建筑实例具有可比性。在经济全球化趋势日益显著的今天，这项工作具有深远的意义。

(2) GBTool的评估方法和GBTool体系 GBTool对建筑的评定内容包括从各项具体标准到建筑总体性能，其环境性能评价框架分成4个标准层次，从高到低依次为：环境性能问题、环境性能问题分类、环境性能标准、环境性能子标准。最新版的GBTool主要从七大部分环境性能问题入手评价建筑的绿色程度：资源消耗、环境负荷、室内环境质量、服务质量、经济性、使用前管理和社区交通。所有评价的性能标准和子标准的评价等级被设定为从−2分到+5分，评分系统中的评分标准相应地也包括了从具体标准到总体性能的范围。通过制定一套百分比的加权系统，各个较低层系的分值分别乘以各自的权重百分数，而后相加得出的和是高一级标准层系的得分值。对于被评定的建筑可由分值说明其达标程度。其中，5分代表高于当前建筑实践标准要求的建筑环境性能；1～4分代表中间不同水平的建筑性能表现；0分是基准指标，是在本地区内可接受的最低要求的建筑性能表现，通常是由当地规范和标准规定的；−2分是不合要求的建筑性能表现。

GBTool最终把被评定建筑的性能用图表的形式表达。这些图表体现在各个标准层次上，分别是分类图表“Category Chart”、组图表“Section Chart”和综合图表“Global Summaries”等。这些图表可清晰细致地展现被评定建筑在各层次的环境性能以及应改进之处。

1.3.3.3 美国能源及环境设计先导计划（LEED）

(1) LEED的发展历程 1994年，美国绿色建筑委员会（USGBC）着手研究美国的建筑环境评估体系。在1995年提出了一套能源及环境设计先导计划（Leadership in Energy & Environmental Design，简称LEED），最初版本是LEED 1.0，颁布于1998年。这是美国绿色建筑委员会为满足美国建筑市场对绿色建筑评定的要求、提高建筑环境和经济特性制定的评估标准。到了2000年，更高级的版本LEED2.0获准执行。2009年，LEED又推出了最新版本LEED V3.。

除了上述主要版本外，LEED体系还有一些地方性版本，例如波特兰LEED体系、西雅图LEED体系、加利福尼亚LEED体系等，这些变化的版本均做了适应当地实际情况的调整。

(2) LEED的评估方法和LEED体系 LEED V3.主要对各种建筑项目通过6个方面进行评估，分别为：可持续的场地设计，有效利用水资源、能源与环境、材料与资源、室内环境质量和革新设计；而且在每个方面，美国绿色建筑委员会都提出了建筑目的和相关技术支持。如对可持续的场地设计，基本要求包括必须对建筑腐蚀物和沉淀物进行控制。目的在于减少这些腐蚀物及沉淀物对建筑本体及周边环境的负面影响并且进行了量化标准，比如在每个方面都包含有若干个得分点，主要分布在建筑目的、要求和相关技术支持3项内容中；建筑项目再与每个得分点相匹配，得出相应的分值。如在保证建筑节能和大气这一方面，就包括基本建筑系统运行、能源最低特性及消除暖通空调设备使用氟利昂等3个必要项和优化能源特性、再生资源利用等6个得分点，要保证建筑的绿色特性，首先必须满足3个必要项，然后再在诸个得分点中进行评定。如满足优化能源特性相关要求则可得10分，最后统计得出相关建筑项目的总分值，从而使建筑的绿色特性通过量化的分值显现出来。

其中，合理的建筑选址约占总评分的20%，有效利用水资源占8%，能源与环境占25%，材料和资源占25%，室内环境质量占22%。根据最后得分的高低，建筑项目可分为LEED认证通过（26～32分）、银奖认证（33～38分）、金奖认证（39～51分）、白金认证（52～69分），即由低到高4个等级。

LEED V3.、LEED NC 2.2，在2005年11月15日以后注册的LEED EB 2.0、2006年1月1日以后注册的LEED CI 2.0和LEED CS 2.0必须使用在线的方式提交认证资料。首先，在USGBC的网站进行项目注册，注册后，各个LEED团队成员可以进入LEED-online提交和查看：提交相应的LEED样板信件，查看美国绿色建筑委员会的审查评论和结论，这里包括得分状况、项目简介、团队成员介绍、文件上传、得分解释与规则等，上传的文件应包括场地平面图、标准层平面图、标准层立面图、标准层剖面图和项目效果图等。LEED的审查可以有两种方式：一是分阶段审查，首先提交设计阶段的LEED相关资料进行审查，然后在施工阶段结束后，提交施工阶段的LEED相关资料进行审查；二是所有资料一起提交审查。在25个工作日内，美国绿色建筑委员会将会告知所提交的LEED样板信件和其他支持文件是否可行或暂时不能决定，委员会将选择5～6个必备条款和得分点作为审查项目。另外，项目成员在25个工作日内可提供更正或额外的支持文件供审查。美国绿色建筑委员会将在随后的15个工作日内做出最终审查结果。如果有2个以上的得分点被否定，则要选取更多的得分点进行第2次审查，或进行第2次初步审查。

LEED推出后在北美地区的影响很大，目前世界上已有几百座建筑通过了LEED的等级认证。我国的《生态住宅技术评估手册》也是参考LEED的结构编写的。

整个LEED评估体系的设计力求覆盖范围广，同时实施非常简单易行。这也是其获得美国市场，乃至国际社会认可的关键原因之一。

1.3.3.4 澳大利亚国家建筑环境评价系统（NABERS）

（1）NABERS的发展历程 “澳大利亚国家建筑环境评价系统”（the National Australian Built Environment Rating System，NABERS）是适应澳大利亚国情的绿色建筑评价系统，其长远目标是减少建筑运营对自然环境的负面影响，鼓励建筑环境性能的提高。NABERS的设计与开发始于2001年4月，由澳大利亚环境与资源部支持，由UniServices Limited，Tasmania大学及Exergy Australia Pty Ltd.共同开发。

继NABERS 2001版本之后，NABERS 2003版本于2003年年底完成，这是一套更加成熟、更加完善的绿色建筑评估体系。在评估指标、商业办公类细化等方面对2001版进行了修订。

（2）NABERS评估方法和NABERS体系 NABERS的评估对象为已使用的办公建筑和住宅，是对建筑实际运行性能进行评价的系统。它提供四套独立的评估分册。

办公建筑综合评估：包括了基础性能评估和用户反应评估，用于业主及用户没有明确界限的情况；一般用于评估单用户办公建筑的运行环境性能，不考虑用户的责任与行为。

办公建筑基础性能评估：用于评价办公建筑的运行环境性能，不考虑用户的责任与行为。

办公建筑用户反应评估：不考虑建筑运行性能的情况下，单纯对用户的环境意识与行为进行评估。

住宅评估：对单户住宅的设备、占地等情况进行综合评估，目前版面未包括对集合住宅的评估。

NABERS力求衡量建筑运营阶段的全面环境影响，包括了温室效应影响、场址管理、水资源消耗与处理、住户影响四大环境类别，具体涉及能源、制冷剂（对温室效应与破坏臭氧层的潜在威胁）、水资源、雨水排放与污染、污水排放、景观多样性、交通、室内空气质量、住户满意度、垃圾处理与材料选择等条款，分属于温室效应、水资源、场地管理、用户影响四大类别。

NABERS既没有采用权重体系，也不推荐使用模拟数据。其评价采用实测、用户调查等手段，以事实说话，力图反映建筑实际的环境性能，避免主观判断引起的偏差。

NABERS采取了反馈调查报告的形式，以一系列由业主和使用者可以回答的问题作为评价条款，因此不需要培训和配备专门的评价人员。这些问题包括两部分：一部分是关于建筑本身的，称为“建筑等级”；另一部分是关于建筑使用的，称为“使用等级”。

在NABERS 2001版中，NABERS借鉴AVGRS，采用了“星级”这个人们已经十分熟悉的评价概念。其评价结构由分类条款嵌套一系列子条款构成。每个子条款可以评为0～5星级，最后的星级由子条款平均后获得。但在2003版中，NABERS改为评分的方式并将各条款单独评分合并为一个单一的最后结果，用10分制表示：5分代表平均水平，10分代表难以达到的最高水平。

1.3.3.5 荷兰绿色建筑评价标准软件（GreenCalc＋）

（1）GreenCalc＋的发展历程　在荷兰，目前比较著名的绿色建筑评价工具有三个：由荷兰皇家技术研究院（TNO）2001年起开发的Ecoscan；由W/E可持续建筑咨询事务所开发的Eco-Quantum；由数家公司合作开发的GreenCalc＋。

GreenCalc＋的开发需求来自于市场，并在荷兰住房、空间发展与环境部公共建筑管理局于1997年的推动下得以启动的，参与者包括荷兰可持续发展基金会（SUREAC）、DGMR工程咨询公司、荷兰建筑生态材料研究所（NIBE）等。GreenCalc＋是针对城市规划、住宅、办公楼以及其他类型的公共建筑而开发的。GreenCalc＋的主流版本是1.21版，2006年6月推出了最新的2.0版本。

GreenCalc＋是用于绿色建筑的环境负荷评价的软件包，它既可用于分析单体建筑，也可用在整个小区的分析。使用GreenCalc＋可执行：对单体建筑进行绿色建筑评估；不同建筑进行对比；对小区进行绿色建筑评估；不同的小区规划对比分析；建筑部分或者某些产品的环境负荷比较；评估开发商的绿色建筑的预期指标等。

（2）GreenCalc＋评估方法和GreenCalc＋体系　为了获得所设计的建筑的绿色程度及其环境友好度，GreenCalc＋引入了一个环境指数。环境指数给出了所研究的建筑与参考建筑（该参考建筑的环境指数为100）相比多大程度的绿色度改善或者退步。采用这个环境指数可以将绿色建筑的发展目标定量制定，也就是相对于所参考的1990年的建筑方式和建筑材料可以有多大的环境友好度改善。

GreenCalc＋包括四个模块：材料、能源、水和通勤交通。其中，建筑材料是通过TWIN2002评估模型来计算，该模型中忽略了健康影响部分的估算。能源利用造成的环境费用是通过正式的能源评估规范标准来计算，计算结果直接换算为燃气消耗或者电能消耗。水资源消耗的计算是基于咨询公司OPMAAT和BOOM联合编写的荷兰建筑用水规范而实现的。通勤交通的环境因素是根据建筑的所在位置以及其易到达性的模型进行计算的，汽车或者公共交通所需消耗的燃料费用计入了环境费用中。

GreenCalc＋对材料、能源、水和交通方面的环境因素可从建筑的完整生命周期来评估，从原材料到变成垃圾的各个阶段的环境效果都加以全生命周期分析。各种环境破坏因素（如排放、损耗等）都完全换算到隐藏的环境费用上，全部隐藏的环境费用接着换算为总的数值。这个总的环境费用将作为建筑在整个生命周期中的“负债”。GreenCalc＋假定了技术上的生命周期（住宅和学校为75年，办公楼为35年）而不是经济上或者功能上的使用周期（就如房产开发计算的方式）。这种假定的背景是从绿色建筑可持续的角度出发，希望建筑本身尽可能长时间使用，既有建筑的长时间使用意味着对新建筑较少的需求。当建筑被拆除时，如果从技术的角度还可以使用，那么意味着环境资产的完全损失。这个损失可以通过GreenCalc＋明确地计算出来。

用户也可以指定一个参考建筑，GreenCalc＋计算需分析的建筑的环境因子，然后给出与参考建筑相比的进步或者缺陷。

2006年年底，GreenCalc＋已被荷兰政府公共建筑管理局作为行政法规要求所有该局管理的新建筑都必须采用该软件进行评估。其他市场领域包括银行业、共同基金、建筑师和建造商等；也应用该软件在建筑设计与建造的各个阶段以监控是否符合计划要求并在建造完成后，作为基准考核是否满足设计的环境因子的要求。

1.3.3.6 德国绿色建筑评估体系（DGNB）

（1）DGNB的发展历程　作为生态节能建筑和被动式设计发展最早的欧洲国家，德国早先却没有推出类似英国或美国的可持续建筑评估标准。之所以如此，源于德国人对自己现有工业标准的自信。自工业革命以来，德国已建立一套相当完善、要求很高的工业标准体系，并且在可持续建筑研究和实践领域已有多年经验，技术也相对成熟。在德国人看来，即便是满足了现有的LEED认证的要求，也未必能够达到他们已有的工业标准。所以，在很长一段时间，德国似乎忽视了这样一套评估体系的市场价值和重要性。

2006年起，德国政府着手组织相关的机构和专家对绿色建筑评估体系进行研究，经过大量的分析调查和研究工作，德国在2008年正式推出了自己的可持续建筑评估体系——DGNB (Deutsche Guetesiegel Nachhaltiges Bauen)，在产生背景和基础方面，DGNB具有以下特点。

① 德国DGNB体系是世界先进绿色环保理念与德国高水平工业技术和产品质量体系的结合。作为欧洲工业化程度最高的国家，德国的工业技术水平和产品质量体系经过多年发展和实践已具备一套相当高的标准，DGNB则是构筑在现有工业化标准体系之上。

② 德国DGNB体系是由政府参与的德国可持续建筑评估体系。该认证体系由德国交通、建设与城市规划部（BMVBS）和德国绿色建筑协会（German Sustainable Building Council）共同参与制定，因此，具有国家标准性质与很高的科学性和权威性。

③ DGNB体系是德国多年来可持续建筑实践经验的总结与升华。德国在被动式节能建筑设计、微能耗和零能耗建筑探索和实践上，在欧洲乃至世界都位于先进行列，1998年就曾制定颁布了整体可持续发展纲领。在过去的几十年里，德国建筑界建筑节能领域积累了丰富的实践经验，其中不乏成功的经典案例和失败的惨痛教训，DGNB的制定正是建立在这些宝贵经验的基础之上，扬长避短，去粗取精。

(2) DGNB评估方法和DGNB体系　德国可持续建筑DGNB认证是一套透明的评估认证体系，它以易于理解和操作的方式定义了建筑质量，便于评估人员进行系统性和独立性的评价建筑性能。体系中可持续建筑相关领域评估标准共有61条，主要从6个领域进行定义，见表1-3。

表1-3 DGNB评价系统内容

评价项目	具体内容	评价项目	具体内容
生态质量	全球温室效应的影响； 臭氧层消耗量； 臭氧形成量； 环境酸化形成潜势； 化肥成分在环境含量中过量对当地环境的影响； 其他小环境气候因素对全球环境的影响； 一次性能源的需求； 可再生能源所占比重； 水需求和废水处理； 土地使用	社会文化及功能质量	冬季的热舒适度； 夏季的热舒适度； 室内空气质量； 声环境舒适度； 视觉舒适度； 使用者的干预与可调性； 屋面设计； 安全性和故障稳定性； 无障碍设计； 面积使用率； 使用功能可变性与适用性； 公共可达性； 自行车使用舒适性； 通过竞赛保证设计和规划质量； 建筑上的艺术设施
经济质量	全寿命周期的建筑成本与费用； 第三方使用可能性	技术质量	建筑防火； 噪声防护； 建筑外维护结构节能及防潮技术质量； 建筑外立面易于清洁与维护； 环境可恢复性，可循环使用，易于拆除
过程质量	项目准备质量； 整合设计； 设计步骤方法的优化和完整性； 在工程招标文件和发标过程中考虑可持续因素及其证明文件； 创造最佳的使用及运营的前提条件； 建筑工地，建设过程； 施工单位的质量，资格预审； 施工质量保证； 系统性的验收调试与投入使用	基地质量	基地局部环境的风险； 与基地局部环境的关系； 基地及小区的形象及现状条件； 交通状况； 临近的相关市政服务设施； 临近的城市基础设施

DGNB体系对每一条标准都给出明确的测量方法和目标值，依据庞大的数据库和计算机软件的支持，评估公式根据建筑已经记录的或者计算出的质量进行评分，每条标准的最高得分为10分，每条标准根据其所包含内容的权重系数可评定为0～3，因为每条单独的标准都会作为上一级或者下一级标准使用。根据评估公式计算出质量认证要求的建筑达标度。

评估达标度：50%以上为铜级，65%以上为银级，80%以上为金级。

最终的评估结果用软件生成在罗盘状图形上，各项的分支代表了被测建筑该项的性能表现，软件所生成的评估图直观地总结了建筑在各领域及各个标准的达标情况，结论一目了然。

与其他评估体系相比，DGNB体系最突出的特点在于，它除了涵盖生态保护和经济价值这些基本内容外，DGNB更提出了社会文化和健康与可持续发展的密切关系。DGNB体系将社会文化与健康作为建筑性能表现的一部分，不仅体现了绿色环境，更将绿色生活、绿色行为的理念作为衡量建筑可持续性的一个方面，这将会有力推动可持续概念向全社会各个领域的延伸。

1.3.3.7 日本建筑物综合环境评价方法（CASBEE）

（1）CASBEE的发展历程 日本的建筑物综合环境性能评价体系（Comprehensive Assessment System For Building Environment Efficiency，CASBEE），是由日本国土交通省、日本可持续建筑协会建筑物综合环境评价研究委员会合作，通过日本政府、企业、学者组成的联合科研团队于2002年开始研发的绿色建筑评价体系。2003年7月开发了用于新建建筑的评价工具，2004年7月又出版了其修订版，同时出版了用于新建、既有建筑物、短期使用建筑的评价工具和以建筑群为对象的环境评价工具，并规定某些城市在建筑报批申请和竣工时必须使用CASBEE进行评价。在开发了用于新建建筑的评价工具后，日本可持续建筑协会还相继开发了用于既有建筑物的评价工具、用于国际博览会设施等短期使用建筑的评价工具、用于改建建筑物的评价工具和用于评价热岛现象缓和对策的评价工具，而用于建筑群（街区）的环境评价工具也正在开发之中。

2008年，CASBEE又推出了最新版本，包含的内容有所变更，在原有内容的基础上增加了4个方面的内容，分别是：CASBEE for New Construction（2008版）、CASBEE for Home（Detached House）（2007版）、CASBEE for Urban Development（2007版）、CASBEE for Urban Area＋Building（2007版）。

CASBEE不仅可用于指导设计师的设计过程，还可为建筑物资产评估中的环境效率确定环境标签等级，为能源服务公司和建筑更新改造活动提供咨询，为建筑行政管理提供方便，从而帮助政府有效地激励和约束业主、开发商、设计师、用户和市民等社会各界人士积极开发与推进绿色建筑。在日本，作为构筑可持续发展社会的CASBEE评价体系正在迅速得到普及和发展。

日本的CASBEE作为首个由亚洲国家开发的绿色建筑评价体系，是亚洲国家开发适应本国国情的绿色建筑评价体系的一个范例，接近亚洲国家的实际情况，对中国开发适应相应的绿色建筑评价体系有借鉴意义。

（2）CASBEE评估方法和CASBEE体系 CASBEE评价各类型建筑，包括办公楼、商店、宾馆、餐厅、学校、医院、住宅。针对不同阶段和利用者应有4个有效的工具，分别是初步设计工具、环境设计工具、环境标签工具、可持续运营和更新工具。

CASBEE是从可持续发展观点改进原有环境性能的评价体系，使之更为明快、清晰。CASBEE提出以用地边界和建筑最高点之间的假想空间作为建筑物环境效率评价的封闭体系。以此假想边界为限的空间是业主、规划人员等建筑相关人员可以控制的空间，而边界之外的空间是公共（非私有）空间，几乎不能控制。CASBEE需要评价“*Q*（quality）即建筑的环境品质和性能”和“*L*（loadings）即建筑的外部环境负荷”两大指标，分别表示“对假想封闭空间内部建筑使用者生活舒适性的改善”和“对假想封闭空间外部公共区域的负面环境影响”。

“建筑物的环境品质和性能”（Q）包括 Q_1 室内环境、Q_2 服务性能、Q_3 室外环境等评价指标。“建筑的外部环境负荷”（L）包括 L_1 能源、L_2 资源与材料、L_3 建筑用地外环境等评价指标。每个指标又包含若干子指标。

CASBEE 采用 5 级评分制，基准值为水准 3（3 分）；满足最低条件时评为水准 1（1 分），达到一般水准时为水准 3。依照权重系数，各评价指标累加得到 Q 和 L，表示为柱状图、雷达图。最后根据关键性指针——建筑环境效率指标 BEE（building environmental efficiency），给予建筑物评价。

$$\mathrm{BEE}=Q/L \tag{1-1}$$

由式(1-1) 知，当建筑物的环境品质与性能（Q）越大、环境负荷（L）越小时，建筑物环境效率（BEE）越大。

在对各评估细项进行评分后，进行评估计算得到各评估项目的结果，再对其进行加权计算，得到 Q 值及 L 值，将两项相除最终得到评估结果 CASBEE 值。CASBEE 的绿色标签分为 S、A、B＋、B－、C 五级，其中 CASBEE 值＜0.5 为 C（Poor），0.5～1 为 B－（Fairly Poor），1～1.5 为 B＋(Good)，1.5～3 为 A（Very Good），CASBEE 值＞3 为 S（Excellent）。

1.3.3.8 国外绿色评估体系给我国的启示

(1) 国外绿色建筑评估体系的共性　通过比较我们可以看到，国外绿色建筑评估体系有许多共同点：都采用将评估项目具体量化的评分体系，都有各自相对应的评分软件，从开发第一代评估体系以来，都不断扩大其广度和深度，对原有版本进行改进、升级，都将建筑评分、分级与市场机制、政策法规相结合，促进社会各界的支持。

国外绿色建筑评估都是在明确的可持续发展原则指导下进行的，基本都可实现以下目标：为社会提供一套普遍的标准，指导绿色建筑的决策和选择；通过标准的建立，可以提高公众的环保产品和环保标准意识，提倡与鼓励好的绿色建筑设计；而且刺激提高了绿色建筑的市场效益，推动其在市场范围的实践。另外，由于评估体系提供了可考核的方法和框架，使得政府制定有关绿色建筑的政策和规范更为方便，比较中可以看出各国的评估体系在主要项目上都包括了“场地环境”、“能源利用”、“水资源利用”、“材料资源利用”、“室内环境”五项主要内容。各国的评估体系都是明确清晰的分类和组织体系，可以将指导目标（建筑的可持续发展）和评估标准联系起来，而且都有一定数目的包括定性和定量的关键问题可供分析。评估体系中都还包括一定数量的具体指导因素（如对可回收物的收集）或综合性指导因素（如对绿色动力和能源的使用），为评估进程提供更清晰的指示。各国的评估都共同关注：减少二氧化碳排放（从建筑材料生产和回收再用，从节约化石能源消耗量等几方面进行考虑）；减少（或禁止）可能破坏臭氧层的化学物的使用；减少资源（尤其是能源、水资源、土地资源）的耗用；材料回收和再利用，垃圾的收集和再生利用，污水处理和回用；创造健康舒适的居住环境，重点在室内空气质量、自然通风、自然采光和建筑隔声。各国对评估的进程都有严格的专业要求。评估是由相关部门给予专业认证的评估人执行的，如英国 BREEAM 的评估是由持有 BRE 执照的专业人士进行，美国 LEED 的评估要求所评估的项目组中至少有一位主要参与人员通过 LEED 专业认证考试。绿色建筑系统是复杂并且不断发展的，因而其评估应是可重复、可适应的，对技术更新和遇到的新问题应及时做出反应。英国 BREEAM 对办公建筑分册分别于 1993 年和 1998 年进行了两次修改，美国 LEED、加拿大 GBTool 评估系统也要求一段时间要升级一个新版本。

(2) 国外绿色建筑评估体系的不足　绿色建筑评估是关系到绿色建筑健康发展的重要工作，世界上许多国家都在这一领域积极研究和实践。但由于受到知识和技术的制约，各国对于建筑和环境的关系认识还不完全，评估体系还都存在着一些局限性。

① 某些评估因素的简单化。建筑的生态评估是高度复杂的系统工程，特别是许多社会和

文化因素难以对其确定评价指标，量化工作更是困难，目前的一些评估单从技术的角度入手，回避了此类问题。各国评估指标体系尚未包括评估社会生态或人文生态的有关内容，而缺乏社会生态或人文生态平衡的内容就难以谈到“绿色建筑系统评估”，因此组成“促进环境持续发展”和“保护人类健康”两大主题的内容也就不完整。

② 标准权衡的问题。尽管英国 BREEAM、加拿大 GBTool 等系统已经使用有关机构制定出的权衡系统系数，但对这一问题还要进行审慎的研究工作。此外，还有如何运用评估结果提高、改善建筑性能，评估的约束机制等问题需要考虑。从目前已有的评估体系来看，定量评估还存在可提升的空间。更理想的模式应是通过评估体系辅助模拟软件的模拟预测，与建筑设计、建造各环节实现有机结合。通过各种模拟预测方法对各种方案可能出现的影响做分析预测，并通过对过程的管理保证绿色目标的最终实现。

③ 评估体系的可操作性和费用问题。美国 LEED 系统结构简单，操作容易，我国目前已有的类似评估体系主要是以它为参考，但是从专业的角度看，其评估体系条目结构有些简单，不够全面。还有如何运用评估结果提高改善建筑性能，评估的约束机制等问题需要考虑。

④ 评估体系的全过程监管问题。目前的评估体系主要是解决事后评估与认证，而要保证建筑达到基本的绿色标准则要对全过程进行引导、监控与管理，否则当建筑物不能真正实现设计时的构想而未达到绿色建筑的标准时，则根本不知道是由于哪个环节没有妥善解决而造成的。

⑤ 各国评估体系不利于交流共享。现有的评估体系中，除了加拿大 GBTool 是由多个国家共同参与开发以外，其他都是由各个国家自行研究开发的，它们虽然对本国的实际情况有较强的针对性，但同时也意味着缺乏在不同国家和地区间的通用性。在欧洲国家适用的评估工具拿到亚洲国家来使用就会遇到很多问题；尚未开发绿色建筑评估体系的国家要从已有的绿色建筑评估体系中获得借鉴，也会受到地区差异的阻碍；即使是同一地区的不同国家之间，评估体系也有很多不同，这就阻碍了绿色建筑评估体系在不同国家和地区间的交流和共享。例如英国 BREEAM 没有明确考虑处理有关地域性的问题。由于英国 BREEAM 是基于英国的情况开发的，因而要想在其他国家或地区进行推广，需要进行工程浩大的修订工作，使得其适应性受到很大限制。美国 LEED 和英国 BREEAM 分析工具是适合发达国家的，因此缺少必要的适应性去适应其他国家。它们是为了自己国家的建筑和环境的需要而设计的，它们对发展中国家（例如和建筑环境有关的其他方面的影响）的解释是不够的。因此，需要重新设计这些工具的评估体系才能适应中国的情况。

⑥ 评估工作量大。以日本 CASBEE 新建建筑评估工具为例，它的评估内容包括建筑物环境质量与性能和建筑物的环境负荷两大项，其中建筑物环境质量一项包含 64 个子项目，建筑物的环境负荷一项包含 29 个子项目，这还没有计入子项目中包含的更下一级的子项目。加拿大 GBTool 评估采用的是 Excel 软件，界面过于复杂，而且无法与其他程序（如 Athena、DOE）建立接口等。

⑦ 灵活性和扩展性差。评估项目的细致量化必然导致评估系统的灵活性差，不能适应广泛的建筑类型和功能，不利于调整和改进。不同国家间的评估体系无法互换使用，即使是在同一国家内，绿色建筑评估体系对于不同地区的建筑也要采取不同的评估标准，不同地区参评建筑的评估结果也难于进行比较。此外，还有评估项目的更新、权重系数确定的合理性等问题需要考虑。英国 BREEAM 评估过程很复杂，需由多名持有 BRE 执照的专业评估师操作。BRE 规定每个项目的评估由至少两位经过 BRE 专门培训的英国 BREEAM 注册评估师完成。与英国 BREEAM 和美国 LEED 相比，加拿大 GBTool 更容易适应不同的建设环境。具体的评估项目、评估基准和权重是由各个国家的专家根据本国的实际情况增减确定，因而各国都可以通过改编而拥有自己的加拿大 GBTool 版本。由于基本评估框架的一致性和具体内容的地区特征，使不同版本的加拿大 GBTool 同时具备了地区实用性和国际可比性，也就形成了它不同于其他

评估方法的最大特征。定制不同的基准和衡量系统使 GBTool 有机会能和中国的情况相适应。但从实用的角度看，加拿大 GBTool 内容显得过于细腻，操作十分复杂，评估过程中需要输入各类设计、模拟、计算数据和相关文字上千条。

(3) 国外绿色建筑评估体系给中国的启示　上述各国的评估体系在研究时间、技术水平、操作理念等状况各不相同，对我国发展自己的评估体系借鉴意义也各有不同。

如英国 BREEAM 是公认的最早和市场化最成功的评估系统，评估架构相比较其他体系而言结构层次划分适中，标准条目数量也比较合适，可操作性和科学性都能得到一定的保证；评估报告以评估书的方式，提出对于所评建筑在建筑环保性能上的建议。另外，体系的制定机构还为建筑师和开发商提供相关的技术咨询，这些都能更好地发挥评估对设计的指导作用，是值得我们学习借鉴的地方。

又如加拿大 GBTool 由于有国际小组的参与，是所有评估系统中最为开放、变化最显的一个。充分尊重了地方特色，评估基准灵活而且适应性强。各国和地区可以根据当地情况对评估体系自行增删有些条目，自行设置评估性能标准和权重系统。

再如美国 LEED 系统结构简单，操作容易，我国目前已有的类似评估体系主要便是以它为参考，但是从专业的角度看其评估体系条目结构有些简单，不够全面，其制定者也已经意识到了问题，正在进行改进。

国外发展绿色建筑的经验给我们许多有益的启示：一是绿色建筑要体现“四节”和环境保护的可持续发展要求，并将其贯穿到建筑的规划设计、建造和运行管理的全寿命周期的各个环节中；二是要通过建立权威的绿色建筑评估体系制度，规范管理和指导，强化市场导向；三是绿色建筑要适应国情，找准切入点和突破口，先易后难，分步推进，逐步扩大范围，持续地提高要求，最终实现全面推广绿色建筑的目标。

为此，我国绿色建筑评估体系的改进需要注意以下几点：①改进评估必须被建筑专业人员和普通大众所理解和接受；②考虑到现有建筑物结构的限制，改进措施必须是可行的且符合成本效益原则；③改进评估必须基于当前最先进、最可靠的技术；④评估必须有清楚的目的，并且充分考虑当地条件；⑤改进措施必须是技术上可行，建筑条件允许，满足市场要求的。

1.3.4 国内绿色建筑节能的评估体系

1.3.4.1 我国绿色建筑评估体系

(1)《绿色奥运建筑评估体系》

① 背景。随着可持续发展观念在世界各国各个领域的深入人心，国际社会达成了一个共识：体育活动的开展也要求与环境保护协调一致，寻求发展与保护的平衡点，并最终通过体育活动的开展促进社会的可持续发展。因此，国际奥委会于 1991 年对奥林匹克宪章做出了修改，将提交环保计划作为申报奥运会城市的必选项目。1996 年国际奥委会成立了环境委员会，并最终明确了“环保”作为奥运会继“运动”、“文化”之后的第三大主题。

北京 2008 年奥运会明确提出了“绿色奥运”、“科技奥运”和“人文奥运”的口号。为了使奥运建筑真正具有绿色的内涵，需要有公开的、科学的管理机制协助实现奥运建筑的绿色化。2002 年，在科学技术部、北京市科委和北京奥组委的组织下，“奥运绿色建筑标准及评估体系研究”课题立项，该课题也是科技部“科技奥运十大专项”中的核心项目。2004 年 2 月 25 日，“奥运绿色建筑标准及评估体系研究”顺利通过专家验收，并形成了《绿色奥运建筑评估体系》、《绿色奥运建筑实施指南》、《奥运绿色建筑标准》等一系列研究成果，为奥运场馆建设提供了较为详尽的建设依据，并将绿色奥运建筑的评估经验向全国范围内推广。

② 评估体系介绍。《绿色奥运建筑评估体系》(以下简称 GOBAS) 中明确指出：绿色建筑在国内外虽然尚无统一的意见，但可以明确的是，绿色建筑希望在能源消耗和环境保护上做到少消耗、小影响，同时也要能为居住和使用者提供健康舒适的建筑环境和良好的服务。换言

之，绿色建筑希望在这两者之间找到一个平衡点，而并不只是单纯的强调某一个方面。目前中国总体建筑环境质量差距较大，现状和要求存在较大的差距，强调的主体应该是能源、资源和环境代价的最小化。

GOBAS由绿色奥运建筑评估纲要、绿色奥运建筑评分手册、评分手册条文说明、评估软件四个部分组成。其中评估纲要列出与绿色建筑相关的内容和评估要求，给予项目纲领性的要求；评分手册则给出具体的评估打分方法，指导绿色建筑建设与评估；条文说明则对评分给出具体原理和相应的条目说明。

同时，GOBAS按照全过程监控，分阶段评估的指导思想，将评估过程分为规划设计阶段、设计阶段、施工阶段评估、调试验收与运行管理4个阶段（见表1-4）。

表1-4　GOBAS阶段划分及其指标内容

阶段划分	一级指标	阶段划分	一级指标
规划设计阶段	场地选址； 总体规划环境影响评价； 交通规划； 绿化； 能源规划； 资源利用； 水环境系统	施工阶段评估	环境影响； 能源利用与管理； 材料与资源； 水资源； 人员安全与健康
设计阶段	建筑设计； 室外工程设计； 材料与资源利用； 能源消耗； 水环境系统； 室内空气质量	调试验收与运行管理	室外环境； 室内环境； 能源消耗； 水环境； 绿色管理

GOBAS根据上述四个阶段的不同特点和具体要求，分别从环境、能源、水资源、室内环境质量等方面进行评估。同时规定，只有在前一阶段的评估中达标者才能进行下一阶段的设计、施工工作，充分保证了GOBAS从规划、设计、施工到运行管理阶段的持续监管作用，使得项目最终达到绿色建筑标准。

(2)《绿色建筑评价标准》

① 背景。虽然引入了“绿色建筑”的理念，但我国长期处在没有正式颁布绿色建筑的相关规范和标准的状态。现存的一些评价体系和标准，如《中国生态住宅技术评估手册》、《绿色生态住宅小区建设要点与技术导则》、《绿色奥运建筑评估体系》等或侧重评价生态住宅的性能，或针对奥运建筑，没有真正明确绿色建筑概念和评估原则、标准的国家规范出台。《绿色建筑评价标准》就是在这种背景下于2006年6月正式出台，填补了我国的一项空白。《绿色建筑评价标准》首次以国标的形式明确了绿色建筑在我国的定义、内涵、技术规范和评价标准，并提供了评价打分体系，为我国的绿色建筑发展和建设提供了指导，对促进绿色建筑及相关技术的健康发展有重要意义。

② 评价内容与方法。《绿色建筑评价标准》评价的对象为住宅建筑和公共建筑（包括办公建筑、商场、宾馆等）。其中对住宅建筑，原则上以住区为对象，也可以单栋住宅为对象进行评价，对公共建筑则以单体建筑为对象进行评价。

《绿色建筑评价标准》明确提出了绿色建筑“四节一环保”的概念，提出发展“节能省地型住宅和公共建筑”，评价指标体系包括以下6大指标（见表1-5、表1-6）：节地与室外环境；节能与能源利用；节水与水资源利用；节材与材料资源利用；室内环境质量；运营管理。各大指标中的具体指标分为控制项、一般项和优选项3类。这6大类指标涵盖了绿色建筑的基本要素，包含了建筑物全寿命周期内的规划设计、施工、运营管理及回收各阶段的评定指标及其子系统。在评价一个建筑是否为绿色建筑的时候，首要条件是该建筑应全部满足标准中有关住宅建筑或公共建筑中控制项的要求，满足控制项要求后，再按照满足一般项数和优选项数的程度进行评分，从而将绿色建筑划分为3个等级。

表1-5 划分绿色建筑等级的项数要求（住宅建筑）

等级	一般项数(共40项)						优选项数(共9项)
	节地与室外环境(共8项)	节能与能源利用(共6项)	节水与水资源利用(共6项)	节材与材料资源利用(共7项)	室内环境质量(共6项)	运营管理(共7项)	
★	4	2	3	3	2	4	—
★★	5	3	4	4	3	5	3
★★★	6	4	5	5	4	6	5

表1-6 划分绿色建筑等级的项数要求（公共建筑）

等级	一般项数(共43项)						优选项数(共14项)
	节地与室外环境(共6项)	节能与能源利用(共10项)	节水与水资源利用(共6项)	节材与材料资源利用(共8项)	室内环境质量(共6项)	运营管理(共7项)	
★	3	4	3	5	3	4	—
★★	4	6	4	6	4	5	6
★★★	5	8	5	7	5	6	10

为了更好地推广《绿色建筑评价标准》，同时为评价标准做出更明确而详细的解说，由原建设部科技司委托，原建设部科技发展促进中心和依柯尔绿色建筑研究中心组织编写了《绿色建筑评价技术细则》（以下简称《技术细则》），并于2007年7月公布。

③ 绿色建筑设计评价标识。2008年8月4日，根据《绿色建筑评价标识管理办法（试行）》（建科［2007］206号）、《绿色建筑评价标准》（GB/T 50378—2006）、《绿色建筑评价技术细则》（建科［2007］205号）和《绿色建筑评价技术细则补充说明（规划设计部分）》（建科［2008］113号），由住房和城乡建设部建筑节能与科技司公布了首批获得行业主管部门认可的“绿色建筑设计评价标识”工程，它们分别是上海市建筑科学研究院绿色建筑工程研究中心办公楼工程、深圳华侨城体育中心扩建工程、中国2010年上海世博会世博中心工程、绿地汇创国际广场准甲办公楼工程、金都·汉宫工程和金都·城市芯宇工程。对建筑工程实行“绿色建筑设计评价标识”的评定体系，标志着我国绿色建筑评价体系进入了规范化和实际应用阶段。

到目前为止，住房和城乡建设部已经先后组织开展了两批绿色建筑设计标识的评价工作，经过严格的项目评审及公示，共有10个项目获得“绿色建筑设计评价标识”，其中三星级项目4项、二星级项目2项、一星级项目4项。

由于一、二星级绿色建筑的评选具有更广泛而现实的意义，也能够更加充分调动全国各地发展绿色建筑评价标识的积极性，住房和城乡建设部于近期出台了《一、二星级绿色建筑评价标识管理办法（试行）》（以下简称《管理办法》），《管理办法》鼓励具备条件的省市住房和城乡建设主管部门经过住房和城乡建设部审批后，科学、公正、公开、公平地开展所辖地区一、二星级绿色建筑评价标识工作，绿色建筑评价标识分为规划设计阶段和竣工投入使用阶段，其中规划设计阶段绿色建筑评价标识的有效期为1年，竣工投入使用阶段绿色建筑评价标识的有效期为3年。

1.3.4.2 我国香港地区绿色建筑评估体系（HK-BEAM）

（1）HK-BEAM的发展历程　HK-BEAM（《香港建筑环境评估标准》）是在借鉴英国BREEAM体系主要框架的基础上，由香港理工大学于1996年制定的。目前，HK-BEAM的拥有者和操作者均为香港环保建筑协会（HK-BEAM Society）。

1999年，“办公建筑物”版本经小范围修订和升级后再次颁布，与之同时颁布的还有用于高层住宅类建筑物的一部全新的评估办法。2003年，香港环保建筑协会发行了HK-BEAM的试用版4/03和5/03，再经过进一步研究和发展以及大范围修订，在试用版的基础上修订而成4/04和5/04版本。除扩大了可评估建筑物的范围之外，这两个版本还扩大了评估内容的覆盖面，将那些认为是对建筑质量和可持续性进一步定义的额外问题纳入到评估内容。

（2）HK-BEAM评估方法和HK-BEAM体系　HK-BEAM体系所涉及的评估内容包括两大方面：一是“新修建筑物”；二是“现有建筑物”。环境影响层次分为“全球”、“局部”和“室内”三种。同时，为了适应香港地区现有的规划设计规范、施工建设和试运行规范、能源标签、IAQ认证等，HK-BEAM包括了一系列有关建筑物规划、设计、建设、管理、运行和维护等的措施，保证与地方规范、标准和实施条例一致。

HK-BEAM建立的目的在于为建筑业及房地产业中的全部利益相关者提供具有地域性、权威性的建设指南，采取引导措施，减少建筑物消耗能源，降低建筑物对环境可能造成的负面影响，同时提供高品质的室内环境。HK-BEAM采取自愿评估的方式，对建筑物性能进行独立评估，并通过颁发证书的方式对其进行认证。

HK-BEAM就有关建筑物规划、设计、建设、试运行、管理、运营和维护等一系列持续性问题制订了一套性能标准。满足标准或规定的性能标准即可获得“分数”。针对未达标部分，则由指南部分告之如何改进未达标的性能，将得分进行汇总即可得出一个整体性能等级。根据获得的分数可以得到相应分数的百分数（%）。出于对室内环境质量重要性的考虑，在进行整体等级评定时，有必要取得最低室内环境质量得分的最低百分比，见表1-7。

表1-7　HK-BEAM评分等级

等　级	整　体	室内环境质量等级
铂金级	75%	65%(极好)
金级	65%	55%(很好)
银级	55%	50%(好)
铜级	40%	45%(中等偏上)

HK-BEAM的评估程序见表1-8。

表1-8　HK-BEAM评估程序

顺序	程序	内　容
1	资格审核	所有新修和最近重新装修的建筑物均有资格申请HK-BEAM评估，包括但不限于办公楼、出租楼、餐饮楼和服务用楼、图书馆、教育用楼、宾馆和居民公寓楼等
2	开始阶段	在建筑物的设计阶段启动评估程序能够带来较好的效果，建议在开始阶段即进行HK-BEAM评估，便于设计人员有针对性地对提高建筑物整体性能而进行修改
3	指南	香港环保建筑协会评估员将会给客户发放问卷，问卷详细包含了评估要求的信息。评估员将安排时间与设计团队讨论设计细节。之后，评估员将根据从问卷和讨论中收集到的信息进行评估，并产生一份临时报告。此报告将确认取得的得分、可能的得分以及需做改善而获取的得分。在此基础上，可能促使客户对设计或建筑物规范进行修改
4	颁证	如本评估法标准下大多数分数的取得是根据建设和竣工时的实际情况而定，那么证书只能在建筑物竣工之时颁发。对于已做评估登记的建筑开发项目，其在评估中使用的评分和评估标准按注册时的评分和评估标准为准，除非客户申请使用注册后新产生的评分和标准
5	申诉程序	对整个评估或任何部分的异议均可直接提交到香港环保建筑协会，由协会执行委员会进行裁定。客户在任何时候有权以书面形式陈述申诉内容并提交给协会

目前，主要由香港环保建筑协会负责执行 HK-BEAM。香港有近九成耗电量用于建筑营运。HK-BEAM 已在港推行多年，以人均计算，就评估的建筑物和建筑面积而言，HK-BEAM 在世界范围内都处于领先地位。已完成的评估方案主要包括带空调设备的商业建筑物和高层住宅建筑物。在建筑物环境影响知识的普及中，香港环保建筑协会也在积极宣传“绿色和可持续建筑物”的理念；同时，为了积极配合宣传，香港政府提出以政府部门为范例，规定新建政府建筑物都必须向 HK-BEAM 进行申请认证，希望以评级制度推动环保建筑的发展。

1.3.4.3 我国台湾地区绿色建筑评估体系

（1）绿色建筑标章评估体系的发展历程　我国台湾地区的绿色建筑研究开展较早，于1979 年出版了《建筑设计省能对策》一书，开创了建筑省能研究的里程碑。1998 年，建筑研究所提出了本土化的绿色建筑评估体系，包括基地绿化、基地保水、水资源、日常节能、二氧化碳减量、废弃物减量及垃圾污水改善 7 项评估指标为主要内容，并于 1999 年 9 月开始进行绿色建筑标章的评选与认证。2002 年，建筑研究所除 7 项评估指标外，新增生物多样性与室内环境指标，形成 9 项评估指标系统，将台湾绿色建筑从“消耗最少地球资源，制造最少废弃物”的消极定义，扩大为“生态、节能、减废、健康”（EEWH 评估系统）的积极定义，并于 2003 年度正式施行。2005 年新增分级评估，其目的在于认定合格绿色建筑的品质优劣，经过评估后将合格依其优劣程度，依序分为钻石级、黄金级、银级、铜级与合格级。

（2）绿色建筑标章评估体系的内容与评估方法　台湾地区的绿色建筑标章评估体系分为“生态、节能、减废、健康”4 大项指标群，包含生物多样性指标、绿化量指标、基地保水指标、日常节能指标、二氧化碳减量指标、废弃物减量指标、室内环境指标、水资源指标、污水垃圾改善指标等 9 项指标（见表 1-9）。

表 1-9 绿色建筑标章评估指标系统与地球环境的关系

指标群	指标名称	与地球环境关系						尺度关系		
		气候	水	土地	生物	能源	资材	尺度	空间	次序
生态	1. 生物多样性指标	*	*	*	*			大	外	先
	2. 绿化量指标	*	*	*	*			↑	↑	↑
	3. 基地保水指标	*	*	*	*			|	|	|
节能	4. 日常节能指标	*				*		|	|	|
减废	5. CO_2 减量指标			*		*	*	|	|	|
	6. 废弃物减量指标			*			*	↓	↓	↓
健康	7. 室内环境指标			*		*	*	↓	↓	↓
	8. 水资源指标	*	*					↓	↓	↓
	9. 污水垃圾改善指标		*		*		*	小	内	后

通过绿色建筑标章制度评估的建筑物，根据其生命周期中的设计阶段和施工完成后的使用阶段可分为绿色建筑候选证书及绿建筑标章两种：取得使用执照的建筑物，并合乎绿色建筑评估指标标准的颁授绿色建筑标章；尚未完工但规划设计合乎绿色建筑评估指标标准的新建建筑颁授候选绿建筑证书。

在 1999 年绿色建筑标章制度实施的初期，并不强制要求每个申请案件均能通过 7 项指标评估，但规定至少要符合日常节能和水资源两项门槛指标基准值，达到省水、省电及低污染的目标即可通过评定。至 2003 年，评估体系扩大到 9 项指标，评估的门槛也相应提高，除必须符合日常节能及水资源两项门槛指标外，还需符合两项自选指标。

根据评估的目的和使用者的不同，绿色建筑标章评估过程可分为规划评估、设计评估和奖励评估以下3个阶段。

① 阶段一，规划评估。又称简易查核评估，主要作用是为开发业者、规划设计人员所开设的绿色建筑策略解说与简易查核法，提供设计前的投资策略和设计对策规划。

② 阶段二，设计评估。又称设计实务评估，主要作用是为建筑设计从业人员在进行细部设计时提供评估依据，并对设计方案进行反馈和检讨。

③ 阶段三，奖励评估。又称推广应用评估，主要作用是为政府、开发业者、建筑设计者提供专业的酬金、容积率、财税、融资等奖励政策的依据。

第2章

绿色建筑节能设计与实例

2.1 绿色建筑集成化设计

对于建筑节能来说，仅仅提出严格的标准是远远不够的，建筑节能技术的推广和使用离不开设计这一环节，而传统的设计模式很难真正高效地利用各种节能建筑技术。因此，有必要采用以节能为目标的集成化设计模式，加强相关建筑、结构、材料、设备、电气等传统意义上的“专业”合作甚至融合的过程。建筑集成化设计方法及流程的研究和开发一直是国外绿色建筑领域的热门课题，集成是绿色建筑设计的发展趋势。在集成化设计流程方面，国际能源组织相继资助完成了“Annex 23：Solar Low Energy Buildings and Integrated Design Process”，“Annex 32：Integral Building Envelope Performance Assessment”等一系列关于建筑集成化设计及相关技术的研究项目。这些项目对集成化设计的设计流程及相关技术进行了初步研究，提供了集成化设计的原始框架。

2.1.1 集成化设计概念及发展

为找到一种非常适合绿色建筑设计的方法与流程，了解设计方法的发展是非常有益的。尽管近50年来曾有众多理论和尝试来试图描述设计的过程，但对于设计过程该如何处理（或操作）仍然没有一致意见或全面的理论。

现代设计方法论的研究始于20世纪50年代末60年代初。第一代设计理论源于20世纪60年代早期，其特点是认为设计是一个解决问题的过程。设计过程本身被分成3个单独步骤：分析、综合、评价。第二代设计理论的探讨集中于1966～1973年这段时间里，焦点集中于设计问题是怎样的，什么是它的特殊结构与特殊本质。第三代设计理论始于20世纪70年代末期，并承认了在设计中有惯例的、文脉的知识。

进入20世纪90年代以后，随着能源、资源问题的日趋严重，新一代设计理论得到了长足发展。建筑师和设备工程师必须在能源利用的层面上考虑建筑设计的含意。这就需要最终发展一种设计方法，它强调以较低的能耗通过被动式（综合考虑气候）技术与主动式（建筑暖通空调等设备）技术满足所有舒适感的要求，即集成化设计方法。集成化设计通过合理调整建筑物、建筑围护结构设计及暖通空调等设备之间的关系提高能源利用率。此外，集成化设计还能保证建造过程实现既定目标，进而提高环境品质并降低成本。

集成建筑设计是一种多专业配合的设计方法。集成建筑设计把传统观念认为与建筑设计不相关的主动式技术和被动式技术等集合到一起考虑，以较低的成本获得高性能和多方面的效益。这种设计方法通常在形式、功能、性能和成本上把绿色建筑设计策略与常规建筑设计标准紧密结合。

在建筑物寿命周期内，设计的集成越早进入设计过程，它的有效性就越高，其节能的效果就越明显。相反，如果建筑节能技术只作为事后的一种弥补，那么整个设计目标就很难实现，而且为实施节能策略也会造成很昂贵的开支。

2.1.2 集成化设计特点

集成化设计是一个将建筑作为整个系统（包括技术设备和周边环境）从全生命周期来加以考虑和优化的过程。集成化设计具有以下特点：

① 集成化设计不是一种风格，而是一种以传统建筑目标与技术集成为中心的设计过程；

② 集成化设计将各种技术与对地区和社会条件的本地化响应结合在一起，更能适应当地的气候、地理、社会条件；

③ 集成化设计是基于信息的，而不是基于形式的，它并不规定一栋建筑应该是什么样子，而是通过设计保证它应该如何运转，集成化设计使用灵活的技术（或者适宜技术）来获得一种建筑与其使用者以及环境之间的动态交互关系；

④ 集成化设计以标准化设计为目标，涉及整个设计过程的各个不同阶段；

⑤ 集成化设计是自组织的，其结果并不是固定的，而是更像一个生物有机体，它不断了解自身和周边环境，适应变化的条件并改善自身的性能；

⑥ 集成化设计是基于多学科和基于网络的，它涉及不同专业设计人员在不同环境下使用各种手段进行的同步的对话，在任何可能地方发生，涵盖设计的所有方面；

⑦ 集成化设计的核心是多目标决策方法 MCDM（Multi-Criteria Decision Making），它既是设计又是交流的媒介，配合以综合评价和模拟仿真技术与工具，集成化设计活动鼓励设计中的全面开放参与；

⑧ 集成化设计的发展和普及，需要对现有教育和工作模式进行改革。

2.1.3 集成化设计流程及其与传统设计流程的比较

集成化设计流程涉及建筑平面功能、空间和造型设计、能耗、室内环境、建筑结构和构造等方面，因而，整体考虑非常重要。需要构建出清晰的设计流程，以利提高对设计目的、设计行为、参与者和设计对象的整体认识，并用最佳方法对它们进行适时调节。没有清晰的流程，复杂的集成化设计就会流于形式，既定目标就不可能达到。

传统的设计过程是类似于流水线的线性设计过程。这一设计结构的特点是：一，阶段性强，每个设计阶段都有明确的设计目标和所要解决的问题；二，每一设计阶段既是前一设计阶段的延续与发展，又为后阶段的设计提供依据与基础（图 2-1）。这种按时序组织的传统设计流程在过程组织、任务分配及提高工作效率方面是有优势的。但是顺序的工作程序不能在单独的阶段（尤其是方案设计阶段）给予设计优化足够的支持，而建筑节能的实现需要各个专业的设计人员同时工作，或者说必须采用环状，而不是线性的协同工作模式。

然而相对于线性化流程，集成化设计的参与者在阶段中的工作流程却是非线性的。从图 2-2 可以看出，这种工作流程可以用“循环圈”来表示。“循环圈”提供了基于分析问题设计方案的优化过程，即综合其他专家意见，考虑城市文脉和社会问题对设计产生的限制，按照设计目标和指标评价设计方案以做出最佳设计。

实际上设计流程是由许多粗略界定的阶段组成的，它要求每个阶段都有独立的循环，并对贯穿整个设计流程的设计目标和准则不断地进行检查（图 2-3）。

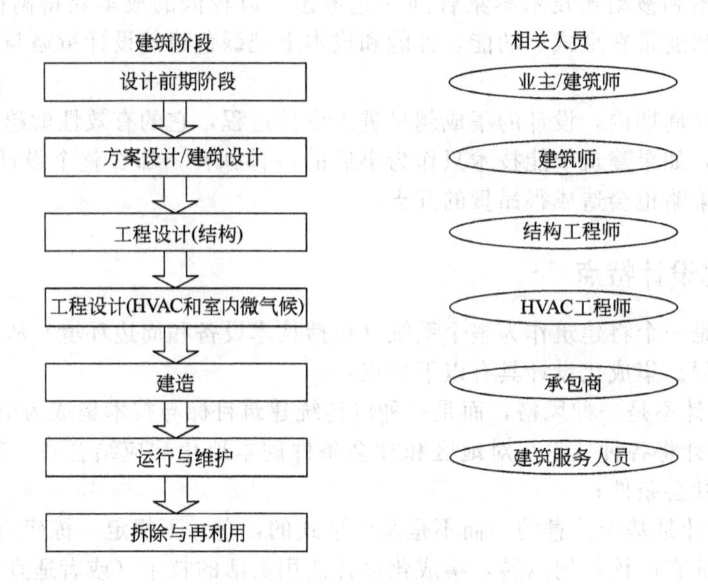

图 2-1 传统设计的基本流程

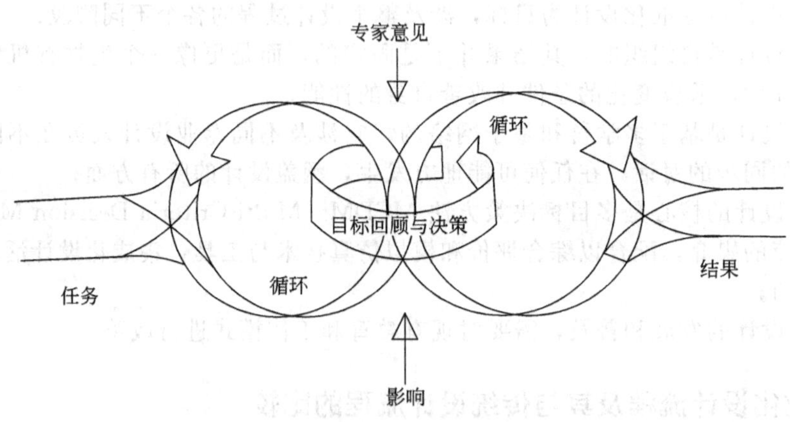

图 2-2 设计循环圈原理

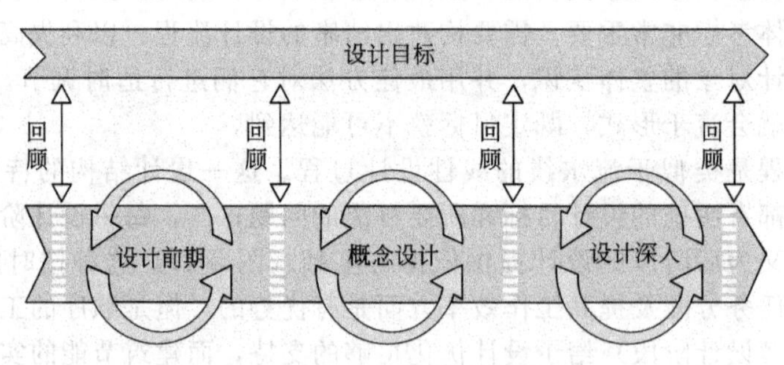

图 2-3 集成化设计流程原理

根据各个阶段问题的难度和本阶段之前的设计过程中得到的结论，循环重复的特点是不同的。设计者应该关注循环工作流程间的重合部分，它可以是最初成果、阶段性成果和最终决策。两个设计阶段的过渡需要称职的项目管理人员组织，他（她）需要在仔细地处理各种信息的基础上果断地进行决策。集成化设计流程包括以下主要阶段。

（1）设计开发要点确定阶段 该阶段包括确定设计目标和准则以及可行性研究。对于可持续建筑而言，这个阶段应包括对能源目标、环境目标、寿命周期的运行费用和集成化设计需求

的界定。

(2) 设计前期阶段　该阶段对包括风、太阳、景观和城市发展规划在内的场地潜力进行分析，对业主的任务书和功能列表进行分析，确定建筑设计、能源系统、可再生能源系统、室内环境解决方案的基本原则。

(3) 概念设计阶段　该阶段将建筑、结构、能源和环境理念联系起来，结合室内环境以及功能需求进行综合考虑。同时结合设计开发要点比较各个不同解决方案的优缺点。

(4) 初步设计阶段　在此阶段中，当与既定目标相吻合时，建筑理念就会通过草图、计算、调整和优化，转变成为具体的建筑和技术解决方案，建筑、空间、功能、结构、能耗需求和室内环境方案才能得以清晰。

(5) 施工图设计阶段　在此阶段中，在建筑承包商、材料供应商和产品制造商的协助下，完善技术性解决方案，并完成设计说明和最终施工图。

(6) 签订并实施合同阶段　对建造过程进行全程监督以确保对能源和环境问题的理解。该阶段也包括建造过程监控和部分试运行。

(7) 试运行与交付使用阶段　该阶段建筑物将试运行以确保建筑和技术系统能正常工作，然后将建筑物移交给业主和用户。

(8) 建筑的运行和维护阶段　通过对建筑进行充分管理与维护、持续监控以及对其性能进行改进才能促使能源和环境性能长期保持高效。

2.1.4 集成化设计流程各阶段中的模拟计算

模拟计算是实现建筑节能的重要环节，但由于传统建筑设计流程存在的缺陷，往往在建筑方案的施工图阶段才进行一定的建筑模拟计算与评价；更多的设计者是在建筑施工甚至建筑交付使用后按要求进行建筑模拟计算与评价，使其失去对设计方案应有的指导性与评价性，这一现象的后果是：①建筑节能设计没有实时的能耗评价手段而几乎成为一纸空谈；②模拟计算在设计过程中的顺序错误，使许多本应该在方案设计阶段与初步设计阶段修正的内容与优化成为不可能；③后验算式的模拟计算，只能使建筑设计采用亡羊补牢式的弥补缺陷的方法，导致不必要的资源与能源浪费；④导致建筑节能推广的速度减缓，建筑节能效果不甚明显。

只有采用集成化设计的流程和方法，才能将建筑模拟计算与建筑设计过程结合起来，实现建筑节能设计。由于不同的设计阶段有不同的设计任务、不同的已知和未知条件，因此，不同阶段的设计应有各自的循环设计与评价过程（图 2-4）。

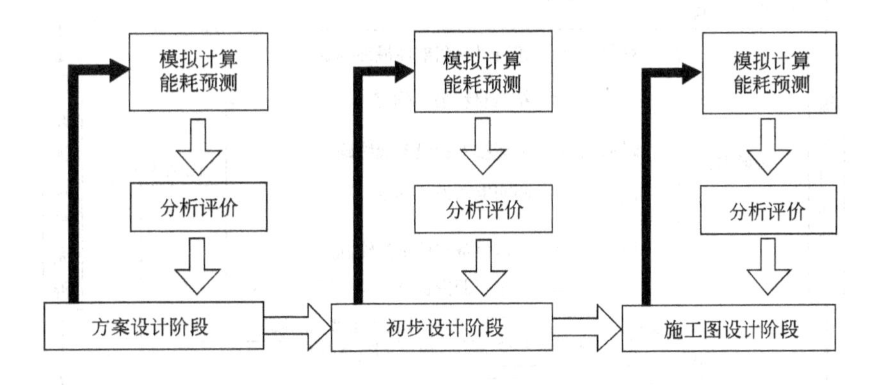

图 2-4　集成化设计各阶段中的建筑模拟计算与评价

这样，建筑设计就成为分阶段逐步深入、逐步细化的过程，同时也是一个循环设计、信息反馈的过程：①每一个设计阶段的设计都是在前阶段设计工作基础上的进一步创作与细化；②每个阶段又都有其相对的独立性，其主要的任务不同，面临的问题也不同；③每个阶段内，应有所选择与侧重，通过实时的评价与计算，形成信息的反馈以进行阶段修改。这种共性与个性、统一性与阶段性的结合正是以节能为目标的集成化设计流程的主要特征。

2.1.5 以建筑节能为目标的集成化设计流程框架

要实现集成化设计，一方面，需要在项目初始阶段组建一个包括各专业设计人员和其他专家在内的设计团队。另一方面，需要将传统设计流程从线性化流程转变为环状流程，重点体现在方案设计、初步设计和施工图设计 3 个阶段流程的改进。图 2-5 表达了为以节能为目标的集成化设计流程框架。

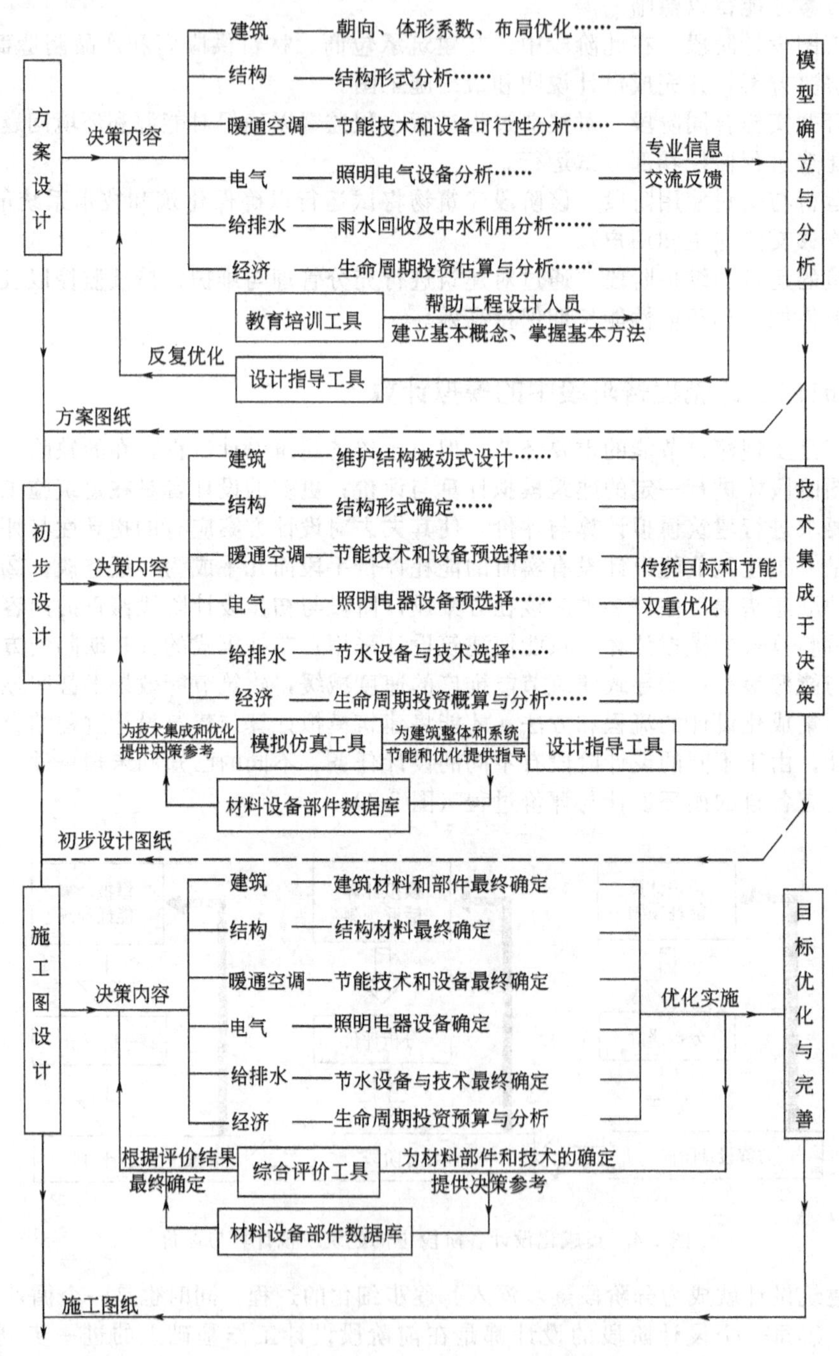

图 2-5 以节能为目标的集成化设计流程框架

（1）方案设计阶段 在方案设计阶段，建筑师与工程师的专业知识整合并相互启发，以满足建筑需求。同时，建筑设计、工作或生活环境和视觉效果的要求；功能、结构、能耗、室内环境质量的要求；其他质量指标诸如建筑性能、热舒适、户外景观等要求，均在该阶段中加以考虑。该阶段将建筑设计各专业的信息进行相互整合。设计节能建筑或绿色建筑的先决条件如下：在方案设计阶段，设计团队必须不断评测方案所采用的建筑形式、平面布局、建设计划、建筑朝向、构造方式，根据采暖、制冷、通风和采光要求以及气候对于建筑节能的影响，优化这些因素的组合，保证这些因素对建筑功能和能源环境的最优。这一过程需要两类工具为设计人员提供指导：一是教育培训工具，其目的是帮助工程设计人员建立基本概念并掌握集成化设计的基本方法；二是设计指导工具，其目的是为设计团队反复修改和比较方案提供快速和可视化的参考。方案的选择可以通过简单计算方法或软件模拟方法进行，从而通过比较寻求解决方案。通过计算结果，设计团队可以全面系统了解影响建筑能源和室内环境性能优化的主要因素。这样，设计团队能考虑这些因素，草拟各种较好的解决方案。

（2）初步设计阶段 通过初步设计，确定建筑的最终形式，并使其符合设计意图。设计人员在该阶段必须做到：对方案设计阶段考虑的所有因素，如总体布局、建筑形式、功能、空间设计、室内布置、相关规范、室内环境技术和能源解决方案进行整合。在初步设计过程中，应该优化方案中的各种因素，同时模拟和计算有关建筑能源和室内环境性能的结果。这一过程需要两类工具为设计人员提供指导：一是模拟仿真工具，其目的是为了设计团队对项目进行技术集成和优化提供决策参考；二是设计指导工具，其目的是为建筑整体和系统部分的节能优化提供指导。此外，还应提供材料设备部件数据库以方便设计人员根据优化结果进行选择。这样，使得建筑的每部分都能“各行其职”，甚至有可能额外提高某些性能。初步设计阶段决定了建筑的造型和最终表现形式，从而产生集建筑学、空间、美学、视觉效果、功能与技术解决方案于一体、可能是最为恰当的新建筑。

（3）施工图设计阶段 在施工图设计阶段，应改善技术解决方案，联合工程承包商、设备商和材料商，确定相关产品规格与型号并制作最终图纸。最终的施工资料和产品规格必须符合规范、测量和检验要求，同时还要包括对必要的能源与环境性能的阐述和解释。能源与环境分析的结果应与设计执行过程一致，还应包括能源模拟和计算以及成本与效益的对比分析等内容。这一过程主要采用综合评价工具，其目的是为材料部件和选用的技术提供决策参考，并根据评价结果最终确定材料、设备和相关部件。此外，为保证建成项目的质量尽可能提供关于对建造过程要求的详细附加说明，消除可能的误解、曲解，避免提高成本或耽误工期。

2.2 绿色建筑节能规划设计

2.2.1 绿色建筑规划的设计原则

在建筑物的基本建设过程的三个阶段（即规划设计阶段、建设施工阶段、运行维护阶段）中，规划设计是源头，也是关键性阶段。规划设计只需要消耗极少的资源，却决定了建筑存在几十年内的能源与资源消耗特性。从规划设计阶段推进绿色建筑，就抓住了关键，把好了源头，比后面的任何一个阶段都重要，可以收到事半功倍的效果。

在绿色建筑规划设计中，要关注对全球生态环境、地区生态环境及自身室内外环境的影响，要考虑建筑在其整个生命周期内各个阶段对生态环境的影响。绿色建筑规划的设计原则可归纳为以下几个方面。

（1）节约生态环境资源

① 在建筑全生命周期内，使其对地球资源和能源的消耗量减至最小；在规划设计中，适

度开发土地，节约建设用地。

② 建筑在全生命周期内，应具有适应性、可维护性等。

③ 减少建筑密度，少占土地，城区适当提高建筑容积率。

④ 选用节水用具，节约水资源；收集生产、生活废水，加以净化利用；收集雨水加以有效利用。

⑤ 建筑物质材料选用可循环或有循环材料成分的产品。

⑥ 使用耐久性材料和产品。

⑦ 使用地方材料。

(2) 提高能源利用效率，使用可再生能源

① 采用节约照明系统。

② 提高建筑围护结构热工性能。

③ 优化能源系统，提高系统能量转换效率。

④ 对设备系统能耗进行计量和控制。

⑤ 使用再生能源，尽量利用外窗、中庭、天窗进行自然采光。

⑥ 利用太阳能集热、供暖、供热水。

⑦ 利用太阳能发电。

⑧ 建筑开窗位置适当，充分利用自然通风。

⑨ 利用风力发电。

⑩ 采用地源热泵技术实现采暖空调。

⑪ 利用河水、湖水、浅层地下水进行采暖空调。

(3) 减少环境污染，保护自然生态

① 在建筑全生命周期内，使建筑废弃物的排放和对环境的污染降到最低。

② 保护水体、土壤和空气，减少对它们的污染。

③ 扩大绿化面积，保护地区动植物种类的多样性。

④ 保护自然生态环境，注重建筑与自然生态环境的协调；尽可能保护原有的自然生态系统。

⑤ 减少交通废气排放。

⑥ 废弃物排放减量，废弃物处理不对环境产生再污染。

(4) 保障建筑微环境质量

① 选用绿色建材，减少材料中的易挥发有机物。

② 减少微生物滋长机会。

③ 加强自然通风，提供足量新鲜空气。

④ 恰当的温湿度控制。

⑤ 防止噪声污染，创造优良的声环境。

⑥ 充足的自然采光，创造优良的光环境。

⑦ 充足的日照和适宜的外部景观环境。

⑧ 提高建筑的适应性、灵活性。

(5) 构建和谐的社区环境

① 创造健康、舒适、安全的生活居住环境。

② 保护建筑的地方多样性。

③ 保护拥有历史风貌的城市景观环境。

④ 对传统街区、绿色空间的保存和再利用；注重社区文化和历史。

⑤ 重视旧建筑的更新、改造、利用，继承发展地方传统的施工技术。

⑥ 尊重公众参与设计等。

⑦ 提供城市公共交通，便利居住出行交通等。

绿色建筑不可能包含资源和环境的所有问题，绝大多数绿色建筑都是根据地区的资源条件、气候特征、文化传统及经济、技术水平等对某些方面的问题进行强调和侧重。在绿色建筑规划设计中，可以根据各地的经济、技术条件，对设计中各阶段、各专业的问题，排列优先顺序，并允许调整或排除一些较难实现的标准和项目。对有些标准予以适当放松和降低。着重改善室内空气质量和声、光、热环境，研究相应的解决途径与关键技术，营造健康、舒适、高效的室内外环境。

2.2.2 绿色建筑节能规划设计的内容与要求

建筑节能规划设计是建筑节能设计的一个重要方面，它包括建筑选址、分区、建筑布局、道路走向、建筑方位朝向、建筑体形、建筑间距、季风主导方向、太阳辐射、建筑外部空间环境构成等方面。采暖建筑节能规划设计的目的是优化建筑的微气候环境，充分利用太阳能、季风主导风向、地形和地貌等自然因素，并通过建筑规划布局，充分利用有利因素，改造不利因素，形成良好的居住条件，创造良好的微气候环境，达到建筑节能的要求。

2.2.2.1 建筑选址

就建筑选址而言，大到一座城市，中到一个居住小区，小到一村一镇、一幢别墅、一套住宅，都有选址的必要。规划设计的建筑选址对节能影响比较大。建筑所处位置的地形地貌将直接影响建筑的日照得热和通风，从而影响室内外热环境和建筑耗热。

传统的建筑选址原则无非是追求良好的生存条件、适宜和谐的居家环境，它通常重视地表、地势、地物、地气、土壤及方位、朝向等。例如，江苏省传统民居常常依山面水而建，其利用了山体阻挡冬季的北面的寒风，利用了水面冷却夏季南面的季风，在建筑选址时已经因地制宜地满足了日照、采暖、通风、给水、排水的需求。

通常而言，建筑的位置宜选择良好的地形和环境，如向阳的平地和山坡上，并且尽量减少冬季冷气流的影响。但是，在当今现代社会，除非是个别的特殊建筑，业主随心所欲地在某一山坡、河边、城区或村头建一座房子，已是不太可能的事情。规划设计阶段对建筑选址的可操作范围常常很有限，规划设计阶段的建筑节能理念更多的是根据场地周边的地形地貌，因地制宜地通过区域总平面布局、朝向设置、区域景观营造来实现。

2.2.2.2 建筑布局

（1）建筑的合理布局有利于改善日照条件　以住宅楼群为例，住宅楼群中不同形状及布局走向的住宅其背向都将产生不同的阴影区。地理纬度越高，建筑物背向的阴影区的范围也越大，因而在住宅楼组合布置时，应注意从一些不同的布局处理中争取良好日照。

① 在多排多列楼栋布置时，采用错位布局，利用山墙空隙争取日照。

② 点、条组合布置时，将点式住宅布置在好朝向位置，条状住宅布置在其后，有利于利用空隙日照。

③ 在严寒地区，城市住宅布置时可通过利用东西向住宅围合成封闭或半封闭的周边式住宅方案。这种布局可以扩大南北向住宅间距，可以形成较大的院落，对节能节地有利。南北向与东西向住宅围合一般有四种方案，如图 2-6 所示。这四种方案从对争取室内日照，减少日照遮挡来看，方案 2 及方案 4 最好。

④ 全封闭围合时，开口的位置和方位以向阳和居中为好。

（2）建筑的合理布局有利于改善风环境　建筑节能规划设计应利用建筑物阻挡冷风、避开不利风向、减少冷空气对建筑物的渗透。我国北方城市冬季寒流主要受来自西伯利亚冷空气的影响，所以，冬季寒流风向主要是西北风，故建筑规划中为了节能，应封闭西北向，合理选择封闭或半封闭周边式布局的开口方向和位置，使得建筑群的组合做到避风节能（图 2-7）。

建筑布局时，尽可能注意使道路走向平行于当地冬季主导风向，这样有利于避免积雪。通

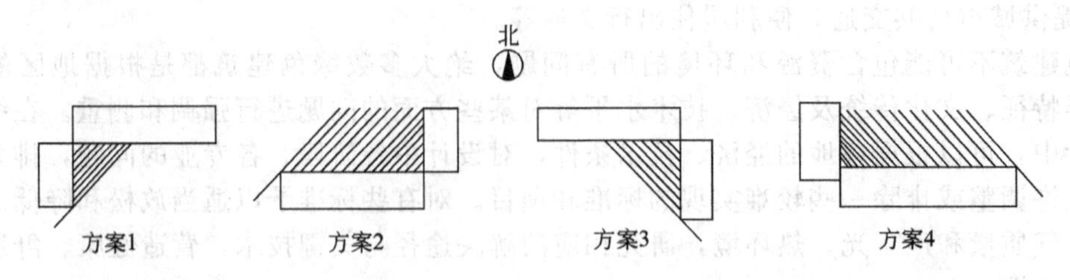

图 2-6　南北向与东西向住宅四种方案比较

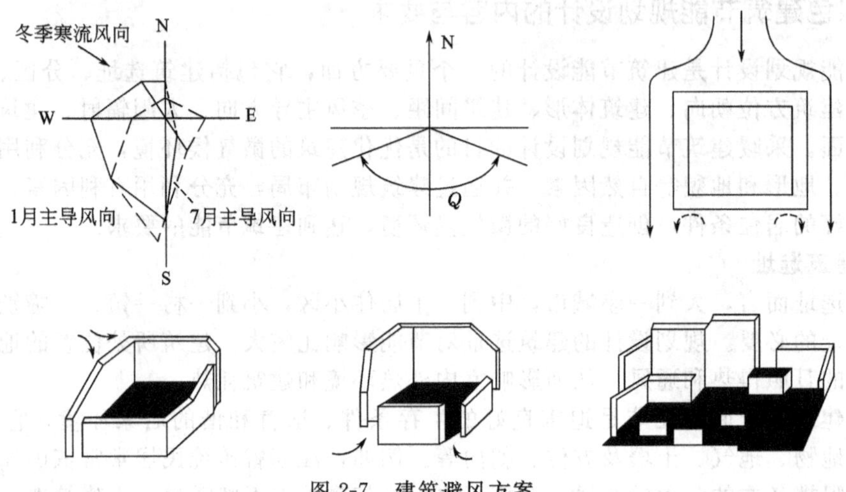

图 2-7　建筑避风方案

过适当布置建筑物降低冷天风速，可减少建筑物和场地外表面的热损失，节约热能。建筑物紧凑布局，使建筑间距与建筑高度之比在 1∶2 的范围以内，可以充分利用风影效果使后排建筑避开寒风侵袭，利用建筑组合将较高层建筑背向冬季寒流风向，减少寒风对中、低层建筑和庭院的影响，以创造适宜的微气候。以实体围墙作为阻风设施时，应注意防止在背风面形成涡流，可在坡体上做引导气流向上穿通的百叶式孔洞，使小部分的风由此流过，而大部分的气流在墙顶以上的空间流过，这样就不会形成涡流。

在规划布局时，应避免风洞、风漏斗和高速风走廊的道路布局和建筑排列（图 2-8、图 2-9）。

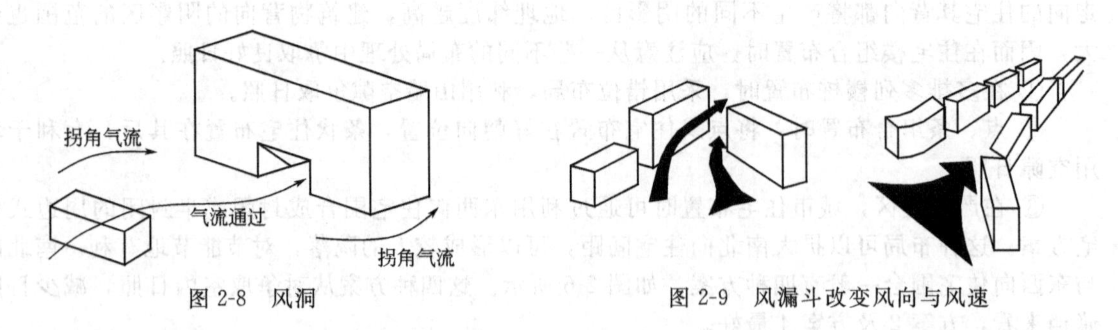

图 2-8　风洞　　　　图 2-9　风漏斗改变风向与风速

（3）建筑的合理布局有利于建立良好的气候防护单元　建筑布局宜采用单元组团式布局，形成较封闭、较完整的庭院空间，充分利用和争取日照，避免季风干扰，组织内部气流，利用建筑外界面的反射辐射，形成对冬季恶劣气候条件有利防护的庭院空间，建立良好的气候防护单元。气候防护单元的建立应充分结合特定地点的自然环境因素、气候特征、建筑物的功能、人的行为活动特点，也就是建立一个小型组团的自然—人工生态平衡系统，改善建筑的日照条件和风环境以达到节能的效果（图 2-10）。

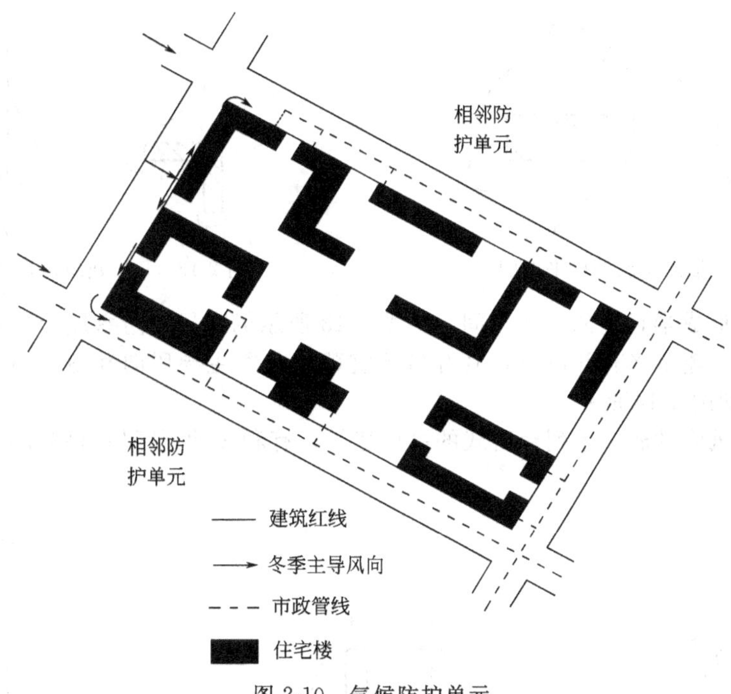

图 2-10　气候防护单元

2.2.2.3　建筑体形

人们在建筑设计中常常追求建筑形态的变化，从节能角度考虑，合理的建筑形态设计不仅要求体形系数小，而且需要冬季日辐射得热多，需要对避寒风有利。具体选择节能体形受多种因素制约，包括当地冬季气温和日辐射照度、建筑朝向、各面围护结构的保温状况和局部风环境状态等，需要具体权衡得热和失热的情况，优化组合各影响因素才能确定。在建筑规划设计中考虑建筑体形对节能的影响时，主要应把握下述因素。

(1) 控制体形系数　建筑体形系数是指建筑物与室外大气接触的外表面积（不包括地面和不采暖楼梯间隔墙与户门的面积）与其所包围的建筑空间体积的比值。体形系数越大，说明单位建筑空间所分担的热散失面积越大，能耗就越多。从有利节能出发，体形系数应尽可能小。一般建筑物的体形系数宜控制在 0.30 以下，若体形系数大于 0.30，则屋顶和外墙应加强保温，以便将建筑物耗热量指标控制在规定水平，总体上实现节能 50％的目标。一般来说，控制或降低体形系数的方法主要有：减少建筑面宽，加大建筑进深；增加建筑物的层数；建筑体形不宜变化过多。严寒地区节能型住宅的平面形式应追求平整、简洁，如直线形、折线形和曲线形。在节能规划中，住宅形式不宜大规模采用单元式住宅错位拼接，不宜采用点式住宅或点式住宅拼接。因为错位拼接和点式住宅都形成较长的外墙临空长度，不利于节能。

(2) 考虑日辐射得热量　仅从冬季得热最多的角度考虑，应使南墙面吸收的辐射热量尽可能大，且尽可能地大于其向外散失的热量，以将这部分热量用于补偿建筑的净负荷。长、宽、高比例较为适宜的体形，在冬季得热较多，在夏季得热为最少。

(3) 设计有利于避风的建筑形态　单体建筑物和三维尺寸对其周围的风环境影响很大。从节能的角度考虑，应创造有利的建筑形态，减少风流、降低风压、减少耗能热损失。分析下列建筑物形成的风环境可以发现如下规律。

① 风在条形建筑背面边缘形成涡流（图 2-11），建筑物高度越高、进深越小、长度越大时，背面涡流区越大。

② L 形建筑中的风环境。如图 2-12 所示为两个对防风有利的布局。

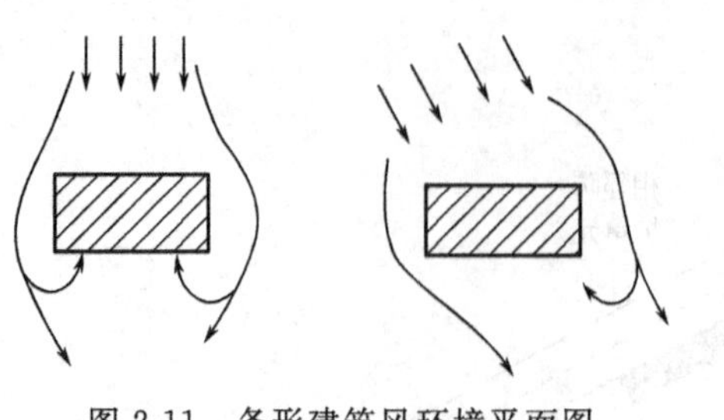

图 2-11 条形建筑风环境平面图

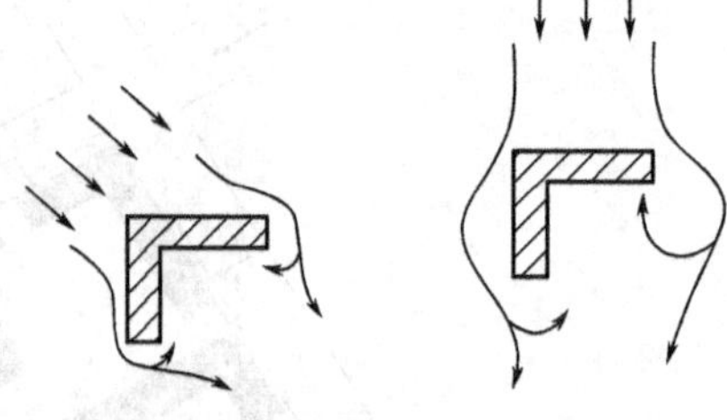

图 2-12 L形建筑风环境平面图

③ U形建筑形成半封闭的院落空间，如图 2-13 所示的布局对防寒风十分有利。

④ 全封闭口形建筑当有开口时，其开口不宜朝向冬季主导风向和冬季最不利风向，而且开口不宜过大，如图 2-14 所示。

⑤ 将迎冬季风面做成一系列台阶式的高层建筑，有利缓冲下行风（图 2-15）。

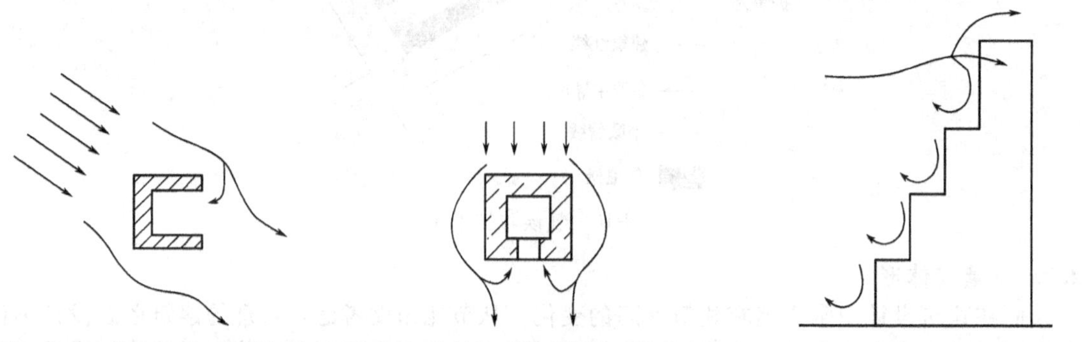

图 2-13 U形建筑风环境平面图　图 2-14 全封闭口形建筑风环境平面图　图 2-15 台阶立面缓冲下行风

⑥ 将建筑物的外墙转角由直角改成圆角有利于消除风涡流。

⑦ 低矮的圆屋顶形式，有利于防止冬季季风的干扰。

⑧ 屋顶面层为粗糙表面可以使冷风分解成无数小的涡流，既可以减少风速也可以多获得太阳能。

⑨ 低层建筑或带有上部退层的多层、高层建筑，将用地布满对节能有利。

不同的平面形体在不同的日期内建筑阴影位置和面积也不同，节能建筑应选择相互日照遮挡少的建筑体形，以利于减少日照遮挡影响太阳辐射得热（图 2-16）。

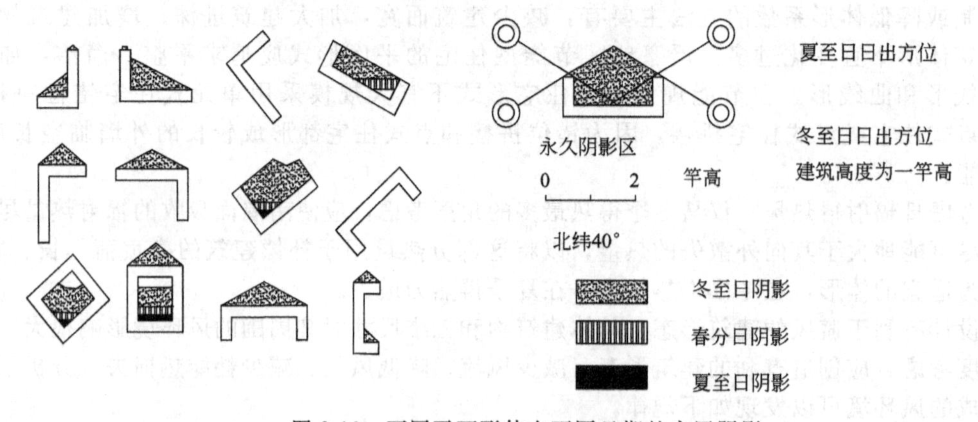

图 2-16 不同平面形体在不同日期的房屋阴影

2.2.2.4 建筑间距

建筑间距应保证住宅室内获得一定的日照量，并结合通风、省地等因素综合确定。住宅组群中房屋间距的确定首先应以能满足日照间距的要求为前提，因为在一般情况下日照间距总是影响建筑间距的最大因素。当日照间距确定后，再复核其他因素对间距的要求。计算建筑物的日照间距时常以冬至日中午（11～13时）2h为日照时间标准。

日照间距是建筑物长轴之间的外墙距离，通常以冬至日正午正南方向，太阳照至后排房屋底层窗台高度为计算点。日照间距计算公式为：

$$L=H/\tan\alpha \tag{2-1}$$

式中 L——前后排房屋间距，m；

H——前排房屋檐口和后排房屋底层窗台的建筑高差，m，如图2-17所示；

α——冬至日或大寒日正午的太阳高度角（当房屋正南方向时）。

在实际应用中，房屋的日照间距通常是以日照间距系数 A 乘以前排建筑的高度 H 来确定的，即 $L=AH$。我国大部分地区日照间距约为 $(1.0\sim1.8)H$，地域越往南间距越小，越往北间距越大。

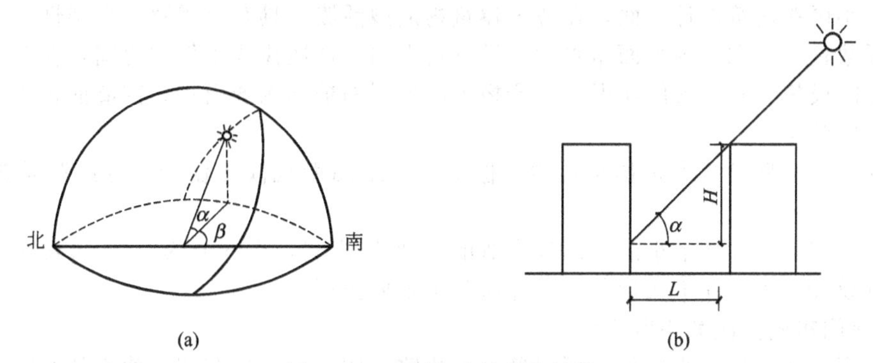

图2-17 日照和建筑物的间距

（a）太阳高度角和方位角；（b）建筑物的日照间距

2.2.2.5 建筑朝向

选择合理的建筑朝向是节能建筑群体布置中首先考虑的问题。建筑物的朝向对太阳辐射得热量和空气渗透耗热量都有影响。在其他条件相同情况下，东西向板式多层住宅建筑的传热耗热量要比南北向高5%左右。建筑物主立面朝向冬季主导风向，会使空气渗透量增加，因此，我国建筑规划设计应以南北向或接近南北向为好。建筑物主要房间宜设在冬季背风和朝阳的部位，以减少冷风渗透和维护结构散热量，多吸收太阳热，并增加舒适感，改善卫生条件。

2.2.2.6 建筑密度

在城市用地十分紧张的情况下，建造低密度的城市建筑群体是不现实的，因而研究建筑节能必须关注建筑密度问题。按照“在保证节能效益的前提下提高建筑密度”的要求，提高建筑密度最直接、最有效的方法，莫过于适当缩短南墙面的日照时间。除缩短南墙日照时间外，在建筑的单体设计中，采用退层处理、降低层高等方法，也可有效缩小建筑间距，对于提高建筑密度具有重要意义。

此外，尚需考虑建筑组群中公共建筑的占地问题。据有关资料显示，一般居住小区中的公共建筑往往以低层铺开、分散稀疏的方式布置，其占地面积竟达住宅用地的50%～60%，这显然是不合理的。如改以集中、多层、多功能、利用临街底层等方式布置，则可节约许多土地。此时，如保持原建筑间距不变，则可增加总建筑面积，取得更好的开发效益，如保持原建筑密度不变，则可适当加大建筑间距，从而取得更好的节能效果。

2.2.3 绿色建筑节能规划设计实例

2.2.3.1 哈尔滨某节能实验住宅小区规划

哈尔滨某节能实验住宅小区规划新建建筑面积 $14.37\times10^4\text{m}^2$，包括原有住宅建筑 $2.0\times$

10^4m^2，合计 $16.37\times10^4m^2$。如考虑今后再扩建 $2.0\times10^4m^2$，则小区总建筑面积将达到 $18.37\times10^4m^2$。其中，节能30%的小区约占44.0%，节能50%的小区约占35.7%，不节能的小区约占20.3%。由于资金等方面原因，该小区1991年节能住宅仅完成 $4.7\times10^4m^2$，1992年仅完成 $1.3\times10^4m^2$。

小区在规划中在如下方面进行了研究。

① 对节能型各类住宅在布局上采用改良行列式和周边式的组合，形成不同的围合空间。

② 建筑方位以南北向为主，争取南向最佳日照环境。为了实测不同建筑方位节能效果，规划中特意做了八个方位的不同布置，增加可比性。

③ 建筑围合开口的位置安排向阳、居中，封闭冬季季风主导风向西北向。

④ 主要居室墙面和庭院位于弱风、静风和无风区。

⑤ 小区全部住宅外墙均以白色为主调，冬季阳光反射、辐射十分强烈。

此外，小区在建筑设计方面，在考虑建筑物造型活泼、具有时代感、多样性的同时，尽量减小体形系数；在考虑室内平面布置时，尽量将人们经常居住或工作的房间设在南向；楼梯间全部设置采暖设施，并设置门斗保温；严格控制透明围护结构的面积，窗墙面积比均未超过节能标准控制的数字。

该小区节能规划设计虽是初步探索，但对改善组团微气候和创造良好庭院景观起了积极作用。

经过多年实测，该住宅小区大部分为节能30%的住宅，小部分为节能50%的住宅。该小区节能规划设计对小区住宅实现节能达标起到了重要作用。

2.2.3.2 厦门市同安区某小区规划

厦门市同安区某住宅小区位于厦门岛外同集路东侧，小区的东侧已建有幼儿园、小学和中学。规划区内现有1条东西走向、14m宽的主干道，道路两侧都建有1幢4层商住楼。

规划区地势较为平缓，呈西南高、东北低，气候温和，阳光充足。

小区规划根据自然地形和道路条件进行设计。规划总体构想是充分体现传统文化和时代精神的有机结合，力求展现高度文明的现代气息和富有地方风貌的历史文脉，营造温馨和谐氛围的居住环境。

小区规划用地面积为 $4.83hm^2$，建筑总面积为 $50589.3m^2$（其中：住宅 $39231.3m^2$，公建 $11358m^2$），容积率为1.05，建筑密度为33.2%，绿地率为38%，人均公共绿地 $6.4m^2$。小区规划居住137户，685人。

小区在节能规划设计方面做了如下努力。

(1) 朝向与间距

① 该住宅小区所在位置属于南亚热带海洋性季风气候，气温温和，日照充足，雨量充沛，台风影响季节较长，有明显干湿季之分，夏季主导风向为东南风，冬季主导风向为东北风。根据实际地形和现状，住宅布置与街道平行，坐北朝南偏东3°，为住宅取得较好的朝向。

② 根据日照计算，并考虑采光、通风、防灾和居住私密性要求，住宅南北向间距不小于10m，山墙面积不小于4m。

(2) 绿化与环境景观　小区绿地因地制宜，以组团绿地为组团的核心，形成组团绿地——院落绿地（或宅间绿地）和道路绿化的点、线、面绿化系统。在各主要结点及组团绿地、院落绿地，步行绿地分别布置形态各异的建筑小品，根据不同位置配植各具特色的花坪、树木，使其具有鲜明的地方特色，环境景观具有较强的识别性。小区入口处村委会大楼和综合楼之间组成的广场，其水景、绿景、小品与组团绿地景观遥相呼应，相互衬托，营造了和谐、宜人的人性空间。

2.2.3.3 山东某学院图书馆绿色建筑规划

山东某学院图书馆地下一层地上五层。

该地区地处寒冷地带，其冬季气温<5℃的天数约为90～100天，而夏季气温>28℃的天数约为70天。冬季要采暖，夏季要空调，采暖空调是耗能最大的两项内容。图书馆拟建地段南敞北收，夏季主导风向为西南风，有一定的风力资源可资利用，而且该地区也是我国太阳能资源比较丰富的地区，也是设计中可以考虑利用的重要资源。

拟建地段的地势北高南低，东高西低，在地段北部由于人为大量挖砂取岩造成一个低洼的水塘，现状是污水塘但有一定的蓄水量，有改造利用的条件。

拟建场地为辉长岩分布区，岩体暴露，地下水位层深达数百米，不具备利用地下水或土壤热的条件。岩石风化后，岩砂混杂，在人工大量挖取后，由于形成地坑成为城市居民的垃圾填埋场，植被状况很差，建设地段生态条件恶劣。在深入调查了工程所在地段的这些自然条件和现状实况后，在规划设计方面做了如下主要工作。

① 尽量采用被动式构造技术充分利用本地区太阳能资源。

② 充分利用场地有利地形条件和良好的风环境，加强室内自然通风。设计中采取了使图书馆中庭体积由下往上越来越小的剖面形式，并在中庭天窗上增加拔风烟囱，加强拔风能力。通过风压、热压的耦合强化自然通风。

③ 清理现场垃圾，改善建设场地条件。重视室外场地和建筑周边的绿化，并通过立体绿化，室内外绿化结合的办法，改善场地生态环境。

④ 改造附近水塘，使它成为有利于调节微气候的可用于收集雨水的室外水景观。

⑤ 针对夏热冬冷气候，建筑外围护结构要采取保温隔热构造，根据当地资源条件，外墙采用240mm多孔砖墙体加60mm膨胀珍珠岩；屋顶采用350mm厚加气混凝土，外窗采用中空塑钢窗。对东、南、西三面的外窗要采取遮阳措施，分别采用了退台式植物绿化遮阳，水平式遮阳，混凝土花格遮阳墙三种不同的遮阳方式；在玻璃南边庭内采用了内遮阳方式；屋顶采用绿化遮阳。

⑥ 研究地道风技术用于预冷预热空气的可能。图书馆设计中结合地下人防通道设置了两条45m长和一条80m长的地道，埋深2m以下，抽取地面新风后，通过地道进行预冷预热处理，降低冬季采暖和夏季空调能耗。

2.2.3.4　北川新县城低碳生态城规划

北川新县城是“5·12”汶川特大地震后全国唯一整体异地重建的县城，灾后重建的目标是建设生态城市。在规划设计过程中，将节能减排理念贯穿于规划设计全过程，在规划布局、工业园区规划、城市交通、市政基础设施规划、能源利用、建筑节能等环节充分考虑与自然环境的协调，因地制宜以低冲击开发模式进行建设，为北川新县城的绿色低碳发展奠定了良好基础。新县城建设在节能规划设计方面做了如下工作。

（1）优化布局，提高绿化水平，增加城市碳汇，降低热岛效应　城市绿地是城市中的主要自然因素，大力发展城市绿化，是减轻热岛影响的关键措施。绿地中的园林植物，通过蒸腾作用，不断地从环境中吸收热量，降低环境空气的温度。园林植物光合作用，吸收空气中的二氧化碳，削弱温室效应。此外，园林植物能够滞留空气中的粉尘，抑制大气升温。

① 规划布局中引入气象因素，保护并利用场地自然山水格局。新县城场地四面环山，净风频率高达37%，容易形成污染。北川新县城规划布局充分考虑当地地形环境特点，在市区建立合理的生态廊道体系，将城市外围（生态腹地）凉爽、洁净的空气，引入城市内部，有效缓解城市内部的热岛效应。

北川新县城绿地系统注重生态，强化乡土植物应用以及生态节能技术运用，建设低维护节约型绿地，布局结构是：由山体、水系、滨河及沿路绿带共同组成网络状绿地系统结构。

② 提高城市绿化覆盖率，增加城市碳汇。在不增加人均用地标准的前提下，提供高标准的人均城市绿化。城市公园绿地与居民基本生活采买就近5min可达，节省居民物业维护成本与出行成本；降低绿化成本，采用地方自然树种，减少草皮与大树移栽，以自然灌溉为主。

（2）倡导绿色建筑，引领建筑节能减排

① 严格执行国家和地方现行的建筑节能法规和标准。在住房公建建设中落实节能减排，要求新县城所有建筑都达到国家绿色建筑标准。如目前在建的红旗片区拆迁安置区、温泉片区受灾群众安居房均按照国家绿色建筑一星标准设计。

在北川新县城建设中，积极推广利用新材料、新能源、新技术。在新北川宾馆等推广使用地源热泵新技术；新县城安居房全部使用聚苯板外墙保温材料和中空玻璃，在设计上采用太阳技能供热术，每户预留了太阳能安装位置，实现节能环保。新县城医院等建筑物均规划使用节能便器、声光控开关、节能灯具、节能门窗、节能玻璃、环保型建筑涂料、环保型装饰材料等节能设施和材料。文化艺术学校等建筑，采用了雨水收集系统、太阳能光电系统、外墙节能保温系统、自然通风系统等绿色节能措施。影剧院的建筑设计使用多层通高的中庭，利用自然通风的风压效应由上部通风口排热，部分斜屋顶采用屋顶闷热隔热措施，为建筑提供更好的层面保温性能。同时，还利用当前先进的数字化技术，把新县城建设成“数字化城市”，如全部实行地埋的智能化供电电网，采用智能化电表，可以实行远程抄表，远程控制家庭用电等。

② 编制《绿色建筑设计导则》以及《建筑节能减排设计技术措施》。为了能够更好地做好北川羌族自治县灾后重建城乡建筑节能工作，认真贯彻执行《公共建筑节能设计标准》（GB 50189—2005），依据《绿色建筑评价标准》制定适合环境特征的建筑节能设计标准。

2.3 绿色建筑形态设计

建筑形态问题是建筑学的基本问题，对于广大建筑师和建筑人而言，一幢建筑最易把握的就是建筑形态，也就是建筑的外观、空间构成以及由此反映的内容。形态是内容的表象，是建筑呈现的外在形式，是建筑的内容（空间及功能）的外显。对于建筑的认识、感知、阐述以及研究，无论是理论上、美学上，还是技术层面，一切命题都最终落脚于建筑形态方面。

纵观建筑发展史可见，建筑形态及其设计理念随着技术与人文尤其是技术的发展而不断更新。现代节能技术的发展，已经给当代建筑带来了全面影响，对相关节能技术的应用，对自然环境、气候特征的尊重，使得当代建筑形态呈现出多样性的表达方式。总体看来，当代建筑形态的表现是异彩纷呈和躁动不安的。但在复杂的表象下面，暗藏着充满理性与积极探索的潮流，越来越多的中外建筑师以适应气候为设计思路，在妥善解决气候所引起的节能技术问题的同时进行新的建筑形态探索，使其设计作品既能够满足节能和环保要求，在建筑形象上又能够体现地域文化和时代风貌。

实际上尽管现代节能技术表现手段眼花缭乱，其实践仍应回归到建筑本体——建筑形态中去。高效的节能建筑要求建筑师在实践中注重建筑形态与各种节能技术的理性结合，将节能设计作为建筑形态创作中取之不尽的源泉，以节能技术措施为形态创作依据，通过合理的建筑形式和技术设计体现人类与自然和谐共存的关系，以使节能建筑并不局限在纯技术的领域之中。

作为对全球性能源危机的回应，而不是仅仅出于对风格或形式的考虑，如何通过建筑设计减少化石能源消耗，实现节能技术的有效性和可持续发展已经成为建筑师在 21 世纪中的重要课题。

2.3.1 传统民居的启示

相对于现代居住建筑而言，无论是原始的穴居和巢居，还是发展成熟的传统民居都充分表现出适应自然的要求和特征，它的生成和发展是人们长期适应自然环境的结果。传统民居中这种依靠自然循环解决自然问题的方法使得人类的健康得到了长足发展。

世界各地的传统民居，由于其所在地的气候条件、地理环境的不同，物质资源、文化背景的各异，生活方式、生产力水平的差别等，呈现出丰富多彩、各具特色的空间格局和构筑形式。受技术、经济水平低下的限制，传统民居首先考虑的是尽可能利用外界能够有限利用的气候资源，尽可能获得自然采暖和空调效应，这也是早期传统民居形态的出发点。

传统民居具有很强的地域性特点，是绿色技术与建筑所处地域环境中的自然气候因素、地形特征因素、地域资源因素、地域文化因素以及社会认知因素之间的协调。

（1）地域自然气候因素　地域性的重要差异来自于该地方由于自然气候因素差异所形成的文化特征。而绿色建筑在本质上就是一种气候适应性建筑。

以我国传统民居为例，藏、羌等少数民族的邛笼民居利用方整封闭的框套空间和竖向分隔空间，通过敞间、气楼的设置和厚重的土石围护结构、深凹的漏斗形外窗等的使用来适应山区严寒的气候和早晚温差变化对室内热环境的影响（图2-18）。

新疆地区的高台民居利用内向型半地下空间与高窄型内院，通过吸热井壁、地下通道、双层通风屋顶、冬季空间和夏季空间的区别对待等设计手段来适应西北地区干热干冷气候条件（图2-19）。

图2-18　邛笼式民居

图2-19　高台式民居

厅井民居利用形式多样以通为主的阴影空间，通过高敞堂屋（厅）和天井的组合、屋顶隔热、深远挑檐和重檐、多孔透气的隔墙和轻质围护结构等建筑手段来适应我国南方地区高温高湿的夏季气候条件（图2-20）。

傣族的干栏式民居利用底层架空、通透开敞的平面空间，借助层层跌落的屋檐和腰檐、大坡度的屋顶、不到顶的隔墙、墙面外倾和轻薄通透的竹（木）板围护结构来适应当地的热带气候（图2-21）。

湖南湘西地区属山地地形，地表潮湿，吊脚楼建筑架空的底层既通风防潮，又避暑防寒（图2-22）。

广州的骑楼也是为适应岭南地区的亚热带气候和地理环境而建造的，由于日照时间长、高温、多雨、潮湿，要求建筑具备防晒、防雨、防潮的功能，广州骑楼以上面住宅、下面店铺的形式为人们遮阳避雨，同时丰富人们的生活空间，节约土地（图2-23）。

在北方，蒙古族人在寻找适合自己生活居室的时候，经过千百年来的摸索，终于在窝棚的基础上形成了适用于四季游牧搬迁和抵御北方高原寒冷气候的住宅，找到了蒙古包这种能够经受大自然考验的居住形式（图2-24）。

这些因当地自然气候而建造的建筑，并不依赖过多的物质资源，而是强调建筑的形式、空间及构造上适应地域气候，发挥微气候的优势，改造其不足，并考虑使用者的舒适度，从而避免在投入使用后消耗大量的生活能源。

图 2-20 厅井式民居

图 2-21 干栏式民居

图 2-22 湘西吊脚楼

图 2-23 广州骑楼

图 2-24 蒙古包

(2) 地形特征因素 在影响地域性绿色建筑的设计因素中，地形特征也非常重要，不同地形形成不同的气候，同时拥有不同的地貌特征。建筑的建造应该尽量避免对地形构造的破坏，可以考虑以自然地理特征为契机，筑造理想的建筑空间。

徽派建筑依山建屋、傍水结村，与周围环境巧妙结合，形成冬暖夏凉、舒适宜人的地域微气候。粉墙、瓦、马头墙、砖木石雕以及层楼叠院、高脊飞檐、曲径回廊、亭台楼榭等的和谐组合，构成了徽派建筑的基调，它与亭、台、楼、阁、塔、坊等建筑交相辉映，构成了“小桥、流水、人家”的优美境界（图 2-25）。

在中国陕甘宁地区，黄土层非常厚，有的厚达几十公里，我国人民创造性利用高原有利的地形，凿洞而居，创造了窑洞建筑，它依照地形建造，沿崖式、沿山边及沟边开凿，不占耕地，节约良田，节省材料，冬暖夏凉（图 2-26）。

图 2-25　徽派建筑

图 2-26　窑洞

(3) 地域资源因素　在地域性绿色建筑设计理念中，合理利用地域、资源的思想广为推崇，这不仅与地域建筑形式吻合，更能够节约运输材料过程中所消耗的大量人力物力。也充分体现了“就地取材”的建筑思想。在我国，山东威海、荣成沿海一带的海草房（图 2-27）就充分体现这一思想，它以厚石砌墙，用海草晒干后作为材料苫盖屋顶，是一种独特而具有良好的生态特性的建筑形式。由于生长在大海中的海草含有大量的卤和胶质，将其苫成厚厚的房顶，除了有防虫蛀、防霉烂、不易燃烧的特点外，还具有很好的隔热保温的作用，冬暖夏凉。同时，海草的耐久性可达 40 年以上，延长建筑的使用寿命；废弃的海草可降解，不会污染环境。

图 2-27　胶东海草房

图 2-28　蛎壳墙

福建泉州一带曾用海滩上的海蛎壳筑房子（图 2-28），墙体使用的建筑材料是由泥土、碎瓦片、海蛎壳灰、糯米浆等按一定比例混合成的。大而中空的蛎壳垒砌在墙面，墙里隔绝空气多，这样的墙冬暖夏凉，牢固、寿命长，还能防震、防噪声。闽南的海风里具腐蚀性的盐分，也奈何它不得，长年累月的风雨还将它们洗刷得格外明丽。

福建西南山区的土楼建筑（图 2-29），以生土作为主要建筑材料，掺上细沙、石灰、糯米饭、红糖、竹片、木条等，经过反复揉、舂、压建造而成，土楼冬暖夏凉，就地取材，循环利用，以最原始的形态全面体现了人们今天所追求的绿色建筑的“最新理念与最高境界”。

图 2-29 土楼

因此，可以说传统民居优美形态的产生与节能技术的巧妙运用有着密切的关系，其各项被动节能技术与当代技术没有效率和工艺水平以外的本质差异，其形态真实坦诚地体现了技术的特性和逻辑，符合当代节能建筑的审美要求。

2.3.2 现代建筑师的借鉴与创新

20 世纪以前，气候是建筑师所要考虑的重要方面，那时的建筑师擅长利用气候资源，通过建筑形式、空间和构造的设计，使得建筑在夏季获得充分的遮阳和自然通风，冬季获得温暖的太阳光照，以解决基本的热舒适要求，气候因素在建筑设计上的反映实质上是能源利用方式问题。

随着工业时代的来临，科学技术产生了巨大的生产力，尤其是小型采暖空调设备和技术的发展，使得建筑师的创作自由度大大提高，建筑物的采暖、降温和照明不再是建筑师关心的问题而变成设备工程师的工作。虽然直到 1973 年的能源危机，建筑界才广泛认识到节能建筑设计的重要性，改变设备万能观念，恢复建筑与气候的良性互动关系，为降低建筑能耗寻找出路。但是早在 20 世纪初，出于对气候和地域条件的关注，许多建筑师的作品中仍然显现着一些节能的智慧。

20 世纪 30 年代，勒·柯布西耶改变了一些他在 20 年代的形式和手法以适应地区、地形和气候的特点，从北非传统建筑形式得到启发，增添了体现解决国际与地区问题的设计方式，即现代技术与地方智慧的巧妙结合——深遮阳、遮阳板和伞式屋顶，这些建筑构件成为柯布西耶在后来的设计中进行调节建筑小气候的工具，也逐渐演化成为他后期设计中得心应手的语汇。对遮阳元素可行性的研究，使得柯布西耶成为与光影美学关系最密切的建筑师。最好的范例在印度：昌迪加尔高等法院（图 2-30）具有非常凸出的伞式屋顶、格栅状遮阳板立面和高起的连拱廊，不仅带来阳光与光影的丰富变化，还有效地起到了遮阳效果；昌迪加尔议会大厦（图 2-31）的门廊也是以“阳伞”的形象出现，它的断面是一个牛角的优美曲线，窗洞则做深以形成很多阴影深邃的空间，不但美观而且起到了遮阳与引风的双重作用。在建筑群中柯布西耶还设置了大面积的水池，将通过的热气流自然降温，以使室内气候环境得以调节，营造相对舒适的人工小气候。

对于一个建筑物，与周围环境的和谐仅仅靠外形的协调是不够的，还应能适应当地的气候环境，创造舒适的空间。路易·康的作品更是很好地做到了这一点，他在所追崇的“式”的导引下，从“静谧”跨越“阴影”的门槛，走向“光明”，从而获得建筑的“形式”，如印度经济管理学院和金贝尔艺术博物馆。康曾这样描述道“建筑试图寻找一种适当的空间形式，通过出挑的屋檐、深深的前廊和防护墙体使室内外过渡空间免于太阳的暴晒、阳光的灼射、热浪的侵袭和雨水的淋湿。”

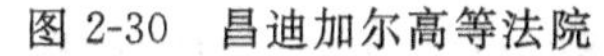

图 2-30　昌迪加尔高等法院

图 2-31　昌迪加尔议会大厦

赖特倡导的“有机建筑”理论和众多精彩的建筑设计作品至今仍然是建筑师学习的典范。赖特的流水别墅（图 2-32）堪称经典，该建筑位于美国宾夕法尼亚州西南部匹兹堡市的新区熊跑溪畔，树木、山石、瀑布、花朵组成了优美的自然环境。赖特仔细考察地形，充分考虑树木、山石、瀑布的自然特征，整个建筑轻盈地林立于流水之上，与周围环境巧妙结合，形成一体，并达到视觉与听觉的完美融合。这充分反映赖特的“有机建筑”设计观。他认为，有机建筑是自然的建筑，必须利用和适应地基，模仿自然有机体的形式，与自然环境保持和谐统一的关系。他的设计作品除了注重与建筑周围的室外自然环境的有机融合外，还特别重视建筑要有机地利用和适应自然条件来创造舒适的室内外生活空间。如利用不同深度的屋檐和挑檐来调节阳光的罗比住宅（图 2-33），利用天窗自然采光的约翰逊制蜡公司办公室（图 2-34），利用热惰性大的自然石灰石、建造在半地下以适应炎热干燥的沙漠环境的西塔里埃森。

图 2-32　流水别墅

图 2-33 罗比住宅

图 2-34 约翰逊制蜡公司办公室

随着能源危机和环境恶化问题的日益加剧，节能建筑的设计成为许多建筑师考虑的主要问题。综合来说，节能建筑从设计手法上，呈现为三个类型：①从建筑所在地域出发，提倡利用本地材料和传统技术的乡土地方设计手法，如印度建筑师查尔斯·柯里亚、埃及建筑师哈桑·法赛等在学习和改进传统建筑中的节能智慧基础上，从特定地区气候因素出发为建筑设计提出了创造性的思路；②既重视地方性，又适当地引入较新技术的折中主义设计手法，如马来西亚建筑师杨经文在处理热带高层建筑上独辟蹊径，形成一套较成熟的设计方法，他的创新思路表达了节能技术对建筑形态所带来的影响，以及对节能建筑创作中美学追求的进展；③结合当地自然生态条件与最新生态理论，充分利用新技术和新材料来解决生态问题的高技术设计方法，如诺曼·福斯特（Norman Forster）、伦佐·皮亚诺（Renzo Piano）、托马斯·赫尔佐格（Thomas Herzog）、理查德·罗杰斯（Richard Rogers）、尼古拉斯·格雷姆肖（Nicholas Grimshaw）等，他们将高技术作为一种手段，用来降低建筑的能耗与污染，高效率地解决建筑的采光、遮阳、通风问题，达到技术、建筑、自然的平衡发展的同时，也创造出了令人耳目一新的建筑形态。这三种手法有一个共同点，都是从当地的具体生态环境出发进行设计，所不同的是对节能技术的应用观念与方式上。

2.3.3 基于节能技术的建筑形态设计与实例

节能建筑的形态表现不是目的，多数情况下，节能建筑的形态表现仅仅是实现建筑节能目的的“衍生物”，也因为节能技术和形态表现之间的无关联，使得节能建筑表达出来的形形色色的形态特征，同众多以形态表现为主的当代建筑思潮（如解构倾向、高技倾向、地域倾向）相比，不具备鲜明的特征和突出的共性。甚至在形态表现上，只要是符合节能的需求，可以是高技术倾向的（如英恩霍文设计的德国埃森 RWE 总部，具有极其简单的外形和十分纯粹的体量，表皮采用的双层玻璃幕墙，具有十分精致的构造，图 2-35），也可以是地域倾向的（如伦佐·皮亚诺设计的 Tjibaou 文化中心，建筑形态来源于当地的“棚屋”，图 2-36）。所以对于节能建筑形态设计的探讨，必须从技术入手。

而建筑的形态特征，包含从整体到局部的三个层面：外部形体轮廓、内部空间组织、局部建筑构件和构造。建筑形体作为建筑物最先传达给人的视觉信息，能给人最直接、最强烈的印象；合理的建筑造型，可以充分利用气候资源并将自然环境对建筑的不利影响减少到最小。建筑空间作为建筑处理的重要元素，一直是建筑师建筑素养和设计水准的重要标志。科学的空间处理不仅可以创造丰富的内部空间组合形式，还可以起到环境调节作用。建筑构件和构造作为产生丰富视觉效果的设计要素，往往在形态上各有特点；特定高效的建筑构件和节点构造，可以有力地保障节能技术的实现。

图 2-35　德国埃森 RWE 总部

图 2-36　Tjibaou 文化中心

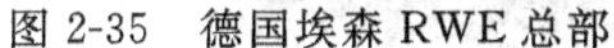

节约能源的最有效的方式是设计建筑时，使其尽可能充分利用自然资源如太阳能、风和自然光。直接利用气候的特性创造舒适的建筑环境而不求助于机械系统，是节能建筑设计的基本出发点。建筑设计中的节能技术就是被动式太阳能采暖、建筑遮阳、自然通风以及自然采光技术。

由于本书的其他章节会针对各种节能技术进行详细介绍，所以本章只是从被动式太阳能采暖、建筑遮阳、自然通风以及自然采光技术入手，针对节能建筑形态特征体现的三个层面，以建筑案例解析的方式展开对节能建筑形态设计的探讨。

2.3.3.1　被动式太阳能采暖技术下的形态解析

被动式太阳能（passive solar design）采暖设计是通过建筑物的朝向、方位的布置、建筑物的内外形态和构造的设计以及建筑材料的选择有效地采集、储存和分配太阳能，对太阳能资源加以利用。

（1）南向展开的纤长体形　沿南向充分展开的纤长建筑体形，可以增大建筑吸收太阳辐射的面积，这一形态由于具有较强的可行性，因此被广泛应用于各类建筑中。

1948 年建成的雅各布斯Ⅱ住宅（Herbert Jacobs House），被赖特称之为“半圆太阳屋”，如图 2-37 所示。为了节省冬季采暖能耗，赖特为住宅设计了被动式太阳能采暖系统。从建筑平面形状看，向南弯曲的纤长弧形不仅可以充分利用太阳能，也更易于寒冷的北风平滑地掠过建筑。朝南两层高的大玻璃窗起着直接受益窗的作用，由于冬季太阳的高度角较低，因此阳光透过南窗可以照射到住宅的深处直达后墙。混凝土地面厚实、不加修饰、用石灰石砌筑的后墙和山墙是很好的蓄热体，在阳光充足的白天吸收太阳热量，到夜晚慢慢释放出来维持室温，北侧及部分围过山墙的覆土又对建筑起着很好的保温作

图 2-37　雅各布斯Ⅱ住宅

用。建筑虽然在一层地面设置了地板盘管并通过杂物间的锅炉供暖，但即便在室外气温低于0℃时，只要阳光充足，通常上午9点就可关闭供热系统直至下午很晚才重新恢复供热。

而托马斯·赫尔佐格（Thomas Herzog）通过研究如何高效地利用太阳能策略提出了“纤长矩形”的概念。与其他类型的建筑形态相比，东西轴长、南北轴短的纤长矩形不仅有利于获得太阳能，而且因外墙面积较小、散热少，也减少了建筑的热量损耗。“纤长矩形”概念在赫尔佐格很多作品中均有体现，德国文德伯格青年教育中心客房建筑就是其中一个（图2-38）。赫尔佐格将建筑体量分为长短不同的几个矩形，而且还根据不同空间的温度要求和使用时间，将使用时间较长的客房房间布置在建筑南侧，这一侧的房间通过大面积玻璃窗的设置可以直接利用太阳能和日光进行采暖和采光。同时为了减少温度变化幅度和存储热能，主体结构采用了厚重、热稳定性较好的材料建造，南侧外墙不透光区域也使用了透光保温材料，这种材料允许阳光辐射通过，但同时又把热损失减至最小。整个晚上，当外界气温最低时，外墙起到了向内部空间传导太阳热能的作用。

图2-38 德国文德伯格青年教育中心客房建筑

（2）对角线立方体 相关的研究表明，建筑外表面积的减少可以促进能源效率的最大化，但是对于太阳能建筑来说，建筑体形不是以外界面越少越好来评价的，而是以接受阳光照射外界面特别是南向外界面的面积越大，同时其他方向外界面尽可能少为佳的。为了最大限度地在冬季吸收太阳辐射和减少散热，建筑形体应该在东南和西南方向暴露尽可能大的外界面。正是基于这个出发点，托马斯·赫尔佐格构想了“对角线立方体”的概念，即一种近似于立方体的体块，以对角线为轴南北向放置，同时满足了增加太阳照射面积和减少外界面面积两方面的要求。

①“日光”边庭。日光间是一种常见的被动式太阳能采集方式，它实质上是一座覆盖着玻璃外墙的缓冲空间，通常需要两个元素：一个封闭的透明空间以接纳阳光；一些具备高热惰性的材料（如混凝土、相变材料等）来存储热能。日光间的作用不只是接收太阳光照，很多情况下，它起到一种气候缓冲的作用。许多节能建筑中的“日光”边庭，其雏形即是日光间。

德国盖尔森基兴科学园区技术研究中心（Gelsenkirchen Science Park）就发展了“日光间”这一概念（图2-39），在建筑临湖一面设置了一面巨大的玻璃幕墙，幕墙后就是科学园区的边庭，这是一个贯通三层、宽约10m、长约300m的公共区域。这一巨大的边庭作为办公楼主体和外界之间的气候缓冲区，对研究中心的内部气候调节和提高能源效率起到重要作用。在边庭之后，陈列着9个主要的研究设施。在冬季边庭所有的幕墙玻璃板是关闭的，以充分利用太阳能，但在夏季，下面4.5m高、7m宽的玻璃板可以用计算机控制其打开，使边庭的室内能享受到湖面冷却的空气并让人们能到达湖滨。

② 倾斜的屋顶。为了最大限度地采集太阳能，常常将建筑的屋面垂直于太阳入射方向，这样自然就形成倾斜的建筑屋顶。倾斜的建筑屋顶一方面高效率地实现了对太阳能的采集作

用；另一方面，作为一种独特的形式符号，又便于将各种主动式太阳能设备系统整合到建筑外立面上，从而赋予太阳能建筑本身的特征与属性，创造了大量新颖生动的建筑形态。

托马斯·赫尔佐格（Thomas Herzog）设计的慕尼黑住宅，是采用倾斜屋顶采集、利用太阳能的成熟之作。他在南向设置了大大的倾斜玻璃屋顶，屋顶具有双层玻璃外皮（外层是单层强化安全玻璃，内层则为双层隔热玻璃），分别固定在构成斜面的钢架体系的上下两个面上。整个建筑轻盈而透明，并且便于安装太阳能设施。根据欧洲研究计划，Fraunhofer 协会的太阳能研究所在这栋建筑的倾斜屋面上部安装了 $60m^2$ 的太阳能电池板，同时还尝试使用真空管式太阳能热水器，即使在低日照条件下仍能保证使用，在中等日照条件下则可以获得很高的水温。在此之前，间接使用太阳能的设备都是以独立构件的形式附加在建筑围护结构上的，慕尼黑住宅则开启将各种太阳能系统整合到建筑立面上的先河，太阳能设备与建筑造型巧妙结合，赋予了建筑生动的形态特征。

③ TWD 墙。依据生物学家们的发现，北极熊白毛覆盖下的皮肤是黑的，黑皮肤易于吸收太阳辐射热，而白毛又起到热阻作用。依此原理，人们制造出了使热量“只进不出”的透明外保温材料（TWD）。与普通外保温墙体相比，TWD 墙（图 2-40）可以高效地吸收太阳辐射，同时又可以有效地阻止室内热量的外溢。具体做法是：将一种两面为浮法的玻璃、中间填充有半透明材料的预制板材放在涂成黑色的墙面外。冬季阳光穿过半透明的热阻材料，照在涂成黑色的墙面上，墙面吸收辐射热量传递到室内，外墙成为吸收热量的构件；而夏季利用遮阳设施可以将半透明热阻材料遮盖起来，从而避免阳光照射。托马斯·赫尔佐格在温德堡及慕尼黑普拉赫的设计作品使用 TWD 墙，在室外温度仅为 3℃时，外墙面温度可达 65℃，即使不开暖气，室内温度也可达 20℃。

图 2-39　德国盖尔森基兴科技园

图 2-40　TWD 墙

2.3.3.2　建筑遮阳技术下的形态解析

建筑遮阳就是通过调节太阳直射辐射在建筑外围护结构尤其是窗户的分布，从而达到调节室内热舒适性和视觉舒适性、降低能耗的目的。建筑遮阳系统是建筑造型的组成部分，随着遮阳在现代建筑中的普及，建筑师已经把遮阳系统作为一种活跃的建筑语汇和不可或缺的节能设计手段加以组合运用，创造出了独特的建筑形态和丰富的光影效果。

（1）自遮阳形体　从遮阳的需要出发，根据冬、夏季太阳入射角度的不同，建筑整体的体形调整也是一种十分有效的遮阳方式。“形体遮阳”是运用建筑形体的外挑与变异，利用建筑构件自身产生的阴影来形成建筑的“自遮阳”，进而达到减少建筑外围护结构受热的目的。

诺曼·福斯特设计的伦敦市政厅是一座倾斜螺旋状的圆形玻璃建筑（图 2-41），整个建筑倾斜度为 31°，但并非向河边倾斜，而是出于遮阳的考虑使之南倾，使得整个造型呈逐层向南探出的变形球体，上层楼板可自然为下层的空间遮阳，以最小的建筑外表面接收太阳光照。但是建筑的这种自遮阳形体并非随意而来，而是通过计算和验证来尽量减小建筑暴露在阳光直射下的面积，而其计算依据则是夏、冬季伦敦的直射阳光，以使得夏季将太阳辐射热减少至最小，而又不影响冬季的日照得热，从而获得最优化的能源利用效率。具体做法是通过对全年的阳光照射规律的分析，得出建筑表面的热量分布图，利用这一结果确定建筑的外表面形式，以达到用最小面积的建筑表皮促进能源效率最大化的目的，同时也使得建筑的形态呈现出流动、非几何性的特征。

(2) 凹入过渡空间　凹入过渡空间可以是遮阳的柱廊空间、凹阳台、凹入较大的绿平台，这种遮阳手法不仅丰富了呆板的建筑外表，还在阴影区提供了开窗的客观可能性。

杨经文在梅纳拉-鲍斯特德大厦上采用大进深的凹进与阳台、植被、吸热饰面层相结合(图 2-42)，充足的阴影空间使得采用落地式的玻璃窗成为可能，从而保证了办公空间的采光质量。

图 2-41　伦敦市政厅

图 2-42　梅纳拉-鲍斯特德大厦

(3) 立面外遮阳构件　现有立面外遮阳构件随着遮阳材料的发展日益丰富多彩：有横向或纵向的遮阳格片，有可以塑造震撼的室内光影效果的幔布遮阳，也有角度自动可调、多孔隙、百叶型的金属外遮阳等。

良好的立面外遮阳设计不仅有助于节能，而且遮阳构件本身也可以成为影响建筑形体和美感的关键要素。此外，遮阳构件的精致、细腻也使建筑更加趋于人性化，是建筑师们广泛采用的节能建筑形式语言。这些韵律感极强的遮阳构件已经被作为独立的生态元素，在各种类型的建筑中加以应用（图 2-43、图 2-44）。

(4) 遮阳棚架　相对遮阳板和百叶窗这些局部构件来说，遮阳棚架更容易创造出富有表现力的整体建筑形象，其遮阳效果也更好。屋顶遮阳棚架常常结合藤蔓植物的种植，进一步利用植物降低屋面温度。

印度建筑师查尔斯·柯里亚在其作品中，常常将遮阳棚架用于入口、屋顶平台、过渡空间的部位，如印度电子有限公司办公综合楼（图 2-45）、马德拉斯橡胶工厂公司总部大楼、印度驻联合国代表团大楼（图 2-46）等一些建筑中，柯里亚采用遮阳棚架构筑了不同的建筑空间和形象。

图 2-43 英国 BRE 办公楼

图 2-44 柏林奔驰总部办公大楼

图 2-45 印度电子有限公司办公综合楼

图 2-46 印度驻联合国代表团大楼

图 2-47 杨经文自宅

遮阳棚架也是马来西亚建筑师杨经文常用的节能建筑语汇，在其自宅（图 2-47）的设计中，屋顶遮阳棚架的格片根据太阳从东到西各季节运行的轨迹，每一片都做成了不同角度，以控制不同季节和时间阳光进入的多少，使得屋面空间成为很好的活动空间，如设置游泳池和绿化休息平台；同时由于屋面减少曝晒，有利于节能。

2.3.3.3 自然通风技术下的形态解析

在节能建筑设计中，自然通风作为满足人体健康和舒适的一个必备要求，成为许多建筑师在节能方案设计中的首要目标之一。生态建筑师常常在设计过程调用现有的一切技术资源和设计手法来满足建筑通风的自然化和节能化，这也是生态建筑设计和一般建筑设计的显著区别之一。

(1) 流线形形体　合理的建筑体形有助于在建筑周围形成风压，促进自然通风的形成。这就要求在整体上对建筑的功能以非传统的方式进行重组，从而产生新的有利于与气候形成对话关系的体形组合，一种完全立足于理性分析基础上的组合。

诺曼·福斯特在设计瑞士再保险公司大厦（Swiss Re Building）时借助于计算机技术创造了一个“具有自然生长的螺旋形结构”的“松果”式建筑形态（图 2-48），建筑形态仿佛自然界的一株生长物，拔地而起，反映了建筑师对当代建筑发展的敏感。这主要出于两方面的考虑：一是曲线形在建筑周围对气流产生引导，使其和缓通过，这样的气流被建筑边缘的，锯齿形布局内庭幕墙上的可开启窗扇所“捕获”，帮助实现自然通风；二是可避免由于气流在高大建筑前受阻，在建筑周边产生强烈下旋气流和强风。

(2) 螺旋形立体庭院　当庭院受到基地环境的限制，不能以单纯的线和面的方式来组合时，就需要采用立体庭院的方式与环境进行有机对话，从而摆脱僵硬的组合。从建筑空间的构成角度而言，立体庭院使建筑空间在竖直方向上的连续性被打破。在具体的操作上，空中庭院既可以不再设置外围护表皮，从而在建筑的外部形态上形成巨大的凹洞空间，进而达到与室外直接连通的效果，也可以在外侧设置可开启的玻璃窗或百叶窗，导入风流，排除热气，对内则完全开敞。立体庭院可以增加与环境协调以优化的组织自然通风和采光，以此来调节微气候。立体庭院既可单独出现，作为建筑外形上的重要构成要素，也可以组合出现，庭院在立体组织过程中产生的韵律效果也是建筑形态的独特构成要素。

图 2-48　瑞士再保险公司大厦

图 2-49　法兰克福商业银行总行

螺旋式的缓冲空间一般出现在高层建筑中，由诺曼·福斯特设计的法兰克福商业银行总行（图 2-49），就是其中之一。该建筑每隔三层就有一个三层通高的“立体庭院”沿塔楼盘旋而上，庭院的外侧为可开启的双层玻璃窗，内侧则完全开敞，使每一间办公室均能面对一个温室效应的绿色空间。再加上建筑中央筒体产生的“烟囱效应”，大厦即拥有了良好的通风效果。而在瑞士保险大厦中，福斯特将每层楼板边缘空出，层与层空出的空间与楼板呈一角度，最后形成一系列的螺旋形前庭。建筑的自然通风就得益于螺旋形前庭的空气动力学形式产生巨大的压力差，使每个楼层都有自然通风，自然通风系统有效配合了中央空调系统降低了建筑的运行成本，提高了高层办公空间的质量。

吉隆坡的梅纳拉（Menara Mesiniaga）大厦则是体现杨经文“立体庭院”思想的杰作（图2-50）。建筑圆筒形的塔楼外围，“雕刻”着自下螺旋而上的“立体庭院”。这些“立体庭院”不仅为大厦提供自然的通风源，同时为楼内的办公人员提供了遮阳的室外休息场所，而且种植的植被还能够吸收一定的太阳辐射。该建筑打破了高层建筑封闭的空间性质，成功地将高层建筑的功能性空间与生态化空间整合。

（3）夹层通风空间　在建筑内层与层或者是被竖向贯通的用以调节和改善室内气候的空腔被称作夹层空间。夹层可以是水平向也可以是竖向的，还可以是两者的综合。竖向的目的是为了解决大进深建筑得不到充足的自然通风、采光；而水平向主要用来辅助通风。

勒·柯布西耶在马赛公寓中，就利用夹层空间很好地组织了穿堂风（图2-51）。他在公寓中每隔三层才设置一条走廊，每套公寓房都是跃层式的，两侧各有一个出口通向两边的走廊。阳台的栏板上有空隙，进一步方便了空气的流动，并且还形成了一个巨大的遮阳板，可以遮挡阳光。查尔斯·柯里亚在他的干城章嘉公寓（Kanchanjunga Apartments）大楼（图2-52）中也利用类似的夹层空间来组织自然通风。

图2-50　梅纳拉大厦

图2-51　马赛公寓

（4）“文丘里管”渐缩式剖面　文丘里管效应就是利用截面积的变小产生负压区，从而产生压力差，获得良好热压通风。“文丘里管”式渐缩式剖面的形态要素，即使在无风的条件下，也可以利用热压形成局部的负压区域，加强自然通风效果。

查尔斯·柯里亚可以说是最擅长利用“文丘里管”渐缩式剖面的建筑师，因为这一剖面形式在他很多的作品中都能够看到，尤其是其著名的管式住宅。管式住宅是代表柯里亚设计思想最重要的作品之一，被看做是节约能源的一种有效方式。在帕雷克（Parekh House）住宅（图2-53）中，柯里亚创造出了金字塔形的“夏季剖面”，主要是适应炎热的夏季使用。热空气沿着渐缩式墙壁上升，利用文丘里管的良好效应，从顶部的通风口把热空气带走，然后从底层吸入新鲜空气，建立起一种自然通风循环体系。它的通风原理是将住宅内部剖面设计成为类似烟囱的通风管道，从而加强自然通风的效果。

（5）通风塔　通风塔可以说是一种古老的通风手段，至今在中东地区的乡土建筑中依然常见，它是利用竖向连续空间的“烟囱效应”，在建筑中设置高出屋面的通风塔，强化建筑的自然通风效果。与此同时，通风塔体也创造了独特的建筑形体特征。

图 2-52 干城章嘉公寓

图 2-53 帕雷克住宅

当代建筑中利用通风塔来组织自然通风的建筑实例很多，英国迈克尔·霍普金斯在他的很多作品中都使用了通风塔来组织自然通风，英国伦敦的新议会大厦（图 2-54）就是其中之一。该大厦临近西敏寺桥，这是伦敦交通繁忙、空气污染最严重的地方之一。因此从建筑顶层引入新风，从而避免将街道上污浊的空气引入室内，避免吸入汽车尾气。空气被风塔的拔风效应加压，通过散气系统均匀地分配到各个房间。室内控温的目标是 22℃左右，因此在需要的时候，新鲜空气在进入大厦时可以用地下水冷却。长年保持在地层中的地下水温度为 14℃，冬季也可以用来预热冷空气。大厦内取消了传统的空调设备，采用自然通风来降温。自然通风系统的重要组成部分是结构精巧的通风塔。整座大厦共设有 14 个，从艺术上继承了维多利亚时代工业建筑的烟囱，与英国国会大厦这一折中式复古主义的著名建筑遥相呼应，不显得突兀和不协调。

（6）导风翼形墙体　导风板一直是强化自然通风效果的有效建筑构件。一般来说，屋顶、阳台、遮阳板等一些水平构件，可以视为“水平导风板”，具有良好的导风与冷却效果。导风板可以因形式、位置的不同，给建筑带来丰富的立面表现。

杨经文设计的 UMNO 大厦就是一个很好的例子（图 2-55）。UMNO 大厦位于马来西亚槟榔屿州，基地呈瘦长的平行四边形。总平面布局在与环境协调以及用地紧张的关系上处理得比较得当，塔楼为 21 层，1～7 层为大厅及会议用途，以上各层均为办公区。在 UMNO 大厦中，各层都满足自然通风，而自然通风也是该建筑体量生成的决定因素。建筑总体分为两部分：楼梯、电梯、卫生间等附属空间位于一侧，可获得自然通风采光；另一侧为使用空间。两者之间由被杨经文所称的“导风的翼形墙体”（wing-walls）插入，将气流引入特定的平台区，有效地“捕捉”到各个方向上的气流，并发挥着类似于“空气锁”的气囊作用（带有可调节的通道和面板，来控制开启窗口的百分比），通过可开启的落地式滑动门引入自然通风。看似怪异的建筑形体实则经过了仔细的推敲与分析，目的是使墙体能够对从各个角度吹来的微风进行导流，产生最大的气流降温作用。为了深入“翼形墙”的概念，除了两个大体量之间形成的风槽外，在主要使用空间一侧又做了进一步划分。划分要依据当地的风玫瑰，在空气流通量大的一侧应用“翼形墙”的原理，形成三个比较小的风槽。这种划分为建筑获得充分的自然通风、采光创造了极为有利的条件。

图 2-54　英国新议会大厦

图 2-55　UMNO 大厦

(7) 双层幕墙呼吸单元和鱼嘴形风口　在一般高层建筑中，自然通风几乎不可能实现，这是因为在高空中的阵风和巨大的扰流，让高层建筑使用者即便在无风的晴朗天气里也不可能开启窗户。而双层幕墙呼吸单元的使用者则可以在这样的情况下享受自然通风带来的种种益处。

建筑师英恩霍文及合作工程师在德国埃森 RWE 总部就发展了这种可“呼吸的外墙”来平衡保温隔热要求和日光照明、自然通风间的冲突。新的系统（图 2-56）包括一种双层玻璃幕墙系统和一些装置，用于控制和利用太阳光以及室内外空气的交换。埃森的风向主要为南风、西南风和西风，在 120m 高空风速平均为 5m/s，但采用双层幕墙系统以后，外界气流经空气腔的阻隔和缓冲，可以通过内侧打开的窗户进入室内，创造接近于地面的自然通风效果。每层楼板之前设了约 150mm 高的被称为“鱼嘴”的渐缩形进风口。该设计可在强风天气，将外界进入的气流降低到适宜的速度；而在无风的天气，利用“鱼嘴”构造导致的内外压力差吸入空气，以加速空腔内气流的运动。“鱼嘴”的具体尺度随建筑层数的变化而有所不同，以适应不同高度的气压。除此之外，该设计能有效地阻止火灾沿建筑的垂直高度蔓延，同时迅速地排除烟气。“鱼嘴”的构造控制设计强烈地体现出全面适应外界气候变化的特点。

2.3.3.4　自然采光下的形态解析

自然采光设计就是通过建筑手段将自然光有效引入室内，满足视觉功能要求，从而节约照明用电。在建筑设计中，合理利用每一束可利用的太阳光创造出富有感染力，又具有良好适应性的自然光环境，应该是每个建筑师的责任。而作为实现自然光效果的建筑手段，又直接影响独特建筑形态的生成。

(1) 阶梯状退台体形　美国科罗拉多太阳能研究机构（NREL Solar Energy Research Facility）实验室建筑（图 2-57），其主要体量呈阶梯状退台，每层的南部配置一个办公区或者研究室，后部配置相关的实验室，两者之间通过走廊分开。朝南的办公室有较宽阔的视野和充足

图 2-56 德国埃森 RWE 总部可“呼吸的外墙”

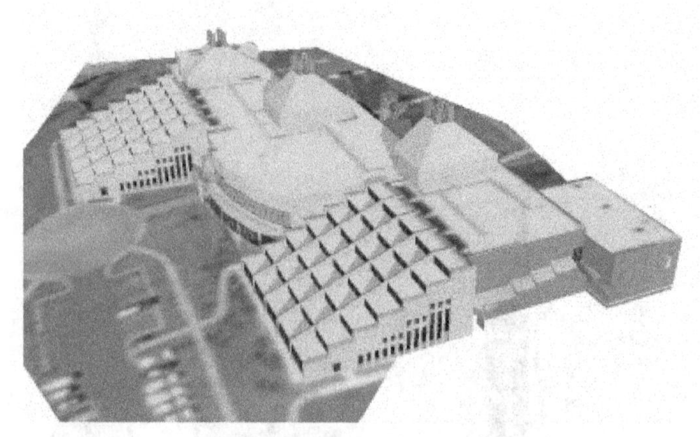

图 2-57 美国科罗拉多太阳能研究机构实验室建筑模型图

的日光照明；退台式体形和窗户的设计扩大了日光的入射深度，最大可以达到 27.4m，有效地减少了不必要的人工照明的能源消耗。

（2）透光屋顶 对于大进深的低层建筑来说，透明屋顶是有效的自然采光方法，因为它可以提供比较均匀的室内亮度以及适合的照明角度，同时透明屋顶的照度是相同面积的垂直窗户的 3 倍左右。一些节能建筑实践中就常常利用透光屋顶，达到了独特的艺术效果，当然它们是建立在有效控制眩光和热效应的情况下。

意大利建筑师伦佐·皮亚诺在美国休斯敦梅尼收藏博物馆的设计中，皮亚诺没有采用通常的天窗做法，而是运用一系列悬挂在屋顶的翼形“叶片”来形成展览空间所需要的均匀的自然光线（图 2-58）。而他在贝耶勒基金会博物馆中，设计了面积达 $4000m^2$ 的透光屋顶，这在以往以人工采光为主的博物馆建筑中是个特例和创新（图 2-59）。这个透光屋面由阁楼、天花板以及遮光、散光和控光装置构成，每一层都只透射一部分光线。遮光板大约减少 50% 的入光量，入射光的光中有 70% 照射到带有紫外线涂层并有一定厚度以保证安全的主屋面上。而通过各种遮阳百叶和格栅最后能够达到艺术作品的光只有屋顶透光的 4%，这就是计算出作品所需要的透光量。在屋顶设置的感应器可以检测光的强度而调整百叶挡住多余的自然光，反之它将会开启人工照明作为补充。

（3）立体反光构件 在柏林国会大厦的加建工程中，福斯特在议会大厦上新加的玻璃穹

图 2-58 梅尼收藏博物馆

图 2-59 贝耶勒基金会博物馆

顶，瞬间就成为柏林的标志。在玻璃穹顶中心是被称为光雕塑的由360片镜面组成的类似圆锥体的结构。这个反光锥体不但是给人留下深刻印象的视觉焦点，而且在自然光照明和能源策略中扮演着重要的角色（图2-60）。其凹面不仅有分散光线如灯塔那样的作用，而且，表面带有角度的镜面可以将水平方向的自然光反射到主会场内。与此配合，可动式遮阳板由于可以随着太阳的变动而移动，避免了直射阳光的热度及刺眼的光线对室内的影响。

图2-60　柏林国会大厦反光锥体

（4）自然光反射板　对于自然采光设计来说，难度较大的就是多层的大进深大面积的建筑。自然光反射板是比较常用的一种增加室内自然采光的构件，是优化室内采光效果的“多面手”。当代生态建筑师为了能够使建筑室内选到相似的光照效果，经常在建筑南面设置遮阳，避免阳光直射给人们带来的眩光和过热的不适感，而在建筑的北面设置自然光反射板来增大北面房间的光线的均匀度和照度，而且这些遮阳和反光构件通常是可以调节的，以便于能够在阴天、晴天和各种季节达到舒适、足够的自然光照环境。

托马斯·赫尔佐格设计的位于威斯巴登的建筑工业养老保险基金会办公楼群（图2-61），在建筑的南北立面分别设计了不同的自然光利用系统，可以根据不同的季节、一天里的不同时间段、气候条件等进行自动调节。在南面的立面上设置了一组两个联动的镰刀形的遮阳构件，镰刀形构件上设有反光板，上面的“镰刀”略大，因为它是遮阳的主要构件。大“镰刀”通过连轴固定在支撑杆件上，可以围绕固定轴旋转。小“镰刀”有两个固定点，尾部与大“镰刀”通过连轴连接，中部则与固定在盘撑杆件上并可沿杆件方向作上下活塞运动的连杆相连接，连杆的运动的动力是电控电动机。中午光线过于强烈的时候，电动机驱动连杆向下运动，小“镰刀”头部随之下移，而尾部则呈前推的状态，推动大“镰刀”的尾部前移，而整个大“镰刀”则呈迎向阳光的态势。直射光线中有可能影响到室内办公环境的部分，被大“镰刀”有效遮蔽，而其余光线则被大“镰刀”尾部的表面抛光的小型反射器和“小镰刀”反射到天花板上的铝合金反光板上，进而反射到办公台面。光线不足的时候，电动机驱动连杆向上运动，小“镰刀”头部随之而上推，尾部后拉，拉动大“镰刀”下旋，并最终与小“镰刀”折叠呈水平状态。此时，构件本身遮阳效果达到最小，而且可以将太阳光线反射到天花板。完全做到了在有效遮挡可造成眩光的太阳直射光线的同时，最大限度地利用了太阳光。北侧自然光实际上是最为稳定和最佳的光源系统，例如艺术院校的绘画、雕塑的专用课室，均是北侧天光和北侧自然光照明为首选。而为了延长利用自然光的时间，以及在多云、阴天的时候，充分利用天光，建筑师在建筑的北侧也设计了简易的固定反光系统，而其反光效果是显著的，并能够使建筑内得到均匀舒适的光照环境。

图 2-61 建筑工业养老保险基金会办公楼群

2.4 绿色建筑节能设计

2.4.1 绿色建筑节能设计相关的政策与法规

我国建筑节能工作是从20世纪80年代初伴随着中国改革开放开始的，根据先居住建筑后公共建筑，先北方后南方，先城镇后农村的原则，原建设部于1986年3月颁发了行业标准《民用建筑节能设计标准（采暖居住建筑部分）》(JGJ 26—86)，1986年8月1日试行，该标准适用于严寒寒冷地区的采暖居住建筑，提出了节能30%的节能目标。1995年12月原建设部批准了"JGJ 26—86"标准的修订稿，即《民用建筑节能设计标准（采暖居住建筑部分）》(JGJ 26—1995)，1996年7月1日施行，节能目标50%。2001年建设部颁发了行业标准《夏热冬冷地区居住建筑节能设计标准》(JGJ 134—2001)，2001年10月1日施行，该标准对夏热冬冷地区居住建筑的建筑热工采暖空调，提出了与没有采取节能措施前相比节能50%的目标。2003年原建设部颁发了行业标准《夏热冬暖地区居住建筑节能设计标准》(JGJ 75—2003)，2003年10月1日施行，该标准对该地区居住建筑的建筑热工采暖空调同样提出了节能50%的目标。近年来，围绕大力发展节能省地环保型建筑和建设资源节约型、环境友好型社会，原建设部从规划、标准、政策、科技等方面采取综合措施，于2005年颁布了《公共建筑节能设计标准》(GB 50189—2005)，2005年7月1日实施。

综合来看，这些标准具有如下的内容和特点。

标准应用两条途径（方法）来进行节能设计。一种为规定性方法（查表法），如果建筑设计符合标准中对窗墙比、体形系数等参数的规定，可以方便地按所设计建筑的所在城市（或靠近城市）查取标准中的相关表格得到围护结构节能设计参数值；另一种为性能化方法（计算法），如果建筑设计不能满足上述对窗墙比等参数的规定，必须使用权衡判断法来判定围护结构的总体热工性能是否符合节能要求。权衡判断法要进行全年采暖和空调能耗计算，以确定该建筑的设计参数。

(1) 室内环境节能设计计算参数　标准有一章规定室内环境设计计算参数，例如，居住建筑节能设计标准中规定冬、夏季室内设计计算温度和换气次数；公共建筑节能设计标准中规定室内采暖设计计算温度，空调室内温度、湿度等指标，以及设计新风量。这些指标是一种建议性的指标，目的是在设计阶段，要求设计者不要盲目提高室内温度、湿度和新风量的指标值，否则，会使采暖空调系统的冷热源设备装机容量、管路、风机水泵、末端的选型偏大，初投资增高，运行费、能耗增大。对于在设计阶段不进行采暖、空调系统设计的居住建筑，室内设计计算温度和换气次数主要用来进行性能化计算时约定的计算参数。当然，这些参数并不限制或规定建筑日常使用时室内参数的设定。

(2) 建筑热工设计

① 规定性方法（查表）　正如前面谈到的，应用规定性方法的前提是建筑设计满足一些规定的要求，这些要求都用强制性条文表述。它们是：建筑体形系数；围护结构热工性能（包括外墙、屋面、外窗、屋顶透明部分等传热系数，遮阳系数，以及地面和地下室外墙的热阻）；每个朝向窗（包括透明幕墙）的窗墙比、可见光透射比；以及屋顶透明部分面积。对寒冷、严寒地区来说，由于采暖是建筑的主要负荷，所以，加强围护结构的保温是主要措施。建筑体形系数越大，对保温的要求越严（即要求传热系数越小）。窗墙比越大，对窗户的保温要求越严。但是对南方，特别是夏热冬暖地区，空调是建筑的主要负荷，因此，窗户的隔热性能优劣成为主要矛盾；窗户的遮阳系数也是关键参数。随着窗墙比的增大，对窗户的遮阳系数越来越严，但对建筑体形系数不设限制，对窗户的传热系数也要求较低。中部夏热冬冷地区，无论采暖，还是采用空调都十分必要，因此，标准权衡各种因素，提出了保温和隔热的规定。

为了使大部分公共建筑可以应用规定性（查表）方法，标准在窗墙比的范围上列出从20%到70%时对窗户热工参数的规定，这可以覆盖一般的玻璃幕墙，因为某个立面即使是采用全玻璃幕墙，扣除掉各层楼板以及楼板下面梁的面积（楼板和梁与幕墙之间空隙必须放置保温隔热材料），窗墙比一般也不会超过 0.7。

② 性能化方法（计算）　如果所设计建筑的围护结构各部件不能满足各标准有关强制性条文规定，设计者就需要通过计算来获得围护结构各部件的热工性能值。对于应用于严寒和寒冷地区的采暖居住建筑节能设计标准 JGJ 26—1995，采用稳态计算法，这是因为冬季集中采暖建筑内外的传热方向单一，在计算时只需计算控制建筑物耗热量指标符合该标准附录 A 的规定值。但对于夏热冬冷地区及夏热冬暖地区居住建筑采暖空调的传热是非稳定传热过程，必须应用动态模拟软件进行全年逐时能耗计算。《夏热冬冷地区居住建筑节能设计标准》(JGJ 134—2001) 中表 5.0.5 列出了不同空调度日数与采暖度日数时，空调与采暖的年耗电量限值。设计者通过调整围护结构各部件的热工参数计算全年空调与采暖的耗电量，直至该值小于或等于表 5.0.5 的限值。而《夏热冬暖地区居住建筑节能设计标准》(JGJ 75—2003)，并没有提出一个固定的空调与采暖的年耗电量限值，而是引入“参照建筑”来计算所设计的实际建筑的空调采暖能耗限制值。“参照建筑”是符合节能要求的假想建筑，该建筑与所设计的实际建筑在大小、形状等方面完全一致，但它的围护结构满足规定性指标中的全部规定，因此它是符合节能要求的建筑，并为所设计的实际建筑确定全年采暖空调能耗的限值。然后，根据建筑实际参数，改变围护结构热工参数等计算全年能耗，直至小于或等于能耗限值时为止。它是一个相对标准，对于高层建筑、多层建筑和低层建筑有不同的单位建筑面积能耗，但会保持基本相同的节能率，这样的计算原则更为合理。同样，《公共建筑节能设计标准》(GB 50189—2005) 也采用与 JGJ 75—2003 相同的性能化方法。

(3) 采暖、通风和空调设计

① 居住建筑标准。对于严寒和寒冷地区，JGJ 26—1995 中只列入了采暖节能设计章，要实现节能设计，关键技术为：a. 热源（锅炉房或热力站）总装机容量应与采暖计算热负荷相符；锅炉（或热力站）要有运行量化管理措施。b. 管网系统要有水力平衡设备；循环水泵选型应符合水输送系数规定值；管道保温符合规定值。c. 建筑内室温能由用户自行调节及设定；采暖耗热实现计量。对于夏热冬冷和夏热冬暖地区居住建筑节能设计标准 JGJ 134—2001 和 JGJ 75—2003 中有关空调采暖节能设计方面的条文，由于大部分居住建筑在设计阶段不设计空调采暖设备及系统，一般由住户自行选用。所以，标准从节能角度出发，提出了一些设计原则以及推荐的方式。但是，对于设计阶段就完成的采用集中采暖空调系统，标准在条文中规定必须实现温控和计量。

② 公共建筑标准。大部分公共建筑，尤其是大型公共建筑在设计阶段要完成暖通空调设计，相对居住建筑来说，暖通空调的条文占的比重要大得多，对采暖、通风与空调、冷热源，

检测与控制都编写了条文。这里简要介绍强制性条文内容：a. 对空调采暖的冷、热源，特别是空调系统常用的冷水机组，单元式空气调节机规定了比较严格的能源效率要求。在《公共建筑节能设计标准》编制过程中，国家质量监督检验检疫总局发布了国家标准《冷水机组能效限定值及能源效率等级》(GB 19577—2004)、《单元式空气调节机能效限定值及能源效率》(GB 19576—2004) 等空调产品的强制性国家能效标准，这两项标准均于 2005 年 3 月 1 日实施。其中将机组的能源效率分成五个等级，能效等级的含义：第 1 等级是企业努力的目标；第 2 等级代表节能型产品；第 3、4 等级代表我国的平均水平；第 5 等级产品是未来淘汰的产品。《公共建筑节能设计标准》考虑了国家的节能政策及我国产品现有发展水平，鼓励国产机组尽快提高技术水平等因素。同时，从科学合理的角度出发，考虑到不同压缩方式的技术特点，对其制冷性能系数分别做了不同要求。在《公共建筑节能设计标准》中对冷水机组的能源效率做如下规定：活塞/涡旋式冷水机组的性能系数不应低于第 5 级；水冷离心式冷水机组的性能系数不应低于第 3 级；螺杆式冷水机组的性能系数不应低于第 4 级；对单元式机组则规定能效比不应低于第 4 级。b. 严格限制直接用电作为采暖和空调系统的热源。c. 规定在施工图设计阶段，必须进行热负荷和逐项逐时的冷负荷计算。

除了制定标准规范外，原建设部还先后制定了建筑节能的一系列相关政策：《建筑节能“九五”计划和 2010 年规划》(1995.5)、《建筑节能技术政策》(1996.9)、《建筑节能“十五”计划纲要》(2002.6)、“十一五建筑节能工作目标”(2006.9) 等。

至此，中国民用建筑节能标准体系已基本形成，扩展到覆盖全国各个气候区的居住和公共建筑节能设计，从采暖地区既有居住建筑节能改造，全面扩展到所有既有居住建筑和公共建筑节能改造，从建筑外墙外保温工程施工，扩展到建筑节能工程质量验收、检测、评价、能耗统计、使用维护和运行管理，从传统能源的节约，扩展到太阳能、地热能、风能和生物质能等可再生能源的利用，基本实现对民用建筑领域的全面覆盖，也促进了许多先进技术通过标准得以推广。

2.4.2 绿色建筑墙体的节能设计

(1) 外墙自保温　外墙自保温系统是墙体自身的材料具有节能阻热的功能，如当前使用较多的加气混凝土砌块，尤其是砂加气混凝土砌块。由于加气混凝土制品里面有许多封闭小孔，保温性能良好，热导率相对较小，砌体达到一定厚度后，单一材料外墙即可满足节能指标要求的平均传热系数和热惰性指标。加气混凝土外墙自保温系统即为加气混凝土块或板直接作为建筑物的外墙，从而达到保温节能效果。其优点是将围护和保温合二为一，无须另外附加保温隔热材料，在满足建筑要求的同时又满足保温节能要求。但作为墙体材料，该制品的抗压强度相对较低，故只能用于低层建筑承重或用作填充墙。

计算结果表明，对于框架结构墙体和短肢剪力墙，采用强度满足要求的加气混凝土砌块进行自保温，也能达到节能效果。当用于短肢剪力墙（或异形柱框架）结构外墙填充墙时，加气混凝土制品的厚度应取 250mm；而对于剪力墙（或异形柱）以及框架等部位则应采用厚度为 50mm 的加气混凝土砌块实施外保温或内保温。

尽管外墙自保温优势明显，但推广难度仍然不小。首先是由于自保温材料强度比较低，抗裂性能不很理想，时间一长容易产生墙体开裂。即使用在一般框架结构的建筑上，由于框架的变形性能好，而填充墙的变形性能差，两者的控制变形难以取得一致。若增设过多的构造柱和水平抗裂带会增大冷热桥处理的难度。而且，对于大量高层建筑随着短肢剪力墙的大量使用，填充墙所占比例不高，使得外墙自保温系统受到限制。

(2) 外墙内保温　内保温技术对材料的物理性能指标要求相对较低，具有施工不受气候影响、技术难度小、综合造价低、室内升温降温快等特点。外墙内保温是在外墙结构的内部加做保温层，将保温材料置于外墙体的内侧，是一种相对比较成熟的技术。

它的优点在于以下几点。

① 它对饰面和保温材料的防水性、耐候性等技术指标的要求不甚高，纸面石膏板、石膏抹面砂浆等均可满足使用要求，取材方便。

② 内保温材料被楼板所分隔，仅在一个层高范围内施工，不需搭设脚手架。内保温施工速度快，操作方便灵活，可以保证施工进度。

③ 内保温应用时间较长，技术成熟，施工技术及检验标准是比较完善的。在 2001 年外墙保温施工中约有 90%以上的工程应用内保温技术。

较常见的外墙内保温方式有以下几种。

① 砂加气砌块内保温　它是在外墙结构层内侧砌筑砂加气砌块的内保温体系。其特点是施工快捷，抗冲击能力较强，但材料热导率较大，使用中厚度较大，一般需 50mm 以上。目前应用量不大。

② 棉制品干挂内保温　它是一种最传统的内保温方式，由龙骨（木龙骨或轻钢龙骨）、棉制品（矿岩棉、玻璃棉板或毡）和面板（纸面石膏板或无石棉水泥压力板）构成。厚度较大，保温材料容易在建筑物运行中受潮（水蒸气渗透造成）。宾馆中有一些应用，民居中相对个人行为较多。

③ 泡沫玻璃内保温系统　它是在外墙结构层内侧砌筑泡沫玻璃块的内保温系统。特点是抗压强度较高，但抗冲击性能较差，价格较高。因此很少有应用。

④ 石膏聚苯颗粒保温砂浆　该系统由石膏聚苯颗粒保温砂浆、抗裂抹面腻子（有些内设网格布）组成。该系统强度较高，施工速度也快，但保温材料热导率较大，也在大城市禁用之列。

在多年的实践中，外墙内保温显露出以下一些缺点。

a. 许多种类的内保温做法，由于材料、构造、施工等原因，饰面层出现开裂。

b. 不便于用户二次装修和吊挂饰物。

c. 占用室内使用空间。

d. 由于圈梁、楼板、构造柱等会引起热桥，热损失较大。

e. 对既有建筑进行节能改造时，对居民的日常生活干扰较大。

墙体裂缝往往是外墙内保温项目不可回避的问题。在建筑中，室内温度随昼夜和季节的变化幅度通常不大（约 10℃），这种温度变化引起建筑物内墙和楼板的线性形变和体积变化也不大。但是，外墙和屋面受室外温度和太阳辐射热的作用而引起的温度变化幅度较大。当室外温度低于室内温度时，外墙收缩的速度比内保温隔热体系的速度快，当室外温度高于室内气温时，外墙膨胀的速度高于内保温隔热体系，这种反复形变使内保温隔热体系始终处于一种不稳定的墙体基础上。在这种形变应力反复作用下，不仅是外墙易遭受温差应力的破坏，也易造成内保温隔热体系的空鼓、开裂。据科学试验证明，3m 宽的混凝土墙面在 20℃的温差变化条件下约发生 0.6mm 的形变，这样无疑会逐一拉开所有内保温板缝。因此，采用外墙内保温技术出现裂缝是一种比较普遍的现象。

（3）外墙夹芯保温　外墙夹芯保温即为将保温材料置于同一外墙的内、外侧墙片之间，内、外侧墙片均可采用传统的黏土砖、混凝土空心砌块等。

外墙夹芯保温可以采用砌块墙体的方式，即在砌块孔洞中填充保温材料，或采用夹芯墙体的方式，即墙体由两叶墙组成，中间根据不同地区外墙热工要求设置保温层。

这种保温形式的优点为：传统材料的防水、耐候等性能均良好，对内侧墙片和保温材料形成有效的保护，对保温材料的选材要求不高，聚苯乙烯、玻璃棉、岩棉等各种材料均可使用；对施工季节和施工条件的要求不十分高，不影响冬季施工。近年来，在黑龙江、内蒙古、甘肃北部等严寒地区得到一定应用。

但是，由于在非严寒地区此类墙体与传统墙体相比偏厚，且内、外侧墙片之间需有连接件连接，构造较传统墙体复杂，以及地震区建筑中圈梁和构造柱的设置，尚有热桥存在，保温材料的效率仍然得不到充分发挥。

（4）外墙外保温　外墙外保温是将保温隔热体系置于外墙外侧，使建筑达到保温的施工方法。目前，在欧洲国家广泛应用的外墙外保温系统主要为外贴保温板薄抹灰方式。保温材料有两种：阻燃型的膨胀聚苯板及不燃型的岩棉板，均以涂料为外饰层。美国则以轻钢结构填充保温材料居多。

在我国，外保温也是目前大力推广的一种建筑保温节能技术。外保温与其他保温形式相比，技术合理，有其明显的优越性，使用同样规格、同样尺寸和性能的保温材料，外保温比内保温的效果好。外保温技术不仅适用于新建的结构工程，也适用于旧楼改造，适用范围广，技术含量高；外保温包在主体结构的外侧，能够保护主体结构，延长建筑物的寿命；有效减少了建筑结构的热桥，增加了建筑的有效空间；同时消除了冷凝，提高了居住的舒适度。

外墙外保温由于从外侧保温，其构造能满足水密性、抗风压以及温度、湿度变化的要求，不致产生裂缝，并能抵抗外界可能产生的碰撞作用。然而，外保温层的功能，仅限于增加外墙保温效能以及由此带来的相关要求，而对主体墙的稳定性起不到较大作用。因此，其主体墙，即外保温层的基底，除必须满足建筑物的力学稳定性的要求外，还应能使保温层和装修层得以牢牢固定。

原建设部《外墙外保温技术规程》推荐的几种做法如下。

① EPS 板薄抹面外保温系统　是以 EPS 为保温材料，玻璃纤维网增强抹面层和饰面层为保护层，采用黏结方式固定，厚度小于 6mm 的外墙外保温系统。

② 胶粉 EPS 颗粒浆料外保温系统　是以胶粉 EPS 颗粒浆料为保温材料，并以现场抹灰方式固定在基层上，以抗裂砂浆玻璃纤维网增强抹面层和饰面层为保护层的外墙外保温系统。

③ EPS 板现浇混凝土（无网）外保温系统　是用于现浇混凝土基层，以 EPS 板为保温材料，以找平层、玻璃纤维网增强抹面层和饰面层为保护层，在现场浇灌混凝土时将 EPS 板置于外模板内侧，保温材料与基层一次浇注成型的外墙外保温系统。

④ EPS 板现浇混凝土（有网）外保温系统　是用于现浇混凝土基层，以 EPS 单面钢丝网架板为保温材料，在现场浇灌混凝土时将 EPS 单面钢丝网架板置于外模板内侧，保温材料与基层一次浇注成型，钢丝网架板表面抹聚合物水泥砂浆并可粘贴面砖材料的外墙外保温系统。

⑤ 机械锚固 EPS 钢丝网架板外保温系统　是采用锚栓或预埋钢筋机械固定方式，以腹丝非穿透型 EPS 钢丝网架板为保温材料，表面抹水泥砂浆并适于粘贴面砖材料的外墙外保温系统。

此外，还有其他几种目前广泛使用且有发展前途的做法。

① 岩棉系统　外墙外保温技术以岩棉为主，作为外墙外保温材料与混凝土一次浇注成型或采取钢丝网架机械锚固件进行锚固，耐火等级高，保温效果好。

② 聚氨酯系统　用聚氨酯现场发泡工艺将聚氨酯保温材料喷涂于基层墙体上，聚氨酯保温材料面层用轻质找平材料进行找平，饰面层可采用涂料或面砖等进行装饰。该工艺保温效果好，而且施工速度快，能明显缩短工期。

③ 保温砌模系统　用 EPS 颗粒水泥砂浆预制成保温砌块，砌筑后作为模板，与现浇剪力墙形成结构保温一体化墙体，施工速度快，能明显缩短工期。

2.4.3 绿色建筑屋面和楼地面的节能设计

2.4.3.1 屋面的节能设计

① 屋面保温层不宜选用容重较大、热导率较高的保温材料，以防止屋面过重、厚度过大。

② 屋面保温层不宜选用吸水率较大的保温材料，以防止屋面湿作业时，保温层大量吸水，降低保温效果。如果选用了吸水率较高的保温材料，屋面上应设置排气孔以排除保温层内不易

排出的水分。用加气混凝土块做保温层的屋面，每 100m² 左右应设置排气孔一个，如图 2-62 所示。

③ 在确定屋面保温层时，应根据建筑物的使用要求、屋面的结构形式、环境气候条件、防水处理方法和施工条件等因素，经技术经济比较后确定。

④ 设计标准对屋面传热系数限值的规定见相关的设计规范。设计人员可在规范中选择屋面种类、构造和保温层厚度，使所选择的屋面传热系数小于或等于相应规定的限值，即为符合设计要求。

⑤ 在设计规范中没有列入的屋面，设计人员可按有关书籍提供的方法计算该屋面的传热系数，并使之小于或等于规范中规定的限值，即为符合设计要求。

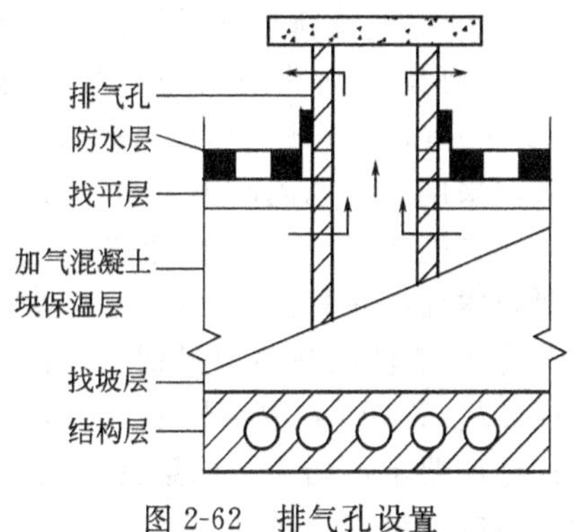

图 2-62　排气孔设置

2.4.3.2　楼地面的节能设计

在建筑工程中（建筑物、构筑物）楼地面工程是工业与民用建筑底层地面和楼层地面（楼面）的总称。

(1) 楼板的节能设计　楼板分层间楼板（底面不接触室外空气）和底面接触室外空气的架空或外挑楼板（底部自然通风的架空楼板），传热系数 K 有不同规定。保温层可直接设置在楼板上表面（正置法）或楼板底面（反置法），也可采取铺设木格栅（空铺）或无木格栅的实铺木地板。

① 保温层在楼板上面的正置法，可采用铺设硬质挤塑聚苯板、泡沫玻璃保温板等板材或强度符合地面要求的保温砂浆等材料，其厚度应满足建筑节能设计标准的要求。

② 保温层在楼板底面的反置法，可如同外墙外保温做法一样，采用符合国家、行业标准的保温浆体或板材外保温系统。

③ 底面接触室外空气的架空或外挑楼板宜采用反置法的外保温系统。

④ 铺设木格栅的空铺木地板，宜在木格栅间嵌填板状保温材料，使楼板层的保温和隔声性能更好。

(2) 底层地面的节能设计　底层地面的保温、防热及防潮措施应根据地区的气候条件，结合建筑节能设计标准的规定采取不同的节能技术。

① 寒冷地区采暖建筑的地面应以保温为主，在持力层以上土层的热阻已符合地面热阻规定值的条件下，最好在地面面层下铺设适当厚度的板状保温材料，进一步提高地面的保温和防潮性能。

② 夏热冬冷地区应兼顾冬天采暖时的保温和夏天制冷时的防热、防潮，也宜在地面面层下铺设适当厚度的板状保温材料，提高地面的保温及防热、防潮性能。

③ 夏热冬暖地区底层地面应以防潮为主，宜在地面面层下铺设适当厚度保温层或设置架空通风道以提高地面的防热、防潮性能。

2.4.4　绿色建筑门窗的节能设计

(1) 节能门窗的有关规定　根据原建设部第 218 号文件“关于发布《建设部推广应用和限制禁止使用技术》的公告”，推广应用的建筑门窗有以下几种。

① 中空玻璃塑料平开窗。适用于房屋建筑（其中，外平开窗仅适用于多层建筑）。主要技术性能及特点：抗风压强度 $P \geqslant 2.5$kPa，气密性 $q \leqslant 1.5\mathrm{m^3/(m \cdot h)}$，水密性 $\Delta P \geqslant 250$Pa，隔声性能 $R_w \geqslant 30$dB，传热系数 $K \leqslant 2.8\mathrm{W/(m^2 \cdot K)}$；并符合当地建筑节能设计标准要求，采用三元乙丙胶条密封，铰链与型材应采用增强型钢或内衬局部加强板相连接、型材局部加强或固定螺钉穿透两道以上型材内筋等可靠的连接措施。

② 中空玻璃断热型材铝合金平开窗。适用于房屋建筑（其中，外平开窗仅适用于多层建筑）。主要技术性能及特点：抗风压强度 $P \geqslant 2.5$kPa，气密性 $q \leqslant 1.5\text{m}^3/(\text{m} \cdot \text{h})$，水密性 $\Delta P \geqslant 250$Pa，隔声性能 $R_w \geqslant 30$dB，传热系数 $K \leqslant 3.2\text{W}/(\text{m}^2 \cdot \text{K})$；并符合当地建筑节能设计要求，采用三元乙丙胶条密封，以及增强板或局部加强板的铰链安装技术。

③ 中空玻璃断热型材钢平开窗。适用于房屋建筑（其中，外平开窗仅适用于多层建筑）。主要技术性能及特点：用断热钢型材和中空玻璃制成。

④ 中空玻璃断热型材钢平开窗。抗风压强度 $P \geqslant 2.5$kPa，气密性 $q \leqslant 1.5\text{m}^3/(\text{m} \cdot \text{h})$，水密性 $\Delta P \geqslant 250$Pa，隔声性能 $R_w \geqslant 30$dB，传热系数 $K \leqslant 3.0\text{W}/(\text{m}^2 \cdot \text{K})$；并达到当地建筑节能设计标准要求，防火、防盗性能良好，采用三元乙丙胶条密封，空腹型材应采用增强板或局部加强板的铰链连接技术。

⑤ 单扇平开多功能钢户门。适用于房屋建筑。主要技术性能及特点：性能指标应符合《单扇平开多功能户门》(JG/T 3054—1999) 要求。防盗性能≥1.5min，隔声性能 $R_w \geqslant 30$dB，传热系数 $K \leqslant 3.10\text{W}/(\text{m}^2 \cdot \text{K})$，防火性能≥0.6h；可制作成同时具备两种功能以上的户门，采用三元乙丙胶条密封，用增强板或局部加强板的铰链安装技术。

(2) 建筑门窗的节能设计　由于受太阳辐射的影响较大，建筑门窗的节能应侧重夏季隔热，冬季保温。因此，在建筑节能设计时应注意以下几方面，以提高门窗的保温隔热性能。

① 控制窗墙面积比。由于建筑外门窗传热系数比墙体的大得多，节能门窗应根据建筑的性质、使用功能以及建筑所处的气候环境条件设计。外门窗的面积不应过大，窗墙面积比宜控制在 0.3 左右。

② 加强窗户隔热性能。窗户的隔热性能主要是指在夏季窗户阻挡太阳辐射热射入室内的能力。采用各种特殊的热反射玻璃或贴热反射薄膜有很好的效果。特别是选用对太阳光中红外线反射能力强的热反射材料更为理想，如低辐射玻璃。但在选用这些材料时要考虑到窗户的采光问题，不能以损失窗的透光性来提高隔热性能，否则，它的节能效果会适得其反。

③ 采用合理遮阳措施。根据冬季日照、夏季遮阳的特点，应合理地设计挑檐、遮阳板、遮阳篷和采用活动式遮阳措施，以及在窗户内侧设置镀有金属膜的热反射织物窗帘或安装具有一定热反射作用的百叶窗帘，以降低夏季空调能耗。

④ 改善窗户保温性能。改善建筑外窗户的保温性能主要是提高窗户的热阻。选用热导率小的窗框材料，如塑料、断热金属框材等；采用中空玻璃，利用空气间层热阻大的特点；从门窗的制作、安装和加设密封材料等方面，提高其气密性等，均能有效地提高窗的保温性能，同时也提高了隔热性。

2.4.5 绿色建筑节能设计实例

2.4.5.1 某工程学院绿色建筑示范楼设计

某工程学院绿色建筑示范楼位于重庆市。该楼是一多功能的综合体建筑，主要承担学院外联等多种任务，其功能包括住宿、餐饮、教学、办公、会议、娱乐等，是一幢实用性和功能性较强的示范建筑。其主要技术经济指标如下：建筑层数为地上 5 层，地下 1 层；地面绿化面积为 5960m^2；屋顶绿化面积为 1600m^2；容器型垂直绿化面积为 90m^2。

重庆属亚热带气候区，夏热冬暖，夏季长达 6 个月，春、秋、冬 3 个季节较温暖。年平均气温为 25.6℃，最高气温为 41.9℃，最低气温为−1.7℃，无霜期为 355d。年日照时数 987h，年平均降雨量为 1689.6mm，年平均风速为 15m/s。

该楼采用的绿色节能设计策略及技术整合措施如下所述。

(1) 环境生态化补偿

① 土壤生态保护。将场地开挖部分的表土转移至种植区或临时集中堆放，继续发挥其对

生态系统的基盘作用。

② 设置景观水池。结合环境景观设计，考虑在该建筑西北角的空地上设置一个面积约500m^{2}的景观水池，其水体以生活灰水回收处理后的中水和收集的雨水为主要水源；水池护岸采用多孔隙材料及结合植被营造软质护岸，从而有利于水池南向和西向临水地带种植高大乔木，为水面遮阴，减少阳光直射带来的水体富营养化的可能。

③ 室外立体绿化。室外立体绿化包括免维护型屋顶绿化和容器型垂直绿化，其作用是增加环境绿量，缓解城市热岛效应，维持碳氧平衡，同时改善建筑物维护结构的热工性能。

（2）结构体系优化　结构体系包括建筑承重结构和围护结构。根据建筑物使用功能的要求及当地建筑结构选型和围护结构选择的一般原则，充分考虑地域的气候特点和构造方式，实现建筑结构体系的最大优化。

① 高强钢筋的混凝土框架结构。在满足多功能建筑使用要求的前提下，建筑承重结构采用钢筋混凝土结构。为了尽可能减少钢筋混凝土的用量，设计上选用高标号混凝土（C40）和冷轧带肋的高强度钢筋（HRB400），最大限度地降低对环境的影响和对能源的消耗。

② 控制窗墙比。在满足自然采光和通风要求的前提下，控制窗墙面积比，减少因开窗面积过大带来的辐射传热。南北向窗墙面积比分别为0.32和0.28，东西向窗墙面积比分别为0.31和0.15。

③ 围护结构。外围护采用自保温墙体技术，墙体材料选用质量小、传热系数低的加气混凝土砌块，厚度为230mm。为了解决钢筋混凝土框架外围梁柱表面的冷（热）桥现象，加气混凝土砖块砌筑时向梁柱外表面出挑30mm，使梁、柱部分在外墙面上形成30mm的凹面，在此凹面上贴30cm厚的聚氨酯保温隔热板，再在整个外墙面抹30cm无机保温砂浆。外墙装饰采用浅色的热反射外墙涂料，提高外墙的隔热性能。南向墙面的窗间墙部分设计了容器型垂直绿化，全面提高外墙体的保温隔热性能，降低墙体的传热系数。窗户采用中空断桥铝合金窗框、双层Low-E中空玻璃。南立面的玻璃幕墙部分采用“可呼吸”双层玻璃幕墙系统，中间设有500～600mm的空气间层，腔体上下左右均设有通风百叶，根据季节及室外温度的变化可控制腔体内的空气流动，实现其保温隔热功能。

④ 遮阳系统。结合建筑功能要求和房间的不同朝向，该示范楼采用了4种形式的遮阳措施，如下所述。

a. 建筑构件遮阳。结合建筑南立面的造型设计，在窗户边设置了水平和垂直遮阳板，其出挑长度根据计算机遮阳模拟计算而定。

b. 固定百叶遮阳。建筑东、西墙面上的大玻璃窗采用外置的固定铝合金百叶，适当调整百叶片角度，可完全遮挡东西向的直射阳光。

c. 活动百叶遮阳。建筑南立面中间部分的水平带窗采用外置的活动百叶，既保证建筑立面效果，又实现南向遮阳。

d. 布卷帘式遮阳。建筑中部的采光、通风天井，从二层直通屋顶，为防止夏季阳光直射室内，在玻璃屋顶下面设有卷帘式内遮阳。

（3）室内环境控制　作为绿色建筑示范楼，在考虑室内使用环境节能的同时，还要努力实现室内环境控制的目标，为人们创造健康舒适的工作、生活环境。

① 自然通风。

a. 风压通风。建筑的主要房间南北向布置，与重庆当地的主导风向（北偏西）和过渡季节的主导风向基本一致。建筑进深控制在17m以内，以利于形成穿堂风。通过计算机风环境模拟分析，确定全楼自然通风风压及风速分布、建筑开窗面积。

b. 热压通风。建筑中部设置有采光、通风天井，利用热压和“烟囱效应”原理实现建筑室内的自然通风。东西两端伸向屋顶的楼梯间，以及客房卫生间通向屋顶的排气通道，可用来作为辅助的通风道。

② 自然采光。在满足建筑窗墙比要求的前提下，尽可能增大开窗面积，争取有效的直接自然采光；同时，对于大空间、大进深的房间还在窗户上设置反光板，尽可能使房间亮度均匀。"┻"字平面的交叉处设采光井，有效解决大进深部位的自然采光问题，减少人工光源的使用（图 2-63）。

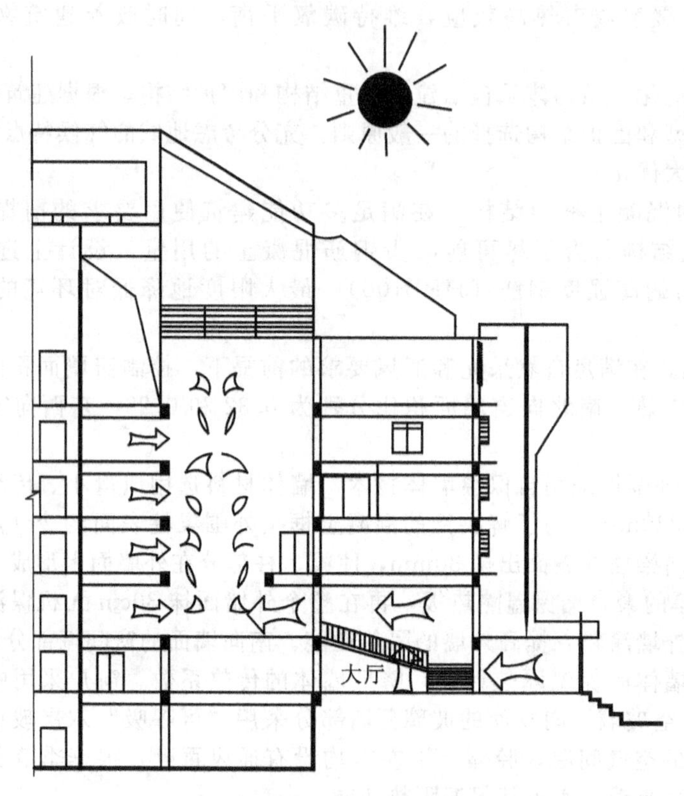

图 2-63 采光通风中庭

③ 人工照明。采用节能型灯具和智能化灯光控制模式，同时采用局部和重点照明的方式降低整个房间的照明功率密度（W/m^2）。

④ 空调设备系统。空调方式采用风机盘管加独立新风系统，采用地源热泵作为空调系统的冷热源，循环水泵采用变流量控制，并替代常规锅炉为建筑提供生活热水。

a. 热回收。在新风量大且集中的大房间设置新风和排风的全热交换器，降低新风负荷。

b. CO_2 浓度监测。在大餐厅、多功能厅、教室等人员密集场所设置 CO_2 浓度监测器，以调节新风量大小，保证室内空气清新。

c. 过渡季节通风。在春、秋过渡季节尽量不开空调，只通过新风系统向室内送风，消除室内余热。

(4) 能源系统平衡。最大限度地利用可再生能源来替代化石能源，在建筑运行过程中实现化石能源低消耗。

① 地能的利用。采用土壤源热泵系统作为建筑空调冷热源，主机为两台螺杆式地源热泵机组，闭式循环水地埋管，埋深100m，环路温差为5℃。

② 太阳能利用。

a. 太阳能集热利用。屋顶铺设有 $25m^2$ 太阳能集热器，所集热量用于厨房热水供应。

b. 太阳能光电利用。屋顶铺设有 $40m^2$ 太阳能光伏电池板，所集电量并入楼内局域网。

（5）水资源循环利用　水资源循环利用的目标是实现净水（污水处理）、节水（水资源利用）及保水（生态）。

① 雨水回收利用系统。建筑屋顶及建筑周边的雨水通过管道收集进入地下室的中水收集池，过滤后用于景观与绿化用水。

② 回水处理系统。建筑内生活污水和厨房油水排入城市污水管道统一处理，其余回水全部收集，经地下室流离生化中水处理设备处理后，回用于楼内卫生间的冲洗、景观及绿化用水，中水回用率达 42%。

③ 节水器材。示范楼所有卫生洁具均采用节水型卫生设备，其中公共卫生间采用无水小便斗；厨房、洗衣房采用节水型水龙头及节水设备。

④ 基地保水措施。为降低场地内地表水的径流量，场地内的铺装地面均采用透水砖铺装；景观水池四周采用湿地护岸，从而增加地下水的回渗。

（6）楼宇智能化　该楼的智能化主要体现在楼宇安全报警系统、设备运行控制系统和能耗计量系统 3 个方面。楼宇智能控制能保证建筑使用的安全，控制设备处于合适的运行状态，降低整个建筑的使用成本；同时，保持良好的室内声、光、热条件，创造良好的生活和工作环境。

2.4.5.2　某地工程学院新校区行政楼建筑节能设计

某地工程学院新校区行政楼（图 2-64）位于校区中部，地势平坦，规划建筑面积 $8000m^2$，建筑高度为四层，功能主要以行政办公为主。

图 2-64　某地工程学院新校区行政楼效果图

该地气候属于亚热带海洋季风气候，夏季湿热，冬季潮湿寒冷。降雨以梅雨为主，台风雨补充，主要集中在 3～9 月。主导风向夏季为 SSE，冬季为 NW。

该楼采用的绿色节能设计策略及技术整合措施如下。

（1）总体布局　基地所在的校园总体格网呈南偏东 12°，而规划要求行政楼的入口必须向东侧的校园主干道开放，同时要尽量避免南侧体育场的噪声干扰，因而与良好朝向形成了一定矛盾。

设计时首先能使建筑充分延伸以获得有利的阳光、通风以及宽广的视野。结合办公建筑功能特点，采用两支流线形的双廊沿河生长并相互咬合围合出生态大厅。在建筑的东西两侧便自然留出大片空地以种植常绿乔木，阻挡不利的日光照射。这种流线形的布局仿佛基地被河流冲击而成，建筑和自然有机的融合在一起，绿地与河流最大限度地避免了建筑及其阴影的干扰，保证了物种的多样性，其舒展的办公部分在忽视体形系数的同时却创造了良好开场的景观视线，让更多的使用者得以充分接触和享受自然带来的生态办公环境。

（2）建筑设计

① 热缓冲中庭。学院行政楼是对师生进行管理和为之服务的场所，因此，在功能上需要开敞空间以提供开放而高效的服务，在心理上需要营造和谐的工作气氛，生态中庭在满足这些

需求的同时提供了高效的热缓冲层。它是一个通高3层的共享大厅，在两端各有一个半室外生态天井形成通风竖井。在冬季中庭形成一个封闭的大暖房；在春秋过渡季节，中庭利用通风天井形成一个开敞空间，能促进室内良好的自然通风；在夏季，室外的乔木和中庭东南向百叶遮阳板能有效地遮蔽直射阳光，天井的通风作用为中庭带来新鲜的冷空气，对办公空间起到热缓冲的作用。同时，生态中庭也是组织两条办公双廊的功能转换中心，其开放的流通空间和透明的表皮与办公空间形成虚实对比，是整个建筑的形态核心。

② 生态天井。在中庭设置一对生态天井，参照传统民居的天井构造，在其底部种植绿化以保证稳定的温湿度，使其四层通高，用透明的玻璃在不影响视觉和采光的前提下增加其围合程度，各层均开设可开启通风窗，并与梯井相结合达到通风竖井的目的，不论在风压或热压作用下都能起到抽风作用，实现“烟熏效应”。同时，内天井及楼梯间丰富了室内空间，保证了中庭良好的采光，而且通过天井内绿色植物的栽种将绿色景观引入室内，人们可以利用楼梯走廊在不同角度与外界零距离接触，传统民居中的生态空间在这里得到重生，同时也完成了从自然到绿色形态的转换。

③ 绿色退台。在涉及种植乔木遮挡夏季日照时，注意到树木高度受气候限制，无法对建筑第四层形成有效阴影，设计中结合内部功能采用建筑退台的手法，相对增加出檐的深度增大阴影区，同时形成平台进行绿化种植。退台形成的阴影增强了屋顶轻盈舒展的效果，减小了建筑体量感，削弱了对周边自然环境的压迫，平台也增加了使用者直接接触自然的机会，体现了“绿色形态”的生态特征。

④ 多功能屋顶。屋顶采用以大面积种植屋面为主，结合架空通风隔热板屋面放置空调主机和太阳能集热板的形式。种植屋面在达到物理节能效果的基础上，结合退台形成立体绿化，丰富了视觉景观。架空屋面上的太阳能集热板主要利用来为卫生间及休息间提供热水。在空间布局上，太阳能集热板与空调主机直接对应于下层集中设置的卫生间、休息间和空调机房，两条线性设备带对应于两条流线形屋面，不仅不需要勉强的建筑遮挡，反而可以充分展示其机器美感，在提高经济性和高效性的同时再次强调了屋面以至整栋建筑的流线造型。

(3) 围护结构设计

① 窗墙比与流动的立面。石墙和开洞结合立面形态的虚实变化进行了合理布置，在需要开洞的场合，结合内部功能和立面造型运用了固定和可移动外遮阳百叶，可开启百叶窗，双层皮幕墙和低辐射玻璃等多种具有不同针对性的技术来满足节能的要求。根据不同朝向对光线和通风的要求，在南面、北面分别布置条形窗和点式窗并配置竖向百叶，而东南向立面则考虑夏季东南风向的因素在条形窗的基础上配置竖向百叶，这样不仅适应了办公空间的功能要求，合理减小了窗墙比，而且形成了丰富立面的连续过渡，加强了形体的流动感。

② 热缓冲玻璃幕墙与开放的入口。主入口在形态上需要强调入口位置和行政楼的开放性，又是两条办公实体廊相互咬接和转换的虚核，要求具有一定的通透感，但不利的朝向带来过多的日光照射，因此在这里设置了双层皮通风式玻璃幕墙，达到了良好的节能作用。其中加入的活动竖向百叶不仅能够遮挡多余日光，而且丰富了生态中庭的光影效果，百叶本身也起到了衔接南向百叶和东南向竖向百叶的作用。由于铺设幕墙的范围较小，保证了建筑节能的经济性和可行性。

③ 遮阳百叶与多样的细部。从中庭空间伸展出来的两支办公双廊有各自不同的朝向，因此所采用的遮阳措施也略有不同。东南朝向为主的一翼，采用水平百叶外遮阳方案设计，能遮挡太阳高度角较高的东南方向太阳辐射。遮阳百叶叶片宽250mm、厚45mm，倾角的确定兼顾了遮挡夏季日晒和冬季采暖以及漫反射采光的需求。西北朝向为主的一翼，采用滑轨式活动垂直百叶外遮阳方案，满足室内不同位置对夏日西向太阳高度角较低的太阳直射的遮挡；双层幕墙采用竖向百叶，在利用空气上下流通的同时，其隐于玻璃中的线条也恰好成为两侧横竖百叶在建筑形态上的自然过渡。

竖向与横向百叶的配合使用，可灵活移动不同组合的百叶设计。为了避免自身的热传递效应，所有百叶系统都被固定在由混凝土制成的立面框架上，这些框架形成了斑驳的阴影，也丰富了建筑形体的细部层次。

(4) 设备节能设计　根据行政楼的规模及使用特点，提出采用高效的变冷媒流量的空调系统（VRV空调系统）。这类机组的主要优点是：各房间有独立的空气调剂控制手段，可使每个房间得到各自满意的舒适温度；变频控制，节约能量，其能效比（特别是综合部分负荷值IPLV）远大于常规空调机组及房间空调器。另外，应用这类电驱动的热泵进行采暖是用电采暖中效率最高的方式，它的一次能源效率高于直接燃煤或燃气锅炉的效率。

由于VRV空调系统主机放置在屋面上，室内无需设置冷热源机房，节省了建筑面积，使建筑布局更加灵活，其室内氟利昂管线尺寸也小于水系统，更小于风系统，因此，对层高的要求较低，在节约造价的同时式建筑造型更加舒展。

在通风系统设计上，强调结合建筑形态以自然通风为主，独立的新风系统和局部排风系统为辅，新风系统空调冷热源由屋顶设置的高效热泵机组提供，并建议业主根据经济情况局部设置全热（或显热）交换装置，已达到节能的目的。

在照明设计中，执行了《建筑照明设计标准》(GB 50034—2004) 中所要求的内容，选用节能型光源及附件，在获得相同照度值的前提下，大大降低了建筑照明功率密度值，实现了节能的目标。

第3章 绿色建筑节能材料

3.1 绿色建筑材料的分类及特点

绿色建筑材料的选用和研究是绿色节能建筑的一个重要方面，对建筑节能保温效果有很大影响。研究绿色建筑材料的分类及特点有利于在实际应用中针对不同的情况制定有针对性的设计施工方案，并在绿色建筑的研究中更加有的放矢。

3.1.1 绿色建筑材料在建筑节能中的意义

我国是一个能耗大国，又是一个能源相对短缺的大国。随着国民经济的蓬勃发展，我国能源短缺问题日益突出，土地资源、水资源短缺现象日益严重。为此，国家先后颁布了《中华人民共和国关于节地、节水、节电、节能的技术经济政策》、《中华人民共和国建筑法》、《中华人民共和国节能法》、《建筑节能“九五”计划和 2010 年规划》、《中华人民共和国建设部第七十六号令》、《民用建筑节能管理规定》、原建设部提出《节能、节水、节地、信息化、污水资源化、治理污染的三节两化一治的方针》等有关法规。建筑和建筑材料是关系到国计民生的重要支柱产业，建筑是人类生活的基本需求，但同时也消耗大量的资源。国内相关产业能耗与国际先进水平相比，我国建筑材料行业的能耗指标明显偏高。因此，节能减排是建筑材料行业的工作重点，近年来，国家针对建筑材料行业先后出台了多项调控政策，旨在通过调控促使企业切实转变经济增长方式，努力开发新品种，实现产业结构升级和节能减排，力争把建筑材料工业发展成为资源节约型、环境友好型产业。

当今世界，环保已经成为全人类普遍关注的话题，在住宅建设的全过程中，时刻涉及环保问题：建筑材料的生产涉及土地、木材、水、能耗等资源；土建工程涉及扬尘、噪声、垃圾等环境污染问题；房屋装修过程中涉及结构破坏、装修材料污染指数严重超标、噪声扰民等问题；住宅使用过程中涉及采暖、空调使用耗能、建筑隔声、防火等问题。因此，开发、生产具有环境协调性的生态建筑材料和住宅产业——这个支撑我国国民经济发展的支柱产业，在执行国家节约资源、保护环境的基本国策中起着举足轻重的作用。

建筑材料不仅要求高强度和高性能，还要考虑其环境协调性。

中国建筑材料发展的主要任务是“围绕绿色节能建筑材料制造，绿色建筑用配套产品制造开展技术创新工作”。

通过对绿色建材的使用，房屋建筑节能取得十分明显的效益，小投入大产出，更加符合科

学发展观，构建社会主义和谐社会的指导要求。

建筑材料行业的产业结构调整为优势企业发展提供了巨大的成长空间。发展节能型建筑材料工业，可取得以下好处。

① 发展节能型建筑材料工业能为建筑节能创造基础条件。

② 发展节能型建筑材料工业是建立循环经济的重要环节。

③ 发展节能型建筑材料工业，改造传统建筑材料工业。

如何减少能源和资源的消耗，最大限度地提高能源和资源利用效率，同时减排降污，保护环境，已成为摆在建筑材料行业面前的重大任务。虽然，目前建筑材料行业已在淘汰落后生产工艺及推广新材料、新工艺、新技术，提高综合利用效率，形成全行业的节能环保意识方面取得显著成效，但距离建设节约型建筑材料工业的更高要求还有不小差距。

因此，在技术、产业结构调整方面的提高与突破，就显得至关重要。在产品结构上必须向制品化、部品化、标准化、集成化发展，以及产业集中度、生产规模等都要与国际接轨，通过整合资源和市场，推进建筑材料行业走上质量、效益、优化结构的发展之路。

3.1.2　绿色建筑材料的分类及特点

3.1.2.1　绿色建筑材料的分类

（1）按功能及使用部位分类　可分为绿色建筑地面装饰材料，绿色墙体材料（包括承重墙体材料和非承重墙体材料），绿色建筑墙面装饰材料，混凝土外加剂，绿色建筑防水材料（包括墙面、屋面及地下建筑的防水材料），其他绿色建筑材料（包括各种胶黏剂、绿色建筑五金、建筑灯具等）。

（2）按其主要原材料分类　可分为绿色无机建筑材料，如玻璃马赛克、陶瓷质装饰材料、水泥花阶砖、中空玻璃、茶色玻璃、加气混凝土、轻骨料混凝土等；绿色有机建筑材料，主要有建筑涂料、建筑胶黏剂、塑料地板、地毯、墙纸、塑料门窗、浴缸等；绿色金属建筑材料，如铝合金门窗、墙板、钢门窗、钢结构材料、建筑五金等。

（3）按其对环境的影响作用进行分类

① 节省能源和资源型。此类建材是指在生产过程中，能够明显降低对传统能源和资源消耗的产品。因为节省能源和资源，使人类已经探明的有限能源和资源得以延长使用年限。这本身就是对生态环境做出了贡献，也符合可持续发展战略的要求。同时降低能源和资源消耗，也就降低危害生态环境的污染物产生量，从而减少治理的工作量。生产中常用的方法有采用免烧或者低温合成，以及提高热效率、降低热损失和充分利用原料等新工艺、新技术和新型设备，也可采用新开发的原材料和新型清洁能源来生产产品。

② 环保利废型。此类建材是指在建材行业中利用新工艺、新技术，对其他工业生产的废弃物或者经过无害化处理的人类生活垃圾加以利用而生产出的建材产品。例如：使用工业废渣或者生活垃圾生产水泥；使用电厂粉煤灰等工业废弃物生产墙体材料等。

③ 特殊环境型。是指能够适应恶劣环境需要的特殊功能的建材产品，如能够适用于海洋、江河、地下、沙漠、沼泽等特殊环境的建材产品。这类产品通常都具有超高的强度、抗腐蚀、耐久性能好等特点。我国开采海底石油、建设长江三峡大坝等宏伟工程都需要这类建材产品。产品寿命的延长和功能的改善，都是对资源的节省和对环境的改善。比如寿命增加一倍，等于生产同类产品的资源和能源节省了一半，对环境的污染也减少了一半。相比较而言，长寿命的建材比短寿命的建材就更增加了一分“绿色”成分。

④ 安全舒适型。是指具有轻质、高强、防火、防水、保温、隔热、隔声、调温、调光、无毒、无害等性能的建材产品。这类产品纠正了传统建材仅重视建筑结构和装饰性能，而忽视安全舒适方面功能的倾向，因而此类建材非常适用于室内装饰装修。

⑤ 保健功能型。是指具有保护和促进人类健康功能的建材产品，如具有消毒、防臭、灭

菌、防霉、抗静电、防辐射、吸附二氧化碳等对人体有害的气体等功能。这类产品是室内装饰装修材料中的新秀，也是值得今后大力开发、生产和推广使用的新型建材产品。

3.1.2.2 绿色建筑材料的特点

绿色建筑材料在发展过程中综合了化学、物理、建筑、机械、冶金等学科的新兴技术，具有以下特点。

(1) 轻质　主要以多孔、容重小的原料制成，如石膏板、轻骨料混凝土、加气混凝土等。轻质材料的使用，可大大减轻建筑物的自重，满足建筑向空间发展的要求。

(2) 高强　一般常见的高强材料有金属铸件、聚合物浸渍混凝土、纤维增强混凝土等。绿色建筑材料的高强度特点，在承重结构中可以减小材料截面面积，提高建筑物的稳定性及灵活性。

(3) 多功能　一般是指材料具有保温隔热、吸声、防火、防水、防潮等性能，以使建筑物具有良好的密封性能及自防性能。如膨胀珍珠岩、微孔硅酸钙制品及新型防水材料等。

(4) 应用新材料及工业废料　原料选用化工、冶金、纺织、陶瓷等工业新材料或排放的工业废渣、废液。这类材料近年发展较快，如内外墙涂料、混凝土外加剂、粉煤灰砖、砌块等。

(5) 复合型　运用两种材料的性能进行互补复合，以达到良好的材料性能和经济效益。复合型的材料不仅具有一定强度，还富有装饰作用，如贴塑钢板、人造大理石、聚合物浸渍石膏板等。

(6) 工业化生产　采用工业化生产方式，产品规范化、系列化。如墙布、涂料、防水卷材、塑料地板等建筑材料的生产。

建筑材料科学是一门综合性的材料科学，它几乎涉及各行各业。因此，必须掌握无机化学、有机化学、表面物理化学、金属材料学等有关学科的知识，并在实践中不断总结经验，才能不断开拓绿色建筑材料的新品种。对于绿色建筑材料的施工及使用。必须充分了解它的性能特点、施工规范、保养等知识，严格按科学方法施工，以使其特点得以充分发挥，保证建筑工程的质量。

3.2 绿色建筑围护结构节能材料

围护结构是指建筑及房间各面的围挡物，如门、窗、墙等，能够有效抵御不利环境的影响。通常将围护结构分为透明与不透明两个部分：不透明维护结构有墙、屋顶和楼板等；透明围护结构有窗户、天窗和阳台门等。此外，根据围护结构在建筑物中的位置，又可分为外围护结构和内围护结构，外围护结构包括外墙、屋顶、侧窗、外门等，用于抵御风雨、温度变化等，应具有保温、隔热、隔声、防水、防潮、耐火、耐久等性能。内围护结构如隔墙、楼板和内门窗等，起分隔室内空间作用，应具有隔声、隔视线以及某些特殊要求的性能。

绿色建筑围护结构在绿色建筑的整个体系中的应用非常广泛，好的绿色建筑围护结构在起到一般作用的同时，还能在节能环保方面发挥巨大作用。

3.2.1 墙体节能材料

在绿色节能建材的外围护构造中，墙体节能材料的应用和前景最广泛。墙体是建筑物的外围护结构，传统的围护材料主要是实心黏土砖。由于黏土砖对土地资源消耗较大，对环境破坏严重，目前我国已出台强制淘汰实心黏土砖政策。节能墙体可以替代传统的外墙围护结构，通过加强建筑围护结构的保温隔热性能，减少空气渗透，可以减少建筑热量散失，从而达到节能的效果。

目前墙体节能主要分为两大类：内保温墙体节能和外保温墙体节能。

3.2.1.1　墙体内保温节能材料

在实施建筑节能设计标准的初期，普遍采用内保温的方法。选用的材料品种较多，如珍珠岩保温砂浆、内贴充气石膏板、黏土珍珠岩保温砖、各种聚苯夹芯保温板等。常用的内保温做法主要有三种。

第一种是贴预制保温板。

第二种是增强粉刷石膏聚苯板，这种方法即在墙上粘贴聚苯板，用粉刷石膏做面层，面层厚度8～10mm，用玻纤网格布进行增强。

第三种是胶粉聚苯颗粒保温浆喷涂法，即在基层墙体上经界面处理后直接喷涂或涂抹聚苯颗粒保温浆料，再在其表面做抗裂砂浆面层，用玻纤网格布增强。这种施工方法，保温层具体厚度应根据工程实际情况进行确定。

墙体内保温由于其主要作用部位在室内，故较为安全方便，技术性能要求没有墙体外保温那么严格，造价较低，施工方便；室内连续作业面不大，多为干作业施工，有利于提高施工效率、减轻劳动强度。但其在长期的内保温施工中也暴露出了几大问题：一是热工效率较低，外墙有些部位如丁字墙、圈梁处难以处理而形成“冷桥”，使保温性能降低；二是保温层在住户室内，对二次装修、增设吊挂设施带来麻烦，一旦出现问题，维修时对住户影响较大；三是墙体内保温占室内空间，室内使用面积有所减少。

3.2.1.2　外保温墙体节能材料

保温隔热材料是常用的绝热材料之一，建筑物绝热是绝热工程的一部分。通常的绝热材料是一种质轻、疏松、多孔、热导率小的材料。外墙外保温材料是保温隔热材料的一大分支，随着外墙外保温体系优点的不断突出以及该体系性能的不断发展，外墙外保温技术将成为墙体保温发展的主要方向。

墙体外保温节能墙体克服了墙体内保温的不足，薄弱环节少，热工效率高；不占室内空间，对保护结构有利，既适用于新建房屋，更适合既有建筑的节能改造。尽管目前外保温做法的工程造价要略高于内保温做法，但若以性能价格比衡量，外保温优于内保温。

墙体外保温的原理主要是利用静止的空气进行保温，大部分气体都包括在其中。如二氧化碳、氮气等。这些气体热导率很低，通过采用固体材料的特殊结构对空气的流动性和透红外性能加以限制，从而达到保温目的。下面介绍几种常用的墙体外保温节能材料。

(1) 膨胀珍珠岩及制品　膨胀珍珠岩及制品是以珍珠岩为骨料，配合适量黏结剂，如水玻璃、水泥、磷酸盐等。经搅拌、成型、干燥、焙烧（一般为650℃）或养护而成的具有一定形状的产品。其研究应用比玻璃棉、矿棉晚，但发展速度较快。膨胀珍珠岩在一段时期内曾受到岩棉产品的冲击，但由于其价格和施工性能上具有的优势，仍在建筑和工业保温材料中占有较大的比重，约占保温材料的44%。

白云质泥岩的焙烧熟料和膨胀珍珠岩，添加少量的煅烧高岭石或粉煤灰，制备膨胀珍珠岩保温材料的表观密度在320～350kg/m^{3}之间，抗压强度在0.48～0.62MPa之间，质量含水率在2.1%～2.7%之间，热导率在0.076～0.086W/(m·K）之间。另外，以膨胀珍珠岩作骨料，水玻璃作黏结剂，高岭土、混凝土、粉煤灰和石灰作添加剂，制得一种很好的保温材料，热导率在0.065～0.074W/(m·K）之间，吸水率在0.24%～0.36%之间。

(2) 复合硅酸盐保温材料　复合硅酸盐保温材料是一种固体基质联系的封闭微孔网状结构材料，主要是采用火山灰玻璃、白玉石、玄武石、海泡石、膨润土、珍珠岩等矿物材料和多种轻质非金属材料，运用静电原理和湿法工艺复合制成的憎水性复合硅酸盐保温材料。其具有可塑性强、热导率低、容重轻、粘接性强、施工方便、小污染环境等特点，是新型优质保温绝热材料。复合硅酸盐保温材料在75%相对湿度，环境温度为28℃时的吸湿率为1.8%。其抗压强度大于0.6MPa，抗折强度大于0.4MPa，在高温600℃下抗拉强度大于0.05MPa。这种材料的粘接强度大，保温层在任何场合都不会因自身重量而脱落。其中，海泡石 $Mg_8(H_2O)_4$

$(Si_6O_{15})_2(OH)_4 \cdot 8H_2O$ 保温涂料是一种新兴的保温材料，具有易吸附空气的特点使之处于相对稳定状态的链层结构，是一种很好的保温基料，再与其他辅料合理配合，即形成硅酸盐保温涂料。

海泡石有以下优点：热导率低，一般小于 0.07W/(m·K)（常温），保温涂层薄、无毒、无尘、无污染、不腐蚀；适应温度范围为 40～800℃，防水、耐酸碱、不燃；施工方便，可喷涂，涂抹，冷热施工均可；不需包扎捆绑，尤其便于异型设备内（如阀门、泵体）的保温，粘接性好；干燥后呈网状结构，有弹性、不开裂、不粉化，可用于运转振动的设备保温。将海泡石应用于实际生产，取得很好的经济效益。

(3) 酚醛树脂泡沫保温材料　酚醛树脂泡沫具有热导率低、力学性能好、尺寸稳定性优、吸水率低、耐热性好、电绝缘性优良、难燃等优点，尤其适合于某些特殊场合作隔热保温材料或其他功能性材料。在阻燃、隔热方面，酚醛树脂可以长期在 130℃下工作，瞬时工作温度可达 200～300℃，这与聚苯乙烯发泡材料的最高使用温度 70～80℃相比，具有极大的优越性。同时，酚醛树脂泡沫保温材料在耐热方面也优于聚氨酯发泡材料。合成的酚醛树脂可通过控制发泡剂、固化剂和表面活性剂的量来控制发泡体的质量。酚醛树脂与其他材料共混改性，可以制备出性能极其优良的复合保温材料。如以酚醛泡沫塑料为胶黏剂，泡沫聚苯乙烯颗粒为填料，结合其他添加剂合成具有力学性能好、难燃、工艺简单和成本低等优良特性的复合材料，它的耐久系数可达到 0.82，使用年限可达 20 年。欧洲、美国、日本等国家和地区在这方面的研究应用已比较成熟。

(4) 聚苯乙烯塑料泡沫保温材料　聚苯乙烯泡沫塑料（EPS）是由聚苯乙烯（1.5%～2%）和空气（98%～98.5%）、戊烷作为推进剂，经发泡制成。其具有密度范围宽、价格低、保温隔热性优良、吸水性小、水蒸气渗透性低、吸收冲击性好等优点。聚苯乙烯泡沫板及其复合材料由于价格低廉、绝热性能好，热导率小于 0.041W/(m·K)，而成为外墙绝热及饰面系统的首选绝热材料。

(5) 硬质聚氨酯泡沫保温材料　硬质聚氨酯泡沫（PURF）热导率仅为 0.020～0.023W/(m·K) 之间，因此将该材料应用于建筑物的屋顶、墙体、地面，作为节能保温材料，其节能效果将非常显著。如以异氰酸酯、多元醇为基料，适量添加多种助剂的硬质聚氨酯防水保温材料，其表观密度为 35～40kg/m³，其抗压强度在 0.2～0.3MPa 之间。

(6) 纳米孔硅保温材料　随着纳米技术的不断发展，纳米材料越来越受到人们的青睐。纳米孔硅保温材料是纳米技术在保温材料领域内新的应用，组成材料内的绝大部分气孔尺寸宜小于 50nm。

根据分子运动及碰撞理论，气体的热量传递主要是通过高温侧较高速度的分子与低温侧的较低速度的分子相互碰撞传递能量。由于空气中的主要成分氮气和氧气的自由程度均在 70nm 左右，纳米孔硅质绝热材料中的二氧化硅微粒构成的微孔尺寸小于这一临界尺寸时，材料内部就消除了对流，从本质上切断了气体分子的热传导，从而可获得比无对流空气更低的热导率。纳米孔硅的生产工艺一般比较复杂，例如超临界干燥法、Kistler 法等。现已以正硅酸四乙酯（TEOS）为硅源，通过溶胶凝胶及超临界干燥过程制备了 SiO_2 气凝胶样品，同时在常温下也制备了具有纳米多孔结构的 SiO_2 气凝胶样品。

除了上述保温材料外，膨胀蛭石、泡沫石棉、泡沫玻璃、膨胀石墨保温材料、铝酸盐纤维以及保温涂料等在我国也有少量生产和应用，但由于在性能、价格、用途诸方面的竞争力稍差，在保温材料行业中只起着补充与辅助的作用。

目前我国外墙保温技术发展很快，是节能工作的重点。外墙保温技术的发展与节能材料的革新是密不可分的，建筑节能必须以发展新型节能材料为前提，必须有足够的保温绝热材料作为基础。所以，在大力推广外墙保温技术的同时，要加强新型节能材料的开发和利用，从而真正地实现建筑节能。

3.2.2　屋面节能材料

建筑屋面是建筑组成的必不可少的部件之一，同时也是设计上的一个重点。屋面是房屋最上层的外围护结构，其建筑功能是抵御自然界的风霜雨雪、太阳辐射、气温变化和其他外界的不利因素，使屋顶覆盖下的空间有良好的使用环境。因此，良好的屋面设计对于建筑的功能与使用来说十分重要。

屋面按使用功能可分为：住宅屋面、工业建筑屋面和公共建筑屋面。在设计和施工中，又将屋面按排水坡度的不同分为：平屋面和坡屋面。一般平屋面的坡度在 10%以下，最常用的坡度为 2%～3%，坡屋面的坡度则在 10%以上。

对房屋而言，屋面主要有防雨防漏、隔热保温、装饰性三大方面的功能。

屋面作为一种建筑物外围护结构，所造成的室内外温差传热耗热量大于任何一面外墙或地面的耗热量。因此，提高建筑屋面的保温隔热能力，能有效抵御室外热空气传递，减少空调能耗，也是改善室内热环境的有效途径。

用于屋面的保温隔热材料有很多，保温材料一般为轻质、疏松、多孔或纤维材料，按其形状可分为以下三种类型。

① 松散保温材料。常用的松散保温材料有膨胀蛭石（粒径 3～15mm）、膨胀珍珠岩、岩棉、矿棉、玻璃棉、炉渣（粒径 3～15mm）等。部分松散保温材料的质量要求见表 3-1。

表 3-1　部分松散保温材料的质量要求

项　　目	膨胀蛭石	膨胀珍珠岩
粒径/mm	3～15	≥0.15，<0.15 的含量不大于 8%
堆积密度/(kg/m^3)	≤300	≤120
热导率/[W/(m·K)]	≤0.14	≤0.07

② 整体现浇保温材料。采用泡沫混凝土、聚氨酯现场发泡喷涂材料，整体浇筑在需要保温的部位。现场喷涂聚氨酯硬质泡沫塑料质量要求如表 3-2 所示。

表 3-2　现场喷涂聚氨酯硬质泡沫塑料质量要求

顺次	项　　目		指　　标		
			Ⅰ	Ⅱ-A	Ⅱ-B
1	密度/(kg/m^3)	≥	30	35	50
2	热导率/[W/(m·K)]	≤	0.024		
3	黏结强度/kPa	≥	100		
4	尺寸变化率(70℃，48h)	≤	1		
5	抗压强度/kPa	≥	150	200	300
6	抗拉强度/kPa	≥	250	—	—
7	断裂伸长率/kPa	≥	10		
8	闭孔率/%	≥	92		95
9	吸水率/%	≤	3		
10	水蒸气透过率/[ng/(Pa·m·s)]	≤	5		
11	抗渗性/mm(1000mmH_2O①×24h 静水压)	≤	5		
12	阻燃性能		B2 级(离火 3s 自熄)		

① 1mmH_2O=9.80665Pa。

③ 板状保温材料。如挤压聚苯乙烯泡沫塑料板（XPS板）、模压聚苯乙烯泡沫塑料板（EPS板）、加气混凝土板、泡沫混凝土板、泡沫玻璃、膨胀珍珠岩板、膨胀蛭石板、矿棉板、岩棉板、木丝板、刨花板、甘蔗板等。有机纤维材料的保温性能一般较无机板好，但耐久性较差，只有在通风条件良好、不易腐烂的情况下使用才较为适宜。部分板状保温材料质量要求见表3-3。

表3-3 部分板状保温材料质量要求

项目	聚苯乙烯泡沫塑料		硬质聚氨酯泡沫塑料	泡沫玻璃	微孔混凝土	膨胀蛭石（珍珠岩）制品
	挤压	模压				
表观密度/(kg/m³)	≥32	15～30	≥30	≥150	500～700	300～800
热导率/[W/(m·K)]	≤0.03	≤0.041	≤0.027	≤0.062	≤0.22	≤0.26
抗压强度/MPa	—	—	—	≥0.4	≥0.4	≥0.3
在10%形变下的压缩应力/MPa	≥0.15	≥0.06	≥0.15	—	—	—
70℃，48h后尺寸变化率/%	≤2.0	≤5.0	≤5.0	≤0.5	—	—
吸水率/%	≤1.5	≤6	≤3	≤0.5	—	—
外观质量	板的外形基本平整，无严重凹凸不平；厚度允许偏差为5%，且不大于4mm					

3.2.3 门窗节能材料

建筑门窗是建筑围护结构的重要组成部分，是建筑物热交换、热传导最活跃、最敏感的部位，其热损失量是墙体热损失量的5～6倍。

对于建筑门窗的发展，经历了几个不同的阶段。

单层窗阶段，最初的玻璃门窗都是单层玻璃的，尽管透明且防风，但保温性能与金属一样差。其散热率很高，可以很快以红外线吸收和辐射热量。在寒冷的天气时，室内外的温差不大。

双层玻璃阶段，双层玻璃窗也称保温玻璃窗，是利用两块玻璃之间的空气间层有效阻隔热的传导，增加窗的热阻，达到保温隔热的效果。

镀膜玻璃阶段，这种窗采用低散射镀膜，镀于密闭的空气接触的内层玻璃表面上。这种镀膜可使向外散射的热量反射回屋里，从而达到保温隔热的目的。

目前最先进的是超级节能门窗，这种门窗是在低散射窗的基础上发展起来的，即在低散射窗的两层玻璃间抽真空，或者用透明绝热材料填充，这可以使门窗的热阻大大提高。这种超级节能门窗还可以成为一种热源，白天吸收阳光的能量，没有阳光时就可以成为提供能源的供热装置。也就是说，保温墙体只能被动地防止散热，而超级节能门窗可以从阳光中获得能量。

3.2.3.1 窗框节能材料

（1）塑钢门窗 塑料门窗是以聚氯乙烯（PVC）树脂等高分子合成材料为主要原料，加上一定比例的稳定剂、着色剂、填充剂、紫外线吸收剂等挤出成型材，然后通过切割、焊接的方式制成门窗框扇，再配装上橡塑密封条、毛条、五金件等。为增强型材的刚性，超过一定长度的型材空腔内需要添加钢衬（加强筋），通过这一流程制成的门窗，称为塑钢门窗。

PVC塑料门窗的优点有：①经久耐用，可正常使用30～50年；②形状和尺寸稳定，不松散、不变形（钢、木门窗在这方面就差得多）；③塑料门窗的气密封性和水密封性大大优于钢、木门窗，前者比后者气密封性高2～3个等级；水密封性高1～2个数量级；④具有自阻燃性，不能燃烧；有自熄性，有利于防火；⑤隔噪声性能好，达30dB，而钢窗隔噪声只能达到15～20dB；⑥隔热保温性能好，单层玻璃的PVC窗传热系数K值为4～5W/(m²·K)（国家标准

4级)，装双层玻璃的PVC窗的K值为2～3W/(m^2·K)（国家标准2级），而装单层玻璃的钢、铝窗K值只能达到国家标准6级，装双层玻璃的钢、铝窗只能达到国家标准3～4级，因此冬季采暖、夏季空调降温时PVC塑料窗可节能25%以上；⑦外观美，质感强，易于擦洗清洁；⑧使用轻便灵活，抗冲击，开关时无撞击声。

PVC塑料门窗的缺点有：①采光面积比钢窗小5%～11%；②装单层玻璃时价格比钢窗贵30%～50%。但在寒冷地区一樘装双层玻璃的PVC窗与装两樘单层玻璃的钢窗相比，两者费用大体相当，而双层玻璃的PVC塑料窗的保温、采光比两樘单层玻璃的钢窗更好。

(2) 铝塑复合窗　铝塑复合门窗，又叫断桥铝门窗，是继铝合金门窗，塑钢门窗之后一种新型门窗。断桥铝门窗采用隔热断桥铝型材和中空玻璃，仿欧式结构，外形美观，具有节能、隔声、防尘、防水功能。这类门窗的传热系数K值为3W/(m^2·K)以下，比普通门窗热量散失减少一半，降低取暖费用30%左右；隔声量达29dB以上；水密性、气密性良好，均达国家A1类窗标准。

铝塑复合双玻推拉窗的结构特点是外侧的铝型材和室内侧的塑料型材用卡接的方法结合，镶双层玻璃后，室外为铝窗，室内为塑料窗，发挥了铝、塑两种材料各自的优点，综合性能较好，具有良好的保温性和气密性，比普通铝合金窗节能50%以上。此外，铝塑型材不易产生结露现象，适宜大尺寸窗及高风压场合及严寒和高温地区使用。但其线膨胀系数较高，窗体尺寸不稳定，对窗户的气密性能有一定影响。

3.2.3.2 节能玻璃

在建筑门窗中，玻璃是构成外墙材料最薄的，也是最容易传热的部分。因此，选择适当的玻璃品种是进行门窗节能控制的一项重要措施。节能玻璃主要有热反射玻璃、中空玻璃、吸热玻璃、泡沫玻璃和太阳能玻璃等几个种类，以及目前推广应用的玻璃替代品——聚碳酸酯板(PC板)等。

(1) 热反射玻璃　热反射玻璃是节能涂抹型玻璃最早开发的品种，又称镀膜玻璃，其采用热解法、真空法、化学镀膜法等多种生成方法在玻璃表面涂以金、银、铜、铬、镍、铁等金属或金属氧化物薄膜或非金属氧化物薄膜，或采用电浮法、等离子交换法向玻璃表面渗入金属离子用于置换玻璃表面层原有的离子而形成热反射膜。该薄膜对光学有较好的控制性能，尤其是对阳光中红外光的反射具有节能意义，对太阳光有良好的反射和吸收能力，普通平板玻璃的辐射热反射率为7%～8%，而热反射玻璃高达30%左右。

各种热反射玻璃性能指标详见表3-4。

表3-4 各种热反射玻璃性能指标

膜代号	产品厚度/mm	可见光			太阳光		传热系数/[W/(m^2·K)]		相对热增益/(W/m^2)	遮阳系数
		透射率/%	反射率/%		透射率/%	反射率/%	冬天晚上	夏天中午		
			室内	室外						
TBC-30	6	30	29	19	23	18	5.5	5.6	315	0.43
TBC-40	6	40	22	14	33	13	5.9	6.0	381	0.53
浮法	6	89	7.8	7.3	83	7.3	7.4	7.2	667	0.97
夹丝	3+8+3	84	7.8	7.8	77	7.2	7.4	7.2	634	0.92
中空	6+6+6	80	14	14	63	12	2.78	3.12	542	0.82

热反射玻璃可明显减少太阳光的辐射能向室内的传递，保持稳定室内温度，节约能源。在夏季光照强的地区，热反射玻璃的隔热作用十分明显，可有效衰减进入室内的太阳热辐射，但不适用于寒冷地区，因为这些地区需要阳光进入室内采暖。

热反射镀膜玻璃的主要特性是只能透过可见光和部分0.8～2.5μm的近红外光，对0.3μm

以下的紫外光和3μm以上的中、远红外光不能透过，即可以将大部分太阳能吸收和反射掉，降低室内的空调费用，达到节能效果。热反射玻璃可以获得多种反射光，可以将四周建筑及自然景物映射到彩色的玻璃幕墙上，使整个建筑物显得缤纷绚丽，宏伟壮观。另外，该产品有减轻眩光的良好作用，使工作及居住环境更加舒适。单片热反射玻璃可直接用在幕墙工程中，也可用来制造中空玻璃、夹层玻璃。如采用热反射玻璃与普通透明平板玻璃制造的中空玻璃来制造玻璃幕墙，其遮蔽系数仅有约10%，而传热系数约为1.74W/(m^2·K)，近似于240mm厚砖墙的保温性能。各种玻璃的遮蔽系数详见表3-5。

表3-5 各种玻璃的遮蔽系数

玻璃名称	厚度/mm	遮蔽系数/%	玻璃名称	厚度/mm	遮蔽系数/%
透明浮法玻璃	8	0.93	热反射玻璃	8	0.6～0.75
黄色吸热玻璃	8	0.77	热反射中空玻璃	8	0.24～0.49

在幕墙施工时，要注意镀膜玻璃的镀膜面应朝向室内。镀膜的判别可用一支铅笔垂直立在某一平面上，观察期倒影位置：如倒影与铅笔相交，则此为镀膜面；如倒影与铅笔错开，则该面为未镀膜面。

（2）吸热玻璃　吸热玻璃从20世纪80年代起开始逐步推广使用，是一种既能吸收大量红外线辐射能，又能保持良好可见光透过率的平板玻璃，其节能原理是通过吸收阳光中的红外线使透过玻璃的热能衰减，从而提高了对太阳辐射的吸收率，对红外线的透射率很低。在我国城乡到处可以见到吸热玻璃的应用，但是大多数使用者并非出于节能目的，而仅仅关注了玻璃的色彩效果，造成吸热玻璃的节能功能没有很好发挥。

吸热玻璃因配料加入色料不同，故产品颜色多种多样，如蓝、天蓝、茶，灰、蓝灰、金黄、蓝绿、黄绿、深黄、古铜、青铜色等。吸热玻璃有如下特点。

① 吸热玻璃的厚度和色调不同，对太阳辐射的吸收程度也不同，依据地区日照情况可以选择不同品种的吸热玻璃，达到节能的目的。普通玻璃与吸热玻璃太阳透过热值及透热率比较见表3-6。

表3-6 普通玻璃与吸热玻璃太阳透过热值及透热率比较

品种	透过热值/[W/(m^2·h)]	透热率/%	品种	透过热值/[W/(m^2·h)]	透热率/%
空气(暴露空间)	879	100	蓝色吸热玻璃(3mm厚)	551	62.7
普通玻璃(3mm厚)	726	82.55	蓝色吸热玻璃(3mm厚)	433	49.21
普通玻璃(6mm厚)	663	75.53			

② 吸热玻璃比普通玻璃吸收可见光多一些，所以能使刺目的阳光变得柔和，它能减弱入射太阳光的强度，达到防止眩光的作用。

③ 吸热玻璃透明度比普通平板玻璃稍微低一些，能清晰观察室外景物。

④ 吸热玻璃除了能吸收红外线外，还有显著减少紫外线光透过的作用，可以防止紫外线对室内物品的辐射而防止退色、变质。

⑤ 吸热玻璃绚丽多彩，能增加建筑物的美观效果。不同类型的吸热玻璃，太阳光辐射的透过率是不相同的，标准的蓝色、青铜色与灰色吸热玻璃的性能详见表3-7。

（3）中空玻璃　中空玻璃是由两片或多片玻璃粘接而成的，两片或多片玻璃其周边用间隔框分开，并用密封胶密封，使玻璃层间成为干燥的气体存储空间，具有优良的保温隔热与隔声特性。当在密封的两片玻璃之间形成真空时，从而使玻璃与玻璃之间的传热系数接近于零，即为真空玻璃。真空玻璃是目前节能效果最好的玻璃。

表 3-7 不同类型吸热玻璃的性能

品种(5mm厚)	可见光透过率/%	太阳辐射率		
		吸收率/%	直接透过率/%	色纯度/%
普通平板玻璃	87.6～88	8.0	83.6～88	8.4
蓝色吸热玻璃	72.2～85	43.7	51～70以下	5.3
青铜色吸热玻璃	50～63.5	30～50	63～75以下	6.8～12
灰色吸热玻璃	50～58.4	30～42	63.3～74以下	5～6.7

中空玻璃的特点如下所述。

① 光学性能若选用不同的玻璃原片，可以具有不同的光学性能，一般可见光透光范围在80%左右。

② 防止结露。如果室内外温差比较大，则单层玻璃就会结露；而双层玻璃，露水则不易在其表面凝结。与室内空气相接触的内层玻璃，由于空气隔离层的影响，即使外层玻璃很冷，内层玻璃也不易变冷，所以可消除和减少在内层玻璃上结露。中空玻璃露点可达−40℃，通过实践和测试的结果表明，在一般情况下结露温度比普通窗户低15℃左右。

③ 隔声性能优良，可以大大减轻室外的噪声通过玻璃进入室内，可减低噪声27～40dB，可将80dB的交通噪声降至50dB左右。

④ 热工性能。中空玻璃的整个热透射系数几乎减少到一层玻璃的一半，因为它在两片玻璃之间有一空气层隔离。由于室内外温差的减少和空气效率的提高，热透射能减少，这是中空玻璃最本质的特征。所以，其传热系数比普通平板玻璃低得多，其传热系数为1.6～3.23W/(m^2·K)。

一般单片的中空玻璃至少有一片是低辐射玻璃，低辐射玻璃可以减少辐射传热，通过结合中空玻璃和低辐射玻璃优点，中空玻璃对流、辐射和传导都很少，节能效果非常好，比普通中空玻璃节约能源18%，是目前节能效果理想的玻璃材料。中空玻璃原片玻璃厚度可采用5mm、6mm、8mm、10mm，空气层厚度可采用6mm、9mm、12mm，各种组合形式的中空玻璃热传热系数详见表3-8。

表 3-8 中空玻璃的传热系数

玻璃安装形式	空气层/mm	传热系数/[W/(m^2·K)]
单层玻璃	—	5.9
两层玻璃	6	3.4
	9	3.1
	12	3.0
	15	2.9
三层玻璃	2×9	2.2
	2×12	2.1

使用热反射玻璃、吸热玻璃、Low-E玻璃及夹层和钢化玻璃制成的中空玻璃，安装时要注意分清正反面，如当外侧采用镀膜玻璃时，镀膜面应向空气层。中空玻璃的安装施工应严格按照有关施工规范的要求进行：一是要防止玻璃受局部不均匀力的作用发生破裂；二是中空玻璃与安装框架间不能有直接接触；三是镶嵌中空玻璃的材料必须是不硬固化型的，且不会与中空玻璃密封胶产生化学反应。安装中空玻璃时工作温度严格要求在4℃以上，不得在4℃以下的温度进行安装施工。为了更好地利用中空玻璃的节能特性，可采用由热反射玻璃和热吸收玻璃组成的中空玻璃产品。

(4) 聚碳酸酯板 (PC板) 聚碳酸酯板又称为PC板、透明塑料片、阳光板或耐力板，它与玻璃有相似的透光性能，它具有耐冲击、保温性能好、能冷成型等主要特点，是较理想的采光顶材料。目前，它又被用来作为封闭阳台的围护栏板以及雨篷门斗、隔断、柜门等，并可替代门窗和幕墙玻璃，由于它具有安全、通透、保温、易弯曲、质轻、抗冲击、色彩多变等优点，在现代建筑中得到广泛应用。

PC板的缺点是随时间的推移有变黄现象，表面耐磨比玻璃差，线膨胀系数是玻璃的7倍，在温度变化时伸缩比较明显。但随着生产工艺和加工技术的不断提高以及材料配方的进一步改进，其产品质量稳定性和使用性能也在不断提高。

① 光学特性。PC板对阳光有良好的透射性能，其透光率详见表3-9。

表3-9 PC板的透光率

板厚/mm	单层透明板/%	单层着色板/%	双层透明板/%	双层着色板/%
3	86	50	—	—
5	84	50	—	—
6	82	50	82	36
8	79	50	82	36
10	76	50	81	36

② PC板的力学性能。PC板的力学性能见表3-10、表3-11。

表3-10 PC板的力学性能

抗拉刚度/MPa	抗压强度/MPa	抗弯强度/MPa	弹性模量/MPa	延伸率/%
54	86.1	纵:61.29,横:59.34	纵:1392.22,横:1365.93	>50%

表3-11 国产聚碳酸酯板PC板的主要性能指标

项　目	XL-1	MR5	Thermoclear	9304
密度/(g/cm³)	—	1.2	—	1.2
透光率	89%	85%	82%	88%
发黄程度(3年)	>2.5	—	>2	—
洛氏硬度	M70,R18	—	—	M70
抗拉强度/MPa	65.4	65.4	—	65.4
弯曲应力/MPa	93	93	—	93
压缩应力/MPa	86.1	86.1	—	86.1
弹性模量/MPa	—	—	2342.2	—

③ 抗冲击性能。PC板的冲击强度为普通玻璃的100倍，为有机玻璃的30倍。正是由于PC板具有良好的透光性，超强的抗冲击性，把PC板用于公共建筑、工业建筑、民用建筑的安全采光材料较适合。

④ 隔热性能。PC板的传热系数见表3-12。

表3-12 PC板的传热系数

双层PC板厚度/mm	6	8	10	—	—
传热系数/[W/(m²·K)]	3.6	3.2	3.1	—	—
单PC板厚度/mm	3	5	6	8	10
传热系数/[W/(m²·K)]	5.49	5.21	5.09	4.73	4.64

通过系统的实践和对比试验，在厚度相同的情况下，单层PC板可比玻璃节能10%～25%，双层PC板可比玻璃节能40%～60%。无论冬季采暖、夏季降温，PC板都可以有效降低建筑能耗。

⑤ 耐候性。PC板各项物理指标可以在－40～120℃范围内保持稳定性。其低温脆化温度为－110℃，高温软化温度为150℃。PC板表面经过光稳定工艺加工处理，产品具备抗老化功能，因而成功解决了其他工程塑料所不能解决的老化问题。

⑥ 防结露性能。在一般条件下，当室外温度为0℃，室内温度为23℃，室内相对湿度达到40%时，采光材料玻璃的内表面就要结露。采用PC板，室内相对湿度达80%时，材料的内表面才开始结露。

⑦ 阻燃性能。PC板的自燃温度为630℃。PC板在燃烧过程中不产生如氰化物、丙烯醛、氯化氢、二氧化硫等毒性气体（生成物无腐蚀性）。经过测定，PC板燃烧过程的烟雾浓度远低于木材、纸张的生成量。

⑧ 隔声性能。在厚度相同的情况下，PC板的隔声量比玻璃提高3～4dB，在国际上是高速公路隔声屏障的首选材料。

⑨ 加工性能。PC单层板可用真空成型法及压力成型法加工成多种造型的制件，也可在常温下进行冷弯成型。在常温下PC双层板的最小弯曲半径为板厚的180倍，PC单层板的最小弯曲半径为板厚的150倍。具有良好的加工制造性能。

⑩ 质量小。单层PC板的质量为相同厚度玻璃的1/2，双层PC板的质量为相同厚度玻璃的1/15。在降低建筑物自重，提高建筑物的整体防震能力，简化结构设计，节省投资，节约能源等方面都具有较突出的效果。PC板应用应注意以下几个方面的问题。

a. 密封胶条不允许使用天然橡胶条、PVC类、丙烯类、聚丙烯类材料，而应采用国际上PC板专用密封条乙烯、丙烯和二烯的三元共聚物（EPDM）或中性硅酮胶（硅酮现称为聚硅氧烷）。

b. 设计使用PC板的厚度选择应考虑不同的板跨，不同荷载的具体情况。

c. 带有光稳定涂层的PC板，其涂层面应置于室外一侧。

d. 安装PC板前，板的纵向两端应使用压缩空气吹净槽内碎屑，采用胶带密封端部，胶带不应对PC板有腐蚀性，要有良好的耐候性能。

e. PC板在使用中应定期清洗，宜用温水、中性肥皂、柔软织物或海绵进行清洗，切忌用强碱、异丙醇、酮类、卤代烷类、丁基纤维剂、毛刷、干硬布擦拭PC板面。

3.2.3.3 密封材料

窗户的构造特点决定了其必然存在缝隙，缝隙主要分布在以下三处：一是窗户框扇搭接缝隙；二是玻璃与框扇的嵌装缝隙；三是门窗框与墙体的安装缝隙。

为提高门窗的气密性和水密性，减少空气渗透热损失，必须使用密封材料。普遍要求是产品弹性好、镶嵌牢固、严密、耐用、方便、价格适宜，常用的品种有橡胶条、橡塑条和塑料条等，还有胶膏状产品（在接缝处挤出成型后固化）和条刷状密封条。

橡胶密封条由于橡胶的品种和性能差异较大，胶条的质量和成本有很大差别，在工程上反映比较突出的问题主要有：短期内胶条龟裂，失去弹性，收缩率大，甚至从型材上自由脱落，严重影响了门窗气密性。目前，多采用橡胶与PVC树脂共混技术生产密封条，使门窗的密封效果得到明显改善。橡塑密封条一般是以PVC树脂为主料加入一定比例并与PVC相容的橡胶品种和热稳定剂、抗老化剂、增塑剂、润滑剂、着色剂及填料等，经严格按配比计量，高速搅拌和混炼、共混造粒，挤出成型等工艺过程，制造出符合截面尺寸要求并达到国家质量标准规定的密封条。橡塑密封条比较充分地体现了配方中各种材料的优越性，其性能特点有：密封条有足够的拉伸性能，优良的弹性和热稳定性，较好的耐候性，可以配成各种颜色，表面光泽富有装饰性，成本较低，生产工艺简单，产品质量易于控制，耐用年限基本可达10年以上。

3.3 绿色建筑装饰节能材料

3.3.1 室内装饰节能材料

室内装饰节能材料是指用于建筑物内部墙面、天棚、柱面、地面等处具有节能特性的罩面材料。严格地说，应当称为室内建筑装饰节能材料。现代室内装饰材料，不仅能改善室内的艺术环境，使人们得到美的享受，同时还兼有绝热、防潮、防火、吸声、隔声等多种功能，起着保护建筑物主体结构，延长其使用寿命，降低室内热量流失等作用，是现代建筑装饰不可缺少的一类材料。

建筑节能与室内装饰之间存在既对立又统一的矛盾关系。室内装饰的目的是为了营造宜人的室内居住和工作环境。而要达到这一目的，就要不同程度地利用现代设备技术等手段消耗能源。节能的目的是为了给人类创造良性的、可持续发展的自然环境。要节约能源，就必须减少耗能设备，并控制设备的使用，所以节能技术措施可能会对室内的布置、装饰效果、材料的选用及布置有某种程度上的限制。但是，建筑节能和室内装饰，又是分别从长期和短期的角度，为创造适宜于人类生活、发展的大环境和小环境提供条件，两者的目的是一致的，因而应该是可以协调的。

(1) 内墙涂料

① 内墙涂料的分类。内墙涂料亦可作为顶棚建筑涂料。其主要功能是装饰及保护室内墙面及顶棚。居室内墙常用涂料可分为四大类。

第一类是低档水溶性涂料，是聚乙烯醇溶解在水中，再在其中加入颜料等其他助剂而成。

第二类是乳胶漆，它是一种以水为介质，以丙烯酸酯类、苯乙烯-丙烯酸酯共聚物、醋酸乙烯酯类聚合物的水溶液为成膜物质。加入多种辅助成分制成。其成膜物是不溶于水的。涂膜的耐水性和耐候性比第一类大大提高，湿擦洗后不留痕迹，并有平光、高光等不同装饰类型。

第三类是目前十分流行的多彩涂料，该涂料的成膜物质是硝基纤维素，以水包油形式分散在水相中，一次喷涂可以形成多种颜色花纹。

第四类是近年来出现的仿瓷涂料，其装饰效果细腻、光洁、淡雅，价格不高，只是施工工艺繁杂，耐湿擦性差。

② 水溶性内墙涂料。水溶性内墙涂料系以水溶性合成树脂为主要成膜物，以水为稀释剂，加入适量的颜料、填料及辅助材料加工而成。一般用于建筑物的内墙装饰。这种涂料的成膜机理不同于传统涂料的网状成膜，而是开放型颗粒成膜，因此它不但附着力强，而且还具有独特的透气性。另外，由于它不含有机溶剂，故在生产及施工操作中，安全、无毒、无味、不燃，而且不污染环境。但这类涂料的水溶性树脂可直接溶于水中与水形成单相的溶液，它的耐水性差，耐候性不强，耐洗刷性差。所以一般用于要求不高的低档装饰，使用呈逐渐下降趋势。水溶性内墙涂料主要产品为聚乙烯醇类有机内墙涂料和硅溶胶类无机内墙涂料。

水溶性内墙涂料执行 JC/T 423—91 标准，按标准将涂料分为两类，Ⅰ类用于涂刷浴室、厨房内墙；Ⅱ类用于涂刷建筑物浴室、厨房以外的室内墙面。同时还应符合《室内装饰装修材料内墙涂料中有害物质限量》(GB 18582—2001)。

③ 合成树脂乳液。内墙涂料合成树脂乳液，是以合成树脂乳液为基料，以水为分散介质，加入颜料、填料及各种助剂，经研磨而成的薄型内墙涂料。合成树脂乳液内墙涂料主要以聚醋酸乙烯类乳胶涂料为主，适用的基料有聚醋酸乙烯乳液、EVA 乳液（乙烯-醋酸乙烯共聚)、乙丙乳液（醋酸乙烯与丙烯酸共聚）等。这类涂料属水乳型涂料，具有无毒、无味、不燃、易于施工、干燥快、透气性好等特性，有良好的耐碱性、耐水性、耐久性，其中苯丙乳胶漆性能最优，属高档涂料，乙丙乳胶漆性能次之，属中档产品，聚醋酸乙烯乳液内墙涂料比前两种

均差。

合成树脂乳液内墙涂料有多种颜色，分有光、半光、无光几种类型，适用于混凝土、水泥砂浆抹面，砖面、纸筋灰抹面，木质纤维板、石膏饰面板等多种基材。由于乳胶涂料具有透气性，能在稍潮湿的水泥或新老石灰墙壁体上施工。它广泛用于宾馆、学校等公用建筑物及民用住宅，特别是住宅小区的内墙装修。涂料分为优等品、一等品和合格品三个等级，执行国家标准《合成树脂乳液内墙涂料》(GB/T 9756—2001)，产品技术质量指标应满足标准要求，同时还应符合《室内装饰装修材料内墙涂料中有害物质限量》(GB 18582—2001)。

④ 豪华纤维涂料。豪华纤维涂料系以天然或人造纤维为基料，加以各种辅料加工而成。它是近几年才研制开发的一种新型建筑装饰材料，具有下列优点。

该涂料的花色品种多，有不同的质感，还可根据用户需要调配各种色彩，其整体视觉效果和手感非常好，主体感强，给人一种似画非画的感觉，广泛用于各种商业建筑、高级宾馆、歌舞厅、影剧院、办公楼、写字间、居民住宅等。

该涂料不含石棉、玻璃纤维等物质，完全无毒、无污染。

该涂料的透气性能好，即使在新建房屋上施工也不会脱落，施工装饰后的房子不会像塑料壁纸装饰后的房间那样使人感到不透气，居住起来比较舒适。

该涂料的保温隔热和吸声性能良好，潮湿天气不结露水，在空调房间使用可节能，特别适用于公众娱乐场所的墙面顶棚装饰。

该涂料防静电性能好，在制造过程中已做了防霉处理，灰尘不易吸附。

涂料的整体性好，耐久性优异，时间久也不会脱层。

该涂料系水溶性涂料，不会产生难闻气味及危险性，尤其适合翻新工程。

该涂料有防火阻燃的专门品种，可满足高层建筑装修的需要。

该涂料对墙壁的光滑度要求不高，施工以手抹为主，所以施工工序简单，施工方式灵活、安全，施工成本较低。

该涂料对基材没有苛刻要求，可广泛地涂装于水泥浆板、混凝土板、石膏板、胶合板等各种基础材料上。

⑤ 恒温涂料。建筑恒温涂料主要成分是食品添加剂（包括进口椰子油、二氧化钛、食品级碳酸钙、碳酸钠、聚丙烯钠等）。该涂料具有较好的相容性与分散性，可添加各色颜料，并能和其他乳胶漆以及腻子（透气率必须达到85%以上者）以适当比例混合使用并具有恒温效果，是一种节能环保型功能涂料，无毒，无污染，防霉，防虫，抗菌，散发清爽气味。

(2) 纸面石膏板　纸面石膏板以建筑石膏为主要原料，掺入纤维、外加剂（发泡剂、缓凝剂等）和适量轻质填料，加水拌合成料浆进行浇注，成型后再覆上层面纸。料浆经过凝固形成芯板，经切断、烘干，则使芯板与护面纸牢固地结合在一起。纸面石膏板质轻、保温隔热性能好，防火性能好，可钉、可锯、可刨，施工安装也较为方便。纸面石膏板作为一种新型的建筑材料，具有如下特点。

a. 防火性能　其芯材由建筑石膏水化而成。一旦发生火灾，石膏板中的二水石膏就会吸收热量进行脱水反应。当石膏芯材所含结晶水并未完全脱出和蒸发完毕之前，纸面石膏板板面温度不会超过140℃，这一良好的防火特性可以为人们疏散赢得宝贵时间，同时也延长了防火时间。与其他材料相比，纸面石膏板在发生火灾时只释放出水并转化为水蒸气，不会释放出对人体有害的成分。

b. 隔热保温性能　纸面石膏板的热导率只有普通水泥混凝土的9.5%，空心黏土砖的38.5%。如果在生产过程中加入发泡剂，石膏板的密度会进一步降低，其热导率将变得更小，保温隔热性能就会更好。

c. 呼吸功能　这里所说的纸面石膏板的“呼吸”功能，并非是指它像动物一样需要呼吸空气才能生存，而是对其吸湿解潮行为的一种形象描述。由于纸面石膏板是一种存在大量微孔结构的板材，放在自然环境中，由于其多孔体的不断吸湿与解潮变化，即“呼吸”作用，维持动态平衡。它的质量随环境温湿度的变化而变化，这种“呼吸”功能的最大特点，是能够调节居住及工作环境的湿度，创造一个舒适的小气候。

纸面石膏板主要用于建筑物内隔墙，有普通纸面石膏板、耐水纸面石膏板和耐火纸面石膏板三类。

① 普通纸面石膏板。呈象牙白色板芯，灰色纸面，是市面上纸面石膏板中最为经济与常见的品种，适用于无特殊要求的使用场所，使用场所连续相对湿度不超过65%。因为价格相对较低，工程中喜欢采用9.5mm厚的普通纸面石膏板来做吊顶或间墙，但是由于9.5mm普通纸面石膏板比较薄、强度不高，在潮湿条件下容易发生变形，因此建议选用12mm以上的石膏板。同时，使用较厚的板材也是预防接缝开裂的一个有效手段。

② 耐水纸面石膏板。其板芯和护面纸均经过了防水处理，耐水纸面石膏板的纸面和板芯都必须达到一定的防水要求（表面吸水量不大于160g，吸水率不超过10%）。耐水纸面石膏板适用于连续相对湿度不超过95%的使用场所，如卫生间、浴室等。

③ 耐火纸面石膏板。耐火纸面石膏板板芯内增加了耐火材料和大量玻璃纤维。若切开石膏板，可以从断面处看见很多玻璃纤维。质量好的耐火纸面石膏板会选用耐火性能好的无碱玻璃纤维，一般的产品都选用中碱或高碱玻璃纤维。

（3）纤维装饰板　纤维板系以木本植物纤维或非木本植物为原料，经施胶、加压而成。纤维装饰板包括表面装饰纤维板和浮雕纤维板。前者是在纤维板表面经涂饰、贴面、钻孔等处理，使其表面美观并提高性能等，可用于家具和建筑内装饰；后者是制造时压制成具有凹凸形立体花纹图案的浮雕纤维板，广泛用于建筑内、外装饰。

浮雕纤维板执行《浮雕纤维板》(LY/T 1204—1997）标准。硬质纤维板的性能和质量应符合《硬质纤维板技术要求》(GB 12626.2—90）标准。

（4）铝塑饰面板　铝塑饰面板简称复合铝板，是近几年来才出现的新型装饰材料，目前国内的高层建筑大量使用铝塑板。这种饰面板由内、外两层均为0.5mm厚的铝板、间夹层为2～5mm厚的聚乙烯或聚氯乙烯塑料构成，铝板的表面有很薄的氟化碳喷涂罩面漆。其特点是颜色均匀，铝板表面平整，制作方便，装饰效果好，适用于墙面、柱面、幕墙、顶棚等的装饰。

3.3.2 室外装饰节能材料

室外装饰的目的主要是美化建筑物和环境，同时起到保护建筑物的作用。外墙结构材料直接受到风吹、日晒、雨淋、霜雪乃至冰雹的袭击，以及腐蚀性气体和微生物的作用，其耐久性将受到影响。因此，选用合适的室外装饰材料可以有效地提高建筑物的耐久性。建筑物的外观效果主要通过建筑物的总体设计造型、比例、虚实对比、线条等平面、立面的设计手法体现，而室外装饰效果则是通过装饰材料的质感、线条和色彩来表现的。质感就是对材料质地的感觉。主要线条的粗细、凹凸面对光线的吸收、反射程度的不同而产生感观效果，这些均可以通过选用性质不同的装饰材料或对同一种装饰材料采用不同的施工方法来达到。

（1）保温隔热砂浆　目前在各类工程应用中应用最为广泛的室外装饰节能材料是保温隔热砂浆。保温隔热砂浆是以水泥、膨胀珍珠岩等为主体材料，并添加纤维素等其他外加剂的复合保温隔热材料。具有强度高、产品不燃、多孔、热导率极低、和易性好、保温隔热性能好、耐水性和耐候性好，成本低，与水拌合后黏聚性好、易施工等特点。对墙面处理过的房屋夏季室内气温比未处理的房屋低2～3℃，空调能耗节约15%左右，且每年的空调运行时间可比未处理前缩短20d左右，是夏热冬冷地区节能建筑较理想的复合保温隔热材料，其主要功能是装饰和保护建筑物的外墙面，使建筑物外貌整洁美观，从而达到美化城市环境的目的。同时能够起到保护建筑物外墙的作用，延长其使用时间，获得良好的装饰与保护效果，是新一代绿色环保的保温材料。

但保温隔热砂浆仍存在尚待解决的问题和自身材料结构带来的缺陷。主要表现为：干燥周期长，施工受季节和气候影响大；抗冲击能力弱；干燥收缩大，吸湿率大；对墙体的黏结强度偏低，施工不当易造成大面积空鼓现象；装饰性有待于进一步改善等等。

(2) 聚合物砂浆　聚合物砂浆，是指在建筑砂浆中添加聚合物黏结剂，从而使砂浆性能得到很大改善的一种新型建筑材料。其中的聚合物黏结剂作为有机黏结材料与砂浆中的水泥或石膏等无机黏结材料完美地组合在一起，大大提高了砂浆与基层的黏结强度、砂浆的可变行性即柔性、砂浆的内聚强度等性能。聚合物的种类和掺量则在很大程度上决定了聚合物砂浆的性能。聚合物砂浆是保温系统的核心技术，主要用于聚苯颗粒胶浆，以及EPS薄抹灰墙面保温系统的抹面。

聚合物砂浆黏结剂、聚合物水泥砂浆黏结技术指标应符合表3-13的要求。

表3-13　聚合物水泥砂浆黏结技术指标

项目名称		指标	检验结果
拉伸黏结强度(与水泥砂浆)/MPa	常温常态14d	≥1.0	1.51
	常温常态14d浸水48h	≥0.7	1.26
拉伸黏结强度(与聚苯板)/MPa	常温常态14d	≥0.1	0.25
	常温常态14d浸水48h	≥0.1	0.11
可操作时间/h		≥2	合格

聚合物抹面砂浆保护层必须使用柔性聚合物干混砂浆加水配制，具体见相关使用说明。其技术性能应符合表3-14。

表3-14　聚合物抹面砂浆技术指标

项目名称		指标	检验结果
拉伸黏结强度(与聚苯板)/MPa	常温常态	≥0.10	≥0.11
	常温常态浸水48h	≥0.10	≥0.10
	耐冻融	≥0.10	≥0.10
可操作时间/h		≥2	≥2
压折比		≤3	≤3

(3) 罩面砂浆　罩面砂浆采用优质改性特制水泥及多种高分子材料，填料经独特工艺复合而成，保水性好，施工黏度适中。具有优良的耐候、抗冲击和防裂性能。主要用于外墙聚苯板保温系统、挤塑板保温系统，聚苯颗粒保温系统中的罩面，与网格布或钢网配合使用。

(4) 玻化微珠为轻质骨料的墙体保温干混砂浆　干混砂浆又称为干粉砂浆、干拌砂浆，即粉状的预制砂浆。干混砂浆主要适用于对砂浆需求量小的工程，在欧洲应用得很普遍。墙面保温干混砂浆除了具备一般干混砂浆的功能之外，还具备优良的保温性能，同时对抗老化耐候性、防火、耐水、抗裂等性能以及抗压、抗拉、黏结强度、施工性能、环保等综合性能均有一定的特殊要求。目前市场上的保温砂浆主要是以聚苯颗粒、普通膨胀珍珠岩材料作为干混保温砂浆的轻质骨料，但应用中存在诸多问题。近年来出现了一种以玻化微珠为轻质骨料的墙体保温干混砂浆，这种砂浆以玻化微珠等聚合物替代传统的普通膨胀珍珠岩和聚苯颗粒作为保温砂浆的轻骨料，预拌在干粉改性剂中，形成单组分无机干混料保温砂浆。

(5) 陶瓷装饰材料　自古以来陶瓷产品就是一种良好的装饰材料。陶瓷产品是由黏土或其他无机非金属原料，经粉碎、成型、烧结等一系列工艺制作而成，因具有较好的装饰性和使用功能，如强度高，防潮、抗冻、耐酸碱、绝缘、易清洗、装饰效果好等，被广泛用作建筑物内外墙、地面和屋面等部位的装饰和保护。

① 陶瓷保温涂料。陶瓷保温涂料又称多功能陶瓷隔热涂料。此隔热保温陶瓷涂料由多种高聚物、陶瓷粉填料、水、颜料及各种助剂（其中包括多种金属保护化学品行业内顶尖的抑制剂）经过数道工序研制而成。耐高温隔热保温陶瓷涂料ZS，是一种防水、隔热保温、防潮、阻燃、耐磨、耐酸碱、无味涂料，耐温幅度在$-80\sim1800$℃，热反射率为90%，热导率为0.03W/(m·K)，可抑制高温物体和低温物体的热辐射和热量的散失，对于高温设备和管道可以保持70%的热量不损失。在1100℃的物体表面涂上8mm耐高温隔热保温涂料，温度就能降低到100℃以内。另外，耐高温隔热保温涂料还有绝缘、重量轻、施工方便、使用寿命长等特点，也可用做无机材料耐高温耐酸碱胶黏剂，附着物体牢固。具有对太阳光的高反射率，优越的隔热效果和良好的防腐功能，强的附着力、耐候性、耐沾污性、耐洗刷性，尤其具有环保性等优点。

② 保温隔热瓷砖。保温隔热瓷砖在生产上通常分为两个大类：一类是通过对红外反射材料的包裹等技术制备供陶瓷墙地砖使用的原料，在外墙砖的表面复合上一层含金属铝或其他反射率高的材料釉层，减少对太阳光能量的吸收；另一类是利用煤电厂产生的大量空心玻璃微珠作为较好的降低热导率的原料，制成气孔率和气孔大小与分布可控的低热导率陶瓷墙地砖。

保温隔热瓷砖的检验项目较多，包括尺寸偏差（长宽和厚度偏差、边直度、直角度和表面平整度）、表面质量、吸水率、破坏强度和断裂模数、抗热震性、抗釉裂性、抗冻性、耐磨性、抗冲击性、线性热膨胀系数、湿膨胀、小色差、地砖的摩擦系数、耐化学腐蚀性、耐污染性、铅和镉的溶出量等。

保温隔热瓷砖其优点在于：色泽绚丽多彩，典雅美观。用户可根据不同需要进行选择，特别是近年生产的金星玻璃产品，除了具有普通玻璃的特点外，还能随外界光线的变化映出不同色彩，恰似金星闪烁、璀璨耀眼，装饰效果十分理想；质地坚硬，性能稳定，具有耐热、耐寒、耐候、耐酸碱等性能；吃灰深，黏结较好，不易脱落，耐久性较好。因而不积尘，天雨自涤，经久常新；施工方便，减少了材料堆放，减轻了工人的劳动强度，施工效率提高；另外，保温隔热瓷砖的价格也相对便宜。

目前，陶瓷砖产品在建筑节能工程中也得到广泛使用，在建筑节能工程中使用瓷砖时，除要考虑在一般工程中可能会遇到的问题外，还要考虑配有瓷砖的体系耐久性及安全性等，尤其是墙体外保温用瓷砖体系，需要考虑所用瓷砖应具备适宜的性能，如吸水率的大小、重量、抗冻性、透气性等，还要考虑所用瓷砖黏结剂的性能是否与之相适应，能否达到长期的稳定黏结。此外，还需考虑体系的增强材料（如钢丝网）能否达到足够的强度，并长期稳定（不易锈蚀或损坏），总之，在外墙外保温体系中使用陶瓷砖产品应慎重，应充分考虑各方面对体系的影响。

(6) 节能外墙涂料　外墙建筑涂料的主要功能是装饰和保护建筑物的外墙面，发展方向是高抗沾污性、自乳化、高固体及低VOC乳胶漆。现在开发的有：高耐候性氟碳树脂涂料，有机硅等憎水基团改性的丙烯酸树脂制成的可防水防渗，且能让空气通过的“呼吸型”外墙涂料，防止墙面收缩产生裂纹的弹性乳胶涂料经济型聚氨酯涂料等。

外墙涂料分为合成树脂乳液外墙涂料（外墙乳胶漆）、溶剂型外墙涂料、复层建筑涂料、硅溶胶外墙涂料、彩砂涂料、氟碳涂料等。

① 合成树脂乳液外墙涂料俗称外墙乳胶漆。它是以合成树脂乳液为基料，以水为分散介质。加入颜料、填料及各种助剂制成的水溶型涂料。合成树脂乳液外墙涂料，主要原料以苯丙乳胶涂料及纯丙乳胶涂料为主。适用的基料有苯丙乳液（苯乙烯-丙烯酸酯共聚乳液）、乙丙乳液（醋酸乙烯-丙烯酸酯共聚乳液）及氯偏乳液（氯乙烯-偏氯乙烯共聚乳液）、纯丙乳液。

合成树脂乳液外墙涂料适用于水泥砂浆、混凝土、砖面等各种基材，是公用和民用建筑，特别是住宅小区外墙装修的理想装饰装修材料。它既可单独使用，也可作为复层涂料的罩面层。产品分为优等品、一等品、合格品三个等级。

② 溶剂型外墙涂料是以合成树脂为基料，加入颜料、填料、有机溶剂等经研磨配制而成的外墙涂料，其应用没有合成树脂乳液外墙涂料广泛，但这种涂料的涂层硬度、光泽、耐水性、耐沾污性、耐蚀性都很好，使用年限多在10年以上，所以也是一种颇为实用的涂料。使用时应注意，溶剂型外墙涂料不能在潮湿基层上施涂且有机溶剂易燃，有的还有毒，质量等级分为优等品、一等品、合格品三个质量等级。

③ 复层建筑涂料由多层涂膜组成，一般包括三层，即封底涂料（主要用以封闭基层毛细孔，提高基层与主层涂料的黏结力）、主层涂料（增强涂层的质感和强度）、罩面涂料（使涂层具有不同色调和光泽，提高涂层的耐久性和耐沾污性）。按主涂层的基材可分为四大类：聚合物水泥类、硅酸盐类、合成树脂乳液类、反应固化型合成树脂乳液类。根据所用原料的不同，这种涂料可用于建筑的内外墙面和顶棚的装饰，属中高档建筑装饰材料。

④ 硅溶胶外墙涂料以水为分散剂，具有无毒、无味的特点，施工性能好，耐污性强，耐酸碱腐蚀，与基层有较强的黏结力。可用于无机板材、内墙、外墙、顶棚饰面。

⑤ 砂壁状建筑外墙涂料（彩砂涂料）是一种厚质涂料，该涂料是以合成树脂乳液为主要成膜物质。

⑥ 氟碳涂料是性能最优异的一种新型涂料。按固化温度的不同分为高温固化型、中温固化型、常温固化型。具有优异的耐候性、耐污性、自洁性、耐酸、耐碱、抗腐蚀性强、耐高低温性好的特点。可用于制作金属幕墙表面涂料，铝合金门窗、型材等的涂层。

第4章

绿色建筑墙体节能技术与实例

4.1 建筑墙体热工性能

4.1.1 墙体的热工性能

建筑的热工设计应按《民用建筑热工设计规程》(JGJ 24—86) 进行，以建筑的隔热为例，对于围护结构，规程规定：在房间自然通风情况下，建筑物的屋顶及东、西外墙的隔热设计，应以下式作为验算标准。

$$\theta_{imax} \leqslant t_{cmax} \tag{4-1}$$

式中 θ_{imax}——围护结构内表面最高温度，℃；

t_{cmax}——夏季室外计算最高温度，℃。

几种墙体的热工计算比较见表 4-1。

表 4-1 几种墙体的热工计算

墙体种类	190mm 单排孔砌块	190mm 双排孔砌块	190mm 单排孔填炉渣	180mm 黏土砖	240mm 黏土砖
墙体总热阻 R_0/(m^2·K/W)	0.359	0.443	0.463	0.417	0.491
砌体蓄热系数 S/[W/(m^2·K)]	7.73	9.39	10.29	10.53	10.53
墙体热惰性指标 D	1.76	2.82	3.26	2.82	3.61
总衰减倍数 v_0	4.36	8.88	11.61	8.79	15.25
总延长时间 ξ_0/h	4.08	7.10	8.38	7.22	9.32
室内空气到内表面的衰减倍数 v_i	1.91	2.03	2.09	2.11	2.11
室内空气到内表面的延迟时间 ξ_i/h	1.55	1.64	1.69	1.66	1.66
内表面平均温度 $\bar{\theta}$/℃	29.36	29.18	29.14	29.23	29.1
内表面最高温度 θ_{imax}/℃	35.6$>t_{emax}$	32.39$<t_{emax}$	31.48$<t_{emax}$	32.39$<t_{emax}$	30.92$<t_{emax}$

注：1. 室外最高计算温度 t_{emax}=32.7℃。

2. 均按外墙面 20mm 厚水泥砂浆、内墙面 20mm 厚混合砂浆粉刷计算。

可以看出，190mm 厚单排孔砌块墙体是达不到规程所要求的标准的，其主要问题是墙体的热阻值太低。从表 4-2 可以看出，190mm 厚单排孔砌块墙体的热阻值，仅相当于 136mm 当量的黏土砖墙。因此，从满足使用要求和建筑节能来看，必须改善砌块的热工性能。

表 4-2　几种砌块墙体的热阻值

墙体种类	90mm 单排孔砌块	190mm 单排孔砌块	190mm 双排孔砌块	190mm 单排孔填炉渣	290mm 复合墙(实砌)	390mm 复合墙(实砌)
热阻值 $R/(m^2 \cdot K/W)$	0.134	0.165	0.248	0.269	0.310	0.341
相当于黏土砖墙厚度/mm	109	136	201	218	251	276

注：1. R 仅为墙体本身的热阻，不包括内外表面的感应热阻。
2. 均为重砂浆砌筑。

4.1.2　提高墙体热工性能的措施

一般来说，提高砌块和墙体的热阻值有以下三方面途径。

(1) 采用轻质材料　砌块及其墙体的热工性能，与其密度有很大关系，四川省建筑科研所对几种砌块墙体的平均热阻进行了测试研究，其结果见表 4-3。

表 4-3　几种砌块墙体的热阻实测值

墙体种类	材料密度/(kg/m^3)	热导率/[$W/(m \cdot K)$]	砌块密度/(kg/m^3)	热阻 $R/(m^2 \cdot K/W)$
普通混凝土砌块墙	2410	1.512	1200	0.156
水泥石灰窑渣砌块墙	1900	0.818	990	0.205
水泥煤渣砌块墙	1700	0.732	940	0.222

从表 4-3 中可以看出，普通混凝土砌块墙体的热阻最低，仅比 120mm 厚的砖墙（0.148）略高。另两类墙体的密度也仍然偏大，其热阻值也只接近或相当于 180mm 厚砖墙。因此，必须研究使用更轻的材料。

对混凝土来说，减轻密度的关键是用轻集料。它包括天然轻集料（如火山渣、浮石等)、工业废料（如膨胀矿渣等）和人造轻集料（如膨胀珍珠岩、膨胀页岩等)。从我国情况来看，很多地方均有天然轻集料矿产，如吉林、黑龙江、内蒙古、山西、海南等；而工业废渣则到处都是，只需加以处理便可利用；至于人造轻集料，因目前成本高，还不能大量使用，但从发展来看，也是可行的。表 4-4 是根据我国天然轻集料资源情况所做的轻集料混凝土小型砌块热阻值的比较。从该表中可见采用轻集料后，对提高砌块的热阻值有很大的作用。

表 4-4　轻集料密度对砌块热阻的影响

天然轻集料品种	轻集料密度/(kg/m^3)	混凝土密度/(kg/m^3)	热导率/[$W/(m \cdot K)$]	砌块热阻/$(m^2 \cdot K/W)$	百分比/%
流纹浮石	400	1100	0.407	0.913	100
玄武浮石	600	1300	0.523	0.791	86.6
玄武浮石	700	1400	0.593	0.767	84.0
玄武火山渣	800	1500	0.616	0.642	70.3
玄武火山渣	900	1600	0.768	0.621	58.0

注：砌块规格为 290mm×300mm×190mm，四排孔，空心率 34%。

从表 4-3 和表 4-4 中还可看出，在墙体孔洞中填以轻质材料，能提高墙体的热工性能，其提高的程度与所填材料的性质有关。这是一种简易可行的办法，国内外均有采用。如新疆用蛭石填孔、广西用炼渣填孔等。由于松散填孔材料的下沉等因素，其热导率及蓄热系数须按热工规程的规定予以修正。为了解决松散填孔材料下沉的问题，还可以将珍珠岩、蛭石、加气混凝土等，做成薄的小块材，插入砌块孔洞中，不仅本身具有较高的热阻值，还将孔洞分成了两层，更加提高了墙体的热工性能，且节省了填孔材料。

(2) 采用多排孔砌块　从表 4-1、表 4-2 中还可看出，190mm 厚砌块墙体，采用双排孔砌块的热阻值比单排孔提高了 50%，对南方一些地区，它已能满足隔热验算标准的要求。由于轻集料资源的限制，采用多排孔砌块是改善墙体热工性能的又一可靠途径。表 4-5 为采用密度 1500kg/m^3 的火山渣混凝土［热导率 $\lambda=0.616$W/(m·K)］制作的多排孔砌块保温性能的比较。

表 4-5　多排孔砌块墙体保温性能比较

砌块排孔数	空心率/%	空气间层厚度/mm	热阻 R/(m^2·K/W)	百分比/%	相当于砖砌体	
					厚度/mm	R/(m^2·K/W)
单排孔	55	240	0.279	100	240	0.296
双排孔	52	100	0.473	159	370	0.457
三排孔	43	60	0.567	191	440	0.296
四排孔	34	35～40	0.642	216	490	0.605
五排孔	29	24	0.742	250	620	0.765

注：砌块规格为 290mm×300mm×190mm，四排孔，空心率 34%，砌块厚度 30mm。

从表 4-5 可以看出，采用多排孔者，其热工性能有显著的改善。在一般情况下，由单排孔改为双排孔，墙体热阻可提高 50%～60%，再每增加一排孔，可再提高 30%左右。在孔洞层厚度不小于 40mm（此时空气间层热阻值为最大）时，排孔数越多，热阻值越大。但从砌块的空心率，块重，模具加工，成型及方便施工来看，排孔数不宜太多。因此，应根据不同地区、不同材料等条件进行研究，一般以二至四排孔为宜，较常用的为三排孔砌块。

(3) 采用复合墙体　是提高热工性能的又一可靠措施。它可以解决许多地方仅用前两种或仅能采用某一种措施尚不能满足的热工要求。同时，又可使内墙、外墙采用一致的主体砌块，便于施工，还可以同时结合解决饰面、吸声等方面的功能要求。

这里指的复合墙，是以砌块复合砌筑的墙体，至于用其他保温材料和板材内衬等的做法，本文不做介绍。表 4-6 列出了几种复合墙体的构造措施及其热阻值。

上述三种措施常常是根据具体条件，综合处理，这样能得到较好效果。表 4-7 是国内几种综合设计的实例。

表 4-6　几种复合墙体示例

复合墙简图	组合层条件及热阻 γ(kg/m^3)，R(m^2·K/W)	复合墙热阻 R/(m^2·K/W)	相当于砖砌体厚度/mm
A_1 A_2 A_3 190 10 90 290 A	A_1 混凝土砌块：$\gamma=2300$，$R=0.165$ A_2 混合砂浆：$R=0.011$ A_3 混凝土砌块：$\gamma=2300$，$R=0.134$	0.310	251
	A_1、A_2 同上 A_3 水泥煤渣砌块：$\gamma=1700$，$R=0.180$	0.356	288
	A_1、A_2 同上 A_3 加气混凝土砌块：$\delta=60$，$\gamma=500$，$R=0.316$	0.492	398
	A_1、A_2 同上 A_3 加气混凝土砌块：$\delta=90$，$\gamma=500$，$R=0.474$	0.650	527

续表

复合墙简图	组合层条件及热阻 γ(kg/m³),R(m²·K/W)	复合墙热阻 R/(m²·K/W)	相当于砖砌体厚度 /mm
B_1 B_2 B_3 190 50 90 330 B	B_1 混凝土砌块:$\gamma=2300,R=0.165$ B_2 空气间层:$R=0.180$ B_3 混凝土砌块:$\gamma=2300,R=0.134$	0.479	388
	B_1、B_2 同上 B_3 混凝土砌块:$\gamma=1500,R=0.241$	0.586	475
	B_1、B_2 同上 B_3 加气混凝土砌块:$\delta=90,\gamma=500,R=0.474$	0.819	663
C_1 C_2 C_3 190 90 90 370 C	C_1 混凝土砌块:$\gamma=2300,R=0.165$ C_2 锅炉渣:$\gamma=1000,R=0.259$ C_3 混凝土砌块:$\gamma=2300,R=0.134$	0.558	452
	C_1 同上 C_2 粉煤灰:$\gamma=1000,R=0.326$ C_3 煤渣砌块:$\gamma=1700,R=0.180$	0.671	544
	C_1、C_3 同上 C_2 膨胀珍珠岩:$\delta=60,\gamma=100,R=0.714$	1.059	858

表 4-7 国内几种综合设计的实例

地区	砌块简图	材料及特征 γ/(kg/m²),λ/[W/(m·K)]	墙体及热阻 R/(m²·K/W)	相当于砖砌体厚度/mm
吉林	240 高185 485 (a)	浮石混凝土 $\gamma=940\sim1136$ $\lambda=0.269\sim0.363$	240mm 厚单片墙 $R=0.628$	509
黑龙江	240 高190 120 390 (b)	浮石混凝土 $\gamma=800\sim1700$ $\lambda=0.323\sim0.862$	290mm 厚单片墙 $R=0.552$ (包括抹灰)	450
			400mm 厚复合墙 $R=0.747\sim0.774$	605

续表

地区	砌块简图	材料及特征 $\gamma/(kg/m^2)$,$\lambda/[W/(m\cdot K)]$	墙体及热阻 $R/(m^2\cdot K/W)$	相当于砖砌体厚度/mm
辽宁	290 290 高190 (c)	1. 煤渣混凝土 $\gamma=1570$ $\lambda=0.468$ 2. 煤矸石混凝土 $\gamma=1800$ $\lambda=0.677$	290mm 厚单片墙 $R=0.659$	534
鞍山	190 390 190 高190 (d)	膨胀矿渣珠混凝土	390mm 厚墙体总热阻 $R_0=0.86$	>490 ($R_0=0.788$)
大庆	190 90 390 高190 (e)	浮石混凝土 $\gamma=1520$ $\lambda=0.585$	1. 密排复合墙 290mm 厚,$R=0.628$	508
			390mm 厚, $R=0.825$	668
			2. 空腹式复合墙 330mm 厚,$R=0.775$	628
			430mm 厚, $R=1.011$	819

4.2 墙体节能技术

4.2.1 墙体内保温节能技术

墙体内保温是将保温材料置于墙体内侧，利用聚苯板、保温砂浆等保温材料进行施工，使建筑达到保温节能作用的技术。

(1) 墙体内保温的特点

① 它对饰面和保温材料的防水、耐候性等技术指标的要求不高，纸面石膏板、石膏抹面砂浆等均可满足使用要求，取材方便；

② 施工方便，不受外界气候的影响，能缩短施工工期，利于提高施工效率，降低劳动强度；

③ 施工节省外脚手架费用，减少墙体室内抹灰工作量，造价相对较低，可产生良好的经济效益；

④ 这种节能墙体外侧结构层密度大、蓄热能力大，因此采用这种墙体时室温波动相对较大，供暖时升温快，不供暖时降温也快，保温性能较好，适用于夏热冬冷地区间歇的空调运行模式；

⑤ 避免了墙体外保温出现的保温材料开裂、脱落及渗漏等质量问题。

在多年的实践中，墙体内保温也显露出一些缺陷，如：许多种类的内保温做法，由于材料、构造、施工等原因，饰面层出现开裂；不便于用户二次装修和吊挂饰物且在用于节能改造施工时会影响室内住户的正常生活。由于这种节能墙体的绝热层设在内侧，会占据一定的使用面积；且因梁圈、楼板、构造柱等会引起热桥，热损失比较大。另外，在冬季采暖、夏季制冷的建筑中，室内温度随昼夜和季节的变化幅度通常不大（约 10℃左右），这种温度变化引起建筑物内墙和楼板的线性变形和体积变化也不大。当室外温度低于室内温度时，墙体收缩的幅度比内保温隔热体系的速度快，当室外温度高于室内气温时，墙体膨胀的速度高于内保温隔热体系，这种反复形变使内保温隔热体系始终处于一种不稳定的墙体基础之上。在这种形变应力反复作用下，墙体不仅易遭受温差应力的破坏，也易造成内保温隔热体系的空鼓开裂。

（2）墙体内保温层构造

① 基本构造。内保温复合外墙有主体结构与保温结构两部分。保温结构由保温板和空气间层所组成。对于复合材料保温板来说，则有保温层和面层，而单一材料保温板则兼有保温和面层的功能，如图 4-1 所示。

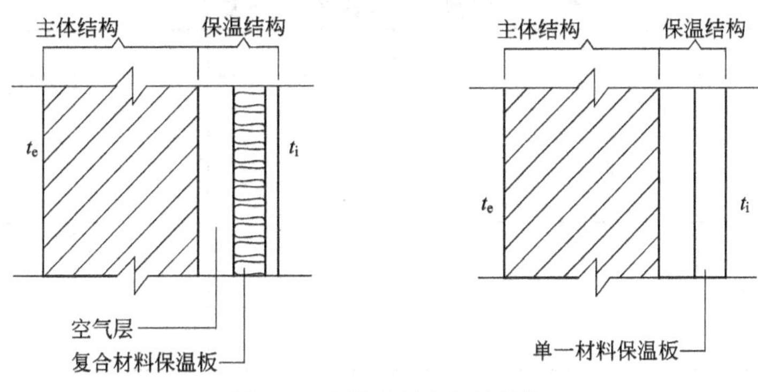

图 4-1　内保温复合外墙结构

主体结构一般为砖砌体、混凝土墙或其他承重墙体。保温结构中空气间层的作用：一是防止保温材料受潮；二是提高墙体的热阻，但空气间层的设置主要是防止保温层吸湿受潮。

② 保温薄弱点处构造。

a. 龙骨部位。龙骨一般设置在板缝处。以石膏板为面层的现场拼装保温板必须采用聚苯石膏板复合保温龙骨。在某工程内，非保温龙骨（1）与保温龙骨（2）在板缝处的表面温度降低率见表 4-8。

表 4-8　温度降低率

名称	编号	构造形式	室温/℃	板面温度 A/℃	板缝温度 B/℃	温度降低率
北京某住宅	1	150 B　A	18.2	15.0	13.55	9.7%
	2	B　A	20.8	18.6	18.15	2.4%

b. 内外墙体交接处。此处不可避免地会形成热桥，故必须采取有效措施保证此处不结露。处理的办法是保证有足够的热桥长度，并在热桥两侧加强保温。图 4-2 中所示以热桥部位热阻 R_a 和隔墙宽度 S 来确定必要的热桥长度 l。如果 l 不能满足要求，则应加强此部位的保温做

法。表 4-9 列出相应的数值。

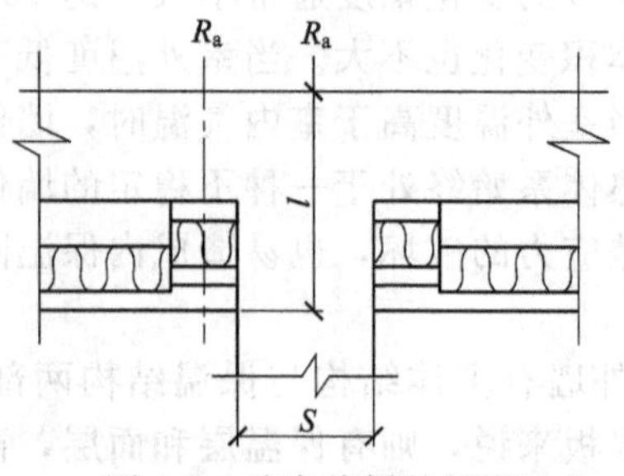

图 4-2 确定热桥的长度

表 4-9 根据 R_a、S 选择 l 值计算表

R_a/(m²·K/W)	S/mm	l/mm
1.2～1.4	≤160 ≤180 ≤200 ≤250	290 300 310 330
1.4 以上	≤160 ≤180 ≤200 ≤250	280 290 300 320

在某工程内，R_a 为 1.12m²·K/W，S 为 250mm，l 没有达到 330mm，丁字角处只有 10.15℃（接近室温 18℃、相对湿度 60%状况的露点温度），降低率为 35.4%，从构造上对此处加强保温后，降低率可减少到 17.9%，见表 4-10。

表 4-10 加强保温后降低率比较

编号	构造形式	室温/℃	板面温度 A /℃	板面温度 B /℃	丁字角温度 /℃	温度降低率
1	317；A B；150 150；250	18	15.7	14.05	10.15	35.4%
2	A B C；岩棉板；聚苯保温龙骨	18	15.9	14.5	13.05	17.9%

c. 外墙转角部位。转角部位内表面温度较其他部位内墙表面温度低很多，必须要加强保温处理。加强此处的保温后，降低率减少很多，见表 4-11。

d. 踢脚部位。踢脚部位的热工特点与内外墙交接部位相似，此部位应设置防水保温踢脚板，见表 4-12。

(3) 质量要求

① 材料质量要求。对于外墙内保温所用材料均应符合质量标准；复合板的结构应与设计

图纸相符。在施工时，复合板的允许偏差：长为±5mm，宽为±3mm，厚为±2mm，对角线为≤5mm。复合龙骨的允许偏差：长为±5mm，宽为±2mm，厚为±2mm。

表 4-11　外墙转角部位加强保温后降低率比较

编号	构造形式	室温/℃	板面温度 A/℃	拐角温度/℃	温度降低率
1	70　300　50　50　C　A　200　50　12	18.0	15.15	6.35	58.1%
2	300　C　A　250　35　20　12	18.0	15.15	12.05	22%

表 4-12　设置防水保温踢脚板后降低率比较

编号	构造形式	室温/℃	板面温度 A/℃	踢脚底温度/℃	温度降低率
1	A　100　C　250	18.0	15.4	6.6	57.1%
2	A　100　C　250	18.0	16.3	11.25	31%

复合板在用于施工时，其表面应无严重缺损、划伤，板面平整，不隆起、不塌陷，且保温材料饱满，无漏空及脱钉现象；其厚度应符合设计要求；各黏结面黏结严实，无松动现象。

② 安装质量要求。

a. 复合板与墙体粘接牢固。

b. 石膏板板面完好，纸面无空鼓或脱落。

c. 墙面无裂缝（主要指板缝）。

d. 复合板安装允许偏差，见表4-13。

表 4-13 复合板安装允许偏差

序号	项目	允许偏差		检查方法
		中级	高级	
1	墙面平整	4	2	用2m直尺和楔形塞尺检查
2	墙面垂直	5	3	用2m托线板和尺量检查
3	阴阳角垂直	5	2	用2m托线板和尺量检查
4	阴阳角方正	5	2	用200mm方尺检查
5	接缝高低差	1.5	1	用直尺和楔形塞尺检查

注：高级系指贴墙纸墙面，中级系指一般喷浆、油漆墙面。

(4) 成品保护　在墙体内保温施工过程中，主体施工进度应与暖、卫、电气等工种紧密配合，合理安排工序搭接。施工完的墙面不得有任何剔凿，如果安装设备需要穿过保温板，只能用电钻打眼，禁止开大洞，影响保温效果。

墙面不得受潮，不得有雨水浸湿墙面。雨季施工时，要采取有效措施，防止雨水从门窗口打入。墙面附近不允许有电气焊，不允许有重物冲击墙面，以免损坏。

(5) 安全注意事项　操作地点应做到活完料清，切割下来的零碎材料要运到指定地点，不得从门窗中扔出。在石膏板与墙体未黏结牢固之前，应有人扶住上部。使用人字高凳时，其下脚要钉防滑橡皮垫，两腿必须有拉链。在外窗附近操作时，必须关闭窗扇并插上插销。

4.2.2 墙体外保温节能技术

墙体外保温是将保温隔热体系置于外墙外侧，使建筑达到保温节能效应的施工方法。由于外保温是将保温隔热体系置于外墙外侧，温度变形较墙体内保温减小，对结构墙体起到保护作用并可有效阻断冷（热）桥，有利于结构寿命的延长。因此从有利于结构稳定性方面来说，外保温隔热具有明显的优势，在可选择的情况下应首选外保温隔热。

但外保温隔热体系被置于外墙外侧，直接承受来自自然界的各种因素影响，因此，对外墙外保温体系提出了更高的要求。就太阳辐射及环境温度变化对其影响来说，置于保温层之上的抗裂防护层只有20mm，且保温材料具有较大的热阻，因此在得热量相同的情况下，外保温抗裂保护层温度变化速度比无保温情况时主体外温度变化速度提高8～30倍。因此抗裂防护层的柔韧性和耐候性对外保温体系的抗裂性能起着关键的作用。

(1) 墙体外保温特点

① 基本上可以消除热桥。在内墙与外墙、外墙与楼板、外墙角以及门窗洞口等部位，内保温无法避免热桥。外保温既可防止热桥部位产生凝结水，又可消除热桥造成的额外热损失。保温性能较墙体内保温更为优越。

② 改善室内热环境。室内热环境质量受室内空气温度和围护结构表面温度的影响。这就意味着，如果提高围护结构内表面温度，而适当降低室内空气温度，也能获得室内舒适的热环境。

③ 热容量提高。采用外保温之后，结构层墙体部分的温度与室内空气温度相接近。这就意味着，室内空气温度上升或下降时，墙体能够吸收与释放能量，这有利于室温保持稳定。虽然墙体热容量高并不能降低热损失，但它是一个可以充分利用从室外通过窗户投射进室内的太阳能的重要因素。

④ 墙体潮湿状况得到改善。采取外保温做法，无需设置隔气层。可确保保温材料不会受

潮而降低其保温效果。还由于采取外保温措施后，包括结构层或旧墙体在内的整个墙身温度提高，降低了它的含湿量，因而进一步改善了墙体的保温性能。

⑤ 便于改造。进行附加外保温施工时，居民仍可留在家中，无需临时搬迁，施工不影响住户的正常生活。对于旧房节能改造，附加外保温并不占用使用面积，不会与住户为此而引起不必要的纠纷。

(2) 墙体外保温构造

① 常见墙体外保温体系

a. 玻璃棉外保温。采用木支柱作骨架，用膨胀螺栓把木支柱固定在墙身主体结构上，木支柱承载粉刷层自重。然后铺玻璃纤维板，盖以防风建筑纸，再铺增强钢丝网并用垫片固定，网格尺寸为 100mm×200mm 钢丝直径为 2.5mm，此后喷 30mm 左右的保温砂浆，经两天之后再喷上普通水泥砂浆作为外表面装饰层。保温层厚度为 70～100mm，其热导率为 0.04W/(m·K)。

b. 岩棉外保温。采用装在建筑物勒脚处的托座承受粉刷的自重。用环状不锈钢锚索和托座把岩棉板压紧在墙身主体结构之上，然后铺以增强镀锌钢丝网。钢丝网的直径为 2.5mm，网格尺寸为 50mm×100mm，最后喷涂厚约 25mm 的水泥砂浆，在勒脚部位时增至 45mm。

c. 聚苯乙烯塑料外保温。采用聚苯乙烯泡沫塑料作为保温材料，容重为 20kg/m^3，热导率为 0.038W/(m·K)。以合成树脂为黏结剂把保温板粘贴在墙身主体结构上，保温板上再铺盖玻璃纤维条纹布，最后喷 3～5mm 厚的表面涂料。本体系由墙体结构层、保温层及粉刷层构成。其中各组成部分均衡，从而形成破坏性裂纹的可能性得以避免。

d. 特种保温灰浆外保温。采用容重低的特种保温灰浆为保温材料，这种保温灰浆是由石灰、水泥及膨胀聚苯乙烯塑料珠按一定比例配制而成，容重约 300kg/m^3，热导率为 0.08W/(m·K)，每次喷涂的最大厚度为 50mm。80mm 厚的保温灰浆每平方质量相当于 15mm 普通石灰水泥浆的质量。

② 常用墙体外保温体系的构造。通常外保温墙体是由功能分明的墙体结构层、保温层、保护层及饰面层四部分组成。起承重作用的结构层主要有砖、混凝土及木质材料；保温材料通常选用岩棉、玻璃棉、聚苯板及超轻保温灰浆；保护层必须使用增强粉刷，常用钢丝网、玻璃布、钢纤维和玻璃纤维作为粉刷保护层的增强措施。

不同外保温体系，其材料、构造和施工工艺各有一定的差别，图 4-3 与图 4-4 为两种有代表性的构造做法。外墙外保温体系大体由如下部分组成。

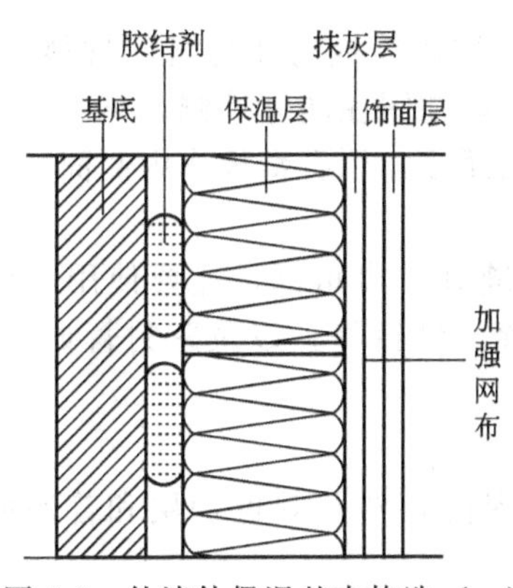

图 4-3　外墙外保温基本构造（一）

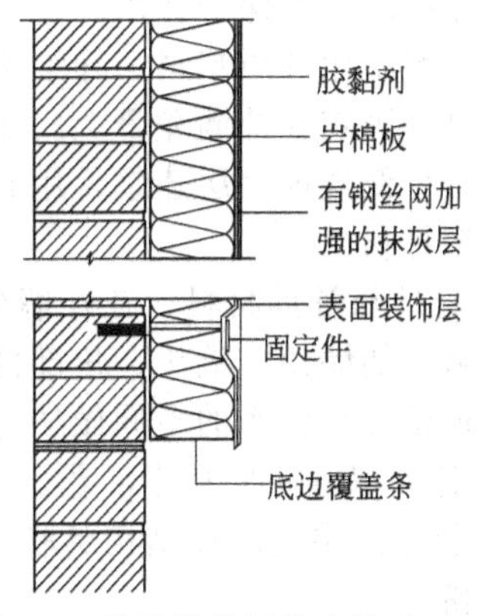

图 4-4　外墙外保温基本构造（二）

a. 保温层。保温层主要采用热导率小的高效轻质保温材料，其热导率一般小于 0.05W/(m·K)。根据设计计算，保温层具有一定厚度，以满足节能标准对该地区墙体的保温要求。此外，保温材料的吸湿率要低，而黏结性能要好；为了使所用的黏结剂及其表面的应力尽可能减少，对于保温材料，一方面要用收缩率小的材料，另一方面，尺寸变动时产生的应力要小。

为此，可采用的保温材料有膨胀型聚苯乙烯（EPS）板、挤塑型聚苯乙烯（XPS）板、岩棉板、玻璃棉毡以及超轻保温浆料等。其中以阻燃膨胀型聚苯乙烯板应用得较为普遍。

b. 保温板的固定。不同的外保温体系，固定保温板的方法各有不同。有的系将保温板黏结或钉固在基底上，有的为两者结合，以黏结为主，或以钉固为主。

为保证保温板在黏结剂固化期间的稳定性，有的体系用机械方法做临时固定，一般用塑料钉钉固。

使保温层永久固定在基底上，一般采用膨胀螺栓或预埋筋之类的锚固件。国外往往用不锈蚀而耐久的材料，由不锈钢、尼龙或聚丙烯等制成；国内常用的钢制膨胀螺栓，其应做好防锈处理。

对于用膨胀聚苯乙烯板作现浇钢筋混凝土墙体的外保温层，还可以用将保温板安设在模板内，通过浇灌混凝土加以固定的方法。即在绑扎墙体钢筋后，将侧面交叉分布有斜插钢丝的聚苯乙烯板，依次安置在钢筋层外侧，平整排列并绑扎牢固；在安装模板、浇灌混凝土后，此聚苯乙烯保温层即固定在钢筋混凝土墙面上。

超轻保温浆料可直接涂抹在外墙外表面上。

c. 面层。保温板的表面层具有防护和装饰作用，其做法各不相同，薄面层的一般为聚合物水泥胶浆抹面，厚面层的则仍采用普通水泥砂浆抹面。有的则用在龙骨上吊挂板材或瓷砖覆面。

薄型抹灰面层为在保温层的所有外表面上涂抹聚合物水泥胶浆。直接涂覆于保温层上的为底涂层，厚度较薄（一般为4～7mm），内部加有加强材料。加强材料一般为玻璃纤维网格布，有的则为纤维或钢丝网，包含在抹灰层内部，与抹灰层结合为一体，其作用是改善抹灰层的机械强度，保证其连续性，分散面层的收缩应力与温度应力，防止面层出现裂纹。

不同外保温体系，面层厚度有一定差别，要求面层厚度必须适当。薄型的一般在10mm以内。厚型的抹面层，则为在保温层的外表面上涂抹水泥砂浆，厚度为25～30mm。此种做法一般用于钢丝网架聚苯板保温层上（也可用于岩棉保温层上），其加强网为孔50mm×50mm，用ϕ2mm钢丝焊接的网片，通过交叉斜插入聚苯板内的钢丝进行固定。

为便于在抹灰层表面上进行装修施工，加强相互之间的黏结，有时还要在抹灰面上喷涂界面剂，形成极薄的涂层，上面再做装修层。外表面喷涂耐候性、防水性和弹性良好的涂料，能对面层和保温层起到保护作用。

有的工程采用硬质塑料、纤维增强水泥、纤维增强硅酸盐等板材作为覆面材料，用挂钩、插销或螺钉等固定在外墙龙骨上。龙骨可用金属型材制成，锚固在墙体外侧。

我国不少低层或多层建筑，用砖或混凝土砌块作外侧面层，用石膏板作内侧面层，中间夹以高效保温材料。

d. 零配件与辅助材料。在外墙外保温体系中，在接缝处、边角部，还要使用一些零配件与辅助材料，如墙角、端头、角部使用的边角配件和螺栓、销钉等，以及密封膏如丁基橡胶、硅膏等，根据各个体系的不同做法选用。

③ 墙体外保温主要技术问题。

a. 抹灰保温层与墙体结构层联结。抹灰保温层是指保温材料及其保护层和普通的着色水泥砂浆外粉刷。

抹灰保温层与墙体结构层主要有以下四种联结方法。

ⅰ. 连杆托架　连杆托架起悬臂托架作用，用它来支承抹灰保温层的静荷重量。

ⅱ. 斜连杆托架　斜连杆托架支承抹灰保温层的静荷重量。这是一种柔性联结方式，可避免与减少抹灰层内产生裂纹。

ⅲ. 长螺杆　采用长螺杆支承泡沫塑料板的自重，并把板固定在墙体的结构层上。

ⅳ. 黏结剂 采用黏结剂把泡沫塑料板粘贴在墙体结构上。抹在塑料板上的粉刷应弹性系数较小，而泡沫塑料板的刚度则较高，这种做法与粉刷抹在硬质基底上很相似，二者结合得非常牢固。

b. 裂纹的产生与消除。抹灰层产生裂纹原因比较复杂，其中最主要的有：因抹灰层自重引起的位移和应力；因抹灰层开始凝固变硬而产生收缩位移，这种现象并非周期性的，但很难避免。

为了尽可能减少因收缩而产生裂纹，最重要的是应使用抗裂灰浆，还应注意施工季节。如刚做完抹灰层后受大雨淋湿，抹灰层的含水量很快达到饱和状态，随后立即受到强烈的阳光照射，抹灰层会很快干燥而产生收缩裂纹；因室外综合温度造成的位移，在抹灰层内温度波动几乎完全取决于室外空气温度、垂直面上的太阳辐射照度、抹灰层外表面材料的太阳辐射吸收系数及其外表面换热系数。综合温度随年和日变化，此值越高，抹灰层内可能产生的温度应力和位移越大，产生裂纹的可能性也越大。

彻底消除表面裂纹是不现实的。到目前为止，尚无明确的有关允许裂纹宽度的规定，但在实践中应考虑到因裂纹所引起的影响因素，如影响墙面观感；受大雨淋湿，雨水渗入墙体内部；降低保温及气密性能。细裂纹是难于完全避免的，因此如何消除在抹灰层内出现具有危险性的裂纹是中心问题。原则上，为了消除因拉伸应力而形成的裂纹，可采取如下措施：允许抹灰层同墙体结构层能自由移动；如果抹灰层具有足够的抗裂强度（例如抹灰层内设置玻璃纤维布或钢丝网），那么可以允许细纹出现在抹灰层内。

c. 应力集中。通常墙面被窗户之间的垂直和水平线条所分割，从而产生应力集中，在窗户四周尤为明显。裂纹首先在应力集中的部位产生，最早出现的这种裂纹。其宽度和长度会逐渐增大和延伸，直到应力消失才终止。如果抹灰层中的增强措施还能起分散裂纹的作用，那么新的裂纹将在靠近最先出现的裂纹处发生，依此类推。

加筋或增强措施的分散裂纹功能描述如下：如果不设置裂纹分散筋，那么出现的单条裂纹，其宽度可达到2mm或3mm，这种裂纹当然是有害的；设置裂纹分散筋不仅仅是为了防止产生裂纹，而且有可能以细裂纹替代有害的宽裂纹。

d. 膨胀应力。膨胀缝对于较宽和较长的墙面，会产生较大的拉伸应力。必须分割抹灰层，设置膨胀缝限制拉伸应力，阻止其裂缝产生。即使开裂的危险不能完全避免，设置膨胀缝也起着重要作用，因为发生在裂纹内的最大位移是由接缝之间的距离决定的。设置膨胀缝的需要和膨胀缝之间的距离，应根据工程实际情况予以确定。

e. 固定件、连杆。热桥和冷凝抹灰层内的固定件以及穿通保温层的连杆由金属材料制成，这就成为热桥。每平方米需要3～4个直径为4～6mm的连杆，据初步估计其影响不超出5%。有抹灰层的外保温墙体位于结构层的外侧，这意味着墙体结构层比较暖和且干燥。室内空气中的水蒸气通过结构层进入保温层与抹灰层。有可能在保温层与抹灰层的交界处产生冷凝现象，但因冷凝水量很少，因此并无实际影响。到了干燥季节这些少量冷凝水就能向外排出，所以在外保温墙体内侧不必设置隔气层。

f. 雨水冲刷。倾盆大雨会把墙面淋湿与浸透，雨水被保温材料所吸收引起各种有害的结果。在恶劣的条件下，吸入的水分要经过若干年才能排出。因此抹灰层应具有很高的抗冻性能以杜绝墙外表面宽裂缝的产生。

g. 防火保温。防火外保温墙体的各种抹灰材料都具有不同程度的防火性能。墙体内不采用易燃材料，因而火势不会蔓延。但遇到火灾时有大块粉刷脱落的危险，必须对其加以考虑。

h. 表面性能。抹灰层在保温层之上意味抹灰材料应铺在易变形和可压缩的基底上面。抹灰层应能经受住冲击和碰撞，其安定性取决于基底材料的种类、抹灰层的厚度及其加筋类别。

4.2.3 墙面绿化节能技术

4.2.3.1 墙面绿化的概念

墙面绿化是人们在建筑墙体、围墙、桥柱、阳台、窗台等处进行垂面式绿化，从而改善城市生态环境的一种举措；是人们因城市化加快、城市人口膨胀、土地供应紧张、城市热岛效应日益严重等一系列社会、环境问题而发展起来的一项技术。与传统的平面绿化相比，墙面绿化有更大的空间，让“混凝土森林”变成真正的绿色天然森林，是人们在绿化概念上从二维空间向三维空间的一次飞跃，将会成为未来绿化的一种新趋势。

4.2.3.2 墙面绿化的作用

(1) 墙面绿化可缓解城市热岛效应，使建筑物冬暖夏凉　在炎热的夏季，墙面绿化使相关场馆室内温度降低2～5℃。墙面绿化降温原理：一是植物自身的生理作用，消耗、转化或反射了一部分太阳辐射能量；二是墙面植物通过蒸腾作用吸收大量的热量。在寒冷的冬季，墙面绿化使相关场馆室内温度升高2℃以上。墙面绿化冬季保温原理：一是墙面绿化的基质和植物具有屏风作用，减小风压，减少冷风渗透量，防止室内热量向外散失；二是根系自身呼吸产生热量，在墙面与外界之间形成一个过渡空间，降低之间的温度差。墙面绿化可使建筑物冬暖夏凉，从而减少了能耗，节省了能源。

(2) 墙面绿化能显著吸收噪声，滞纳灰尘　墙面绿化的基质和植物是天然的隔声、吸声材料。植物表面可吸收约1/4的环境噪声；植物叶片表面凹凸不平，相对于光滑的墙面，反射回环境的噪声大大减少。墙体绿化的植物可滞纳灰尘，根据不同的植物及其配置方式，其滞尘率在10%～60%之间。

(3) 墙面绿化可净化空气　墙面绿化的植物通过吸收CO_2、SO_2等大气中的有害物质，释放出O_2，并通过蒸腾作用调节环境湿度，从而达到净化空气的作用，提高人们的生活和工作质量。

(4) 墙面绿化可提高景观效果　墙面绿化比平面绿化更有视觉效果，每个绿化的墙面都可成为令人心旷神怡的绿色景点。通过垂面的植物形体与色彩，使线条生硬、质地粗糙、色彩灰暗的建筑材料变得自然柔和，增添建筑物的艺术美。

(5) 增加绿量，改善城市生态环境　城市的土地面积有限，墙面绿化是增加绿量、改善城市生态环境的重要途径。

4.2.3.3 墙面绿化的类型

(1) 模块式墙面绿化　模块式墙面绿化即在方形、菱形、圆形等单体模块上种植植物，待植物生长好后，通过合理的搭接或绑缚固定在墙体表面的不锈钢或木质等骨架上，形成各种形状和景观效果的绿化墙面。模块式墙面绿化，可以在模块中按植物和图案的要求，预先栽培养护数月后进行安装。模块式持久性较好，适用于高难度的大面积墙面绿化。模块式墙面绿化供水多采用滴灌系统，对于开放空间也可采用喷雾浇灌。

(2) 铺贴式墙面绿化　铺贴式墙面绿化即在墙面上直接铺贴已培育好的绿化植物块。铺贴式墙面绿化具有如下特点：可以将植物在墙体上自由设计或进行图案组合；直接附加在墙面，无须另外做钢架，并通过自来水和雨水浇灌，降低建造成本；系统总厚度薄，只有10～15cm，具有保护建筑物的功能；易施工，效果好等。

(3) 攀爬或垂吊式墙面绿化　攀爬或垂吊式墙面绿化是传统的墙面绿化形式，是在墙面设置种植槽，在槽中种植攀爬或垂吊的藤本植物，如爬山虎、络石、常春藤、扶芳藤、绿萝等。这类绿化形式简便易行、造价较低、透光透气性好，供水系统可采用滴灌系统，也可采用人工浇灌。

(4) 摆花式墙面绿化　摆花式墙面绿化即在不锈钢、钢筋混凝土或其他材料等做成的垂面架中安装盆花实现垂面绿化。这种墙面绿化方式与模块式相似，是一种“微缩”的模块，安装拆卸方便。选用的植物以时花为主，适用于临时墙面绿化或竖立花坛造景，供水采用滴灌方式。

（5）布袋式墙面绿化　布袋式墙面绿化是在铺贴式墙面绿化基础上发展起来的一种更为简易的工艺系统，应用于低矮的墙体。实施时，首先在做好防水处理的墙面上直接铺设软性植物生长载体，比如毛毡、椰丝纤维、无纺布等，然后在这些载体上缝制布袋，在布袋内装填植物生长基材，然后种植植物，实现墙面绿化。供水可以采用渗灌方式，让水分沿载体往下渗流。

（6）板槽式墙面绿化　板槽式绿化工艺广泛应用于采石场等山体缺口生态治理，将它应用于墙面绿化是该工艺应用领域的一个延伸。板槽式墙面绿化是在墙面上按一定的距离安装 V 形板槽，在板槽内填装轻质的种植基质，再在基质上种植各种植物，通过滴灌系统供水。

4.2.4　墙体保温节能技术工程应用实例

4.2.4.1　杭州某小区住宅外墙节能设计

该小区住宅外墙考虑采用 4 种典型的节能方案，对比分析如下。

（1）低端型方案

外墙类型：胶粉聚苯颗粒保温浆料（30mm）＋水泥砂浆（20mm）＋混凝土砌块（240mm）＋水泥砂浆（20mm）。

屋面类型：细石混凝土（40mm）＋挤塑聚苯板（25mm）＋水泥砂浆（20mm）＋陶粒混凝土（90mm）＋钢筋混凝土（120mm）。

架空楼板类型：水泥砂浆（20mm）＋钢筋混凝土（120mm）＋水泥砂浆（15mm）。

普通楼板类型：水泥砂浆（20mm）＋钢筋混凝土（120mm）＋水泥砂浆（20mm）。

外窗类型：断热型铝合金＋普通中空玻璃，5＋6A＋5，自身遮阳系数 0.78，传热系数 4.2W/(m^2·K)。

天窗类型：断热铝合金低辐射中空玻璃窗，6＋12A＋6 遮阳型，遮阳系数 0.57，传热系数 3W/(m^2·K)。

（2）经济型方案

外墙类型：聚合物抗裂砂浆（5mm）＋膨胀聚苯板（30mm）＋水泥砂浆（20mm）＋混凝土砌块（240mm）＋水泥砂浆（20mm）。

（3）高端型方案

外墙类型：聚合物抗裂砂浆（8mm）＋聚氨酯保温板（25mm）＋水泥砂浆（20mm）＋混凝土砌块（240mm）＋水泥砂浆（20mm）。

（4）自节能型方案

外墙类型：水泥砂浆（20mm）＋砂加气块（250mm）＋水泥砂浆（20mm）。

（注：经济型方案、高端型方案、自节能型方案的屋面类型、架空楼板类型、普通楼板类型、外窗类型、天窗类型均同低端型方案。）

各方案计算结果列于表 4-14。

表 4-14　四种方案的节能效果比较

方案名称	总价/(元/m^2)	节能增加总造价/万元	增加造价/(元/m^2)	实际建筑能耗	参照建筑能耗	节能率/%
低端型方案	1 336	20.75	61	60.02	64.49	53.47
经济型方案	1 322	25.82	75	58	64.49	55.03
高端型方案	1 350	35.32	103	53.18	64.49	58.77
自节能型方案	1 383	21.53	63	53.51	64.49	58.51

以上结果表明，建筑自保温方案无论在建筑节能效果还是在建筑造价上都有明显优势。

4.2.4.2 北京市某研发大楼外墙外保温体系设计

某中心研发大楼位于北京市，建筑面积结构形式为钢筋混凝土框架剪力墙结构，外墙采用250mm厚、等级为400kg/m³（B04级）的加气混凝土砌块填充（图4-5）。

图4-5 某中心研发楼

该建筑的填充墙是由250mm厚的加气混凝土和20mm厚的聚合物砂浆组成。B04级加气混凝土的性能指标为：密度≤425kg/m³，强度≥2.0MPa，热导率≤0.09W/(m·K)。经计算得到填充墙的热阻为2.11m²·K/W，填充墙的传热系数为0.44W/(m²·K)。

剪力墙和梁、柱部位采用粘贴40mm聚苯板的外保温方式，其中剪力墙的厚度为250mm，梁的厚度为350mm，柱的厚度为700mm，剪力墙和梁、柱都是钢筋混凝土材质，热导率取1.73W/(m·K)，聚苯板的热导率取0.041W/(m·K)(修正系数取1.2)，聚苯板与钢筋混凝土之间的10cm厚黏结砂浆（40%黏结砂浆，60%的空气）的热阻为0.023m²·K/W，聚苯板表面5mm厚的聚合物砂浆的热导率为0.93W/(m·K)，计算得到剪力墙的传热系数为0.77W/(m²·K)，梁的传热系数为0.73W/(m²·K)，柱的传热系数为0.64W/(m²·K)。

在外围护结构中，填充墙所占面积1650m²，剪力墙所占面积1144m²，梁所占面积614.9m²，柱所占面积215.2m²，以各部分所占面积为权重，得到外墙外保温传热系数为0.605W/(m²·K)。

4.2.4.3 上海世博会墙面绿化

（1）城市主题馆墙面绿化　上海世博会主题馆墙面绿化是目前世界上面积最大的墙面绿化工程之一，总面积超过5000m²（图4-6），采用的是模块化种植。模块采用可再生塑料，它可以透气，还可以降解，约3个月后便与土壤、植物根系相融。栽培基质主要采用绿化垃圾中的枯枝落叶等有机废弃物，并添加椰丝等植物纤维为原料，既保水、保肥，又实现了资源的综合利用。选用的植物红叶石楠、金森女贞、亮绿忍冬、六道木及花叶络石等具有综合抗性强、养护要求低及景观效果好等优点。

图4-6 城市主题馆的墙面绿化

（2）加拿大馆和宁波馆的墙面绿化　加拿大馆和中国宁波馆的墙面绿化也采取模块式墙体绿化工艺，与主题馆不同之处在于加拿大馆将模块设计成若干小室，通过黄绿搭配的纤细植物实现图案的勾勒效果（图4-7）；而宁波馆采用的浇灌方式为喷雾式浇灌，在提供植物水分的同时，增加环境湿度（图4-8）。

图 4-7　加拿大馆墙面绿化的夜景

图 4-8　宁波馆墙面绿化（图中正在喷雾浇灌）

（3）法国馆的墙面绿化　法国馆采用的是垂直柱绿化（图 4-9），高悬的花柱由一个个塑料花钵通过固定件固定于不锈钢钢柱上。花钵内填充的种植基材是质量较轻、吸水性强的泥炭和苔藓，花柱通过滴灌系统供水。植物选用了适应上海气候条件的瓜子黄杨、细叶针茅草、玉簪以及大量的蕨类植物等。法国馆简洁的造型和朴素的植物搭配给参观者留下深刻的印象。

（4）印度馆的墙面绿化　印度馆在四周低矮的馆墙上采用的是布袋式绿化方式（图4-10）。在由 3～5 层无纺布叠积形成的种植毯上，设计缝制有若干小布袋，布袋内填充有植物生长基质，植物就种植于布袋内。采取开放的渗水浇灌系统，水从墙体顶端往下渗析，由安装于墙面底部的湿度感应器来决定供水阀门的开闭。在植物的选择上，则选择了紫鸭跖草、彩叶草等颜色鲜亮的观赏植物。

图 4-9　法国馆墙面绿化

图 4-10　印度馆墙面绿化

（5）上海馆的墙面绿化　上海馆展示的是一个生态家庭的建筑，其墙面绿化主要采用的是藤本植物垂吊的方式。根据建筑物的不同位置，植物垂吊的形式有 3 种，一种是菱形窗格内安放由椰丝纤维做成的花槽，由滴灌系统供水，选用耐阴的绿萝（图 4-11）；另外一种是外墙安装不锈钢种植槽栽植藤本植物，也由滴灌系统供水，选用植物为常春藤；还有一种是与水景观配合，在墙面安装塑料花槽，通过跌水来供水，选用的植物为蔓生型湿生植物马蹄金。

（6）阿尔萨斯馆的墙面绿化　阿尔萨斯馆是上海世博会永久保留的 4 大场馆之一，其墙面绿化采取模块式工艺（图 4-12）。一个个半米见方的白铁盒用螺丝与斜墙体固定在一起，盒内装填植物生长基质并通过铁丝网分成若干小隔室，植物种植在小隔室内，主要是耐干旱的景天科植物。

图 4-11 上海馆墙面绿化

图 4-12 阿尔萨斯馆墙面绿化

（7）卢森堡馆的墙面绿化 卢森堡馆采用板槽式进行墙面绿化（图 4-13），场馆外墙层层叠叠的开花和观叶植物柔化了耐候钢组成的建筑。主体植物材料是观叶植物红叶石楠、红叶李、花叶蔓长春和草花长春花、矮牵牛等。

图 4-13 卢森堡馆墙面绿化

图 4-14 武汉市某小区

4.2.4.4 武汉某改造项目墙体节能措施应用

武汉市某小区占地面积 6.67 万平方米，绿化面积为 2.38 万平方米，总建筑面积 11.91 万平方米，建筑容积率为 1.79，结构形式为框架结构（图 4-14）。

框架异型柱结构体系以 250mm 厚粉煤灰加气混凝土预制块作为外墙填充，混凝土梁与柱的外侧贴 30mm 厚挤塑型聚苯板，使外墙平均传热系数在 0.92W/(m^2·K) 左右。采用这一措施避免了内外保温做法构造复杂、工序多、施工难度大、工期长的缺陷，冬季具有良好的保温性能，夏季也有足够的隔热性能。

内隔墙采用 200mm 厚粉煤灰加气混凝土砌块，既可控制传热系数使之小于等于 1.0W/(m^2·K)，也可使分户墙和分室墙具有一定的隔绝空气传声的性能，接近满足二级隔声标准 45db 的要求。

4.3 建筑幕墙节能技术

幕墙是建筑物的外墙围护，不承重，像幕布一样挂上去，故又称为悬挂墙，是现代大型和高层建筑常用的带有装饰效果的轻质墙体。由结构框架与镶嵌板材组成，不承担主体结构载荷与作用的建筑围护结构。建筑幕墙在中国迅速发展已有 20 多年，现在中国已经成为世界上建

造幕墙最多的国家，成为世界上最大的幕墙市场。

4.3.1　建筑幕墙的特点

建筑幕墙就其构造和功能方面有如下特点。

(1) 具有完整的结构体系　建筑幕墙通常是由支承结构和面板组成，支承结构可以是钢桁架、单索、自平衡拉索（拉杆）体系、鱼腹式拉索（拉杆）体系、玻璃肋、立柱、横梁等；面板可以是玻璃板、石材板、铝板、陶瓷板、陶土板、金属板、彩色混凝土板等。整个建筑幕墙体系通过连接件如预埋件或化学锚栓挂在建筑主体结构上，其相对主体有一定位移能力或自身有一定变形能力、不承担主体结构所受作用。

(2) 建筑幕墙自身应能承受风荷载、地震荷载和温差作用，并将它们传递到主体结构上。

(3) 建筑幕墙应能承受较大的自身平面外和平面内的变形，并具有相对于主体结构较大的变形能力。

(4) 建筑幕墙不分担主体结构所受的荷载和作用。

(5) 抵抗温差作用能力强　当外界温度变化时，建筑结构将随着环境温度的变化发生热胀冷缩。由于不能采用水平分段的办法解决高楼大厦结构热胀冷缩问题，只能采用建筑幕墙将整个建筑结构包围起来，建筑结构不暴露于室外空气中，因此建筑结构由于一年四季季节变化引起的热胀冷缩非常小，不会对建筑结构产生损害，保证建筑主体结构在温差作用下的安全。

(6) 抵抗地震灾害能力强　建筑幕墙的支承结构一般采用铰连接，之间留有宽缝，使得建筑幕墙能够承受 1/100～1/60 的大位移、大变形。

(7) 节省基础和主体结构的费用　玻璃幕墙的重量仅相当于传统砖墙的 1/10，相当于混凝土墙板的 1/7，铝单板幕墙更轻，370mm 砖墙 760kg/m^2，200mm 空心砖墙 250kg/m^2，而玻璃幕墙只有 35～40kg/m^2，铝单板幕墙只有 20～25kg/m^2。极大减少主体结构的材料用量，也减轻基础的载荷，降低基础和主体结构的造价。

(8) 可用于旧建筑的更新改造　由于建筑幕墙是挂在主体结构外侧，因此可用于旧建筑的更新改造，在不改动主体结构的前提下，通过外挂幕墙，内部重新装修，则可比较简便地完成旧建筑的改造与更新。改造后的建筑如同新建镇一样，充满着现代化气息，光彩照人，不留任何陈旧的痕迹。

(9) 安装速度快，施工周期短　幕墙是由钢型材、铝型材、钢拉索和各种墙面材料构成，这些型材和板材都能工业化生产，安装方法简便，施工周期短。

(10) 维修更换方便　建筑幕墙构造规格统一，面板材料单一、轻质，安装工艺简便，因此维修更换十分方便。特别是对那些可独立更换单元板块和单元幕墙的构造，维修更换更是简单易行。

(11) 建筑效果好　建筑幕墙依据不同的面板材料可以产生实体墙无法达到的建筑效果，如色彩艳丽、多变，充满动感；建筑造型轻巧、灵活；虚实结合，内外交融，是现代建筑的特征之一。

4.3.2　建筑幕墙的分类

(1) 玻璃幕墙　玻璃幕墙又分为明框玻璃幕墙、半隐框玻璃幕墙、全隐框玻璃幕墙、全玻玻璃幕墙和点支式玻璃幕墙。

① 明框玻璃幕墙　明框玻璃幕墙属于元件式幕墙，将玻璃板用铝框镶嵌，形成四边有铝框的幕墙元件，将幕墙元件镶嵌在横梁上，幕墙成为四边铝框明显、横梁与立柱均在室内外可见的幕墙。明框玻璃幕墙不仅应用量大面广、性能稳定可靠、应用最早，还因为明框玻璃幕墙在形式上脱胎于玻璃窗，易于被人们接受。明框玻璃幕墙如图 4-15 所示。

明框玻璃幕墙不仅玻璃参与室内外传热，铝合金框也参与室内外传热，在一个幕墙单元中，玻璃面积远超过铝合金框的面积，因此玻璃的热工性能在明框玻璃幕墙中占主导地位。

图 4-15 明框玻璃幕墙

图 4-16 半隐框玻璃幕墙

② 半隐框玻璃幕墙。相对于明框玻璃幕墙来说，幕墙元件的玻璃板其中两对边镶嵌在铝框内，另外两对边采用结构胶直接粘接在铝框上，构成半隐框玻璃幕墙。立柱隐蔽，横梁外露的玻璃幕墙称之为竖隐横框玻璃幕墙；横梁隐蔽，立柱外露的玻璃幕墙称之为横隐立框玻璃幕墙。但不论哪种半隐框幕墙，均为一对应边用结构胶粘接成玻璃装配组件，而另一对应边采用铝合金镶嵌槽玻璃装配的方法。见图 4-16。

半隐框玻璃幕墙介于明框玻璃幕墙和全隐框玻璃幕墙之间，不仅玻璃参与室内外传热，外露铝合金框也参与室内外传热，在一个幕墙单元中，玻璃面积远超过铝合金框的面积，因此玻璃的热工性能在半隐框玻璃幕墙中占主导地位。

③ 全隐框玻璃幕墙。全隐框玻璃幕墙采用硅酮结构密封胶将玻璃是粘接在铝框上。一般情况下，不需再加金属连接件。铝框全部被玻璃遮挡，形成大面积全玻璃墙面。在有些工程上，为增加隐框玻璃幕墙的安全性，在垂直玻璃幕墙上采用金属连接件固定玻璃。全隐框玻璃墙见图 4-17。

图 4-17 全隐框玻璃幕墙

图 4-18 全玻玻璃幕墙

由图 4-17 可见，全隐框玻璃幕墙只有玻璃参与室内外传热，铝合金框位于玻璃板后面，不参与室内外传热，因此玻璃的热工性能决定全隐框玻璃幕墙的热工性能。

④ 全玻玻璃幕墙。在建筑物首层大堂、顶层和旋转餐厅，为增加玻璃幕墙的通透性，不仅仅玻璃板，包括支承结构都采用玻璃肋，这类幕墙称之为全玻玻璃幕墙。全玻玻璃幕墙见图 4-18。

全玻玻璃幕墙只有玻璃参与室内外传热，因此玻璃的热工性能决定了全玻玻璃幕墙的热工性能。

⑤ 点支式玻璃幕墙。由玻璃面板、点支承装置和支承结构构成的玻璃幕墙称为点支式玻璃幕墙。见图 4-19。

点支式玻璃被幕墙不仅玻璃参与室内外传热，金属爪件也参与室内外传热，在一个幕墙单元中，玻璃面积远超过金属爪件的面积，因此玻璃的热工性能在点支式玻璃幕墙中占主导地位。

图 4-19 点支式玻璃幕墙

图 4-20 石材幕墙

(2) 石材幕墙 石材幕墙是独立于实墙之外的围护结构体系，对于框架结构式的主体结构，应在主体结构上设计安装专门的独立金属骨架结构体系，该金属骨架结构体系悬挂在主体结构上，然后采用金属挂件将石材面板挂在金属骨架结构体系上。石材幕墙应能承受自身的重力荷载、风荷载、地震荷载和温差作用。不承受主体结构所受的荷载，与主体结构可产生适当的相对位移，以适应主体结构的变形。石材幕墙具有保温隔热、隔声、防水、防火和防腐蚀等作用。石材幕墙如图 4-20 所示。

根据石材幕墙面板材料可将石材幕墙分为天然石材幕墙，如花岗岩石材幕墙和洞石幕墙等；人造石材幕墙，如微晶玻璃幕墙、瓷板幕墙和陶土板幕墙。

按石材金属挂件形式可分为背拴式、背槽式、L 形挂件式、T 形挂件式等，由于 T 形挂件不能实现石材板块的独立更换，因此目前应用较少。

按石材幕墙板块之间是否打胶可分为封闭式和开缝式两种，封闭式又分为浅打胶和深打胶两种。

(3) 金属幕墙 金属幕墙通过承重骨架将金属板块悬挂在主体结构上。金属幕墙按面板材料可分为铝单板幕墙、铝塑板幕墙、铝瓦楞板幕墙、铜板幕墙、彩钢板幕墙、钛板幕墙、钛锌板幕墙等；按是否打胶分为封闭式金属幕墙和开放式金属幕墙。

金属幕墙具有重量轻、强度高、板面平滑、富有金属光泽、质感丰富、庄重典雅等特点，同时金属幕墙还具有加工工艺简单、加工质量好、生产周期短、可工厂化生产、装配精度高和防火性能优良等特点，因此被广泛地应用于各种建筑中（图 4-21)。

在使用金属幕墙时，当钢结构幕墙高度超过 40m 时，钢构件宜采用高耐候结构钢，并应在其表面涂刷防腐涂料；金属幕墙采用的铝合金型材，应符合现行国家标准《铝合金建筑型材》(GB 5237.1—2000) 中有关高精级的规定；采用铝合金板材的表面处理厚度及材质，应符合现行行业标准的规定。

（4）双层通道幕墙　双层通道幕墙是双层结构的新型幕墙。外层幕墙通常采用点支式玻璃幕墙、明框玻璃幕墙或隐框玻璃幕墙。内层幕墙通常采用明框玻璃幕墙、隐框玻璃幕墙或铝合金门窗。为增加幕墙的通透性，也有内外层幕墙都采用点支式玻璃幕墙结构的。

在内外层幕墙之间，有一个宽度通常为几百毫米的通道，在通道的上下部位分别有出气口和进气口，空气可从下部的进气口进入通道，从上部的出气口排出通道，形成空气在通道内自下而上地流动，同时将通道内的热量带出通道，所以双层通道幕墙也称为热通道幕墙（图4-22）。

图 4-21　金属幕墙

图 4-22　双层通道幕墙

依据通道内气体的循环方式，将双层通道幕墙分为内循环通道幕墙、外循环通道幕墙和开放式通道幕墙。

① 内循环通道幕墙。内循环通道幕墙一般在严寒地区和寒冷地区使用，其外层原则上是完全封闭的，一般由断热型材与中空玻璃等热工性能优良的型材和面板组成。其内层一般为单层玻璃组成的玻璃幕墙或可开启窗，以便对通道进行清洗和内层幕墙的换气，两层幕墙之间的通风换气层一般为100～500mm。通风换气层与吊顶部位设置的暖通系统抽风管相连，形成自下而上的强制性空气循环，室内空气通过内层玻璃下部的通风口进入换气层，使通道内的空气温度达到或接近室内温度，达到节能效果。

② 外循环通道幕墙。外循环通道幕墙与封闭式通道幕墙相反，其外层是单层玻璃与非断热型材组成的玻璃幕墙，内层是由中空玻璃与断热型材组成的幕墙。内外两层幕墙形成通风换气层，在通道的上下两端装有进风口和出风口，通道内也可设置百叶等遮阳装置。

在冬季，关闭通道上下两端的进风口和出风口，通道中的空气在阳光的照射下温度升高，形成一个温室，有效地提高了通道内空气的温度，减少建筑物的采暖费用。在夏季，打开通道上下两端的进风口和出风口，在阳光的照射下，通道内空气温度升高自然上浮，形成自下而上的空气流，即形成烟囱效应。由于烟囱效应带走通道内的热量，降低通道内空气的温度，减少了制冷费用。同时通过对进风口和出风口位置的控制以及对内层幕墙结构的设计，达到由通道自发向室内输送新鲜空气的目的，从而优化建筑通风质量。

③ 开放式通道幕墙。开放式通道幕墙一般在夏热冬冷地区和夏热冬暖地区使用，寒冷地区也有使用的。其原则上是不能封闭的，一般由单层玻璃和通风百叶组成，其内层一般为断热型材和中控玻璃等热工性能优良的型材和面板组成，或由实体墙和可开启窗组成，两层幕墙之间的通风换气层一般为100～500mm，其主要功能是改变建筑立面效果和室内换气方式。在通道内设置可调控的百叶窗或垂帘，可有效地调节日照遮阳，为室内创造更加舒适的环境。

（5）光电幕墙　所谓光电幕墙，即用特殊的树脂将太阳能电池粘在玻璃上，镶嵌于两片玻璃之间，通过电池可将太阳能转化成电能。除发电这项主要功能外，光电幕墙还具有明显的隔热、隔声、安全、装饰等功能，特别是太阳能电池发电不会排放二氧化碳或产生造成温室效应的有害气体，也无噪声，是一种清洁的能源，与环境有很好的相容性。但因价格比较昂贵，光电幕墙现主要用于标志性建筑的屋顶和外墙。随着节能和环保的需要，我国正在逐渐接受这种光电幕墙（图4-23）。

(6) 真空玻璃幕墙　真空玻璃幕墙是玻璃面板采用真空玻璃的幕墙。由于真空玻璃在热工性能、隔声性能和抗风压性能方面有特殊性，特别是真空玻璃幕墙极佳的保温性能，在强调建筑节能的今天，真空玻璃幕墙已越来越受到人们的瞩目（图4-24）。

图4-23　光电幕墙

图4-24　真空玻璃幕墙

(7) 透明幕墙　在我国幕墙界，透明幕墙是个全新概念，第一次出现是在《公共建筑节能设计标准》(GB 50189）中。显然透明幕墙一定是玻璃幕墙，但玻璃幕墙不一定透明。将玻璃幕墙做成透明和不透明两种，如普通的玻璃幕墙即是透明玻璃幕墙，但在窗槛墙和楼板部位的玻璃幕墙即是不透明玻璃幕墙。因为在这些部位，为了遮盖窗槛墙和楼板，在这些部位的幕墙玻璃往往选择阳光控制镀膜玻璃，在其后面再贴上保温棉或保温板，因此这些部位不再透明。透明幕墙看起来不一定透明，如许多阳光控制镀膜玻璃幕墙从室外向室内看就不透明，但从室内向室外看却是透明的，显然这是透明玻璃幕墙。如何定义透明幕墙？我们从以下几方面来定义：①透明幕墙一定是玻璃幕墙；②在玻璃板后面没有贴保温棉或保温板；③与人的视觉效果无关；④可见光透射率大于零；⑤遮阳系数大于零。

(8) 非透明幕墙　非透明幕墙和透明幕墙一样，也是第一次出现在《公共建筑节能设计标准》（GB 50189）中。显然，石材幕墙、金属板幕墙和上述提到的位于窗槛墙和楼板处，后面贴有保温棉或保温板的玻璃幕墙都是属于非透明幕墙。还有一类玻璃幕墙，虽然并不位于窗槛墙和楼板处，但是其结构也是玻璃面板后面贴有保温棉，因此也是属于非透明幕墙，如北京的长城饭店等，见图4-25。

图4-25　北京长城饭店的非透明幕墙

由图4-25可见，玻璃幕墙的暗色部分是阳光控制镀膜中空玻璃，是可开启的幕墙窗部分，是透明幕墙部分，其他发亮的部分是单片阳光控制镀膜玻璃，在其后面贴有保温棉，是不透明幕墙部分。如何定义非透明幕墙？可从以下两方面来定义：①可见光透射率等于零；②遮阳系数等于零。

4.3.3 建筑幕墙热工性能表征

热工性能即为材料的热物理性能、导热性能、热学传递效率等多因素的统称。研究建筑幕墙的热工性能表征有利于分析建筑幕墙各部分的传热散热情况，结合实际条件进行改进，提升建筑幕墙保温性能。

(1) 自然界能量　对于建筑物来说，自然界中有两种能量形式：其一是太阳辐射，能量主要集中在0.3～2.5μm波段之间，其中可见光占46%，近红外线占44%，其他为紫外线和远红外线，各占7%和3%；其二是环境热量，其热能形式为远红外线，能量主要集中在5～50μm波段之间，在室内，这部分能量主要是被阳光照射后的物体吸收太阳能量后以远红外线形式发出的能量及家用电器、采暖系统和人体等以远红外形式发出的能量。在室外，这部分能量主要是被阳光照射后的物体吸收太阳能量后以远红外线形式发出的能量。

(2) 玻璃传热机理　普通浮法玻璃是透明材料，其透明的光谱范围是0.3～4μm，即可见光和近红外线，刚好覆盖太阳光谱，因此普通浮法玻璃可透过太阳光能量的80%左右。

对于环境热量，即5～50μm波段的中远红外线，普通浮法玻璃是不透明的，其透过率为0，其反射率也非常低，但其吸收率非常高，可达83.7%。玻璃吸收远红外线后再以远红外线的形式向室内外二次辐射，由于玻璃的室外表面换热系数是室内表面换热系数的3倍左右，玻璃吸收的环境热量75%左右传到室外，25%左右传到室内。在冬季，室内环境热量通过玻璃先吸收后辐射的形式，将室内的热量传到室外。

(3) 透明幕墙　透明幕墙是玻璃幕墙，因此玻璃的性能决定了透明幕墙的性能。玻璃是透明围护材料，其与节能设计有关的性能用4个参数来表征。其一是传热系数U_g值。当室内温度T_i与室外温度T_o不相等时，通过单位面积、单位温差和单位时间内，玻璃传递的热量定义为：

$$U_g=\frac{q_1}{T_o-T_i} \tag{4-2}$$

式中，q_1为由室外传入室内的热量，W/(m^2·K)。

其二是遮阳系数S_{Cg}。当太阳辐射照度是I，通过单位面积玻璃射入室内的总太阳能等于q_2，玻璃的太阳能总透射比为：

$$g_t=\frac{q_2}{I} \tag{4-3}$$

则玻璃的遮阳系数定义为：

$$S_{Cg}=\frac{g_t}{0.889} \tag{4-4}$$

式中，0.889为标准3mm透明玻璃的太阳能总透射比。

其三是可见光透射率τ_g。当太阳光中可见光的辐射照度是I_0，通过单位面积玻璃射入室内的可见光辐射照度等于I，则玻璃的可见光透射率定义为：

$$\tau_g=\frac{I}{I_0} \tag{4-5}$$

其四是气密性，建筑幕墙作为外围护结构不可能是完全密封的，既然建筑幕墙是由幕墙的支承体系和面板材料组成的，因此在面板与面板之间、面板与支承体系之间一定有缝隙，即便有密封胶密封，也无法保证没有缝隙，同时建筑门窗等可开启部位缝隙更是较大。有缝隙，就会有室内外空气的交换。因为室内外的空气温度可能不同，会造成室内外空气交换。室外的正负风压，也会造成室内空气的交换。不同温度的室内外空气交换将造成室内外热量的交换，即这是一个传质传热的过程。显然，建筑幕墙的缝隙越长，室内外交换的空气量越大，气密性越不好，因此建筑幕墙用单位缝长的空气渗透量来表征幕墙的气密性。

① 传热系数。

a. 明框玻璃幕墙。由于边框的作用不可忽略，明框玻璃幕墙的传热系数按式(4-6)计算：

$$U_w=\frac{A_gU_g+A_fU_f+l_g\Psi_g}{A_g+A_f} \tag{4-6}$$

式中　U_w——明框玻璃幕墙的传热系数，W/(m^2·K)；

U_g——玻璃板的传热系数，W/(m^2·K)；
A_g——玻璃板的面积，m^2；
U_f——框架的传热系数，W/(m^2·K)；
A_f——框架的面积，m^2；
Ψ_g——玻璃板和框架通过衬垫材料的线传热系数，W/(m·K)；
l_g——玻璃板的可视周长，m。

b. 全隐框玻璃幕墙。由于铝型材边框位于玻璃板的后面，不直接参与传热，因此全隐框玻璃幕墙的传热系数可用玻璃的传热系数表征，即：

$$U_w = U_g \tag{4-7}$$

式中　U_w——全隐框玻璃幕墙的传热系数，W/(m^2·K)；
U_g——玻璃板的传热系数，W/(m^2·K)。

c. 半隐框玻璃幕墙。暴露于玻璃板之外的铝型材边框参与直接传热，不可忽略，位于玻璃板后面的铝型材边框不直接参与传热，因此半隐框玻璃幕墙的传热系数按式(4-8) 计算：

$$U_w = \frac{A_g U_g + A_f U_f + l_g \Psi_g}{A_g + A_f} \tag{4-8}$$

式中　U_w——半隐框玻璃幕墙的传热系数，W/(m^2·K)
U_g——玻璃板的传热系数，W/(m^2·K)；
A_g——玻璃板的面积，m^2；
U_f——外露框架的传热系数，W/(m^2·K)；
A_f——外露框架的面积，m^2；
Ψ_g——玻璃板和外露框架通过衬垫材料的线传热系数，W/(m·K)；
l_g——玻璃板与外露框架形成的可视边长之和，m。

d. 全玻玻璃幕墙。全玻玻璃幕墙是由玻璃和结构密封胶组成，由于结构密封胶的热导率比玻璃的热导率小，并且在一个幕墙单元板块中，玻璃板的面积远大于结构密封胶缝的面积，所以全玻玻璃传热系数与玻璃板的相同，即：

$$U_w = U_g \tag{4-9}$$

式中　U_w——全玻玻璃幕墙的传热系数，W/(m^2·K)；
U_g——玻璃板的传热系数，W/(m^2·K)。

e. 点支式玻璃幕墙。点支式玻璃幕墙是由玻璃、密封胶和金属爪件组成，由于密封胶的热导率比玻璃的热导率小，并且在一个幕墙单元板块中，玻璃板的面积远大于密封胶缝的面积，所以密封胶缝对式玻璃幕墙的传热可不考虑。但是金属爪件对点支式玻璃幕墙的传热应当考虑，因此点玻璃幕墙传热系数按式(4-10) 计算：

$$U_w = \frac{A_g U_g + A_z U_z}{A_g + A_z} \tag{4-10}$$

式中　U_w——点支式玻璃幕墙的传热系数，W/(m^2·K)；
U_g——玻璃板的传热系数，W/(m^2·K)；
A_g——玻璃板的面积，m^2；
U_z——爪件的传热系数，W/(m^2·K)；
A_z——爪件的面积，m^2。

由于 $A_g \gg A_z$，所以式(4-10) 简化为：

$$U_w = U_g + \frac{A_z}{A_g} U_z \tag{4-11}$$

② 遮阳系数

a. 明框玻璃幕墙。明框玻璃幕墙的太阳能总透射比为：

$$g_w = \frac{g_g A_g + g_f A_f}{A_g + A_f} \tag{4-12}$$

式中 g_w——明框玻璃幕墙的太阳能总透射比；

A_g——玻璃面板的面积，m^2；

g_g——玻璃面板的太阳能总透射比；

A_f——框架的面积，m^2；

g_f——框架的太阳能总透射比。

明框玻璃幕墙的遮阳系数应为幕墙的太阳能总透射比与标准3mm透明玻璃的太阳能总透射比的比值，即：

$$S_{wc} = \frac{g_t}{0.889} \tag{4-13}$$

式中 S_{wc}——明框玻璃幕墙的遮阳系数。

b. 全隐框玻璃幕墙。全隐框玻璃幕墙的边框是由玻璃、结构胶和铝型材组成，由于结构胶通常是黑色的，对太阳光能量的吸收率接近于1，而铝型材的热导率非常高，因此太阳光透过玻璃后，基本上被结构胶吸收，并通过铝型材传递到室内，因此全隐框玻璃幕墙边框部分的遮阳系数与玻璃的基本相同，即：

$$S_{wc} = S_{gc} \tag{4-14}$$

式中 S_{wc}——全隐框玻璃幕墙的遮阳系数；

S_{gc}——玻璃的遮阳系数。

c. 半隐框玻璃幕墙。半隐框玻璃幕墙的太阳能总透射比为：

$$g_w = \frac{g_g A_g + g_f A_f}{A_g + A_f} \tag{4-15}$$

式中 g_w——半隐框玻璃幕墙的太阳能总透射比；

A_g——玻璃面板的面积，m^2；

g_g——玻璃面板的太阳能总透射比；

A_f——外露框架的面积，m^2；

g_f——外露框架的太阳能总透射比。

半隐框玻璃幕墙的遮阳系数应为幕墙的太阳能总透射比与标准3mm透明玻璃的太阳能总透射比的比值，即：

$$S_{wc} = \frac{g_t}{0.889} \tag{4-16}$$

式中 S_{wc}——半隐框玻璃幕墙的遮阳系数。

d. 全玻玻璃幕墙。全玻玻璃幕墙是由玻璃和结构密封胶组成，由于结构密封胶的太阳光吸收率非常高，而位于结构密封胶后面的是玻璃肋，并且在一个幕墙单元板块中，玻璃板的面积远大于结构密封胶缝的面积，所以全玻玻璃幕墙遮阳系数与玻璃板的相同，即：

$$S_{wc} = S_{gc} \tag{4-17}$$

式中 S_{wc}——全玻玻璃幕墙的遮阳系数；

S_{gc}——玻璃的遮阳系数。

e. 点支式玻璃幕墙。点支式玻璃幕墙是由玻璃、密封胶和金属爪件组成，由于密封胶的热导率比玻璃的热导率小，吸收阳光后向室内传递的热量非常小，并且在一个幕墙单元板块中，玻璃板的面积远大于密封胶缝的面积，所以密封胶缝的遮阳可不考虑。但是金属爪件对点支式玻璃幕墙的遮阳应当考虑，因此点支式玻璃幕墙的太阳能总透射比为：

$$g_w = \frac{g_g A_g + g_z A_z}{A_g + A_z} \tag{4-18}$$

式中 g_w——点支式玻璃幕墙的太阳能总透射比；

A_g——玻璃面板的面积，m^2；

g_g——玻璃面板的太阳能总透射比；

A_z——爪件的面积，m^2；

g_z——爪件的太阳能总透射比。

由于 $A_g \gg A_z$，所以式(4-18) 简化为：

$$g_w = g_g + \frac{A_z}{A_g} g_z \tag{4-19}$$

点支式玻璃幕墙的遮阳系数应为幕墙的太阳能总透射比与标准 3mm 透明玻璃的太阳能总透射比的比值，即：

$$S_{wc} = \frac{g_t}{0.889} \tag{4-20}$$

式中　S_{wc}——点支式玻璃幕墙的遮阳系数。

③ 可见光透射率

a. 明框玻璃幕墙。明框玻璃幕墙的可见光透射率为：

$$\tau_w = \frac{\tau_g A_g}{A_g + A_f} \tag{4-21}$$

式中　τ_w——明框玻璃幕墙的可见光透射率；

A_g——玻璃面板的面积，m^2；

τ_g——玻璃面板的可见光透射率；

A_f——明框的面积，m^2。

b. 全隐框玻璃幕墙。全隐框玻璃幕墙的边框是由玻璃、结构胶和铝型材组成，尽管玻璃位于幕墙表面，由于铝型材不透光，因此全隐框玻璃幕墙边框部分的可见光透射率为零，即：

$$\tau_w = \frac{\tau_g A_g}{A_g + A_f} \tag{4-22}$$

式中　τ_w——全隐框玻璃幕墙的可见光透射率；

A_g——玻璃面板的面积，m^2；

τ_g——玻璃面板的可见光透射率；

A_f——隐框的面积，m^2。

c. 半隐框玻璃幕墙。半隐框玻璃幕墙介于明框玻璃幕墙和隐框玻璃幕墙之间，其可见光透射率为：

$$\tau_w = \frac{\tau_g A_g}{A_g + A_f} \tag{4-23}$$

式中　τ_w——半隐框玻璃幕墙的可见光透射率；

A_g——玻璃面板的面积，m^2；

τ_g——玻璃面板的可见光透射率；

A_f——隐框的面积和明框的面积之和，m^2。

d. 全玻玻璃幕墙。全玻玻璃幕墙是由玻璃和结构密封胶组成，由于结构密封胶的可见光透过率非常高，而位于结构密封胶后面的是玻璃肋，并且在一个幕墙单元板块中，玻璃板的面积远大于结构密封胶缝的面积，所以全玻玻璃幕墙可见光透过率与玻璃板的相同，即：

$$\tau_w = \tau_g \tag{4-24}$$

式中　τ_w——全玻玻璃幕墙的可见光透射率；

τ_g——玻璃的可见光透射率。

e. 点支式玻璃幕墙。点支式玻璃幕墙是由玻璃、密封胶和金属爪件组成，由于密封胶的可见光透射率非常小，并且在一个幕墙单元板块中，玻璃板的面积远大于密封胶缝的面积，所以密封胶缝对点支式玻璃幕墙的可见光透过可不考虑。但是金属爪件对点支式玻璃幕墙的可见光透过应当考虑，因此点支式玻璃幕墙的可见光透射率为：

$$\tau_w=\frac{\tau_g A_g}{A_g+A_z} \tag{4-25}$$

式中 τ_w——点支式玻璃幕墙的可见光透射率；

A_g——玻璃面板的面积，m^2；

τ_g——玻璃面板的可见光透射率；

A_z——爪件的面积，m^2。

由于 $A_g \gg A_z$，所以式(4-25) 简化为：

$$\tau_w=\frac{\tau_g A_g}{A_g+A_z}=\tau_g A_g\times\frac{A_g-A_z}{(A_g+A_z)\times(A_g-A_z)}=\tau_g A_g\times\frac{A_g-A_z}{A_g^2-A_z^2}\approx\tau_g A_g\times\frac{A_g-A_z}{A_g^2}=\tau_g\times\left(1-\frac{A_z}{A_g}\right) \tag{4-26}$$

④ 气密性。建筑幕墙的气密性用单位缝长的空气渗透量来表征，通常由试验测量，很难通过计算得到。它是面板与面板之间、面板与支承体系之间的界面行为，与面板本身无关，与幕墙的支承体系关系不大，与幕墙的类型关系不密切。建筑幕墙的气密性主要与安装材料有关，如采用密封胶安装，即湿法安装，则幕墙的气密性一般较好；如采用密封条安装，即干法安装，则幕墙的气密性一般较差。

(4) 非透明幕墙　非透明幕墙主要是指金属幕墙、石材幕墙和后面附有保温材料的玻璃幕墙，其中金属幕墙包括铝单板幕墙和铝塑复合板幕墙，石材幕墙包括天然石材幕墙和人造石材幕墙。非透明玻璃幕墙一般位于楼板位置或窗槛墙位置。金属幕墙和石材幕墙的共同特点是透过面板材料的背面连接部件与幕墙支承体系连接，面板与面板之间可以采用密封胶密封，也可以不密封。因此，金属幕墙和石材幕墙分为封闭式和开放式两种。将幕墙面板与面板之间的缝隙采用密封胶密封的称为封闭式，不封闭的称为开放式。显然，开放式非透明幕墙作为建筑围护结构的一层对热工没有贡献，而封闭式非透明幕墙对热工有贡献，两者的计算方法不同。非透明幕墙采用传热系数，其定义与透明幕墙类似，这里不再赘述。

4.3.4 建筑幕墙节能设计

4.3.4.1 透明幕墙

(1) 建筑玻璃选择　节能玻璃家族有着色玻璃、阳光控制镀膜玻璃、普通中空玻璃和Low-E中空玻璃等，一般说来只采用单片着色玻璃或单片阳光控制镀膜玻璃是不能满足节能要求的，可通过着色玻璃、阳光控制镀膜玻璃、Low-E中空玻璃和透明浮法玻璃不同单片组成中空玻璃可满足节能要求，即玻璃的传热系数和遮阳系数都符合要求。

(2) 型材选择（断热型材和断热爪件）　隐框玻璃幕墙的铝框不直接参加传递室内外热量，因此可采用一般铝型材。明框玻璃幕墙的铝框直接参与室内外热量的传递。因此，应采用断热铝型材，消除铝型材的冷桥效应。点支式玻璃幕墙的爪件应采用断热爪件。

(3) 遮阳系统　对于夏热冬暖地区、夏热冬冷地区和寒冷地区，夏季阳光辐射强烈，是夏季制冷能耗主要来源，因此《公共建筑节能设计标准》(GB 50189) 中对透明幕墙的遮阳有明确要求。通常遮阳可分为两类，一类是面板自身遮阳，如阳光控制镀膜玻璃、着色玻璃、Low-E中空玻璃、丝网印刷釉面玻璃等；另一类为遮阳系统。遮阳系统可分为外遮阳和内遮阳，外遮阳又可分为水平遮阳、垂直遮阳、综合遮阳和挡板遮阳；内遮阳可分为遮阳帘和遮阳百叶等。依据遮阳系统的控制方式可分为固定式、活动式、人工控制和智能化控制。

水平外遮阳系统一般适用于南朝向、太阳高度角大的地区。任意朝向水平遮阳挑出板挑出长度按下式计算：

$$L=H\times \coth h_s\times \cos\gamma_{s,w} \tag{4-27}$$

式中 L——水平板挑出长度，m；

H——两水平板间距，m；

h_s——太阳高度角，(°)；

$\gamma_{s,w}$——太阳方位角和墙方位角之差，(°)。

水平板两翼挑出长度按下式计算：

$$D=H\times \coth h_s\times \sin\gamma_{s,w} \tag{4-28}$$

式中　D——两翼挑出长度，m。

(4) 简易权衡判断法　围护结构的外窗、透明幕墙和屋顶透明部分的热工性能一般用传热系数 K 和遮阳系数 SC 表征，外墙、非透明幕墙和屋顶非透明部分的热工性能仅用传热系数 K 表征。设建筑物某朝向的总面积为 S，透明部分（包括外窗和透明幕墙）面积为 S_1，透明部分的传热系数和遮阳系数分别为 K_1 和 SC_1，非透明部分（包括外墙和非透明幕墙）面积为 S_2，非透明部分的传热系数为 K_2（K_2 满足标准要求即可，与讨论结果无关，不做特殊要求），$S=S_1+S_2$，室内外温差为 ΔT，太阳辐射照度为 I，则单位时间内通过该朝向由室外传入室内的热量 Q_1 为：

$$Q_1=0.889\times SC_1\times S_1\times I+\Delta T\times K_1\times S_1+\Delta T\times K_2\times S_2 \tag{4-29}$$

在《公共建筑节能设计标准》(GB 50189) 中，对于寒冷地区、夏热冬冷地区和夏热冬暖地区，当窗墙面积比 $e_1=0.7$ 时（记为 e_1^*），对于不同朝向，遮阳系数都有限值要求，令 SC_1 取限值（记为 SC_1^*）。对于不同地区，当窗墙面积比 $e_1=0.7$ 时，传热系数也有限值要求，令 K_1 取限值（记为 K_1^*）。则在同等室内外温差和同等阳光辐射照度的条件下，单位时间内，该朝向由室外传入室内最大热量 Q^* 为：

$$Q^*=0.889\times SC_1^*\times S_1^*\times I+\Delta \mathrm{T}\times K_1^*\times S_1^*+\Delta T\times K_2\times S_2 \tag{4-30}$$

即该朝向的窗墙面积比和透明部分的热工参数都取限值。现将透明部分的面积加大至 S_3，透明部分的遮阳系数和传热系数分别调整为 SC_2 和 K_3，则非透明部分的面积缩小至 S_4，非透明部分的传热系数仍为 K_2，$S=S_3+S_4$，室内外温差和太阳辐射照度不变，则单位时间内通过该朝向由室外传入室内的热量 Q_2 为：

$$Q_2=0.889\times SC_2\times S_3\times I+\Delta T\times K_3\times S_3+\Delta T\times K_2\times S_4 \tag{4-31}$$

令

$$0.889\times SC_1^*\times S_1^*\times I=0.889\times SC_2\times S_3\times I \tag{4-32}$$

有

$$SC_1^*\times S_1^*=SC_2\times S_3 \tag{4-33}$$

用 S 除以式(4-33) 两边，得

$$SC_1^*\times S_1^*/S=SC_2\times S_3/S \tag{4-34}$$

则 S_1^*/S 和 S_3/S 分别为两种情况得窗墙比，分别记为 e_1^* 和 e_2，由式(4-34) 得

$$SC_2=SC_1^*\times e_1^*/e_2 \tag{4-35}$$

由式(4-35) 可见，当窗墙面积比 $e_2>0.7$ 时，只要透明部分的遮阳系数限值按式(4-35) 取值，则可保证太阳光透过透明部分射到室内的热量与窗墙面积比为 0.7，遮阳系数取其对应限值的透明部分传递的太阳能严格相同，与太阳辐射照度无关，即在任何地区、任何季节、任何时候，两者都成立，即

$$\begin{aligned}0.889\times SC_2\times S_3\times I&=0.889\times SC_1^*\times S_3\times I\times e_1^*/e_2\\&=0.889\times SC_1^*\times S_3\times I\times S_1^*/S\times S/S_3=0.889\times SC_1^*\times I\times S_1^*\end{aligned}$$

同理，令

$$\Delta T\times K_1^*\times S_1^*=\Delta T\times K_3\times S_3 \tag{4-36}$$

有

$$K_1^*\times S_1^*=K_3\times S_3 \tag{4-37}$$

用 S 除式(4-37) 两边，得

$$K_1^* \times S_1^* / S = K_3 \times S_3 / S \tag{4-38}$$

则 S_1^* / S 和 S_3/S 分别为两种情况的窗墙面积比，分别记为 e_1^* 和 e_2，由式(4-38) 得

$$K_3 = K_1^* \times e_1^* / e_2 \tag{4-39}$$

由式(4-39) 可见，当窗墙面积比 $e_2 > 0.7$ 时，只要透明部分的传热系数限值按式(4-39) 取值，则可保证透明部分传递的环境热量与窗墙面积比为 0.7，传热系数取其对应限值的透明部分传递的环境热量严格相同，与室内外温度差无关，即在任何地区、任何季节、任何时候，两者都成立，即

$$\Delta T \times K_3 \times S_3 = \Delta T \times K_1^* \times S_3 \times e_1^* / e_2 = \Delta T \times K_1^* \times S_3 \times S_1^* / S \times S / S_3 = \Delta T \times K_1^* \times S_1^*$$

对于非透明部分，由于窗墙面积比大于 0.7 时的面积 S_4 小于窗墙面积比为 0.7 时的 S_2，所以有

$$\Delta T \times K_2 \times S_4 < \Delta T \times K_2 \times S_2$$

所以

$$Q_2 < Q^*$$

综上所述，当窗墙面积比大于 0.7 时，只要透明部分的遮阳系数限值和传热系数限值分别按式(4-35) 和式(4-39) 取值，非透明部分的传热系数保持不变，则可保证通过该朝向传递的室内外热量小于窗墙面积比等于 0.7 时透明部分的遮阳系数和传热系数分别取标准规定的对应限制时传递的室内外热量，从原理上已经满足《公共建筑节能设计标准》(GB 50189) 的要求，不必再进行整体的权衡计算。由于上述计算仅限于该朝向一个平面，而不是通常意义上的整体权衡计算，故称该方法为简易权衡判断设计法。该方法的特点是：设计取值和权衡判断同时完成。

对于屋顶，当其透明部分大于屋顶总面积的 20%时，只要其遮阳系数限值和传热系数限值分别按式(4-35) 和式(4-39) 取值（注：$e^* = 0.2$），从原理上已经满足《公共建筑节能设计标准》(GB 50189) 的要求，不必再进行整体的权衡计算。

如果一定要进行整体权衡判断，应用上述的简易权衡判断设计法也使得整体权衡判断变得非常简单。按《公共建筑节能设计标准》的规定，此时所设计建筑需要进行权衡判断的唯一原因是：某朝向（例如南向）窗墙面积比 e 超过 0.7，其他方面符合标准。其过程如下。

① 构建参照建筑。其他方面与设计建筑完全相同，南朝向窗墙面积比取 $e^* = 0.7$，传热系数取限值 K^*。遮阳系数取限值 SC^*（严寒地区对此参数无要求）。

② 调整设计建筑的参数。南朝向透明部分的传热系数按 $K = K^* \times e^* / e$ 取值；南朝向透明部分的遮阳系数按 $SC = SC^* \times e^* / e$ 取值，其他方面不动。

③ 计算参照建筑全年采暖和空调能耗 q_1；计算设计建筑全年采暖和空调能耗 q_2。

④ 比较 q_1 和 q_2，如果 q_2 不大于 q_1，权衡判断通过；如果 q_2 大于 q_1，权衡判断不通过，还需对设计建筑围护结构热工参数进行调整，直至 q_2 不大于 q_1 为止。由此可见，权衡判断并不需要一定计算出 q_1 和 q_2，只要能够证明 q_2 不大于 q_1，即可。

⑤ 设计建筑和参照建筑的内部构造完全相同，屋顶、地面、东朝向、北朝向和西朝向围护结构的热工参数完全相同，因此参照建筑和设计建筑在这些部位产生的能耗也完全相同；在南朝向透明部分相关的能耗也完全相同，两座建筑唯一产生能耗差异的部位是南朝向的不透明部分。而这部分能耗一定与各自的面积成正比，而其他条件完全相同，如室内外温度、阳光辐射照度、室内使用条件、传热系数等，因此有下式成立：

$$q_2 - q_1 = A(S_4 - S_2) < 0$$

式中 A——大于 0 的正数；

S_4——窗墙面积比大于 0.7 时非透明部分的面积；

S_2——窗墙面积比等于 0.7 时非透明部分的面积，显然 $S_4 < S_2$，所以上式成立，证明 q_2 小于 q_1，整体权衡判断完成。

由上述可见，应用简易权衡判断设计法，按照标准规定进行整体权衡判断，使得判断过程变得极为简单。之所以有这样的结果，是因为采用简易权衡判断设计法设计的透明幕墙，该朝向透明部分加大造成该朝向热工性能的损失完全由提高透明部分自身热工性能来补偿，与非透明部分无关。尽管该朝向透明部分在几何尺寸上超过 0.7 限值，但在传递室内外热能方面完全等价于窗墙面积比等于 0.7，传热系数和遮阳系数分别取限值的效果，而它超出 0.7 窗墙面积比部分占据的几何空间在传递室内外热能方面等价于绝热部分，即这部分所对应的传热系数和遮阳系数为 0，所以才会有尽管窗墙面积比超过 0.7，但如果按简易权衡判断设计法进行设计，该朝向的热工性能不但没有降低，反而有所提高。

窗墙面积比 e 和传热系数限值 K^* 的乘积 $e\times K^*$ 具有特殊的意义，它表征了单位面积朝向，单位时间内、单位室内外温差，不同窗墙面积比《公共建筑节能设计标准》(GB 50189) 规定所允许透明部分传递的室内外热量，窗墙面积比 e 和遮阳系数限值 SC^* 的乘积 $e\times SC^*$ 具有相似的意义，这里以 $e\times K^*$ 为例，现将《公共建筑节能设计标准》(GB 50189) 规定的数值和相关计算值列于表 4-15 中。

表 4-15 $e\times K^*$ 值

地区	e					
	0.2	0.3	0.4	0.5	0.7	>0.7
严寒 A 地区	0.60	0.84	1.00	1.00	1.19	1.19
严寒 B 地区	0.64	0.87	1.04	1.05	1.26	1.26
寒冷地区	0.70	0.90	1.08	1.15	1.40	1.40
夏热冬冷地区	0.94	1.05	1.20	1.40	1.75	1.75
夏热冬暖地区	1.30	1.41	1.40	1.50	2.10	2.10

由表 4-15 可见，随着窗墙面积比的增加，$e\times K^*$ 也随之增加，由于非透明部分的热工性能远优于透明部分，因而该朝向整体热工性能随之降低。当窗墙面积比等于 0.7 时，$e\times K^*$ 达到其最大值。采用简易权衡判断设计法，就是保证当窗墙面积比超过 0.7 时，$e\times K^*$ 这一数值不变。

(5) 应用　窗墙面积比的上限 0.7 一般是不易达到的，因为窗墙面积比要扣除该朝向的非透明部分，如楼板、窗槛墙、非透明幕墙等，屋顶透明部分占屋顶总面积比的上限 0.2 一般也不易达到，因为透明屋顶一般仅在建筑个别部位采用，如中厅、休息厅、餐厅等。但是对于某些特殊建筑，如会展中心、艺术中心、机场候机大厅、售楼处、售车处等某个朝向的窗墙面积比可能会超过 0.7，个别采光顶为主的建筑，其屋顶透明部分占屋顶总面积比的上限 0.2 也可能突破，即使超过，这两个数不会超过很多，可按式(4-35) 和式(4-39) 分别选取遮阳系数限值和传热系数限值。为应用方便，按《公共建筑节能设计标准》(GB 50189) 的要求，针对不同地区，表 4-16 给出部分窗墙面积比大于 0.7 条件下透明部分的传热系数和遮阳系数限值，满足上述的简易权衡判断。

由表 4-16 可见，随着窗墙面积比的增加，对玻璃的保温隔热性能的要求也在增加，在现代化玻璃技术飞速发展的今天，可选择的玻璃品种很多，完全能满足表 4-16 的要求，如 Low-E 中空玻璃、双银 Low-E 中空玻璃、Low-E 双层中空玻璃、真空玻璃、阳光控制镀膜和室内外遮阳系统等。在满足节能设计的基础上，究竟采用何种玻璃和何种遮阳系统，可结合建筑学要求确定。

4.3.4.2 非透明幕墙

非透明幕墙是指石材幕墙或金属板幕墙，其热工性能由传热系数表征。非透明幕墙的后面一般都有实体墙，因此只要在非透明幕墙和实体墙之间做保温层即可。保温层一般采用保温棉或聚苯板，只要厚度达到要求即可实现良好的保温效果。

表 4-16 围护结构透明部分传热系数和遮阳系数限值

项目	围护结构透明部分		体形系数≤0.3		0.3<体形系数≤0.4	
			传热系数 K /[W/(m² · K)]	遮阳系数 SC（东、南、西向/北向）	传热系数 K /[W/(m² · K)]	遮阳系数 SC（东、南、西向/北向）
严寒地区A区	单一朝向外窗（包括透明幕墙）	0.5<窗墙面积比≤0.7	≤1.7	—	≤1.5	—
		窗墙面积比=0.74	≤1.6	—	≤1.4	—
		窗墙面积比=0.78	≤1.5	—	≤1.3	—
		窗墙面积比=0.82	≤1.4	—	≤1.2	—
	屋顶透明部分占总面积比(e)	e≤0.2	≤2.5	—	≤2.5	—
		e=0.25	≤2.0	—	≤2.0	—
		e=0.3	≤1.6	—	≤1.6	—
		e=0.35	≤1.4	—	≤1.4	—
严寒地区B区	单一朝向外窗（包括透明幕墙）	0.5<窗墙面积比≤0.7	≤1.8	—	≤1.6	—
		窗墙面积比=0.74	≤1.7	—	≤1.5	—
		窗墙面积比=0.78	≤1.6	—	≤1.4	—
		窗墙面积比=0.82	≤1.5	—	≤1.3	—
	屋顶透明部分占总面积比(e)	e≤0.2	≤2.6	—	≤2.6	—
		e=0.25	≤2.0	—	≤2.0	—
		e=0.3	≤1.7	—	≤1.7	—
		e=0.35	≤1.5	—	≤1.5	—
寒冷地区	单一朝向外窗（包括透明幕墙）	0.5<窗墙面积比≤0.7	≤2.0	≤0.50/—	≤1.8	≤0.50/—
		窗墙面积比=0.74	≤1.9	≤0.47/—	≤1.7	≤0.47/—
		窗墙面积比=0.78	≤1.8	≤0.44/—	≤1.6	≤0.44/—
		窗墙面积比=0.82	≤1.7	≤0.43/—	≤1.5	≤0.43/—
	屋顶透明部分占总面积比(e)	e≤0.2	≤2.7	≤0.50	≤2.7	≤0.50
		e=0.25	≤2.1	≤0.40	≤2.1	≤0.40
		e=0.3	≤1.8	≤0.33	≤1.8	≤0.33
		e=0.35	≤1.5	≤0.28	≤1.5	≤0.28

项目	围护结构透明部分		传热系数 K/[W/(m² · K)]	遮阳系数 SC（东、南、西向/北向）
夏热冬冷地区	单一朝向外窗（包括透明幕墙）	0.5<窗墙面积比≤0.7	≤2.5	≤0.40/0.50
		窗墙面积比=0.74	≤2.4	≤0.38/0.47
		窗墙面积比=0.78	≤2.2	≤0.36/0.44
		窗墙面积比=0.82	≤2.1	≤0.34/0.43
	屋顶透明部分占总面积比(e)	e≤0.2	≤3.0	≤0.40
		e=0.25	≤2.4	≤0.32
		e=0.3	≤2.0	≤0.26
		e=0.35	≤1.7	≤0.22
夏热冬暖地区	单一朝向外窗（包括透明幕墙）	0.5<窗墙面积比≤0.7	≤3.0	≤0.35/0.45
		窗墙面积比=0.74	≤2.8	≤0.33/0.42
		窗墙面积比=0.78	≤2.7	≤0.31/0.40
		窗墙面积比=0.82	≤2.5	≤0.30/0.38
	屋顶透明部分占总面积比(e)	e≤0.2	≤3.5	≤0.35
		e=0.25	≤2.8	≤0.28
		e=0.3	≤2.3	≤0.23
		e=0.35	≤2.0	≤0.20

4.3.5 建筑幕墙节能技术工程应用实例

成都某集控中心高层办公大楼建筑主楼地上 25 层，裙楼会议室地上 2 层，地下均 2 层。建筑主立面采用菱形大单元呼吸幕墙。

(1) 呼吸幕墙设计中的气候分析　成都市属亚热带湿润季风气候区，气候温和、四季分明、无霜期长、雨量充沛。多年年平均气温为 16.2℃，年极端最高气温为 37.3℃，年极端最低气温为−5.9℃，最热月出现在 7～8 月，月平均气温为 25.4℃和 25.0℃，最冷月出现在 1 月，月平均气温为 5.6℃。成都市总体日照偏少，年总日照时数为 1148.9h，冬季寡照比较明显。盛夏多雨、光照强，风向以静风为多，频率为 39%，次多风向为北风，频率为 14%。

(2) 呼吸幕墙选型分析

① 外循环呼吸幕墙。由于本案地理气候日照少，风速低，这些都不利外循环幕墙的通风换气。

a. 在顶部增加小型风扇补充动力，则增加机械设备较多（一般每个板块都要配），也增加建筑的能耗。

b. 本案立面钻石型的板块分割不利呼吸幕墙的通风组织。

c. 调整立面分割将会影响外立面美观（菱形斜线与横竖的玻璃分割线相互交错）。

② 内循环呼吸幕墙。由于本案所处地理位置最冷最热的极端气候时间短，春秋季时间长，对建筑通风要求高，对双层幕墙的可控性自然通风要求高。而内呼吸幕墙通风完全靠机械排风来实现，在过渡季节会增加因机械排风造成的能耗增加。同时不能满足建筑对自然通风的需求。

结论：综合气候、日照、风速及地理位置布局，本案选用混合式呼吸幕墙。

(3) 混合呼吸幕墙设计　针对主立面的菱形单元幕墙板块幕墙，采用内呼吸结合外通风的混合式呼吸幕墙。在层间位置设置通风口引入新风，室内通风设置过滤装置和可调节开启装置，对新风过滤和控制进新风流量。

通过建立建筑室内外计算模型，研究考虑风压、风压及热压共同作用下的建筑室内热环境，以此分析幕墙设计条件下的室内热环境特性，并提出设计改进措施。

a. 室外综合换热系数

夏季室外：19 W/(m^2·K)；冬季室外：23 W/(m^2·K)。

b. 室内综合换热系数

夏季室内：8.7 W/(m^2·K)；冬季室内：8.7W/(m^2·K)。

c. 双层幕墙热工计算参数

外层玻璃：8TP＋12A＋8TP 双银 Low-E 中空钢化玻璃。

内层玻璃：8TP 钢化玻璃（透明）。

第5章

绿色建筑门窗节能技术与实例

5.1 门窗的热工性能

5.1.1 门窗的传热方式

建筑外围护结构中的门窗对于建筑内外温度变化的反应与外围护结构基本相同。门窗如果不能对室外温度变化起保护作用，就会使建筑物内部出现夏季的炎热以及冬季的极度寒冷。这种情况在夏季炎热潮湿地区以及冬季寒冷和严寒地区尤为明显。气候并不是影响建筑内部温度的唯一因素，其他因素还包括门窗面积、居住人口、室内照明、电气设备的产热量、建筑朝向等。在众多影响因素中，建筑门窗是影响能量消耗的最重要因素。建筑门窗的传热服从热量从热区域向冷区域流动的基本原理，而流向冷区域是通过导热、辐射和对流三种基本传热方式完成的。

（1）导热传热　导热是指物体中有温差时由于直接接触的物质质点作热运动而引起的热能传递过程。在固体、液体和气体中都存在热导现象，但在不同的物质中导热的机理是有区别的。

在气体中是通过分子作无规则运动时互相碰撞而导热，在液体中是通过平衡位置间歇移动着的分子振动引起的；在固体中，除金属外，都是由平衡位置不变的质点振动引起的，在金属中，主要是通过自由电子的转移而导热。

纯粹的导热现象仅发生在理想的密实固体中，但绝大多数的建筑材料或多或少总是有空隙的并非是密实的固体。在固体的空隙内将会同时产生其他方式的传热，但因对流和辐射方式传递的热能，在这种情况下所占比例甚微，故在热工计算中，可以认为在固体建筑材料中的热传递仅仅是导热过程。

导热是物体不同温度的各部分直接接触而发生的热传递现象，导热可产生于液体、导体固体和非导电固体中。它是由于温度不同的质点（分子、原子或自由电子）热运动而传递热量，只要物体内有温差就会有导热产生。在各向同性的物质中，任何地点的热流都是向着温度较低的方向传递的。导热过程与物体内部的温度状况密切相关。按照物体内部温度分布状况的不同，可分为一维、二维和三维导热现象。同时，根据热流及各部分温度分布是否随时间而改变，又分为稳定导热（传热）和不稳定导热（传热）。

① 温度场、温度梯度和热流密度。在物体中，热量传递与物体内温度的分布情况密切相关。物体中任何一点都有一个温度值，一般情况下，温度（t）是空间坐标（x,y,z）和时间

（τ）的函数，即

$$t=F(x,y,z,\tau) \tag{5-1}$$

在某一时刻物体内各点的温度分布，称为温度场，式(5-1）就是温度场的数学表达式。

上述的温度分布是随时间而变的，称为不稳定温度场。如果温度分布不随时间而变就称为稳定温度场，用 $t=-F(x)$ 表示。

温度场中同一时刻由相同温度各点相连成的面即为“等温面”。温度场可用等温面图进行表示。因为同一点上不可能同时具有多于一个的温度值，所以不同温度的等温面绝不会相交。沿与等温面相交的任何方向上的温度都有变化，但只有在等温面的法线方向上变化最大。温度差 Δt 与沿法线方向两等温面之间距离 Δn 的比值的极限，叫做温度梯度，表示为：

$$\lim_{\Delta n \to \infty}\frac{\Delta t}{\Delta n}=\frac{\partial t}{\partial n} \tag{5-2}$$

导热不能沿等温面进行，而必须穿过等温面。在单位时间内，通过等温面上单位面积的热量称为热流密度。设单位时间内通过等温面上微元面积 $\mathrm{d}F/(\mathrm{m}^2)$ 的热量 $\mathrm{d}Q$（W），则热流密度（$\mathrm{W/m^2}$）可表示为：

$$q=\mathrm{d}Q/\mathrm{d}F \tag{5-3}$$

由式(5-3）得

$$\mathrm{d}Q=q\mathrm{d}F$$

若 F 为不规则截面，可利用积分法，Q 表示为：

$$Q=\int_F q\mathrm{d}F \tag{5-4}$$

因此，如果已知物体内热流密度的分布，就可按式(5-3)、式(5-4）计算出单位时间内通过导热面积 F 传导的热量 Q（称为热流量）。如果热流密度在面积 F 均匀分布，则热流量为：

$$Q=qF \tag{5-5}$$

② 傅里叶级数。法国数学家傅里叶在研究固体导热现象时提出：一个物体在单位时间、单位面积上传导的热量与在其法线方向上的温度变化率成正比。用公式表示为：

$$q=-\lambda\frac{\partial t}{\partial n} \tag{5-6}$$

式中　q——单位时间、单位面积上通过的热量，又称热流密度或热流强度，$\mathrm{W/m^2}$；

$\frac{\partial t}{\partial n}$——等温面温度在其法线方向上的变化率称为温度梯度，K/m；

λ——表示材料导热能力的系数，称热导率，W/(m·K)。

负号是因为热流有方向性，以从高温向低温方向流动为正值；温度梯度也是一个向量，以低温向高温方向流动即为正值，二者相反。

③ 热导率。由式(5-6）得

$$\lambda=\frac{|q|}{\left|\frac{\partial t}{\partial n}\right|} \tag{5-7}$$

可见，热导率［W/(m·K)］是指当温度梯度为1K/m时，在单位时间内通过单位面积的导热量。热导率大，表明材料的导热能力强。

各种物质的热导率，均由实验确定。影响热导率数值的因素很多，如物质的种类、结构成分、密度、湿度、压力、温度等。所以，即使是同一种物质，其热导率差别可能很大。一般来说，热导率 λ 值以金属的最大，非金属和液体次之，而气体的最小。工程上通常把热导率小的材料，作为隔热材料（绝热材料），有关建筑门窗材料的物理参数见表5-1。

表 5-1 建筑材料物理性能计算参数

序号	材料名称	干密度 ρ_0/(kg/m³)	计算参数			
			热导率 λ/[W/(m·K)]	蓄热系数 S(周期 24h)/[W/(m²·K)]	比热容 c/[kJ/(kg·K)]	蒸汽渗透系数 μ/[g/(m·h·Pa)]
1	钙塑	120	0.049	0.83	1.59	
2	橡树、枫树(热流方向垂直木纹)	700	0.17	4.9	2.51	0.0000562
3	橡木、枫树(热流方向顺木纹)	700	0.35	6.93	2.51	0.0003
4	松木、云杉(热流方向垂直木纹)	500	0.14	3.85	2.51	0.0000345
5	松木、云杉(热流方向顺木纹)	500	0.29	5.55	2.51	0.0000168
6	软木板	300	0.093	1.95	1.89	0.0000255①
7	平板玻璃	2500	0.76	10.96	0.84	—
8	玻璃钢	1800	58.2	9.25	1.26	—
9	建筑钢材	7850	203	126	0.48	—
10	铝	2700	0.047	191	0.92	—
11	聚乙烯泡沫塑料	100	0.14	0.7	1.38	—
12	PVC 塑料	1350	0.14	0.7	1.38	—

① 为测定值。

值得说明的是，空气的热导率很小，因此不流动的空气就是一种很好的绝热材料。也正是这个原因，如果材料中含有气隙或气孔，就会大大降低其 λ 值，所以绝热材料都制成多孔性的或松散性的。应当指出，若材料含水率高（即湿度大），材料热导率会显著提高，保温性能将降低。因此材料的吸水率是影响材料导热性的重要因素。

物质的热导率还与温度有关，实验证明，大多数材料的 λ 值与温度 t 的关系近似直线关系，即

$$\lambda=\lambda_0+bt \tag{5-8}$$

式中 λ_0——0℃时的热导率；

b——实验测定的常数。

工程计算中，热导率常取使用温度范围内的算术平均值，并把它作为常数看待。

④ 传热系数。

a. 热阻 R 热导率的倒数 $1/\lambda$ 称为材料的热阻率，热导率和热阻率与构件材料的面积和厚度无关。实际构件的热流量不但取决于材料的热导率，而且取决于该构件的厚度 d，即：

$$R=d/\lambda \tag{5-9}$$

构件热阻 R 代表构件各材料层对热流的阻挡能力，热阻越大则通过的热流密度 q 越小。多层材料构造时，构件热阻为各层材料热阻之和。

$$R=R_1+R_2+R_3+\cdots+R_n=d_1/\lambda_1+d_2/\lambda_2+d_3/\lambda_3+\cdots+d_n/\lambda_n \tag{5-10}$$

b. 传热阻 R_0 在围护构件两侧（包括两侧空气边界层）阻抗传热能力的物理量，为传热系数的倒数。

$$R_0=1/K \tag{5-11}$$

c. 传热系数 K 在稳态条件下，围护结构两侧空气温度差为 1℃，1h 内通过 1m² 面积传递的热量。

(2) 辐射传热 凡温度高于绝对零度的物体，都可以同时发射和接受热辐射。从理论上

说，物体热辐射的电磁波波长可以包括电磁波的整个波谱范围，然而在一般所遇到的物体范围内，有实际意义的热辐射波长在波谱的0.38～1000μm之间，而且大部分能量位于红外线区段的0.76～20μm范围内。红外线又有近红外和远红外之分，大体上以4μm为界限。波长4μm以下的红外线为近红外；4μm以上的红外线为远红外。但因两者的物理作用没有本质的差异，这种区分的界限并无统一的规定。

一个物体对外来的入射辐射可以有反射、吸收和透过3种情况，它们与入射辐射的比值分别称为物体对辐射的反射系数（γ，又称反射率）、吸收系数（ρ，又称吸收率）和透射因数（τ，又称透射率）。以入射辐射为1，则有如下关系式：

$$\gamma+\rho+\tau=1 \tag{5-12}$$

多数不透明物体的透射因数$\tau=0$，则对不透明物体上式可写成$\gamma+\rho=1$。

（3）对流传热

① 自然对流与受迫对流。对流传热是指流体各微分子作相对位移而传递热量的方式。根据促成流体产生对流的原因，可将对流传热分为“自然对流”和“受迫对流”。

自然对流是指由于流体冷热部分的密度不同而引起的流动。空气温度愈高其密度愈小，如0℃时的空气密度为1.342kg/m^3，20℃时的干空气密度为1.205kg/m^3。当环境中存在空气温度差时，温度低、密度大的空气与温度高、密度小的空气之间形成压力差，称为“热压”，使空气产生自然对流。例如，当室内气温高于室外时，室外密度大的冷空气将从房间下部开口处流入室内，室内密度较小的热空气则从上部开口处排开，形成空气的自然对流。热压愈大，空气流动的速度愈快。

受迫对流是由于外力作用（如风吹、泵压等）而迫使流体产生对流。对流速度取决于外力的大小，外力愈大，对流愈强。

② 表面对流转换。表面对流转换是指在空气温度与物体表面的温度不等时，由于空气沿壁面流动而使表面与空气之间所产生的热交换。其换热量的多少除与温度差成正比外，还与热流方向（从上到下、从下到上或水平方向）、气流速度及物体表面状况（形状、粗糙程度）等因素有关。

表面对流换热所交换的热量一般用下式表示，即

$$q_c=a_c(\theta-t) \tag{5-13}$$

式中　q_c——单位面积，单位时间内表示表面对流换热量，W/m^2；

a_c——对流换热量系数，即当表面与空气温差为1K（1℃）时，在单位面积、单位时间内通过对流交换的热量，W/(m^2·K)；

θ——壁面温度，℃；

t——气温恒定区的空气温度，℃。

a_c不是一个固定不变的常数，而是一个取决于许多因素的物理量。对于建筑围护结构的表面则需要考虑的因素有：气流状况（自然对流还是受迫对流），壁面所处位置（是垂直的、水平的或是倾斜的）；表面状况（是否有利于空气流动），热的传递方向（由下而上，还是由上而下）等。由于对以a_c影响因素很多，目前a_c值多是由模型试验结果用数理统计方法得出的计算式。现推荐以下公式供计算时参考。

a. 自然对流时　垂直平壁

$$a_c=1.98\sqrt[4]{\theta-t} \tag{5-14}$$

水平壁

当热流由下而上时　$$a_c=2.5\sqrt[4]{\theta-t} \tag{5-15}$$

当热流由上而下时　$$a_c=1.31\sqrt[4]{\theta-t} \tag{5-16}$$

b. 受迫对流时　对于受到风力作用的壁面，同时也要考虑受到自然对流作用的影响；对

于一般中等粗糙度的平面，受迫对流的表面对流换热系数可近似按以下公式计算：

对于内表面

$$a_c = 2.5 + 4.2\upsilon \tag{5-17}$$

对于外表面

$$a_c = (2.5 \sim 6.0) + 4.2\upsilon \tag{5-18}$$

在以上两式中，υ 表示风速（m/s）；常数项表示自然对流换热的作用。当表面与周围气温的温差较小（一般在3℃以内）时，温差愈大则常数项的取值应愈大。

5.1.2 门窗的传热过程

5.1.2.1 构件传热

按照稳定传热计算方式，平壁围护结构内各材料层在单位时间、单位面积上的传热量为：

$$\begin{aligned} q_1 &= \frac{\lambda_1}{d_1}(\theta_1 - \theta_2) \\ q_2 &= \frac{\lambda_2}{d_2}(\theta_2 - \theta_3) \\ q_3 &= \frac{\lambda_3}{d_3}(\theta_3 - \theta_4) \\ &\vdots \\ q_n &= \frac{\lambda_n}{d_n}(\theta_n - \theta_{n+1}) \end{aligned} \tag{5-19}$$

式中 q_1、q_2、q_3、…、q_n——单位时间、单位面积通过个材料层的传热量，即材料层的热流密度，W/m^2；

θ_1、θ_2、θ_3、…、θ_n、θ_{n+1}——各材料层的表面温度，℃或K；

λ_1、λ_2、λ_3、…、λ_n——各材料层的热导率，W/(m·K)；

d_1、d_2、d_3、…、d_n——各材料层的厚度，m。

其中 λ_1/d_1、λ_2/d_2、λ_3/d_3、λ_n/d_{n+1} 分别代表围护各材料层的传热能力，又称材料层的传热系数，用 G 表示。它代表这一构建层在其两侧表面温差1℃（1K）时，单位时间、单位面积的传热量。传热系数的倒数称为“构件热阻”，以符号 R（$m^2 \cdot K/W$）表示即

$$R = \frac{1}{G} = \frac{d}{\lambda} \tag{5-20}$$

构件热阻 R 表示围护结构中各材料层对流热的阻挡能力，热阻愈大则通过的热流密度 q 愈小。

多层构造时，则构件热阻应为各层材料热阻之和，即

$$\sum R = R_1 + R_2 + R_3 + \cdots + R_n = \frac{d_1}{\lambda_1} + \frac{d_2}{\lambda_2} + \frac{d_3}{\lambda_3} + \cdots + \frac{d_n}{\lambda_n} \tag{5-21}$$

式中 R_1、R_2、R_3、…、R_n——表示各材料层热阻，$m^2 \cdot K/W$。

5.1.2.2 空气间层的传热

在空气间层内，导热、对流、辐射三种传热方式并存，但大体上可分为空气间层内部的对流换热及间层两侧界面间的辐射换热。这种传热情况又因下列条件的不同有所差异：

① 空气间层的厚度；

② 热流的方向；

③ 空气间层的密闭程度；

④ 两侧的表面温度；

⑤ 两侧的表面状态。

条件①影响着导热和对流，与辐射无关。空气间层的厚度加大，空气的对流增强，当厚度

达到某种程度之后，对流增强与热阻增大的效果互相抵消。因此，当空气间层的厚度达 1cm 以上时，即便再增加厚度，其热阻或热导几乎不变。对于中空玻璃而言，空气间层厚度为 2～20cm 之间，热阻变化很小。一般 0.5cm 以下的空气间层内，几乎不产生对流。因此，这时没有对流换热，而只有导热和辐射换热。

关于条件②热流方向，对对流影响很大。热流朝上时，图 5-1 所示，它将产生所谓环形细胞状态的空气对流，其传热也最大。相反，当热流朝下时，原则上不产生对流。因此，在同一条件下，水平空气间层、热流朝下时，传热最小；垂直的空气间层则介于两者之间。

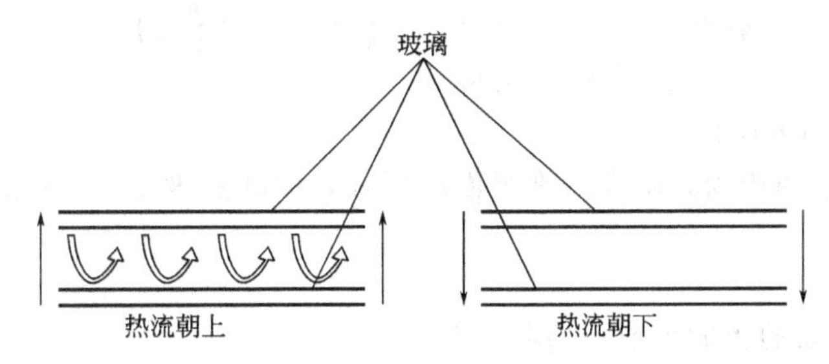

图 5-1　空气层间的传热

以上均是对密闭的空气间层而言的，实际上，有些空气间层存有缝隙，室内外空气直接侵入，传热量必然会增大。中空玻璃内充惰性气体提高热阻时，其密封性对中空玻璃的传热有至关重要的作用。

关于两侧表面温度的影响，首先，空气温度越高，热导率越大，但是对于窗户内侧而言，室内空气温度的变化范围多在常温状态之下，所以，当窗户外表面由于外界温度变化导致窗户内外表面温差较大时，会增强窗户中间空气层构造部分的对流且使辐射换热量增大。

表面状态这个条件与导热无关；表面粗糙度对对流换热稍有影响，但在实用上也可略而不计。然而，材质的表面状态对辐射率的影响却颇大。当使用辐射率小而又光滑的铝箔、铝型材表面的材料时，有效辐射常数将变小，辐射换热量也就减少。实际中，完全封闭的空气空间非常少，空气间层的传热甚为复杂。

5.1.2.3　空气间层的辐射换热

门窗框材料除木材外，铝合金、钢材、塑料等均为带有腔体的加工型材。腔体内相对的两个面分别接触室内外温度空间，分别设为 t_i 和 t_o。设 $t_i > t_o$ 时，热由 t_i 向 t_o 方向移动。空气间层的两侧为同一种材质。现以 λ_a 表示空气间层的等价热导率，则可由式(5-22) 计算空气间层的传热量（W/m^2）为：

$$q_a = \frac{\lambda_a}{d_a}(\theta_{a1} - \theta_{a2}) \tag{5-22}$$

式中　d_a——空气间层的厚度，m；

θ_{a1}——空气间层高温侧的表面温度，℃或 K；

θ_{a2}——空气间层低温侧的表面温度，℃或 K。

现将空气间的传热分为对流与导热部分和辐射换热部分。其中，对流与导热部分的传热量（W/m^2）为：

$$q_c = \frac{\lambda_{ac}}{d_a}(\theta_{a1} - \theta_{a2}) \tag{5-23}$$

式中　λ_{ac}——对流与导热部分的等价热导率。

辐射部分的传热量（W/m^2）为：

$$q_r = C_{12}\left[\left(\frac{T_{a1}}{100}\right)^4 - \left(\frac{T_{a2}}{100}\right)^4\right]\varphi_{12} \tag{5-24}$$

式中　C_{12}——相当辐射系数。因为建筑壁体上的空气间层可视为无限平行的两平面，所以

$$C_{12}=\frac{1}{\frac{1}{C_1}+\frac{1}{C_2}+\frac{1}{C_b}} \tag{5-25}$$

式中　C_b——黑体的辐射系数，$C_b=5.68$。

又，$T_{a1}=\theta_{a1}+273[K]$；$T_{a2}=\theta_{a2}+273[K]$；$\varphi_{12}$是平行的两无限大平面的形态系数（亦称为两辐射表面平均角系数），在此条件下其值为1。因此，辐射部分传热量（W/m^2）为：

$$q_r=\frac{1}{\frac{1}{C_1}+\frac{1}{C_2}+\frac{1}{5.68}}\times\left[\left(\frac{T_{a1}}{100}\right)^4-\left(\frac{T_{a2}}{100}\right)^4\right] \tag{5-26}$$

总传热量分条件计算如下所述。

（1）条件1　对于两边为无限大二维平面的铝板，中间宽度$B=15mm$的封闭空气间层的平壁传热模型。

① 已知参数

C_1，C_2：铝材表面的辐射系数，均取0.2。

C：黑体辐射系数，取5.68。

R_1，R_2：铝材表面热阻，取铝材板厚度为3mm，由于其传热系数为$203W/(m^2\cdot K)$，所以其热阻值近似为0。

t_i，t_o：室内外摄氏温度，$t_i=20℃$，$t_o=0℃$。

$R_空$：一般为空气层热阻，取$R_空=0.15m^2\cdot K/W$。

R_i，R_o：内外表面换热热阻，取$R_i=0.11m^2\cdot K/W$，$R_o=0.04m^2\cdot K/W$。

② 需求参数

θ_1，θ_2：中间层两侧温度。

C_{12}：相当辐射系数。

Q_r：单位面积上的净辐射传热量。

Q_a：单位面积上空气间层的传热量。

Q_c：单位面积上对流与导热部分的传热量。

③ 计算过程

a. 中间层两侧温度的确定。

$$\begin{aligned}\theta_1&=t_i-\frac{R_i+R_1}{R_i+R_1+R_空+R_2+R_o}(t_i-t_o)\\&=20-\frac{0.11}{0.11+0.15+0.04}\times(20-0)\\&=12.67\ (℃)\end{aligned}$$

$$\begin{aligned}\theta_2&=t_i-\frac{R_i+R_1+R_空}{R_i+R_1+R_空+R_2+R_o}(t_i-t_o)\\&=20-\frac{0.11+0.15}{0.11+0.15+0.04}\times(20-0)\\&=2.67\ (℃)\end{aligned}$$

b. 相当辐射系数的确定。

$$C_{12}=\frac{1}{\frac{1}{C_1}+\frac{1}{C_2}-\frac{1}{C}}=\frac{1}{\frac{1}{0.2}+\frac{1}{0.2}-\frac{1}{5.68}}=0.102$$

c. 单位面积上净辐射传热量。

$$q_r=C_{12}\left[\left(\frac{\theta_1+273}{100}\right)^4-\left(\frac{\theta_2+273}{100}\right)^4\right]$$

$$=0.102\times(2.8567^4-2.7567^4)=0.90\ (\mathrm{W/m^2})$$

d. 单位面积上空气间层的传热量。

$$q_a=\frac{1}{R_{空}}(\theta_1-\theta_2)=\frac{1}{0.15}\times(12.67-2.67)=66.67\ (\mathrm{W/m^2})$$

e. 单位面积上对流与导热部分的传热量。

$$q_c=q_a-q_r=66.67-0.90=65.77\ (\mathrm{W/m^2})$$

$$q_r:q_c=1:73$$

(2) 条件2 对于两边为无限大二维平面的铝材，中间宽度为 $B=15\mathrm{mm}$ 的封闭空气间充满绝缘材料的平壁传热模型。

① 已知参数

C_1，C_2：铝材的辐射系数，均取0.2。

C：黑体辐射系数，取5.68。

R_1，R_2：铝材热阻，取铝材厚度为3mm，由于其传热系数为203W/(m² · K)，所以其热阻值近似为0。

t_i，t_o：室内外摄氏温度，$t_i=20℃$，$t_o=0℃$。

$R_{绝}$：绝缘材料热阻，取 $R_{绝}=0.33\mathrm{m^2\cdot K/W}$。

R_i，R_o：内外表面换热热阻，取 $R_i=0.11\mathrm{m^2\cdot K/W}$，$R_o=0.04\mathrm{m^2\cdot K/W}$。

② 需求参数

θ_1，θ_2：中间层两侧温度。

C_{12}：相当辐射系数。

q_r：单位面积上的净辐射传热量。

q_a：单位面积上空气间层的传热量。

q_c：单位面积上对流与导热部分的传热量。

③ 计算过程

a. 中间层两侧温度的确定。

$$\theta_1=t_i-\frac{R_i+R_1}{R_i+R_1+R_{绝}+R_2+R_o}(t_i-t_o)$$

$$=20-\frac{0.11}{0.11+0.33+0.04}\times(20-0)=15.42\ (℃)$$

$$\theta_2=t_i-\frac{R_i+R_1+R_{绝}}{R_i+R_1+R_{绝}+R_2+R_o}(t_i-t_o)$$

$$=20-\frac{0.11+0.33}{0.11+0.33+0.04}\times(20-0)=1.67\ (℃)$$

b. 相当辐射系数的确定。

$$C_{12}=\frac{1}{\frac{1}{C_1}+\frac{1}{C_2}-\frac{1}{C}}=\frac{1}{\frac{1}{0.2}+\frac{1}{0.2}-\frac{1}{5.68}}=0.102$$

c. 单位面积上净辐射传热量。

$$q_r=C_{12}\left[\left(\frac{\theta_1+273}{100}\right)^4-\left(\frac{\theta_2+273}{100}\right)^4\right]$$

$$=0.102\times(2.8842^4-2.7467^4)=1.25\ (\mathrm{W/m^2})$$

d. 单位面积上空气间层的传热量。

$$q_a=\frac{1}{R_{绝}}(\theta_1-\theta_2)=\frac{1}{0.33}\times(15.42-1.67)=41.67\ (\mathrm{W/m^2})$$

e. 单位面积上对流与导热部分的传热量。

$$q_c=q_a-q_r=41.67-1.25=40.42\ (\mathrm{W/m^2})$$

$$q_r : q_c = 1 : 32$$

因为辐射换热量在空气间层的传热中所占比例较大，故当在内部使用铝箔、铝材、塑料等反射辐射效果好的材料时，空气间层的传热系数就会减小。通常为了减少辐射换热，只要采取反射绝热，或把绝热材料置于低温侧，使两侧的温差减少，均可收到良好的效果。当然，反射绝热的效果还取决于表面的光泽程度，但欲长期保持光泽又存在不少问题，所以要求反射绝热材料本身具备十分稳定的性能。

采用图 5-2 的绝热措施，虽然对减少辐射换热能收到一定的效果，但却使空气间对流换热有所增大。因为这时空气间层的温度已近于室温，内部的空气密度相应变小，相对于室外的低温空气，便产生一个较大的上浮力。对于密封不严的腔体空间，如门窗角部位连接缝隙处易侵入室外空气，空气间层就如同烟囱的作用一样，因对流的增强而使传热量变大。因此，在寒冷地区就要在空气间层内，特别是上下端以软质泡沫塑料或纤维类绝热材料为填塞物可有效阻止空气流动，以确保空气间层的绝热效果。

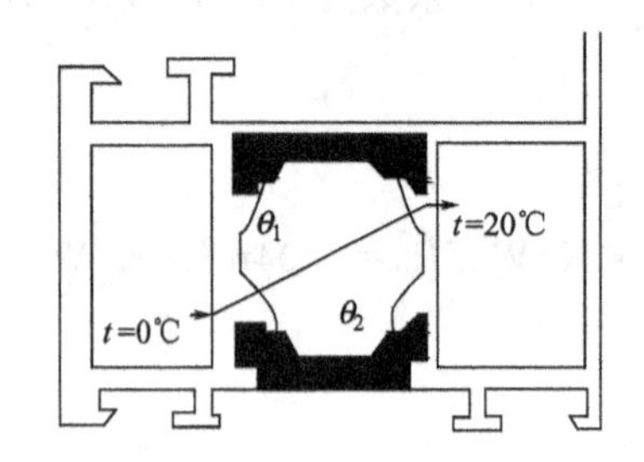

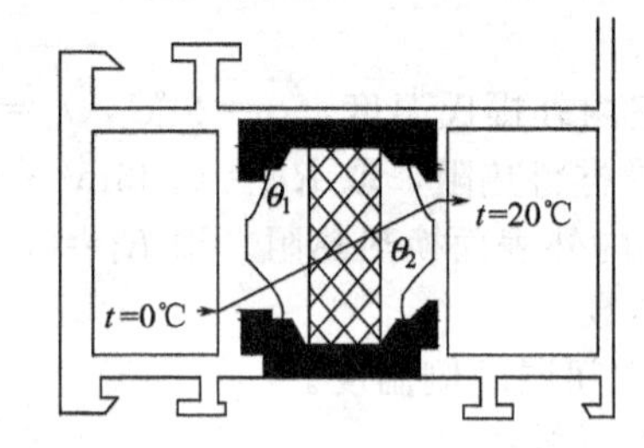

图 5-2 绝热措施

原则上可以认为，在空气间层的高温侧设绝热材料的效果为好。

上述问题都是就冬季条件而讨论的。对于夏季的白天，因热流方向恰与冬季相反，因此，把绝热材料布置在高温侧，即布置在空气间层的室外侧，一定能取得明显效果。这样，对空气间层传热影响最大的首先是空气间层的密闭程度；其次是热流方向，两侧温差，有无绝热材料及其布置位置，以及形成空气间层的材料的性质、辐射率以及空气间层的厚度等。因此，定量确定空气间层的传热量是相当麻烦的。

对于门窗型材来讲，特别是钢、铝一类的金属型材的导热性非常高，两侧温差大，但腔体空间非常有限，而且腔体空间呈单向长条形，所以填塞绝热材料可填满，而无需考虑靠哪一侧的问题。

5.1.2.4 表面换热

建筑外门窗时刻受到室内外的热作用，不断有热量通过其传进或传出。在冬季，室内温度高于室外温度，热量由室内传向室外；在夏季则正好相反，热量主要由室外传向室内。通过建筑外门窗的传热要经过三个过程。

表面吸热：内表面从室内吸热（冬季），或外表面从室外空间吸热（夏季）。

结构本身传热：热量通过玻璃、框扇材料、缝隙由高温表面传向低温表面。

表面放热：外表面向室外空间散发热量（冬季），或内表面向室内散热（夏季）。

严格地说，每一传热过程都是三种基本传热方式的综合过程。但根据门窗的构成，每个具体部位的传热过程有所偏重。

表面吸热和放热的机理是相同的，故一般总称为“表面换热”。在表面换热过程中，既有表面与周围空气之间的对流与导热，又有表面与其他表面之间的辐射传热。在门窗构件本身的传热过程中，实体材料层（如木材框料）以导热为主，空气层（如中空玻璃、双层窗、腔体框扇材料等）一般以辐射传热为主。当然，即使是实体结构，由于一些材料含有或多或少的孔隙，而孔隙中的传热则又包括三种基本传热方式，特别是那些孔隙很多的轻质材料。根据表面

总换热量乃是对流换热量与辐射换热量之和，即

$$q=q_c+q_r=a_c(\theta-t)+a_r(\theta-t)=(a_c+a_\tau)(\theta-t)=a(\theta-t) \tag{5-27}$$

式中　q——表面换热量，W/m^2；

a——表面换热系数，$a=a_c+a_\tau$，$W/(m^2 \cdot K)$；

θ——壁面温度，℃；

t——室内或室外温度，℃。

在实际设计计算当中，a 值均按《民用建筑热工设计规范》的规定取值计算。

5.1.2.5　玻璃的传热

窗户作为主要的建筑构件之一，通过窗户将会产生一定的热传递，主要有以下原因。

① 窗框与上下冒头、边梃、气窗等之间缝隙引起对流传热。

② 窗框形成冷桥的影响；当窗户采用金属材料时，这个问题尤为突出。

③ 窗户本身的对流传导和辐射，这种热传递有时甚至大大高于无绝热层墙体。

下面主要来讨论通过玻璃的传热过程。

(1) 通过玻璃的传热　对于单层平板玻璃窗，热量通过单层玻璃由室内传向室外时主要有两个途径，是玻璃内外表面的边界层；另一个是通过玻璃的传导。如图 5-3 所示。

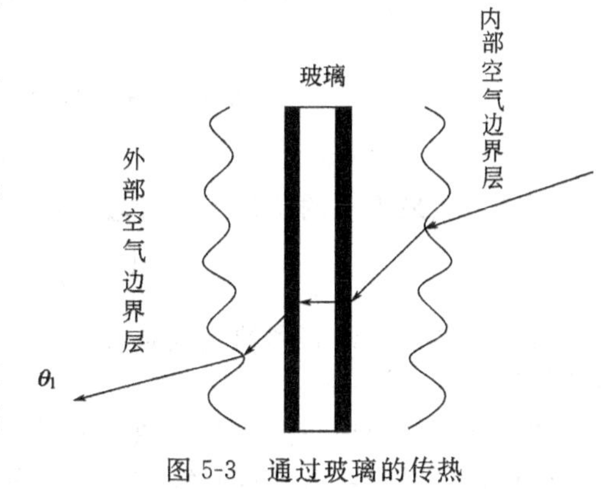

图 5-3　通过玻璃的传热

通过玻璃窗所获得的太阳直接辐射和天空散射辐射的热量是相当大的。获得辐射热的多少，主要取决于室外气象条件、窗户的朝向、玻璃的特性和厚度等。根据窗户的 K 值即可算得窗户的热传递：

$$\frac{1}{K}=\frac{1}{h_e}+\frac{d}{\lambda}+\frac{1}{h_i} \tag{5-28}$$

式中　K——玻璃窗的总传热系数，$W/(m^2 \cdot K)$；

h_e——外边界层的传热系数，$W/(m^2 \cdot K)$；

h_i——内边界层的传热系数，$W/(m^2 \cdot K)$；

λ——玻璃的热导率，$W/(m \cdot K)$；

d——玻璃的厚度，m。

如果在完全无风的情况下，$h_e=1.29W/(m^2 \cdot K)$，$h_i=1.29W/(m^2 \cdot K)$，玻璃的 $\lambda=0.4W/(m \cdot K)$，玻璃的厚度 d 为 1/8cm 时，根据式(5-28) 可知玻璃的 K 值为：

$$\frac{1}{K}=\frac{1}{1.29}+\frac{1\times10^{-2}}{8\times0.4}+\frac{1}{1.29}$$

$$K=0.64$$

应当指出，单层玻璃窗的 K 值与风值有关，K 值在 1.25～0.63 之间变化，此外，还应当考虑太阳辐射热所产生的影响。而且这种影响随着昼夜变化及窗户朝向的不同而有很大的差异。

中空玻璃或双层玻璃的特征是在两层玻璃之间形成一个空气间层，和其他空气间层一样，它可以阻止热量的通过。中空玻璃中的空气间层相对双层玻璃来讲密封性要好，但 K 值会随空气层厚度的增加趋于稳定（图 5-4)。我们可以粗略地来计算一下双层窗的总传热，设空气间层热阻为 $1m^2 \cdot K/W$，其他条件与前述相同，在无风的条件下，则

$$\frac{1}{K}=\frac{1}{1.29}+\frac{1}{38.4}+\frac{1}{1}+\frac{1}{38.4}+\frac{1}{1.29}$$

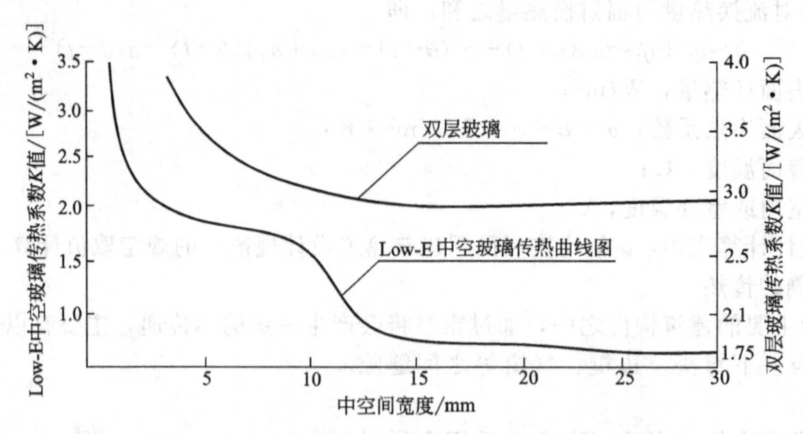

图 5-4　双层玻璃、Low-E 中空玻璃传热曲线图

$$K=0.34$$

如果是在最不利的条件下，即玻璃的外边界层传热系数接近于无穷大时，则得

$$\frac{1}{K}=\frac{1}{38.4}+\frac{1}{1}+\frac{1}{38.4}+\frac{1}{1.29}$$

由此可见，在最有利的气象条件下，双层窗的热传递比单层窗可减少 45%；而在最不利的条件下可减少 60%。

(2) 玻璃的辐射传热　窗玻璃的辐射传热随光的波长和玻璃类型的不同而有很大的差异。普通窗玻璃可以吸收大量红外线和几乎全部的紫外线，并可透过几乎所有可见光波。吸收红外线热辐射的多少，主要取决于玻璃中氧化铁的含量。当玻璃中含有氧化铁的百分数较高时，则透过的太阳辐射热就较低。当玻璃中含铁量高于 0.5%时，玻璃便具有吸热作用，因此能阻止热量传入室内，而且它对透过的光线影响极少。

根据对双层玻璃辐射热能的研究，可得到以下公式：

$$C=\frac{a_{反}a_{吸}}{1-r^2a_{吸}^2} \tag{5-29}$$

式中　C——双层玻璃的传热系数；

$a_{反}$——玻璃表面对辐射的反射系数；

$a_{吸}$——玻璃的吸热系数；

$r^2a_{吸}^2$——玻璃之间的再反射系数。

根据测定，平均每增加一层玻璃，通过窗户的热损失的减少大大超过 10%。由此可见，通过增加窗玻璃层数，可以把一年中由于通过南向窗户使室内获得的热量超过其损失的时间大大延长。

5.1.2.6　热桥（冷桥）部位的局部内表面温度

在建筑热工学中，形象地将这种容易传热的部分叫做“冷桥”或“热桥”。在桥部位的内表面温度即受“桥”处的热阻和构造方式的影响也受主体部位分热阻的影响。在工程中可按《民用建筑热工设计规范》(GB 50176—93) 采用以下式计算冷桥内表面温度。

$$\theta_i'=t_i-\frac{R_0'+\eta(R_0-R_0')}{R_0R_0'}R_i(t_i-t_e) \tag{5-30}$$

式中　θ_i'——热桥部位的内表面温度，℃；

t_i——室内空气计算温度，℃；

t_e——冬季室外计算温度，℃；

R_0——非热桥部位的传热阻，$m^2 \cdot K/W$；

R_0'——热桥部位的传热阻，$m^2 \cdot K/W$；

R_i——内表面换热阻，$m^2 \cdot K/W$；

η——特性系数，量纲为1。

5.1.2.7 换气和空气渗透热损失

(1) 换气损失 建筑围护结构内外之间除以辐射、对流、导热三种方式进行的传热及这三种方式综合进行的传热之外，还存在着由于室内外空气交换而产生的传热，即换气引起的热传热。房屋换气主要还是依靠窗户的开启进行。一般，换气量以换气次数来表示。如室内空气量（气体容积）为B（m^3），换气量V_a（m^3/h），则换气次数n（次/h）可表示如下：

$$n=\frac{V_a}{B} \tag{5-31}$$

但换气次数并不十分严密和准确，因此，为了方便，通常利用容积比热来进行计算。

$$q=0.3nB(t_i-t_e) \tag{5-32}$$

式中 n——换气次数，次/h；

t_i-t_e——室内外的温度差，℃；

B——室内空气的体积，m^3。

又如，换气量V_a［m^3/h］预先已知，便可利用下式求得耗热量（W）：

$$q=0.3V_a(t_i-t_e) \tag{5-33}$$

例如，某房间相对两面墙上分别设有1800mm×900mm、2700mm×1800mm窗各一樘，如果采用铝窗框，周边缝隙的单位长度换气量按2.5$m^3/(h \cdot m)$计，缝隙长度以其中大窗来考虑，则得$L=(2.7+1.8)\times2+(1.8+9)\times2=14.4m$，故通过缝隙的换气量为2.5×14.4=36（$m^3/h$）。

应当指出，这里不能不考虑到房间内人们所必需的新鲜空气量。按一般情况每个人约需新鲜空气量为30m^3/h，假设室内按三人计算，必要空气量应为30×3=90（m^3/h）。显然，缝隙换气量满足不了人们必要的新鲜空气量。

当采用钢窗的时候，窗户周围缝隙的单位长度换气量约为4.5$m^3/(h \cdot m)$，如果这时窗户的尺寸仍与前述的尺寸相同，那么通过窗户缝隙的换气量应为4.5×14.4=64.8（m^3/h）。

可是，若从换气所引起的热损失来说，换气量减少，热损失也就相应减少。当室温20℃，室外温度为0℃时，铝窗的热损失为：

$$q_{Al}=0.3\times31.5\times(20-0)=189\ (W)$$

而钢窗的热损失为：

$$q_{Fe}=0.3\times56.7\times(20-0)=340.2\ (W)$$

冬季，当住宅内有散热设备时，散热设备将以辐射和对流的方式向室内散热，使房间变得暖和。这时，通过房屋各部分向外的传热情况、外窗的缝隙散热损失和窗户的整体传热损失的控制是十分重要的。

此外，夜间还有由建筑物表面向四周的辐射散热量。不过，这部分热量一般可以忽略不计。当需要考虑夜间的辐射散热损失时，可按建筑热工学中所述的室外综合温度对室外空气温度加以修正。

关于房屋传热和换气的总热量（W）可由下式求得，式中只按一面墙考虑传热量，即

$$q=0.3V(t_i-t_e)+\sum KA(t_i-t_e) \tag{5-34}$$

式中未考虑夜间辐射。

(2) 空气渗透热损失 外窗的气密性能直接关系到外窗的冷风渗透热损失，气密性能等级越高，热损失越小。一般窗缝渗透量约为4.5$m^3/(m \cdot h)$属于1级；若采用3级窗，可减少房间冷风渗透热损失的40%；若采用4级窗，可减少这项能耗的60%；若采用5级窗，则可减少这项能耗的80%之多。

以北方寒冷地区一个典型的居室房间为例，开间3.3m，进深4.8m，层高2.7m，外墙为

360mm 黏土实心砖墙，内侧抹 20mm 厚保温砂浆，内墙面和顶棚粉刷石灰，地面铺浅色瓷砖，窗户采用塑料单框中空玻璃平开空窗，窗本身传热系数为 2.5W/(m^2·K)，安装在窗洞口中间位置，窗左右侧线性附加传热系数为 0.54W/(m^2·K)，窗上下侧线性附加传热系数为 0.44W/(m^2·K)。假定在施工中窗框和窗洞之间密封良好，冷风渗透热损失决定于窗的气密性等级。

室内冬季采暖计算温度取 16℃，计算采暖期室外平均温度为－1.2℃。

外窗尺寸高×宽分别为：1.4m×1.5m、1.4m×1.8m、1.4m×2.1m、1.4m×2.4m、1.4m×2.7m。窗的气密性能单位面积分级指标 q_2 分别为：1 级，13.5m^3/(m^2·h)；4 级，4.5m^3/(m^2·h)；5 级，1.5m^3/(m^2·h)。根据开窗尺寸和气密性的不同情况，分析其净得热状况。

在采暖期，具有不同尺寸、不同气密性外窗设计的南向外墙净得热情况如图 5-5、图 5-6 所示。

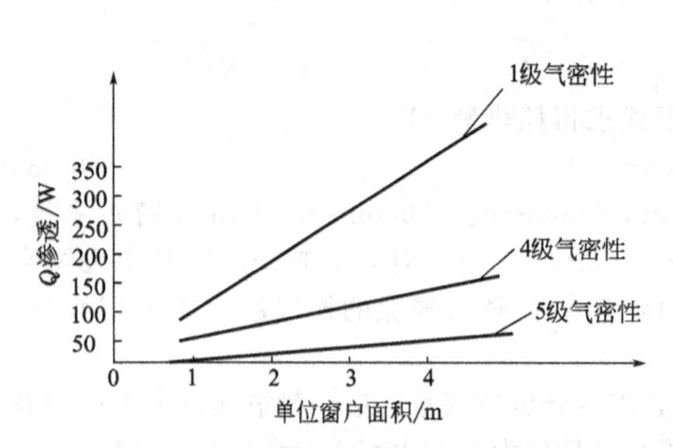

图 5-5　窗户不同尺寸与南向外墙净得热关系

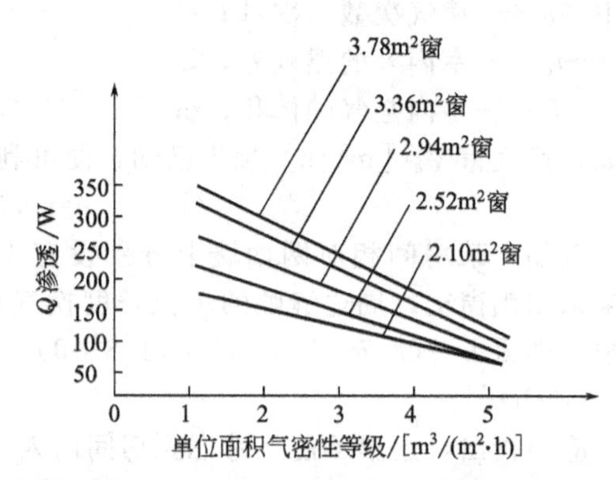

图 5-6　外窗不同气密性与南向外墙净得热关系

从图 5-5、图 5-6 可以看出，随着气密性的提高，建筑能耗显著降低。气密性一般水平时，窗面积增大，建筑能耗增大；气密性达到四级水平时，建筑耗能随窗面积增大而减小，但效果不明显，窗由 1.5m 增大到 2.7m，同比节能 6%；气密性提高到 5 级水平时，随窗面积增大，其节能效果显著，可达到同比节能 32%（这里的同比节能只是指南向外墙在气密性相同的条件下，增大窗面积与不增大窗面积的节能效果比较）。

5.1.2.8　能耗计算

我国建筑节能设计中将建筑耗热量作为“功率”，将其乘上采暖的时间，就得到单位建筑所需供热系统提供的能量。严寒与寒冷地区的建筑耗热指标采用静态的方法来计算；在夏热冬冷地区和温和地区的一部分，则采用计算得到的所设计居住建筑的采暖耗电量和空调耗电量之和应小于或等于参照建筑的采暖耗电量和空调耗电量的总和；在夏热冬暖地区，计算得到的所设计居住建筑的空调耗电量应小于或等于参照建筑的空调耗电量。

(1) 严寒与寒冷地区的建筑外门窗耗热量计算　折合到单位建筑面积上通过外门、外窗的传热量 q_{Hmc} 按下式计算：

$$q_{\mathrm{Hmc}}=(\sum q_{\mathrm{Hmci}})/A_0=\sum[K_{\mathrm{mci}}F_{\mathrm{mci}}(t_i-t_e)-0.87I_{\mathrm{tyi}}\times C_{\mathrm{mci}}\times SC_{\mathrm{mci}}M_{\mathrm{mci}}F_{\mathrm{mci}}]/A_0 \quad (5\text{-}35)$$

式中　K_{mci}——门窗的传热系数，W/(m^2·K)；

F_{mci}——门、窗的面积，m^2；

t_i——室内空气计算温度，℃；

t_e——冬季室外计算温度，℃；

I_{tyi}——门窗外表面采暖期平均太阳辐射热，W/m^2，可根据节能设计标准附录表确定；

SC_{mci}——无外遮阳时取窗、门透明部分的遮阳系数，有外遮阳时取外遮阳的遮阳系数和窗、门透明部分的遮阳系数的乘积，无透明部分的外门取值 0；

0.87——3mm 玻璃的太阳辐射透过率；

C_{mci}——窗和门的透明部分的污垢遮挡系数，取值 0.9；

M_{mci}——计算面积修正系数，取门、窗透明部分面积与全部面积之比。

建筑外门、外窗的传热分成两部分来计算，前一部分是室内外温差引起的传热，后一部分是透过外门、外窗的透明部分进入室内的太阳辐射得热。

(2) 折合到单位建筑面积上的建筑空气渗透耗热量 q_{INF} 按下式计算：

$$q_{INF}=(t_i-t_e)(c_p\rho NV)/A_0 \tag{5-36}$$

式中 c_p——空气的比热容，取 0.28W·h/(kg·K)；

ρ——空气的密度，取温度 t_e 下的值；

N——换气次数，取每小时 0.5 次；

V——换气体积，m^3，楼梯间不采暖时，应该按 $V=0.6V_0$ 计算；楼梯间采暖时，应该按 $V=0.65V_0$ 计算；V_0 为建筑体积［参照《民用建筑节能设计标准（采暖居住建筑部分）》(JGJ 26—1995) 中附录 D 的规定］。

5.2 门窗节能技术

5.2.1 门窗的保温和隔热原理

(1) 保温原理　一般情况下，当室外环境温度低于室内环境舒适性温度要求时，为使采暖设备和设施降低能耗，或者没有采暖设备就能提高室内的温度。对外门窗来说，一是促进室外的热进入室内；二是抑制室内的热向室外流出。

① 促进室外的热进入室内。除无人居住的冷房间之外，一般来说，在需要采暖的条件下，室内温度要比室外高。由于热往往要从高温的地方向低温的地方流动，所以根本不会有热从室外进入到室内。因此，可以利用的形式只有不受气温影响的辐射热，即太阳辐射。如果这样考虑，与其说辐射热是热，实际上还不如说辐射热是能，辐射能只有被物体吸收之后，才能变为热。

② 抑制室内的热向室外流失。辐射、导热，对流等都可以使热流失。另外，室外的低温空气进入室内，也属于热流失的一种现象。对这些现象都可以进行抑制，从而达到室内保温的目的。

如果对建筑物的围护结构采用完全保温措施，建筑构（部）件或室内外之间的空气缓冲层里储存的热，不仅不会散失，而且室内产生的热还会不断地存储进去，使室内的温度升高。如封闭的阳台中获得大部分太阳辐射，使室内构件吸收辐射而温度升高，但室内构件发射的远红外辐射则基本不能通过玻璃辐射出去，从而可以提高室内温度。

降低导热性增加热阻，防止门窗成为散热构件，采用热阻大的窗框材料，如隔热铝型材、木材等，是重要和有效的阻热措施。

对流的基本条件是能够使空气流动的动力存在，室内空间的温度不均产生的温度差驱使空气流动最终达到温度平衡，外门窗两侧则存在风压和热压两个动力，只要存在连接室内外的孔洞或缝隙，空气对流就是必然的，空气流动热损耗的程度由空气渗透量决定，而决定空气渗漏量的因素包括缝隙长度、面积、热压差、风压差以及外界风速。

(2) 隔热原理　相反，当室外环境温度高于室内环境舒适性温度要求时，从尽可能节省制冷设备用能的角度考虑，最好是不用或少用制冷或通风设备即可降低室内温度。对外门窗要尽量能够做到抑制热进入室内；促进热向室外散失。

① 抑制热进入室内。防止热量进入室内，降低制冷设备电力能耗，但不一定限于室外比室内气温高的时候才需要。除盛夏之外，在春、秋季节，室外气温都比较低，不会成为制冷的

负荷，此时室内的过度热源可通过通风换气即可达到调整室内温度、空气质量的目的。进入室内的热主要是与室内外气温差没有关系的辐射热。抑制辐射热的传递和抑制由于辐射而使外表面温度提高了的建筑部位内的导热。在室外气温高的热带地方或是在盛夏，可以抑制以气温为热源的导热传热和由于空气直接进出造成的对流传热。

② 促进热向室外散失。夏季的夜晚，室外的气温一般会逐步下降，但在高湿度的地区，也有夜间的气温基本不下降，而出现所谓“热夜”现象。但在干燥性气候的地方或在内陆，夜间气温下降，建筑各个部位出现很强的向天空辐射热而又很快冷却的现象。在春秋季节制冷时，也是室外气温低，室内的热需要向外散失。

大气可看作是完全透明的，假定没有来自大气的辐射，天空就会成为接近于绝对零度的低温状态，热只被吸收到天空中去，晴空具有与此相近的性质，可以起到使建筑物向空中辐射冷却的效果。但与采暖时相比，室内外的气温差很小。所以，与其用辐射和导热的方法使热散失掉，不如利用对流传热，增大空气流量的方法，排出更多的热，也就是以通风制冷的方法为主。通风除可降低室内气温之外，让风直接吹在人身上，还可起到局部制冷和促进水蒸发的效果。另外，让室内产生的热气在没有扩散之前就直接排出室外，也可以控制室内气温的上升，这对节省制冷用能也是一种有效的手段。

从以上所谈的观点，即关于热的产生和传递现象，以及从它们成立的条件引导出的构造原理，就可以找到在原理上可行的所有方法。在严寒和寒冷地区的建筑中，常常可以看到人们为提高采暖效率，取得温暖的居住环境所采取的种种措施。南方的夏热冬冷和夏热冬暖地区则采取遮阳或有利于通风的窗户分配和布局等措施。长期的社会发展中，伴随人类对科学的认知和技术的进步，积累了丰富的经验和不断探寻新的手段，古今中外建筑门窗实践的成果不乏人类智慧的结晶。

上述各项内容是按正常情况来考虑的，或者考虑到只有瞬间变化的现象，然而在现实中，室内外的温度或热源等条件，一般来说就像白天与夜间、夏季与冬季一样是根据时间而变化的。由此，基于这样一种认识：室外环境条件的变化、室内热源的存在，建筑外门窗为维护室内舒适度环境要满足保温和隔热两个要求，即适时的得热和适时的散热，需要考虑到作为建筑构（部）件的门窗对时间变化的适应情况。如此就会从上述条件中引导出互为相反的原理。这是一个矛盾，同时也构成了包括玻璃幕墙、采光顶节能技术的关键问题之一，如何把握两者的平衡、如何开发适应环境变化的技术和产品是解决矛盾的两个主要途径。

5.2.2 门窗保温和隔热的主要形式

门窗是房屋接收阳光、进行通风换气的主要渠道，同时也是室内能量流失的主要渠道和建筑物主要的耗能部分。据统计，门窗能耗占建筑物能耗的 40%～50%。就是说至少 40%的能量是通过门窗散发出去的。往往一些房屋的门窗密封性不好，能量的流失更加严重，在装修时利用目前市场上的一些新型材料，准确了解门窗的保温和隔热的主要形式可以有效地解决原有门窗的保温隔热问题。

(1) 中空玻璃保温　中空玻璃是以两片或多片玻璃有效地支撑均匀隔开，周边黏结密封，使玻璃层间形成干燥气体腔室的产品。这种产品具有隔声、隔热、防结露和降低能耗的作用，被广泛应用于建筑门窗和玻璃幕墙、交通、冷藏等行业。作为中空玻璃，其隔热性能主要是因其内部气体处于一个封闭的空间，除中空玻璃四边的密封胶导热外，对流散热和传导散热在中空玻璃的能量传递中，占较小比例。要提高中空玻璃的隔热性能，一般来讲是增大空间的厚度和使用热导率低的气体置换中空玻璃内部的空气，这样可减少传导散热，但空间层不宜过大，合理的空间层间隙应该是 12mm 左右。要降低辐射传热，一般是通过使用镀膜玻璃或低辐射玻璃，来控制各种射线透过，以达到降低辐射传热的目的。

中空玻璃的传热系数是普通玻璃的 1/3～1/2，夏季安装中空玻璃的房间可以降低空调负荷10%以上。中空玻璃的作用主要原理是光波到达玻璃板上，一部分透射过去，一部分反射掉，一部分被吸收，被吸收部分在玻璃板内转换成热量。夏天阳光透过玻璃窗直接射入室内，短波长光线被吸收，转换成波长的热辐射。热辐射既不能穿透窗户，又不能从墙壁传导出去，从而使室内温度升高。冬天玻璃窗则起散热的作用，室内玻璃通过对流和辐射传到玻璃上，玻璃热量通过传导、对流和辐射传到室外。普通中空玻璃的使用，使对流传热大大减轻，但对比重很大的辐射传热的减少却无能为力。这就需要借助镀膜玻璃，普通玻璃的发射率达到0.82，设法在玻璃上镀一层保温膜，便可使玻璃的发射率减小到0.1，这就是低发射率玻璃，可有效减少冬天室内向外辐射的热量。

(2) 温屏节能玻璃　温屏节能玻璃是一种光学和热学性能优越的中空低辐射镀膜玻璃，它采用磁控溅射方法在优质的浮法玻璃上镀上温屏膜，既具有国际上一般低辐射膜高透射比、低辐射率的优点，更具有良好的空气中稳定性和耐高温性，从而使温屏节能玻璃具有极好的隔热、隔声、无霜露三大优点。温屏节能玻璃采用双道封闭，间隙内填充氩气，冬季保温、夏季隔热，比普通单片玻璃节能60%～70%；它还具有良好的隔声性能，能降低噪声36dB以上；温屏节能玻璃的无霜性能使它在冬季－40℃以上不结霜露。

一般家庭目前使用的窗户更换节能玻璃比较难，因为中空玻璃大都是双层，比较厚，不全部更换窗户，很难实现窗户的节能。目前专家研制生产了一种真空玻璃，可以解决在不更换玻璃的情况下到隔热节能效果。因为一片真空玻璃只有6mm厚，其厚度和普通门窗玻璃厚度基本一样，但其隔热性能相当于370mm的实心黏土砖墙。真空玻璃是根据保温瓶原理发展而来，不同于传统中空玻璃加入空气层或者惰性气体，真空玻璃的两层玻璃之间仅有0.1～0.2mm厚的真空层，其隔热效果相当于中空玻璃的两倍，是普通单片玻璃的四倍。一般的单片玻璃传热系数是6，中空玻璃是3.4，真空玻璃的传热指数达到1.2，相当于四砖墙的水平。由于隔热保温性能好，真空玻璃在建筑上的应用将达到节能和环保的双重效果。据统计，使用真空玻璃后空调节能可达50%，与单层玻璃相比，每年每平方米窗户可节约能源700MJ，相当于一年节约电量192kW·h。

真空玻璃还具有隔声、防风、防结露的特点。真空玻璃的隔声性能达到五星级酒店的静音标准，可将室内噪声降至45dB以下。另外，真空玻璃可有效防止冬天窗户结露，真空玻璃热阻高，有更好的防结露性能。同时。真空玻璃的抗风压性能是中空玻璃的1.5倍，安全系数更高。

(3) 隔热断桥铝合金门窗　隔热断桥铝合金窗是在老铝合金窗基础上为了提高门窗保温性能而推出的改进型，通过增强尼龙隔条将铝合金型材分为内外两部分阻隔了铝的热传导。增强尼龙隔条的材质和质量可直接影响到隔热断桥铝合金窗的耐久性。

新型的断桥节能铝合金窗正在引领时尚，这种型材采用双穿条式工艺，用增强尼龙将铝窗框的内外隔离以断绝内外能量的交流。隔热断桥铝合金门窗的突出优点是强度高、保温隔热性好、刚性好、防火性好，采光面积大，耐大气腐蚀性好，综合性能高，使用寿命长，装饰效果好，使用高档的断桥隔热型材铝合金门窗，是高档建筑用窗的首选产品。

隔热断桥铝合金门窗的主要特点有以下方面。

① 保温性好。铝塑复合型材中的塑料热导率低，隔热效果比铝材优1250倍，加上有良好的气密性，在寒冷的地区尽管室外零下几十摄氏度，室内却是另一个世界。

② 隔声性好。其结构经精心设计，接缝严密，根据试验结果，隔声效果能达到30dB，符合相关国家标准。

③ 耐冲击。由于铝塑复合型材外表面为铝合金，因此它比塑钢窗型材的耐冲击性强大得多。

④ 气密性好。铝塑复合窗各隙缝处均装多道密封毛条或胶条，气密性为一级，可充分发挥空调效应，节约50%能源。

⑤ 水密性好。门窗设计有防雨水结构，将雨水完全隔绝于室外，水密性符合国家相关标准。

⑥ 防火性好。铝合金为金属材料，不燃烧。

⑦ 免维护。铝塑复合型材不易受酸碱侵蚀，不会变黄褪色，几乎不必保养。

以上中空玻璃保温、温屏节能玻璃和隔热断桥铝合金门窗为现行生活中门窗结构中主要的保温隔热形式，不同的保温隔热形式有各自不同的技术和性能标准，同时也适合不同形式的建筑体系，选择好门窗的隔热保温形式，将会更好地改变居室环境，更好地实现建筑的绿色环保性能，更好地创造良好的生活气息。

5.2.3 门窗保温和隔热的优化设计

在建筑围护结构中，与墙体、屋面相比，门窗（包括玻璃幕墙）的热工性能最差，是影响室内热环境与建筑能耗最主要的因素之一。为改善门窗的保温隔热性能，可以采用提高门窗的气密性、控制窗墙面积比、窗框采用断热金属型材、增加玻璃层数等措施来提高门窗的保温隔热性能；另外有效的遮阳设施对降低太阳辐射对建筑能耗的影响非常有益。因此，门窗保温和隔热的优化设计对绿色型建筑和低能耗建筑尤显重要，合理地对门窗进行保温和隔热优化设计将更有助于使室内环境在不同室外条件下保持一个合理舒适的范围之内。

(1) 提高门窗保温隔热性能　门窗镶嵌的玻璃占整窗面积的 60%～70%，提高玻璃的保温功能是门窗节能的关键。其主要包括两个方面。一是减少门窗用玻璃的热传递；玻璃本身的传热系数小 [0.76W/(m^2·K)]，但是厚度仅有 3～5mm 左右，相对传热系数就比较高。因此，为了提高玻璃的保温节能性能，就需要控制降低玻璃及其制品的传热系数。二是玻璃的基本特点是透光，包括阳光。透过玻璃的能量会直接影响建筑物的能耗。因此，合理地控制透过玻璃的太阳能就能产生较好的节能效果，见图 5-7。

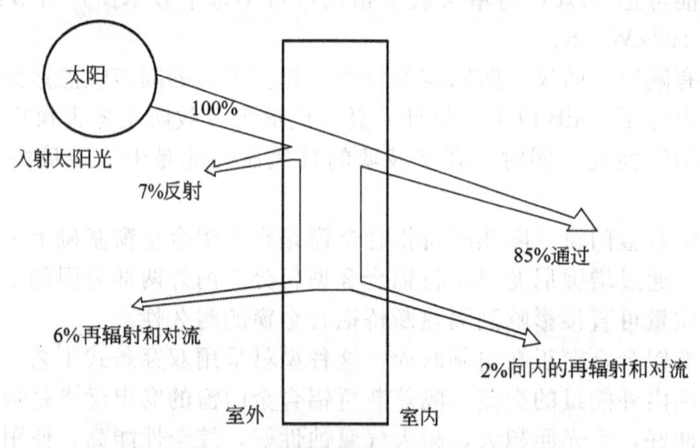

图 5-7　太阳辐射热量传递途径

目前具有较好节能保温效果的玻璃及玻璃制品的品种较多，常见的有中空玻璃。首先要考虑控制玻璃的传热系数，这是决定玻璃是否保温隔热的关键因素。中空玻璃的传热系数较低，低辐射玻璃的传热系数也比较低，低辐射中空玻璃的传热系数更低，甚至低于 1.5W/(m^2·K)。

中空玻璃是将两片或多片玻璃其周边用间隔框分开，并用密封胶密封，使玻璃间形成有干燥气体空间的一种复合玻璃制品，可以将多种节能玻璃复合在一起，在两层玻璃之间形成相对静止、密闭良好的空气间层，这个空气间层具有较大的热阻，保温性能好，产生很好的节能效果。

另外，在密封间层内装有一定量的干燥剂（国外有在空腔内充气），这样就避免了玻璃表面结露，保持窗户的洁净和透明度。其中密闭、静止的空气层约12mm厚，使热工性能处于较佳而又稳定的状态。中空玻璃还可以采用钢化玻璃、夹层玻璃等安全玻璃为原片加工，以使保温节能与安全使用玻璃相结合，达到更好的效果。

（2）控制窗墙比　窗墙比设计是指建筑前向、后向、左向、右向窗墙比的设计。建筑节能并行设计软件实现时可将前向、后向、左向、右向窗墙比的输入分别转化为窗户宽度、高度和窗户数量的输入。窗墙面积比指窗户洞口面积与房间立面单元面积的比值。由于窗户的传热系数一般大于外墙的传热系数，因此采暖耗热量随窗墙比的增加而增加。一般情况下窗墙面积比，应以满足室内采光要求为基本原则。但近年来，居住建筑的窗墙面积比有越来越大的趋势，这是因为商品住宅的购买者大多希望自己的住宅更加通透明亮，有时还考虑到临街建筑立面美观的需要。当窗墙面积比超过规定数值时，应首先考虑减小窗户（含阳台透明部分）的传热系数并加强遮阳措施，选用保温隔热性能更好的外窗。

（3）采用合理的建筑遮阳技术　窗户遮阳的目的就是使阳光不能直射入室，避免一些不利情况的产生；并起到调光，降低室温，改善室内热环境、光环境的作用。通常说来，建筑如采取了遮阳措施，则可在很大程度上限制通过窗户所进行的热传递。在夏季，相当多的太阳辐射热会通过门窗直射室内，增加室内温度，有关计算分析表明，居住建筑的空调负荷大部分来自于透过窗户的太阳辐射热。所以，为了减少空调负荷，缩短空调设备的运行时间，做好窗户的遮阳是十分重要的。但遮阳对室内的采光和通风也有不利的影响。设置遮阳设施应根据气候、技术、经济、使用房间的性质及要求等条件，综合决定遮阳隔热、通风采光等功能。同时，应考虑到冬季房间得热和采光的要求。

① 遮阳设施有遮挡太阳辐射热的效果。当窗口的遮阳形式符合窗口朝向要求时，遮阳前后所透进的太阳辐射热量的百分比，叫做遮阳的太阳辐射透过系数。由实测得知：西向窗口用挡板式遮阳的太阳辐射透过系数约为17%；西南向用综合式遮阳时，约为26%；南向用水平式遮阳时，约为35%。可见，遮挡太阳辐射热的效果是相当大的。

② 遮阳有降低室温的效果。在开窗通风而风速较小的情况下，有遮阳的房间的室温一般比没有遮阳的约低1～2℃。

③ 遮阳对采光和通风的不利影响。遮阳设施会减少进入屋里的光线，阴雨天时影响更大。设置遮阳板后，一般室内照度约降低53%～73%。此外，也影响房间的通风，使室内风速约降低22%～47%，这对防热是不利的。因此，遮阳的设计还要考虑采光，少挡风，最好能导风入室。

遮阳有多种分类方式。选择性透光遮阳是利用某些特殊镶嵌材料对阳光具有选择性吸收、反射（折射）和透射的特性来达到控制太阳辐射的一种遮阳方式；遮挡式遮阳就是直接阻挡阳光进入室内的遮阳方式，可分为水平遮阳、垂直遮阳、综合遮阳和挡板遮阳四种。

水平遮阳——在窗口上方设置一定宽度的水平遮阳板，能够有效地遮挡太阳高度角较大的，从窗口上方照射下来的阳光，一般适用于南向和西向的窗口。水平遮阳板可以做成实心板，也可做成格栅板或百叶板。

垂直遮阳——在窗口两侧设置垂直方向的遮阳设施，能够有效地遮挡太阳高度角较小的，从窗口两侧斜射进来的阳光。一般情况下，对窗口上方投射下来的阳光，或对窗口正射的阳光，它不起遮挡作用。垂直遮阳板可以垂直于墙面，也可与墙面形成一定的垂直夹角。主要适用于东北、北、西北向附近的窗口。

综合遮阳——它是以上两种做法的综合，能够有效地遮挡中等太阳高度角从窗口左右两侧及前上方斜射来的阳光，遮阳效果比较均匀，主要适用于东南向及西南向附近的窗口。

挡板遮阳——在窗口前方离开一定距离设置与窗户平行方向的垂直挡板，可以有效地遮挡高度角较小的，正射窗口的阳光，主要适用于东、西向及其附近的窗口。但挡板遮挡了视线和风，可以做成格栅式或百叶式挡板，效果会好些。

遮阳设施可用于室外、室内或双层玻璃之间。它们可以是固定的或是可调节式的，根据遮阳设施以及与窗户的相对位置，又可将常见的遮阳可分为以下几个大类。

遮阳玻璃——采用光物理特性玻璃或在普通玻璃上粘贴节能薄膜作为窗户的遮阳型镶嵌材料。目前普遍的品种有热反射（镀膜）玻璃、低辐射玻璃和热反射薄膜，它们的优点是保温隔热效果好、使用方便、美观，不足之处在于价格较高，尤其是低辐射玻璃；热反射型材料采光效果不理想。

活动遮阳——常见的有用苇、竹、木、布、铝合金、塑料等制造成的布窗帘、百叶窗帘、遮阳篷等遮阳设施。这类遮阳设施的优点是经济易行、灵活，可根据阳光的照射变化和遮阳要求而调节，没有阳光时可全部卷起或打开，对房间的通风、采光有利。

结合建筑构件处理的遮阳——常见的有加宽挑檐、外走廊和凸阳台等，起水平式遮阳作用；凹阳台可起综合式遮阳作用；外廊或阳台上部加垂帘可起水平和部分挡板式遮阳作用，冬天要争取日照时，垂帘可做成翻板，包括百叶翻板。

遮阳板——遮阳板有固定和活动两种，目前，多数是固定的。南方地区一年中需要较长时间的遮阳，可考虑设置永久性的遮阳板；活动的多用于东、西朝向的窗口，以便随阳光照射的情况加以调节，遮阳效果好，又有利于通风、采光。北方地区可根据需要选择使用固定式或活动式遮阳板。遮阳板的优点是能达到较严格的遮阳要求，而且较耐用；缺点是增加造价，处理不善将影响采光和通风，挡板式遮阳尤其如此。

绿化遮阳——对低层建筑来说，这是一种既有效又经济的遮阳措施，它有种树和棚架攀缘植物两种做法。种树要根据窗口朝向对遮阳形式的要求来选择和配置树种；植物攀缘的水平棚架起水平式遮阳的作用，垂直棚架起挡板式遮阳的作用。

当然，不同地理位置，不同气候环境下，各地区的建筑方式和建筑理念不同，为适应现代化的建筑观念和绿色建筑的要求，在建造过程中，要从多方面出发，选择合适的方式解决好建筑门窗的优化设计，以各种合理有效地方式实现建筑的节能、绿色和环保。

④ 门窗气密性的控制。建筑外门窗是建筑外围护结构中具有多功能的构件，通风换气是它的主要功能之一，因此必须具有开启扇和开启缝隙。此外，门窗构件是由各种构件拼装而成的，因此具有拼装缝隙。冷空气从门窗缝隙渗入室内，会影响室内环境卫生并消耗大量热能。门窗防止空气渗透的性能用气密性来衡量，气密性是指外窗在关闭状态下，阻止空气渗透的能力，主要指标为单位缝长空气渗透量 [$m^3/(m \cdot h)$] 和单位面积空气渗透量 [$m^3/(m^2 \cdot h)$]。《建筑外窗保温性能分级及检测》(GB/T 8484—2002) 中规定了建筑外窗性能以整窗传热系数 (K) 为分级指标，并在检测原理中说明“对试件缝隙进行密封处理”，在检测方法中要求“试件开启缝应采用塑料胶带双面密封，然后进行整窗的 K 值检测”。因此，该方法得出建筑外窗的传热系数 (K) 是整窗材料的传热系数，而实际使用中开启及拼装缝隙引起空气渗透会造成能源的浪费。按照《建筑外窗气密性能分级及检测方法》(GB/T 7107—2002)，建筑外窗气密性为 4 级时，即在室内外 10Pa 压差下，$1.5m^3/(m \cdot h) <$ 空气渗透量 $\leqslant 4.5m^3/(m \cdot h)$，则建筑外窗损失大约在 $1.3 \sim 0.5W/(m^2 \cdot K)$ 之间，整个外窗在作用时传热系数 (K) 值加大。

提高门窗气密性能的主要措施如下所述。

① 合理选择窗型减少不必要的缝隙。在设计门窗立面时，在满足换气要求的前提下，尽量减少开启扇。另外，尽可能不采用推拉窗窗型，推拉窗的活动缝隙虽然采用毛条密封，但其效果低于平开窗。

② 提高型材规格尺寸和组装制作的精度，保证框和扇之间应有的搭接量，平开窗一般 $\geqslant$ 6mm，并且四周要均匀。

③ 增加密封道数并选用优质密封橡胶条。目前保温窗一般采用多道密封，并且根据各自型材断面形状不同，设计采用不同形状的密封条，密封条应选用三元乙丙橡胶为原料的胶条。

④ 合理选用五金件，最好选用多锁点的五金件。

5.2.4 门窗保温和隔热的构造措施

5.2.4.1 玻璃构造

(1) 玻璃的投射特性 常用的普通玻璃一般被认为是透明材料，但它对波长为0.2～2.5μm的可见光和近红外线有很高的透射率，而对波长为4μm以上的远红外辐射的投射率却很低。经试验研究发现，玻璃对太阳辐射中大部分波长的光可以透射，而对一般常温物体所发射的辐射（多为远红外线）则透射率很低。这样，在建筑中可以通过玻璃获取大量的太阳辐射，使室内构件吸收辐射而温度升高，但室内构件发射的远红外辐射则基本不能通过玻璃辐射出去。从而可以提高室内温度，这种现象称为玻璃的温室效应。在利用太阳能的建筑设计中，常应用这一效应为节能服务。

(2) 反射玻璃 反射膜与减反射膜具有相反的作用，它能够把大部分或几乎全部入射光线反射回去。光学仪器、激光器中使用的反射镜都需要镀反射膜。常见的反射膜主要是金属膜。

金属反射膜具有很高的反射率。目前，金属反射膜主要的涂层材料为Ag、Al、Cu等。Au、Pd因成本很高，应用范围受到限制。

银膜在可见区有较高的反射率，500～600nm之间反射率为95%，在1000nm时达97%；但在紫外波段，反射率明显下降，在316nm时反射率只有4.2%。用真空沉积法镀银膜的优点是易于蒸发，与玻璃基片的附着性能较好；缺点是机械强度及化学稳定性差，在大气中很快变暗，反射率迅速下降，因此需要在银膜外面加保护层铜膜与漆膜。

铝膜在可见光下反射率较银膜为低，500～600nm之间反射率为88%～89%，在1000nm时为90%。但在紫外波段的反射率较银膜高。在316nm时，反射率仍为85%，故对400nm以下的波长的反射，就必须用铝做反光镜。在红外波段，铝膜的反射性也较好，而且它的化学稳定性和热稳定性均优良，所以铝是反光镜涂层中最重要的涂料。一般铝膜都涂在玻璃前表面上（银膜涂在玻璃背面），因其不耐磨，在铝膜上又用真空沉积法涂上一层一氧化硅的保护层，此合成膜的反射率在可见光波段可达80%以上。值得注意的是，对于紫外区的铝反光镜，不能用一氯化硅作保护膜，因为它在紫外区有较大的吸收。用于紫外区的保护膜材料有二氧化硅、氟化镁和氟化锂。制备铝膜的最佳条件是高纯度的铝（99.99%），在高真空中快速蒸发（50～100nm/s），玻璃基片的温度低于50%，在镀制供紫外区用的铝反射膜时，真空度要高于1.33×10^{-3}Pa。

铜膜在可见光短波段600nm以下的反射率在20%以下，在长波段600～800nm处反射率增加到20%～50%，在800nm以上反射率明显提升。铜膜有鲜艳的颜色，可用于装饰膜，也可作热反射膜。采用离子镀渗法在艺术玻璃表面上镀上一层黄铜膜，呈明亮的金色，有很好的装饰效果。

镍和铬膜也可以作反射膜，其优点是可以牢固地附着在玻璃上及银和铝膜上，缺点是反射率不高，仅有50%～60%，它们可用于玻璃与银膜、铝膜及金膜之间的中间层。

金膜在红外区的反射率很高，特别是在700nm以上的波段，其红外反射率可达90%以上，所以常用金膜作红外反射镜。金膜与玻璃基片的附着性较差，但能与铬膜或镍铬膜牢固地黏附。所以，在金膜和玻璃之间，常用铬膜或镍铬膜作为衬层。金膜在空气中相当但金膜较软，需镀保护膜。例如镀一层Bi_2O_3保护膜或镀一对TiO_2/SiO_2保护膜。

铂膜和铑膜反射率为65%～80%，可电镀在玻璃前表面作反射膜，其机械强度、热稳定性和化学稳定性均好，但成本很高。

(3) 低辐射玻璃 现代建筑多采用大面积幕墙玻璃来装饰外墙以增加采光度和美观效果，但同时也带来一系列节能问题。普通的3mm厚的玻璃的可见光透射率大于80%，传热系数K值为5.8～6.2W/(m^2·K)。而一般建筑物墙体的传热系数为1.4W/(m^2·K)，因此，由于传热系数的差别容易引起能量的不均匀散失。为了解决这个问题，低辐射玻璃应运而生并迅速风靡欧洲、美国、日本等国家和地区。有的国家甚至立法规定所有新建及改建的建筑物都必须采用低辐射玻璃。

在玻璃表面镀低辐射膜而制成的玻璃称低辐射玻璃（low emissivity glass，Low-E），对远红外辐射具有高反射率而又保持良好透光性能，能减少室内热量散失，保持室内温度，从而起到了节能的作用。

① 低辐射玻璃的主要性能

a. 对近红外辐射（0.8～3μm）反射率低，对可见光透过率高，辐射玻璃可透射大量阳光进入室内，有利于室内的采光和室内温度的提高。

b. 能将透过的太阳光能转换成热能保持在室内，对远红外线（3～50μm）的强烈反射（反射率达 90%），在室内温度高于室外温度时，室内温度较高的物体、墙体发射的远红外线，遇到安在窗上的低辐射玻璃时，则有 90%左右反射回室内，起到保温作用。特别当室外温度很低时，可以减少热损耗。低辐射玻璃性能见表 5-2。

表 5-2 玻璃性能比较

品种	可见光		太阳光		K 值/[W/(m^2·K)] 冬夜	夏季白天相对增热/(W/m^2)	辐射率/%	遮蔽系数
	透射率/%	反射率/%	透射率/%	反射率/%				
镀低辐射膜玻璃	77	14	—	—	1.76～1.99	435.3～473.2	8～15	0.66～0.73
普通平板玻璃	88～90	4	85	7	5.8	—	90	0.93
双层普通平板玻璃组成的中空玻璃	—	—	84	8	3～3.4	—	—	0.81
一层低辐射膜玻璃和一层普通平板玻璃组成的中空玻璃	75	14～16	56	23	1.82	495	—	0.47～0.66

K 值愈低，玻璃的保温性能愈好。冬夜 *K* 值条件为：室外温度－17.8℃，室温 21℃，风速 6.7m/s。由表 5-2 的数据可知，普通平板玻璃的 *K* 值比低辐射玻璃要高 2 倍左右。由双层普通平板玻璃组成的中空玻璃比一层低辐射玻璃和一层普通平板玻璃组成的中空玻璃的 *K* 值差不多高 1 倍，采用低辐射玻璃保温性能要高 50%左右。

K 值减小，则辐射热损失降低，两层均为 4mm 普通平板组成的中空玻璃的 *K* 值为 3.0W/(m^2·K)，三层 4mm 普通平板玻璃组成的中空玻璃的 *K* 值为 2.5W/(m^2·K)，而由一层 4mm 普通平板玻璃和一层 4mm 低辐射膜玻璃组成的中空玻璃的 *K* 值为 2.3W/(m^2·K)。低辐射玻璃可减少中空玻璃中空气层中 2/3 的辐射热损失。安装低辐射膜的中空玻璃窗，在取暖季节的热损失比单层玻璃减少 80%，比由普通玻璃制成的中空玻璃的总热损失减少 60%。

低辐射镀膜玻璃一般都用来制造中空玻璃，而不单片使用，因为在冬天，单层玻璃窗内侧往往会结露，此薄层水膜会影响反射远红外线。由一片 6mm 普通浮法玻璃和一片 6mm 镀低辐射膜玻璃（膜层向外）组成空气腔厚 12mm 的中空玻璃，与由两片 6mm 普通浮法玻璃组成同样空气腔为 12mm 厚的中空玻璃的热学特性见表 5-3。由表可见，镀有低辐射膜的中空玻璃对入射能量透过 65%，室内辐射能只有 40%损失，而普通中空玻璃的室内辐射能量有 80%损失，此玻璃主要用于寒冷而又需要大量太阳光投射的地区或冷热交替地区。

② 低辐射膜层材料与镀膜方法。低辐射膜的颜色有茶色、灰色、蓝色、紫色、金色和银色，中性色（灰色）是常用的色泽。

低辐射膜有单层和多层膜系，20 世纪 80 年代初期在浮法玻璃上用热解法镀单层膜，称为 sungate200，除在线镀 ITO（In_2O_3-SnO_2）膜外，目前采用单层膜已比较少。大都用多层膜系，常见的为三层膜系：第一层为氧化物介电膜，直接镀在玻璃表面上；第二层为主功能膜，具有低辐射性能；第三层为保护膜，镀有低辐射性能材料为 Au、Ag、Cu、Al 等。

表 5-3 普通中空玻璃与低辐射中空玻璃的热学性能

热学特性		品种	
		普通中空玻璃	低辐射中空玻璃
室外	入射太阳能/%	100	100
	外表面反射/%	8	8
	外表面再辐射和对流/%	8	27
	透射到室内/%	84	65
室内	长波红外线/%	100	100
	投射到室外/%	80	40
	从外层玻璃反射、再辐射和对流/%	80	10
	从内层玻璃反射、再辐射和对流/%	10	50

膜层材料也可分为金属和化合物两大类型。金属有 Au、Ag、Cu、Al、Ti、Zn 和 Ni-Cr 合金，化合物有 SnO_2、In_2O_3、ZnO、TiO_2、TiN 和氮化不锈钢（SSOX）。

多层膜系中除了三层膜系，还有四层膜系。如在玻璃基片上先镀 SnO_2（第一层），第二层为 Ag，第三层为 Al，第四层为 SnO_2。其中 Ag 膜为主功能膜，起透射和反射作用，决定整个膜系的遮蔽系数，也决定了膜系辐射率在 0.15 以下。Al 膜比较薄，只有 1～2nm，主要防止 Ag 膜在生产中氧化，对 Ag 膜起保护作用，而对膜系性能没有多大影响。基片玻璃上的 SnO_2 膜通过它的 Sn—O 键与玻璃的 Si—O 键相连，以保证膜的耐久性，最外层的 SnO_2 膜起保护作用。整个膜系呈中性色，在 380～780nm 的透射率为 80%，280～2500nm 的反射率为 18.5%；辐射率 0.14，传热系数 K 为 3.50W/(m^2·K)。

低辐射膜的镀膜方法如下所述。

a. 在线 CVD 镀膜　在浮法玻璃生产线上用 CVD 法镀 ITO 单层膜，膜层与玻璃结合牢固，对划伤、摩擦和风化的抵御能力很强，可进行水洗、热弯、夹层等深加工。制成 Low-E 玻璃可见光透过率大于 80%。辐射系数 E 小于 0.15，保持室温能力是普通玻璃的 3 倍。

b. 离线磁控镀膜　将从生产线上下来的玻璃再进行磁控溅射镀膜。在玻璃基片上镀多层膜，如 $TiO_2/NiCr/Ag/NiCr/Si_3N_4$ 膜系，其膜层均匀性好，透光率达到 85%，辐射系数 E 能降低到 0.05 以下，不宜单片使用和再进行深加工，一般用于制备中空玻璃。最近将低辐射和阳光控制膜结合起来，此镀膜的玻璃具有两种膜系的功能，应用于夏天较热、冬天又寒冷的中部地区。

透明玻璃镀低辐射膜后太阳光透射率降低 26%，平衡温度降低 10℃，绿色玻璃镀膜后，太阳光透射率降低 9%，平衡温度降低 5℃。

由镀低辐射膜的玻璃制备成超级真空玻璃（super vacuum glazing），具有优良的保温、隔热、隔声、抗风、防结露等性能。以两块镀 Low-E 膜的玻璃，加上一块未镀膜玻璃成双真空层玻璃，总厚度约 12mm，传热系数仅有 0.33W/(m^2·K)，表观热导率 0.004W/(m·K)，是优良的隔热材料。

(4) 热反射玻璃　热反射玻璃（heat reflecting glass），又称遮阳玻璃、遮热玻璃、阳光控制玻璃（solar control glass）、反射阳光玻璃（sunlight reflecting glass）。它是在玻璃表面镀上一层或多层金属或金属氧化物薄膜，使镀膜玻璃具有较高的热反射性的同时，又具有良好的透光性。热反射玻璃可分两类：一类是反射太阳能的玻璃；另一类是反射远比太阳能发光体温度低得多的钨丝灯泡、高炉辐射能的玻璃。

热反射玻璃早在 20 世纪 80 年代初国内就已开始使用，但均为从国外进口。80 年代中期，从国外引进几条生产线，热反射玻璃开始国产化。进入 20 世纪 90 年代，随着国内经济的高速发展，热反射玻璃很快在国内建筑业广泛使用。

① 热反射玻璃的热学和光学性质热反射玻璃的特点如下所述。

a. 对太阳能的反射率比较高。未镀膜的 6mm 透明浮法玻璃第一次反射太阳能 7%，第二次反射 10%，总反射 17%。而相同厚度的镀膜热反射玻璃，第一次反射 30%，第二次反射 31%，总反射 61%。同样厚度的 6mm 热反射玻璃和浮法平板玻璃对太阳能传播的特性见表 5-4。

表 5-4 热反射玻璃和浮法平板玻璃对太阳能传播的特性

性能	6mm 无色浮法玻璃	6mm 热反射玻璃(遮阳系数 0.38)
入射太阳能/%	100	100
外表面反射/%	7	22
外表面再辐射和对流/%	11	45
透射进入室内/%	78	17
内表面再辐射和对流进入室内/%	4	16

由表 5-4 可见，热反射玻璃挡住了 67%的太阳能，只有 33%进入室内，而普通浮法玻璃只挡住了 18%的太阳能，却有 82%的太阳能进入室内。

b. 具有较小的遮蔽系数和太阳辐射热的透过率。遮蔽系数 SC 指太阳能通过某一种玻璃进入室内的总量与通过厚度 3mm 的普通无色玻璃总量之比，即：

$$SC=G/0.89 \tag{5-37}$$

式中 SC——遮阳系数 (shading coefficient)；

G——通过某一种玻璃的太阳能总量；

0.89——通过 3mm 厚普通无色玻璃的太阳能总量。

式(5-37) 中的太阳能总量包括直接透过和经玻璃吸收后传递进入室内的两者之和。遮蔽系数愈小，遮热效率愈高。以 8mm 玻璃为例，热反射玻璃的遮蔽系数为 0.6～0.75，茶色吸热玻璃为 0.77，透明浮法玻璃为 0.93。

热反射玻璃的太阳能辐射热透过率也比较低，只有 4%～22%，比同厚度的吸热玻璃吸收少 60%，比一般浮法玻璃减少 75%以上。对近红外线的吸收率也比较高。

c. 对可见光有较高的反射率和一定的透过率具有单向透像的性能。根据镀膜色泽不同，可见光反射率 20%～38%，可见光透过率 10%～30%。热反射玻璃在迎光面有镜子特性，背光面又像窗玻璃那样透明，室外看不到室内景象，起到了帷幕作用。

d. 具有较低的传热系数和较好的隔热性能。8mm 厚的热反射玻璃的传热系数为 6.1W/(m^2·K)，而 3mm 透明浮法玻璃的传热系数为 6.5W/(m^2·K)。

遮蔽系数代表冷房效果，传热系数代表暖房效果，以上数据说明吸热玻璃冷房及暖房效果较好，故可节约大量空调费用。

② 热反射膜的组成与镀膜方法。热反射膜的种类繁多，但镀何种膜需要根据热反射玻璃的品种规格来确定。

热反射玻璃的品种按颜色来分，有金黄色、珊瑚黄色、茶色、古铜色、灰色、褐色、天蓝色、蓝灰色、银色、银灰色等。按加工工艺来分，有普通无色玻璃镀膜、有色玻璃镀膜、化学钢化玻璃镀膜。玻璃在镀膜过程中或镀膜后仍可进行加工，如镀金属膜加热后急冷，即可得到钢化或半钢化热反射玻璃；镀金属膜的玻璃进行夹层玻璃处理，就得到夹层热反射玻璃；也可用镀反射膜玻璃制造中空玻璃。

热反射膜由单层或由多层膜系构成，单层膜已很少见，通常由三层膜组成。表层为保护膜，第二层为金属或金属化合物，第三层为金属氧化物膜。

热反射膜层材料有如下品种。

a. 金属膜。如 Cu、Ni、Cr、Fe、Sn、Zn、Mn、Ti 等。可用真空蒸发沉积、磁控阴极溅射和热喷涂法镀膜。用阴极溅射镀 Ti、Cr 膜，厚 10～50nm，可见光透过率 8%～20%，反射率20%～40%，遮蔽系数0.3～0.4，热辐射率0.4～0.7。

b. 贵金属膜。如Au、Ag、Pd等。为了降低成本，目前很少用贵金属单层膜，通常用多层膜。如用Au作反射层，以Cr 20%、Ni 80%作吸收层的热反射玻璃，其透过率为20%～60%。在玻璃上沉积50nm厚的ZnS膜，再沉积19nm厚的Ag膜，然后和透明平板玻璃组成双层热反射玻璃，对阳光全辐射的反射率为50.5%，透过率为22%，对可见光的透过率为36%。由Ag-Ni组成的双层膜系，在玻璃上镀一层20nm厚的Ag膜，第二层镀10～30nm厚的Ni膜，作为保护膜，对太阳能反射率为42%～47%，可见光透过率为9%～19%，传热率为6.44～7.32kJ/(m^2·h·℃)。

c. 合金膜。包括贵金属合金、不锈钢及其他合金。如含Cr 3%、Ge 2%的Au合金膜，对阳光全辐射的反射率为51.6%，透过率为24.6%。用溅射法镀不锈钢膜，可见光透过率为8%～20%，反射率20%～40%，遮阳系数0.3～0.4，热辐射为0.4%～0.7%。

由Ti-NiCr合金组成的双层膜系，第一层为Ti膜，厚12～18nm，第二层为NiCr合金膜，厚6～10nm。NiCr合金的组成范围为Ni 45%～83%，Cr 12%～28%，以Ni 70%～80%、Cr 12%～22%为好。镀Ti膜和NiCr合金膜可采用真空沉积法和溅射法，太阳辐射线的反射率为32%～39%，透过率为5%～10%，可见光的透过率为5%～10%，耐磨损和耐酸、耐侵蚀性都很好。

用Pb 99.5%、Cu 0.5%合金进行电浮法镀膜，得到热反射玻璃，太阳光谱的反射率为12.8%～19.2%，可见光透过率为67%。

d. 氧化物和金属复合膜。如$Bi_2O_3/Ag/Bi_2O_3$膜系，第一层Bi_2O_3膜厚40nm，与玻璃紧密结合；第二层Ag膜厚10～20nm，起反射作用；第三层Bi_2O_3膜厚40nm，起保护作用。此膜系采用溅射法镀制，对太阳能反射率为47%～49%。可见光透过率为34%～55%。

金属氧化物和金属也可以组成多层膜，如SnO_2/Cr-CrN/CrO_2/SnO_2四层膜系，第一层与玻璃基片表面接触的为SnO_2，除了通过［SnO_4］四面体与［SnO_4］四面体连接外，在保持第四层（和空气接触的最外层）SnO_2膜厚度和膜系的光透射率20%±1.5%不变以外，测定了第一层SnO_2厚度与膜系反射色的关系见表5-5。

表5-5　第一层SnO_2厚度与膜系反射色的关系

膜厚度/nm	0	18～22	30	40	80	90
反射色	银色	灰	金黄	青铜	蓝	绿

第一层SnO_2的厚度与膜系反射率之间存在着极值。在SnO_2膜较薄阶率随第一层SnO_2膜厚的增加而下降，在35～45nm、反射率为13%～14%，出现了转折点，膜的厚度再增加，反射率上升。这时由于Cr-CrN膜的反射率比SnO_2高，当SnO_2膜较薄时，起反射主导作用的是Cr-CrN膜，故在Cr-CrN膜镀上SnO_2膜，会影响Cr-CrN膜的反射率，但SnO_2膜比较厚时，起反射主导作用的为SnO_2，故随SnO_2膜厚度增加，反射率提高。

Cr-CrN膜层为主功能膜，控制膜系的透射率和反射率，决定了膜系的遮蔽系数。随Cr-CrN膜厚度增加，透射率呈线性降低，反射率呈线性提高，当透射率为8%～35%时，遮蔽系数波动于0.25～0.5之间。在Cr-CrN中引入N，主要是为了提高Cr-CrN膜的强度，至于在Cr-CrN与SnO_2膜之间镀一层很薄的CrO_2膜，是为了加强Cr-CrN与SnO_2膜之间的结合，因为CrO_2的结构和性能既和Cr-CrN相近，又和SnO_2膜相近，起了过渡层的作用。

第四层即最外层的SnO_2膜比较致密，起了保护层的作用，其厚度对反射率也有影响，厚度增加，膜系的反射率直线升高，这时由于此SnO_2膜镀在反射率较高的Cr-CrN膜的后面，增加了膜系的厚度，使反射率提高。该SnO_2膜对玻璃反射色也有影响，但不如第一层SnO_2大，不能控制膜系的反射色。此膜系的颜色有青铜色、亮青铜色和蓝色。银色的遮蔽系数为

0.31～0.37，反射率（280～2500nm）为18%～21%，辐射率为0.53～0.64，传热系数为5.48～5.86W/(m^2·K)；青铜色遮蔽系数为0.27～0.51，反射率（280～2500nm）为7.9%～16.8%，辐射率为0.44～0.67，传热系数为5.21～6.30W/(m^2·K)；蓝色遮蔽系数为0.26～0.50，反射率（280～2500nm）为11.35%～16.23%，辐射率为0.41～0.80，传热系数为5.08～6.38W/(m^2·K)。几种热反射玻璃性能见表5-6。

表 5-6 热反射玻璃性能

种类	品种			可见光（380～780nm）		太阳光（340～1800nm）			遮蔽系数	色差 ΔE	耐磨 ΔT /%
	系列	颜色	型号	透射率 /%	反射率 /%	透射率 /%	反射率 /%	总透射率%			
真空磁控阴极溅射	St	银	MStSH4	14±2	26±3	14±3	26±3	27±5	0.30±0.08	≤4	≤8
		灰	MStCr-8	8±2	8±3	8±3	35±3	20±5	0.20±0.08		
			MStCr-32	32±2	20±4	20±4	14±3	44±6	0.05±0.08		
		金	MStCo-10	10±2	10±2	10±2	26±3	22±5	0.25±0.08		
	Cr	银	MCrSi-20	20±3	18±3	18±3	24±3	32±5	0.38±0.08		
		蓝	MCrBr-20	20±3	19±3	19±3	18±3	34±3	0.38±0.08		
			MCrBr-14	20±3	13±3	13±3	15±3	28±5	0.32±0.08		
		茶	MTiBr-10	14±2	13±3	13±3	9±3	30±5	0.38±0.08		
	Ti	蓝	MTiBi-10	10±4	24±4	13±3	18±3	38±6	0.42±0.08		
电浮法	Bi	茶	EBiBr	30～45	10～30	50～65	50～65	50～70	0.35～0.8	≤4	≤8
离子镀	Cr	灰	ICrCr	4～20	20～40	6～24	6～24	18～38	0.2～0.45		

表5-6中的电浮法的反射率是由膜面测定的，真空磁控阴极溅射、离子镀膜产品的反射性能是由玻璃面测定的。

为了达到高的反射性能和膜的质量，热反射玻璃镀膜采用真空蒸发沉积、磁控阴极溅射、电浮法和离子镀膜法，其他方法已很少采用。

（5）真空玻璃

① 真空玻璃的热学和光学性质。目前生产的真空玻璃结构如图5-8所示，将两片玻璃四周密封，中间抽真空，真空层厚为0.1～0.2mm，其中有规则排列的微小支承物来承受大气压力以保持间隔。

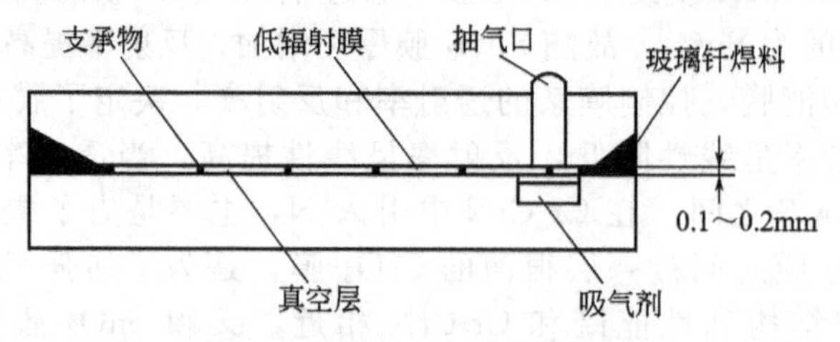

图5-8 真空玻璃的基本结构

真空玻璃由于消除了气体对流和导热产生的传热，并配之以高性能低辐射膜，很容易实现 K 值小于1的目标。图5-9示意说明与中空玻璃相比真空玻璃 K 值更低的原因。

由图5-9中示意的数据可以看出，真空玻璃传热系数低的原因主要是支承物传热取代了气体传热，图中支承物传热的数据取自外径 ϕ5mm，厚度0.15mm，间距25mm的合金圆环支承

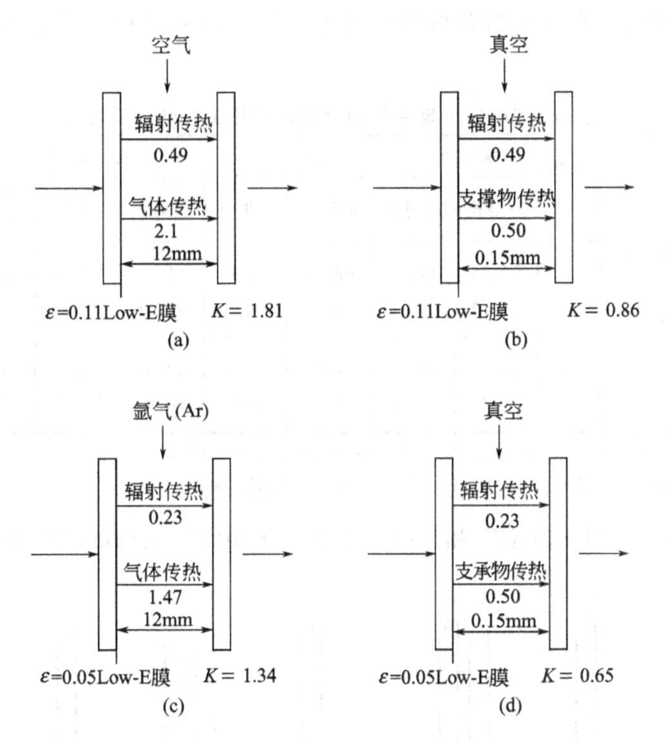

图 5-9　中空玻璃和真空玻璃传热机理及 K 值对比

注：1. 图中所有未标注单位的数字的单位均为 $W/(m^2 \cdot K)$；

2. 计算的边界条件符合 GB 10246，两侧温度：+18℃，−20℃。

物的测试结果。支承物的外径越小，间距越大，则通过它传热也越少，真空玻璃的 K 值还会进一步降低。而由图中（a）、（c）所示中空玻璃的数据可以看出，由于气体传热较大，降低 Low-E 膜的辐射率和使用传热少的大分子量惰性气体（如氩气）的效果都有限，对比图（a）和（b）[或对比图（c）和（d）]的数据可见，同样两片玻璃制成的真空比例 K 值可降低近一半。

表 5-7 列出两种目前已生产的真空玻璃的热工参数，这种由一片镀 Low-E 膜玻璃和一片普通白玻制成的真空玻璃，被厂家称为标准真空玻璃。

表 5-7　两种标准真空玻璃的热工参数（计算值）

序号	品种	安装方式①	紫外线/%		可见光/%		太阳辐射/%			Low-E 发射率	K 值/[W/(m²·K)]
			透射比	反射比	透射比	反射比	透射比	反射比	遮阳系数		
1	L6+V+N4	A	31.92	15.65	53.96	18.29	37.13	21.75	46.05	0.11	0.86
		B	31.92	19.36	53.96	10.61	37.13	23.40	74.97	0.11	0.86
2	L′6+V+N4	A	27.46	14.31	70.60	15.70	49.60	22.75	60.35	0.11	0.86
		B	27.46	14.20	70.60	13.46	49.60	24.93	75.12	0.11	0.86

① A—Low-E 膜在从室外数第 2 表面；B—Low-E 膜在从室外数第 3 表面。

注：L6—6mm 遮阳型 Low-E 玻璃；L′6—6mm 高透型 Low-E 玻璃；N4—4mm 普通白玻；V—0.15mm 真空层。

表 5-7 所列两种真空玻璃所用 Low-E 膜的发射率相同，所以 K 值相同。经国家建筑工程质量检测中心测试，K 值为 0.9W/(m² · K)，与表中计算值基本相符。

目前，真空玻璃只能用普通浮法玻璃制作，还不能用钢化玻璃直接制作，为了解决大面积和高层建筑使用的安全问题，并进一步提高性能，研制成功一系列组合真空玻璃。

表 5-8 给出用表 5-7 的两种标准真空玻璃制成的“中空+真空”组合玻璃的热工参数。

表 5-8 所列“中空＋真空”组合玻璃经国家建筑工程质量检测中心测试，K 值为 0.8W/(m^2·K)。

表 5-8 “中空＋真空”组合玻璃的热工参数（计算值）

序号	品种①	安装方式②	紫外线/%		可见光/%		太阳辐射/%			Low-E 发射率	K 值/[W/(m^2·K)]
			透射比	反射比	透射比	反射比	透射比	反射比	遮阳系数		
1	T6＋A12＋L6＋V＋N4	A	22.56	14.85	49.07	23.11	31.49	22.89	44.40	0.11	0.74
	T6＋A12＋N4＋V＋L6	B	22.64	16.70	48.75	16.80	31.52	24.08	65.25	0.11	0.74
2	T6＋A12＋L′6＋V＋N4	A	19.40	14.17	64.07	20.97	42.09	23.62	54.76	0.11	0.74
	T6＋A12＋N4＋V＋L′6	B	19.41	14.31	63.94	19.13	42.14	24.80	77.36	0.11	0.74

① N4—4mm 白玻；T6—6mm 钢化玻璃；V—0.15mm 真空层；A12—12mm 空气层。

② A—Low-E 膜在从室外数第 4 表面；B—Low-E 膜在从室外数第 5 表面。

图 5-10 所示为“中空＋真空”和“中空＋真空＋中空”结构的组合玻璃。

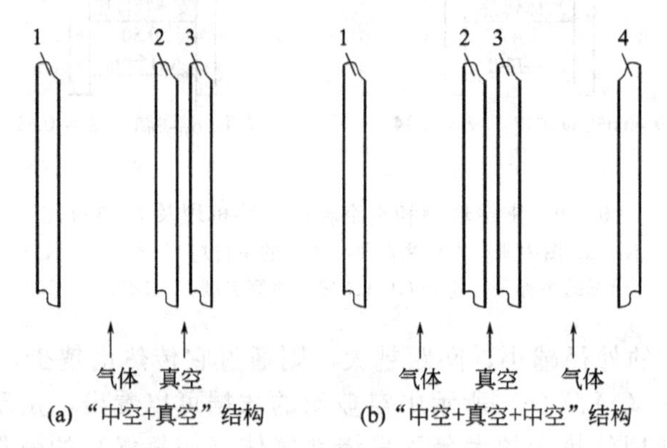

图 5-10 “中空＋真空”和“中空＋真空＋中空”结构的组合玻璃示意图

表 5-9 给出用表 5-7 的两种标准真空玻璃组合成的“中空＋真空＋中空”结构的热工参数。

表 5-9 所列“中空＋真空＋中空”组合玻璃经国家建筑工程质量中心测试，K 值为 0.7 W/(m^2·K)。

表 5-9 “中空＋真空＋中空”组合玻璃的热工系数（计算值）

序号	品种	安装方式①	紫外线/%		可见光/%		太阳辐射/%			Low-E 发射率	K 值/[W/(m^2·K)]
			透射比	反射比	透射比	反射比	透射比	反射比	遮阳系数		
1	T6＋A12＋L6＋V＋N4＋12A＋T6	A	16.01	15.22	44.43	25.11	26.75	23.66	41.28	0.11	0.65
	T6＋A12＋N4＋V＋L6＋12A＋T6	B	16.01	17.09	44.43	18.78	26.75	24.84	60.13	0.11	0.65
2	T6＋A12＋L′6＋V＋N4＋12A＋T6	A	13.71	14.46	58.22	24.39	35.82	24.98	51.19	0.11	0.65
	T6＋A12＋N4＋V＋L′6＋12A＋T6	B	13.71	14.59	58.22	22.54	35.82	26.16	60.9	0.11	0.65

① A—Low-E 膜在从室外数第 4 表面；B—Low-E 膜在从室内数第 5 表面。

② 真空玻璃的隔声性能。声波在真空中不能传播是一个基本物理原理，但由于有支承物构成“声桥”使隔声性能下降，但真空玻璃的总体隔声性能仍比中空玻璃好，特别是低频性能

好。根据国外有关资料，选取 a. 真空玻璃（N3＋V＋N3）；b. 中空玻璃（N3＋A6＋N3）；c. 单片玻璃（N5），测试样品尺寸为 1m×1m 的测试报告显示，真空玻璃在大多数频率范围隔声都优于中空玻璃，真空玻璃达到日本 JIS-30 标准，比中空玻璃的 JIS-25 高 1 级，噪声相差 5dB，人耳感觉要差 3～4 倍。

根据隔声的基本原理，合理设计的组合真空玻璃可以进一步提高玻璃构件的隔声性能，窗框的密封性及材料和设计也对“隔声窗”的性能大有影响，表 5-10 列出经权威部门检测的几种玻璃和窗的隔声量。

表 5-10 几种玻璃及玻璃窗的隔声量（实测值）

类别	试件结构	试件尺寸/mm	加权隔声量/dB	K 值/[W/(m²·K)]
双面夹层真空玻璃（无 Low-E 膜）	N4＋0.38E＋N4＋V＋N3＋0.38E＋N2	1500×1200×13.9	36②	1.45
夹层＋真空＋中空	N6＋0.38E＋N4＋V＋N4＋A12＋N6	1500×1200×32.5	42②	0.8
真空＋中空	N4＋V＋L4＋A9＋N6	1500×1200×23	36①	0.8
铝包木窗框配“夹层＋真空＋中空”单扇可平开窗	玻璃 N5＋0.38E＋N4＋V＋L4＋A12＋N5	1400×1200×68 玻璃厚度 30.5，开启面积 0.70/1.68m²	42①	0.8
铝合金断热单扇可内开窗配真空玻璃	玻璃 N4＋V＋N4	1438×1138×60 玻璃厚度 8，开启面积 0.7m²	35①	未测

① 测试单位：国家建筑工程质量监督检验中心。

② 测试单位：清华大学建筑物理实验室。

③ 真空玻璃的组成与生产方法。数十年来，对真空玻璃的真空寿命从理论到实践做了大量研究，取得了很大进展。为了获取和保持必需的真空度（优于 10^{-1}Pa），采取了下列主要的手段。

a. 真空玻璃周边和显像管一样用低熔点玻璃粉密封，抽气口用玻璃管封结，形成全玻璃密封体，玻璃是气体渗透量很小的真空密封材料之一。而真空玻璃内部只有金属小支承物，也选用经过真空处理的放气量很小的不锈钢耐热合金。

b. 生产工艺采用 350℃以上高温排气工艺，在真空系统设计良好的条件下可使玻璃内表面的深层气体排出，确保达到并保持需要的真空度。

以上 a、b 两点是目前日本和我国都已实现的工艺。

c. 我国的真空玻璃第一人唐健正教授长期研究真空玻璃，解决了国际上长期未解决的难题，并通过大量实验解决了工艺问题，发明了把“吸气剂”置入真空玻璃的方法。测试证明，吸气剂可以提高并长期保持真空玻璃的真空度，从而达到“设计寿命 50 年、保证寿命 20 年”的目标。

以上真空玻璃的技术资料全部为唐健正教授的研究成果。

5.2.4.2 组合构造

（1）节点构造 窗户不仅仅是由透明材料如玻璃组成的，它还包括固定这些透明材料的窗框以及相关的支承结构，这些固定、支承构件不仅承担玻璃自身的重量，还要承担作用在玻璃表面的各种荷载，如风荷载，因此，要求这些构件具有相当的强度。以前的窗框往往采用强度很高的金属材料，如钢、铝型材等。由于金属具有很好的热传导特性，这些金属窗框也必然具有很高的传热系数，K 值可以达到 5W/(m²·K) 以上。当透明部分采用的是单层玻璃时，由于单层玻璃自身的传热系数也很大，约为 6.0W/(m²·K) 左右，通过窗框散失的热量占整个窗户散热的比例并不大，约 15%～25%，基本与窗框比相当。而当透明部分的玻璃保温性能提高以后，情况就大不一样了，例如，采用了镀 Low-E 膜的中空玻璃，其传热系数 K 值可以降至 2.0W/(m²·K) 左右，如果仍采用没有断热措施的金属窗框，那么在玻璃与窗框之间就会存在明显的冷桥，大部分的热量将通过传热系数大的窗框散失到室外，大大降低了整窗的综合传热系数，按 20%的窗框比来计算其整窗的综合传热系数 K 值可达 3.0W/(m²·K)，而通过窗框部分散失的热量也将占到整窗散热量的一半左右。

因此，在提高透明部分玻璃的保温性能的同时，也要提高其相关固定、支承构件的隔热性能。采用热导率更低的非金属材料替代金属型材是一种有效的措施之一，非金属型材的热导率可以远低于金属型材。但是，矛盾也随之而来了，热导率越低的非金属材料，其密度也越低，其制成构件的刚度、强度也越差，因此，为了提高整窗的保温隔热性能，选用低热导率材料作为窗框材料的同时，也要保证整窗的强度及刚度的要求。例如，现在被广泛采用的塑钢窗的 PVC 塑料窗框内采用的钢衬，可以起到增加窗框整体刚度和强度的效果，当然，这是以增加塑料窗框的传热系数为代价的。

由于窗框型材的不同，窗户的性能特点会有相当大的差别。下面分别介绍使用较多的铝合金窗、PVC 塑料窗、木窗、复合窗。

根据我国采暖地区和夏热冬冷地区的住宅节能对窗户的要求，根据所用框、梃材料的不同，一般可采用的建筑外窗种类有铝合金窗、PVC 塑料窗、木窗、彩色钢板窗、不锈钢窗和复合窗等。铝木复合窗兼顾金属、木材两种不同材料的优点，保温性能和装饰效果均佳；铝合金窗的窗框型材为铝合金，重量轻，强度高，耐久性好，水密性、抗风压性和采光性能均较高，装饰效果好；经新技术表面处理的金属质感 PVC 塑料窗，其突出特点是保温性能好；彩色钢板窗和不锈钢窗均具有较高的物理性能，美观，耐久性、密封性能好，使用寿命长，彩色钢板窗还具有色彩选择余地多、装饰效果好的特点。各种不同材料窗框的大致传热系数数值可参见表 5-11。

表 5-11 主要窗框材料的传热系数、密度比较

项目	材料					
	铝	钢材	玻璃钢	松、杉木	PVC	空气
传热系数 K/[W/(m²·K)]	174	58	0.5	0.17～0.35	0.13～0.29	0.04
密度 ρ/(kg/m³)	2700	7800	1780	300～400	40～50	1.2
窗框 K 值/[W/(m²·K)]	4.2～4.8 (2.4～3.2)①	1.1～1.8	—	1.5～2.0	2.0～2.8	—

① 断热铝合金。

从节能角度考虑组合构造，就是在降低组成窗户的各项材料的热导率，特别是框扇和玻璃材料的基础上，对各项材料进行结构优化设计和组合。如框扇断面、框扇与玻璃、框扇与墙体的结构关系要细致研究和设计，在认真分析热传递机理的基础上把握各种热传递的路径。根据构造中各材料的特点，寻求影响传热的技术点，并分析其变化规律，形成满足各种不同程度的节能热工指标的系统门窗技术。

① 铝门窗。第二次世界大战以后，铝窗就在世界上得到了发展应用。我国是从 20 世纪 70 年代末改革开放后从欧洲、美国、日本等地区和国家引进技术，于 20 世纪 80 年代发展起来的。这种窗户重量轻，强度、刚度较高，抗风压性能佳，较易形成复杂断面，耐燃烧、耐潮湿性能良好，装饰性强。但铝合金窗保温隔热性能差，无断热措施的铝合金窗框的传热系数约为 4.5W/(m²·K) 左右，远高于其他非金属窗框。

铝合金型材作为建筑门窗型材的主材，目前使用的主要是 6061（30 号锻铝）和 6063、6063A（31 号锻铝）经高温挤压成型，快速冷却并人工时效或经固溶热处理状态的型材，经阳极氧化（着色）或电泳涂漆、粉末喷涂、氟碳化喷涂表面处理。其化学成分根据 GB/T 3190—1996《变形铝及铝合金化学成分》的规定见表 5-12。

表 5-12 铝合金门窗型材化学成分 单位：%

牌号	Si	Fe	Cu	Mn	Mg	Cr	Zn	Ti	其他		Al
									单个	合计	
6061(LD30)	0.4～0.8	0.7	0.15～0.40	0.15	0.8～1.2	0.04～0.35	0.25	0.15	0.05	0.15	余量
6063(LD30)	0.2～0.6	0.35	0.10	0.10	0.45～0.9	0.05	0.15	0.10	0.05	0.15	余量
6063A	0.3～0.6	0.15～0.35	0.10	0.15	0.6～0.9	0.05	0.15	0.10	0.05	0.15	余量

化学成分是决定材料各项性能的关键因素。为了获得良好的挤压性能、优质的表面处理性、适宜的力学性能、满意的表面质量和外观装饰效果，必须严格控制合金的化学成分。

6063合金的化学元素含量范围比较宽，由于各元素在合金中所起的必须考虑合金中各元素的含量及其相互关系的搭配，才能保证获得较为理好的经济效益。

主要合金元素是镁、硅，主要强化相是Mg_2Si。要保证合金中Mg_2Si总量不少于0.75%，且Mg_2Si得到充分溶解，合金力学性能就完全能满足GB/T 5237－2000标准中的要求。Mg_2Si在基体铝中的溶解度是与合金中的镁的含量有关的，Mg_2Si中镁、硅质量比为1.73∶1，如果质量比>1.73，镁过剩，过剩的镁将显著降低Mg_2Si在固态铝中的溶解度，削弱Mg_2Si的强化效果；质量比<1.73，硅过剩，对Mg_2Si的溶解度影响很小，基本不会削弱Mg_2Si的强化效果。

铁是主要杂质元素，是对氧化着色质量影响最大的元素，随着铁元素的升高，阳极氧化膜的光泽度暗，透明度减弱，铝型材表面的光亮度显著降低，影响美观，含铁高的型材是不宜氧化着色的。

另外，由于铁、硅形成的化合物有较强的热缩性，容易使铸锭产生裂纹，特别是[Fe]<[Si]时，容易在晶界上形成低熔点的三元共晶体，热脆性更大。而当[Fe]>[Si]时，则产生熔点较高的包晶反应，提高了脆性区的温度下限，能降低热裂倾向。因此，应首先控制好镁、硅、铁三元素的含量及相互关系，既保证合金中能够形成足够的Mg_2Si强化相，又保证有一定量的硅过剩，且过剩量小于合金中铁含量，合金中的铁含量还不能影响到氧化着色的质量。这样，使得合金既有一定强度，又降低了产生裂纹的倾向，同时氧化着色的质量也不会降低。

其他元素虽然对铝型材性能的影响相对小一些，但也不可忽视。除铜以外的其他杂质元素含量超过规定值时，都对铝型材的表面质量有不同程度的影响。

铜虽然对提高合金的强度有一定作用，但对耐蚀性有不利影响。锰、铬对提高合金的耐蚀性有帮助，锰还可以提高合金的强度，铬则有抑制Mg_2Si相在晶界的析出，能延缓自然时效过程，提高人工时效后强度作用，但锰、铬含量高时，会使铝型材氧化膜色泽偏黄，着色效果差。钛在铝合金中起细化晶粒、减少热裂倾向、提高伸长率的作用，但含量超过0.10%时也会对铝型材的着色质量有较大的影响。这几种杂质元素的含量应控制在规定的0.10%以下，才不会对铝型材的性能有太大的影响。

综合考虑6063合金比较理想的化学成分（%）为：Mg 0.45～0.55；Si 0.35～0.45；Mg_2Si 1.3～1.4；Fe 0.15～0.20；Zn<0.10；Ti<0.10；Cu<0.10；Mn<0.10；Cr<0.10。

按照这个化学成分，[Mg]+[Si]≥0.80%，且过剩的硅量小于含铁量，铁、锌、铜、钛、锰的含量也较低，对氧化的质量不会有太大的影响。可以保证合金有良好的挤压性能，又可以保证型材有良好的力学性能和氧化膜质量及表面质量，同时也不会造成合金元素的浪费。

铝合金门窗型材物理性能见表5-13。

铝合金门窗型材的表面处理参见表5-14。

表 5-13 铝合金门窗型材物理性能

弹性模量/MPa	线胀系数 α(以℃计)	密度/(kg/m³)	泊松比(ν)
7×10^4	2.35×10^{-5}	2710	0.33

表 5-14 型材的合金牌号、表面处理

牌 号	供应状态	表面处理方式
6061(LD30)	T4(CZ)、T6(CS)	阳极氧化(银白色);电解着色;有机着色;阳极氧化加电泳涂漆;阳极氧化、电解着色加电泳涂漆;喷涂粉末;氟碳漆喷涂
6063(LD31)	T5(RCS)、T6(CS)	
6063A	T5(RCS)、T6(CS)	

铝合金门窗型材的漆涂处理应符合表 5-15、表 5-16 的规定。

表 5-15 涂层种类

二涂层	三涂层	四涂层
底漆加面漆	底漆、面漆加清漆	底漆、过度面漆、面漆加清漆

表 5-16 漆膜厚度　　单位：μm

涂层种类	平均厚度	最小局部厚度
二涂层	≥30	≥25
三涂层	≥40	≥30
四涂层	≥65	≥55

② 木门窗。木门窗是历史悠久的最主要的传统门窗，长期以来，被世界各国普遍采用。木材强度高，保温隔热性能优良，容易制成复杂断面，其窗框的传热系数可以降至 2.0W/(m²·K) 以下。尽管由于新材料的发展，世界上木窗采用的比例已大幅降低，但注重环保节能的欧洲国家，木窗仍占有约 1/3 的比例，我国则由于森林资源缺乏，为了保护森林，严格限制木材采伐，木窗使用比例很小。当前有些城市高档建筑木窗采用进口木材，此外，还有一些农村和林区就地取材用于当地建筑。木窗最大的优点就是木纹质感较强，天然木材独具的温馨感觉和出色的耐用程度都成为人们喜爱它的原因，通常可以做内窗，做外窗时木材表面必须经严格和专用的漆料处理。为保证木窗不开裂，木材要经过周期式强制循环蒸气干燥。

木材种类众多，常见的木材决绝大多数都可以用来制作建筑门窗，黑檀、黑胡桃、铁刀、樱桃木、沙比利、红榉、指接松木、柳桉、杉木、桃花芯木、橡木、枫木、赤杨木等都是高档次的门窗材料。

③ 复合门窗。利用不同材料的特性，将其各自的特点通过材料加工复合而成的门窗框、梃材料，采用这种材料组合的窗户称为复合门窗。在两种以上材料组成的复合框、梃中，总有一种材料是主要受力杆件，起门窗结构主导作用，为便于称谓上有所区别，将起主要结构作用的材料放在前面，如铝木复合、木铝复合、塑铝复合等，称谓中依次表明铝、木、塑为结构作用的材料，而依次后缀的木、铝、铝材料为装饰性材料。集铝合金窗与木窗或塑料窗的优点于一身，如木铝复合窗，室外部分采用铝合金，成型容易，寿命长，色彩丰富，表面可做粉末喷涂、氟碳喷涂、阳极氧化、电泳涂漆，防水、防尘、防紫外线；室内采用经过特殊工艺加工的高档优质木材，颜色多样，提供无数种花纹结构，能与各种室内装饰风格相协调，起到特殊的装饰作用。

a. 铝+木复合门窗　铝木复合窗采用由隔热铝合金型材和木成材进行结合的材料，有效地减少热损失。一般情况下配合空气间层 12mm 的中空玻璃，K 值可达到 2.5W/(m²·K)，隔声 0～35dB。

铝包木窗是在实木的基础上，用铝合金型材与木材通过机械方法连接而成的型材，通过特殊角连接组成的新型窗。这种门窗具有双重装饰效果，从室内看是温馨高雅的木窗，从室外看却又是高贵豪华的铝合金窗。这样既能满足建筑物内外侧封门窗材料的不同要求，保留纯木门窗的特性和功能，外层铝合金又起到了保护作用，且便于保养，可以在外层进行多种颜色的喷涂处理，维护建筑物的整体美。

类似北极地区的北欧红松与东北亚原始森林的落叶松是铝木门窗所选用的理想木材，经过严格筛选，以及防腐、脱脂、阻燃等处理，并采用高强度的黏合胶水，使木材的强度、耐腐蚀性、耐候性等方面都得到了保障，可以经久耐用。

铝木门窗最大的特点是保温、节能、抗风沙。它是在实木之外又包了一层铝合金，使门窗的密封性更强，可以有效地阻隔风沙的侵袭。当酷暑难耐之时，又可以阻挡室外燥热，减少室内冷气的散失；在寒冷的冬季也不会结冰、结露，还能将噪声拒之窗外。

铝包木窗的开合方式很多，其中推拉平开多功能组合窗是近年引人注目的新型窗，还有一种铝木平开上悬窗，用一个把手就可以实现平开、上悬两种功能，同时满足窗户的通风及透气功能。

单框双扇铝木复合窗，窗框外罩采用铝合金型材，外侧扇为铝合金窗扇，内侧扇为纯木窗扇，在两层窗扇之间可以加装百叶窗帘，无须开启窗户就可调整窗帘。

b. 木＋铝复合门窗。

c. 塑＋铝复合门窗。

(2) 洞口连接构造

① 洞口结构形式。绝大多数情况下，门窗安装在主体结构所设的结构洞口之内。建筑主体结构的洞口构造取决于主体结构形式，一般情况有：

a. 周边钢筋混凝土梁柱结构；

b. 上下钢筋混凝土过梁，两侧轻质砖结构；

c. 钢结构。

主体结构受外力和自身重量影响，洞口结构会产生各类变形，当变形施加到门窗外框时，多为平行四边形的门窗外框受力，直接导致角连接部和杆件受力，由此产生角部和拼料缝隙，增加了门窗整体空气渗透，气密性、水密性、隔声性能下降甚至失效，无疑热工性能也无从保证，见图5-11。

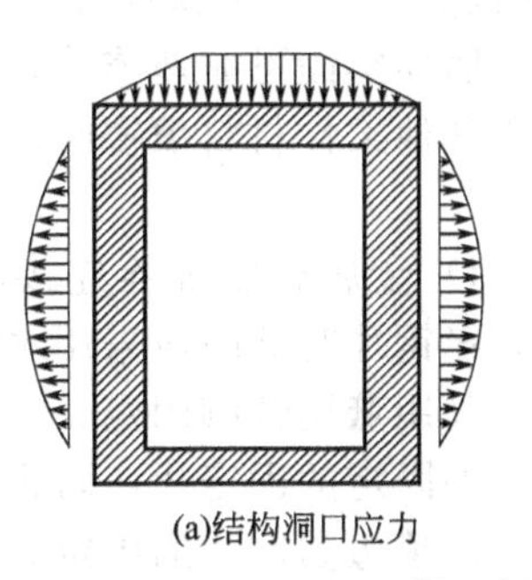
(a)结构洞口应力

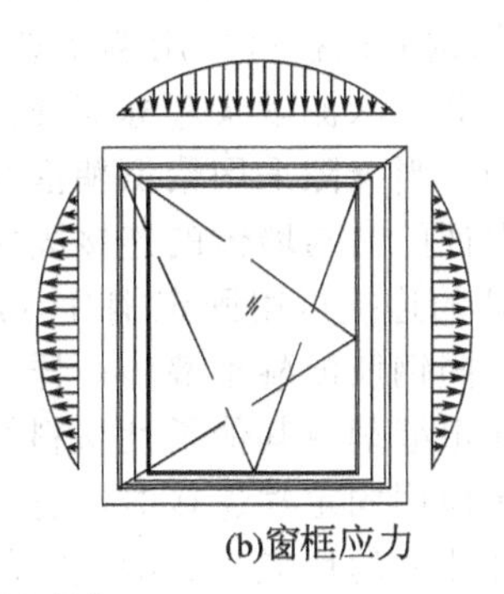
(b)窗框应力

图5-11 结构洞口应力

无论何种结构形式，要避免洞口结构垂直平面的荷载变形对门窗外框的影响，应遵循门窗外框支承结构可相对主体结构有一定位移能力或自身有一定变形能力、不分担主体结构所受作用的原则。即门窗外框和结构洞口之间应保持“柔性”或“弹性”连接。

② 安装位置。建筑外窗传热系数的测定仅仅考虑门窗本身的传热量，并不包括门窗洞口的影响，即实测得到的窗传热系数反映的是通过玻璃的热损失和通过窗格与窗框的热损失。但是由于门窗一般安装在外墙的洞口内，洞口热桥造成的额外的热损失很大。为了减少框周边传

热，通常可以采取在窗洞侧面附加保温材料、改变窗的安装位置，或者将窗台换成热导率较小的材料等措施。

对于传统的单一墙体而言，通常是采用居中或偏外一点安装窗。根据计算结果可知：此时窗左右侧、窗上下侧的线性附加传热系数相对于居中或靠内安装来讲较小，而且窗洞口处最低温度相对来说也较高。因此居中或略偏外安装是比较合理的。

对于节能建筑中应用的复合保温墙体，则应根据墙体构造确定窗的安装位置，否则可能出现局部温度过低甚至结露的现象，会在很大程度上削弱保温墙体的性能，而且窗安装位置的确定同窗的构造也有关。

a. 外保温墙体窗　窗的安装同洞口四周的构造需仔细考虑，否则窗洞口四周的传热损失，也会很大，产生热桥。对于外保温墙体，窗左右侧最低温度出现在窗框与墙内交角处，在窗洞侧面上越向墙的内表面靠近温度越上升，至墙内表面与窗洞侧面的交角上，温度最高；且靠内安装窗时有结露可能；窗左右侧最低温度会随着保温层厚度的增加依次上升，但是靠外安装窗时窗左右侧最低温度较其他两种位置安装窗时的窗左右侧最低温度高，窗上下侧最低温度点出现在窗框上侧与墙体内交角处。

b. 内保温墙体　当靠外安装窗时，窗洞口处的热桥线性附加传热系数比居中、靠内安装窗时相应的热桥线性附加传热系数大；靠内安装窗时热桥线性附加传热系数最小，对于内保温墙体而言，靠内安装双层木窗时效果相对来说较好。

c. 夹心外保温墙　靠外安装双侧木窗时，窗洞口处的热桥损失较小；居中安装窗时比靠外安装时的结果稍大些；靠内安装窗时窗洞口处的热桥损失最大，夹心外保温墙体中靠外安装窗或居中安装窗时保温效果较好，而靠外安装最好。

最后得到的结果是：在任何一种墙体安装窗时，以窗安装位置靠近保温层时保温效果为最好。即对于任何墙体，任何材质的窗户来讲，以等温线为配合原则，当墙体和门窗的等温线越吻合，热工效率就越高。

③ 连接形式。门窗与墙体连接方法主要有钢附框连接、燕尾铁脚焊接连接、燕尾铁脚与预埋件连接、固定钢片射钉连接、固定钢片金属膨胀螺栓连接等几种。所有燕尾铁脚和固定钢片表面应进行热浸镀锌处理，门窗连接固定点间距一般在300～500mm之间，不能大于500mm。

a. 钢附框适用于门窗与各种墙体的连接，安装精度高，连接可靠，但成本较高。

b. 门窗与钢结构的连接可采用燕尾铁脚焊接连接方法。燕尾铁周边扩：墙体之间的缝隙应采用水泥砂浆塞缝。水泥砂浆塞缝能使门窗外框与墙体牢固可靠地连接，并对门窗的框料起着重要的加固作用。当缝隙采用聚氨酯泡沫填缝剂或其他柔性材料填塞时，固定钢片应采用燕尾铁脚代替，以保证门窗与墙体的连接固定可靠度。

c. 门窗与砖墙的连接可用固定钢片（或燕尾铁脚）金属膨胀螺栓连接。在砖墙上严禁采用射钉固定门窗。同钢筋混凝土墙体一样，当采用固定钢片时缝隙应采用水泥砂浆塞缝，当缝隙采用聚氨酯泡沫填缝剂或其他柔性材料填塞时，应采用燕尾铁脚固定。

冬季保温地区使用固定片连接时，有一种使用单侧固定的固定片，防止由于窗户两边固定片的连接导致局部热桥的形成，影响成窗的保温性能。单边固定片的固定方向一般如洞口墙体是外保温应固定在室内侧；如洞口墙体是内保温应固定在室外侧。

门窗四周与墙体结构之间的缝隙处理应防止热传导和对流。如在窗框与墙体的保温层之间采用重叠式连接工艺，使其不能形成热桥。在窗框与洞口墙体连接工艺中，使窗框与洞口墙体的保温层之间采用重叠式连接，再加之窗框与墙体间的保温材料作用确保不能出现局部热桥现象。

塑料门窗框与墙体洞口的伸缩缝应有弹性材料填塞。实践表明用丝麻材料填充不仅方式落后，而且材料成本并不低，密封效果很差，采用聚氯乙烯、聚苯乙烯或者聚乙烯泡沫塑料条填充虽然比较实际，但仅仅是其填充作用，密封效果也并不理想。用玻璃胶填充虽然密封性能好，但因用量太大，成本太高，实不可取。国外通常采用聚氨酯发泡进行填充。此类填充材料不仅有填充作用，而且还有很好的密封效果和缓冲效果，其用量因发泡倍率较高而相对降低。操作时也方便，对不规则的缝隙很容易填充。填充后还可以对泡沫的表面进行铲平修正或进行其他表面处理，胶体固化后并有一定的黏结强度，有助于门窗进一步固定。此类填充材料商品有两种：单组分和双组分。单组分的商品如市售的发胶喷灌，使用时只需套上装用喷枪，将罐体摇晃即可对准缝隙喷射填充，喷射量可调，操作十分方便。双组分聚氨酯填充胶是将固化剂和聚氨酯胶进行分装，使用时再由管路压入同一喷射枪。双组分胶使用时虽然比单组分胶麻烦一些点，但比较经济。

(3) 组角构造　保证角部连接强度的意义在于稳定四边形的框架改造，确保整窗不产生由于变形缝隙导致渗透热损失。

对于钢窗焊接是最理想的连接方式。而对于隔热铝型材焊接在理论上是可行的，综合因素的原因是不可取的。最大的问题在于由于隔热使铝型材窗框成为两个仅靠隔热材料连接的平行铝框，所以为保证整个窗框的稳定，必须采用双组角。

对于塑钢窗的角强度要求相比金属框技术难度要大。在欧洲标准中对型材的焊接性即焊角强度有严格要求，在欧式型材门窗标准体系中，角强度是塑料门窗的性能指标之一，也是PVC重要的力学性能指标。

在ASTM标准体系中，无论是型材，还是门窗标准中角强度指标3000～5000N。当门窗安装完毕，角强度对窗框、门框的作用相对于窗扇作用要少，因为这时框与墙体连接牢固，焊角一般都不会开裂。欧式门窗由于其玻璃是靠玻璃压条的压力固定在扇框上，若窗扇的角强度不够大时，受到重力、推拉力等力的作用，在开启过程中，可能会造成焊角开裂，而且门窗扇越高，其焊角开裂的可能性就越大，即对焊角强度的要求也就越高。而美式门窗的玻璃是黏结在其扇框上，与扇框成为一个整体，其焊角不易在开启过程中受到外力的破坏。

欧式推拉窗型材宽40mm左右，高60mm左右；美式推拉窗型材宽28mm左右，高33mm左右。欧式型材断面的截面积明显大于美式型材断面的截面积，其焊角强度显然是欧式远大于美式。型材的截面形状也不同，窗框厚度从45～100mm都达到一个相同的角强度指标，窗扇和窗框也要达到一个角强度指标，显然是不合理的，也是不可能的，应该将焊角强度与窗的大小，与玻璃安装方式等作为一个整体、一个系统来规范要求。门、窗框是固定的，门窗、窗扇是经常在使用中开启运动，所以应该加强对门窗扇框的角强度测试。在德国，塑料窗基本上是60系列内平开下悬翻转窗，规定一个角强度指标，非常合理。而且平开扇框型材的断面大于其门窗框型材的断面，在相同的焊接环境下，扇框角强度应大于门窗框的角强度。

木窗的连接方式仍然古老而有效，见图5-12。

(4) 双层窗构造　随着建筑日益强化人居核心的概念，同时强调关注环境和谐的可持续发

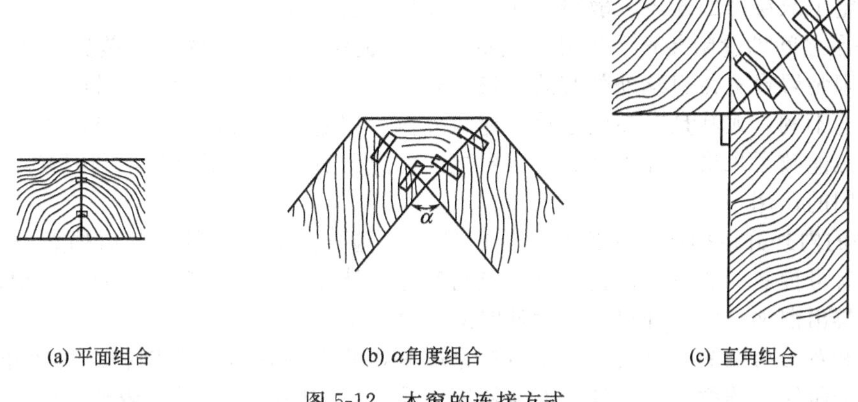

图5-12　木窗的连接方式

展，舒适、环保、节能等有关技术应运而生，现代集成多种技术的双层窗、双层幕墙就是这种背景下的产物。顾名思义双层窗是一种由内外两层窗构成的双层透明围护结构，其中间层的气体流动是有序和可控制，并因此能够调整室内的光线、热量、空气、噪声等。

双层窗是相比单层窗而言的，我国东北严寒地区的民居很早就有两层窗户的做法，冬季寒冷时甚至在两层窗户之间储存冷藏物等，也有箱形玻璃窗的称呼。箱形玻璃窗可能是最古老的一种双层窗结构。箱形玻璃窗包括向内打开的窗扉结构，外层也可开启闭合，这样可以放入新鲜空气，排出混浊空气，从而保证中部空间和室内通风。

双层窗通常在外部噪声分贝较高或者需要在相连的房间隔声的情况下采用。这也是仅有的一种采用传统的方形开口并提供这项功能的建筑形式。

① 基本构造。所谓双层窗，是指在房屋外围护结构窗洞口部位附加一层玻璃窗，形成双层玻璃窗户构造。特别需要注意的是在两层窗户之间形成的通风夹层，通风夹层的存在，衍生和强化了窗本身的物理性能和使用功能。

双层窗的构成必须有以下几个部分，如图 5-13 所示。

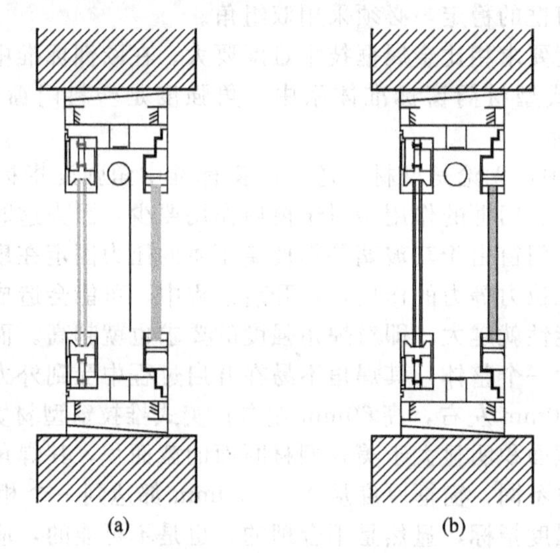

图 5-13　双层窗构造

a. 内层玻璃窗构造、外层玻璃窗构造　一般情况下，内层和外层玻璃构造视双层窗所处外界环境不同而侧重的室内功能需求不同有所区别。比如，在强调室内保温的环境中，外层玻璃更强调保温性，多采用保温性能较好的中空玻璃构造。相反，在防止得热为主的建筑里，在遮阳后部的内层玻璃多采用隔热性能较好的中空玻璃或 Low-E 中空玻璃。

b. 中间空气层　双层窗的构造关键之处是中间的空气间层，中间空气层的存在和设计的合理性，决定了双层窗的通风、散热、保温等作用的有效性。

c. 内外层之间的遮阳装置　内外层之间的空间提供了非常好的遮阳装置位置。就建筑遮阳来讲，遮阳装置设置在建筑外部其效果最为理想。但对建筑外立面的建筑美学、维护维修、风雨雪的适应不利，尤其是对高层建筑在建筑外侧设置遮阳装置是一项复杂的设计挑战，而室内侧遮阳从热能效果来讲也并不理想，双层之间的遮阳有效避开了上述不利因素，并且能够充分发挥出遮阳的作用。

d. 良好的内外开启构造　无论是内侧窗还是外侧窗，都应具备可开启的条件，除可开启扇外，至少有可控制的通风口设置。这一点与双层幕墙完全不同。每一个双层窗要求具有放入新鲜空气、排出混浊空气的开口，在设计时应认真考虑。

双层窗和双层幕墙的区别之一就是双层幕墙是以整个或局部立面围护结构为单位的构造，可进行功能的跨层或连续构造设计。而双层窗则需要在有限的结构洞口内解决所有问题。

② 双层窗的作用。双层窗的作用可体现多种优势，由于中间空气间层的存在，使双层窗与自然气候环境的关系更加密切，周围气候环境的影响可分为大气候和小气候影响。大气候指整个地区的气候条件，小气候则是指建筑物周围环境（包括建筑物、地形等）具体的照明、温度和风等条件。由于光线、温度和风的条件取决于太阳照射，掌握太阳的照射条件就尤为重要。随着天气条件的不断变化，光线强度、温度和风力也随之发生变化。建筑物内部过强或过弱的光线和温度条件都不能给用户带来视觉和温度感觉的舒适。以传统的方法调节，多数时候是以增加能耗为代价实现的，比如室内温度大部分都是通过空调进行调节。

a. 调整温度舒适性的优势　温度舒适程度包括周围环境温度、室内相对温度、空气流通速度和质量等因素。住户能感觉到室内和周围环境的温度，这种“感觉温度”是至关重要的。

遮阳所吸收的热量导致通风夹层升温。由于空气热胀冷缩的热效应，热空气上升向外流通过这种方式，可以根据需要获得或避免室内热量。因此双层窗在不同的气候状态下最重要的符合舒适程度的基本条件是光线和温度条件。由于外界光线的漫射和直射，双层窗便可根据室内温度需求储存或释放热量。

首先，利用直射阳光的升温效果减少人工制热，热量在室内均匀分配和储存；其次，利用缓和直射阳光给建筑物和房屋立面带来的升温效果，保持空气凉爽，减轻室内制冷负担，防止温度骤变。

在直射状态下，通风夹层的遮阳装置能降低室内亮度，同时能防目眩。遮阳装置吸收的阳光热量可通过通风口流出而不会影响到室内温度，降低空气交换率，降低制冷负担。同时，如果室内温度过低需要升温，通风夹层能减少室内热量散失，从而减轻制热负担。

如果室外温度低于室内温度，热量就从室内向室外散发。如果室内需要升温，双层窗就能减少热散发，因为通风夹层的热空气缓和了内外温差。调节后部通风系统可通过调节通风口横截面的大小来调节房屋面之间的温度，室外空气在夹层预热后再进入室内。预热的新鲜空气和室内未交换出去的热量能提高室内温度，适宜的温度使用户感到舒适并减少耗能设备的使用率。

室内和通风夹层温差适度，使得房屋立面内层玻璃面能保持接近于室内的温度。对凉热玻璃面的非对称照射减少。根据有关资料，如果墙壁温度为18℃，那么室内温度就需要达到22℃，才能使用户感觉最舒适。如果墙壁温度为20℃，那么室内温度只需要20℃就够。这就是双层窗的又一优点：通过提高内侧表面温度，节约取暖能源。

当室外温度低于室内温度时，如果需要室内降温，室外冷空气能通过开启的窗户影响房屋立面内层的温度。通过这种方式可减轻制冷负担和空气交换率，并节约能源。

如果室外温度高于室内温度，热量就从室外进入室内。如果室内需要升温，通过开启窗户热量就能进入室内。通风夹层的热空气加速了这一过程。通过空气流入和热交换提高室内温度并节约能源。

如果室内需要降温，通过降低照射强度就能减少热量的进入和热交换。这样，新鲜空气就能通过开启窗户进入室内冷却室内空气。除了节约能源外，室内空气质量也得到明显的改善。

b. 节能优势　单层窗传热是在室内和室外之间直接进行，而双层窗分离出一个介乎室内和室外之间的中间层，中间层的空气起到缓冲、过渡层的作用，所以双层窗构造的传热是在室内和缓冲层、室外之间进行的。由于通风夹层的空气流通速度较慢、温度相对较高，可以减少热交换损失，这是双层窗的一大能源优势。双层窗的传热方式同样也包括了热辐射、热对流、热传导。

首先是冷桥的能耗问题，外窗表面温度低，容易结露，室内热环境差，因此双层窗的内外层结构根据功能侧重需要采用断热构造，防止“冷桥”产生。比如强调外循环时，内侧窗框需采用断热或热导率低的材料，相反强调内循环时，外侧窗框需采用断热或热导率低的材料。

其次空气渗透热损失，漏气传热和通风传热不同，气流穿过窗结构缝隙而产生两侧空气流通引起的传热，称为漏气传热。它取决于两侧的气压差、温度差以及空气容积比热容、空气密度、整窗结构缝隙漏气量等因素。窗户的气密性不好，缝隙漏气量大，漏气传热多，尽管传热系数小，仍达不到节能的效果。

双层窗的内层结构很少用推拉窗，因为目前我国还很难保证其良好的气密性。内层气密性不好的双层窗由于烟囱效应，其节能效果甚至比单层窗还要差。外层结构也需要良好的气密性，这不仅温室效应要求，而且为维持双层窗间接传热要求，如果外层窗气密性差，漏气量大，空气间层内的热环境和室外环境差异很小，其节能效果和单层窗就差异很小。为了保持室内空气的新鲜度，双层窗要进行必要的通风，这种通风传热，控制在符合标准和合理要求的范围内。

双层窗的温室效应和烟囱效应都需要阳光照射，由于一天中阳光照射不同，这种变动的过程不能得到确定的 K 值，因而采用有效值 K_f。它的大小取决于日照强度、日照角度及日照平均时间。国外一些试验表明，阳光照射时，K_f 减少 50%，无阳光照射时 K_f 改变很小；可通风的双层窗比单层窗的 K 值最多减少 10%。

通过阳光照射量的增加以及由自然通风和热交换进入的热量能减少 40%～60%的制热能源消耗；人工制热的减少、热量进入、热量散发的增加以及自然的空气流通、建筑物夜间散热等因素能减少 70%～80%的制冷负担和空气流动率。

c. 自然光带来的舒适度　由于双层窗的照射强度低，所以窗户可以更大（双层窗中间空气夹层的“烟囱效应”随高度而增强），充足的光线使室内环境更贴近自然。这种方案还能获得更多阳光，尤其是阴暗的天气，如多云天气能提高房屋的亮度，这能带来更好的视觉感受并能节约照明用电。

双层窗能降低太阳照射强度，而不需要像普通建筑一样通过双层玻璃减少热交换。大玻璃面能更好地采光，同时通过相应的光线偏转和管理系统降低照射强度。充分的光线能节约 60%～70%的人工照明。

另一方面，由于遮光装置和防目眩装置可装在双层窗的通风夹层，这些装置同时能有效应对气候变化和空气污染。双层窗之间的遮阳装置替代了室内遮阳，能够减轻由太阳热量带来的降温制冷负担。即使是刮大风，遮阳功能也能照常发挥。

d. 通风换气作用　风速或雨量较大时，窗户依然能够打开。在不良气候条件下，高层建筑的通风能照常进行。另外双层窗还能控制新鲜空气的流入量。每位用户都可以根据自己的需要选择相应的空气温度和质量满足不同需要，双层窗能保持室内良好的通风，从而减少或避免使用人工温度调节。

e. 噪声控制　由于隔离材料和隔离空间增加，无疑会增加隔声性。问题是双层窗中通风换气时并不利于隔声，所以要做到通气不传声，在内外层通气口的结构和位置以及隔间通道的设计时要给予细致的考虑。

f. 提高安全性　夜间打开外层玻璃能够使建筑物降温而不用担心安全问题。

5.2.5 建筑门窗节能技术应用实例

5.2.5.1 某公寓门窗节能技术

某公寓是集住宅、商业街区、酒店式公寓于一体的大型综合示范区，地处广东省（图 5-14）。建筑节能技术在住宅中的应用主要包括 3 个方面：外墙外保温隔热技术、屋面保温隔热技术、节能保温门窗和门窗密封技术。现将本工程门窗节能技术简介如下。

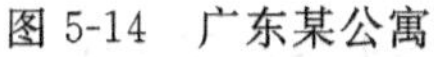

图 5-14　广东某公寓

图 5-15　洛阳某住宅小区

本工程采用隔热型彩色铝合金推拉门窗，达到了保温节能设计的要求。

(1) 技术要求

① 隔热材料采用穿条式。

② 隔热型彩色铝合金推拉窗采用 80 系列，隔热型彩色铝合金推拉门采用 98 系列。

③ 铝合金窗选用中空浮法玻璃，厚度 5mm，双层中空间隔 9mm；铝合金全玻璃门选用中空浮法钢化玻璃，厚度 6mm，双层中空间隔 9mm。

④ 铝合金门窗未经表面处理的型材最小实测壁厚：铝合金门达 2.0mm，铝合金窗达 1.4mm。

⑤ 密封材料：密封胶条采用硅橡胶热塑性弹性密封条；密封毛条采用经过硅化的丙纶纤维密封毛条；密封胶采用硅酮结构密封胶；密封垫片、密封堵件等密封材料均应符合标准要求；五金件、附件和紧固件的材料及性能应符合相关标准要求。

(2) 物理性能

抗风压性能：≥2 000Pa。

气密性能：≤$7.5m^3/(m^2 \times h)$。

水密性能：≥250Pa。

保温性能：>Ⅳ级。

隔热型彩色铝合金推拉窗和推拉门的使用，虽然增加了投入，但减少了多年来门窗对房间空气渗透的热损耗，提高了门窗的保温隔热性能，从而提高了房屋的保温性能，节约了能源，增加了建筑整体美观度，从另一个方面促进了公寓的销售。

5.2.5.2 洛阳市某住宅小区门窗节能技术

洛阳市某住宅小区，由多层区、高层区、公共活动区和配套公建区组成总建筑面积$15.8 \times 10^4 m^2$。小区建设推广应用了十几项新技术，建筑节能综合指标符合夏热东冷地区居住建筑节能设计标准的要求，建筑物能耗降低 50%以上（图 5-15）。其中门窗节能技术简介如下。

该工程设计采用了气密性、隔热性良好的门窗，其热工性能及气密性均高于国家颁布的节能标准。门窗中的平面玻璃一律采用中空玻璃，传热系数为 $1.63 \sim 3.37W/(m^2 \cdot K)$；弧形玻璃均采用夹胶玻璃（亦称复合玻璃），属隔热、防辐射的节能环保产品。同时该小区工程选用注胶铝合金门窗、窗框在铝型材中间加入隔热条，形成断桥，阻断热传导。具有质轻、保温、隔热、隔声、耐潮湿、耐腐蚀性、密封性好、防火性能好、使用寿命长等特点，是无污染，可回收利用的环保节能型产品。抗雨水渗漏性≥250Pa；抗风压≥7100Pa；抗空气渗漏性 $1.5 \sim 2.5m^3/(m \cdot h)$；传热系数为 $1.8 \sim 3.5W/(m^2 \cdot K)$。

(1) 阳台的保温　阳台窗统一使用 80 系列的中空玻璃塑钢门窗，门窗气密等级用于多层住宅的为Ⅲ级，用于高层住宅的为Ⅱ级。该塑钢门窗不仅传热系数低，而且隔声性能好。

（2）分户门的保温　分户门采用了具有多功能的防盗、保温、隔声密封门、门板内侧填充聚氨酯发泡材料，门框四周加设密封胶条，保温密封效果较好。高层住宅分户门根据设计要求还具有防火功能。

住宅阳台全部为全玻落地封闭可开启阳台，玻璃封闭外设铁艺防护栏杆，阳台内一般为起居室。装修中以推拉门加垂地布帘与阳台分隔。这样的建筑处理避免了阳台门窗临外界时门板热阻值不宜保证的弊端。阳台设计为全落地封闭可开启的形式，既满足冬季采暖及保温的需要，夏季也可以防太阳热辐射，起到隔热作用。阳台开启可以调节通风并恢复户外活动空间的功能。

5.2.5.3　徐州市某节能利废工程

徐州市某节能利废样板工程，全部采用新型建筑材料以达到节能的效果，其中在门窗节能技术方面采取的措施如下。

外窗全部采用塑料推拉窗，该窗的密封性能比规范要求提高了1级。按规范要求，根据该地区在冬季采暖期间的平均风速，窗的气密性应为Ⅳ级（指1～6层建筑），其空气渗透量不超过4.0m^3/(m·h·10Pa)。该工程外窗的气密性控制在Ⅲ级，空气渗透量不超过2.50m^3/(m·h·10Pa)，气密性满足要求。窗的保温性能也提高了1级，规范规定为Ⅴ级，其传热系数不超过6.40W/(m^2·K)。该工程外窗的保温性能为Ⅳ级，传热系数为4.7W/(m^2·K)，其保温性能满足节能标准要求。

（1）分户门　分户门采用双层钢板保温防盗门，传热系数为2.40W/(m^2·K)，满足节能标准要求不大于2.70W/(m^2·K）的规定。

（2）阳台门　节能标准规定，阳台门下部的传热系数不超过1.70W/(m^2·K)，这一规定是用于不封闭的阳台。而该工程为了节能均采用封闭阳台，隔断了房间外墙和室外低温的直接接触，降低了房间外墙的热损失。而阳台门下部的传热面积不超过1.0m^2，再加上阳台的过渡空间，不论阳台下部如何处理，对能耗影响不大。

第6章

绿色建筑屋面和楼地面节能技术与实例

6.1 屋面节能设计指标及其构造

屋顶是建筑的重要组成部分，又是表现建筑体形和外观形象的重要元素，对建筑整体效果具有较大的影响，因此，屋顶又被称为建筑的“第五立面”。

屋顶是房屋建筑最上层覆盖的外围护结构，其基本功能是抵御自然界的一切不利因素，使下部拥有一个良好的使用环境。现在的屋顶功能不断地增加，如节能、美化城市环境及屋顶花园等一系列新的功能不断涌现。

6.1.1 屋面节能设计指标

6.1.1.1 屋面保温技术的发展

据有关资料介绍，对于有采暖要求的一般居住建筑，屋面热损耗占整个建筑热量损耗的20%左右。我国北方地区在屋面保温工程设计方面大约经历了三个发展阶段。

第一阶段：即20世纪50～60年代，当时屋面保温做法主要是干铺炉渣、焦渣或水淬矿渣，在现浇保温层方面主要采用石灰炉渣，在块状保温材料方面，仅少量采用了泡沫混凝土预制块。

第二阶段：即20世纪70～80年代，随着建材生产的发展，出现了膨胀珍珠岩、膨胀蛭石等轻质材料，于是屋面保温层出现了现浇水泥膨胀珍珠岩，现浇水泥膨胀蛭石保温层，以及沥青或水泥作为胶结与膨胀珍珠岩，膨胀蛭石制成的预制块及岩棉板等保温材料。

第三阶段：20世纪80年代以后，随着我国化学工业的蓬勃发展，开发出了重量轻，热导率小的聚苯乙烯泡沫塑料板，泡沫玻璃块材等屋面保温材料；近年来有推广使用重量轻，抗压强度高，整体性能好，施工方便的现喷硬质聚氨酯泡沫塑料保温层，为屋面节能提供了物质基础。

每一阶段所使用材料的技术性能和特点见表6-1。由表6-1可以看出我国在屋面保温工程中的发展变化情况有以下趋势：

① 选用保温材料的热导率由较大逐渐向较小发展；

② 屋面的保温材料由较高的干密度向降低的干密度发展；

③ 保温层做法由松散材料保温层逐步向块状材料保温层发展。

表 6-1 不同发展时期屋面保温材料的技术性能和特点

阶段	保温材料名称	主要技术性能			特点
		干密度/(kg/m³)	热导率/[W/(m·K)]	抗压强度/kPa	
一	干铺炉渣、焦渣	10	0.29	—	利用工业废料，材料易得，价格低廉，但压缩变形大，保温效果差
	白灰焦渣	10	0.25	—	保温层含水率高，易导致防水层起鼓，保温效果差
	泡沫混凝土	4～6	0.19～0.22	—	—
	石灰锯末	3	0.11	—	易腐烂，压实后保温效果将大大降低
二	水泥膨胀珍珠岩	2.5～3.5	0.060～0.087	300～500	整体现浇的此类保温层由于要加水进行拌合，其中的水分不易排出，不仅造成防水层鼓泡，而且加大热导率，现已不再使用此种方法，但可预制成块状保温材料使用
	水泥膨胀蛭石	3.5～5.5	0.090～0.142	≥400	
	岩棉板	0.8～2.0	0.047～0.058	—	重量轻，热导率小，但抗压强度低，要限制使用条件
	加气混凝土	5	0.19	≥400	干密度中等，抗压强度高，但热导率较大，保温效果差
三	EPS	0.15～0.30	0.041	≥200	重量轻，热导率小，是比较理想的屋面保温材料，但此类保温材料不能接触有机溶质，以免腐蚀
	XPS	0.25～0.32	0.030		
	现喷硬质聚氨酯泡沫塑料	>0.3	≤0.027	>400	此种保温材料除具有重量轻，热导率极小的优点外，由于可以现喷施工，可以用于复杂的屋面保温工程
	泡沫玻璃	1.5	0.058	500	是无机保温材料，耐化学腐蚀，其抗压强度高，变形小，耐腐蚀性好

6.1.1.2 屋面节能设计指标

按照建筑节能的要求，依据当地气候条件，确定建筑屋面的构造形式。在正确进行屋面热工计算的基础上，经过技术经济比较，进行合理的屋面保温层的设计。在进行屋面保温层设计时，首先要通过综合比较，选定保温材料，确定保温层的厚度。

表 6-2 采暖居住建筑屋顶传热系数控制指标

采暖期室外平均温度/℃	代表性建筑	屋顶热绝缘系数/(m²·K/W)≤	
		体形系数≤3	体形系数>0.3
1.0～2.0	郑州、洛阳、徐州	0.8	0.6
0～0.9	西安、拉萨、济南	0.8	0.6
−1.0～−0.1	石家庄、晋城、天水	0.8	0.6
−2.0～−1.1	北京、天津、大连	0.8	0.6
−3.0～−2.1	兰州、太原、阿坝	0.7	0.5
−4.0～−3.1	西宁、银川	0.7	0.5
−5.0～−4.1	张家口、鞍山、酒泉	0.7	0.5
−6.0～−5.1	沈阳、大同、哈密	0.6	0.4
−7.0～−6.1	呼和浩特、抚顺	0.6	0.4
−8.0～−7.1	延吉、通辽、四平	0.6	0.4
−9.0～−8.1	长春、乌鲁木齐	0.5	0.3
−10.0～−9.1	哈尔滨、牡丹江	0.5	0.3
−11.0～−10.1	佳木斯、齐齐哈尔	0.5	0.3
−12.0～−11.1	海伦、博克图	0.4	0.25
−14.0～−12.1	伊春、海拉尔	0.4	0.25

我国《民用建筑节能设计标准》(JGJ 26—1995) 对采暖居住屋顶的传热系数有明确规定（表 6-2）；《夏热冬冷地区居住建筑节能设计标准》(JGJ 134—2001) 规定屋面的传热系数 K 与热惰性指标 D 应满足：$K\leqslant1.0$ 和 $D\geqslant3.0$ 或者 $K\leqslant0.8$ 和 $D\geqslant2.5$；《夏热冬冷地区居住建筑节能设计标准》(JGJ 75—2003) 规定 $K\leqslant1.0$ 和 $D\geqslant2.5$，当 $D<2.5$ 时的轻质屋面还应满足国家标准《民用建筑热工设计规范》(GB 50176—93) 所规定的隔热要求。

6.1.2 传统屋面节能设计构造

我国目前使用的无机类保温材料有水泥膨胀珍珠岩板、水泥膨胀蛭石板以及加气混凝土板、岩棉板等；有机类保温材料有模塑聚苯板（EPS)、挤塑聚苯板（XPS)、硬质聚氨酯泡沫塑料等。

以常见的屋面构造做法为例，即室内白灰砂浆面层（20mm 厚)→现浇钢筋混凝土板（100mm 厚)→白灰焦渣找坡层（平均 70mm 厚)→保温层→水泥砂浆找平层（20mm 厚)→防水层。

当选用无机类保温材料时，保温层厚度和屋面总热绝缘系数 R_0、热绝缘系数 K_0 的关系见表 6-3。

表 6-3　无机类保温材料屋面热工计算指标

保温层厚度/mm	水泥膨胀珍珠岩板		水泥膨胀蛭石板	
	总热绝缘系数 R_0/(m^2·K/W)	热绝缘系数 K_0/(m^2·K/W)	总热绝缘系数 R_0/(m^2·K/W)	热绝缘系数 K_0/(m^2·K/W)
80	1.290	0.755	—	—
95	1.428	0.700	—	—
110	1.565	0.639	—	—
125	1.703	0.587	1.258	0.795
160	2.205	0.494	1.455	0.687
200	—	—	1.681	0.595
220	2.577	0.388	—	—
260	—	—	2.019	0.495

当选用有机类保温材料时，保温层厚度和屋面总热绝缘系数 R_0、热绝缘系数 K_0 的关系见表 6-4。

表 6-4　有机类保温材料热工材料热工计算指标

保温层厚度/mm	模塑聚苯板		挤塑聚苯板		硬质聚氨酯泡沫塑料	
	总热绝缘系数 R_0/(m^2·K/W)	热绝缘系数 K_0/(m^2·K/W)	总热绝缘系数 R_0/(m^2·K/W)	热绝缘系数 K_0/(m^2·K/W)	总热绝缘系数 R_0/(m^2·K/W)	热绝缘系数 K_0/(m^2·K/W)
25	—	—	1.312	0.762	1.326	0.754
30	—	—	1.463	0.683	1.480	0.676
35	1.265	0.790	1.615	0.619	1.634	0.612
40	—	—	1.766	0.566	1.789	0.559
45	1.469	0.681	1.918	0.521	1.943	0.515
50	1.570	0.637	2.069	0.483	2.097	0.477
55	1.672	0.598	2.221	0.450	2.252	0.444
65	1.872	0.533	2.524	0.396	2.560	0.391
75	2.078	0.481	—	—	2.869	0.349
80	2.090	0.478	2.987	0.336	—	—

6.1.3 新型屋面节能设计构造

6.1.3.1 倒置式保温屋面

倒置式保温屋面 20 世纪 60 年代开始在德国和美国被采用，其特点是保温层做在防水层之上，对防水层起到一个屏蔽和防护的作用，使之不受阳光和气候变化的影响而温度变化较小，也不易受到来自外界的机械损伤，是一种值得推广的保温屋面。

倒置式保温屋面与普通保温屋面相比较，主要有以下优点。

① 构造简单，避免浪费。

② 不必设置屋面排气系统。

③ 防水层受到保护，避免热应力、紫外线以及其他因素对防水层的破坏。

④ 出色的抗湿性能使其具有长期稳定的保温隔热性能与抗压强度。

⑤ 如采用挤塑聚苯乙烯保温板能保持较长久的保温隔热性能，持久性与建筑物的寿命等同。

⑥ 憎水性保温材料可以用电热丝或其他常规工具切割加工，施工快捷简便。

⑦ 日后屋面检修不损材料，方便简单。

⑧ 采用了高效保温材料，符合建筑节能技术发展方向。

与传统保温屋面相比，倒置式保温屋面虽然造价较贵，但优越性明显。

（1）倒置式屋面常用节能构造　倒置式屋面的基本构造层次由下至上为结构层、找平层、结合层、防水层、保温层、保护层等，其做法有如下几种类型。

① 第一种是采用保温板直接铺设于防水层，再敷设纤维织物一层，上铺卵石或天然石块或预制混凝土块等做保护层。优点是施工简便，经久耐用，方便维修。

图 6-1 是倒置式柔性防水屋面构造。

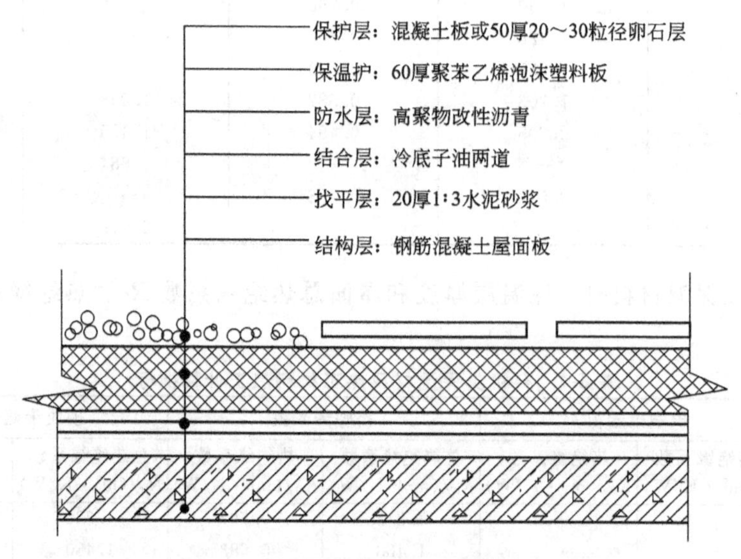

图 6-1　倒置式柔性防水屋面做法之一

② 第二种是采用发泡聚苯乙烯水泥隔热砖，用水泥砂浆直接粘贴于防水层上。优点是构造简单，造价低，目前大量住宅小区已试用，效果很好。缺点是使用过程中会有自然损坏，维修时需要凿开，且易损坏防水层。发泡聚苯乙烯虽然密度、热导率和吸水率均较小，且价格便宜，但使用寿命相对有限，不能与建筑物寿命同步。聚苯乙烯泡沫塑料是以聚苯乙烯树脂为主体，加入发泡剂等其他助剂制得的，是由表皮层和中心层构成的蜂窝状结构。表皮层无气孔，而中心层含大量微细封闭气孔，通常其孔隙率可达 90%以上。由于这种特殊的结构，聚苯乙烯泡沫塑料具有质轻、保温、吸水率小和耐温性好等特点，并具有很好的恢复变形的能力，是很好的建筑屋面保温隔热材料。

③ 第三种是采用挤塑聚苯乙烯保温隔热板（以下简称保温板）直接铺设于防水层上，做配筋细石混凝土，如需美观，还可再做水泥砂浆粉光、粘贴缸砖或广场砖等。挤塑聚苯乙烯保

温板（简称 XPS）是以聚苯乙烯树脂加上其他原辅料与聚合物，通过加热混合时注入发泡剂，然后挤塑成型的硬质泡沫塑料板。它具有完美的封闭孔蜂窝结构，极低的吸水性、低热导率、高抗压性、抗老化性，是一种理想的绝热保温材料，也是传统的保温绝热板材即可发性聚苯乙烯保温板（EPS 板）的替代品。这种做法适用于上人屋面，经久耐用，缺点是不便维修。

④ 第四种对于坡屋顶建筑，屋顶采用瓦屋面，保温层设于防水层与瓦材之间，防水及保温效果均较好。

图 6-2 是坡屋顶倒置式柔性防水屋面构造。

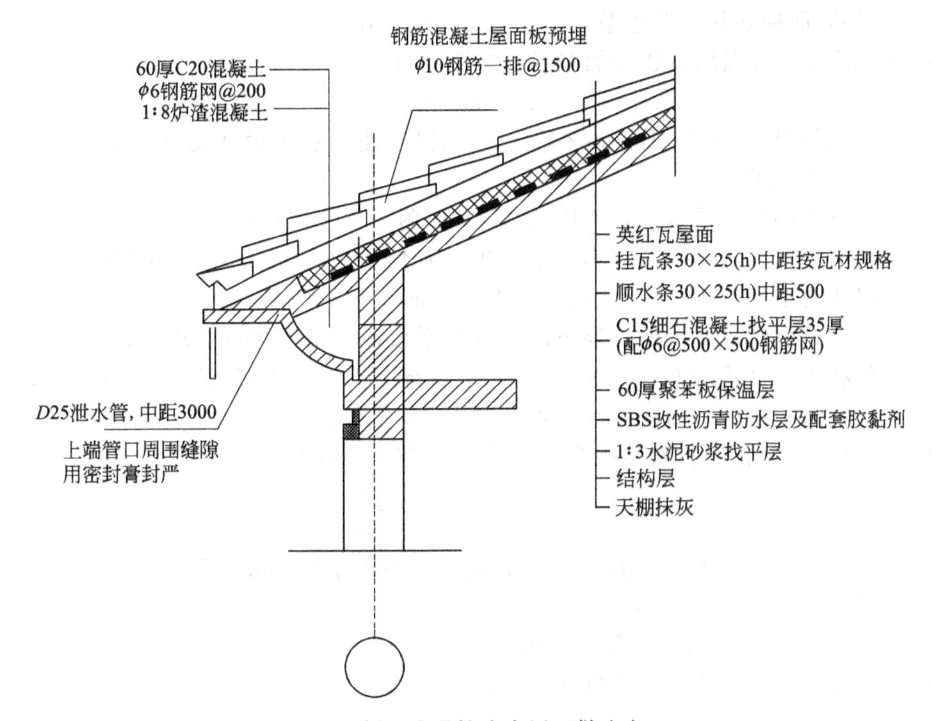

图 6-2　倒置式柔性防水屋面做法之二

(2) 倒置式屋面关键技术　倒置式屋面依构造层次自下而上有如下几个关键技术问题。

① 屋面坡度宜优先采用结构起坡 3%，以便减轻自重，省去找坡层。但若建筑平面和结构布置较复杂，且屋面排水坡也较复杂时，只能采用材料找坡，坡度为 2%。一般情况使用煤渣混凝土做保温层并找坡，也可采用加气混凝土砌块碎料做保温层并找坡，价廉物美。

② 防水层宜选用两种防水材料复合使用。工程中常用的防水卷材是一种用来铺贴在屋面或地下防水结构上的防水材料。目前我国常用的防水卷材有纸胎沥青油毡和油纸。随着国民经济的发展及适应大规模基本建设的需要，又生产了沥青玻璃布油毡、再生胶沥青油毡、沥青矿棉纸油毡及麻布油毡等。近年来，又开始研制成功了玻璃纤维毡片、三元乙丙橡胶防水卷材等高档防水材料。

③ 防水层与保温层之间可设置一层滤水层，一方面可使防水层与保温层之间产生一个隔离层，另一方面可同时造成一个集水和结冻的空间。滤水层可采用干净的卵石或排水组合。

④ 因上人屋面需要，保温板上可整浇厚 40mmC20 细石混凝土，内部可配置双向筋，表面可粘贴广场砖等。如仅供检修或消防避难用屋面，则可排铺天然石块或预制混凝土块，如屋面上无其他上人要求则可散铺卵石，卵石粒径一般为 20～40mm，这种做法在欧美较为常见，保护层厚度一般可按 49～78kg/m^2 控制。保护层与保温板之间还应覆盖耐穿刺、耐腐蚀的纤维织物一层。

(3) 倒置式保温防水屋面设计

① 保温材料厚度的计算见下式：

$$\delta_x = \lambda_x (R_{o,min} - R_i - R - R_e) \tag{6-1}$$

式中 δ_x——保温层设计厚度，m；

λ_x——保温材料修正后的热导率，W/(m·K)；

$R_{o,min}$——屋盖系统的最小传热热绝缘系数，$m^2 \cdot K/W$；

R_i——内表面换热热绝缘系数，取 0.11$m^2 \cdot K/W$；

R——除保温层外，屋盖系统材料层热绝缘系数，$m^2 \cdot K/W$；

R_e——外表面换热热绝缘系数，取 0.04$m^2 \cdot K/W$。

② 热导率计算。保温层修正后的热导率按下式计算：

$$\lambda_x = \lambda a a_1 a_2 \tag{6-2}$$

式中 λ——保温材料热导率，W/(m·K)，按《民用建筑热工设计规范》(GB 50176—93) 附表 4.1 取值；

a——热导率的修正系数，按 GB 50176—93 附表 4.2 取值；

a_1——雨水或融化浸透保温层引起热损失的补偿系数，开敞式保温屋面（有可能进入雨水或雪水的）$a_1 = 1.1$，封闭式保温屋面 $a_1 = 1.0$；

a_2——保温材料因吸水引起性能下降的补偿系数，保温层密封状态，$a_2 = 1.0$；保温层开敞状态，硬质发泡聚氨酯 $a_2 = 1.3$，聚苯乙烯板（熔珠型）$a_2 = 1.0$；聚苯乙烯板（挤塑型）$a_2 = 1.1$，泡沫玻璃 $a_2 = 1.0$，聚苯乙烯板 $a_2 = 1.0$。

除保温层外，屋面各层材料热绝缘系数之和 R 按下式计算：

$$R = \frac{\delta_1}{\lambda_1} + \frac{\delta_2}{\lambda_2} + \cdots + \frac{\delta_n}{\lambda_n} \tag{6-3}$$

式中 R——除保温层外，屋盖系统材料层热绝缘系数，$m^2 \cdot K/W$；

δ_1、δ_2、…、δ_n——各层材料厚度，m；

λ_1、λ_2、…、λ_n——各层材料的热导率，W/(m·K)。

③ 屋盖系统最小传热热绝缘系数按下式计算：

$$R_{o,min} = (t_i - t_e) n \frac{R_i}{\Delta t} \tag{6-4}$$

式中 t_i——冬季室内计算温度，℃，一般建筑取 18℃；

t_e——围护结构冬季室外计算温度，℃，按 GB 50176—93 规范的附表 3.1 取值；

n——温差修正系数，按 GB 50176—93 规范的附表 4.1.1-1 取值；

Δt——室内空气与维护结构内表面之间的允许误差，℃，应按 GB 50176—93 规范的附表 4.1.1-2 取值。

(4) 屋顶隔热设计要求　在房间自然通风情况下，建筑物屋顶的内表面最高温度，应满足下式要求：

$$\theta_{i,max} \leqslant t_{e,max} \tag{6-5}$$

式中 $\theta_{i,max}$——围护结构表面最高温度，℃；

$t_{e,max}$——夏季室外计算温度最高值，℃，按 GB 50176—93 规范的附表 3.2 取值。

6.1.3.2　种植屋面

种植屋面是指在建筑屋面和地下工程顶板的防水层上铺以种植土，并种植植物，使其起到防水、保温、隔热和生态环保作用的屋面。

屋面的植被绿化防热是利用植物的光合作用、叶面的蒸腾作用以及对太阳辐射的遮挡作用，来减少太阳辐射热对屋面的影响。另外，土层也有一定的蓄热能力，并能保持一定水分，通过水的蒸发作用对屋面进行降温。

(1) 种植屋面常用节能构造　种植屋面的构造为植被层、种植土、过滤层、排（蓄）水层、保护层、耐根穿刺防水层、普通防水层、找平层（找坡层）。种植屋面的四周应设挡墙，挡墙下部应设泄水孔。

以上 8 层不是层层都有，根据气候、地域、建筑形式可以减少某一层次。例如：地下建筑顶板种植土厚达 80cm 以上一般不做保温层，尤其是南方；当顶板上种植土与周边大地相连时，不设排水层；江南地区屋面种植，一般不设保温层；在少雨的西北高原可以不设排水层；坡屋顶种植一般不设排水层，因降雨不待渗下去，就已经在土表径流而下。

种植屋面由结构层至种植层在构造上可按以下步骤进行。

① 找坡层。屋顶结构层上做 1∶6 蛭石混凝土找坡 1%～5%，最薄处 20mm。

② 防水层。屋顶绿化是否会对屋顶的防水系统造成破坏一直都是人们关注的焦点，解决好屋顶渗漏是屋顶绿化的关键所在。如今高性能的防水材料和可靠的施工技术已经为屋顶绿化创造了条件，目前已有工程实例说明，使用轻且耐用的新型塑料排水板，可以有效避免屋顶渗漏水。做复合防水层，柔性防水可采用高分子卷材一层，最上层刚性防水为 40mm 厚细石混凝土内置ϕ4@200 双向钢筋网。分仓缝用一布四涂盖缝，选用耐腐蚀性能好的嵌缝油膏。不宜种植根系发达的植物（如松、柏、榕树等），以免侵蚀防水层。

③ 排水层。普通做法是在防水层上铺 50～80mm 厚粗炭渣、砾石或陶粒，作为排水层，将种植层渗下的水排到屋面排水系统，以防积水。塑料架空排水板（带有锥形的塑料层板），可以用来替代种植土下面的砾石或陶粒排水层，它可将排水层的荷载由 100kg/m^2 减少到 3kg/m^2，厚度减少到 28mm。用架空排水板排水能大大降低建筑物种植屋面的荷载，省时、省力，又可节省费用，目前已在许多工程中得到了推广使用。

④ 过滤层。排水层上的过滤层可铺聚酯无纺布或是具有良好内部结构、可以渗水、不易腐烂又能起到过滤作用的土工布，它不仅能让种植土的微小颗粒通过，又能使土中多余的水分滤出，进入到下面的排水层中。

⑤ 种植层。屋面荷载设计时要考虑种植层的重量，包括在吸水饱和状态时的重量。现在研制出的轻质营养土，保水保肥性能优良，种植基质层的厚度较普通种植土可以减少一半以上，其湿容重约为普通的 1/2，这样，种植基质层的总重量就能减轻，大大降低了屋面荷载，整个房屋结构的受力也不会因种植层的增加而产生太大影响。不过，种植层最好应均匀、整齐地铺在屋面上，这会对结构受力有利。植物的选择应采用适应性强、耐干旱、耐瘠薄、喜光的花、草、地被植物、灌木、藤本和小乔木，不宜采用根系穿透性强和抗风能力弱的乔、灌木（如黄葛树、小榕树、雪松等）。

⑥ 种植床埂。在种植屋面的施工过程中，应根据屋顶绿化设计用床埂进行分区，床埂用加气混凝土砌块垒起，高过种植层 60mm，床埂每隔 1200～1500mm 设一个溢水孔，溢水孔处铺设滤水网，一是防止种植土流失，二是防止排水管道被堵塞造成排水不畅。为便于种植屋面的管理和操作，在种植床埂与女儿墙之间（或床埂与床埂之间）设置架空板，通常用 40mm 厚预制钢筋混凝土板，将其与两边支承固定牢靠。如果能将供水管及喷淋装置埋入屋面种植土中，用雾化的水进行喷洒浇灌，既可达到节水目的，又减少了屋面积水渗漏的可能性，是值得推广的做法。一般建筑物屋面应做保温隔热层，以获得适宜的温湿度，若采用种植屋面，其他的保温设施就可大大精简了，且其降温隔热效果优于其他保温隔热屋面。种植屋面的构造并不复杂，只要按照相关技术规范操作，就能达到理想效果。考虑到风荷载的作用，种植屋面应做好防风固定措施。

（2）种植屋面的基本原则

① 种植屋面的结构层宜采用现浇钢筋混凝土。新建种植屋面工程的结构承载力设计，必须包括种植荷载。既有建筑屋面改造成种植屋面时，荷载必须在屋面结构承载力允许的范围内。

② 种植屋面工程设计应遵循“防、排、蓄植并重，安全、环保、节能、经济，因地制宜”

的原则，并考虑施工环境和工艺的可操作性。

③ 种植屋面防水层的合理使用年限应≥15 年。应采用二道或二道以上防水层设防，最上道防水层必须采用耐根穿刺防水材料。防水层的材料应相容。寒冷地区种植土与女儿墙及其他泛水之间应采取防冻胀措施。

④ 当屋面坡度大于 20%时，其保温隔热层、防水层、排（蓄）水层、种植土层等应采取防滑措施；屋面坡度大于 50%时，不宜做种植屋面。

⑤ 倒置式屋面不应做满覆土种植。

⑥ 种植设计将覆土种植与容器种植相结合，生态和景观相结合。

⑦ 简单式种植屋面的绿化面积，宜占屋面总面积的 80%以上；花园式种植屋面的绿化面积，宜占屋面总面积的 60%以上。

⑧ 常年有六级风以上地区的屋面，不宜种植大型乔木。

⑨ 屋面种植应优先选择滞尘和降温能力强，并适应当地气候条件的植物。

6.1.3.3 其他新型节能屋面

（1）蓄水屋面 蓄水屋面是指在屋面防水层上蓄一定高度的水，起到隔热作用的屋面。其目的是在太阳辐射和室外气温的综合作用下，水能吸收大量的晒到屋面的热量而由液体蒸发为气体，从而将热量散发到空气中，减少了屋盖吸收的热能，起到隔热和降低屋面温度的作用。这是一种较好的隔热措施，是改善屋面热工性能的有效途径。

此外，水面还能够反射阳光，减少阳光辐射对屋面的热作用。水层在冬季还有一定的保温作用。蓄水屋面既可隔热又可保温，还能保护防水层，延长防水材料的寿命。

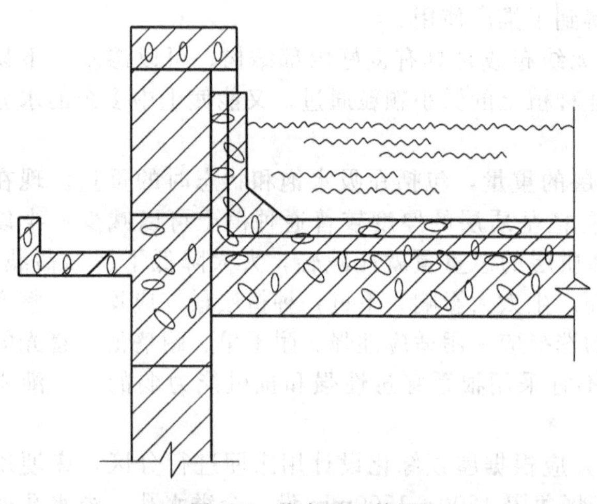

图 6-3 蓄水屋面简图

在相同的条件下，蓄水屋面比非蓄水屋面使屋顶内表面的温度输出和热流响应要降低得更多，而且受室外扰动的干扰较小。对于蓄水屋面，由于一般是在混凝土刚性防水层上蓄水，这样既可以利用水层隔热降温，又改善了混凝土的使用条件：避免了直接暴晒和冰雪雨水引起的急剧伸缩；长期浸泡在水中有利于混凝土后期强度的增长；又由于混凝土有的成分在水中继续水化产生湿胀，因而水中的混凝土有更好的防渗水性能，同时蓄水的蒸发和流动能及时地将热量带走，减缓了整个屋面的温度变化。另外，由于在屋面上蓄上一定厚度的水，增大了整个屋面的热阻和温度的衰减倍数，从而降低了屋面内表面的最高温度。其主要构造简图如图 6-3 所示。

在工程应用中，蓄水屋面要求全年蓄水，水源应以天然雨水为主，补充少量自来水。从理论上讲，50mm 深的水层即可满足降温与保护防水层的要求，但实际比较适宜的水层深度为 150～200mm。水层太浅已蒸发，需经常补充自来水，造成管理麻烦。为避免水层成为蚊蝇滋生地，需要在水中饲养浅水鱼及种植浅水水生植物，这就要求水层有一定的深度。但是，水层过深，将会过多地增加结构荷载。因此，综上因素，一般选用 200mm 左右的深度为宜。为了保证屋面蓄水深度均匀，蓄水屋面的坡度不可大于 0.5%。

（2）浅色坡屋面 目前，大多数住宅仍采用平屋顶，在太阳辐射最强的中午时间，太阳光线对于坡屋面是斜射的，而对于平屋面是正射的，深暗色的平屋面仅反射不到 30%的日照，而非金属浅暗色的坡屋面至少反射 65%的日照，反射率高的屋面大约节省 20%～30%的能源消耗，据研究表明使用聚氯乙烯膜或其他单层材料制成的反光屋面，确实能减少至

少50%的空调能源消耗；在夏季高温酷暑季节节能减少10%～15%的能源消耗。因此，若将平屋面改为坡屋面，并内置保温隔热材料，不仅可提高屋面的热工性能，还有可能提供新的使用空间，也有利于防水，并有检修维护费用低、耐久之优点。特别是随着建筑材料技术的发展，用于坡屋面的坡瓦材料形式多，色彩选择广，对改变建筑千篇一律的平屋面单调风格，丰富建筑艺术造型，点缀建筑空间有很好的装饰作用。在中小型建筑如居住、别墅及城市大量平改坡屋面中被广泛应用。但坡屋面若设计构造不合理、施工质量不好，也可能出现渗漏现象。因此坡屋面的设计必须搞好屋面细部构造设计，保温层的热工设计，使其能真正达到防水、节能的要求。

（3）金属屋面　与当今市场上许多其他屋面产品相比，金属屋面在节能方面的效果更佳。在美国，一些地方的能源、环保部门正不断提高反映屋面节能效果标准的门槛，如反射率和辐射率。

金属屋面有两种基本类型：结构金属屋面和建筑金属屋面，前者是将金属板直接与檩条或条板相连，而后者金属板下面一般需要铺胶合板、定向纤维板等。金属屋面表面往往有涂层或罩面使其在性能上跻身于冷屋面和可持续屋面的行列，金属屋面的外观可以与传统的沥青油毡瓦、石板瓦、木瓦相仿，有各种颜色。

金属屋面的节能效应除了涂成白色使其具有很好的反射性能外，还主要表现在使用寿命长。大多数金属屋面有很好的耐候性，使用寿命长达20～50年；每年平均维修费用很低，是任何一种屋面都无法相比的；金属屋面的材料几乎100%可以再利用，不像其他屋面到达使用寿命需要更新时会产生大量的废料；再生材料的含量高，通常至少在25%以上；重量轻，只有一般油毡瓦屋面的1/8～1/3，因而可直接用于旧屋面上而无需拆除；防火性能优异，可以设计得能经受大风的考验等。

推广金属屋面的主要障碍是一次性投资比较高。实际上由于超长的使用寿命，其使用寿命周期费用要比其他的屋面系统低。加上这种屋面的维修费用很少甚至没有，给业主带来极大的方便，因而必须综合加以考虑。另外，有些人对金属屋面存在认识误区，例如金属传热好保温差、会生锈、褪色。许多研究表明，今天用在金属屋面上的涂料和罩面已经使其具有足够的资格成为节能屋面的一员。

（4）“冷”屋面　在美国，“冷”屋面正在崛起，成为主流屋面系统，尤其是在炎热地区。在较冷的地区这种屋面也正受到人们的热烈欢迎。

所谓“冷”屋面是指日射反射率高的屋面，它通过对普通屋顶涂上高反射率的涂料，提高屋顶的日射反射率，减少太阳热量的吸收，从而达到减少空调冷负荷和空调节能的目的。研究表明：采用“冷”屋面节能可使空调负荷减少约10%～50%。

一般来说，如果材料表面反射太阳能的能力强，即反射率大，并且还能辐射其吸收的大部分热量，即热辐射系数大，则材料表面温度低。对屋面而言，屋面表面温度低，对于暖和地区的建筑物是十分有利的。换言之，两种指标数值越高，则越有利。有数据表明：高吸收黑色屋面材料，其表面和周围温度之差可高达50℃，而高反射浅色屋面材料该温差仅为11.1℃。研究表明：节能效果也与屋面材料的太阳反射能力密切相关，深灰色屋面只反射与太阳光有关热量的8%，而白色（沥青油毡）瓦和黏土瓦的反射能力分别为25%和34%。白色金属和水泥瓦可反射太阳能达66%和77%。当然进入建筑物的热量的多少还与另一个因素有关，即整个屋面结构的R值。R值越大，保温性能越好，进入建筑物内部的热量就少。因此从屋面角度考虑，空调负荷既与屋面的“冷”度有关，也与屋面保温材料的性能、厚度等因素有关。两者之间有一个平衡的问题。将屋面涂刷成白色可以使空调负荷降低15%～50%，具体多少取决于屋面下保温层的厚度、整个建筑物的热工性能以及气候条件。

此外，还有架空屋面、压顶屋面以及太阳能屋面等新型节能屋面。然而，屋面节能应遵循可持续发展原则，以高新技术为主导，针对建筑全寿命的各个环节，通过科学的整体设计，全方位体现“节约能源，节省资源，保护环境，以人为本”的基本理念，创造高效低耗，无废无污，健康舒适，生态平衡的建筑环境。

6.2 屋面节能技术

屋顶作为一种建筑物外围护结构所造成的室内外温差传热耗热量，大于任何一面外墙或地面的耗热量。因此，提高建筑屋面的保温隔热能力，能有效地抵御室外热空气传递，减少空调能耗，也是改善室内热环境的一个有效途径。

6.2.1 保温隔热屋面

保温隔热屋面节能的原理与墙体节能一样，通过改善屋面层的热工性能阻止热量的传递。

6.2.1.1 一般保温隔热屋面

一般保温隔热屋面实体材料层保温隔热屋面一般分为平屋顶和坡屋顶两种形式，由于平屋顶构造形式简单，所以是最为常用的一种屋面形式。为了提高屋面的保温隔热性能，设计上应遵照以下设计原则。

① 为了提高材料层的热绝缘性，最好选用导热性小、蓄热性大的材料，同时要考虑不宜选用容重过大的材料，防止屋面荷载过大。

② 应根据建筑物的使用要求，屋面的结构形式，环境气候条件，防水处理方法和施工条件等因素，经技术经济比较确定。

③ 屋面的保温隔热材料的确定，应根据节能建筑的热工要求确定保温隔热层厚度，同时还要注意材料层的排列，排列次序不同也影响屋面热工性能，应根据建筑的功能，地区气候条件进行热工设计。

④ 屋面保温隔热材料不宜选用吸水率较大的材料，以防止屋面湿作业时，保温隔热层大量吸水，降低热工性能。如果选用了吸水率较高的热绝缘材料，屋面上应设置排气孔以排除保温隔热材料层内不易排出的水分。

设计人员可根据建筑热工设计计算确定其他节能屋面的传热系数 K 值、热阻 R 和热惰性指标 D 值等，使屋面的建筑热工要求满足节能标准的要求。

6.2.1.2 高效保温材料保温层面

这种屋面保温层选用高效轻质的保温材料，保温层为实铺。屋面构造做法如图 6-4 所示，一般情况防水层、找平层与找坡层均大体相同，结构层可用现浇钢筋混凝土楼板或是预制混凝土圆孔板，相关热工指标可见表 6-5。

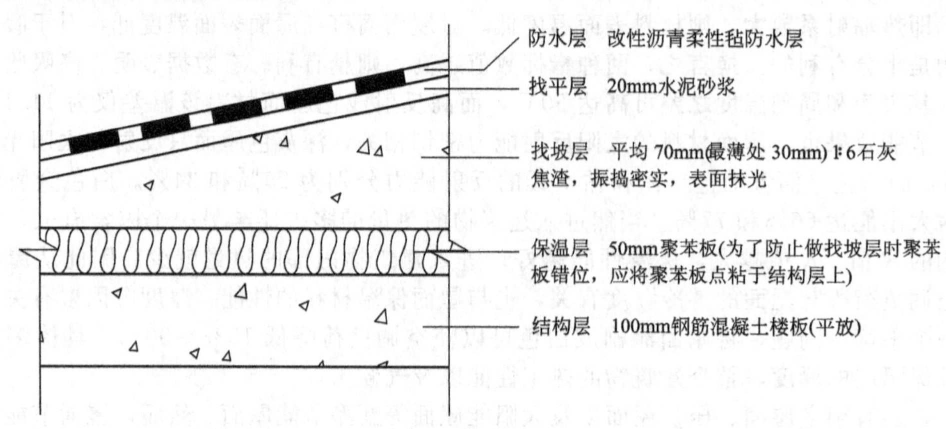

图 6-4 保温层面构造示意图

表 6-5　保温屋面热工指标

屋面构造法	厚度/mm	λ /[W/(m·K)]	α	R /(m²·K/W)	R_0 /(m²·K/W)	K_0 /[W/(m²·K)]
1. 防水层	10	0.17	1.0	0.06	—	—
2. 水泥砂浆找平	20	0.93	1.0	0.02	—	—
3. 1∶6 石灰焦渣找坡(平均)	70	0.29	1.50	0.16	—	—
4. 保温层	—	—	—	—	—	—
a. 聚苯板	50	0.04	1.20	1.04	1.51	0.66
b. 挤塑型聚苯板	50	0.03	1.20	1.39	1.86	0.54
c. 水泥聚苯板	150	0.09	1.50	1.11	1.58	0.63
d. 水泥蛭石	180	0.14	1.50	0.86	1.33	0.75
e. 乳化沥青珍珠岩板 ($\rho_0=400\text{kg/m}^3$)	180	0.14	1.0	1.29	1.76	0.57
f. 憎水性珍珠岩板 $\rho_0=250\text{kg/m}^3$	120	0.10	1.0	1.20	1.67	0.60
g. 黏土珍珠岩	180	0.12	1.50	1.00	1.47	0.68
5. 现浇钢筋混凝土板	100	1.74	1.0	0.06	—	—
6. 石灰砂浆内抹灰	20	0.81	1.0	0.12	—	—

6.2.1.3　架空型保温屋面

在屋面内增加空气层有利于屋面保温效果，同时也有利于屋面夏季的隔热效果。架空层的常见规格做法：以 2～3 块烧结普通砖砌块的墩为肋，上铺钢筋混凝土板，架空层内铺轻质保温材料。具体构造如图 6-5 所示。表 6-6 为使用不同保温材料的架空保温屋面的热工指标。

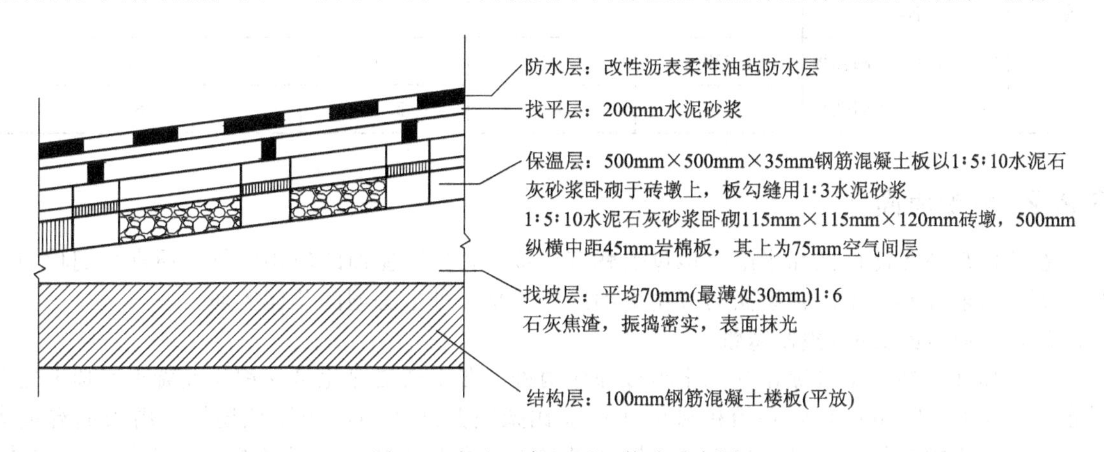

图 6-5　架空型保温屋面构造示意图

表 6-6　架空型保温屋面热工指标

屋面构造做法	厚度/mm	λ /[W/(m·K)]	α	R /(m²·K/W)	上方空气间层厚度/mm	R_0 /(m²·K/W)	K_0 /[W/(m²·K)]
1. 防水层	10	0.17	1.0	0.06	—	—	—
2. 水泥砂浆找平	20	0.93	1.0	0.02	—	—	—
3. 钢筋混凝土板	35	1.74	1.0	0.2	—	—	—
4. 保温层	—	—	—	—	—	—	—
a. 聚苯板	40	0.04	1.20	0.83	80	1.49	0.67
b. 岩棉板或玻璃棉板	45	0.05	1.0	0.9	75	1.56	0.64
c. 膨胀珍珠岩(塑料袋装 $\rho_0=400\text{kg/m}^3$)	40	0.07	1.20	0.48	80	1.14	0.88
d. 矿棉、岩棉、玻璃棉毡	40	0.05	1.20	0.67	80	1.33	0.75
5. 1∶6 石灰焦渣找坡(平均)	70	0.29	1.50	0.16	—	—	—
6. 现浇钢筋混凝土	100	1.74	1.0	0.06	—	—	—
7. 石灰砂浆内抹灰	20	0.81	1.0	0.02	—	—	—

6.2.1.4 保温、找坡结合型保温屋面

这种屋面常用浮石砂做保温与找坡结合的构造，层厚平均在170mm（2%坡度），容积密度600kg/m³ 的浮石砂，分层碾压振捣，压缩比1∶1.2，与130mm厚混凝土圆孔板一起使用，如图6-6及表6-7所示。

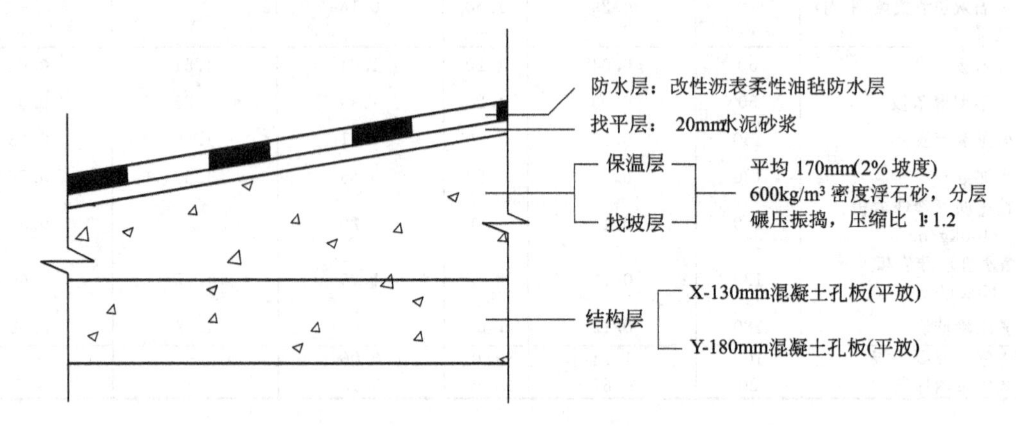

图6-6 保温、找坡结合型保温屋面

表6-7 保温、找坡结合型保温屋面热工指标

结构层		容重/(kg/m³)	厚度/mm	热惰性指标 D	K_0/[W/(m²·K)]
编号	名称				
X	130mm 混凝土圆孔板	337	330	4.93	0.87
Y	130mm 混凝土圆孔板	437	380	5.27	0.86

6.2.2 种植屋面

在我国夏热冬冷地区和华南等地过去就有“蓄土种植”屋面的应用实例，通常我们称为种植屋面。目前在建筑中此种屋面的应用更加广泛，是一种生态型的节能屋面。

6.2.2.1 种植屋面的分类及特性

种植屋面分覆土植被绿化和无土植被绿化两种。覆土植被绿化是在钢筋混凝土屋顶上覆盖种植土壤100～150mm厚，种植植被隔热性能比架空其通风间层的屋顶还好，内表面温度大大降低。无土植被绿化，具有自重轻、屋面温差小，有利于防水防渗的特点，它是采用水渣、蛭石或者是木屑代替土壤，重量减轻了而隔热性能反而有所提高且对屋面构造没有特殊要求，只是在檐口和走道板处须防止蛭石或木屑的雨水外溢时被冲走。据实践经验，植被屋顶的隔热性能与植被覆盖密度、培植基质（蛭石或木屑）的厚度和基层的构造等因素有关。还可种植红薯、蔬菜或其他农作物。但培植基质较厚，所需水肥较多，需经常管理。

草被屋面则不同，由于草的生长力和耐气候变化性强，可粗放管理，基本可依赖自然条件生长。草被品种可就地选用，亦可采用碧绿色的天鹅绒草和其他观赏花木。种植屋面是我国夏热冬冷地区和华南等地屋面最佳隔热保温措施，它不仅绿化了环境，还能吸收遮挡太阳辐射进入室内，同时还吸收太阳热量用于植物的光合作用，蒸腾作用和呼吸作用，改善了建筑热环境和空气质量，辐射热能转化成植物的生物能和空气的有益成分，实现太阳辐射资源性的转化。

在屋面上植草栽花，甚至在屋面种植灌木、堆假山、设喷水池，形成“草场屋顶”或“花园屋顶”，不仅起到防热作用，而且在城市绿化，调节气候，净化空气，降低噪声，美化环境，解决建房与农田之争，减少来自屋面的眩光，增加自然景观和保护生态平衡等方面，都有积极作用，是一项值得推广应用的措施。

通常种植屋面钢筋混凝土屋面板温度控制在月平均温度左右。具有良好的夏季隔热、冬季保温特性和良好的热稳定性。其做法可参照图6-7两种构造形式，也可以按其他建筑标准的相关做法。

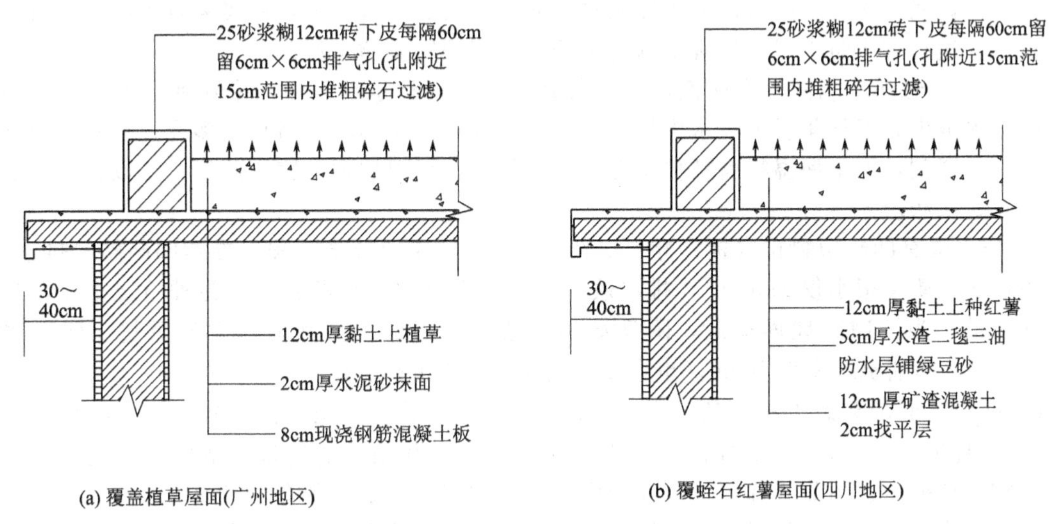

(a) 覆盖植草屋面(广州地区)　　(b) 覆蛭石红薯屋面(四川地区)

图6-7 几种植被绿化屋面的构造做法

根据实际经验，种植屋面的隔热性能与植被覆盖密度、培植基质（蛭石或木屑）的厚度和基层的构造等因素有关。种植层的厚度一般依据种植物的种类而定：草本15～30mm，花卉小灌木30～45mm，大灌木45～60mm，浅根乔木60～90mm，深根乔木90～150mm。

6.2.2.2 种植屋面的设计要求及注意事项

（1）在进行种植屋面设计时应注意的主要问题

① 种植屋面一般由结构层、找平层、防水层、蓄水层、滤水层、种植层等构造层组成。

② 种植屋面应采用整体浇筑或预制装配的钢筋混凝土屋面板作结构层，其质量应符合国家现行各相关规范的要求。在考虑结构层设计时，要以屋顶允许承载重量为依据。必须做到：屋顶允许承载量大于一定厚度种植屋面最大湿度重量＋一定厚度排水物质重量＋植物重量＋其他物质重量。

③ 防水层应采用设置涂膜防水层和配筋细石混凝土刚性防水层两道防线的复合防水设防的做法，以确保其防水质量，做到不渗不漏。

④ 在结构层上做找平层，找平层宜采用1∶3水泥砂浆，其厚度根据屋面基层种类（按照屋面工程技术规范）规定为15～30mm，找平层应坚实平整。找平层宜留设分格缝，缝宽为20mm，并嵌填密封材料，分格缝最大间距为6m。

⑤ 种植屋面的植土不宜太厚，植物扎根远不如地面。因此，栽培植物宜选择长日照的浅根植物，如各种花卉、草等，一般不宜种植根深的植物。

⑥ 种植屋面坡度不宜大于3%，以免种植介质流失。

⑦ 四周挡墙下的泄水孔不得堵塞，应能保证排除积水，满足房屋建筑的使用功能。

（2）种植屋面注意事项

种植屋面注意事项根据我国《种植屋面工程技术规程》(JGJ 155—2007)，有以下应该注意的内容。

① 种植屋面防水很关键，一旦渗漏，返修造成损失大，必须拔树、毁草、翻土、修补后再铺土、植草、种树。

② 防水层是永久性防水，长期在有水或很潮湿的状态下工作，耐水性应很强，和间歇性防水不同，适用于地下工程防水的材料不一定适用于种植屋面。

③ 种植屋面防水层的合理使用年限不应少于 15 年。应采用二道或二道以上防水层设防，防水层厚度均以单层的最大厚度为准，不得因复合而折减。

④ 许多植物根对防水层穿刺力很强，两道防水层的上道防水层应是耐根穿刺防水层，下道防水层是普通防水层。虽然许多须根植物对防水层没有伤害，但也有飞来草木种子，自生自长，根系发达有害于防水层。故规定都应考虑一道耐根穿刺防水层。

⑤ 倒置式做法不能做屋面种植，因为所有保温材料都是吸水的，尽管硬泡聚氨酯和挤出聚苯板吸水很少，但长年浸水吸水增加，降低保温性能。保温材料特点是多孔、松软、无能力抵抗植物根穿刺，如果保温材料被根系穿得千疮百孔，保温层视为完全破坏。所以种植屋面不推荐倒置式做法。

⑥ 排水层有凹凸塑料排水板和卵石、陶粒。《种植屋面技术规程》推荐凹凸塑料排水板，因为单位面积质量很小仅 $1kg/m^2$，排水效果好。不推荐陶粒和卵石，因为种植土很重，又是不可缺少的，为了减轻屋面荷载，降低结构的造价，尽量减少其他层次的重量。卵石密度 $2500kg/m^3$，如铺筑厚度为 10cm，也要 $250kg/m^2$，相当于种植土 20cm 厚。

⑦ 种植屋面的荷载大小悬殊，为 $2\sim20kN/m^2$。荷载又受植被的制约，地被植物种植土 20cm 厚，种植乔木至少 80cm 厚的土。荷载大小左右承载结构的造价。新建种植屋面的结构计算，按照种植层次的荷载确定梁板柱的厚薄尺寸和配筋。如果既有建筑屋面改造为种植，必须先核算结构的承载力，然后确定种植土厚度和植物，杜绝危及人身安全的事故发生。

⑧ 高层建筑屋顶风大，不宜种植乔木，皆因种植土不能太厚，植物根系发展受约束，难以抗拒大风。另外，种植土容重大，楼房越高吸收地震力越大，结构抗震加强，用于抗震的造价提高。所以高层建筑屋顶应以种植地被植物和小型灌木为主。而且，高层建筑屋顶种植乔木易招雷电伤害，尽管做避雷装置，也无法绝对避免遭受雷击。办公楼和宾馆的雨篷面积很大，一般约为 $50\sim100m^2$，其位置是重要的出入口，如果进行屋顶绿化，更能增加出入口的美观，还降低日晒的气温。

⑨ 坡屋顶种植有许多难点，理应不推荐。但坡度较小时也可种植，种植形式有 3 种：坡度在 20%以下，不需考虑防止种植土、保温层的滑动，可以满铺种植土；坡度＞20%的坡屋顶，在结构板上设挡墙，呈阶梯式种植，也可设挡板防滑装置；屋顶坡度＞20%时，可做台阶式形式种植。台阶式形式有如数块平屋顶组成屋面。

⑩ 植物有地区性，有喜湿热的植物，用于南方多雨地区绿化；有耐干旱的植物，用于西北少雨地区绿化。选用当地植物为最好。

植物又可分为两类：观赏植物，如花、草、无果实树木；经济植物，如药材、蔬菜、农作物和果树。经济植物必将是发展种植屋面的首选。

⑪ 地下建筑顶板种植是屋顶的一种种植形式。当地下建筑顶板高出周界土地，其种植构造与楼房屋顶相同，顶板找坡、设排水层；当地下建筑顶板低于周界土地，并与周界土地相连，顶板上不找坡，也不设排水层；当种植土厚度大于 80cm 时，北方地区可以不设保温层。地下建筑顶板可视为一道刚性自防水层，此外增加一道耐根穿刺防水层。

⑫ 既有建筑改造为种植屋面，最关键的是承重问题。原设计只考虑超载系数和活荷载，如果改为种植屋面，荷载相应增加很多，所以必须进行结构承载力核算，在允许的范围内考虑铺土厚度或采用容器种植。既有建筑屋面绿化以草坪地被植物为主，不宜种植灌木，覆土厚度一般为 10cm。既有建筑上人屋面，可以拆去铺装层，用铺装层置换作种植土。如果保温层容重 $300kg/m^3$ 以上，应当拆换保温层，改为 $100kg/m^3$ 以下的材料。既有建筑的防水层已经老化，应重做防水层，并且必须设一道耐根穿刺防水层。容器种植不必设耐根穿刺防水层，屋面防水层必须有坚固耐久的保护层。容器种植不能用于坡屋顶，也不得在女儿墙上放置容器。大型容器应放在承重柱或外墙的垂直上方。

6.2.3　阁楼屋面

阁楼屋顶也是属于通风屋顶的一种形式，所不同的是阁楼的空间高大，通风的效果会明显优于架空阶砖的通风屋顶。阁楼空间可作为住宅公共附属用房，且阁楼有良好的防雨和防晒功能，能有效地改善住宅顶部的热工质量。寒冷地区阁楼屋顶的楼板应做保温处理，夏热冬冷和夏热冬暖地区空调住宅的阁楼楼板也应做适当的隔热处理。如图6-8所示。

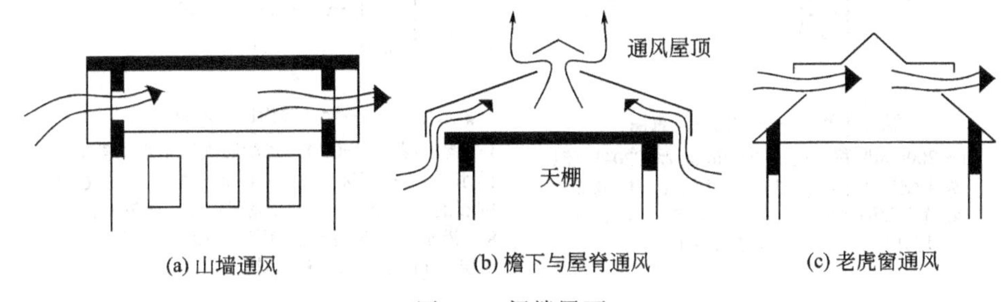

图6-8　阁楼屋面

通风的阁楼屋面也具有良好的隔热效果，如表6-8所示。

表6-8　阁楼屋面隔热效果

阁楼类型	阁楼屋顶外面温度/℃		阁楼下房间天棚内表面温度/℃	
	最高	平均	最高	平均
无通风阁楼	65.3	39.2	35.7	31.8
通风阁楼	65.6	39.2	34.4	31.2

阁楼可通风将有利于阁楼屋顶隔热性能的提高，但冬季应使阁楼保持良好的气密性以提高阁楼的保温功效，故阁楼的通风口应设计成可开启、关闭的形式。

6.2.4　蓄水屋面

6.2.4.1　蓄水屋面的分类及特点

（1）蓄水屋面按蓄水深度分　浅蓄水屋面和深蓄水屋面两种。

① 浅蓄水屋面。蓄水深度一般为150～200mm。蓄水层愈薄，屋顶内表面升温愈快但降温也快；蓄水层愈厚，屋顶内表面升温较慢，但降温也较慢。因此，当蓄水较深时，夏季白天水温因吸热而升高。夜间因水要降温而放热，反而导致室温升高，所以推荐采用浅蓄水屋面。

② 深蓄水屋面。蓄水深度一般为400～600mm，属于重屋盖。这种屋面由于蓄水较深，热稳定性较好，而且还具有多种功能，如可供浴室用水，节约能源；用来养鱼或种植水生植物，净化环境。在我国湖南等地区已有试用，取得了一定的效果。但深蓄水屋面增加了屋顶结构的承载能力，管理要求也比较严格，施工也相对费事，在我国尚未大量推广使用。

（2）蓄水屋面按照防水层做法分　刚性防水蓄水屋面和卷材防水蓄水屋面两种。

① 刚性防水蓄水屋面。目前我国采用较多，它充分发挥了混凝土具有水硬性胶凝材料的特点，克服了刚性防水层暴露在大气中的弊端，达到了防水目的。其构造形式如图6-9所示。

② 卷材防水蓄水屋面。这种做法国外采用较多，由于卷材被蓄水覆盖，所以不能被太阳紫外线直接照射，可使屋面防水层延缓老化，提高防水层耐用年限。

（3）蓄水屋面按构造方式分　敞开式蓄水屋面、封闭式蓄水屋面两种。

① 敞开式蓄水屋面。即蓄水层是露天的，不加封闭，直接接受太阳热能的辐射，我国绝大部分是这种敞开式蓄水屋面。

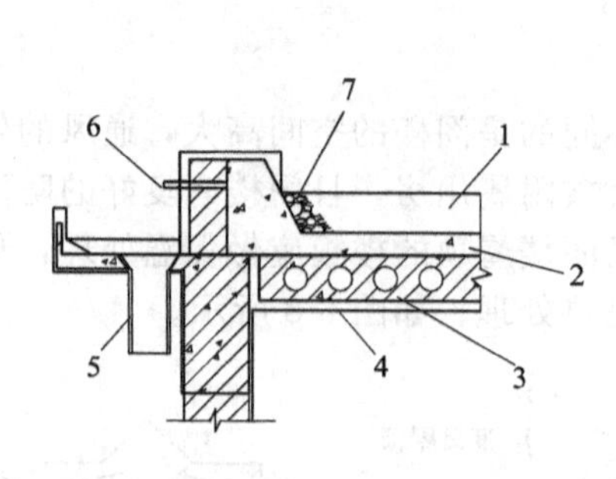

蓄水屋面——挑檐构造示意图

1—200mm厚蓄水层；2—40mm厚C20细石混凝土刚性防水层；3—空心楼板；4—楼板灌缝上部油膏嵌缝；5—水落管；6—溢水管(每开间一个)；7—卵石滤水层

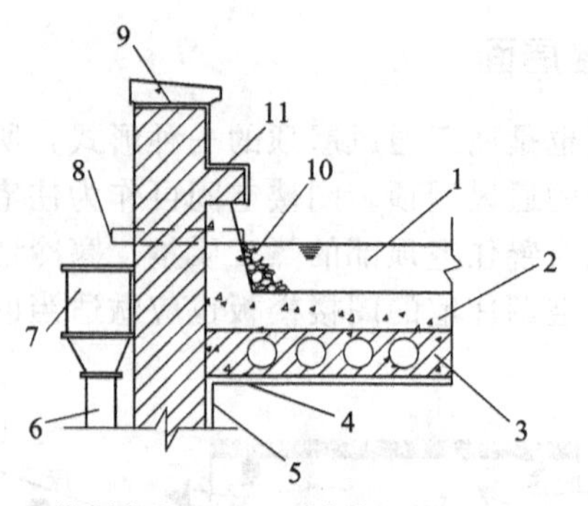

蓄水屋面——女儿墙构造示意图

1—蓄水层；2—C20三乙醇胺细石防水混凝土防水层；3—空心楼板；4—油膏嵌缝；5—C20细石混凝土灌缝；6—水落管；7—水漏斗；8—溢水管；9—混凝土压顶；10—卵石滤水层；11—1∶1水泥砂浆抹泛水

图 6-9 蓄水屋面

② 封闭式蓄水屋面。蓄水层是封闭的，上部用各种板状材料覆盖，蓄水层不直接接受太阳热能的辐射，这种屋面管理不方便，我国极少采用。

蓄水屋面具有既能隔热又可保温，既能减少防水层的开裂又可延长其使用寿命等优点。在我国南方地区，蓄水屋面对于建筑的防暑降温和提高屋面的防水质量能起到很好的作用。如果在水层中养殖一些水浮莲之类的水生植物，利用植物吸收阳光进行光合作用和叶片遮蔽阳光的特点，其隔热降温的效果将会更加理想。

蓄水屋顶也存在一些缺点，在夜里屋顶蓄水后外表面温度始终高于无水屋面，这时很难利用屋顶散热；且屋顶蓄水也增加了屋顶静荷重。为防止渗水，还要加强屋面的引水措施。

6.2.4.2 蓄水屋面的构造要求

蓄水屋面的构造设计主要应解决好以下几方面的问题。

(1) 水层深度及屋面坡度　过厚的水层会加大屋面荷载，过薄的水层夏季又容易被晒干，不便于管理。从理论上讲，50mm深的水层即可满足降温与保护防水层的要求，但实际比较适宜的水层深度为150～200mm。为保证屋面蓄水深度的均匀，蓄水屋面的坡度不宜大于0.5%。

(2) 防水层的做法　蓄水屋面既可用于刚性防水屋面，也可用于卷材防水屋面。采用刚性防水层时也应按规定做好分格缝。防水层做好后应及时养护，蓄水后不得断水。采用卷材防水层时，应注意避免在潮湿条件下施工。

(3) 蓄水区的划分　为了便于分区检修和避免水层产生过大的风浪，蓄水屋面应划分为若干蓄水区，每区的边长不宜超过10m。

蓄水区间用混凝土做成分仓壁，壁上留过水孔，使各蓄水区的水层连通，如图6-10(a)所述，但在变形缝的两侧应设计成互不连通的蓄水区。当蓄水屋面的长度超过40m时，应做横向伸缩缝一道。分仓壁也可用M10水泥砂浆砌筑砖墙，顶部设置直径6mm或8mm的钢筋砖带。

(4) 女儿墙与泛水　蓄水屋面四周可做女儿墙并兼作蓄水池的仓壁。在女儿墙上应将屋面防水层延伸到墙面形成泛水，泛水的高度应高出溢水孔100mm。若从防水层面起算，泛水高度则为水层深度与100mm之和，即250～300mm。

(5) 溢水孔与泄水孔　为避免暴雨时蓄水深度过大，应在蓄水池外壁上均匀布置若干溢水孔，通常每开间约设一个，以使多余的雨水溢出屋面。为便于检修时排除蓄水，应在池壁根部设泄水孔，每开间约一个。泄水孔和溢水孔均应与排水檐沟或水落管连通，如图6-10(b)所述。

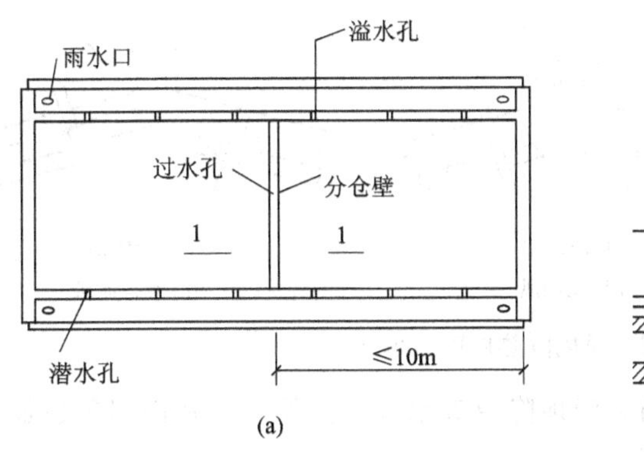

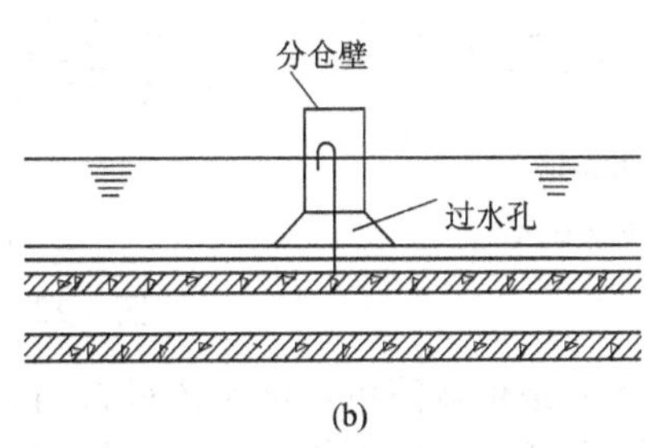

图 6-10　蓄水屋面

(6) 管道的防水处理　蓄水屋面不仅有排水管，一般还应设给水管，以保证水源的稳定。所有的给排水管、溢水管、泄水管均应在做防水层之前装好，并用油膏等防水材料妥善嵌填接缝。

综上所述，蓄水屋面与普通平屋顶防水屋面不同的就是增加了一壁三孔。所谓一壁是指蓄水池的仓壁，三孔是指溢水孔、泄水孔、过水孔。一壁三孔概括了蓄水屋面的构造特征。

如果不在屋面蓄水，只是让屋面一直保持一层薄薄的水膜或处于润湿状态，依靠水的蒸发，就可以对屋面起到良好的降温作用。有研究表明，定时洒水的屋面较同条件下的干屋面，最高温度可降低 22～25℃。图 6-11 示出了用带孔眼的硬塑料水管作为喷洒装置的一种布置方式，水管设在房屋院落的围墙上，促进空气蒸发降温。除此之外，也可利用自动旋转的自来水喷头作为喷洒装置。

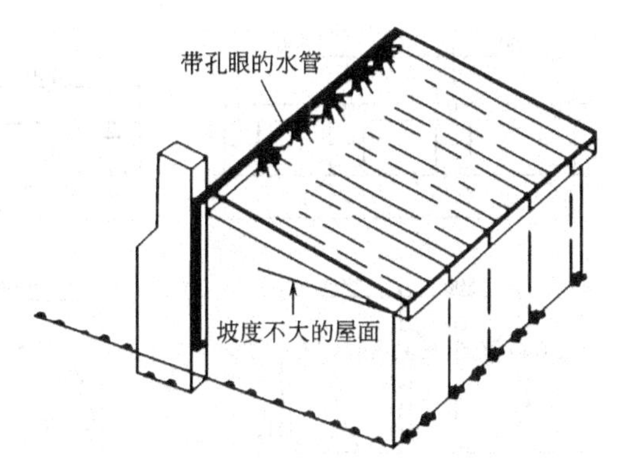

图 6-11　定时洒水屋面

近年来，我国南方部分地区也有采用深蓄水屋面做法的，其蓄水深度可达 600～700mm，视各地气象条件而定。采用这种做法是出于水源完全由天然降雨提供，不需人工补充水的考虑。为了保证池中蓄水不致干涸，蓄水深度应大于当地气象资料统计提供的历年最大雨水蒸发量，也就是说蓄水池中的水即使在连晴高温的季节也能保证不干。深蓄水屋面的主要优点是不需人工补充水，管理便利，池内还可养鱼增加收入。但这种屋面的荷载很大，超过一般屋面板承受的荷载。为确保结构安全，应单独对屋面结构进行设计。

6.2.5　通风隔热屋面

通风屋顶在我国夏热冬冷地区广泛采用，尤其是在气候炎热多雨的夏季，这种屋面构造形式更显示出它的优越性。由于屋盖由实体结构变为带有封闭或通风的空气间层的结构，大大提高了屋盖的隔热能力。

6.2.5.1　通风隔热屋面的原理及形式

通风隔热就是在屋顶设置架空通风间层，使其上层表面遮挡阳光辐射，同时利用风压和热压作用把间层中的热空气不断带走，使通过屋面板传入室内的热量大为减少，从而达到隔热降温的目的。如图 6-12 所示。

通风间层屋顶的优点有很多，如省料、质轻、材料层少，还有防雨、防漏、经济、易维修

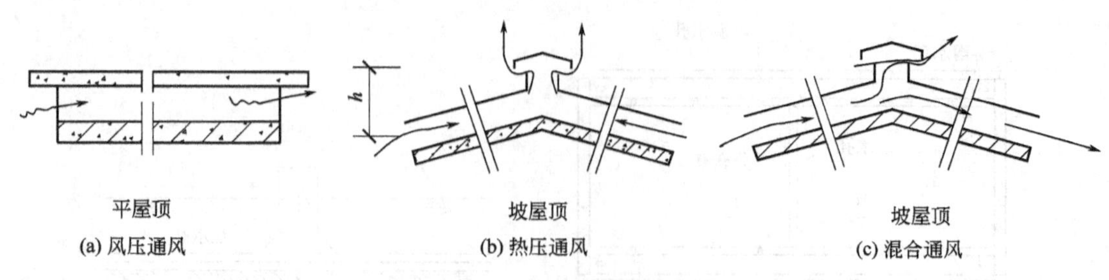

图 6-12　通风隔热屋面原理

等。最主要的是构造简单，比实体材料隔热屋顶降温效果好。甚至一些瓦面屋顶也加砌架空瓦用以隔热，保证白天能隔热，晚上又易散热。

通风间层的设置通常包括三种方式：在屋面上做架空通风隔热间层；兜风隔热屋面；利用吊顶棚内的空间做通风间层。

(1) 架空通风隔热间层　架空通风隔热间层设于屋面防水层上，架空层内的空气可以自由流通，其隔热原理是：一方面利用架空的面层遮挡直射阳光，另一方面架空层内被加热的空气与室外冷空气产生对流，将层内的热量源源不断地排走，从而达到降低室内温度的目的。

架空通风层通常用砖、瓦、混凝土等材料及制品制作，如图 6-13 所示，其中最常用的是第一种，见图 6-13(a)，即砖墩架空混凝土板（或大阶砖）通风层。

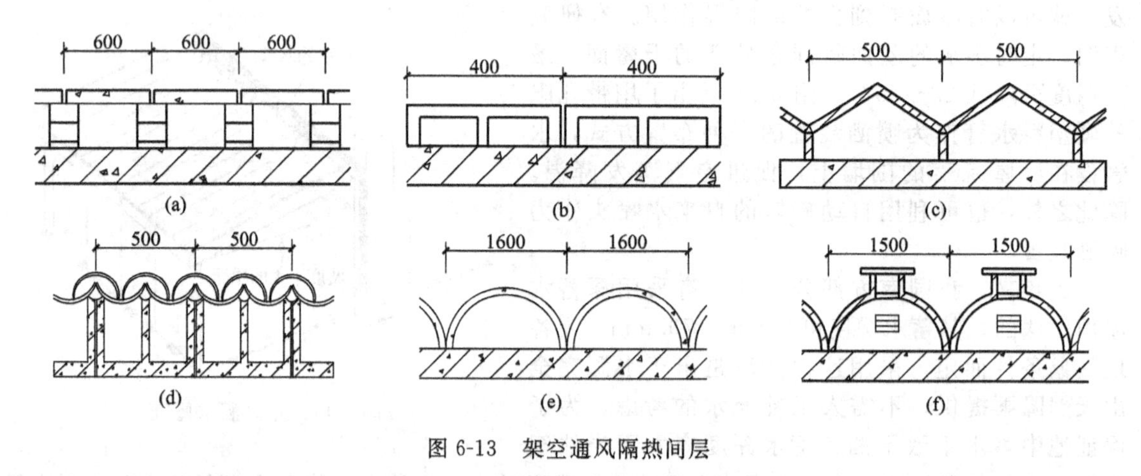

图 6-13　架空通风隔热间层

架空通风层的要点如下所述。

① 架空层的净空高度应随屋面宽度和坡度的大小而变化，屋面宽度和坡度越大，净空越高，但不宜超过 360mm，否则架空层内的风速将变小，影响降温效果。架空层的净空高度一般以 180～240mm 为宜。屋面宽度大于 10m 时，应在屋脊处设置通风桥以改善通风效果。

② 隔热板的支承物可以做成砖垄墙式的，如图 6-14(a) 所述，也可做成砖墩式的，如图 6-14(b) 所述。当架空层的通风口能正对当地夏季主导风向时，采用前者可以提高架空层的通风效果。但当通风孔不能朝向夏季主导风向时，采用砖垄墙式的反而不利于通风。这时最好采用砖墩支承架空板方式，这种方式与风向无关，但通风效果不如前者。这是因为砖垄墙架空板通风是一种巷道式通风，只要正对主导风向，巷道内就易形成流速很快的对流风，散热效果好。而砖墩架空层内的对流风速要慢得多。

③ 为保证架空层内的空气流通顺畅，其周边应留设一定数量的通风孔，图 6-14(b) 是将通风孔留设在对着风向的女儿墙上。如果在女儿墙上开孔有碍于建筑立面造型，也可以在离女儿墙 500mm 宽的范围内不铺架空板，让架空板周边开敞，以利空气对流。

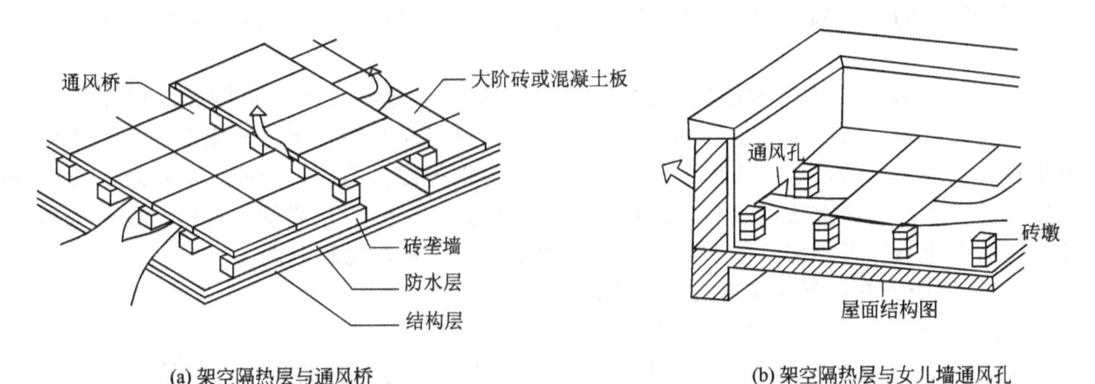

(a) 架空隔热层与通风桥　　(b) 架空隔热层与女儿墙通风孔

图 6-14　通风桥与通风孔

（2）兜风隔热屋面　兜风隔热屋面是利用封闭的空气间层，在两端开封口形成兜风散热，如图 6-15 所示。

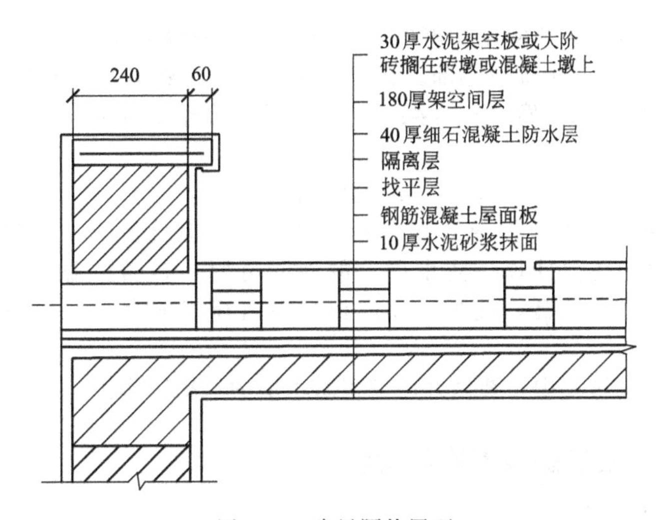

图 6-15　兜风隔热屋面

（3）吊顶棚通风隔热间层　利用顶棚与屋面间的空间做通风隔热层可以起到架空通风层同样的作用。图 6-16 是几种常见的顶棚通风隔热屋面构造示意图。

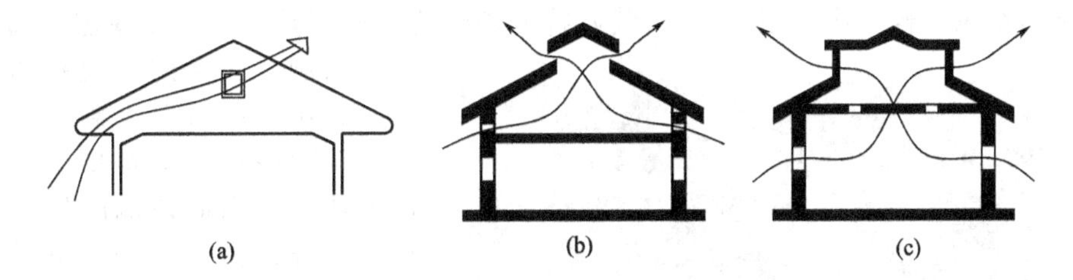

(a)　(b)　(c)

图 6-16　顶棚通风隔热屋面

① 必须设置一定数量的通风孔，使顶棚内的空气能迅速对流。

② 顶棚通风层应有足够的净空高度，应根据各综合因素所需高度加以确定。如通风孔自身的必需高度、屋面梁、屋架等结构的高度、设备管道占用的空间高度及供检修用的空间高度等。仅作通风隔热用的空间净高一般为 500mm 左右。

③ 通风孔须考虑防止雨水飘进，特别是无挑檐遮挡的外墙通风孔和天窗通风口应注意解决好飘雨问题。当通风孔较小（≤300mm×300mm）时，只要将混凝土花格靠外墙的内边缘

安装，利用较厚的外墙洞口即可挡住飘雨。当通风孔尺寸较大时，可以在洞口处设百叶窗片挡雨。

④ 应注意解决好屋面防水层的保护问题。较之架空板通风屋面，顶棚通风屋面的防水层由于暴露在大气中，缺少了架空层的遮挡，直射阳光可引起刚性防水层的变形开裂，还会使混凝土出现碳化现象。防水层的表面一旦粉化，内部的钢筋便会锈蚀。因此，炎热地区应在刚性防水屋面的防水层上涂上浅色涂料，既可用以反射阳光，又能防止混凝土碳化；卷材特别是油毡卷材屋面也应做好保护层，以防屋面过热导致油毡脱落和玛琋脂流淌。

6.2.5.2 通风屋面在设计施工中应该考虑的问题

在通风屋面的设计施工中应考虑以下几个问题。

① 通风屋面的架空层设计应根据基层的承载能力，构造形式要简单，且架空板便于生产和施工。

② 通风屋面和风道长度不宜大于 15m，空气间层以 200mm 左右为宜。

③ 通风屋面基层上面应有保证节能标准的保温隔热基层，一般按冬季节能传热系数进行校核。

④ 架空平台的位置在保证使用功能的前提下应考虑平台下部形成良好的通风状态，可以将平台的位置选择在屋面的角部或端部。当建筑的纵向正迎夏季主导风向时，平台也可位于屋面的中部，但必须占满屋面的宽度；当架空平台的长度大于 10m 时，宜设置通风桥改善平台下部的通风状况。

⑤ 架空隔热板与山墙间应留出 250mm 的距离。

⑥ 防水层可以采用一道或多道（复合）防水设防，但最上面一道宜为刚性防水层，要特别注意刚性防水层的防蚀处理，防水层上的裂缝可用一布四涂盖缝，分格缝的嵌缝材料应选用耐腐蚀性能良好的油膏，此外，还应根据平台荷载的大小，对刚性防水层的强度进行验算。

⑦ 架空隔热层施工过程中，要做好已完工防水层的保护工作。

6.2.6 绿色建筑屋面节能技术应用实例

6.2.6.1 佛山市某动力联盟大楼

某动力联盟大楼位于佛山市南海区，是一座宽 156m、进深 29m、高 6 层的多层公共建筑。项目从 2007 年 8 月立项，2009 年完成。

佛山市南海区在地理位置上属于广东省西南部，在热工分区上属于夏热冬暖地区。该地区为亚热带湿润季风气候（湿热型气候），气候特征表现为夏季炎热漫长，冬季温和短暂；长年高温高湿，气温的年较差和日较差都小；太阳辐射强烈，雨量充沛。该地区建筑的能耗主要是夏季用于降温制冷的能耗，因而该地区建筑节能设计以夏季隔热为主，基本不考虑冬季保温。南海区的太阳能资源在我国属中等地区，有一定的利用条件，宜优先选择和使用太阳能光电和光热系统。

图 6-17 屋顶绿化效果图

（1）屋顶绿化　在大楼 6 层 2300m^2 的可绿化屋面中，实际绿化面积达 1800m^2，占 78%。所选植物以所需覆土厚度小、耐寒耐高温、隔热效果好的佛甲草为主，局部堆坡种植小乔木、灌木、地被植物，形成较为丰富的复层绿化形式。同时，为了营造立体化的景观效果，设计在女儿墙以及屋顶的构架上种植紫藤、叶子花等藤本植物，一方面提高建筑物墙体以及顶部的热阻系数，明显减少夏季热辐射；另一方面，也通过竖向的绿化使整个屋顶花园的空间显得更加丰富，见图 6-17。

(2) 屋面　在夏天，白天气温较高，太阳的高度角比较大，太阳辐射照度很大，使围护结构的外表面温度大大超过室内的气温。在辐照和气温的共同作用下，大量热量通过屋面和外墙面等围护结构传向室内，而太阳辐射以水平面上最为强烈，日晒时数最多，所以屋顶隔热设计最为重要。本建筑设计增加了隔热性能优异的 30mm 挤塑型聚苯板作为隔热层，使得整个屋面的隔热效果良好。在此基础上结合屋顶绿化以及利用太阳能板形成的架空通风屋面来进一步强化隔热防热的效果，见图 6-18。

图 6-18　太阳能板形成的架空通风屋面效果图

6.2.6.2　某大学图书馆蓄水屋面

某大学图书馆是新校区标志性建筑。根据图书馆建筑设计构思意境和造型表现特点，设计上将裙房屋面与相邻周边地块景观融合，形成独特的水跌瀑景观，衬托出主楼的莲花造型，寓意出污泥而不染，濯清涟而不妖的品德学风，同时显示信息时代图书馆的独特气质面貌（图 6-19，图 6-20）。

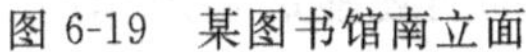

图 6-19　某图书馆南立面

图 6-20　报告厅屋顶蓄水池

(1) 裙房蓄水屋面隔热构造　图书馆裙房根据设计要求，屋面采用柔性防水与刚性防水相结合的复合防水层，即在现浇钢筋混凝土屋面板上做 20mm 厚 1∶3 水泥砂浆找平层，铺贴 1.5mm 厚三元乙丙高分子防水卷材，刷 3mm 厚纸筋灰隔离层，再做 40mm 厚 C20 细石混凝土整浇层（内配 4ϕ200 双向钢筋网），6m 设分仓缝，然后整个屋面再整浇 8cm 厚水池内壁（内配 8ϕ200 双向钢筋网）。蓄水池深约 70cm，属深蓄水屋面（≥50cm）。增加 8cm 厚整浇层，虽然屋面每平方米增加荷载 2kN，但对屋面结构的抗裂防渗，效果更佳。投入使用一年多来，室内没有出现任何渗漏现象。屋面防水质量是屋面蓄水得以实现的根本保证。

（2）蓄水屋面的节能效果　蓄水屋面能够隔热降温，降低室内温度，从而减少夏季室内空调能耗。在我国南方地区，蓄水屋面既能隔热又可保温，是改善屋面热工性能的有效途径，是一种简便可行的屋面节能措施。

该图书馆建成投入使用后，蓄水屋面的最大问题是保证水源及时补给，特别是炎热干燥季节，屋面受烈日暴晒，水分蒸发量较大，如不能及时补水，会造成屋面蓄水干涸，因此屋面安装了自动补水装置，以保证水池壁内蓄水量达到深度要求。常温下依靠降雨就足以补充水量。屋面还设置了排水系统，主要是便于屋面的清理和检修。

6.3 楼地面节能技术

随着我国国民经济和科学技术的不断发展，人们对建筑室内环境质量要求越来越高，以往对冬季采暖建筑的室内状况仅以室内气温来判断。这是最重要的指标之一，但很不全面。作为围护结构的一部分，楼地面的热工性能与人体的健康密切相关，除卧床休息外，在室内的大部分时间人的脚部均与楼地面接触。人体为了保证健康，就必须维持与周围环境的热平衡关系，楼地面温度过低不但使人脚部感到寒冷不适，而且易患风湿、关节炎等各种疾病。另外，楼地面热工性能也对室内气温有很大影响。良好的建筑楼地面，不但可提高室内热舒适度，而且有利于建筑的保温节能。

地板和地面的保温是容易被人们忽视的问题。实践证明，在严寒和寒冷地区的采暖建筑中，接触室外空气的地板以及不采暖地下室上部的地板，如不加保温，则不仅增加采暖能耗，而且因地面温度过低，严重影响居民健康；在严寒地区、直接接触土壤的周边地面如不加保温，则接近墙角的周边地面因温度过低，可能会出现结露，严重影响居民使用。

6.3.1 地面的分类及要求

（1）地面的分类　地面按其是否直接接触土壤分为两类：一类是不直接接触土壤的地面，又称地板，这其中又可分成接触室外空气的地板和不采暖地下室上部的地板，以及底部架空的地板等；另一类是直接接触土壤的地面。

（2）地面的功能要求　地面是楼板层和地坪的面层，是人们日常生活、工作和生产时直接接触的部分，属装修范畴。也是建筑中直接承受荷载，经常受到摩擦、清扫和冲洗的部分。因此对地面有一定的功能要求，如下所述。

① 具有足够的坚固性。要求在各种外力作用下不易磨损破坏，且要求表面平整、光洁、易清洁和不起灰。

② 保温性能好。即要求地面材料的热导率要小，给人以温暖舒适的感觉，冬季走在上面不致感到寒冷。

③ 具有一定的弹性。当人们行走时不致有过硬的感受，同时还能起隔声作用。

④ 满足某些特殊要求。对有水作用的房间，地面应防潮防水；对有火灾隐患的房间，应防火阻燃；对有化学物质作用的房间，应耐腐蚀；对食品和药品存放的房间，地面应无害虫，易清洁；对经常有油污染的房间，地面应防油渗且易清扫等。

⑤ 防止地面返潮。我国南方在春夏之交的梅雨季节，由于雨水多，气温高，空气中相对湿度较大。当地表面温度低于露点温度时，空气中的水蒸气遇冷便凝聚成小水珠附在地表面上。当地面的吸水性较差时，往往会在地面上形成一层水珠，这种现象称为地面返潮。一般以底层较为常见，但严重时，可达到3～4层。

(3) 地面的卫生要求　《民用建筑热工设计规范》(GB 50176—93) 从卫生要求（即避免人的脚过度失热而不适）出发，对地面的热工性能分类及适用的建筑类型做出了规定。表6-9为地面热工性能具体分类。

表6-9　地面热工性能分类

类别	吸热指数 $B/[W/(m^2 \cdot h^{-1/2} \cdot K)]$	适用的建筑类型
Ⅰ	<17	高级居住建筑、托幼、医疗建筑
Ⅱ	17～23	一般居住建筑、办公、学校建筑等
Ⅲ	>23	临时逗留及室温高于23℃的采暖房间

表中B值是反映地面从人体脚部吸收热量多少和速度的一个指标值，是防止冬季人脚着凉的最低卫生要求。地面的吸热指数B按下式计算：

$$B=b=\sqrt{\lambda c\rho} \tag{6-6}$$

式中　b——热渗透系数；

λ——热导率；

ρ——材料密度；

c——比热容。

据此规定，起居室和卧室不得采用花岗石、大理石、水磨石、陶瓷地砖、水泥砂浆等高密度、大热导率、高比热容面层材料的楼地面（此类楼地面仅适用于楼梯、走廊、厨卫等人员不长期逗留的部位），而宜选用低密度、小热导率、低比热容面层材料的楼地面。

厚度为3～4mm的面层材料的热渗透系数对B值的影响最大，故面层宜选择密度低和小热导率材料较为有利。

6.3.2　楼地面的节能保温技术要求与措施

6.3.2.1　楼地面的保温要求

地面的保温有两个含义：一是使地面吸热量少，即使其B值越小越好；二是使地表面的温度越高越好。吸热计算，实际上是保温设计的一个方面。保温设计的另一方面，是提高地面的表面温度。一般我国采暖居住建筑地面的表面温度较低，特别是靠近外墙部分的地表温度常常低于露点温度。由于地面表面温度低，结露较严重，致使室内潮湿、物品生霉较严重，从而恶化了室内环境。一般认为，地表面温度为15～16℃虽然并非热舒适标准，但目前可为大多数人所接受。

为提高采暖建筑地面的保温水平并有效节能，严寒地区及寒冷地区应铺设保温层。对于周边无采暖管沟的采暖建筑地面，沿外墙内0.5～1.5m范围内应加铺保温带，保温材料层的热阻不得低于外墙的热阻；对于直接接触土壤的周边地面（即从外墙内侧算起2.0m范围内的地面），应采取保温措施，如采用碎砖灌浆保温时厚度应为100～150mm。

地面的保温要求应满足现行建筑节能标准。对于接触室外空气的地板（如过街楼的地板）以及不采暖地下室上部的地板等，应采取保温措施，使地板的传热系数小于或等于节能标准规定值：满足传热系数小于或等于$0.30W/(m^2 \cdot K)$；对于直接接触土壤的非周边地面，一般不需做保温处理。

几种保温地板的热工性能指标见表6-10。

6.3.2.2　地面保温及绝热

(1) 地面保温构造设计指标　节能标准对地面保温有一定的要求，对于接触室外空气的地板（如骑楼、过街楼）的地面以及不采暖地下室上部的顶板等，应采取保温措施。

① 楼地面节能设计中，几种楼地面保温层热导率计算取值，见表6-11。

表 6-10 几种保温地板的热工性能指标

编号	地板构造	保温层厚度 δ/mm	地板总厚度 /mm	热绝缘系数 $M/(m^2 \cdot K/W)$	传热系数 $K/[W/(m^2 \cdot K)]$
1	10、130、10、δ、10；水泥砂浆；钢筋混凝土圆孔板；黏结层；聚苯板(ρ_0=20，λ_c=0.05)；纤维增强层	60	230	1.44	0.63
		70	240	1.64	0.56
		80	250	1.84	0.50
		90	260	2.04	0.46
		100	270	2.24	0.42
		120	290	2.64	0.36
		140	310	3.04	0.31
		160	330	3.44	0.28
2	构造同(1) 地板为 180mm 厚钢筋混凝土圆孔板	60	280	1.49	0.61
		70	290	1.69	0.54
		80	300	1.89	0.49
		90	310	2.09	0.45
		100	320	2.29	0.41
		120	340	2.69	0.35
		140	360	3.09	0.31
		160	380	3.49	0.27
3	构造同(1) 地板为 110mm 厚钢筋混凝土圆孔板	60	210	1.39	0.65
		70	220	1.59	0.57
		80	230	1.79	0.52
		90	240	1.99	0.47
		100	250	2.19	0.43
		120	270	2.59	0.36
		140	290	2.99	0.32
		160	310	3.39	0.28

表 6-11 保温层热导率计算取值

序号	构造形式	保温层		热导率计算取值 /[W/(m·K)]
		名称	容重/(kg/m³)	
1	不采暖地下室顶板作为首层地面	聚苯板	20	0.052
2	楼板下方为室外气温情况的楼面(地面)(外保温状况)	聚苯板	20	0.055
3	楼板下方为室外气温情况的楼面(地面)(保温层至于混凝土面层之下的状况)	聚苯板	20	0.052(聚苯板有效厚度取选用厚度的90%)

② 几种不采暖地下室顶板作为首层地面的热工指标，见表 6-12。

表 6-12　不采暖地下室顶板作为首层地面的热工指标

类型	部位情况	构造做法	热惰性指标 D	传热系数 K_0 /[W/(m²·K)]
不采暖地下室上面的地面（楼板）	地下室外墙有窗户情况	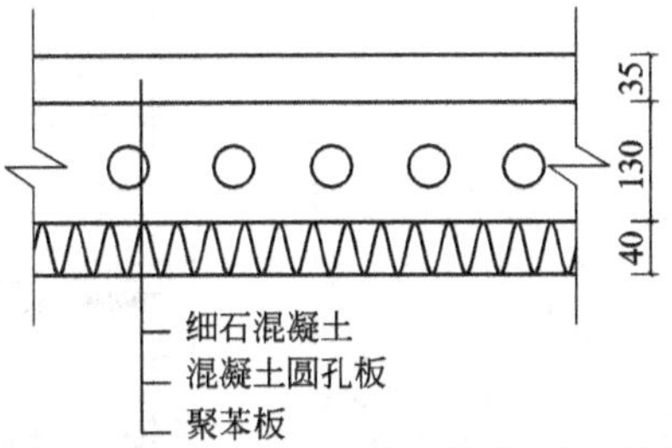 35 130 40 细石混凝土 混凝土圆孔板 聚苯板	2.82	1.09
	地下室外墙上无窗、楼板位于室外地坪以上的情况	同上图构造，聚苯板厚度 35mm	2.78	1.20
	地下室外墙上无窗、楼板位于室外地坪以上的情况	同上图构造，聚苯板厚度 30mm	2.75	1.37

注：聚苯板表面处理做法如下所述。①地下室相对湿度一般。抹 2mm 饰面石膏，敷设玻纤布一层，再抹 3mm 饰面石膏；②地下室相对湿度较高，刷 EC 浸渍剂一道，敷设玻纤布一层，抹 3mmEC 聚合物砂浆。

③ 几种楼板下方为室外气温情况的楼面热工指标，见表 6-13。

表 6-13　楼板下方为室外气温情况的楼面热工指标

类型	构造做法	热惰性指标 D	传热系数 K_0/[W/(m²·K)]
下方为室外气温情况的地面（楼板）	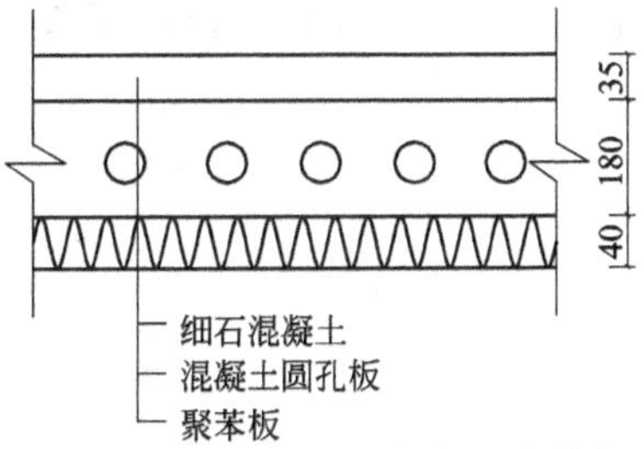 35 180 40 细石混凝土 混凝土圆孔板 聚苯板 聚苯板表面刷 EC 浸渍剂一道，敷设玻纤布一层，抹 3mmEC 聚合物砂浆	2.85	0.81
	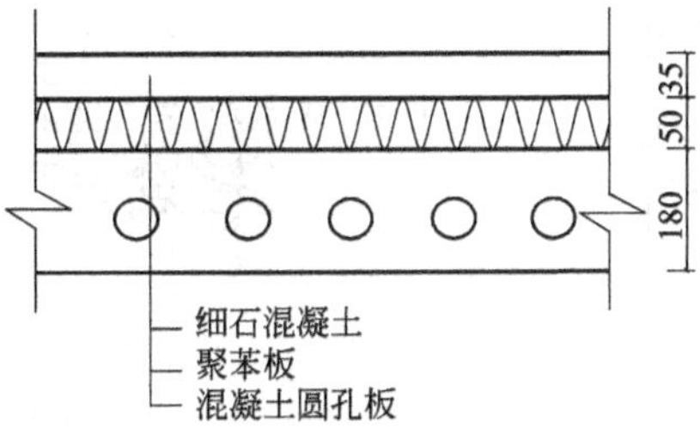 35 50 180 细石混凝土 聚苯板 混凝土圆孔板	2.85	0.84

（2）地面保温构造做法

① 铺保温板。图 6-21 是满足节能要求的地面保温构造做法。图 6-22 是国外几种典型的地面保温构造。

② 采用低温辐射地板。将改性聚丙烯（PP-C）等耐热耐压管按照合理的间距盘绕，铺设在 30～40mm 厚聚苯板上面，聚苯板铺设在混凝土层中，可分户循环供热，便于调节和计量，充分体现管理上的便利和建筑节能的要求。低温辐射地板采暖有利于提高室内舒适度以及改善

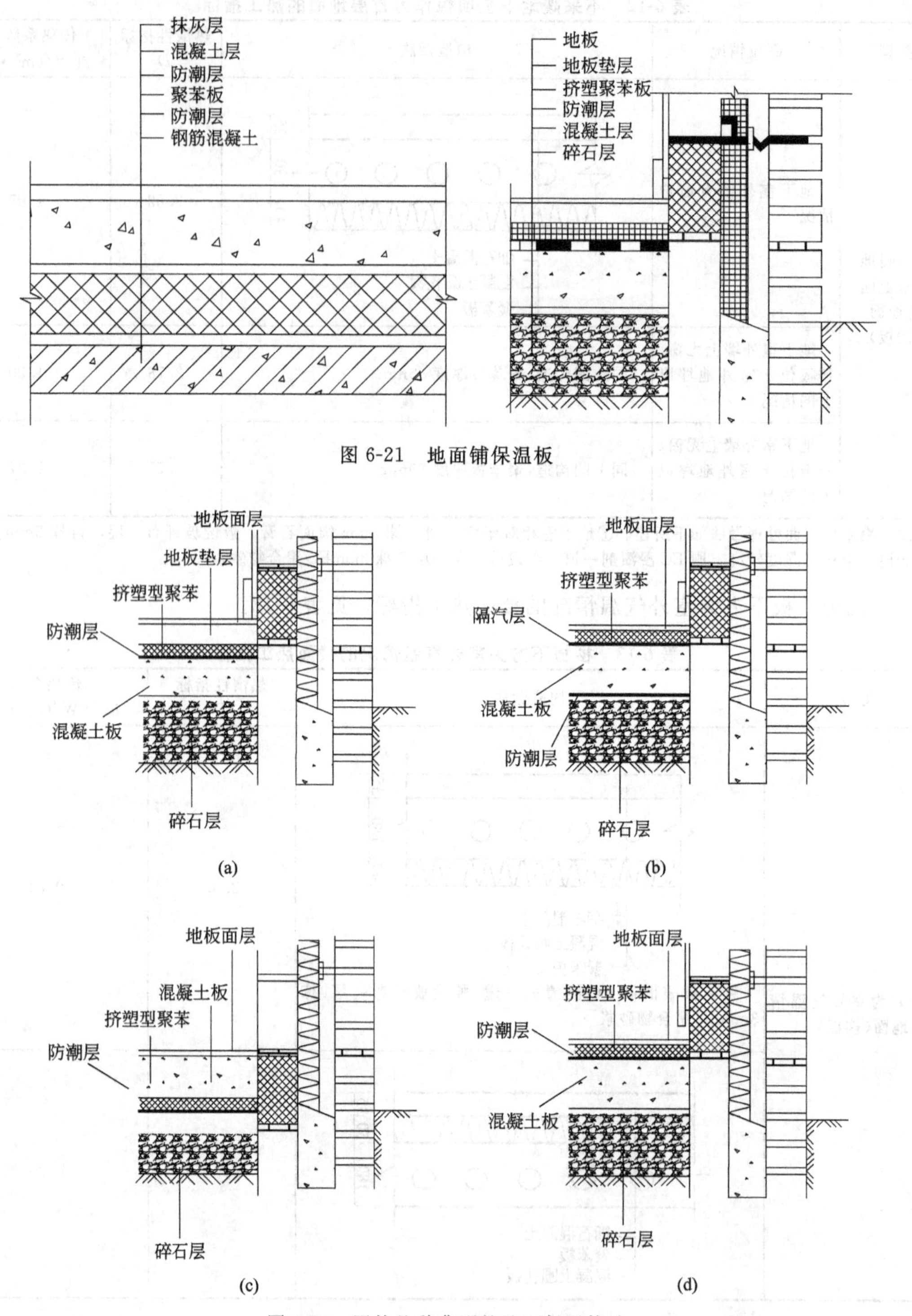

图 6-21 地面铺保温板

图 6-22 国外几种典型的地面保温构造

楼板保温性能。如图 6-23 所示。

(3) 地面的绝热 仅就减少冬季的热损失来考虑，只要对地面四周部分进行保温处理就够。但是，对于江南的许多地方，还必须考虑高温、高湿气候的特点，因为高温、高湿的天气容易引起夏季地面的结露。一般土壤的最高、最低温度，与室外空气的最高与最低温度出现的时间相比，延迟 2～3 个月（延迟时间因土壤深度而异）。所以在夏天，即使是混凝土地面，温

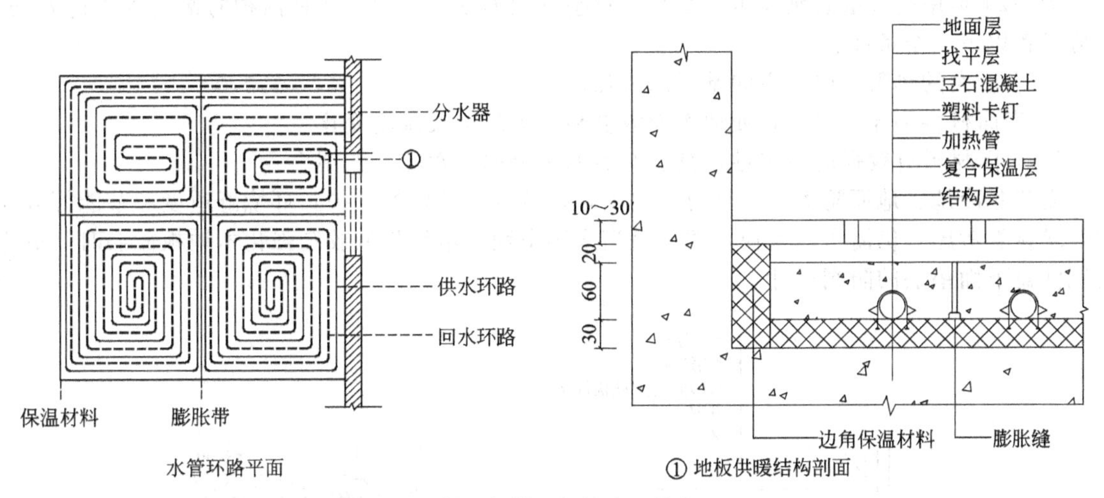

图 6-23　低温辐射地板构造（单位：mm）

度也几乎不上升。当这类低温地面与高温高湿的空气相接触时，地表面就会出现结露。在一些换气不好的地方和仓库、住宅等建筑物内，每逢梅雨天气或者空气比较潮湿的时候，地面上就易湿润，急剧的结露会使地面看上去像洒了水一样。

地面与普通地板相比，冬季的热损失较少，从节能的角度来看这是有利的。但当考虑到南方湿热的气候因素，对地面进行全面绝热处理还是必要的。在这种情况下，可采取室内侧地面绝热处理的方法，或在室内侧布置随温度变化快的材料（热容量较小的材料）做装饰面层。

6.3.2.3　地面的防潮设计及措施

夏热冬冷和夏热冬暖地区的居住建筑底层地面，在每年的梅雨季节都会由于湿热空气的“差迟凝结效应”而产生地面凝结，特别是夏热冬暖地区更为突出。从维护结构的保护，环境舒适度和节能方面考虑，仍需要予以重视。底层地板的设计除热工特性外，还必须同时考虑防潮问题。

（1）地面防潮应采取的措施

① 防止和控制地表面温度不要过低，室内空气湿度不能过大，避免湿空气与地面发生接触。

② 室内地表面的表面材料宜采用蓄热系数小的材料，减少地表温度与空气温度的差值。

③ 地表采用带有微孔的面层材料来处理。

（2）底层地坪防潮技术措施　底层地坪的防潮构造设计可参照图 6-24 和图 6-25 选择。其

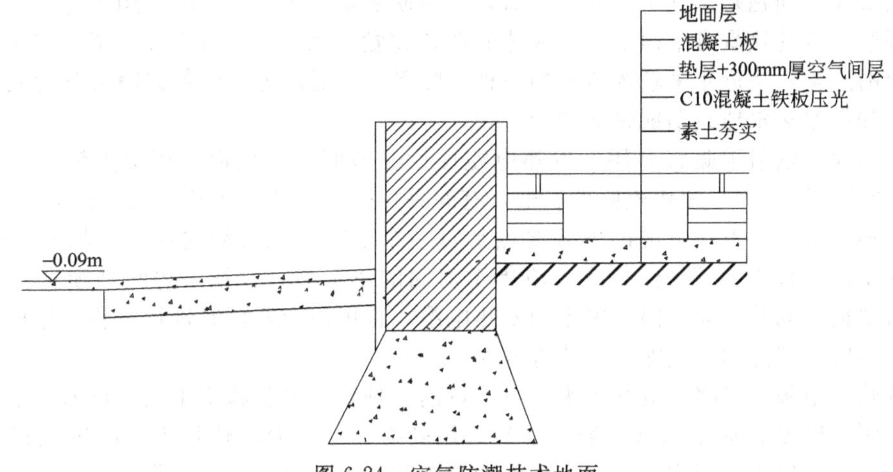

图 6-24　空气防潮技术地面

中，图 6-24 是用空气层防潮技术，必须注意空气层的密闭。无论选择何种防潮地坪构造做法，都应具备以下三个条件。

① 有较大的热阻，以减少向基层的传热。

② 表面材料热导率要小，使地表面温度易于紧随空气温度变化。

③ 表面材料有较强的吸湿性，具有对表面水分的“吞吐”作用。

夏热冬冷地区地面防潮是不可忽视的问题，从维护结构的保护，环境舒适度和节能等方面都要求认真考虑，仍需予以重视。尤其是当采用空铺实木地板或胶结强化木地板面层时，更应特别注意下面垫层的防潮设计。

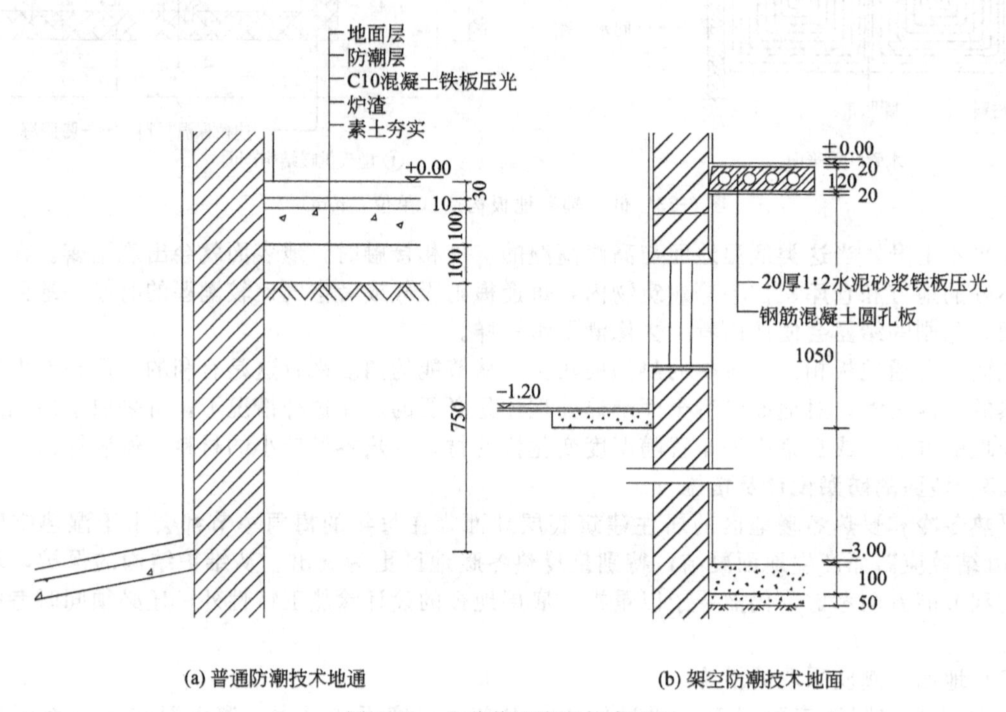

图 6-25 几种普通防潮技术地面

6.3.3 低温地板辐射采暖技术

普通空调（包括壁挂式空调和中央空调）和散热器都是通过对流实现取暖，采暖方式是头暖脚凉，其最大的问题是感觉干燥和不舒适，容易使灰尘飞扬，长时间使用容易得空调病。

地板辐射采暖的热量自下而上，与人体的需热感觉一致，可在不提高室内温度的情况下，给人以舒服的感觉，是近年来较为流行的一种采暖形式。低温地板辐射采暖可分为发热电缆地板辐射采暖和低温热水地板辐射采暖两种形式。

发热电缆地板辐射采暖将专用的发热电缆埋设在地面填充层内，直接供热时，一般使用18W/m 的加热电缆，为了使用夜间低谷电，有时采用带存储热能供热系统，这时可使用 18～175W/m 的加热电缆。发热电缆的安装要点是每一个采暖单元必须使用一整根发热电缆，埋地部分绝对不能有接头，其发热量大小应等于房间的热负荷，且每个房间必须安装温度控制器。用户可根据房间热负荷，向厂家定购发热电缆，也可由专业厂家进行安装。这种采暖方式还被用在管道的电伴热和道路除雪化冰等方面。

低温式热水地板式采暖是近几年来比较流行的一种新型采暖施工工艺。目前，常用的低温热水地板采暖一般是以低温水（一般≤60℃，最高≤80℃）为加热热媒，加热盘管采用塑料管，预埋在地面混凝土垫层内。低温采暖在建筑美感与人体舒适感方面都比较好，但表面温度

受到一定限制。

随着居住条件的不断改善，人们对室内采暖的要求也逐步提高，许多新建住宅小区使用了低温地板辐射采暖系统来代替前几年使用较多的散热器采暖。传统的散热器采暖系统主要缺点是耗能大、舒适性差、难以分户计量，而地板式采暖克服了以上缺点，因此，逐渐取代了散热器采暖方式，近几年逐渐流行开来。我国有些工程已采用，并取得良好效果。

6.3.3.1　低温地板辐射采暖系统

(1) 低温地板辐射采暖的工作原理　低温地板辐射采暖的工作原理是使加热的低温热水流经铺设在地板层中的管道，并通过管壁的热传导对其周围的混凝土地板加热。低温地板以辐射方式向室内传热，从而达到舒适的采暖效果。

(2) 辐射地板构造　辐射地板一般由供暖埋管和覆盖混凝土层构成。基层为钢筋混凝土楼板，上层铺高效保温材料隔热层，隔热层上敷设塑铝复合管，塑铝复合管上铺钢筋加强网，其上为混凝土地面和装修层。

(3) 采暖系统　低温地板辐射采暖系统，如图6-26所示。该系统由四部分构成：热源、分水器、采暖管道和集水器。

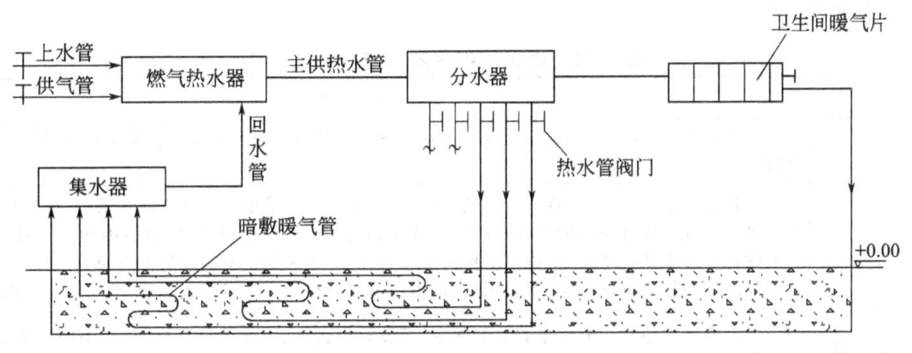

图6-26　低温地板辐射采暖系统

① 热源可以用天然气或电为燃料，通过燃气或电热水器产生温度不高于65℃的热水或地热水。供暖回水、余热水等经主供水管进入分水器。目前尚处于研发阶段的还有利用新型高效的集热器收集到的太阳辐射热，辅以电（或燃气）热水器和蓄热装置用于建筑物采暖的热源。

② 分水器热水经供水主管进入分水器，再经过分水器进入各环路采暖管道。分水器起到均匀分水作用。

③ 采暖管道热水经分水器进入环路采暖管道，加热房间。

④ 集水器热水从各环路采暖管道进入集水器，再由回水主管道回到燃气热水器。

供暖方式由低压微型泵将温度低于60℃的热水，通过交联管循环，加热地表面层以辐射的方式向室内传热，从而达到舒适的采暖效果。

(4) 低温地板辐射采暖的特点

① 高效节能。其一，该系统可利用余热水；其二，辐射采暖方式较对流采暖方式热效率高，若设计按16℃参数选用，可达20℃的供暖效果；其三，低温传送，在输送热媒过程中热量损失小。

② 使用寿命长，安全可靠，不易渗漏。交联管经过长期静水压试验，连续使用寿命可达50年以上，同时在施工中采用整根管铺设，地下不留接口，消除渗漏隐患。

③ 解决了大跨度和矮窗式建筑物的供暖需求。如在宾馆大厅、影剧院、体育馆、育苗（种）等场所应用，效果十分理想，也为设计者开拓了设计思路，增加了设计手段。

④ 采暖十分舒适。实践证明，在相同舒适感的情况下，地板采暖比暖气片采暖的室内温度低，减少了采暖热负荷；另外，地板采暖设计水温低，可利用其他采暖系统或空调系统的回

水、余热水、地热水等低品位能源；热媒温度低，在输送过程中热量损失小。室内地面温度均匀，梯度合理。由于室内温度由下而上逐渐递减，地面温度高于呼吸线温度，给人以脚暖头凉的良好感觉。

⑤ 室内卫生条件得以改善。由于采用辐射散热方式，不使污浊空气对流。

⑥ 不占用使用面积。由于低温地板辐射采暖适应住宅商品化需要，提高了住宅的品质和档次。这不仅节省了为装饰散热器及管道设备所花的费用，同时增加了居室的有效利用面积1%～3%。室内卫生、美观。

⑦ 热容量大，热稳定性好。低温地板辐射采暖在间歇供暖的条件下温度变化缓慢。

⑧ 维护运行费用低，管理操作运行简便，安全可靠。在系统运行期间，只需定期检查过滤器，其运行费用仅为系统微型泵的电力消耗。

⑨ 供暖系统易调节和控制，便于实现单户计量。按北欧经验，用热计量取热费代替按面积收取热费的方法可以节约能源20%～30%，采用地板辐射采暖时，由于单户自成采暖系统，只要在分配器处加上热计量装置，即可实现单户计量。

(5) 地板辐射采暖系统适用范围　地板辐射供热与其他供热方式相比，在部分场所具有明显的优势，见表6-14。

表6-14　地板辐射采暖系统应用范围

场合	说明
幼儿园	小孩生性好动，经常坐在地板上玩，采用这种供热系统不易磕碰，卫生条件好，小孩也不至于坐冷地板
洁净室	源于各种因素，洁净室不宜采用散热器供热。目前，多数采用全空气直流式系统，这也是一种对流形式的供热系统。这种系统的特点是换气次数多、能耗大，同时送风温度又低，因此，外围护结构内表面温度偏低。对于某些洁净室，由于工作人员衣着较少，如果采用地板辐射供热与送风相结合，不仅可以改善洁净室的舒适条件，同时在不工作时，也可以按维持正压送风方式运行，从而达到节能的目的
学校教室、图书馆、阅览室等	学习者在这些地方长时间坐着看书学习，下肢缺少运动、血液循环不好，若采用地板辐射供热系统，可以使室内温度按正向分布，使学习者足部温暖，头部清醒，不仅改善了血液循环，有利于健康，而且可以提高效率
大的会议室、交易厅、餐厅、商场、客厅、鱼池、游泳池等	这种场合往往散热器排不下，且对美观有一定要求。采用地板辐射供热系统，恰好可以解决这一问题
机关办公室、写字楼等	机关工作人员长时间坐在办公室，若采用地板辐射供热系统，可以提高工作效率，增进身体健康
室外车站、停车场地面、道路地面、户外运动场、竞技场等	若采用地板辐射供热系统，可以起到地面加热化雪的目的

与传统的供热系统相比，地板辐射供热系统的初投资可能稍高一些。但是，由于所形成的温度场符合人体的舒适要求，有利于人们的身体健康，而且大大改善环境卫生，以及可以利用低温热源等，越来越受到人们的欢迎。

(6) 地板辐射供热系统常用管材及性能　目前，市场上适用于地板供热的塑料管主要有PE-X管、铝塑复合管、PP-R管和PB管。PB管虽然在性能上和PE-X管比较接近，可是其易燃，且价格较高，目前使用较少，所以现在地板供热使用的塑料管主要是PE-X管、铝塑复合管和PP-R管，三种管材的技术经济对比如表6-15所示。

(7) 发展前景　"以塑代钢"技术的发展，加速了低温地板辐射采暖技术的发展。我国20世纪50年代末，已将该技术应用于一些工程中，由于当时技术条件和材料工业的限制，只能采用钢管（或铜管）。由于管材成本高、接口多、易渗漏、电化学腐蚀以及易引起地面龟裂等问题，地板辐射采暖技术的应用受到了极大限制。目前，我国引进国外技术和进口原料生产的交联聚乙烯管、改性聚丙烯管、聚丁烯管，均符合有关国际标准，作为低温地板辐射采暖的加热管，完全符合要求，而且具有一般金属管材所没有的耐腐蚀、阻力小、寿命长的优点，目前已广泛用于实际工程中。

表 6-15 三种管材的技术经济对比

项 目	PE-X 管	铝塑复合管	PP-R 管
密度/(g/m^3)	0.95	1.30	0.909
热导率/[W/(m·K)]	0.40	0.45	0.24
热膨胀系数/[mm/(m·K)]	0.15	0.026	0.18
工作温度范围/℃	−70～95	−70～95	−15～80
壁厚(达到同等要求)	较薄	较薄	较厚
液压试验环应力(95℃,1000h)/MPa	3.5	4.4	7.3
渗氧率	较小	不渗氧	较大
连接方式	承插夹紧	承插夹紧	热熔
连接用管件	锻造黄铜	锻造黄铜	PP-R 管件
物料回收利用性	不能	不能	能
价格比(*DN*32mm 以下)	1.0	1.5	1.2

(8) 低温地板辐射采暖在住宅中应用存在的问题　由于目前地板采暖的通水管，国产化过程中存在国产原料供应断档、生产设备投资大等因素限制，使短期内通水管等关键部件尚需依赖进口，因此，价位较高，应用范围受到一定限制。从技术角度看，地板采暖在住宅中的应用最小占 60mm 的标高，所以建筑物每层需增加层高 60～100mm。

地板采暖属于隐蔽工程，可维修性较差，一旦通水渗漏维修难度较大，需要专业人员用专用设备查漏和修复。

6.3.3.2 低温地板辐射采暖应用技术

(1) 采暖系统的布置　采暖系统多为单元独立的自采暖方式，取消了传统小区锅炉供暖所需满足的设施。低温地板采暖系统出水温度为 65℃，回水温度为 40～50℃，并可以由调温阀自调。温度控制的方法有调节分水器上的热水管道阀门，控制热水流量或调节控制燃气热水器上的火焰大小。

① 布管形式。布管形式可有单回路、双回路和多回路等。为减小水嘴及弯管处的损耗，其弯曲半径应大于等于 $5D$（D 为管直径），由于家具一般贴墙布置，所以以距墙 350～400mm 布置管道为宜。若房间面积较大，计算后所需暗敷管长超过 100m 时，应采用暗敷双回路或多回路布置。工程设计要求暗敷管道不应有接头，以防接头处渗漏，难以维修。市场上管道长度为 100m/盘或 50m/盘，可满足双回路或多回路布置要求。

② 房间内单位平方米所需管长的计算。以 1620 型号管计算管道阻力与散热量。此管内径为 16mm，壁厚为 2mm，最大流速为 3.7m/s，由沿程摩阻力损失表查出，每 100m 沿程阻力 F_1 为 0.91MPa，每 50m 沿程局部阻力现场仪器检测值 F_2 为 0.46MPa，则单位管道长的阻力 F 为 $F_1+F_2=0.91/100+0.46/50=0.0183$ (MPa)。

若某板热导率为 0.45W/(m·K)，供回水温差为 20℃，居室温度为 16～18℃，沿外墙带保温的居室面积每平方米供暖 35W，则该居室每平方米需管道长度为 $35/(20\times4.5)=3.9$ (m)。

某 18m² 居室所需管道总长度为 $18\times3.9=70.2$ (m)。按 70.2m 管长计算管道阻力，则阻力值应为 $0.0183\times70.2=1.285$ (MPa)。需暗敷管道可取 4m/m²。可满足居室室温 16～18℃ 的供暖要求。

该居室所需暗敷管道为 72m，未超过 100m，故可采用单回管布置方式。

（2）管道最佳混凝土覆盖层的厚度　塑铝复合管上的混凝土层越薄，传热效率越好，但会导致混凝土层的损坏。为此，应寻求最佳混凝土层的厚度。经理论分析和对混凝土层及聚苯板隔热层的承重试验表明，聚苯板隔热层的变形主要受楼板结构层的变形影响，混凝土覆盖层的厚度则主要受混凝土强度等级的影响。一般取混凝土强度等级为C15或C20，混凝土覆盖层的厚度取30mm以上，即能满足要求。

（3）辐射地板混凝土层防裂的措施　荷载作用引起的混凝土层的开裂：通过最不利荷载组合下，对20mm厚聚苯板的加载试验，可知由混凝土板传给聚苯板的应力值仅为0.058MPa，当聚苯板在允许变形值范围时，其应力值为0.15MPa。表明聚苯板满足允许变形的要求。因此，除混凝土层、聚苯板保温层及楼板结构层产生过大变形时可能引起混凝土层开裂外，不会因荷载作用产生过大裂缝。

由于温度和收缩应力产生混凝土裂缝，为防止混凝土的温度和收缩裂缝可采用放置钢筋网片和在混凝土中掺加防裂胶或采用聚合物混凝土等措施加以解决。

（4）装饰地面构造做法　为使地面不开裂、装修效果好且传热效果好，对常用的装饰地面做法进行分析比较如下。

① 水磨石和彩色水泥地面该类地面传热效果好，装饰效果一般，缺点是墙边踢脚处易开裂。

② 瓷砖和大理石地面该类地面装饰效果好，墙边不易开裂，传热效果好。

③ 带龙骨木地板和密实木地板地面该类地面装饰效果好，不易开裂，但传热效果差。

（5）阻热介质材料的选用　为了防止热量向下层房间的传导，在暗敷塑铝复合管下面要铺设一层阻热介质材料。阻热介质材料的选用，主要依据阻热性能和抗压强度选择。阻热介质材料的搭配及其性能对比见表6-16。

表6-16　阻热介质材料的搭配及其性能对比

材料	热导率/[W/(m·K)]	抗压强度/MPa	材料组合	使用温度/℃	施工成本综合分析
聚苯板	0.0233～0.0348	0.15	聚苯板＋铝箔	－80～75	铺设简单，造价高，施工条件要求高，效果好
水泥膨胀珍珠岩	0.0587～0.0870	0.58～0.80	水泥＋膨胀珍珠岩＋防火漆	≤600	浇筑施工，造价低，效果略差
水泥蛭石	0.0791～0.1105	＞0.25	水泥＋蛭石＋防火漆	－30～1000	浇筑施工，造价低，效果略差
玻璃棉毡	0.0349～0.0523	—	玻璃棉毡＋胶	－100～300	铺设简单，造价高，效果好

根据技术经济分析和施工难易的综合考虑，设计单位可根据房间面积、使用功能要求与建设单位协商，进行阻热介质材料的选择，选用适当的介质材料，以求合理降低造价和确定优化的施工方案。

6.3.4 绿色建筑楼地面节能技术应用实例

6.3.4.1 某商务广场工程地板辐射采暖技术

某商务广场由21层SOHO办公、28层办公楼两栋板式建筑组成。采暖方式为低温热水地板辐射采暖，供、回水立管为DN100镀锌钢管，隔热层是表观密度为20kg/m^{3}的聚苯乙烯塑料板（聚苯板），加热管为ϕ20mm的交联聚乙烯管（通常以PE-X表示）用塑料卡钉固定在聚苯板上，填充层是厚度为6cm的C10细石混凝土（图6-27）。

（1）系统设计方案

① 辐射采暖地板由地面层、防水层、填充层、加热管、隔热层、楼板等组成。低温热水地板辐射采暖的供水温度经计算确定，本工程供水温度为60℃，回水温度为50℃，热源的热

图6-27 某商务广场

媒工作压力为0.6MPa。

辐射采暖地板的散热量，包括地板向房间的有效散热量和向下层（包括地面层向土壤）传热的热损失量。设计计算时考虑了下列因素：a. 垂直相邻各层房间均采用地板辐射采暖时，除顶层以外的各层，均按房间采暖负荷，扣除来自上层的热量，确定房间所需有效散热量。b. 热媒的供热量，应包括地板向房间的有效散热量和向下层包括地面层向土壤传热的热损失量。

加热管内热水流速控制在0.25～0.5m/s之间，同一分（集）水器的每个环路加热管长度做到尽量接近。

② 地板辐射采暖系统有独立的分（集）水器，并符合下列要求：

a. 每户设置一套分（集）水器；每一分（集）水器的分支路不多于8个；

b. 分（集）水器的直径大于总供、回水管径；

c. 分（集）水器高于地板加热管，并配置排气装置；

d. 入户总供、回水管和每一供回水分支路，均配置阀门，阀门具备手动调节室温的功能；

e. 入户总供水管阀门的内侧，设置不低于60目的过滤器；

f. 分（集）水器系统各分支路的加热管长度不宜超过120m，不同房间宜分别设置分支路。

加热管的间距为100～300mm。加热管距外墙内表面为100mm。根据房间的热工特性和保证温度分布均匀的原理，分别采用了直列型、往复型、旋转型等布置方式，见图6-28。损失明显不均匀的房间，采用了高温管段优先布置于房间热损失较大的外窗或外墙侧的方式。

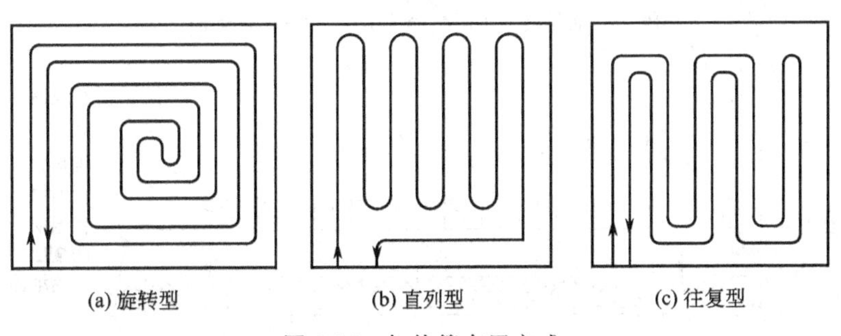

图6-28 加热管布置方式

地板辐射采暖加热管下部铺设聚苯乙烯塑料板，一层厚度为4cm，顶层厚度为2.5cm，其余各层为2cm；沿外墙的周边铺设2cm、内墙为1cm厚的聚苯乙烯塑料板。

（2）系统调试

① 试压。浇捣混凝土填充层之前和混凝土填充层养护期满后，分别进行系统水压试验。试验压力为工作压力的1.5倍。

水压试验步骤如下所述。

a. 经分水器缓慢注水，同时将管道空气排空。

b. 充满水后，进行水密性检查。

c. 采用手压泵缓慢升压，升压时间为15min。

d. 采暖系统在试验压力下1h内压力降不大于0.05MPa，然后降压至工作压力的1.15倍。稳压2h，压力降不大于0.03MPa，同时各连接处不渗、不漏。

e. 稳定1h后，补压至规定试验压力值，15min内的压力降不超过0.05MPa。

② 调试。调试前对管道系统进行冲洗，然后充热水调试。调试时初次采暖缓慢升温，先将水温控制在25～30℃范围内运行3d后，以后再每隔24h升温5℃，直至达到设计水温。调试过程在设计水温条件下连续采暖24h，并调节每环路水温达到正常范围，且各环路的回水温度基本相同。

用户入住后普遍感到室内地表温度均匀，室温由下而上逐渐递减，给人以脚暖头凉的良好感觉，空气新鲜，室内十分洁净，室内温度比较稳定，采暖效果达到预期目标。

6.3.4.2 重庆市某高档别墅住宅区

重庆市某项目地暖工程施工别墅地上2层、地下1层，面积超大，地板采暖面积约572m^2（不含车库、桑拿房、酒窖、储藏室、阳台、洗衣房等）。

（1）地板设计及选材　根据重庆天然气资源丰富、质优、价廉、热值高的资源情况，加之该住宅面积较大，采暖耗能费用较高，本别墅采用燃气壁挂锅炉分户式低温热水地板辐射采暖系统。此套方案为豪华型采暖系统方案，系统采用当前地暖业高端设备、材料；系统锅炉采用目前欧洲高端壁挂锅炉。

经过计算热负荷及环路、管件和阀门等的压力损失，选配锅炉功率、水泵型号、分集水器品种、流量阀规格等关键设备。系统管路、地暖管材及其他相关辅材均采用业界知名品牌产品，以保证系统完善。为达到系统智能化、人性化目的，设计分室、分时段温度控制系统。为解决锅炉温控与房间温控系统的冲突，克服系统小循环，系统设计了总线型温控方式。

地板辐射采暖构造层结构剖视图如图6-29所示，在施工中严格按照图中结构施工。值得一提的是图中的钢丝网，丝径2mm，规格2000mm×1000mm，这是在标准施工方式的基础上增加的加固层，其作用是增强混凝土强度及地面保温层荷载，防止地面荷载不均造成的裂缝。

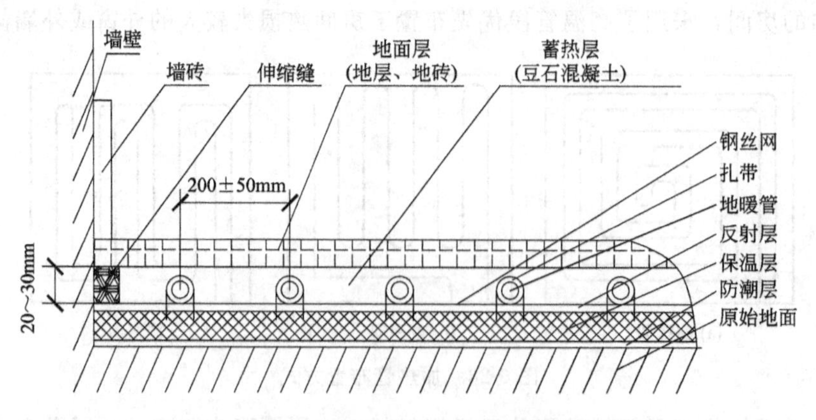

图6-29　地板辐射采暖构造层结构剖视图

由于回字型铺设较为简单，供回水管路相间使得温度分布较为均匀，所以成为最为常用的铺设方式。负1层设计2个分集水器，1个4路2控，1个7路5控，分别设在卫生间和储藏室。所选分集水器属于线性调节，并且可视可调流量，对于供暖系统流量来说尤为重要。

该工程设计完成后进行施工和调试，在满足整体室温≥18℃（个别空间，如楼梯间、过厅等除外）的前提下，地暖系统运行能耗达到同行业标准的50%以下，即每100m^2采暖面积耗用天然气不高于0.55m^3/h（第一次运行除外，热平衡后的平均耗能）。

（2）工程推广技术

① 锅炉要发挥最大的热效率。锅炉要工作在高负荷状态下，因为只有在高负荷状态下锅炉的热效率才是最高的。但这又和地暖的低温热水工况相冲突，因为高负荷下锅炉出水温度很高，而地暖需要的又是低温热水做媒介。要解决这个问题，就必须在系统中增加混水系统。这里值得一提的是，对于那些把锅炉出水温度调低的做法是不可取的，这样做的结果是牺牲锅炉20%左右的热效率，谈不上节能。也有部分工程为了节省成本，将用于生活用水的混水阀用于地暖混水，使用在超大住宅的地暖系统中会造成混水量不足、系统压损过大，不利于系统运行。

② 末端保证最少的热损失。这一环节主要是做好保温，比如分集水器出来的立管不需要其散热，选用PP-R管，此类管材热阻大、耐高温，施工方便。而地面加热盘管选择PE-RT管，耐低温（60℃以下）。

③ 做好系统的流体平衡也称水力平衡。解决这一难题本项目推出两项核心技术——“动力分散系统”和“流量平衡系统”。这个环节做不好直接体现出来的问题是各个区域温度不均匀，局部过热、局部不热、升温时间长。在做地暖系统主管道的时候，通常会像做空调系统一样，做一个主管道出去再分支管，这样做对系统流体平衡非常不利。解决这个问题可采用“动力分散系统”。不但解决流量分配的问题，也对节能有着杰出的贡献。“动力分散系统”能够根据末端负荷变化输出相应的热功。通过多级水泵变流量输出，支路水泵在最小负荷工作状态下才35W的功率，最大也就95W，噪声小、节能。

④ 整个地暖系统采用总线型温控方式。即当某一房间有采暖需求时，锅炉开启；当最后一个房间温控关闭时，锅炉停止运行。该方式克服锅炉只根据出水温度启停的缺点，解决了锅炉温控与房间温控系统的冲突，节能并延长了系统寿命。锅炉始终处于高效运行，虽然锅炉出水温度高，但经过系统流量调节罐和混水系统，仍然能满足末端低温热水地板辐射采暖的需求，并且设计分室、分时段温度控制，采用微电脑控制器，根据客户生活需要进行编程，体现智能化、人性化特点。

第7章

绿色建筑施工技术与实例

7.1 绿色施工中的节能技术

绿色施工作为建筑全寿命周期中的一个重要阶段，是实现建筑领域资源节约和节能减排的关键环节。

绿色施工应是可持续发展理念在工程施工中全面应用的体现，绿色施工并不仅仅是指在工程施工中实施封闭施工，没有尘土飞扬，没有噪声扰民，在工地四周栽花、种草，实施定时洒水等内容，它涉及可持续发展的各个方面，如生态与环境保护、资源与能源利用、社会与经济的发展等内容。

7.1.1 绿色施工概述及施工总体框架

7.1.1.1 绿色施工概述

绿色施工是指工程建设中，在保证质量、安全等基本要求的前提下，通过科学管理和技术进步，最大限度地节约资源并减少对环境负面影响的施工活动，实现“四节一环保”，即节能、节地、节水、节材和环境保护。实施绿色施工，应依据因地制宜的原则，贯彻执行国家、行业和地方相关的技术经济政策。

绿色施工是可持续发展思想在工程施工中的应用体现，是绿色施工技术的综合应用。绿色施工技术并不是独立于传统施工技术的全新技术，而是用“可持续”的眼光对传统施工技术的重新审视，是符合可持续发展战略的施工技术。

7.1.1.2 绿色施工应遵循的原则

绿色施工要遵循以下原则。

(1) 减少场地干扰、尊重基地环境　工程施工过程会严重扰乱场地环境，场地平整、土方开挖、施工降水、永久及临时设施建造、场地废物处理等均会对场地上现存的动植物资源、地形地貌、地下水位等造成影响；还会对场地内现存的文物、地方特色资源等带来破坏，影响当地文脉的继承和发扬。因此，施工中减少场地干扰、尊重基地环境对于保护生态环境，维持地方文脉具有重要的意义。

(2) 结合气候特征　在选择施工方法、施工机械，安排施工顺序，布置施工场地时应结合气候特征。这可以减少因为气候原因而带来施工措施的增加、资源和能源用量的增加，有效地降低施工成本；可以减少因为额外措施对施工现场及环境的干扰；可以有利于施工现场环境质

量品质的改善和工程质量的提高。

(3) 要求节水节电环保　建设项目通常要使用大量的材料、能源和水资源。减少资源的消耗，节约能源，提高效益，保护资源是可持续发展的基本观点，主要包括节约水资源、节约电能、减少材料消耗以及可回收资源的利用。

(4) 减少环境污染，提高环境品质　工程施工中产生的大量灰尘、噪声、有毒有害气体、废物等会对环境品质造成严重的影响，也将有损于现场工作人员、使用者以及公众的健康。因此，减少环境污染，提高环境品质也是绿色施工的基本原则。

(5) 实施科学管理、保证施工质量　实施绿色施工，必须要实施科学管理，提高企业管理水平，使企业从被动地适应转变为主动的响应，使企业实施绿色施工制度化、规范化。这将充分发挥绿色施工对促进可持续发展的作用，增加绿色施工的经济性效果，增加承包商采用绿色施工的积极性。企业通过 ISO 14001 认证是提高企业管理水平，实施科学管理的有效途径。

7.1.1.3 绿色施工总体框架

绿色施工总体框架由施工管理、环境保护、节材与材料资源利用、节水与水资源利用、节能与能源利用、节地与施工用地保护六个方面组成。这六个方面涵盖了绿色施工的基本指标，同时包含了施工策划、材料采购、现场施工、工程验收等各阶段的指标的子集，见图 7-1。

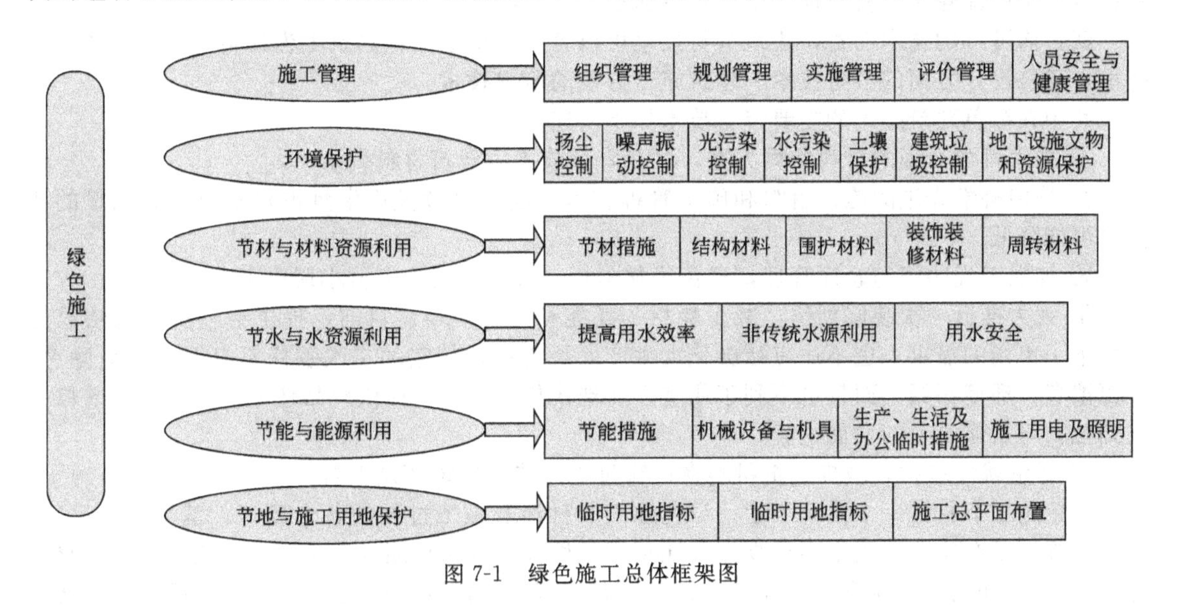

图 7-1　绿色施工总体框架图

7.1.2 施工组织的节能设计

施工组织的设计对节能的影响很大，需要综合考虑施工机械设备机具的选用，施工工艺和工序的设计和实施管理，建筑工地用材料的选择和使用，生产、生活和办公能源使用和节约，实施绿色建筑的建设流程等的整个过程。因此，施工组织的节能应该在上述专项节能措施的基础上系统设计。

判断施工组织中的节能设计是否能够有效执行，满足绿色设计要求，可通过两种方式进行检查：

① 直接检查建筑机械设备和机具、建筑材料等的能源消耗性能和节能参数是否能够符合相关标准规范要求和管理部门推荐和淘汰的规定；

② 需要通过计算得出建筑机械设备和机具、建筑材料等在施工过程中的能耗是否满足相关标准规范要求。

在安排施工工序、工作面时，需要考虑减少作业区域的机具数量，相邻作业区充分利用共有的机具资源。安排施工工艺时，应优先考虑耗用电能或其他能耗较少的施工工艺。避免使用额定功率远大于使用功率的机械设备和机具，禁止出现长时间低负荷使用机械设备和机具现象。积极使用节能新产品、新技术、新工艺。改善能源使用结构，根据当地气候和自然资源条件，考虑利用太阳能、地热、风能等可再生能源。合理保管现场建筑材料，设计简捷的建筑材料流程，减少建筑材料的损耗。加大建筑材料和生产材料的回收力度，设计生产材料的回收流程，建立管理制度，考虑在单项工程施工过程中充分循环利用。工程项目施工过程应实行严格的用电计量管理制度，制定具体详尽的操作规程，按期检查、监测能源利用效率，严格控制施工阶段的能源消耗。施工过程使用的220V/380V单相用电机械设备和机具，在接入220V/380V三相供电系统时，需要考虑使用三相平衡。

7.1.3 绿色建筑施工节材技术

建筑节材是节约型建筑业的核心内容之一。目前，我国建筑业耗材数量巨大，浪费严重，这不仅对建筑业本身而且对整个国民经济的跨越式发展形成了负面影响。要想实现节材的目标，除了需要从标准规范、政策法规、宣传机制及监管机制等方面入手外，发展建筑节材适用新技术将是保证建筑节材目标实现的根本途径。

就目前可行的技术而言，建筑节材技术可以分为三个层面：建筑工程材料应用方面的节材技术、建筑设计方面的节材技术、建筑施工方面的节材技术。

其中在绿色建筑施工的主要节材技术如下所述。

① 采用科学严谨的材料预算方案，尽量降低竣工后建筑材料剩余率。

② 采用科学先进的施工组织和施工管理技术，使建筑垃圾产生量占建筑材料总用量的比例尽可能降低。

③ 加强工程物资与仓库管理，避免优材劣用、长材短用、大材小用等不合理现象。

④ 大力推行一次装修到位，减少耗材、耗能和环境污染。目前，提供毛坯房的做法已经满足不了市场的需求，也不适应社会化大生产发展趋势。住宅的二次装修不仅造成质量隐患、资源浪费、环境污染，而且也不利于住宅产业现代化的发展。提供成品住宅，实现住宅装修一次到位，将是建筑业的发展主流。

⑤ 尽量就地取材，减少建筑材料在运输过程中造成的损坏及浪费。

绿色施工节材是一个系统工程，绿色施工节材涉及施工过程的各个环节。基于这一思想，近年来提出了在施工过程中实现高效率地利用各种资源（包括能源、土地、水资源、建筑材料等）。然而，如何真正实现绿色施工节材，还有很多工作需要去研究探讨。可以预见，随着科学技术的不断进步和全社会节约意识的不断提高，未来的施工节材技术将朝向智能化系统实施、智能化系统评价、智能化系统管理的方向发展。

7.1.4 绿色建筑施工节能技术

能源问题一直受到世界各国的普遍关注。据悉，在全球的能源消耗中，无论是发达国家还是发展中国家，建筑能耗在总能耗中所占的比重约占25%～40%。因此，绿色建筑节能施工成为节能的重点之一。

7.1.4.1 绿色施工节能中存在的问题

我国绿色施工节能工作，起步较晚，经过多年的努力，绿色施工节能事业已取得多方面的进展，但发展较为缓慢，究其原因，主要有以下几个方面。

① 从政府、企业到个人，对绿色施工节能重要性和紧迫性认识不足，甚至无绿色施工节能意识。一些地方政府和有关部门重视不够，没有将绿色施工节能工作提高到落实科学发展观、保障国家能源安全以及转变城乡建设增长方式的高度来认识，致使全国各地区绿色施工节

能工作发展不平衡。

② 涉及绿色施工节能相关的管理工作不够，现有的管理体制与绿色施工节能工作发展要求不相适应，有待相关管理体制改革的深化，尤其是行政监管体系不健全，执法不严，监督不力；绿色施工的政策、法规和标准不完善、不配套，实施监管滞后，跟不上绿色施工节能工作发展的需要。

③ 科学技术研究进展缓慢，许多节能关键技术没有重大突破；绿色施工节能的新技术开发力度不大，得不到及时的推广和应用。

7.1.4.2 绿色施工的主要节能技术

绿色施工节能工作主要包括以下几个方面。

① 制订合理的施工能耗指标，提高施工能源利用率。

② 优先使用国家、行业推荐的节能、高效、环保的施工设备和机具，如选用变频技术的节能施工设备等。

③ 施工现场分别设定生产、生活、办公和施工设备的用电控制指标，定期进行计量、核算、对比分析，并有预防与纠正措施。

④ 在施工组织设计中，合理安排施工顺序、工作面，以减少作业区域的机具数量，相邻作业区充分利用共有的机具资源。安排施工工艺时，应优先考虑耗用电能少的施工工艺，避免设备额定功率远大于使用功率或超负荷使用设备的现象。

⑤ 根据当地气候和自然资源条件，充分利用太阳能、地热等可再生能源。

⑥ 建立施工机械设备管理制度，开展用电、用油计量，完善设备档案，及时做好维修保养工作，使机械设备保持低耗、高效的状态。选择功率与负载相匹配的施工机械设备，避免大功率施工机械设备低负载长时间运行。机电安装可采用节电型机械设备。合理安排工序，提高各种机械的使用率和满载率，降低各种设备的单位耗能。

⑦ 利用场地自然条件，合理设计生产、生活及办公临时设施的体形、朝向、间距和窗墙面积比，使其获得良好的日照、通风和采光。南方地区可根据需要在其外墙或外窗设遮阳设施。临时设施宜采用节能材料，墙体、屋面使用隔热性能好的材料，减少夏天空调、冬天取暖设备的使用时间及耗能量。合理配置采暖、空调、风扇数量，规定使用时间，实行分段分时使用，节约用电。

⑧ 临时用电优先选用节能灯具，临电线路合理设计、布置，临电设备宜采用自动控制装置，采用声控、光控等节能照明灯具。照明设计以满足最低照度为原则，照度不应超过最低照度的20%。

7.1.5 绿色建筑施工节水技术

目前，水资源缺乏已成了严重制约我国社会经济发展的“瓶颈”之一。水资源不仅是生命的源泉，同时也是建筑工程上的重要资源，施工中材料加工调制、安装砌筑、浸润养护、装饰装修、调试试验、给水排水、消防安全等各个施工工序无不与水息息相关。建筑施工人员的生活更是离不开水，施工现场一般建筑面积在1万平方米左右的工程，其生活用水每天就高达15～25t，施工项目综合用水，每平方米在1.5～2t。建筑施工是耗水大户，大力推广应用建筑施工节水技术，保护与充分利用水资源，是一项特别重要的任务。

7.1.5.1 绿色施工节水现状

我国绿色建筑施工用水状况主要有以下几个方面。

① 施工工地用水量大。

② 不能正确地用水，在施工过程中有相当一部分都跑、冒、滴、漏浪费掉了。

③ 用水单位和个人的节水意识较差。

7.1.5.2 绿色建筑施工中的主要节水技术

建筑施工节水是有方法的。主要是混凝土养护和砌体浇水，以及跑、冒、滴、漏等水量大，采取一些措施就可节水。

在绿色施工过程中主要的节水技术如下所述。

（1）根据工程所在地的水资源状况，制定节水措施，提高用水效率。

① 施工中采用先进的节水施工工艺。

② 施工现场喷洒路面、绿化浇灌不宜使用市政自来水。现场搅拌用水、养护用水应采取有效的节水措施，严禁无措施浇水养护混凝土。

③ 施工现场供水管网应根据用水量设计布置，管径合理、管路简捷，采取有效措施减少管网和用水器具的漏损。

④ 现场机具、设备、车辆冲洗用水必须设立循环用水装置。施工现场办公区、生活区的生活用水采用节水系统和节水器具，提高节水器具配置比率。项目临时用水应使用节水型产品，安装计量装置，采取强制性节水措施。

⑤ 施工现场建立可再利用水的收集处理系统，使水资源得到梯级循环利用。

⑥ 施工现场分别对生活用水与工程用水确定用水定额指标，并分别计量管理。

⑦ 大型工程的不同单项工程、不同标段、不同分包生活区，凡具备条件的应分别计量用水量。在签订不同标段分包或劳务合同时，将节水定额指标纳入合同条款，进行计量考核。

⑧ 对混凝土搅拌站点等用水集中的区域和工艺点进行专项计量考核。施工现场建立雨水、中水或可再利用水的搜集利用系统。

（2）合理利用非传统水源。

① 优先采用中水搅拌、中水养护，有条件的地区和工程应收集雨水养护。

② 处于基坑降水阶段的工地，宜优先采用地下水作为混凝土搅拌用水、养护用水、冲洗用水和部分生活用水。

③ 现场机具、设备、车辆冲洗，路面喷洒，绿化浇灌等用水，优先采用非传统水源，尽量不使用市政自来水。

④ 大型施工现场，尤其是雨量充沛地区的大型施工现场建立雨水收集利用系统，充分收集自然降水用于施工和生活中适宜的部位。

⑤ 力争施工中非传统水源和循环水的再利用量大于30%。

7.1.6 绿色施工节地与施工用地保护技术

建筑施工临时用地是指用来作为施工人员的办公室、宿舍、库房、食堂等临时设施占用的土地，还包括建筑机械设备、建筑材料的堆放，道路及作业场地等在建设工期内临时使用的土地。它是由施工单位在建筑工程开工前申请办理批准使用，在建筑工程竣工后，即应拆除临时设施，不再使用的土地。由于它的临时性及特殊性，对它的管理容易被疏忽，从而给土地管理工作带来了困难和问题，陡增了工作量。

（1）我国绿色施工临时用地存在的问题

① 少报多用。建筑施工单位在申请使用临时用地时，大多数都只申请少量的面积，与实际使用的面积相差很大。

② 未经批准擅自占用。施工单位在建设单位办理完建设用地手续后，在没有办理临时用地审批手续的情况下，擅自违法占用土地，开始施工，查不到就不办，查到就补办，采取蒙混过关的态度，企图违法使用临时用地。不向土地管理部门缴纳用地管理费，逃避土地管理部门的管理。占用并且浪费了大量土地，破坏了周边环境。

③ 超期使用。这种情况主要多发在跨年度工程上，施工单位在申请使用临时用地时，只申请使用到当年年底，来年开工时，仍然继续使用，不再主动申请，大大超过了使用期限。另

外，还表现在由于种种原因使工程不能按期完工，从而造成超期使用临时用地的状况。

(2) 绿色施工节地与用地的常用技术

① 根据施工规模及现场条件等因素合理确定临时设施，如临时加工厂、现场作业棚及材料堆场、办公生活设施等的占地指标。临时设施的占地面积应按用地指标所需的最低面积设计。

② 要求平面布置合理、紧凑，在满足环境、职业健康与安全及文明施工要求的前提下尽可能减少废弃地和死角，临时设施占地面积有效利用率大于90%。

③ 红线外临时占地应尽量少占用农田和耕地。工程完工后，及时对红线外占地恢复原地形、地貌，使施工活动对周边环境的影响降至最低。

④ 利用和保护施工用地范围内原有绿色植被。对于施工周期较长的现场，可按建筑永久绿化的要求，在施工未占用区域应先安排绿化施工，保护土地、美化环境。

⑤ 施工总平面布置应做到科学、合理，充分利用原有建筑物、构筑物、道路、管线为施工服务。

⑥ 施工现场围墙可采用连续封闭的轻钢结构预制装配式活动围挡，减少建筑垃圾，保护土地。

⑦ 施工现场道路按照永久道路和临时道路相结合的原则布置。施工现场内形成环形通路，减少道路占用土地，减少对土地的破坏。

⑧ 在禁止使用黏土实心砖的地区，严禁使用黏土实心砖；在尚未禁止使用黏土实心砖的地区应限制使用。在维护结构、隔断墙中尽量使用新的墙体材料，少用或不用黏土空心砖，以保护土地。

⑨ 对放坡开挖的深基坑，减小放坡系数；对有支护结构的基坑，提高支护结构施工精度，减小预留作业面宽度或采取以支护结构直接作外模措施等，减少土方开挖和回填量，减少对土地的扰动，保护自然生态环境。

7.1.7 绿色建筑施工评定指标

绿色施工的实践是一项高度复杂的系统工程，不仅需要在施工规划和施工工艺上具有生态环保的理念，而且还需要管理层、承包商、业主都具有较强的环保意识。绿色施工不仅是显性的，如果控制不好，还会对环境甚至完工后建筑物的使用造成重大影响。因此，在整个项目的建设过程中应确立明确的评价体系，以定量的方式检测项目施工达到的效果，用一定的指标来衡量施工所达到的预期环境性能实现的程度。绿色施工评价系统的建立不仅可以指导检验绿色施工的实施，同时也为整个建筑市场提供制约和规范，促使项目施工的设计、管理和能源利用更多地考虑环境因素，引导施工向环保、节能、讲究效益的轨道发展。

7.1.7.1 绿色施工评价指标体系建立的原则

绿色施工评价要能推动施工走上节能、环保和讲究效益的发展轨道。在实施过程中不仅要改变人们的传统观念，更重要的是通过法律法规的约束，制定一套符合实际的评价原则。随着人类社会的发展和科学技术的不断进步，相应的评价原则和标准也将进一步调整和提高。依据生态建筑绿色施工的理念、特点以及绿色施工发展的内在要求，就需要建立起反映相互联系、相互制约、并与实际相符的指标体系。绿色施工评价指标的设置应遵循以下原则。

(1) 目的性原则　从可持续发展和环保节能的角度分析绿色施工所达到的效果，评价指标体系的制定和选择务必按此目的进行。

(2) 全面性原则　绿色施工评价是对整个项目施工实践的全面评价，这种评价不仅涉及项目建设过程的各阶段，而且还涉及项目的经济效益、管理绩效水平、环境影响和社会影响等方面。因此，绿色施工评价是比较系统的、比较全面的技术评价。

(3) 可操作性原则　评价指标体系的设置应力求使各指标项简单明了、可量化，有关数据可查，可以获取，在较长的时期和较大的范围内能适用，可以为绿色施工管理提供依据，每个指标应概念清晰、意义明确，指标之间有独立的内涵，操作起来方便。

(4) 客观性原则　绿色施工评价必须保证公正性，这是一条很重要的原则，公正性表示在评价施工时，以实事求是为准则，持着客观和负责任的态度对待绿色施工的评价工作。

(5) 层次性原则　绿色施工评价指标体系应能够处理不同层次的评价，适应不同的要求。

(6) 可比性原则　为了使绿色施工评价能够客观真实地反映施工的效果，指标设置时应在计量范围、统计口径、计算方法、时间以及空间上保持一致。

7.1.7.2 绿色施工评价指标体系的建立

绿色施工评价指标体系的选择和确定是评价研究内容的基础和关键，直接影响到评价的结果和精度。体系的建立主要遵循上述的原则，结合绿色施工的特点进行。该指标体系的基本框架如表 7-1 所示。

表 7-1　绿色施工评价指标、权重、标准值

指标项			指标权重	
一级指标	权重	二级指标	单项指标权重	总权重
环保技术	0.21	施工机械装备	0.42	0.09
		绿色施工新技术	0.25	0.05
		施工现场管理技术	0.33	0.07
环境污染	0.2	噪声污染	0.17	0.03
		大气污染	0.25	0.05
		固体废物污染	0.13	0.03
		水污染	0.12	0.02
		光污染	0.12	0.02
		生态环境	0.22	0.04
资源消耗	0.23	材料消耗量	0.38	0.09
		能源消耗量	0.25	0.06
		水资源消耗量	0.25	0.06
		临时用地	0.13	0.03
资源再利用	0.15	建筑垃圾的综合利用	0.50	0.08
		水资源的再利用	0.50	0.08
绿色施工环境管理	0.13	环境管理机制	0.42	0.05
		有关认证达标率	0.25	0.03
		生态环境恢复	0.33	0.04
社会评价	0.08	工地所在社区居民的评价	1	0.08

注：指标的权重代表着该指标在指标体系中所起的作用不同，各指标权重值大小的确定是建立评价指标体系工作中的重要一环。目前，确定指标权重的方法有主观赋权法和客观赋权法。

(1) 环保技术指标

① 机械装备指标。根据日本的统计资料，由于施工机械引起的投诉，在振动公害投诉案中占总数的 53.1%；在噪声公害投诉案中，施工机械引起的占总数的 25.5%，采用的施工机械直接影响着施工过程对环境的影响。如采用低能耗、低噪声、环境友好型机械，不但可提高施工效率，而且能直接为绿色施工起到作用。

② 绿色施工新技术。施工新技术的推广应用不仅能够产生较好的经济效益，而且往往能够减少施工过程对环境的污染，创造较好的社会效益和环保效益。

③ 施工现场管理技术。施工现场管理技术能够从根本上解决施工过程中具体的噪声、粉尘等环境因素的污染问题，主要包括施工工艺选择（结合气候、尊重基地环境）、工地围挡、防尘措施、防治水污染、大气污染、噪声控制、垃圾回收处理等。

（2）环境污染指标　建筑施工具有周期长、资源和能源消耗量大、废弃物产生多等特点，会对环境、资源造成严重的影响，因此环境污染指标应当采取严格的标准。

① 噪声污染。建筑施工噪声主要是由施工机械产生的，此外还有脚手架装卸、安装与拆除，模板支拆、清理与修复等工作噪声，是建筑施工中居民反应最强烈和常见的问题。

② 大气环境污染。施工过程中产生的灰尘固体悬浮物、挥发性化合物及有毒微量有机污染物是造成城市空气污染严重的首要因素。

③ 固体废物污染。固体废物主要指建筑垃圾。建筑垃圾占城市垃圾的30%～40%，其物流量占全世界物流量的40%，其排放及处理应值得关注。

④ 水污染。该指标主要考虑特殊的施工生产工艺中产生的固体或液体垃圾向水体的投放。建筑施工中产生的废水主要包括钻孔灌注桩施工产生的废泥浆液、井点降水、混凝土浇筑用废水、骨料冲洗废水、混凝土养护及拌合冲洗废水等。建筑施工废水如不能得到有效的处理，势必会极大地影响周边环境和居民的生活。

⑤ 光污染。光污染是继废气、废水、废渣和噪声等污染之后的一种新的环境污染源。施工中产生光污染的来源主要是施工夜间大型照明灯灯光、施工中电弧焊或闪光对接焊工作时所发出的弧光等。

⑥ 生态环境影响。项目施工期间，用地需要变更原有的地形地貌，植被铲除，使大面积的地表裸露。指标中主要考虑施工过程中对场地土壤环境、周边区域安全及对古树名木与文物的影响。

（3）资源消耗指标

① 材料消耗量指标。主要考虑节约材料、材料选择及就地取材三个方面，这里的材料包括建筑材料、安装材料、装饰材料及临时工程用材。

② 能源消耗量指标。主要是考虑能源节约和进行能源优化，这里能源包括电、油、气、燃气等。

③ 水资源消耗量指标。主要是考虑在施工过程中水资源的节约和提高用水效率，如工地应该检测水资源的使用，安装小流量的设备和器具。

④ 临时用地指标。主要考虑节约施工临时用地指标。

（4）资源综合利用指标

① 建筑垃圾的综合利用。本指标中将重点考察施工现场是否建立了完善的垃圾处理制度，以及对可重复利用建筑垃圾的再利用情况。

② 水资源的再利用。在可能的场所采取一定的措施重新利用雨水或施工废水，使工地废水和雨水资源化，进而减少施工期间的用水量，降低水费用。

（5）绿色施工环境管理指标

① 环境管理机制。工程施工过程中，建设单位（业主）和施工单位都具有绿色施工的责任，建设单位应该在施工招标文件和施工合同中明确施工单位的环境保护责任，并具有现场环境管理的人员、制度与资金保障。施工单位应积极运用ISO 14000环境管理体系，把绿色施工的创建标准分解到环境管理体系目标中去，建立完善的环境管理体系；并在工程开工前和施工过程中制定相应的环保防治措施和工程计划。

② 有关认证达标率。主要以承包商、相关的材料及设备供应商是否通过ISO 14000认证进行评价。

③ 生态环境恢复。建筑施工活动对生态环境会造成一定的负面影响（减少森林、植被破坏、地质灾害）。发达国家在修筑公路、广场、水利、水电等基础设施时很重视裸露坡面、地

面的生态环境的恢复（种草、栽树），使之成为绿色施工的一道重要工序。绿色施工环境管理指标体系将生态环境复原也作为其中的指标之一，主要考察竣工后是否采用土地复垦、植被恢复等生态环境复原方法。

绿色施工的目的是提高施工过程中能源利用效率，节约能源，降低污染。在整个建筑业推行绿色施工是可持续发展战略的具体实施和关键环节，但我国绿色施工的推行还存在着很多不足。而绿色施工评价体系的建立不仅可以为评价承包商的施工表现提供依据，也可作为承包商进行自我评价的工具，有利于他们在环境绩效和管理绩效方面的持续改进。因此，推动绿色施工评价体系的建立对我国绿色建筑的发展有着非常重要的意义。

7.1.8 绿色施工应用实例

7.1.8.1 北京奥运工程射击馆绿色建筑施工

2008年奥运北京射击馆工程位于北京市石景山区。由资格赛馆、决赛馆、连接体、枪弹库、武警用房及相关的室外配套设施组成，集训练、比赛于一体，是2008年奥运会射击比赛场馆。该工程建筑面积45980.3m^2，设观众坐席9000个。框架-剪力墙结构，大跨度空间钢管网架、桁架屋盖体系。施工效果图如图7-2所示。

图7-2 北京射击馆效果图

(1) 绿色建筑设计及绿色施工策划　本工程建筑立面构思取意射击运动起源于林中狩猎的渊源，在建筑形式上能够呼应出森林原始狩猎工具——弓箭的建筑意向，外形简洁明快，为人们提供健康、舒适、安全的居住、工作和生活空间，体现了时代特征。工程采用了大跨度现浇预应力异形截面轻质材料填充楼板、无装饰清水混凝土、智能型呼吸式幕墙、预制清水混凝土外挂板及太阳能光电、光热和先进的空气处理技术、绿色照明、高效的外墙保温、智能管理、中水、雨洪利用、节水设施，集智能消防、安防、监控、集成、信息发布、数字电视等绿色建筑、绿色技术于一身，圆满实现了“绿色奥运、科技奥运、人文奥运”三大理念。

(2) 绿色施工管理　本工程开工伊始就按照《环境管理体系规范及使用指南》(GB/T 24001—1996 idt ISO14001：1996) 要求建立环境管理体系，确定了杜绝环境污染，美化施工周边环境，营建“花园式工地”的环境管理目标。

① 扬尘控制措施

a. 施工现场周围设置2m高钢板围挡，可周转使用，降低成本，节约能源。

b. 为降低施工现场扬尘发生和现浇混凝土对地面的污染，施工现场主要道路采用150mm厚C20混凝土硬化，每天设专人用洒水车随时洒水压尘，所用水源为养护混凝土和洗泵车后沉淀收集用水。

c. 运送渣土的车辆均进行覆盖；工地出口要设置宽5m、长0.8m的洗车槽，运输车辆驶出施工现场要将车轮和槽帮冲洗干净。

d. 水泥和其他易飞扬的细颗粒散装材料均安排库内存放。如露天存放采用严密苫盖，运输和装卸时防止遗撒和飞扬，减少扬尘。石灰的熟化和灰土施工时要适当配合洒水，减少扬尘。

e. 每次拆模后设专人及时清理模板上的混凝土和灰土，模板清理过程中垃圾及时清运到施工现场指定的垃圾存放地点，保证模板堆放区的清洁。

f. 本工程永久建筑和临时建筑中，不采用政府虽未明令禁止但会给周边居民或使用人带来不适感觉的任何材料和添加剂。所有施工材料均使用符合环保要求的材料。

② 降低噪声措施

a. 根据环保噪声标准日夜要求的不同，合理协调安排分项工程施工时间，将混凝土安排在白天施工，夜间不进行施工，避免混凝土振捣扰民。夜间所有运输车辆进入现场后禁止鸣笛，减少噪声。

b. 提倡文明施工，加强人为噪声管理。尽量减少大声喧哗，增强全体施工人员防噪声扰民的意识。

c. 最大限度减少施工噪声污染，清理混凝土料斗中的混凝土渣，严禁用榔头敲打，只能用扁铲凿、铲。加强对全体职工的环保教育，防止不必要的噪声产生。

③ 现场污水排放措施

a. 施工现场临建阶段，统一规划排水管线，排水沟、排水设施通畅。

b. 运输车辆清洗处设置沉淀池，排放的废水排入沉淀池内，经二次沉淀后用于洒水降尘。

c. 现场设置专用涂料、油料库，储存、使用和保管要专人负责，防止油料跑、冒、滴、漏污染地下水和环境。

④ 垃圾处理措施

a. 施工现场建筑垃圾设专门的垃圾分类堆放区，在现场设密闭垃圾站，并设置施工垃圾分拣站和危险废物回收站。施工垃圾、生活垃圾分类存放，并在各楼层或区域设立足够尺寸的垃圾箱，根据垃圾数量随时清运消纳。运垃圾的专用车每次装完后，用布盖好，避免途中遗撒和运输过程中造成扬尘。

b. 现场区域在施工过程中要做到工完场清，以免在结构施工完未进入装修封闭阶段，刮风时将灰尘吹入空气中。清理施工垃圾时应使用封闭的专用垃圾道或采用容器吊运，严禁凌空抛撒造成扬尘。

⑤ 限制光污染措施。探照灯尽量选择既能满足施工照明要求又不刺眼的新型灯具或采用措施使夜间照明只照射施工区而不影响周围社区居民休息。

⑥ 施工现场卫生防疫措施

a. 施工现场责任区分片包干、挂牌标志，个人岗位责任制健全，保洁、安全、防火等措施明确有效。工地大门两侧街道随时清扫、保洁，为保证该路段清洁干净，由行政经理为主管，安排专职保洁员负责保洁。

b. 办公区要做到整齐、美观、窗明地净，及时打扫和清洗脏物。倾倒垃圾到指定场所，严禁随地倾倒污水污物。保持室内空气流通、清新。

c. 严格遵守北京市政府有关预防传染病的规定，为施工现场职工提供符合政府卫生规定的生活条件并获得必要的许可证，保证职工身体健康。

d. 在现场设立专门的临时医疗站，配备足够的设施、药物和称职的医务人员，准备了两套担架，用于一旦发生安全事故时对受伤人员的急救。

⑦ 环保产品的使用

a. 严格执行国家颁布的《民用建筑工程室内环境污染控制规范》(GB 50325—2001)，并严格保证使用的工程材料满足国家标准要求。

b. 本工程所使用的无机非金属建筑材料，包括砂、石、砖、水泥、混凝土、预制构件和新型墙体材料等，其放射性指标限量均符合国家和北京市有关规定要求。

c. 本工程所使用的无机非金属装修材料，包括石材、建筑卫生陶瓷、石膏板、吊顶材料等，其放射性指标限量均符合国家和北京市有关规定要求。

d. 人造木板及饰面人造木板，全部通过环保检测。

北京射击馆工程建设过程中，通过对绿色建筑施工的策划、实施，减少了场地干扰，保护了周边环境，节约了大量资源，实现了工程质量、安全、文明、效益、环境综合目标；通过对人、机、料、法、环的控制，实现了环境与建筑的和谐，建筑与人的和谐，人与社会的和谐，取得了显著的经济和社会效益。

7.1.8.2　某公寓式酒店工程的绿色施工

某公寓式酒店工程（图 7-3），坐落于上海。由七幢主楼和地下车库及商业裙房组成。工程高度由北向南、由西向东逐次递减，分别错落于综合打造的绿化大平台上。工程主要建筑为框架剪力墙结构，裙房和地下车库为框架结构。主楼与车库裙房之间设置后浇带。基础为桩基加筏板基础。

图 7-3　某公寓式酒店鸟瞰图

(1) 系统策划　本工程在创建节约型工地的实施过程中做到事先规划，建立责任体系，抓住重点环节，围绕六项措施，在确保工程质量、安全文明的同时，把绿色施工的节能降耗工作全面推向深入。

在实施过程中，通过编制节约型工地专项方案，明确禁止与限制使用落后淘汰技术、工艺、产品的强制性规定，明确工程质量创优和安全生产标准和措施。

(2) 节约措施

① 管理措施

a. 责任体系。严格按新标准、新规范要求建立节能降耗、创建节约型工地管理网络和责任体系，明确分工，齐抓共管。

b. 制度保证。始终把施工现场的节能降耗工作放在首位，坚持标准、认真推进，并围绕专题要求，制订了相关适合于施工现场贯彻执行的管理制度。

c. 检查、审核和考核。公司定期组织检查，目标指标达标考核，落实挂钩奖励制度。公司节约型工地进行季度内审，使项目部的节约型工地创建活动得以有效进行。

② 节能措施

a. 分路供电控制。实行总电能集中输出分路供电分路控制，保证安全用电，降低交叉能耗，大型施工机械塔吊、电梯“一机一表”实行单独计量。

b. 机械耗能控制

• 在满足施工平行运输半径和垂直运输的条件下，经过方案对比选用耗能省、功效高的机械设备。塔吊安装“黑匣子”以监控；使吊装、电梯合理运载，提高使用效率。

• 电焊机安装空载保护装置，以有效减少待机电能浪费。

c. 施工照明控制。选用镝灯以减少耗电，并安装时控器自动关闭；宿舍安装专用电流限流器，100%安装节能灯具；食堂安装太阳能热水器，做到光能制热，循环制热。

③ 节水措施。施工现场的水循环采取“室外集水综合利用，室内蓄水专项利用”的方法，实行“两个循环两种用途”。第一个循环以室内地下室后浇带处收集沉降水和雨水水源，排入集水井蓄水，高压水泵向上输送，循环使用于消防蓄水、室内保洁、绿网冲洗。第二个循环以室外废水、雨水的收集为水源，通过周边相通排水沟形成的管网，引入室外三级沉淀池，水泵送入洒水车和简易小型水塔分别循环使用于路面保洁、扬尘控制、车辆冲洗、绿化养护、厕所冲洗。

④ 节材措施

a. 节约混凝土

• 混凝土浇筑时详细核对图纸，做到精确计算，向拌站订货时略有机动，以确保数据的精确。

• 浇捣前安排现场监护对模板支撑系统进行复查，杜绝爆模造成混凝土浪费，浇筑余料合理利用，如制作保护层垫块以及对临时道路进行修补。

• 浇捣时安排关切旁站，严格控制结构标高，控制在规范允许的最大负偏差内。

• 施工现场按照永久和临时道路结合布置，形成环形通道，便道下填实三合土。

b. 节约钢材

• 钢筋连接采用直螺纹套筒或电渣压力焊连接。

• 深化研究设计图纸，合理进料。进行详细的技术、质量交底，以减少返工造成钢筋或其他不必要的浪费。

• 充分利用短、废料钢筋，如短废料钢筋加工成马凳作为钢筋支架；较细的钢筋加工成吊钩，用于吊挂灭火器；废钢管用于脚手架硬拉接，或钢平台的预埋件；旧彩钢板用于施工机械的防雨盖板等。

• 通过与设计的沟通协调，把ϕ16mm以上的二级钢改为HRB400三级钢，既满足了功能也节约了钢材。

• 临时设施活动房全部选用彩板、PVC扣板、围墙钢管固定彩板围护，以便于连续封闭，重复利用。

c. 节约木材

• 地下室、裙房外墙采用小钢模，减少木材使用量；上部结构木模板加强管理，涂刷脱模剂。拆除时，严禁用撬棒硬撬，增加模板周转次数，延长模板使用寿命。

• 拆下的木模板进行整修和调换，尺寸较小的进行重新加工、用作临边洞口的盖板、柱子与楼梯踏步的护角，用于排架下的垫木或脚手架上的防滑条，短木用接木机进行接长再利用。

(3) 创新技术措施　本工程设计以先进的绿色环保建筑节能为基本要求，在总体规划中创造人工山地景观和自然氧吧绿色草坪，地下室设计成采光天井，以充分利用天然光源光照；通风增设内厅院，通风系统设计为自动控制系统，提高了使用的舒适性。地下室底板、外墙、屋面的节能构造设计均选择不同应用性能的聚苯板，有利于室内保温，起到节能作用。

本工程施工优化技术方案，积极应用创新科技均取得实效。

① 在基础土方围护工程施工阶段采用复合土钉墙施工技术，严格按照土钉墙施工工艺和程序，可在有限施工环境中完成土方作业，减少基坑放坡梯度，控制挖土成本，避免土方流失，有利施工环境保护。

② 本工程采用无黏结预应力钢筋混凝土单层框架结构施工，达到了减少梁截面节约资源又确保有效承载的技术要求，同时应用了无黏结筋新技术，毋须制孔、压浆施工工序流程，亦满足构件狭小空间的布索要求，减少了施工成本和混凝土使用量。

③ 外墙脚手架全部采用“附着整体升降脚手架”，每幢楼为一个单元，各单元升降脚手架均为 4 层量配置，在提升下降作业时均为单层整体性进行，此技术与传统搭设相比减少钢管、扣件、竹笆、绿网使用量 10%～80%。

7.2 绿色建筑墙体施工工艺及实例

随着国家节能政策的深入贯彻以及人们对室内热环境、舒适度要求的不断提高，墙体保温系统已被广泛地认为是最有效的建筑节能措施之一，同时也是改善大气环境，发挥投资效益的强有力手段。

我国已进入加速城市化的历史进程，年均近 20 亿平方米的城乡建设规模将持续较长一段时期。目前，在新建民用建筑和工业建筑中全部推行节能设计，巨大的建设总量全面提升，建筑节能的趋势不可逆转。这为墙体节能技术的发展提供了巨大的市场空间，同时也对其技术适应性提出了挑战。

7.2.1 节能墙体施工要求及相关标准

7.2.1.1 节能墙体施工工艺应遵循的要求

(1) 墙体节能工程应在主体结构及基层质量验收合格后施工，与主体结构同时施工的墙体节能工程，应与主体结构一同验收。

(2) 对既有建筑进行节能改造施工前，应对基层进行处理，使其达到设计和施工工艺的要求。

(3) 当墙体节能工程采用外保温成套技术或产品时，其型式检验报告中应包括耐候性检验。

(4) 墙体节能工程采用的保温材料和黏结材料，进场时应对其下列性能进行复验：

① 保温板材的热导率、材料密度、压缩强度、阻燃性；

② 保温浆料的热导率、压缩强度、软化系数和凝结时间；

③ 黏结材料的黏结强度；

④ 增强网的力学性能、抗腐蚀性能；

⑤ 其他保温材料的热工性能；

⑥ 必要时，可增加其他复验项目或在合同中约定复验项目。

(5) 墙体节能工程应对下列部位或内容进行隐蔽工程验收，并应有详细的文字和图片资料：

① 保温层附着的基层及其表面处理；

② 保温板黏结或固定；

③ 锚固件；

④ 增强网铺设；

⑤ 墙体热桥部位处理；

⑥ 预置保温板或预制保温墙板的板缝及构造节点；

⑦ 现场喷涂或浇注有机类保温材料的界面。

(6) 墙体节能工程的隐蔽工程应随施工进度及时进行验收。

(7) 墙体节能工程需要划分检验批时，可按照相同材料、工艺和施工做法的墙面每500～1000m^2面积划分为一个检验批，不足500m^2也为一个检验批。

检验批的划分也可根据与施工流程相一致且方便施工与验收的原则，由施工单位与监理（建设）单位共同商定。

7.2.1.2 节能墙体施工工艺的相关规定

(1) 本施工工艺适用于民用建筑墙体节能工程的施工。

(2) 本施工工艺根据《建筑工程施工质量验收统一标准》(GB 50300—2001)、《外墙外保温工程技术规程》(JGJ 144—2004)、《建筑装饰装修工程质量验收规范》(GB 50210—2001)、《建筑节能工程施工质量验收规范》(GB 50411—2007) 和相应的国家现行技术标准、规定进行编制。

(3) 施工中的劳动保护、安全和防火措施等，必须按现行有关标准、规定执行。

7.2.2 建筑墙体施工工艺和施工要点

7.2.2.1 外墙内保温系统施工工艺及施工要点

(1) 硅酸铝保温材料外墙内保温施工工艺　硅酸铝保温浆料外墙内保温基本构造见图7-4。

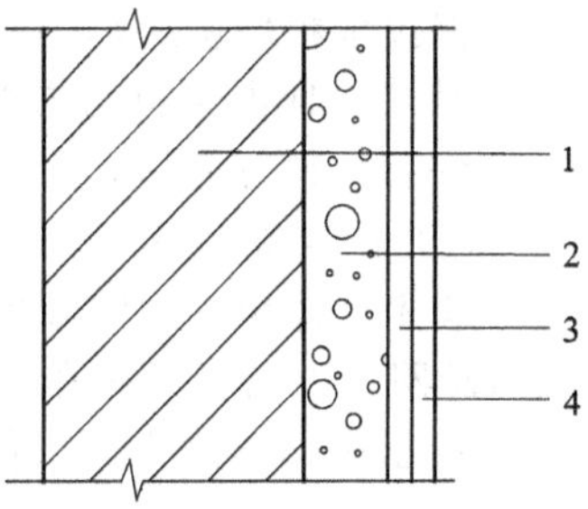

图7-4 硅酸铝保温浆料外墙内保温基本构造

1—基层；2—硅酸铝保温浆料；3—水泥砂浆面层；4—饰面涂层

① 材料性能要求。硅酸铝保温材料性能要求见表7-2。

表7-2 硅酸铝保温材料性能要求

检验项目	性能要求	试验方法
干密度/(kg/m^3)	≤400	
热导率/[W/(m·K)]	≤0.085	GB 10294—88
抗压强度(7d)/MPa	≥0.25	
线性收缩率/%	≤5	GBJ 82—85

② 施工工具与机具

a. 机具。强制式砂浆搅拌机、垂直运输机械、水平运输车等。

b. 工具。常用抹灰工具及抹灰的专用检测工具。

c. 脚手架。内粉施工用脚手架。

③ 作业条件

a. 外墙门窗口安装完毕，墙体工程经检查验收合格。

b. 门窗边框与墙体连接应预留出保温层的厚度，缝隙应分层填塞严密，做好门窗表面保护。

c. 屋面防水工程应在抹灰前施工完毕。否则，必须采取有效的防雨水措施。

d. 房间内电气安装预埋盒、配电箱、采暖、水管、设备等的预埋件已准确埋设完毕。

e. 硅酸铝保温材料的热导率、密度、抗压强度经见证取样送检合格。

f. 硅酸铝保温浆料配合比已经确认，搅拌设备和计量装置已经校核。

g. 施工机具已备齐，水、电已接通。

h. 内粉施工用脚手架搭设牢固。

i. 室内环境温度应在5℃以上，房间内应干燥通风。

④ 施工工艺。硅酸铝保温材料外墙内保温施工工艺流程如下：

基层墙体处理→墙体基层涂刷专用界面砂浆→吊垂直、套方、弹控制线→配制保温砂浆→用保温砂浆做灰饼、作口→抹保温砂浆→晾置干燥→厚度、平整度和垂直度验收→抹水泥砂浆面层（养护7d)→施工饰面涂层

⑤ 施工要点

a. 基层墙面处理。墙面应清理干净，无油渍、浮尘等，旧墙面松动、风化部分应剔凿清除干净。墙表面凸起物大于等于10mm应铲平。穿墙套管、脚手眼、孔洞等应封堵严密。门窗框与墙体间缝隙填塞密实，表面平整。门窗洞口四周的墙体应做保温，并采取增设一层耐碱网布防止开裂和破损的措施。

b. 保温浆料层宜连续施工，抹保温浆料时，按压力不宜过大，以免影响保温性能。

c. 保温浆料厚度应均匀，接槎应平顺密实。保温浆料每层抹灰厚度不宜超过15mm。

d. 外墙内保温浆料与内墙普通抹灰的接槎宜在内墙面距外墙200mm处。

e. 保温浆料抹完后，应等待晾干再抹水泥砂浆面层。在面层砂浆抹完后养护7d，待干燥后方可进行面层涂料施工。

f. 墙体上容易碰撞的阳角、门窗洞口及不同材料基体的交接处等特殊部位，其保温层应铺设耐碱网布以防止开裂和破损（耐碱网布在每边铺设宽度为保温浆料厚度＋50mm)。

g. 施工中同步制作同条件养护试件（每个检验批不少于3组），以备见证取样送检，检测其热导率、干密度和抗压强度。

h. 以下施工部位应同步拍摄必要的图像资料。

• 保温层附着的基层及其表面处理。

• 墙体热桥部位处理。

• 耐碱网布铺设。

• 被封闭的保温浆料厚度。

⑥ 质量标准

a. 主控项目

• 保温材料的品种、规格应符合设计要求和相关标准的规定。

• 保温材料的热导率、密度、抗压强度应符合设计要求，并见证取样送检合格。

• 处理后的基层不得有影响墙体热工性能的热桥。

• 保温层厚度应符合设计要求。

• 基层应有足够的强度，表面平整、清洁，无起砂、起壳、裂缝、蜂窝、麻面等现象。

• 各抹灰层之间及抹灰层与基体之间必须粘接牢固，抹灰层应无脱层、空鼓，面层应无暴灰和裂缝等缺陷。

b. 一般项目

• 进场保温材料的包装应完整无破损，保温材料应符合设计要求和产品标准的规定。

• 保温浆料层宜连续施工，保温浆料厚度应均匀、接槎应平顺密实。

• 表面。普通抹灰表面应光滑、洁净，接槎平整。高级抹灰表面应光滑、洁净，颜色均匀，无抹纹，线角和灰线平直方正、清晰美观。

• 孔洞、槽、盒、管道后面的抹灰表面，其尺寸应正确，边缘应整齐、光滑，管道后面应平整。

• 门窗框与墙体间缝隙应填塞密实，表面平整。门窗洞口四周的墙体应做保温，并采取增设一层耐碱网布防止开裂和破损的措施。

• 抹灰表面允许偏差及检验方法见表7-3。

表 7-3　抹灰表面允许偏差及检验方法

项　次	项　目	允许偏差/mm	检验方法
1	立面垂直度	3	用2m垂直检测尺检查
2	表面平整度	3	用2m靠尺和塞尺检查
3	阴阳角方正	3	用直角检测尺检查
4	分格条(缝)直线度	3	拉5m线，不足5m拉通线，用钢直尺检查
5	墙裙、勒脚上口直线度	3	拉5m线，不足5m拉通线，用钢直尺检查

(2) 胶粉EPS颗粒保温浆料外墙内保温施工工艺　胶粉EPS颗粒保温浆料外墙内保温基本构造见图7-5。

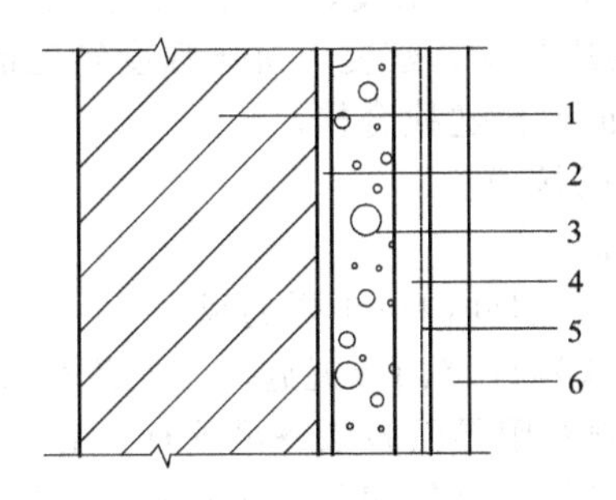

图7-5 胶粉EPS颗粒保温浆料外墙内保温基本构造

1—基层；2—界面砂浆；3—胶粉EPS颗粒保温浆料；

4—抗裂砂浆面层；5—耐碱网布；6—饰面涂层

(保温构造部分位于墙体内侧)

① 材料性能要求

a. 胶粉EPS颗粒保温浆料性能要求见表7-4。

表 7-4　胶粉EPS颗粒保温浆料性能要求

检验项目	性能要求	试验方法
干密度/(kg/m^3)	150～200	GB/T 6343—1995
热导率/[W/(m·K)]	≤0.060	GB 10294—88
水蒸气渗透系数/[ng/(Pa·m·s)]	符合设计要求	JGJ 144—2004
抗拉强度/MPa	≥0.1	JGJ 144—2004
压缩性能(形变10%)/MPa	≥0.25	GB 8813—88
线性收缩率/%	≤0.3	GBJ 82—85
软化系数	≥0.5	JGJ 51—2002
燃烧性能级别	B1	GB 8624—1997
抹面胶浆、抗裂砂浆、界面砂浆与胶粉EPS颗粒保温浆料拉伸粘接强度/MPa	≥0.1，破坏界面应位于胶粉EPS颗粒保温浆料	JGJ 144—2004

b. 耐碱网布性能要求见表7-5。

表 7-5　耐碱网布性能要求

实验项目	性能指标
单位面积质量/(g/m^2)	≥130
耐碱断裂强度(经、纬向)/(N/50mm)	≥900
耐碱断裂强度保留率(经、纬向)/%	≥50
断裂应变(经、纬向)/%	≤5.0

② 施工工具与机具

a. 机具。强制式砂浆搅拌机、垂直运输机械、水平运输车、手提搅拌器、射钉枪等。

b. 工具。常用抹灰工具及抹灰的专用检测工具、经纬仪及放线工具、水桶、剪子、滚刷、铁锹、扫帚、锤子、錾子、壁纸刀、托线板、方尺、靠尺、塞尺、量针、钢直尺等。

c. 脚手架。内粉施工用脚手架。

③ 作业条件

a. 外墙门窗口安装完毕，墙体工程经检查验收合格。

b. 门窗边框与墙体连接应预留出保温层的厚度，缝隙应分层填塞严密，做好门窗表面保护。

c. 屋面防水工程应在抹灰前施工完毕，否则，必须采取有效的防雨水措施。

d. 房间内电气安装预埋盒，配电箱、采暖、水管、设备等的预埋件已准确埋设完毕。

e. 胶粉 EPS 颗粒保温浆料的热导率、密度、抗压强度经见证取样送检合格。

f. 耐碱网布的力学性能经见证取样送检合格。

g. 施工机具已备齐，水、电已接通。

h. 内粉施工用脚手架搭设牢固。

i. 室内环境温度应在 5℃以上，房间内应干燥通风。

④ 施工工艺。胶粉颗粒保温浆料外墙内保温施工工艺流程如下：

基层墙体处理→墙体基层涂刷专用界面砂浆→吊垂直、套方、弹控制线→配制保温浆料→用保温浆料做灰饼、作口→抹保温浆料（每遍约 20mm）→晾置干燥→厚度、平整度和垂直度验收→配制抗裂砂浆→抹抗裂砂浆→铺设耐碱网布（养护 7d）→施工饰面涂层

⑤ 施工要点

a. 基层墙面处理。墙面应清理干净，无油渍、浮尘等，旧墙面松动、风化部分应剔凿清除干净。墙表面凸起物大于等于 10mm 应铲平。穿墙套管、脚手眼、孔洞等应封堵严密。门窗框与墙体间缝隙应填塞密实，表面平整。门窗洞口四周的墙体应做保温，并采取增设一层耐碱网布防止开裂和破损的措施。

b. 基层应涂满界面砂浆，用滚刷或扫帚将界面砂浆均匀涂刷在基层上。

c. 吊垂直、套方作口，按厚度控制线，拉垂直、水平通线，套方作口，按厚度线用胶粉聚苯颗粒保温浆料做标准厚度的灰饼冲筋。

d. 胶粉 EPS 颗粒保温浆料的施工。保温浆料层宜连续施工，抹保温浆料时，按压力不宜过大，以免影响保温性能。保温浆料厚度应均匀，接槎应平顺密实。保温浆料每层抹灰厚度不宜超过 20mm，后一遍施工厚度要比前一遍施工厚度小，最后一遍厚度以 10mm 左右为宜。每两遍施工间隔应在 24h 以上。最后一遍操作时应达到冲筋高度并用大杠搓平，墙面门窗口平整度应达到相应的要求。保温层固化干燥（用手掌按不动表面，一般约 5d）后方可进行抗裂保护层施工。

e. 抹抗裂砂浆，铺贴耐碱网布。耐碱网布应按楼层间尺寸事先裁好，抹抗裂砂浆一般分两遍完成，第一遍厚度约 3～4mm，随即竖向铺设耐碱网布，用抹子将耐碱网布压入砂浆，搭接宽度不应小于 40mm，先压入一侧，抹抗裂砂浆，随即再压入另一侧，严禁干搭。耐碱网布铺贴要尽可能平整，饱满度应达到 100%。抹第二遍找平抗裂砂浆时，将耐碱网布包覆于抗裂砂浆之中，使抗裂砂浆的总厚度控制在 10mm±2mm，抗裂砂浆面层必须平整。在面层抗裂砂浆抹完后养护 7d，待其干燥后方可进行面层涂料施工。

f. 外墙内保温浆料与内墙普通抹灰的接槎宜在内墙面距外墙 200mm 处。

g. 墙体上容易碰撞的阳角、门窗洞口及不同材料基体的交接处等特殊部位，其保温层应增设一层耐碱网布以防止开裂和破损（耐碱网布在每边铺设宽度为保温浆料厚度＋50mm）。

h. 施工中同步制作同条件养护试件（每个检验批不少于 3 组），以备见证取样送检，检测其热导率、干密度和抗压强度。

i. 以下施工部位应同步拍摄必要的图像资料。

• 保温层附着的基层及其表面处理。

• 墙体热桥部位处理。

• 增强网铺设。

• 被封闭的保温浆料厚度。

⑥ 质量标准

a. 主控项目

• 保温材料和耐碱网布的品种、规格应符合设计要求和相关标准的规定。

• 保温材料的热导率、密度、抗压强度应符合设计要求，并见证取样送检合格。耐碱网布的力学性能应符合设计要求，并见证取样送检合格。

• 处理后的基层不得有影响墙体热工性能的热桥。

• 保温层厚度应符合设计要求。

• 基层应有足够的强度，表面平整、清洁，无起砂、起壳、裂缝、蜂窝、麻面等现象。

• 各抹灰层之间及抹灰层与基体之间必须粘接牢固，拌灰层应无脱层、空鼓，面层应无暴灰和裂缝等缺陷。

b. 一般项目

• 进场保温材料的包装应完整无破损，保温材料应符合设计要求和产品标准的规定。

• 保温浆料层宜连续施工，保温浆料厚度应均匀、接槎应平顺密实。

• 耐碱网布的铺贴和搭接应符合设计和施工方案的要求。砂浆抹压应密实，不得空鼓，加强网不得褶皱、外露。

• 表面。普通抹灰表面应光滑、洁净，接槎平整。高级抹灰表面应光滑、洁净，颜色均匀，无抹纹，线角和灰线平直方正、清晰美观。

• 孔洞、槽、盒、管道后面的抹灰表面，其尺寸应正确，边缘应整齐、光滑，管道后面应平整。

• 门窗框与墙体间缝隙应填塞密实，表面平整。门窗洞口四周的墙体应做保温，并采取增设一层耐碱网布防止开裂和破损的措施。

• 抹灰表面允许偏差及检验方法参见前面表7-3。

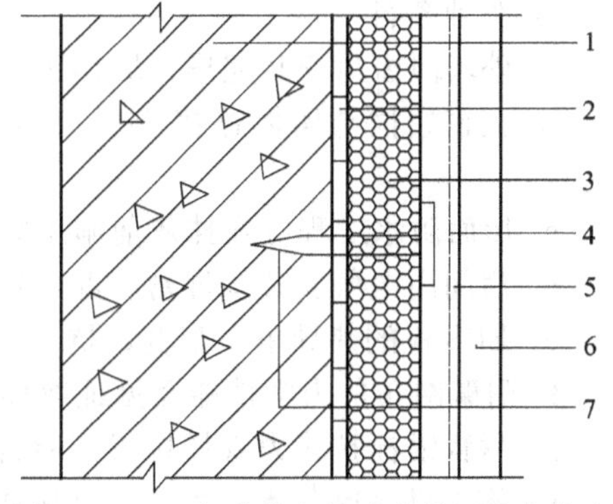

图7-6　EPS板薄抹灰外墙内保温基本构造
1—基层；2—胶黏剂；3—EPS板；4—耐碱网布；5—抗裂砂浆面层；6—饰面涂层；7—锚栓
（保温构造部分位于墙体内侧）

(3) EPS板薄抹灰外墙内保温施工工艺　EPS板薄抹灰外墙内保温基本构造见图7-6。

① 材料性能要求

a. EPS板薄抹灰保温材料性能要求见表7-6。

表7-6　EPS板薄抹灰保温材料性能要求

检验项目		性能要求	试验方法
保温材料	密度/(kg/m³)	14～22	GB/T 6343—1995
	热导率/[W/(m·K)]	≤0.041	GB 10294—88
	水蒸气渗透系数/[ng/(Pa·m·s)]	符合设计要求	JGJ 144—2004
	抗拉强度/MPa	≥0.10	JGJ 144—2004
	压缩性能(形变10%)/MPa	≥0.1	GB 8813—88
	尺寸稳定性/%	≤0.3	GB 8811—88
	燃烧性能	阻燃型	GB/T 10801.1—2002
基层与胶黏剂抗拉粘接强度/MPa		≥0.3	JGJ 144—2004
抹面胶浆、抗裂砂浆、界面砂浆与胶粉EPS颗粒保温浆料拉伸粘接强度/MPa		≥0.1，破坏界面应位于胶粉EPS颗粒保温浆料	JGJ 144—2004

b. 耐碱网布性能要求参见前面表 7-5。

c. 锚栓。金属螺钉应采用不锈钢或经过表面防腐处理的金属制成。塑料钉和带圆盘的塑料膨胀套管应采用聚酰胺、聚乙烯或聚丙烯制成，制作塑料钉和塑料套管的材料不得使用回收的再生材料。锚栓有效锚固深度不小于 30mm，塑料圆盘直径不小于 50mm。其技术性能指标应符合表 7-7 的要求。

表 7-7 锚栓技术性能指标

试验项目	技术指标
单个锚栓抗拉承载力标准值/kN	≥0.30
单个锚栓对系统传热增加值/[W/(m²·K)]	≤0.004

② 施工工具与机具

a. 机具。垂直运输机械、水平运输车、电动搅拌器、角磨机、电锤、射钉枪等。

b. 工具。常用抹灰工具及抹灰的专用检测工具、经纬仪及放线工具、密齿手锯、水桶、剪子、滚刷、铁锹、钢丝刷、扫帚、锤子、錾子、壁纸刀、托线板、方尺、靠尺、塞尺、量针、钢直尺、墨线盒等。

c. 脚手架。内粉施工用脚手架。

③ 作业条件

a. 外墙门窗口安装完毕，墙体工程经检查验收合格。

b. 门窗边框与墙体连接应预留出保温层的厚度，缝隙应分层填塞严密，做好门窗表面保护。

c. 屋面防水工程应在抹灰前施工完毕。否则，必须采取有效的防雨水措施。

d. 房间内电气安装预埋盒、配电箱、采暖、水管、设备等的预埋件已准确埋设完毕。

e. EPS 板的热导率、密度、抗压强度经见证取样送检合格。

f. 耐碱网布的力学性能经见证取样送检合格。

g. 后置锚栓拉拔力现场拉拔试验符合设计要求。

h. 施工机具已备齐，水、电已接通。

i. 内粉施工用脚手架搭设牢固。

j. 室内环境温度应在 5℃以上，房间内应干燥通风。

④ 施工工艺。EPS 板薄抹灰外墙内保温施工工艺流程如下：

基层墙体清理→涂抹界面剂→配聚合物胶黏剂→粘贴 EPS 板→配制抗裂砂浆→隐蔽工程验收→抹抗裂砂浆、铺挂耐碱网布（养护 7d)→施工饰面涂层

⑤ 施工要点

a. 基层墙面处理。墙面应清理干净，无油渍、浮尘等，旧墙面松动、风化部分应剔凿清除干净。墙表面凸起物大于等于 10mm 应铲平。穿墙套管、脚手眼、孔洞等应封堵严密。门窗框与墙体间缝隙应填塞密实，表面平整。门窗洞口四周的墙体应做保温，并采取增设一层耐碱网布防止开裂和破损的措施。

b. 基层应涂满界面砂浆，用滚刷或扫帚将界面砂浆均匀涂刷在基层上。

c. 吊垂直、套方作口，按厚度控制线，拉垂直、水平通线。

d. EPS 板宽度应小于等于 1200mm，高度应小于等于 600mm。

e. 粘贴 EPS 板时，应将胶黏剂涂在 EPS 板背面，涂胶黏剂面积不得小于 EPS 板面积的 40%。

f. 涂好胶黏剂后立即将 EPS 板贴在墙面上，动作要迅速，以防止胶黏剂结皮而失去粘接作用。EPS 板贴在墙上时，应用 2m 靠尺进行压平操作，保证其平整度和粘接牢固。板与板之间要挤紧，不得有较大的缝隙，若因保温板面不方正或裁切不直形成大于 2mm 的缝隙，应将

EPS板条塞入并打磨平。

g. EPS板贴完后至少24h，且待胶黏剂达到一定粘接强度时，用专用打磨工具对EPS板表面不平处进行打磨，打磨动作最好是轻柔的圆周运动，不要沿着与保温板接缝平行的方向打磨。打磨后应用刷子将打磨操作中产生的碎屑清理干净。

h. 在EPS板上先抹2mm厚的抗裂砂浆，待抗裂砂浆初凝后，分段铺挂耐碱网布并安装锚栓（锚栓呈梅花状布置，3～4个/m^2），锚栓锚入墙体孔深应大于30mm。

i. 在底层抗裂砂浆终凝前再抹一道抗裂砂浆罩面，厚度2～3mm，以覆盖耐碱网布轮廓为宜。面层砂浆切忌不停揉搓，以免形成空鼓。在面层抗裂砂浆抹完后养护7d，待其干燥后方可进行面层涂料施工。

j. 墙体上容易碰撞的阳角、门窗洞口及不同材料基体的交接处等特殊部位，其保温层应增设一层耐碱网布以防止开裂和破损（耐碱网布在每边铺设宽度为EPS板厚度＋50mm）。

k. 以下施工部位应同步拍摄必要的图像资料。

• 保温层附着的基层及其表面处理。

• 墙体热桥部位处理。

• 保温板粘接和固定方法。

• 锚固件。

• 增强网铺设。

• 被封闭的EPS板厚度。

⑥ 质量标准

a. 主控项目

• 保温材料和耐碱网布的品种、规格应符合设计要求和相关标准的规定。

• 保温材料的热导率、密度、抗压强度应符合设计要求，并见证取样送检合格。

• 耐碱网布的力学性能应符合设计要求，并见证取样送检合格。

• 后置锚栓技术性能指标应符合设计要求，拉拔力现场拉拔试验合格。

• 处理后的基层不得有影响墙体热工性能的热桥。

• 保温层厚度应符合设计要求。

• 基层应有足够的强度，表面平整、清洁，无起砂、起壳、裂缝、蜂窝、麻面等现象。

• 各抹灰层之间及抹灰层与基体之间必须粘接牢固，抹灰层应无脱层、空鼓，面层应无暴灰和裂缝等缺陷。

b. 一般项目

• 进场保温材料的外观和包装应完整无破损，保温材料应符合设计要求和产品标准的规定。

• 耐碱网布的铺贴和搭接应符合设计和施工方案的要求。砂浆抹压应密实，不得空鼓，加强网不得皱褶、外露。

• EPS板材接缝方法应符合施工方案要求，保温板接缝应平整严密。

• 普通抹灰表面应光滑、洁净，接槎平整。高级抹灰表面应光滑、洁净，颜色均匀，无抹纹，线角和灰线平直方正，清晰美观。

• 孔洞、槽、盒、管道后面的抹灰表面，其尺寸应正确，边缘应整齐、光滑，管道后面应平整。

• 门窗框与墙体间缝隙应填塞密实，表面平整。门窗洞口四周的墙体应做保温，并采取增设一层耐碱网布防止开裂和破损的措施。

• 抹灰表面允许偏差及检验方法参见前面表7-3。

(4) 增强石膏聚苯复合保温板外墙内保温工程施工工艺　增强石膏聚苯复合保温板外墙内保温基本构造见图7-7。

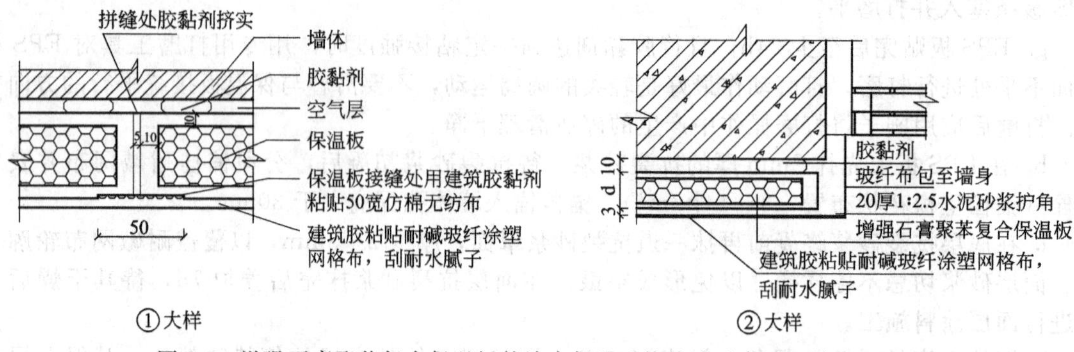

图 7-7 增强石膏聚苯复合保温板外墙内保温系统构造示意图（单位：mm）

① 材料性能要求

a. 增强石膏聚苯复合保温板。其质量应符合标准规定，主要性能指标为：板重不大于 $25kg/m^2$（60mm 厚板）；收缩率不大于 0.08%；热阻不小于 0.8 $(m^2 \cdot K)/W$；含水率不大于 5%；抗弯荷载不小于 $1.8G$（G为板材重量）；抗冲击性：垂直冲击 10 次，背面无裂纹（砂袋重 10kg，落距 500mm）；条板规格：长 2400～2700mm，宽 595mm，厚有 50～90mm 5 种。

b. 石膏类胶黏剂（用于保温板与墙体固定）：黏结强度≥1.0MPa，使用时间为 0.5～1.0h。

c. 聚合物砂浆型胶黏剂（用于粘贴防水保温踢脚和抹门窗口护角）：是用聚合物乳液和强度为 32.5 级的水泥配制而成。用水泥∶细砂＝1∶2，掺聚合物乳液∶水＝1∶1 的混合胶液拌合成适当稠度的砂浆胶黏剂。

d. 中碱玻纤网格布（挂胶）：网孔中心距不大于 4mm×4mm，单位面积质量不小于 $80g/m^2$；经、纬向抗断裂力均不小于 900N/50mm；含胶量为 8%。

e. 仿棉无纺布：用于板缝处理。

f. 嵌缝腻子（用于板缝处理）：初凝时间不小于 0.5h，抗压强度不小于 3.0MPa，抗折强度不小于 1.5MPa。

g. 石膏腻子（用于满刮墙面）：抗压强度不小于 2.5MPa，抗折强度不小于 1.0MPa，黏结强度不小于 0.2MPa，终凝时间不超过 4h。

② 施工工具和用具。工具包括筛子、抹子、灰槽、铁锹、托板、壁纸刀、剪刀、橡皮锤、扫帚、钢丝刷等。计量检测用具包括钢尺、方尺、托线板、线坠等。安全防护用品包括口罩、手套、护目镜等。

③ 作业条件

a. 结构工程经验收合格。

b. 标高控制线（+500mm）弹好并经预检合格。

c. 外墙门窗框安装完，与墙体安装牢固，缝隙用砂浆填塞密实。塑钢、铝合金门窗框缝隙按产品说明书要求的材料堵塞，并贴好保护膜。

d. 水暖及装饰工程需用的管卡、挂钩和窗帘杆卡子等埋件留出位置或埋设完；电气工程的暗管线、接线盒等埋设完，并应完成暗管线的穿带线工作。

④ 施工工艺。增强石膏聚苯复合保温板外墙内保温施工工艺流程如下：

基层处理→分档、弹线→配板→墙面贴饼→安装接线盒、管卡、埋件→粘贴防水保温踢脚板→安装保温板→板缝处理、贴玻纤网格布→刮腻子。

⑤ 施工要点

a. 基层处理时将混凝土墙表面凸出的混凝土或砂浆剔平，用钢丝刷满刷一遍，然后用扫帚蘸清水把表面残渣、浮尘及脱模剂清理干净。表面沾有油污的部分，应用清洗剂或去污剂处

理，用清水冲洗干净晾干。穿墙螺栓孔用干硬性砂浆分层堵塞密实、抹平。将砖墙表面舌头灰。残余砂浆、浮尘清理干净，堵好脚手眼。

b. 配板。根据开间或进深尺寸及保温板实际规格，预排出保温板，有缺陷的板应修补。排板从门窗口开始，非整张板放在阴角，据此弹出保温板位置线。当保温板与墙的长度不相适应时，应将部分保温板预先拼接加宽（或锯窄）成合适的宽度，并放置在阴角处。

c. 墙面贴饼时应根据排板线，检查墙面的平整、垂直，找规矩。在贴饼位置上，用钢丝刷刷出直径不少于 100mm 的洁净面并浇水润湿，刷一道聚合物水泥浆。用 1∶3 水泥砂浆贴饼，灰饼大小一般直径为 100mm，厚度为 20mm（空气层厚度），设置埋件处做出 200mm×200mm 的灰饼。

d. 粘贴防水保温踢脚板（水泥聚苯颗粒踢脚板）。在踢脚板内侧，上下各按 200～300mm 的间距布设黏结点，同时在踢脚板底面及侧面满刮胶黏剂，按线粘贴踢脚板。粘贴时用橡皮锤贴紧敲实，挤实碰头缝，并将挤出的胶黏剂随时清理干净。踢脚板应垂直、平整，上口平直，与结构墙间的空气层为 10mm 左右。

e. 安装保温板

• 将接线盒、管卡、埋件的位置准确地翻样到板面，并开出洞口。

• 复合板安装顺序宜从左至右进行。安装前，将与板接触面的浮灰清扫干净，在复合板的四周边满刮黏结石膏，板中间抹成梅花形黏结石膏点，数量应大于板面面积的 10%（直径不小于 100mm，间距不大于 300mm），并按弹线位置直接与墙体粘牢。

• 安装时边用手推挤，边用橡皮锤敲振，使拼合面挤紧冒浆，贴紧灰饼。随时用开刀将挤出的胶黏剂刮平。板顶面应留 5mm 缝，用木楔子临时固定，其上口用石膏胶黏剂填塞密实（胶黏剂干后撤去木楔，用胶黏剂填塞密实）。按以上施工方法依次安装复合板。

• 安装过程中随时用 2m 靠尺及塞尺测量墙面的平整度，用 2m 托线板检查板的垂直度。

• 保温板安装完毕后，用聚合物水泥砂浆抹门窗口护角。保温板在门窗洞口处的缝隙和露出的接线盒、管卡、埋件与复合板开口处的缝隙，用胶黏剂嵌塞密实。

f. 板缝处理、贴玻纤网格布

• 板缝处理：复合板安装完胶黏剂并达到强度后，检查所有缝隙是否黏结良好，有裂缝时，应及时修补。将板缝内的浮灰及残留胶黏剂清理干净，在板缝处刮一道接缝腻子，粘贴 50mm 宽仿棉无纺布一层，压实粘牢，表面用接缝腻子刮平。所有阳角粘贴 200mm 宽（每边各 100mm）玻纤布，其方法同板缝。墙面阴角和门窗口阳角处加贴玻纤布一层（角两侧各 100mm）。门窗口角斜向加贴 200mm×400mm 玻纤网格布。

• 板缝处理完后，在板面满贴玻璃纤维布一层，玻璃纤维布应横向粘贴，用力拉紧、拉平，上下搭接不小于 50mm，左右搭接不小于 100mm。

⑥ 质量标准

a. 主控项目

• 保温板的规格和各项技术指标以及胶黏剂的质量均应符合有关标准。

• 保温板与结构墙面应黏结牢固，无松动现象，保温墙表面平整，无起皮、起皱及裂缝现象。

• 空气层厚度不得小于 20mm（或按设计要求）。

b. 一般项目

• 板间拼缝宽为 5mm，板缝必须用胶黏剂挤实刮平，黏结牢固。

• 玻纤布条要贴平、粘实，阴阳角外应拐过 100mm。

• 墙面腻子应刮平整，表面无裂缝、起皮及透底现象。

• 保温板安装的允许偏差应符合表 7-8 所示。

表 7-8 保温板安装的允许偏差及检查方法

项　目	允许偏差/mm	检 验 方 法
表面平整	3	用 2m 靠尺和楔形塞尺检查
立面垂直	3	用 2m 托线板检查
阴阳角垂直	3	用 2m 托线板检查
阴阳角方正	3	用 200mm 方尺和楔形塞尺检查
接缝高差	1.5	用直尺和楔形塞尺检查

(5) 增强粉刷石膏聚苯板外墙内保温工程施工工艺　增强粉刷石膏聚苯板外墙内保温基本构造见图 7-8。

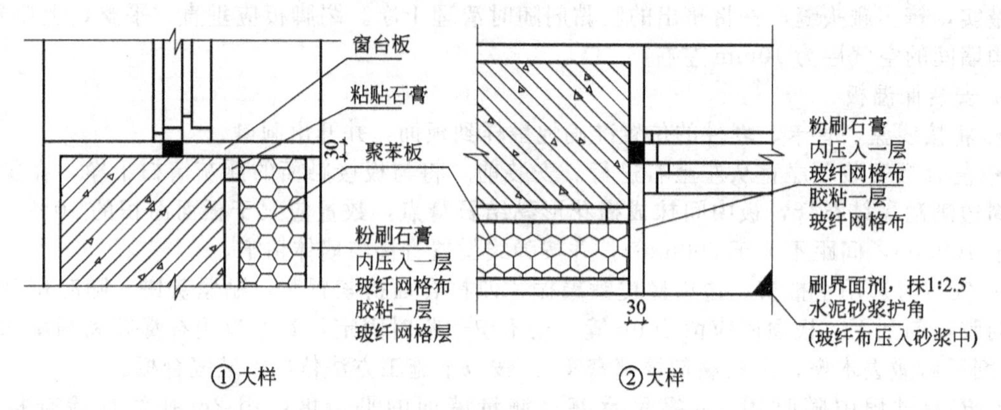

图 7-8　增强粉刷石膏聚苯板外墙内保温构造示意图（单位：mm）

① 材料性能要求

a. 聚苯乙烯泡沫塑料板。其性能应符合现行国家标准《隔热用模塑聚苯乙烯泡沫塑料》(GB 10801.1—2002) 中第Ⅰ、Ⅱ类产品的规定。规格一般为 600mm×900mm、600mm×1200mm，厚度有 30～90mm 7 种。应有出厂合格证及性能检测报告。

b. 黏结石膏、粉刷石膏、耐水型粉刷石膏性能指标见表 7-9。

表 7-9　黏结石膏、粉刷石膏、耐水型粉刷石膏性能指标

项目		单位	黏结石膏	粉刷石膏	耐水型粉刷石膏
可操作时间		min	≥50	≥50	≥50
保水率		%	≥70	≥65	≥75
抗裂性		—	24h 无裂纹	24h 无裂纹	24h 无裂纹
凝结时间	初凝时间	min	≥60	≥75	≥75
	终凝时间	min	≤120	≤240	≤240
强度	绝干抗折强度	MPa	≥3.0	≥3.0	≥3.5
	绝干抗压强度	MPa	≥6.0	≥6.0	≥7.0
	剪切黏结强度	MPa	≥0.5	≥0.4	≥0.4
收缩率		%	≤0.06	≤0.05	≤0.06
软化系数		—	≥0.5	≥0.5	≥0.5

c. 中碱网格布。中碱网格布分为 A 型和 B 型，其性能及规格见表 7-10。

表7-10　中碱网格布性能及规格要求

项　　目	单　　位	指　　标	
		A型玻纤布(被覆用)	B型玻纤布(粘贴用)
布重	g/m^2	≥80	≥45
含胶量	%	≥10	≥8
抗拉断裂荷载	N/50mm	经向≥600 纬向≥400	经向≥300 纬向≥200
幅宽	mm	600或900	600或900
网眼尺寸	mm	5×5或6×6	2.5×2.5

d. 网格布胶黏剂。固含量大于或等于0.5%，黏度为400mPa·s。

② 施工工具和用具。工具包括筛子、抹子、灰槽、铁锹、托板、壁纸刀、剪刀、橡皮锤、扫帚、钢丝刷等。计量检测用具包括钢尺、方尺、托线板、线坠等。安全防护用品包括口罩、手套、护目镜等。

③ 作业条件

a. 结构工程经验收合格。

b. 标高控制线（+500mm）弹好并经预检合格。

c. 外墙门窗框安装完，与墙体安装牢固，缝隙用砂浆填塞密实。塑钢、铝合金门窗框缝隙按产品说明书要求的材料堵塞，并贴好保护膜。

d. 水暖及装饰工程需用的管卡、挂钩和窗帘杆卡子等埋件留出位置或埋设完；电气工程的暗管线、接线盒等埋设完，并应完成暗管线的穿带线工作。

④ 施工工艺。增强粉刷石膏聚苯板外墙内保温工程施工工艺流程如下：

清理基层→弹线、贴灰饼、分块→配置黏结石膏砂浆→粘贴聚苯板→抹灰、挂A型网格布→粘贴B型网格布→门窗洞口护角及踢脚板→刮耐水腻子

⑤ 施工要点

a. 清理基层。将混凝土墙表面凸出的混凝土或砂浆剔平，用钢丝刷满刷一遍，然后用扫帚蘸清水把表面残渣、浮尘及脱模剂清理干净。表面沾有油污的部分，应用清洗剂或去污剂处理，用清水冲洗干净晾干。穿墙螺栓孔用干硬性砂浆分层堵塞密实、抹平。将砖墙表面舌头灰、残余砂浆、浮尘清理干净，堵好脚手眼。

b. 弹线、贴灰饼、分块。按设计选用的空气层、聚苯板的厚度，在与外墙内表面相邻的墙面、顶棚和地面上弹出聚苯板粘贴控制线、门窗洞口控制线；如对空气层厚度有严格要求，根据聚苯板粘贴控制线，按2m×2m的间距做出50mm×50mm灰饼。

排板时，以楼层结构净高尺寸减20～30mm（根据楼板的平整度而定）为准，根据保温板的尺寸，按水平顺序错缝、阴阳角错槎、板缝不得正好留在门窗口四角处的原则合理进行排列分块，并在墙上弹线。

c. 配制黏结石膏砂浆。黏结石膏：中砂=4：1（体积比）或直接使用预混好中砂的黏结石膏，加水充分拌合到稠度合适为止。一次拌合量要确保在50min内用完，稠化后禁止加水稀释。

d. 粘贴聚苯板

• 用黏结石膏砂浆以梅花形在聚苯板上设置黏结点，每个黏结点直径不小于100mm；沿聚苯板四边设矩形黏结条，黏结条边宽不小于50mm，同时在矩形条上预留排气孔，整体黏结面积不小于30%，如图7-9所示。

• 粘贴聚苯板时，由下至上逐层按线顺序进行，用手挤压并用橡皮锤轻敲，使黏结点与墙面充分接触，并要确保空气层的厚度。施工中应随时用托线板检查聚苯板的垂直度和平整

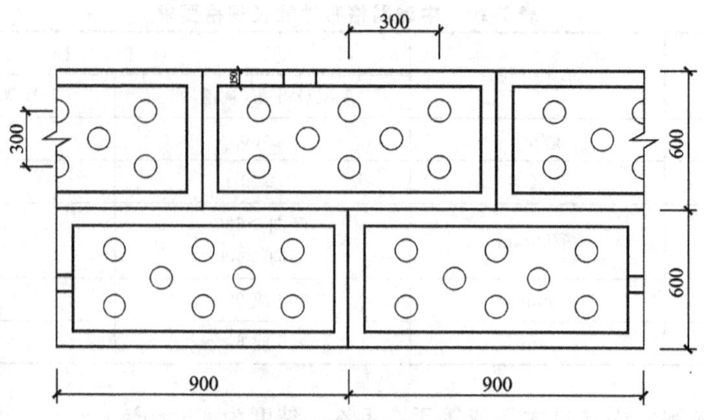

图 7-9　聚苯板排块粘贴示意图（单位：mm）

度，粘贴 2h 内不得碰动。

• 裁切聚苯板在遇到电气盒、插座、穿墙管线时，应先确定位置再裁切，裁切的洞口要大于配件周边 10mm 左右。

• 聚苯板粘贴后，用聚苯条填塞缝隙，并用黏结石膏将缝隙填充密实。聚苯板与相邻墙面、顶棚的接槎应用黏结石膏嵌实刮平，聚苯板邻接门窗洞口、接线盒处的空气层不得外露。

e. 抹灰、挂 A 型网格布

• 配制粉刷石膏砂浆，配合比为粉刷石膏：中砂＝2：1（体积比）（或采用预混好中砂的粉刷石膏），加水充分拌合到合适稠度，粉刷石膏砂浆的一次拌合量以在 50min 内用完为宜。

• 在聚苯板表面弹出踢脚高度控制线，在控制线以上用粉刷石膏砂浆在聚苯板面上按常规做法做出标准灰饼，厚度控制在 8～10mm。灰饼硬化后，直接在聚苯板上抹粉刷石膏砂浆。按灰饼用杠尺刮平，木抹子搓毛。在抹灰层初凝前，横向绷紧被覆 A 型中碱玻纤网布，用抹子压入到抹灰层内，然后抹平、压光，网格布要尽量靠近表面。踢脚板位置不抹粉刷石膏砂浆，网格布直铺到底。

• 凡是与相邻墙面、窗洞、门洞接槎处，网格布都要预留出 100mm 的接槎宽度；整体墙面相邻网格布接槎处搭接不小于 100mm；在门窗洞口、电气盒四周对角线方向斜向加铺 400mm×200mm 网格布条。对于墙面积较大的房间，如采取分段施工，网格布应留槎 200mm，搭接不小于 100mm。

f. 粘贴 B 型网格布。粉刷石膏抹灰层基本干燥后，在抹灰层表面用胶黏剂粘贴 B 型中碱玻璃纤维网格布并绷紧，相邻网格布接槎处搭接不少于 100mm。

g. 门窗洞口护角及踢脚板。门窗洞口、立柱、墙阳角部位护角抹聚合物水泥砂浆，做法为：聚苯板表面先涂刷界面剂，再抹 1：2.5 水泥砂浆，压光时应把粉刷石膏抹灰层内甩出的网格布压入水泥砂浆面层内。做水泥踢脚板时，应先在聚苯板上满刮一层界面剂，再抹聚合物水泥砂浆，压光时应把粉刷石膏抹灰层内甩出的网格布压入水泥砂浆面层内。

⑥ 质量标准

a. 主控项目

• 保温材料的品种、规格、质量应符合设计要求。

• 聚苯板应与墙面粘贴牢固，无松动和虚粘现象。

• 粉刷石膏面层应平整、光滑，不得有空鼓、裂纹，网格布不得外露。

• 空气层厚度不得小于 10mm（或按设计要求）。

b. 一般项目

• 聚苯板与墙面黏结面积不小于 30%。聚苯板碰头缝不抹黏结石膏，上下应错缝。

• 网格布应压贴密实，不能有褶皱、翘曲、外露现象。

• 聚苯板间不留缝，出现个别板缝时用聚苯条（片）塞紧，聚苯板与墙面、顶棚、踢脚间接槎应用黏结石膏嵌实、刮平。

• 聚苯板安装的允许偏差及检查方法见表7-11。

表7-11　聚苯板安装允许偏差及检验方法

项　　目	允许偏差/mm	检　验　方　法
表面平整	2.0	用2m靠尺和塞尺检查
立面垂直	3.0	用2m托线板检查
阴阳角垂直	3.0	用2m托线板检查
阴阳角方正	3.0	用200mm方尺和塞尺检查
接缝高差	1.5	用直尺和塞尺检查

• 保温面层的允许偏差及检查方法见表7-12。

表7-12　保温面层的允许偏差及检验方法

项　　目	允许偏差/mm	检　验　方　法
立面垂直度	4	用2m垂直检测尺检查
表面平整度	4	用2m靠尺和塞尺检查
阴阳角方正	4	用直角检测尺检查
踢脚上口直线度	4	拉5m线，不足5m拉通线，用钢直尺检查

(6) 增强水泥聚苯复合保温板外墙内保温工程施工工艺　增强水泥聚苯复合保温板外墙内保温基本构造见图7-10。

① 材料性能要求

a. 增强水泥聚苯复合保温板，性能、质量必须符合《外墙内保温板质量检验评定标准》(DBJ 01-30—2000) 的要求。

b. 聚合物水泥砂浆胶黏剂（用于粘贴保温板和板缝处理）：黏结强度≥1.0MPa，使用时间为0.5～1.0h。

c. 乳胶（聚醋酸乙烯乳液），用于粘贴耐碱玻纤涂塑网格布。其固体含量：23%±2%；压缩剪切强度≥3.0MPa。

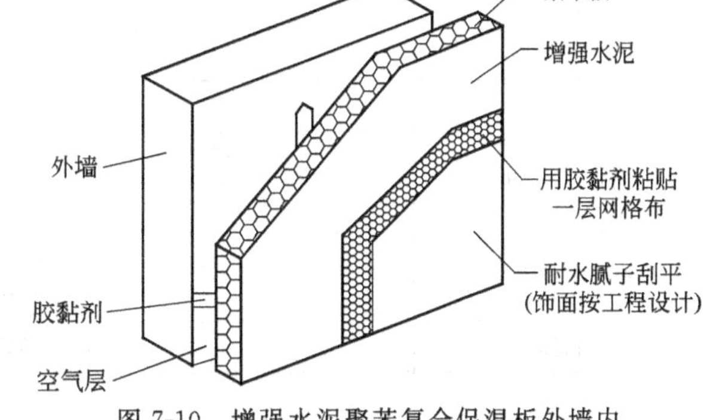

图7-10　增强水泥聚苯复合保温板外墙内保温系统构造示意

② 施工工具。刀锯、灰槽、托板、水桶、2m托线板、靠尺、钢卷尺、橡皮锤、钢丝刷、木楔、开刀、扫帚等。

③ 作业条件

a. 屋面防水层及结构工程分别交工和验收完毕，墙面弹出+50mm或+100mm标高线。

b. 外墙门窗口已安装完毕。

c. 水暖及装饰工程分别需用的管卡、炉钩和窗帘杆固定件等埋件宜留出位置。电气工程的暗管线、接线盒等必须埋设完毕，并应完成暗管线的穿带线工作。

d. 操作地点环境温度不低于5℃。

④ 施工工艺。增强水泥聚苯复合保温板外墙内保温施工工艺流程如下：

结构墙面清理→弹出保温板位置线→抹冲筋带→粘贴、安装保温板→板边、板缝及门窗四角处粘贴玻纤布条→整个墙面粘贴玻纤布→抹门窗口护角→保温墙面刮腻子

⑤ 施工要点

a. 凡凸出墙面超过 20mm 的砂浆、混凝土块必须剔除并扫净墙面。

b. 根据开间或进深尺寸及保温板实际规格，预排保温板。排板应从门窗口开始，非整板放在阴角，据此弹出保温板位置线。

c. 在墙距顶、地面各 200mm 处及墙中部，用 1∶3 水泥砂浆冲筋 4 道，筋宽 60mm，筋厚以保证空气层厚度为准，通长冲筋中间应断开 100mm 作为通气口。

d. 粘贴、安装保温板。

• 在冲筋带粘接面及相邻板侧面和上端满刮胶黏剂。

• 将保温板粘贴上墙，揉挤安装就位，并随时用 2m 托线板检查，用橡皮锤将其找正，板底留 20～30mm 缝隙并用木楔子临时固定，小块板应上下错槎安装。粘贴后的保温板整体墙面必须垂直平整，板缝挤出的胶黏剂应随时刮平。

• 板缝以及门窗口的板侧，均应另用胶黏剂嵌填或封堵密实。板下端用木楔临时固定，板下空隙用 C20 细石混凝土堵实，常温下 3d 后再撤去木楔。

e. 保温板安装完毕后，用聚合物水泥砂浆抹门窗口护角。

f. 待玻纤布黏结层干燥后，墙面满刮 2～3mm 石膏腻子，分 2～3 遍刮平，与玻纤布一起组成保温墙的面层，最后按设计规定做内饰面层。

⑥ 质量标准

a. 主控项目

• 保温板的规格和各项技术指标以及胶黏剂的质量均须符合有关标准（表 7-13）。

表 7-13　保温板允许偏差

项　　目	允许偏差/mm	检　验　方　法
长度	±5	用钢卷尺测量平行于板长度方向的任意部位
宽度	±2	用钢卷尺测量垂直于板长度方向的任意部位
厚度	±2	用刻度值为 1mm 的钢直尺测量板的两端及中部
对角线差	≤8(条板)	用钢卷尺测量板面两个对角线长度之差
板侧面平直度	≤3(小板)	拉线用塞尺测量侧面弯曲量大的地方
	≤1/750	
板面平整度	≤2	用靠尺和塞尺测量靠尺与板面两点间量大间隙(条板用 2m 靠尺、小块板用 1m 靠尺)
板面翘曲		用调平尺在板的两端测量

• 保温板与结构墙面必须黏结牢固，无松动现象，保温墙表面平整，无起皮、起皱及裂缝现象。

• 空气层厚度不得小于 20mm 或设计要求。

b. 一般项目

• 板间拼缝宽为（5±1)mm，板缝必须用胶黏剂挤实刮平，黏结牢固。

• 玻纤布条要贴平、粘实，阴阳角处应拐过 100mm。

• 墙面腻子应刮平整，表面无裂缝、起皮及透底现象。

• 保温板安装的允许偏差见表 7-8。

7.2.2.2　外墙外保温系统施工工艺及施工要点

（1）胶粉 EPS 颗粒保温浆料外墙外保温施工工艺　胶粉 EPS 颗粒保温浆料外墙外保温基本构造见图 7-11。

① 材料性能要求

a. 胶粉 EPS 颗粒保温浆料性能要求参见表 7-4。

b. 耐碱网布性能要求参见前面表7-5。

② 施工工具与机具

a. 机具。强制式砂浆搅拌机、垂直运输机械、水平运输车、手提搅拌器、射钉枪等。

b. 工具。常用抹灰工具及抹灰的专用检测工具、经纬仪及放线工具、水桶、剪子、滚刷、铁锹、扫帚、锤子、錾子、壁纸刀、托线板、方尺、靠尺、塞尺、量针、钢直尺等。

c. 脚手架。吊篮或专用保温施工脚手架。

③ 作业条件

a. 外墙门窗口安装完毕，墙体工程经检查验收合格。

b. 门窗边框与墙体连接应预留出保温层的厚度，缝隙应分层填塞严密，做好门窗表面保护。

c. 外墙面上的雨水管卡、预埋件、设备穿墙管道等应提前安装完毕，并预留出外保温层的厚度。

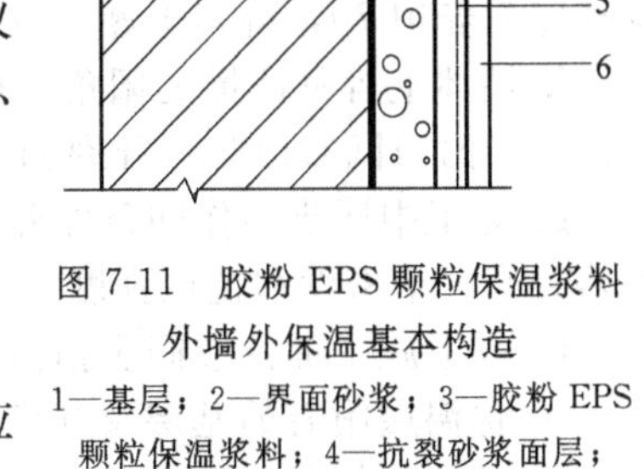

图7-11　胶粉EPS颗粒保温浆料外墙外保温基本构造

1—基层；2—界面砂浆；3—胶粉EPS颗粒保温浆料；4—抗裂砂浆面层；5—耐碱网布；6—饰面涂层

（保温构造部分位于墙体外侧）

d. 胶粉EPS颗粒保温浆料的热导率、密度、抗压强度经见证取样送检合格。

e. 耐碱网布的力学性能经见证取样送检合格。

f. 预制混凝土外墙板缝处应提前处理好。

g. 施工机具已备齐，水、电已接通。

h. 施工用吊篮或专用外脚手架应搭设牢固，安全检验合格。脚架横竖杆距离墙面、墙角应适度，脚手板铺设应与外墙分格相适应。

i. 作业时环境温度不应低于5℃，风力应不大于5级，风速不宜大于10m/s。不宜在雨雪天气中露天施工，雨季施工时应做好防雨措施。

④ 施工工艺。胶粉颗粒保温浆料外墙外保温施工工艺流程如下：

基层墙体处理→墙体基层涂刷专用界面砂浆→吊垂直、套方、弹控制线→配制保温浆料→用保温浆料做灰饼、作口→抹保温浆料（每遍约20mm）→晾置干燥，厚度、平整度和垂直度验收→配制抗裂砂浆→抹抗裂砂浆→铺耐碱网布（养护7d）→施工饰面涂层

⑤ 施工要点

a. 基层墙面处理。墙面应清理干净，无油渍、浮尘等，旧墙面松动、风化部分应剔凿清除干净。墙表面凸起物大于等于10mm应铲平。穿墙套管、脚手眼、孔洞等应封堵严密。门窗框与墙体间缝隙应填塞密实，表面平整。门窗洞口四周的墙体应做保温，并采取增设一层耐碱网布防止开裂和破损的措施。

b. 基层应涂满界面砂浆，用滚刷或扫帚将界面砂浆均匀涂刷在基层上。

c. 吊垂直、套方作口，按厚度控制线，拉垂直、水平通线，套方作口，按厚度线用胶粉聚苯颗粒保温浆料做标准厚度的灰饼冲筋。

d. 胶粉EPS颗粒保温浆料的施工。

• 保温浆料层宜连续施工，抹保温浆料时，按压力不宜过大，以免影响保温性能。

• 保温浆料厚度应均匀，接槎应平顺密实。保温浆料每层抹灰厚度不宜超过20mm，后一遍施工厚度要比前一遍施工厚度小，最后一遍厚度以10mm左右为宜。每两遍施工间隔应在24h以上。

• 最后一遍操作时应达到冲筋高度并用大杠搓平，墙面门窗口平整度应达到相应的要求。

• 保温层固化干燥（用手掌按不动表面，一般约5d）后方可进行抗裂保护层施工。

e. 抹抗裂砂浆，铺贴耐碱网布。耐碱网布应按楼层间尺寸事先裁好，抹抗裂砂浆一般分

两遍完成，第一遍厚度约 3～4mm，随即竖向铺设耐碱网布，用抹子将耐碱网布压入砂浆，搭接宽度不应小于 40mm，先压入一侧，抹抗裂砂浆，随即再压入另一侧，严禁干搭。耐碱网布铺贴要尽可能平整，饱满度应达到 100%。抹第二遍找平抗裂砂浆时，将耐碱网布包覆于抗裂砂浆之中，使抗裂砂浆的总厚度控制在 10mm±2mm，抗裂砂浆面层必须平整。在面层抗裂砂浆抹完后养护 7d，待其干燥后方可进行面层涂料施工。

f. 墙体上容易碰撞的阳角、门窗洞口及不同材料基体的交接处等特殊部位，其保温层应增设一层耐碱网布以防止开裂和破损（耐碱网布在每边铺设宽度为保温浆料厚度＋50mm）。

g. 施工中同步制作同条件养护试件（每个检验批不少于 3 组），以备见证取样送检，检测其热导率、干密度和抗压强度。

h. 以下施工部位应同步拍摄必要的图像资料。

• 保温层附着的基层及其表面处理。

• 墙体热桥部位处理。

• 增强网铺设。

• 锚固件。

• 被封闭的保温浆料厚度。

⑥ 质量标准

a. 主控项目

• 保温材料和耐碱网布的品种、规格应符合设计要求和相关标准的规定。

• 保温材料的热导率、密度、抗压强度应符合设计要求，并见证取样送检合格。耐碱网布的力学性能应符合设计要求，并见证取样送检合格。

• 处理后的基层不得有影响墙体热工性能的热桥。

• 保温层厚度应符合设计要求。

• 基层应有足够的强度，表面平整、清洁，无起砂、起壳、裂缝、蜂窝、麻面等现象。

• 各抹灰层之间及抹灰层与基体之间必须粘接牢固，抹灰层应无脱层、空鼓，面层应无暴灰和裂缝等缺陷。

b. 一般项目

• 进场节能保温材料的包装应完整无破损，保温材料应符合设计要求和产品标准的规定。

• 保温浆料层宜连续施工。保温浆料厚度应均匀，接槎应平顺密实。

• 耐碱网布的铺贴和搭接应符合设计和施工方案的要求。砂浆抹压应密实，不得空鼓，加强网不得皱褶、外露。

• 普通抹灰表面应光滑、洁净，接槎平整。高级抹灰表面应光滑、洁净，颜色均匀，无抹纹，线角和灰线平直方正、清晰美观。

• 孔洞、槽、盒、管道后面的抹灰表面，其尺寸应正确，边缘应整齐、光滑，管道后面应平整。

• 门窗框与墙体间缝隙应填塞密实，表面平整。门窗洞口四周的墙体应做保温，并采取增设一层耐碱网布防止开裂和破损的措施。

• 抹灰表面允许偏差及检验方法参见前面表 7-3。

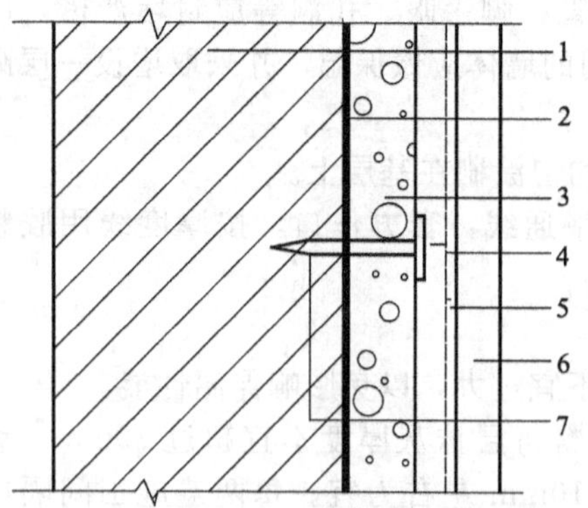

图 7-12 胶粉 EPS 颗粒保温浆料外墙外保温贴瓷砖基本构造

1—基层；2—界面砂浆；3—胶粉 EPS 颗粒保温浆料；4—抗裂砂浆面层；5—镀锌钢丝网；6—外墙面瓷砖；7—锚栓

（保温构造部分位于墙体外侧）

（2）胶粉 EPS 颗粒保温浆料外墙外保温贴瓷砖施工工艺 胶粉 EPS 颗粒保温浆料外墙外保温贴瓷砖基本构造见图 7-12。

① 材料性能要求

a. 胶粉 EPS 颗粒保温浆料性能要求参见前面表 7-4。

b. 镀锌钢丝网采用DHW 1×10×10，其力学性能和抗腐蚀性能应符合《镀锌钢丝网》(QB/T 3897—1999)的规定。

c. 锚栓技术性能指标参见表7-7。

② 施工工具与机具

a. 机具。强制式砂浆搅拌机、垂直运输机械、水平运输车、手提搅拌器、射钉枪等。

b. 工具。常用抹灰工具及抹灰的专用检测工具、经纬仪及放线工具、水桶、剪子、滚刷、铁锹、扫帚、锤子、錾子、壁纸刀、托线板、方尺、靠尺、塞尺、量针、钢直尺等。

c. 脚手架。吊篮或专用保温施工脚手架。

③ 作业条件

a. 外墙门窗口安装完毕，墙体工程经检查验收合格。

b. 门窗边框与墙体连接应预留出保温层的厚度，缝隙应分层填塞严密，做好门窗表面保护。

c. 外墙面上的雨水管卡、预埋铁件、设备穿墙管道等应提前安装完毕，并预留出外保温层的厚度。

d. 胶粉EPS颗粒保温浆料的热导率、密度、抗压强度经见证取样送检合格。

e. 耐碱网布的力学性能经见证取样送检合格。

f. 外墙面瓷砖的安全性与耐久性应符合设计要求。

g. 粘接强度现场拉拔试验结果应符合设计和有关标准的规定。

h. 后置锚栓拉拔力现场拉拔试验应符合设计要求。

i. 预制混凝土外墙板缝处应提前处理好。

j. 施工机具已备齐，水、电已接通。

k. 施工用吊篮或专用外脚手架搭设牢固，安全检验合格。

l. 脚架横竖杆距离墙面、墙角应适度，脚手板铺设应与外墙分格相适应。

m. 作业时环境温度不应低于5℃，风力应不大于5级，风速不宜大于10m/s。不宜在雨雪天气中露天施工，雨季施工时应做好防雨措施。

④ 施工工艺。胶粉颗粒保温浆料外墙外保温贴瓷砖施工工艺流程如下：

基层墙体处理→墙体基层涂刷专用界面砂浆→吊垂直、套方、弹控制线→配制保温浆料→用保温浆料做灰饼、作口→抹保温浆料（每遍约20mm）→晾置干燥，厚度、平整度和垂直度验收→配制抗裂砂浆→抹第一遍抗裂砂浆→铺镀锌钢丝网，并用锚栓固定→抹第二遍抗裂砂浆并压入钢丝网（养护10d）→弹线、排砖→粘贴外墙面瓷砖→用彩色勾缝剂勾缝

⑤ 施工要点

a. 基层墙面处理。墙面应清理干净，无油渍、浮尘等，旧墙面松动、风化部分应剔凿清除干净。墙表面凸起物大于等于10mm应铲平。穿墙套管、脚手眼、孔洞等应封堵严密。门窗框与墙体间缝隙应填塞密实，表面平整。门窗洞口四周的墙体应做保温，并采取增设一层耐碱网布防止开裂和破损的措施。

b. 基层应涂满界面砂浆，用滚刷或扫帚将界面砂浆均匀涂刷在基层上。

c. 吊垂直、套方作口，按厚度控制线，拉垂直、水平通线，套方作口，按厚度线用胶粉聚苯颗粒保温浆料做标准厚度的灰饼冲筋。

d. 胶粉EPS颗粒保温浆料的施工

• 保温浆料层宜连续施工，抹保温浆料时，按压力不宜过大，以免影响保温性能。

• 保温浆料厚度应均匀，接槎应平顺密实。保温浆料每层抹灰厚度不宜超过20mm，后一遍施工厚度要比前一遍施工厚度小，最后一遍厚度以10mm左右为宜。每两遍施工间隔应在24h以上。

• 最后一遍操作时应达到冲筋高度并用大杠搓平，墙面门窗口平整度应达到相应的要求。

• 保温层固化干燥（用手掌按不动表面，一般约 5d）后方可进行抗裂保护层施工。

e. 抹抗裂砂浆，铺贴镀锌钢丝网。镀锌钢丝网应按楼层间尺寸事先裁好，抹抗裂砂浆一般分两遍完成，第一遍厚度为 3～4mm，随即竖向铺镀锌钢丝网并插丝，然后用抹子将镀锌钢丝网压入砂浆，其搭接宽度不应小于 40mm，先压入一侧，抹抗裂砂浆，随即用锚栓将其固定（锚栓每平方米宜设 5 个，锚栓锚入墙体深度应大于等于 50mm），再压入另一侧，严禁干搭。边口铺设镀锌钢丝网时，宜采取预制直角网片，用锚固件固定。镀锌钢丝网铺贴要尽可能平整，饱满度应达到 100％。抹第二遍找平抗裂砂浆时，将镀锌钢丝网包覆于抗裂砂浆之中，使抗裂砂浆的总厚度控制在 10mm±2mm，抗裂砂浆面层必须平整。在面层抗裂砂浆抹完后养护 10d，方可进行粘贴瓷砖施工。

f. 外墙面瓷砖粘贴。瓷砖粘贴应采用专用柔性瓷砖胶黏剂、勾缝剂，可有效避免瓷砖剥落现象（瓷砖粘贴方法略）。

g. 墙体上容易碰撞的阳角、门窗洞口及不同材料基体的交接处等特殊部位，其保温层应增设一层耐碱网布以防止开裂和破损（耐碱网布在每边铺设宽度为保温浆料厚度＋50mm）。

h. 施工中同步制作、同条件养护试件（每个检验批不少于 3 组），以备见证取样送检，检测其热导率、干密度和抗压强度。

i. 以下施工部位应同步拍摄必要的图像资料。

• 保温层附着的基层及其表面处理。

• 墙体热桥部位处理。

• 增强网铺设。

• 锚固件。

• 被封闭的保温浆料厚度。

⑥ 质量标准

a. 主控项目

• 保温材料和耐碱网布的品种、规格应符合设计要求和相关标准的规定。

• 保温材料的热导率、密度、抗压强度应符合设计要求，并见证取样送检合格。

• 耐碱网布的力学性能应符合设计要求，并见证取样送检合格。

• 后置锚栓技术性能指标应符合设计要求，其拉拔力现场拉拔试验合格。

• 处理后的基层不得有影响墙体热工性能的热桥。

• 保温层厚度应符合设计要求。

• 基层应有足够的强度，表面平整、清洁，无起砂、起壳、裂缝、蜂窝、麻面等现象。

• 各抹灰层之间及抹灰层与基体之间必须粘接牢固，抹灰层应无脱层、空鼓，面层应无暴灰和裂缝等缺陷。

• 饰面砖的品种、规格、图案、颜色和性能应符合设计要求。

• 饰面砖粘贴工程的找平、防水、粘接和勾缝材料及施工方法应符合设计要求及国家现行产品标准和工程技术标准的规定。

• 饰面砖粘贴必须牢固，其现场拉拔试验结果应符合设计和有关标准的规定。后置锚栓数量、位置、锚固深度和拉拔力应符合设计要求。

• 满粘法施工的饰面砖工程应无空鼓、裂缝。

b. 一般项目

• 进场节能保温材料的包装应完整无破损，保温材料应符合设计要求和产品标准的规定。

• 保温浆料层宜连续施工。保温浆料厚度应均匀，接槎应平顺密实。

• 耐碱网布的铺贴和搭接应符合设计和施工方案的要求。砂浆抹压应密实，不得空鼓，加强网不得皱褶、外露。

• 饰面砖表面应平整、洁净，色泽一致，且无裂痕和缺损。

• 阴阳角处搭接方式、非整砖使用部位应符合设计要求。

• 墙面突出物周围的饰面砖应整砖套割吻合，边缘应整齐。墙裙、贴脸突出墙面的厚度应一致。

• 饰面砖接缝应平直、光滑，填嵌应连续、密实，宽度和深度应符合设计要求。

• 有排水要求的部位应做滴水线（槽）。滴水线（槽）应顺直，流水坡向应正确，坡度应符合设计要求。

• 允许偏差及检验方法见表7-14。

表7-14 外墙饰面砖粘贴的允许偏差和检验方法

检验项目	允许偏差/mm	检 验 方 法
立面垂直度	3	用2m垂直检测尺检查
表面平整度	4	用2m靠尺和塞尺检查
阴阳角方正	3	用直角检测尺检查
接缝直线度	3	拉5m线，不足5m拉通线，用钢直尺检查
接缝高低差	1	用钢直尺和塞尺检查
接缝宽度	1	用钢直尺检查

(3) EPS板薄抹灰外墙外保温施工工艺　EPS板薄抹灰外墙外保温基本构造见图7-13。

① 材料性能要求

a. EPS板薄抹灰保温材料性能要求参见表7-6。

b. 耐碱网布性能要求参见表7-5。

c. 锚栓技术性能指标参见表7-7。

② 施工工具与机具

a. 机具。垂直运输机械、水平运输车、电动搅拌器、角磨机、电锤、射钉枪等。

b. 工具。常用抹灰工具及抹灰的专用检测工具、经纬仪及放线工具、密齿手锯、水桶、剪子、滚刷、铁锹、钢丝刷、扫帚、锤子、錾子、壁纸刀、托线板、方尺、靠尺、塞尺、量针、钢直尺、墨线盒等。

c. 脚手架。吊篮或专用保温施工脚手架。

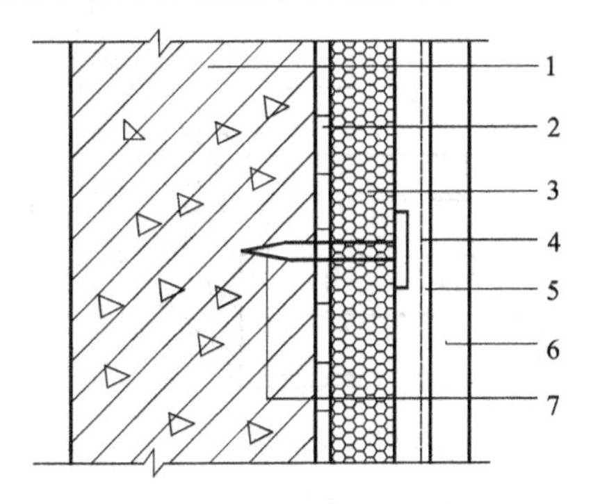

图7-13 EPS板薄抹灰外墙外保温基本构造

1—基层；2—胶黏剂；3—EPS板；4—耐碱网布；5—抗裂砂浆面层；6—饰面涂层；7—锚栓

（保温构造部分位于墙体外侧）

③ 作业条件

a. 外墙门窗口安装完毕，墙体工程经检查验收合格。

b. 门窗边框与墙体连接应预留出保温层的厚度，缝隙应分层填塞严密，做好门窗表面保护。

c. 外墙面上的雨水管卡、预埋铁件、设备穿墙管道等应提前安装完毕，并预留出外保温层的厚度。

d. EPS板的热导率、密度、抗压强度经见证取样送检合格。

e. 耐碱网布的力学性能经见证取样送检合格。

f. 后置锚栓拉拔力现场拉拔试验应符合设计要求。

g. 预制混凝土外墙板缝处应提前处理好。

h. 施工机具已备齐，水、电已接通。

i. 施工用吊篮或专用外脚手架搭设牢固，安全检验合格。脚架横竖杆距离墙面、墙角应适度，脚手板铺设应与外墙分格相适应。

j. 作业时环境温度不应低于5℃，风力应不大于5级，风速不宜大于10m/s。不宜在雨雪天气中露天施工，雨季施工时应做好防雨措施。

④ 施工工艺。EPS板薄抹灰外墙外保温施工工艺流程如下：

基层墙体清理→抄平放线→安装钢角托→涂抹界面剂→配聚合物黏结剂→粘贴EPS板→隐蔽工程验收→配制抗裂砂浆→抹底层抗裂砂浆→安装锚栓、铺挂耐碱网布（养护7d）→施工饰面涂层

⑤ 施工要点

a. 基层墙面处理。墙面应清理干净，无油渍、浮尘等，旧墙面松动、风化部分应剔凿清除干净。墙表面凸起物大于等于10mm应铲平。穿墙套管、脚手眼、孔洞等应封堵严密。门窗框与墙体间缝隙应填塞密实，表面平整。门窗洞口四周的墙体应做保温，并采取增设一层耐碱网布以防止保温层开裂和破损的措施。

b. 基层应涂满界面砂浆，用滚刷或扫帚将界面砂浆均匀涂刷在基层上。

c. 吊垂直、套方作口，按厚度控制线，拉垂直、水平通线。

d. EPS板宽度应小于等于1200mm，高度应小于等于600mm。

e. 粘贴EPS板时，应将胶黏剂涂在EPS板背面，涂胶黏剂面积不得小于EPS板面积的40%。

f. EPS板粘贴时，竖逢应逐行错缝搭接，搭接长度不小于10cm，转角处应交错互锁（图7-14）。门窗洞口四角处EPS板不得拼接，应采用整块EPS板切割成型（图7-15）。

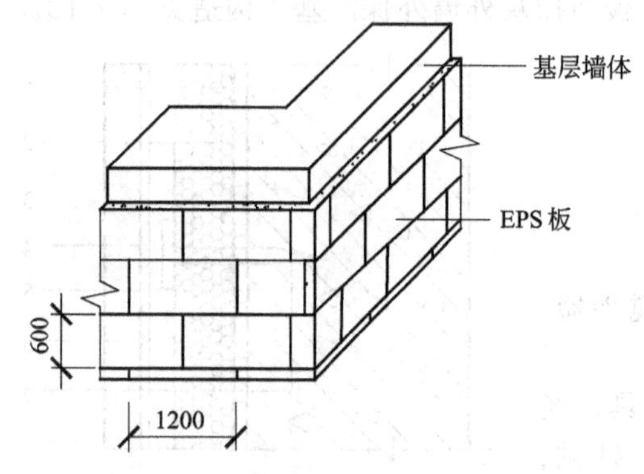

图7-14 EPS板排板（单位：mm）

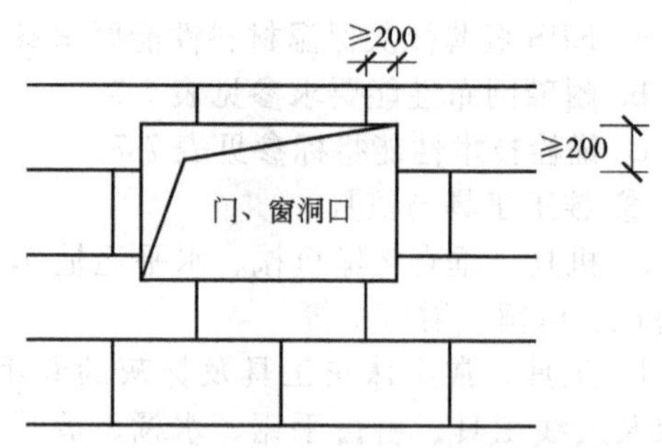

图7-15 门窗洞口EPS板排列（单位：mm）

g. 涂好胶黏剂后应立即将EPS板贴在墙面上，动作要迅速，以防止胶黏剂结皮而失去粘接作用。EPS板贴在墙上时，应用2m靠尺进行压平操作，保证其平整度和粘接牢固。板与板之间要挤紧，不得有较大的缝隙，若因保温板面不方正或裁切不直形成大于2mm的缝隙，应将EPS板条塞入并打磨平。

h. EPS板贴完后至少24h，且待胶黏剂达到一定粘接强度时，用专用打磨工具对EPS板表面不平处进行打磨，打磨动作最好是轻柔的圆周运动，不要沿着与保温板接缝平行的方向打磨。打磨后应用刷子将打磨操作中产生的碎屑清理干净。

i. 在EPS板上先抹2mm厚的抗裂砂浆，待抗裂砂浆初凝后，分段铺挂耐碱网布并安装锚栓（锚栓呈梅花状布置，4～5个/m^2），锚栓锚入墙体孔深应大于30mm。

j. 在底层抗裂砂浆终凝前再抹一道抹面砂浆罩面，厚度为2～3mm，以覆盖耐碱网布轮廓为宜。面层砂浆切忌不停揉搓，以免形成空鼓。在面层抗裂砂浆抹完后养护7d，待其干燥后方可进行面层涂料施工。

k. 墙体上容易碰撞的阳角、门窗洞口及不同材料基体的交接处等特殊部位，其保温层应增设一层耐碱网布以防止开裂和破损（耐碱网布在每边铺设宽度为EPS板厚度+50mm）。

l. 以下施工部位应同步拍摄必要的图像资料。

• 保温层附着的基层及其表面处理。
• 墙体热桥部位处理。
• 保温板粘接和固定方法。
• 锚固件。
• 增强网铺设。
• 被封闭的 EPS 板厚度。

⑥ 质量标准

a. 主控项目

• 保温材料和耐碱网布的品种、规格应符合设计要求和相关标准的规定。
• 保温材料的热导率、密度、抗压强度应符合设计要求，并见证取样送检合格。
• 耐碱网布的力学性能应符合设计要求，并见证取样送检合格。
• 后置锚栓技术性能指标应符合设计要求，其拉拔力现场拉拔试验合格。
• 处理后的基层不得有影响墙体热工性能的热桥。
• 保温层厚度应符合设计要求。
• 基层应有足够的强度，表面平整、清洁，无起砂、起壳、裂缝、蜂窝、麻面等现象。
• 各抹灰层之间及抹灰层与基体之间必须粘接牢固，抹灰层应无脱层、空鼓，面层应无暴灰和裂缝等缺陷。

b. 一般项目

• 进场保温材料的外观和包装应完整无破损，保温材料应符合设计要求和产品标准的规定。

• 耐碱网布的铺贴和搭接应符合设计和施工方案的要求。砂浆抹压应密实，不得空鼓，加强网不得皱褶、外露。

• EPS 板材接缝方法应符合施工方案要求，保温板接缝应平整严密。

• 普通抹灰表面应光滑、洁净，接槎平整。高级抹灰表面应光滑、洁净，颜色均匀，无抹纹，线角和灰线平直方正、清晰美观。

• 孔洞、槽、盒、管道后面的抹灰表面，其尺寸应正确，边缘应整齐、光滑，管道后面应平整。

• 门窗框与墙体间缝隙应填塞密实，表面平整。门窗洞口四周的墙体应做保温，并采取增设一层耐碱网布防止开裂和破损的措施。

• 抹灰表面允许偏差及检验方法参见表 7-3。

(4) EPS 板现浇混凝土外墙外保温施工工艺　EPS 板现浇混凝土外墙外保温基本构造见图 7-16。

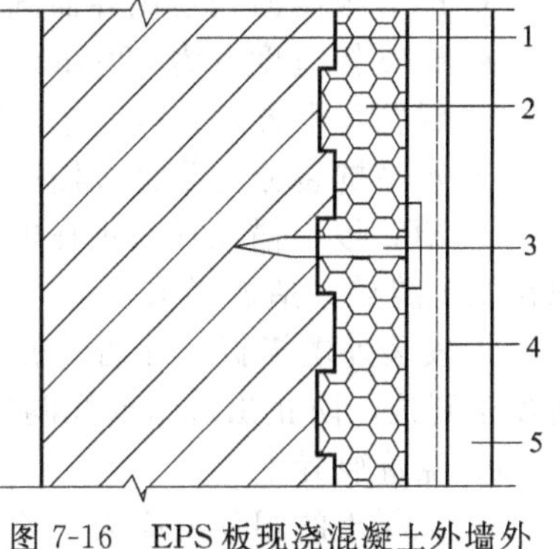

图 7-16　EPS 板现浇混凝土外墙外保温基本构造

1—现浇混凝土外墙；2—EPS 板；3—锚栓；4—抗裂砂浆面层；5—饰面涂层（保温构造部分位于墙体外侧）

① 材料性能要求

a. 耐碱网布性能要求参见表 7-5。

b. EPS 板及保温材料性能要求参见表 7-6。

c. 锚栓技术性能指标参见表 7-7。

② 施工工具与机具

a. 机具。钢制大模板、塔式起重机、垂直运输机械、水平运输车、电动搅拌器、角磨机等。

b. 工具。常用抹灰工具及抹灰的专用检测工具、经纬仪及放线工具、密齿手锯、水桶、剪子、滚刷、铁锨、钢丝刷、扫帚、锤子、錾子、壁纸刀、托线板、方尺、靠尺、塞尺、量针、钢直尺、墨线盒等。

c. 脚手架。吊篮或专用保温施工脚手架。

③ 作业条件

a. 外墙墙体具备混凝土结构施工条件。

b. EPS 板的热导率、密度、抗压强度经见证取样送检合格。

c. 耐碱网布的力学性能经见证取样送检合格。

d. 预埋锚栓拉拔力现场拉拔试验符合设计要求。

e. EPS 板表面抹灰前，外墙门窗口已安装完毕，墙体工程经检查验收合格。门窗边框与墙体连接应预留出保温层的厚度，缝隙应分层填塞严密，做好门窗表面保护。外墙面上的雨水管卡、预埋铁件、设备穿墙管道等应提前安装完毕，并预留出外保温层的厚度。预制混凝土外墙板缝处应提前处理好。

f. EPS 板表面抹灰时，施工用吊篮或专用外脚手架搭设牢固，安全检验合格。脚架横竖杆距离墙面、墙角应适度，脚手板铺设应与外墙分格相适应。

g. 施工机具已备齐，水、电已接通。

h. 作业时环境温度不应低于 5℃，风力应不大于 5 级，风速不宜大于 10m/s。不宜在雨雪天气中露天施工，雨季施工时应做好防雨措施。

④ 施工工艺。EPS 板现浇混凝土外墙外保温施工工艺流程如下：

钢筋绑扎→在外墙外模板内侧固定 EPS 板和锚栓→安装外墙模板→浇筑混凝土→拆模、整修 EPS 板表面→隐蔽工程验收→配制抗裂砂浆→抹底层抗裂砂浆→铺挂耐碱网布（养护 7d)→施工饰面涂层

⑤ 施工要点

a. 钢筋绑扎

• 外墙外侧钢筋弯钩应背向 EPS 板，防止戳破 EPS 板。

• 外墙外侧与 EPS 板之间垫块间距应小于等于 0.8m。

• 钢筋经验收合格后，方可进行 EPS 板安装。

b. 固定 EPS 板和锚栓

• EPS 板两面先喷刷界面剂。

• EPS 板宽度宜为 1200mm，高度宜为楼层高。

• 锚栓每平方米宜设 3 个，锚栓锚入混凝土墙体深度应大于等于 30mm。

• 水平抗裂分格缝宜按楼层设置；垂直抗裂分格缝间距不宜大于 8m。

• EPS 板、锚栓宜固定在模板上，固定后应及时清理 EPS 板碎片，以防止 EPS 板碎片堆积在施工缝处，造成烂根。

c. 安装外墙模板。外墙模板的下侧应支设牢固，模板接缝应粘贴海绵条，穿墙螺栓应紧固校正到位，防止出现错台和漏浆现象。

d. 浇筑混凝土

• 混凝土的坍落度应大于等于 180mm。

• 混凝土一次浇筑高度不宜大于 0.8m，混凝土需振捣密实均匀。

• 洞口处浇筑混凝土时，应沿洞口两边同时下料使两侧浇筑高度大体一致，振捣棒距洞口边应大于等于 300mm。

• 混凝土浇筑完毕，应整理上口甩出的钢筋，并用木抹子抹平混凝土表面。

e. 拆模、整修 EPS 板表面

• 墙体混凝土强度达到混凝土设计强度标准值的 30%，且不低于 1.0MPa 时，可以拆除墙体模板。

• 先拆外墙内侧模板，再拆外墙外侧模板，并及时修整墙面混凝土、清理板面余浆。

• 混凝土墙体上的孔洞应使用干硬性砂浆填实，EPS 板部位的孔洞宜抹胶粉 EPS 颗粒保温浆料进行修补和找平。

• 门窗框与墙体间缝隙应填塞密实，表面平整。门窗洞口四周的墙体应做保温，并采取增设一层耐碱网布防止开裂和破损的措施。

f. 抗裂砂浆施工

• 在EPS板上先抹2mm厚的抗裂砂浆，待抗裂砂浆初凝后，分段铺挂耐碱网布。

• 在底层抗裂砂浆终凝前再抹一道抹面砂浆罩面，厚度为2～3mm，以覆盖耐碱网布轮廓为宜。面层砂浆切忌不停揉搓，以免形成空鼓。在面层抗裂砂浆抹完后养护7d，待其干燥后方可进行面层涂料施工。

• 墙体上容易碰撞的阳角、门窗洞口及不同材料基体的交接处等特殊部位，其保温层应增设一层耐碱网布以防止开裂和破损（耐碱网布在每边铺设宽度为EPS板厚度＋50mm）。

g. 以下施工部位应同步拍摄必要的图像资料。

• 保温层附着的基层及其表面处理。

• 墙体热桥部位处理。

• 保温板粘接和固定方法。

• 锚固件。

• 增强网铺设。

• 被封闭的EPS板厚度。

⑥ 质量标准

a. 主控项目

• 混凝土结构质量应符合《混凝土结构工程施工质量验收规范》(GB 50204—2002）的要求。

• 保温材料和耐碱网布的品种、规格应符合设计要求和相关标准的规定。

• 保温材料的热导率、密度、抗压强度应符合设计要求，并见证取样送检合格。

• 耐碱网布的力学性能应符合设计要求，并见证取样送检合格。

• 预埋锚栓技术性能指标应符合设计要求，拉拔力现场拉拔试验合格。

• 处理后的基层不得有影响墙体热工性能的热桥。

• 保温层厚度应符合设计要求。

• 各抹灰层之间及抹灰层与基体之间必须粘接牢固，抹灰层应无脱层、空鼓，面层应无暴灰和裂缝等缺陷。

b. 一般项目

• 进场保温材料的外观和包装应完整无破损，保温材料应符合设计要求和产品标准的规定。

• 耐碱网布的铺贴和搭接应符合设计和施工方案的要求。砂浆抹压应密实，不得空鼓，加强网不得皱褶、外露。

• EPS板材接缝方法应符合施工方案要求，保温板接缝应平整严密。

• 普通抹灰表面应光滑、洁净，接槎平整。高级抹灰表面应光滑、洁净，颜色均匀，无抹纹，线角和灰线平直方正、清晰美观。

• 孔洞、槽、盒、管道后面的抹灰表面，其尺寸应正确，边缘应整齐、光滑，管道后面应平整。

• 门窗框与墙体间缝隙应填塞密实，表面平整。门窗洞口四周的墙体应做保温，并采取增设一层耐碱网布防止开裂和破损的措施。

• 抹灰表面允许偏差及检验方法参见表7-3。

(5) EPS钢丝网架板现浇混凝土外墙外保温施工工艺

EPS钢丝网架板现浇混凝土外墙外保温基本构造见图7-17。

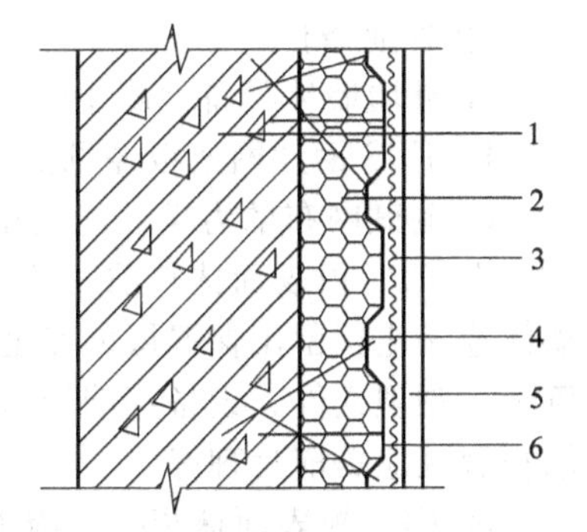

图7-17　EPS钢丝网架板现浇混凝土外墙外保温基本构造

1—现浇混凝土外墙；2—EPS单面钢丝网架板；3—面层砂浆；4—钢丝网架；5—饰面涂层；6—L形Φ6锚固钢筋

以涂料做饰面层时，面层砂浆应加抹耐碱网布抗裂砂浆薄抹面层。

① 材料性能要求

a. EPS 钢丝网架板及保温材料性能要求见表 7-15。EPS 钢丝网架板内、外表面均应满涂界面砂浆。

表 7-15 EPS 钢丝网架板及保温材料性能要求

检验项目			性能要求	试验方法
保温材料	密度/(kg/m³)		14～22	GB/T 6343—1995
	热导率/[W/(m·K)]		≤0.041	GB 10294—88
	水蒸气渗透系数/[ng/(Pa·m·s)]		符合设计要求	JGJ 144—2004
	抗拉强度/MPa		≥0.10	JGJ 144—2004
	压缩性能(形变 10%)/MPa		≥0.10	GB 8813—88
	尺寸稳定性/%		≤0.3	GB 8811—88
	燃烧性能		阻燃型	GB/T 10801.1—2002
基层与胶黏剂抗拉粘接强度/MPa			≥0.3	JGJ 144—2004
抹面胶浆、抗裂砂浆、界面砂浆与 EPS 板拉伸粘接强度/MPa			≥0.10，破坏界面应位于 EPS 板	JGJ 144—2004
EPS 钢丝网架板	热阻/(m²·K/W)	腹丝穿透型	≥0.73(50mm 厚 EPS 板) ≥1.5(100mm 厚 EPS 板)	JGJ 144—2004
		腹丝非穿透型	≥1.0(50mm 厚 EPS 板) ≥1.6(80mm 厚 EPS 板)	
	腹丝镀锌层		符合 QB/T 3897—1999 规定	

b. 耐碱网布性能要求参见前面表 7-5。

② 施工工具与机具

a. 机具。钢制大模板、塔式起重机、垂直运输机械、水平运输车、电动搅拌器、角磨机等。

b. 工具。常用抹灰工具及抹灰的专用检测工具、经纬仪及放线工具、密齿手锯、铁锹、水桶、剪子、滚刷、托线板、方尺、靠尺、塞尺、量针、钢直尺、墨线盒等。

c. 脚手架。吊篮或专用保温施工脚手架。

③ 作业条件

a. 外墙墙体具备混凝土结构施工条件。

b. EPS 钢丝网架板经见证取样送检合格。

c. 耐碱网布的力学性能经见证取样送检合格。

d. EPS 板表面抹灰前，外墙门窗口应安装完毕，墙体工程经检查验收合格。门窗边框与墙体连接应预留出保温层的厚度，缝隙应分层填塞严密，做好门窗表面保护。外墙面上的雨水管卡、预埋铁件、设备穿墙管道等应提前安装完毕，并预留出外保温层的厚度。预制混凝土外墙板缝处应提前处理好。

e. EPS 板表面抹灰时，施工用吊篮或专用外脚手架搭设牢固，安全检验合格。脚架横竖杆距离墙面、墙角应适度，脚手板铺设应与外墙分格相适应。

f. 施工机具已备齐，水、电已接通。

g. 作业时环境温度不应低于 5℃，风力应不大于 5 级，风速不宜大于 10m/s。不宜在雨雪天气中露天施工，雨季施工时应做好防雨措施。

④ 施工工艺。EPS钢丝网架板现浇混凝土外墙外保温施工工艺流程如下：

钢筋绑扎→在外墙外模板内侧固定EPS钢丝网架板，并安装L形φ6锚固钢筋→安装外墙模板→浇筑混凝土→拆模、整修EPS钢丝网架板表面→隐蔽工程验收→抹面层砂浆（养护7d）→施工饰面涂层

⑤ 施工要点

a. 钢筋绑扎

• 外墙外侧钢筋弯钩应背向EPS板，防止戳破EPS板。

• 外墙外侧与EPS板之间垫块间距应小于等于0.8m。

• 钢筋经验收合格后，方可进行EPS板安装。

b. 固定EPS钢丝网架板，并安装L形φ6锚固钢筋。

• EPS钢丝网架板两面先喷刷界面剂。

• EPS钢丝网架板宽度宜为1200mm，高度宜为楼层高。

• 水平抗裂分格缝宜按楼层设置；垂直抗裂分格缝间距不宜大于8m。

• EPS钢丝网架板宜固定在模板上。若使用透丝型EPS钢丝网架板，应在透丝型EPS钢丝网架板和模板间设置垫块（垫块厚度为透丝长度，垫块规格为100mm×100mm)，垫块间距应小于等于0.4m。在EPS钢丝网架板外侧竖向拼缝处附加200mm宽的镀锌钢丝平网，并用直径为0.7mm的铅丝将其与板上钢丝网绑扎牢固。

• L形φ6锚固钢筋宜在钢筋垫块位置穿过EPS钢丝网架板，并用直径为0.7mm的铅丝将其与钢丝网及墙体钢筋绑扎牢固。

• EPS钢丝网架板固定后应及时清理EPS板碎片，以防止EPS板碎片堆积在施工缝处，造成烂根。

c. 安装外墙模板。外墙模板的下侧应支设牢固，模板接缝应粘贴海绵条，穿墙螺栓应紧固校正到位，防止出现错台和漏浆现象。

d. 浇筑混凝土

• 混凝土的坍落度应大于等于180mm。

• 混凝土一次浇筑高度不宜大于0.8m，混凝土需振捣密实均匀。

• 洞口处浇筑混凝土时，应沿洞口两边同时下料使两侧浇筑高度大体一致，振捣棒距洞口边应大于等于300mm。

• 混凝土浇筑完毕，应整理上口甩出的钢筋，并用木抹抹平混凝土表面。

e. 拆模、整修EPS钢丝网架板表面

• 墙体混凝土强度达到混凝土设计强度标准值的30%，且不低于1.0MPa时，可以拆除墙体模板。

• 先拆外墙内侧模板，再拆外墙外侧模板，并及时修整墙面混凝土、清理板面余浆。

• 混凝土墙体上的孔洞应使用干硬性砂浆填实，EPS板部位的孔洞和缺陷宜抹胶粉EPS颗粒保温浆料进行修补和找平。

• 门窗框与墙体间缝隙应填塞密实，表面平整。门窗洞口四周的墙体应做保温，并采取增设一层耐碱网布防止开裂和破损的措施。

f. 抹面层砂浆（水泥砂浆厚抹面层+抗裂砂浆薄抹面层）

• EPS钢丝网架板板面及钢丝上界面剂如有缺损，应对其进行修补，要求界面剂均匀一致，不得露底。

• 水泥砂浆厚抹面层分底层和面层，每层抹灰厚度不大于10mm，待底层抹灰初凝后方可进行面层抹灰，总厚度不宜大于25mm（从EPS板凹槽表面算起），且略高于钢丝网。

• 抗裂砂浆薄抹面层在水泥砂浆厚抹面层干燥后开始施工，先抹2mm厚抗裂砂浆，待抗裂砂浆初凝后，分段铺挂耐碱网布，在底层抗裂砂浆终凝前再抹一道抹面砂浆罩面，厚度为

2～3mm，以覆盖耐碱网布轮廓为宜。在面层砂浆抹完后养护7d，待其干燥后方可进行面层涂料施工。

• 抹灰层之间及抹灰层与保温板之间必须粘贴牢固，且抹灰层无脱层、空鼓现象。凹槽内砂浆饱满，并全面包裹住钢丝网，抹灰层表面应光滑、洁净，接槎平整，线条须垂直、清晰。

• 每层一道水平分格缝，此处平网断开，分格缝宽度、深度要均匀一致，缝内塞泡沫棒，要求分格缝平整光滑、横平竖直，棱角整齐、顺直，槽宽和深度不小于10mm。

g. 以下施工部位应同步拍摄必要的图像资料。

• 保温层附着的基层及其表面处理。

• 墙体热桥部位处理。

• 保温板粘接和固定方法。

• 锚固件。

• 增强网铺设。

• 被封闭的EPS板厚度。

⑥ 质量标准

a. 主控项目

• 混凝土结构质量应符合《混凝土结构工程施工质量验收规范》(GB 50204—2002) 的要求。

• 保温材料和耐碱网布的品种、规格应符合设计要求和相关标准的规定。

• EPS钢丝网架板应符合设计要求，并见证取样送检合格。

• 耐碱网布的力学性能应符合设计要求，并见证取样送检合格。

• 处理后的基层不得有影响墙体热工性能的热桥。

• 保温层厚度应符合设计要求。

• 各抹灰层之间及抹灰层与基体之间必须粘接牢固，抹灰层应无脱层、空鼓，面层应无暴灰和裂缝等缺陷。

b. 一般项目

• 进场保温材料的外观和包装应完整无破损，保温材料应符合设计要求和产品标准的规定。

• 耐碱网布的铺贴和搭接应符合设计和施工方案的要求。砂浆抹压应密实，不得空鼓，加强网不得皱褶、外露。

• EPS板材接缝方法应符合施工方案要求，保温板接缝应平整严密。

• 普通抹灰表面应光滑、洁净，接槎平整。高级抹灰表面应光滑、洁净，颜色均匀，无抹纹，线角和灰线平直方正、清晰美观。

• 孔洞、槽、盒、管道后面的抹灰表面，其尺寸应正确，边缘应整齐、光滑，管道后面应平整。

• 门窗框与墙体间缝隙应填塞密实，表面平整。门窗洞口四周的墙体应做保温，并采取增设一层耐碱网布防止开裂和破损的措施。

• 抹灰表面允许偏差及检验方法参见前面表7-3。

(6) 机械固定EPS钢丝网架板外墙外保温施工工艺　机械固定EPS钢丝网架板外墙外保温基本构造见图7-18。以涂料做饰面层时，面层砂浆应加抹耐碱网布抗裂砂浆薄抹面层。

① 材料性能要求

a. EPS钢丝网架板及保温材料性能要求参见表7-15。

b. 耐碱网布性能要求参见表7-5。

c. 锚栓技术性能指标参见表7-7。

d. 角钢托架。用4mm厚钢板弯成直角∟形，并做镀锌处理，其宽度为EPS钢丝网架板的厚度，长度为200mm。固定锚栓采用直径为6mm的膨胀螺栓。

② 施工工具与机具

a. 机具。垂直运输机械、水平运输车、电动搅拌器、角磨机、电锤、射钉枪等。

b. 工具。常用抹灰工具及抹灰的专用检测工具、经纬仪及放线工具、密齿手锯、水桶、剪子、滚刷、铁锨、钢丝刷、扫帚、锤子、錾子、壁纸刀、托线板、方尺、靠尺、塞尺、量针、钢直尺、墨线盒等。

c. 脚手架。吊篮或专用保温施工脚手架。

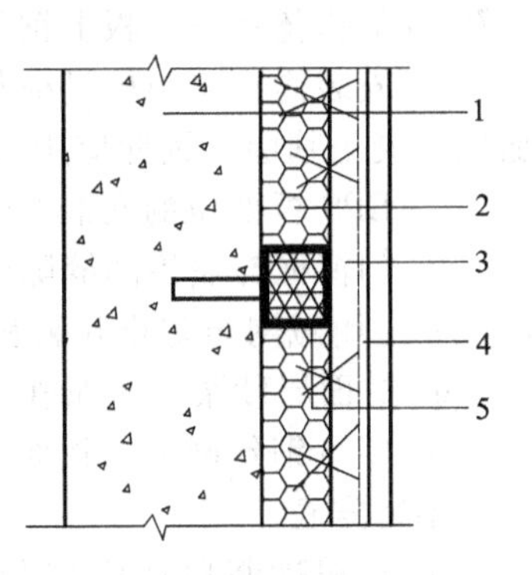

图7-18 机械固定EPS钢丝网架板外墙外保温基本构造

1—基层；2—EPS钢丝网架板；3—面层砂浆；4—饰面涂层；5—机械固定装置

③ 作业条件

a. 外墙门窗口安装完毕，墙体工程经检查验收合格。

b. 门窗边框与墙体连接应预留出保温层的厚度，缝隙应分层填塞严密，做好门窗表面保护。

c. 外墙面上的雨水管卡、预埋铁件、设备穿墙管道等应提前安装完毕，并预留出外保温层的厚度。

d. EPS钢丝网架板经见证取样送检合格。

e. 耐碱网布的力学性能经见证取样送检合格。

f. 后置锚栓拉拔力现场拉拔试验符合设计要求。

g. 预制混凝土外墙板缝处应提前处理好。

h. 施工机具已备齐，水、电已接通。

i. 施工用吊篮或专用外脚手架搭设牢固，安全检验合格。脚架横竖杆距离墙面、墙角应适度，脚手板铺设应与外墙分格相适应。

j. 作业时环境温度不应低于5℃，风力应不大于5级，风速不宜大于10m/s。不宜在雨雪天气中露天施工，雨季施工时应做好防雨措施。

④ 施工工艺。机械固定EPS钢丝网架板外墙外保温施工工艺流程如下：

基层墙体清理→抄平放线→安装角钢托架→涂抹界面剂→粘贴EPS钢丝网架板→安装锚栓→隐蔽工程验收→抹面层砂浆（养护7d）→施工饰面涂层

⑤ 施工要点

a. 基层墙面处理。墙面应清理干净，无油渍、浮尘等，旧墙面松动、风化部分应剔凿清除干净。墙表面凸起物大于等于10mm应铲平。穿墙套管、脚手眼、孔洞等应封堵严密。门窗框与墙体间缝隙应填塞密实，表面平整。

b. 基层应涂满界面砂浆，用滚刷或扫帚将界面砂浆均匀涂刷在基层上。

c. 吊垂直、套方作口，按厚度控制线，拉垂直、水平通线。

d. 安装角钢托架。

e. 在每层的楼板处弹出托架安装位置线，用直径6mm的膨胀螺栓将角钢托架固定在楼层混凝土基层上，膨胀螺栓锚固深度应大于等于50mm。

f. 粘贴EPS钢丝网架板。

• 采用点框法粘贴，在EPS钢丝网架板的四周先抹80mm宽的胶黏剂，板中间的胶黏剂按梅花点分布，双向间距200mm涂抹直径100mm的胶黏剂。涂胶黏剂面积不得小于板面积的40%。

• 按粘贴位置将EPS钢丝网架板粘接在外墙上，并找正、整平，上下层EPS钢丝网架板要错缝粘接。在EPS钢丝网架板竖向拼缝处附加200mm宽的镀锌钢丝平网，并用直径为

0.7mm 的铅丝将其与板上钢丝网绑扎牢固。

• 安装锚栓（锚栓呈梅花状布置，7～8 个/m^2），锚栓锚入墙体孔深应大于 30mm。对于加气混凝土基层，锚栓应用 L 形φ6 锚固钢筋穿透基层锚固。

• EPS 板部位的孔洞和缺陷宜抹胶粉 EPS 颗粒保温浆料进行修补和找平。

• 门窗框与墙体间缝隙应填塞密实，表面平整。门窗洞口四周的墙体应做保温，并采取增设一层耐碱网布防止开裂和破损的措施。

g. 抹面层砂浆（水泥砂浆厚抹面层＋抗裂砂浆薄抹面层）。

• EPS 钢丝网架板板面及钢丝上界面剂如有缺损，应对其进行修补，要求界面剂均匀一致，不得露底。

• 水泥砂浆厚抹面层分底层和面层，每层抹灰厚度不大于 10mm，待底层抹灰初凝后方可进行面层抹灰，总厚度不宜大于 25mm（从 EPS 板凹槽表面算起），且略高于钢丝网。

• 抗裂砂浆薄抹面层在水泥砂浆厚抹面层干燥后开始施工，先抹 2mm 厚的抗裂砂浆，待抗裂砂浆初凝后，分段铺挂耐碱网布，在底层抗裂砂浆终凝前再抹一道抹面砂浆罩面，厚度为 2～3mm，以覆盖耐碱网布轮廓为宜。在面层砂浆抹完后养护 7d，待其干燥后方可进行面层涂料施工。

• 抹灰层之间及抹灰层与保温板之间必须粘贴牢固，抹灰层应无脱层、空鼓现象。凹槽内砂浆饱满，并全面包裹住钢丝网，抹灰层表面应光滑、洁净，接槎平整，线条须垂直、清晰。

• 每层一道水平分格缝，此处平网断开。分格缝宽度、深度要均匀一致，缝内塞泡沫棒，要求分格缝平整光滑、横平竖直，棱角整齐、顺直，槽宽和深度不小于 10mm。

h. 以下施工部位应同步拍摄必要的图像资料。

• 保温层附着的基层及其表面处理。

• 墙体热桥部位处理。

• 保温板粘接和固定方法。

• 锚固件。

• 增强网铺设。

• 被封闭的 EPS 板厚度。

⑥ 质量标准

a. 主控项目

• 保温材料和耐碱网布的品种、规格应符合设计要求和相关标准的规定。

• EPS 钢丝网架板经见证取样送检合格。

• 耐碱网布的力学性能应符合设计要求，并见证取样送检合格。

• 后置锚栓技术性能指标应符合设计要求，拉拔力现场拉拔试验合格。

• 处理后的基层不得有影响墙体热工性能的热桥。

• 保温层厚度应符合设计要求。

• 基层应有足够的强度，表面平整、清洁，无起砂、起壳、裂缝、蜂窝、麻面等现象。

• 各抹灰层之间及抹灰层与基体之间必须粘接牢固，抹灰层应无脱层、空鼓，面层应无暴灰和裂缝等缺陷。

b. 一般项目

• 进场保温材料的外观和包装应完整无破损，保温材料应符合设计要求和产品标准的规定。

• 耐碱网布的铺贴和搭接应符合设计和施工方案的要求。砂浆抹压应密实，不得空鼓，加强网不得皱褶、外露。

• EPS板材接缝方法应符合施工方案要求，保温板接缝应平整严密。

• 普通抹灰表面应光滑、洁净，接槎平整。高级抹灰表面应光滑、洁净，颜色均匀，无抹纹，线角和灰线平直方正、清晰美观。

• 孔洞、槽、盒、管道后面的抹灰表面，其尺寸应正确，边缘应整齐、光滑，管道后面应平整。

• 门窗框与墙体间缝隙应填塞密实，表面平整。门窗洞口四周的墙体应做保温，并采取增设一层耐碱网布防止开裂和破损的措施。

• 抹灰表面允许偏差及检验方法参见表7-3。

(7) XPS板薄抹灰外墙外保温施工工艺 XPS板薄抹灰外墙外保温基本构造见图7-19。

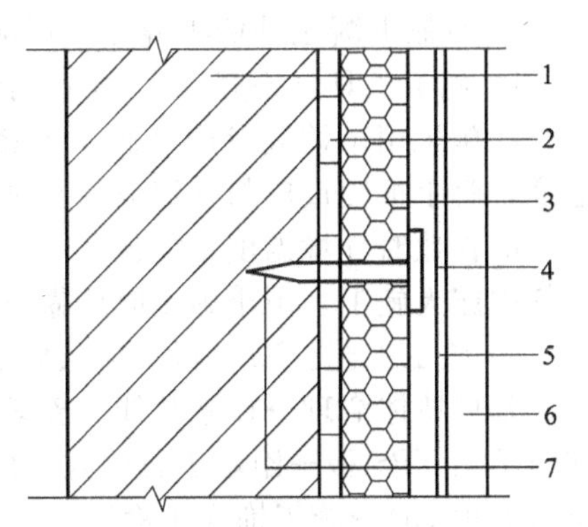

图7-19 XPS板薄抹灰外墙外保温基本构造
1—基层；2—胶黏剂；3—XPS板；4—耐碱网布；5—抗裂砂浆面层；6—饰面涂层；7—锚栓
（保温构造部分位于墙体外侧）

① 材料性能要求

a. XPS板薄抹灰保温材料性能要求见表7-16。

表7-16 XPS板薄抹灰保温材料性能要求

检验项目		性能要求	试验方法
保温材料	密度/(kg/m^3)	≥32	GB/T 6343—1995
	热导率/[W/(m·K)]	≤0.03	GB 10294—88
	水蒸气渗透系数/[ng/(Pa·m·s)]	符合设计要求	JGJ 144—2004
	抗拉强度/MPa	≥0.10	JGJ 144—2004
	压缩性能(形变10%)/MPa	≥0.25	GB 8813—88
	尺寸稳定性/%	≤1.5	GB 8811—88
	燃烧性能	阻燃型	GB/T 10801.1—2002
基层与胶黏剂抗拉粘接强度/MPa		≥0.3	JGJ 144—2004
抹面胶浆、抗裂砂浆、界面砂浆与EPS板拉伸粘接强度/MPa		≥0.10,破坏界面应位于XPS板	JGJ 144—2004

b. 耐碱网布性能要求参见表7-5。

c. 锚栓技术性能指标参见表7-7。

② 施工工具与机具

a. 机具。垂直运输机械、水平运输车、电动搅拌器、角磨机、电锤、射钉枪等。

b. 工具。常用抹灰工具及抹灰的专用检测工具、经纬仪及放线工具、密齿手锯、水桶、剪子、滚刷、铁锨、钢丝刷、扫帚、锤子、錾子、壁纸刀、托线板、方尺、靠尺、塞尺、量针、钢直尺、墨线盒等。

c. 脚手架。吊篮或专用保温施工脚手架。

③ 作业条件

a. 外墙门窗口安装完毕，墙体工程经检查验收合格。

b. 门窗边框与墙体连接应预留出保温层的厚度，缝隙应分层填塞严密，做好门窗表面保护。

c. 外墙面上的雨水管卡、预埋铁件、设备穿墙管道等应提前安装完毕，并预留出外保温层的厚度。

d. XPS板的热导率、密度、抗压强度经见证取样送检合格。

e. 耐碱网布的力学性能经见证取样送检合格。

f. 后置锚栓拉拔力现场拉拔试验符合设计要求。

g. 预制混凝土外墙板缝处应提前处理好。

h. 施工机具已备齐，水、电已接通。

i. 施工用吊篮或专用外脚手架搭设牢固，安全检验合格。脚架横竖杆距离墙面、墙角应适度，脚手板铺设应与外墙分格相适应。

j. 作业时环境温度不应低于5℃，风力应不大于5级，风速不宜大于10m/s。不宜在雨雪天气中露天施工，雨季施工时应做好防雨措施。

④ 施工工艺。XPS板薄抹灰外墙外保温施工工艺流程如下：

基层墙体清理→抄平放线→安装钢角托→涂抹界面剂→配聚合物黏结剂→XPS板界面处理→粘贴XPS板→隐蔽工程验收→配制抗裂砂浆→抹底层抗裂砂浆→安装锚栓、铺挂耐碱网布（养护7d)→施工饰面土涂层

⑤ 施工要点

a. 基层墙面处理。墙面应清理干净，无油渍、浮尘等，旧墙面松动、风化部分应剔凿清除干净。墙表面凸起物大于等于10mm应铲平。穿墙套管、脚手眼、孔洞等应封堵严密。门窗框与墙体间缝隙应填塞密实，表面平整。门窗洞口四周的墙体应做保温，并采取增设一层耐碱网布防止开裂和破损的措施。

b. 基层应涂满界面砂浆，用滚刷或扫帚将界面砂浆均匀涂刷在基层上。

c. 吊垂直、套方作口，按厚度控制线，拉垂直、水平通线。

d. XPS板宽度应小于等于800mm，高度应小于等于500mm。

e. 粘贴XPS板前，应采用刷涂方式对XPS板的粘接面进行界面剂处理，待界面剂充分干燥后方可粘贴XPS板。

f. 粘贴XPS板时，应将胶黏剂涂在XPS板背面，涂胶黏剂面积不得小于XPS板面积的40%。XPS板粘贴时，其竖逢应逐行错缝搭接，搭接长度不小于10cm。转角处应交错互锁（图7-20)。门窗洞口四角处XPS板不得拼接，应采用整块XPS板切割成型（图7-21)。

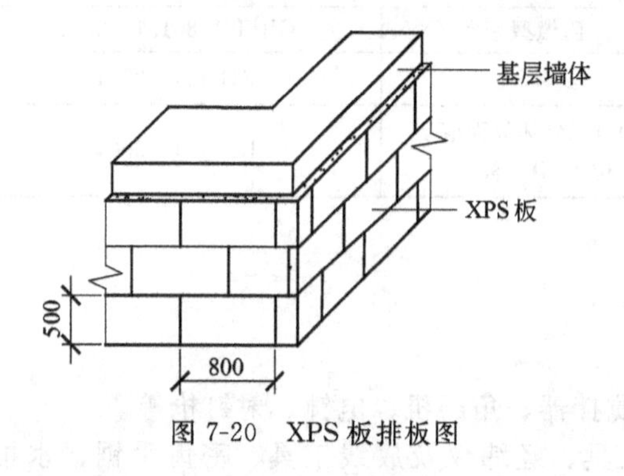

图7-20 XPS板排板图

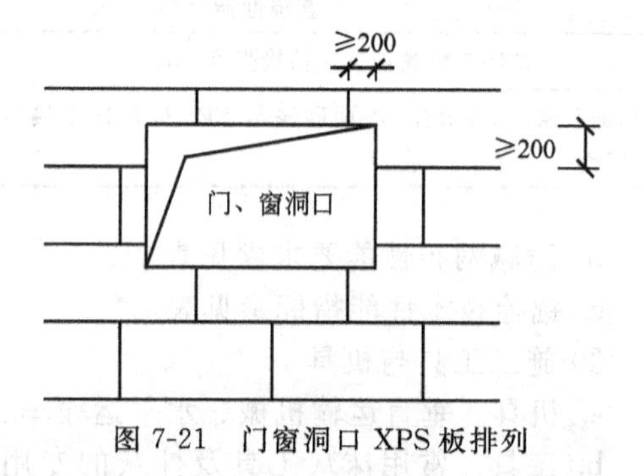

图7-21 门窗洞口XPS板排列

g. 涂好胶黏剂后应立即将XPS板贴在墙面上，动作要迅速，以防止胶黏剂结皮而失去粘接作用。XPS板贴在墙上时，应用2m靠尺进行压平操作，保证其平整度和粘接牢固。板与板之间要挤紧，不得有较大的缝隙，若因保温板面不方正或裁切不直形成大于2mm的缝隙，应将XPS板条塞入并打磨平。

h. XPS板贴完后至少24h，且待胶黏剂达到一定粘接强度时，用专用打磨工具对XPS板表面不平处进行打磨，打磨动作最好是轻柔的圆周运动，不要沿着与保温板接缝平行的方向打磨。打磨后应用刷子将打磨操作中产生的碎屑清理干净。

i. 在XPS板上抹抗裂砂浆前，应采用刷涂方式对XPS板面进行界面剂处理，待界面剂充分干燥后方可抹抗裂砂浆。

j. 在XPS板上先抹2mm厚抗裂砂浆，待抗裂砂浆初凝后，分段铺挂耐碱网布并安装锚栓（锚栓呈梅花状布置，4～5个/m^2)，锚栓锚入墙体孔深应大于30mm。

k. 在底层抗裂砂浆终凝前再抹一道抹面砂浆罩面，厚度为 2～3mm，以覆盖耐碱网布轮廓为宜。面层砂浆切忌不停揉搓，以免形成空鼓。在面层抗裂砂浆抹完后养护 7d，待其干燥后方可进行面层涂料施工。

l. 墙体上容易碰撞的阳角、门窗洞口及不同材料基体的交接处等特殊部位，其保温层应增设一层耐碱网布以防止开裂和破损（耐碱网布在每边铺设宽度为 XPS 板厚度＋50mm）。

m. 以下施工部位应同步拍摄必要的图像资料。

- 保温层附着的基层及其表面处理。
- 墙体热桥部位处理。
- 保温板粘接和固定方法。
- 锚固件。
- 增强网铺设。
- 被封闭的 XPS 板厚度。

⑥ 质量标准

a. 主控项目

- 保温材料和耐碱网布的品种、规格应符合设计要求和相关标准的规定。
- 保温材料的热导率、密度、抗压强度应符合设计要求，并见证取样送检合格。
- 耐碱网布的力学性能应符合设计要求，并见证取样送检合格。
- 后置锚栓的技术性能指标应符合设计要求，拉拔力现场拉拔试验合格。
- 处理后的基层不得有影响墙体热工性能的热桥。
- 保温层厚度应符合设计要求。
- 基层应有足够的强度，表面平整、清洁，无起砂、起壳、裂缝、蜂窝、麻面等现象。
- 各抹灰层之间及抹灰层与基体之间必须粘接牢固，抹灰层应无脱层、空鼓，面层应无暴灰和裂缝等缺陷。

b. 一般项目

- 进场保温材料的外观和包装应完整无破损，保温材料应符合设计要求和产品标准的规定。
- 耐碱网布的铺贴和搭接应符合设计和施工方案的要求。砂浆抹压应密实，不得空鼓，加强网不得皱褶、外露。
- XPS 板材接缝方法应符合施工方案要求，保温板接缝应平整严密、接槎应平顺密实。
- 普通抹灰表面应光滑、洁净，接槎平整。高级抹灰表面应光滑、洁净，颜色均匀，无抹纹，线角和灰线平直方正、清晰美观。
- 孔洞、槽、盒、管道后面的抹灰表面，其尺寸应正确，边缘应整齐、光滑，管道后面应平整。
- 门窗框与墙体间缝隙应填塞密实，表面平整。门窗洞口四周的墙体应做保温，并采取增设一层耐碱网布防止开裂和破损的措施。
- 抹灰表面允许偏差及检验方法参见表 7-3。

7.2.3 节能墙体施工应用实例

7.2.3.1 广东省某新馆复合保温墙体施工

广东省某新馆是一座集办公、展览、阅览、学术交流及档案库房于一体的综合建筑，其对环境，特别是对温度、湿度等都有特殊的要求。该馆科技含量高、建设规模大，体现了岭南仿古建筑的特征（图 7-22）。

该工程采用复合墙体保温形式，外墙为 180mm 厚多孔砖，起外围护作用；内粉刷聚氨酯防水涂料加贴铝箔，起防潮、隔汽、防热辐射传导作用；100mm 厚泡沫板，起保温隔热作用；

图 7-22 广东省某新馆

内衬为 290mm、容重为 1000kg/m³ 的加气混凝土砌块，起蓄热作用。为保证墙体的整体性，在墙体内设置φ6@800×800 拉接钢筋，使内外墙体牢靠连接。下面介绍该工程复合保温墙体的施工工艺。

(1) 工艺流程

外墙多孔砖施工→聚氨酯防水涂料及加贴铝箔施工→聚苯板施工→内衬墙加气混凝土砌块施工

(2) 施工要点 施工时，按照自外向内、先下后上、分层施工的原则组织施工。外墙、中间保温层和内部衬墙先后分段往上砌筑，分段高度 1500mm 左右，每层分两段施工，每段自外向内施工。墙体施工前需编制工程质量控制标准和质量保证措施，以监控和指导全过程施工活动。

① 外墙多孔砖施工。施工工序：施工准备→砖墙砌筑→检查验收。

a. 施工准备选好合格的建筑材料，如砖、砂浆、拉接钢筋、预埋件、木砖及施工机具等。

b. 砌筑方法

• 砖墙砌筑上下错缝，内外搭砌，灰缝平直，砂浆饱满，水平和竖向灰缝厚度一般为 10mm，但不应小于 8mm，也不应大于 12mm。转角处与混凝土墙连接处沿墙高设置 2φ6@600 通长拉接筋。

• 隔墙和填充墙的顶面与上部结构接触处用侧砖或立砖斜砌挤紧。

• 砖墙砌筑必须挂线操作，达到灰缝均匀、平直通顺的标准。砌砖时一般采用挤浆法或三一砌砖法。砌筑过程中进行自检，如发现有偏差，随时纠正，严禁事后采用撞砖纠正。溢出砖墙面的灰迹应随砌随刮干净。

• 拉接筋要预先制作好，木砖应经防腐处理。在外墙砌筑时按照 800mm×800mm 间距梅花形预留。预埋时小头在外，大头在内。为避免拉接筋对后续贴铝箔和苯板安装工序施工的影响，采用后焊接的 S 形拉接筋与砌筑内侧围护墙体连接，使之成为整体。

• 当洞口宽度 $L<800$mm 时，用钢筋砖过梁；当 $L\geqslant 800$mm 时，用现浇钢筋混凝土过梁；在砖墙上的支承长度不小于 240mm；当支承长度不足时，应按过梁与柱、墙直接连接处理。空心砌块门窗洞边 200mm 内的砌体采用不低于 M5 的砌筑砂浆或 C15 细石混凝土填实砌块的孔洞，使门窗边与墙体连接牢固。

c. 检查验收。每段墙体砌筑完成后，由专职的质量检查员按照规范要求进行检查，满足要求予以验收后方可进行下道工序施工。未能满足规范要求的要进行整改，直至达到要求后方可验收。

② 聚氨酯防水涂料及加贴铝箔施工。施工工艺流程：基层清理→涂布底胶→防水涂层及

铝箔施工→检查修正。

a. 操作要点。施工前应将基层清理干净，使之符合施工规程要求。然后涂布底胶，涂胶要均匀，一般以 0.15～0.2kg/m^2 为宜。待底胶干燥固化 24h 以上，才能进行下道工序的施工。

b. 防水涂层及铝箔施工。施工前先配制好涂膜防水材料。在底胶基本干燥固化后，按照自上而下顺序涂刮，涂刮厚度一般以 1.5mm 左右为宜（即涂布量 1.5kg/m^2 为宜）。在第 1 度涂层固化 24h 后，再在其表面刮涂第 2 度涂层，涂刮方法同上。为了确保防水工程质量，涂刮的方向必须与第 1 度的涂刮方向垂直。

粘贴铝箔：根据粘贴部位的尺寸，将铝箔裁剪成相应大小的铝箔片，为方便施工，铝箔片不宜过大，一般以 1.5m×1.5m 为宜。在有拉接筋的位置相应开出小孔，然后用黏结剂点涂铝箔背面，点涂后对准粘贴部位粘贴到防水层上，粘贴与防水卷材点黏法施工基本相同。每片铝箔之间搭接宽度为 5～10mm，固化后用手触，以不黏为准。

c. 检查修正。对完成的防水层及铝箔检查，检查重点是防水层有无空鼓、滑移、翘边、起泡、皱折、损伤，铝箔铺贴、搭接是否平整、牢固等。发现问题及时整改修正。

③ 苯板保温层施工。施工工艺流程：基层清理、弹线→苯板加工配板、钻孔→粘贴安装。操作要点如下：

a. 施工前应将基层清理干净，使之符合施工要求。然后按照苯板宽度弹出施工控制线。最后按照施工大样下料配板，再按照拉接筋的位置钻孔。

b. 施工前先配制好黏结剂，然后采用点黏方式进行粘贴，黏结面积不小于 30%。粘贴时应注意：阴阳角处必须相互错槎搭接粘贴；门窗洞口四角不可出现直缝，必须用整块聚苯板裁切出刀把状，且小边宽度≥200mm；聚苯板抹完专用黏结剂后必须迅速粘贴到墙面上，避免黏结剂结皮而失去黏结性。粘贴时应轻柔、均匀挤压聚苯板，并用 2m 靠尺和拖线板检查板面平整度和垂直度。粘贴时注意清除板边溢出的黏结剂，使板与板间不留缝。

④ 内衬墙加气混凝土砌块施工。施工工艺流程：施工准备→抄平放线→砌筑→验收。施工操作要点如下。

a. 施工前应按计划购进合格砌块运至现场，分类堆放。砌筑前一天将砌块及砌筑面洒水湿润，洒水不能过干也不能过湿，以渗入砌块表层 0.8～1.2cm 为宜。砌筑时的含水率控制在 15%～20%。砌筑前需弹出建筑物的主要轴线、标高及砌体的控制边线，经技术复核，检查合格后，方可施工。

b. 砌筑砌块墙砌筑应上下错缝，内外搭砌，灰缝平直，砂浆饱满，符合施工规范和技术规程的要求。

c. 砌筑注意事项

• 一次铺设砂浆长度不超过 800mm，铺浆后立即放置砌块，可用木锤敲击摆正、找平。

• 砌体转角处要咬槎砌筑，纵横交接处未咬槎时应设拉接措施。

• 砌筑墙端时，砌块与框架柱面或剪力墙处应靠紧，填满砂浆，并将柱或墙上预留的拉接筋展开，砌入水平灰缝中。砌至梁顶 200mm 处要等待 5d 左右，待下部砌体变形稳定后再补砌上部砌体，上部 200mm 用水泥灰砂砖斜砌补平。

d. 检查验收施工完成后先由班组自检、互检，再由专职质量检查员进行验收并记录，主要检查墙体表面的平整度、垂直度、灰缝的均匀度及砂浆的饱满度等。

（3）复合保温墙体的应用效果　该新馆应用复合保温墙体设计与施工的创新技术，极大地提高了建筑物节能保温性能。该档案新馆工程中采用了多孔砖＋苯板＋加气混凝土砌块复合保温墙体，建筑物在关闭所有空调等能源设备后 62h，库房室内温度变化不超过 2℃，显示了该墙体优异的热工性能。该墙体适用范围大，特别是对温湿度要求较高、能耗较大的建筑，如图书馆、博物馆等将会达到良好的节能保温功效。

7.2.3.2 某技术中心研发大楼的外墙外保温施工

某技术中心研发大楼外墙采用 250mm 厚、等级为 400kg/m^3（B04 级）的加气混凝土砌块填充（图 7-23）。

图 7-23　某技术中心研发大楼效果图

该建筑物的外保温设计方案为外墙和楼梯间采用 B04 级加气混凝土填充；剪力墙和梁、柱部位采用 40mm 厚聚苯板做保温。外墙外保温施工简介方案如下所述。

（1）加气混凝土配套砌筑、抹灰材料的应用　为避免墙体抹灰层出现空鼓开裂，传统厚层灰缝处理产生的冷桥等现象的出现，本工程采用了加气混凝土专用黏结砂浆和抹灰砂浆进行施工。

灰缝的砌筑宽度会影响墙体的保温性能，灰缝宽度越小，对热导率的影响越小。当灰缝宽度为 15mm 时，灰缝影响系数为 1.27；当灰缝宽度为 3mm 时，对热导率的影响系数接近于 1。此时在进行热工计算时基本上可以不考虑灰缝的影响，工程采用的黏结砂浆进行加气混凝土砌筑时，在保证牢固黏结的同时将灰缝控制在 3～5mm 之间，避免了冷桥的出现。

由于加气混凝土自身强度和弹性模量较低，如果采用强度和弹性模量较高的砂浆进行抹灰或砌筑时。两者之间容易产生较大的剪应力，导致界面破坏。因此，抹灰砂浆的强度和弹性模量应该与加气混凝土保持一致。根据 GB/T 11968 规定，加气混凝土制品的干燥收缩值应≤0.5mm/m，故专用抹灰砂浆的干燥收缩值应不大于加气混凝土的收缩指标。工程采用的加气混凝土专用抹灰砂浆的抗压强度为 6.0～8.0MPa，与加气混凝土强度基本匹配；压折比≤3.0，具有较好的抗变形能力；弹性模量在 1600～2000N/mm^2 之间，与加气混凝土的弹性模量基本匹配；保水率在 80%以上，适用于加气混凝土的薄层抹灰和厚层抹灰。

（2）节点做法　加气混凝土与钢筋混凝土梁柱之间采用钢丝网加强，钢丝网宽度超过梁、柱宽度两侧各 300mm。用自打结锚固件与加气混凝土连接。可缓解这两种材料因膨胀系数差异大而导致的应力集中。

聚苯板表面抹灰工艺如下：用聚苯板专用抹面砂浆进行抹灰，第一层抹灰分两遍完成，待第一遍抹灰层初凝后，固定热镀锌钢丝网（网孔 12.7mm×12.7mm，丝径 0.9mm），用于固定的膨胀螺栓应带钉盘，随后进行第二遍抹灰，厚度以覆盖住钢丝网（应完全覆盖钢丝网和固定膨胀螺栓）为宜，并留出坡形接槎；待第一层抹灰层干透后，进行第二层抹灰，用聚合物抹面砂浆在聚苯板抹灰层表面压入耐碱玻纤网格布，网格布应处于抹灰层表面位置，所有玻纤网格布表面抹灰都用聚苯板专用抹灰砂浆完成。

加气混凝土表面抹灰工艺如下：采用加气混凝土专用抹灰砂浆进行施工，抹灰应分遍进行，每遍抹灰厚度控制在 7～8mm，第一遍抹灰应用力压实，每遍抹灰的时间间隔不得短于

24h，加气混凝土表面最后一遍抹灰完成后应与聚苯板表面抹灰齐平，一个月后，对外墙抹灰情况进行全面质量巡检：填充墙、剪力墙及梁柱部位未见裂纹，在填充墙与梁、柱部位交接处也未见明显裂纹，所有外立面上均未出现抹灰层空鼓。

7.3 绿色建筑幕墙施工工艺及实例

7.3.1 节能幕墙施工要求及相关标准

7.3.1.1 节能幕墙施工工艺的要求

节能幕墙施工应遵循以下要求。

① 施工单位应根据工程标书、制定的施工组织方案，进行施工人员编制。按施工组织设计要求，安排施工计划进行施工。

② 幕墙工程的具体施工，应根据工程甲方的总体进度计划进行施工，应与工程甲方密切配合，在主体结构验收完成后开始施工。如需分段施工交叉作业时，必须采取可靠的安全防护措施，保证施工安全及施工质量。

③ 在使用主体施工工程的脚手架时，应同施工甲方密切配合，由其协调，作业面上交叉施工时的安全问题，合理使用好安全可靠的起重吊装设备，如根据幕墙施工的要求进行必要的拆改时，应征得主体施工甲方的同意，并注意不要破坏脚手架的整体牢固性。在幕墙施工中，如果使用吊篮作业时，必须检查吊篮各部件的构造有无隐患，并及时消除。严格按吊篮的安全操作规程使用，并设专人负责安全监护。

④ 在幕墙工程施工与其他施工单位交叉施工作业时，应注意保护幕墙材料不被污损划伤。幕墙材料立柱，横梁及加工后的异型材料的摆放要规范摆放，除应注意采取自我保护措施外，还应与其他施工单位协调好、避免相互影响。

⑤ 遇有风雨等不利施工的气候情况时，应暂时停业施工，防止漏电，高空坠物现象发生影响施工人员的人身安全。在幕墙进行注胶作业时遇有风雨天气，不能继续施工。在风雨停止后，对未完的施工作业面应二次进行表面处理，清除表面尘土及潮湿的表面，应该待其干燥后进行注胶作业，当气温降至5℃时停业注胶的施工作业。

⑥ 幕墙在现场施工作业时，首先对施工放线作二次复验，检查与施工工艺图纸的设计要求无误后，方可进行下一步的施工作业。经检查测量发现部分有偏差时，要对其进行修正，现场调整修改工作，应在主管技术设计人员帮助下进行，以免影响下一步施工。

7.3.1.2 节能幕墙施工工艺的相关规定

（1）本施工工艺适用于民用建筑幕墙工程的施工。

（2）本施工工艺根据《建筑工程施工质量验收统一标准》（GB 50300—2001）、《玻璃幕墙工程技术规程》（JGJ 102—2003）、《金属和石材幕墙工程技术规程》（JGJ 133—2001）、《建筑装饰装修工程质量验收规范》（GB 50210—2001）、《玻璃幕墙工程质量检验标准》（JGJ /T 139—2001）、《建筑玻璃应用技术规程》（JGJ 113—2003）、《建筑节能工程施工质量验收规范》（GB 50411—2007）和相应的国家现行技术标准、规定进行编制。

（3）施工中的劳动保护、安全和防火措施等，必须按现行有关标准、规定执行。

7.3.2 建筑幕墙节能工程施工工艺和施工要点

7.3.2.1 玻璃幕墙的施工工艺

（1）材料性能要求

① 玻璃

a. 幕墙玻璃的品种、规格、颜色、传热系数、遮阳系数、可见光透射比、中空玻璃露点应符合国家现行标准的有关规定及设计要求，并应有出厂合格证。

b. 玻璃幕墙采用阳光控制镀膜玻璃时，离线法生产的镀膜玻璃应采用真空磁控溅射法生产工艺；在线法生产的镀膜玻璃应采用热喷涂法生产工艺。

c. 玻璃幕墙采用中空玻璃时气体层厚度不应小于 9mm。

d. 钢化玻璃宜经过二次热处理。

e. 玻璃幕墙采用单片低辐射镀膜玻璃时，应使用在线热喷涂低辐射镀膜玻璃。

f. 有防火要求的幕墙玻璃，应根据防火等级要求，采用单片防火玻璃或其制品。

g. 玻璃幕墙采用彩釉玻璃，釉料宜采用丝网印刷。

② 铝合金材料

a. 玻璃幕墙采用铝合金材料的品种和性能应符合国家现行标准的有关规定及设计要求，并应有出厂合格证。

b. 铝合金材料用阳极氧化、电泳涂漆、粉末喷涂、氟碳漆喷涂进行表面处理时，应符合现行国家标准《铝合金建筑型材》(GB/T 5237—2000) 规定的质量要求，其表面处理层的厚度应满足表 7-17 的要求。

表 7-17 铝合金型材表面处理层的厚度

表面处理方法		膜厚级别(涂层种类)	厚度 t/μm	
			平均膜厚	局部膜厚
阳极氧化		不低于 AA15	≥15	≥12
电泳涂漆	阳极氧化膜	B	≥10	≥8
	漆膜	B	—	≥7
	复合膜	B	—	≥16
粉末喷涂		—	—	40～120
氟碳喷涂		—	≥40	≥34

c. 用穿条工艺生产的隔热铝型材，其隔热材料应使用 PA66GF25（聚酰胺 66＋25 玻璃纤维）材料，不得采用 PVC 材料；用浇注工艺生产的隔热铝型材，其隔热材料应使用 PUR（聚氨基甲酸乙酯）材料，连接部位的抗剪强度必须满足设计要求。

③ 钢材

a. 玻璃幕墙用钢材的品种和性能应符合国家现行标准的有关规定及设计要求，并应有出厂合格证。

b. 玻璃幕墙用不锈钢材宜采用奥氏体不锈钢，且含镍量不应小于 8%。

c. 玻璃幕墙用碳素结构钢和低合金高强度结构钢时，应采取有效的防腐处理，当采用热浸镀锌防腐蚀处理时，镀锌膜厚度应符合现行国家标准《金属覆盖层钢铁制品热镀锌层技术要求》(GB/T 13912—2002) 的规定；用氟碳漆喷涂或聚氨酯漆喷涂时，涂膜的厚度不宜小于 35μm，在空气污染严重及海滨地区，涂膜厚度不宜小于 45μm。

d. 点支承玻璃幕墙用的不锈钢绞线应符合现行国家标准《冷顶锻用不锈钢丝》(GB/T 4232—93)、《不锈钢丝》(GB/T 4240—93)、《不锈钢丝绳》(GB/T 9944—2002) 的规定。

e. 点支承玻璃幕墙采用的锚具，其技术要求应按国家现行标准《预应力筋用锚具、夹具和连接器》(GB/T 14370—2007) 及《预应力筋用锚具、夹具和连接器应用技术规程》(JGJ 85—92) 的规定执行。

④ 硅酮结构密封胶

a. 幕墙用中性硅酮结构密封胶及酸性硅酮结构密封胶的性能，应符合现行国家标准《建筑用硅酮结构密封胶》(GB 16776—2005) 的规定及设计要求。

b. 硅酮结构密封胶使用前，应经国家认可的检测机构进行与其相接触材料的相容性和剥离粘接性试验，并应对邵氏硬度、标准状态下拉伸粘接性能进行复验，检验不合格的产品不得使用。进口硅酮结构密封胶应具有商检报告。

c. 硅酮结构密封胶的生产商应提供其结构胶的变位承受能力和质量保证书。

⑤ 建筑密封材料

a. 玻璃幕墙的橡胶制品宜采用三元乙丙橡胶、氯丁橡胶及硅橡胶。

b. 密封胶条应符合国家现行标准《工业用橡胶板》(GB/T 5574—94) 的规定。

c. 中空玻璃第一道密封用丁基热熔密封胶，丁基热熔密封胶应符合现行行业标准《中空玻璃用丁基热熔密封胶》(JC/T 914—2003) 的规定；不承受荷载的第二道密封胶应符合现行行业标准《中空玻璃用弹性密封胶》(JC/T 486—2001) 的规定；隐框或半隐框玻璃幕墙用中空玻璃的第二道密封胶除应符合《中空玻璃用弹性密封胶》(JC/T 486—2001) 的规定外，还应符合硅酮结构密封胶的有关规定。

d. 玻璃幕墙的耐候密封应采用硅酮建筑密封胶；点支承幕墙和全玻幕墙使用非镀膜玻璃时，其耐候密封胶应采用酸性硅酮建筑密封胶，其性能应符合国家现行标准《幕墙玻璃接缝用密封胶》(JC/T 882—2001) 的规定；夹层玻璃板缝间的密封，宜采用中性硅酮建筑密封胶。

⑥ 其他材料

a. 与玻璃幕墙配套使用的铝合金门窗应符合现行国家标准《铝合金门》(GB/T 8478—2003) 和《铝合金窗》(GB/T 8479—2003) 的规定及设计要求。

b. 与玻璃幕墙配套使用的附件及紧固件应符合现行国家标准的规定及设计要求。

c. 与单组分硅酮结构密封胶配合使用的低发泡间隔双面胶带，应具有透气性。

d. 玻璃幕墙宜采用聚乙烯泡沫棒做填充材料，其密度不应大于 $37kg/m^3$。

e. 玻璃幕墙的保温隔热材料，宜优先采用岩棉、矿棉、防火板等不燃或难燃材料，保温隔热材料的热导率、密度、燃烧性能应符合国家现行标准的有关规定及设计要求。

(2) 施工工具与机具

① 机具。电动玻璃吸盘、铆钉枪、冲击钻、电钻、电焊机、砂轮切割机、电动吊篮、电动螺钉旋具等。

② 工具。手动玻璃吸盘、注胶枪、滚轮、螺钉旋具、钳子、扳手、锤子、錾子、吊线坠、水平尺、钢卷尺、玻璃箱靠架、单元幕墙放置箱等。

(3) 作业条件

① 主体结构和湿作业已做完并验收合格。

② 主体结构上的预埋件已按设计要求预埋。

③ 幕墙安装的施工组织设计已编制完成，并经过审核批准。

④ 幕墙玻璃的传热系数、遮阳系数、可见光透射比、中空玻璃露点经见证复验合格。

⑤ 保温隔热材料的热导率、密度应符合设计要求，并经见证复验合格。

⑥ 其他幕墙材料已按设计要求配套进场，并复验合格。

⑦ 安装幕墙所用的垂直提升机、脚手架或吊篮已准备好，并经验收合格。

⑧ 作业时环境温度不应低于0℃，风力应不大于5级，风速不宜大于10m/s。不宜在雨雪天气中露天施工，雨季施工时应做好防雨措施。

(4) 施工工艺　玻璃幕墙施工工艺流程如下：

幕墙构件、玻璃和组件加工→弹线→安装连接件→涂刷隔汽层→安装立柱和横梁→安装保温、防火隔断材料→安装玻璃幕墙→板缝及节点处理→板面处理

(5) 施工要点

① 加工基本要求

a. 玻璃幕墙在加工制作前应与土建设计施工图进行核对，对已建的主体结构进行复测，并应按实测结果对幕墙设计进行必要调整。

b. 加工幕墙构件所采用的设备、机具应满足幕墙构件加工精度的要求，其量具应定期进行计量认证。

c. 采用硅酮结构密封胶粘接固定隐框玻璃幕墙构件时，应在洁净、通风的室内进行注胶，且室内环境温度、湿度条件应符合结构胶产品的规定，注胶宽度和厚度应符合设计要求。

d. 除全玻幕墙外，不应在现场打注硅酮结构密封胶。

e. 单元式幕墙的单元组件、隐框幕墙的装配组件均应在工厂加工组装。

f. 低辐射镀膜玻璃应根据其镀膜材料的粘接性能和其他技术要求，确定其加工制作工艺，镀膜与硅酮结构密封胶不相容时，应除去镀膜层。

g. 硅酮结构密封胶不宜作为硅酮建筑密封胶使用。

② 铝型材加工

a. 玻璃幕墙的铝合金构件的加工应符合下列要求。

• 铝合金型材在截料之前应进行校直调整。

• 横梁长度允许偏差为±0.5mm，立柱长度允年偏差为±1.0mm，端头斜度的允许偏差为－15′（图 7-24、图 7-25）。

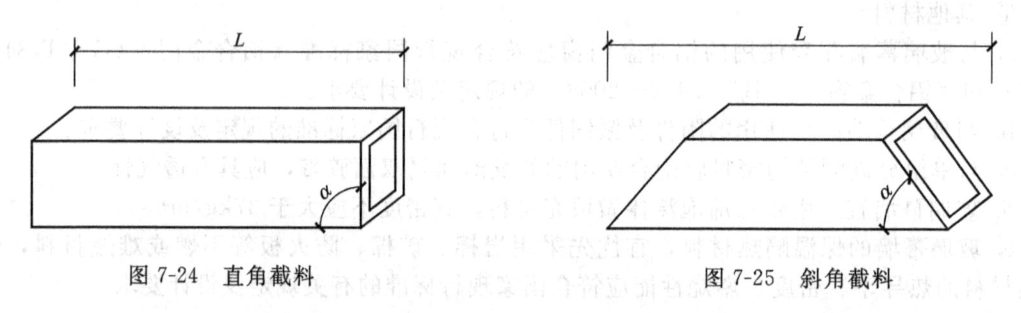

图 7-24　直角截料　　　　图 7-25　斜角截料

• 截料端头不应有加工变形，并应去除毛刺。

• 孔位的允许偏差为±0.5mm，孔距的允许偏差为±0.5mm，累计偏差为±1.0mm。

• 铆钉的通孔尺寸偏差应符合现行国家标准《铆钉用通孔》（GB 152.1—88）的规定。

• 螺钉孔的加工应符合设计要求。

b. 玻璃幕墙铝合金构件中槽、豁、榫的加工应符合下列要求。

• 铝合金构件槽口尺寸（图 7-26）允许偏差应符合表 7-18 的要求。

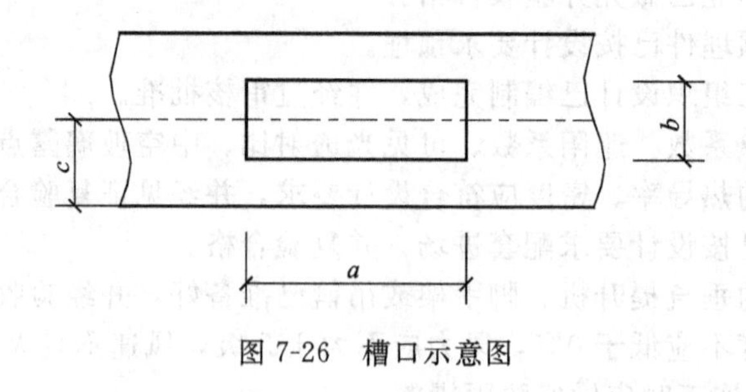

图 7-26　槽口示意图

表 7-18　槽口尺寸允许偏差　　单位：mm

项　目	a	b	c
允许偏差	+0.5,0	+0.5,0	±0.5

• 铝合金构件豁口尺寸（图 7-27）允许偏差应符合表 7-19 的要求。

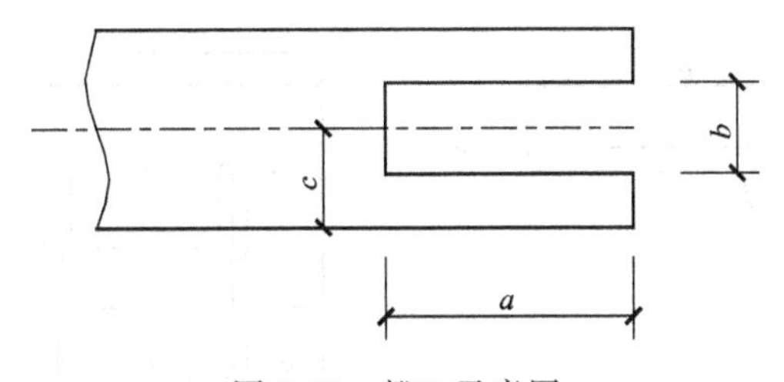

图 7-27 豁口示意图

表 7-19 豁口尺寸允许偏差 mm

项　　目	a	b	c
允许偏差	+0.5,0	+0.5,0	±0.5

• 铝合金构件榫头尺寸（图 7-28）允许偏差应符合表 7-20 的要求。

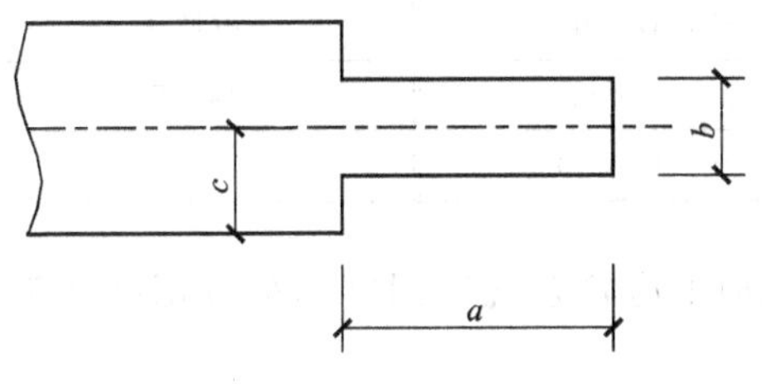

图 7-28 榫头示意图

表 7-20 榫头尺寸允许偏差 mm

项　　目	a	b	c
允许偏差	+0.5,0	+0.5,0	±0.5

c. 玻璃幕墙铝合金构件弯加工应符合下列要求。

• 铝合金构件宜采用拉弯设备进行弯加工。

• 弯加工后的构件表面应光滑，不得有皱折、凹凸、裂纹。

③ 钢构件加工

a. 平板型预埋件加工精度应符合下列要求。

• 锚板边长允许偏差为±5mm。

• 一般锚筋长度的允许偏差为+10mm，两面为整块锚板的穿透式预埋件锚筋长度的允许偏差为+5mm，但均不允许负偏差。

• 圆锚筋的中心线允许偏差为±5mm。

• 锚筋与锚板面的垂直度允许偏差为 $l_s/30$（l_s 为锚固钢筋长度，单位为 mm）。

b. 槽型预埋件表面及槽内应进行防腐处理，其加工精度应符合下列要求。

• 预埋件长度、宽度和厚度的允许偏差分别为+10mm、+5mm、+3mm，均不允许负偏差。

• 槽口的允许偏差为+1.5mm，不允许负偏差。

• 锚筋长度允许偏差为+5mm，不允许负偏差。

• 锚筋中心线允许偏差为±1.5mm。

• 锚筋与线槽的垂直度允许偏差为 $l_s/30$（l_s 为锚固钢筋长度，单位为 mm）。

c. 玻璃幕墙的连接件、支承件的加工精度应符合下列要求。

• 连接件、支承件外观应平整，不得有裂纹、毛刺、凹凸、翘曲、变形等缺陷。

• 连接件、支承件加工尺寸（图 7-29）允许偏差应符合表 7-21 的要求。

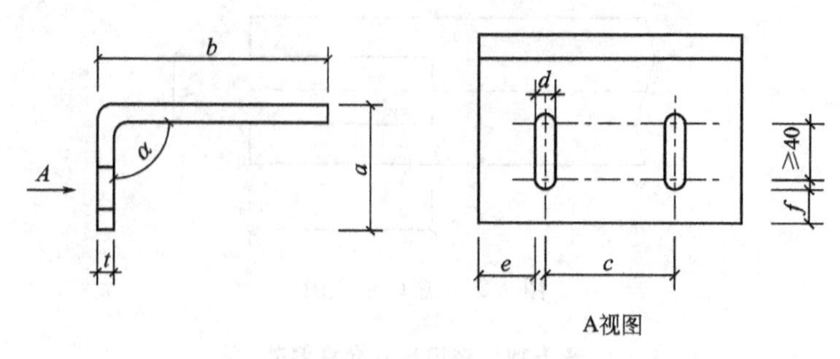

图 7-29 连接件、支承件尺寸示意图

表 7-21 连接件、支承件尺寸允许偏差

项目	允许偏差	项目	允许偏差
连接件高 a	+5mm，-2mm	边距 e	+1.0mm，0
连接件长 b	+5mm，-2mm	壁厚 f	+0.5mm，-0.2mm
孔距 c	±1.0mm	弯曲角度 α	±2°
孔宽 d	+1.0mm，0		

d. 钢型材立柱及横梁的加工应符合现行国家标准《钢结构工程施工质量验收规范》（GB 50205—2001）的有关规定。

e. 点支承玻璃幕墙的支承钢结构加工应符合下列要求。

• 应合理划分拼装单元。

• 管桁架应按计算的相贯线，采用数控机床切割加工。

• 钢构件拼装单元的节点位置允许偏差为±2.0mm。

• 构件长度、拼装单元长度的允许正、负偏差均可取其长度的 1/2000。

• 管件连接焊缝应沿全长连续、均匀、饱满、平滑、无气泡和夹渣；支管壁厚小于 6mm 时可不切坡口；角焊缝的焊脚高度不宜大于支管壁厚的 2 倍。

• 钢结构的表面处理应符合相关规定。

• 分单元组装的钢结构，宜进行预拼装。

f. 杆索体系的加工应符合下列要求。

• 拉杆、拉索应进行拉断试验。

• 拉索下料前应进行调直预张拉，张拉力可取破断拉力的 50%，持续时间为 2h。

• 截断后的钢索应采用挤压机进行套筒固定。

• 拉杆与端杆不宜采用焊接连接。

• 杆索结构应在工作台座上进行拼装，并应防止其表面损伤。

g. 钢构件焊接、螺栓连接应符合现行国家标准《钢结构设计规范》（GB 50017—2003）、《碳钢焊条》（GB/T 5117—1995）、《低合金钢焊条》（GB/T 5118—1995）及行业标准《建筑钢结构焊接技术规程》（JGJ 81—2002）的有关规定。

h. 钢构件表面涂装应符合现行国家标准《钢结构工程施工质量验收规范》（GB 50205—2001）的有关规定。

i. 点支承玻璃幕墙的支承装置应符合现行行业标准《点支式玻璃幕墙支承装置》（JG 138—2001）的规定。

④ 玻璃加工

a. 玻璃幕墙的单片玻璃、夹层玻璃、中空玻璃的加工精度应符合下列要求。

• 单片钢化玻璃，其尺寸的允许偏差应符合表 7-22 的要求。

表 7-22　钢化玻璃尺寸允许偏差　mm

项目		玻璃厚度	
		6,8,10,12	15,19
边长	$L \leqslant 2000$	±1.5	±2.0
	$L > 2000$	±2.0	±3.0
对角线差	$L \leqslant 2000$	≤2.0	≤3.0
	$L > 2000$	≤3.0	≤3.5

注：L 为钢化玻璃边长，mm。

- 采用中空玻璃时，其尺寸的允许偏差应符合表 7-23 的要求。

表 7-23　中空玻璃尺寸允许偏差　mm

项目		允许偏差
边长	$L < 1000$	±2.0
	$1000 \leqslant L < 2000$	+2.0，−3.0
	$L \geqslant 2000$	±3.0
对角线差	$L \leqslant 2000$	≤2.5
	$L > 2000$	≤3.5
厚度	$t < 17$	±1.0
	$17 \leqslant t < 22$	±1.5
	$t \geqslant 22$	±2.0
叠差	$L < 1000$	±2.0
	$1000 \leqslant L < 2000$	±3.0
	$2000 \leqslant L < 4000$	±4.0
	$L \geqslant 4000$	±6.0

注：L 为玻璃边长，mm；t 为玻璃厚度，mm。

- 采用夹层玻璃时，其尺寸允许偏差应符合表 7-24 的要求。

表 7-24　夹层玻璃尺寸允许偏差　mm

项目		允许偏差
边长	$L \leqslant 2000$	±2.0
	$L > 2000$	±2.5
对角线差	$L \leqslant 2000$	≤2.5
	$L > 2000$	≤3.5
叠差	$L < 1000$	±2.0
	$1000 \leqslant L < 2000$	±3.0
	$2000 \leqslant L < 4000$	±4.0
	$L \geqslant 4000$	±6.0

注：L 为玻璃边长，mm。

b. 玻璃弯加工后，其每米弦长内拱高的允许偏差为±3.0mm，且玻璃的曲边应顺滑一致；玻璃直边的弯曲度，拱形时不应超过 0.5%，波形时不应超过 0.3%。

c. 全玻幕墙的玻璃加工应符合下列要求。

- 玻璃边缘应倒棱并细磨；外露玻璃的边缘应精磨。

• 采用钻孔安装时，孔边缘应进行倒角处理，并不应出现崩边。

d. 点支承玻璃加工应符合下列要求。

• 玻璃面板及其孔洞边缘均应倒棱和磨边，倒棱宽度不宜小于1mm，磨边宜细磨。

• 玻璃切角、钻孔、磨边均应在钢化前进行。

• 玻璃加工的允许偏差应符合表7-25的规定。

表7-25 点支承玻璃加工允许偏差

项 目	边长尺寸	对角线差	钻孔位置	孔 距	孔轴与玻璃平面垂直度
允许偏差	±1.0mm	≤2.0mm	±0.8mm	±1.0mm	±12′

• 中空玻璃开孔后，开孔处应采取多道密封措施。

• 夹层玻璃、中空玻璃的钻孔可采用大、小孔相对的方式。

e. 中空玻璃加工应符合下列要求。

• 中空玻璃合片加工时，应考虑制作处和安装处不同气压的影响，采取防止玻璃大面变形的措施。

• 中空玻璃的间隔铝框可采用连续折弯型或插角型，不得使用热熔型间隔胶条。间隔铝框中的干燥剂宜采用专用设备装填。

f. 幕墙玻璃应进行机械磨边处理，磨轮的目数应在180目以上。点支承幕墙玻璃的孔、板边缘均应进行磨边和倒棱，磨边宜细磨，倒棱宽度不宜小于1mm。

g. 玻璃幕墙采用夹层玻璃时，应采用干法加工合成，其夹片宜采用聚乙烯醇缩丁醛（PVB）胶片。夹层玻璃合片时，应严格控制其温度、湿度。

h. 玻璃幕墙采用低辐射镀膜玻璃加工成中空玻璃使用时，镀膜面应朝向中空气体层。

i. 硅酮结构密封胶和硅酮建筑密封胶必须在有效期内使用。

⑤ 明框幕墙组件加工

a. 明框幕墙组件加工尺寸允许偏差应符合下列要求。

• 组件装配尺寸允许偏差应符合表7-26的要求。

表7-26 组件装配尺寸允许偏差 mm

项 目		允 许 偏 差
型材槽口尺寸	L≤2000	±2.0
	L>2000	±2.5
组件对边尺寸差	L≤2000	≤2.0
	L>2000	≤3.0
组件对角线尺寸差	L≤2000	≤3.0
	L>2000	≤3.5

注：L为构件长度，mm。

• 相邻构件装配间隙及同一平面度的允许偏差应符合表7-27的要求。

表7-27 相邻构件装配间隙及同一平面度的允许偏差 mm

项 目	允许偏差	项 目	允许偏差
装配间隙	≤0.5	同一平面度	≤0.5

b. 单层玻璃与槽口的配合尺寸（图7-30）应符合表7-28的要求。

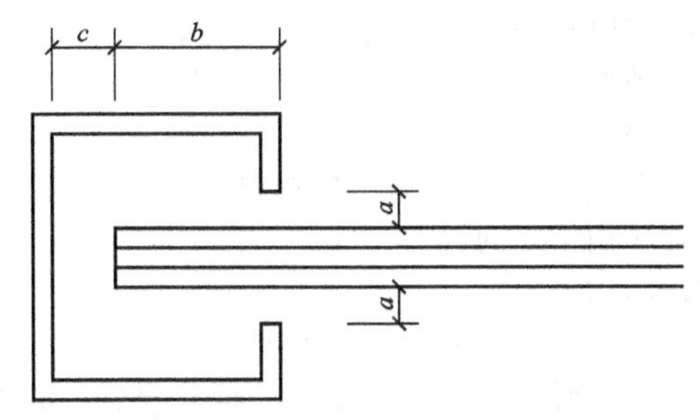

图 7-30 单层玻璃与槽口的配合示意图

表 7-28 单层玻璃与槽口的配合尺寸 mm

玻璃厚度	a	b	c
5～6	≥3.5	≥15	≥5
8～10	≥4.5	≥16	≥5
≥12	≥5.5	≥18	≥5

c. 中空玻璃与槽口的配合尺寸（图 7-31）应符合表 7-29 的要求。

d. 明框幕墙组件的导气孔及排水孔设置应符合设计要求，组装时应保证导气孔及排水孔通畅。

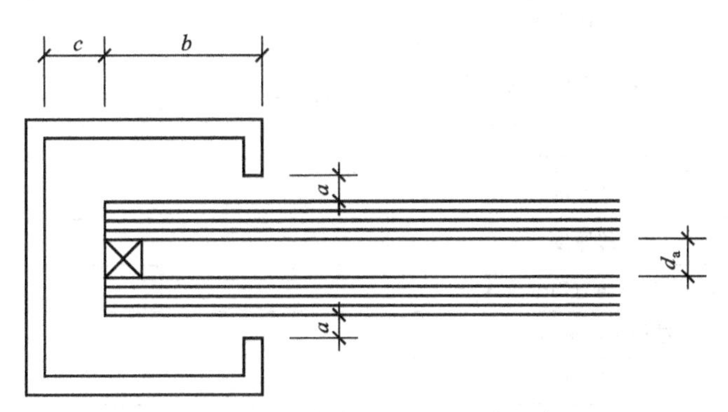

图 7-31 中空玻璃与槽口的配合示意图

表 7-29 中空玻璃与槽口的配合尺寸 mm

中空玻璃厚度	a	b	c		
			下边	上边	侧边
$6+d_a+6$	≥5	≥17	≥7	≥5	≥5
$8+d_a+8$ 及以上	≥6	≥18	≥7	≥5	≥5

注：d_a 为窄气层厚度，不应小于 9mm。

e. 明框幕墙组件应拼装严密，设计要求密封时应采用硅酮建筑密封胶进行密封。

f. 明框幕墙组装时，应采取措施控制玻璃与铝合金框料之间的间隙。玻璃的下边缘应采用两块压模成型的氯丁橡胶垫块支承，垫块的厚度不应小于 5mm，每一垫块的长度不应小于 100mm。

⑥ 隐框幕墙组件加工

a. 半隐框、隐框幕墙中，对玻璃面板及铝框的清洁应符合下列要求。

• 玻璃和铝框粘接表面的尘埃、油渍及其他污物，应分别使用带溶剂的擦布和干擦布清除干净。

• 应在清洁后 1h 内进行注胶，若注胶前再度污染时，应重新清洁。
• 每清洁一个构件或一块玻璃，应更换清洁的干擦布。

b. 使用溶剂清洁时，应符合下列要求。

• 不应将擦布浸泡在溶剂里，而应将溶剂倾倒在擦布上。
• 使用和贮存溶剂，应采用干净的容器。
• 使用溶剂的场所应严禁烟火。
• 应遵守所用溶剂标签或包装上标明的注意事项。

c. 硅酮结构密封胶注胶前必须取得合格的相容性检验报告，必要时应加涂底漆；双组分硅酮结构密封胶还应进行混匀性蝴蝶试验和拉断试验。

d. 采用硅酮结构密封胶粘接板块时，不应使结构胶长期处于单独受力状态。硅酮结构密封胶组件在固化并达到足够承载力前不应搬动。

e. 隐框玻璃幕墙装配组件的注胶必须饱满，不得出现气泡，胶缝表面应平整光滑，收胶缝的余胶不得重复使用。

f. 硅酮结构密封胶完全固化后，隐框玻璃幕墙装配组件的尺寸偏差应符合表 7-30 的规定。

表 7-30 结构胶完全固化后隐框玻璃幕墙装配组件的尺寸允许偏差 mm

序号	项目	尺寸范围	允许偏差
1	框长宽尺寸		±1.0
2	组件长宽尺寸		±2.5
3	框接缝高度差		±0.5
4	框内侧对角线差及组件对角线差	当长边小于等于 2000 时 当长边大于等于 2000 时	≤2.5 ≤3.5
5	框组装间隙		≤0.5
6	胶缝宽度		+2.0,0
7	胶缝厚度		+0.5,0
8	组件周边玻璃与铝框位置差		±1.0
9	结构组件平面度		≤3.0
10	组件厚度		±1.5

g. 当隐框玻璃幕墙采用悬挑玻璃时，玻璃的悬挑尺寸应符合计算要求，且不宜超过 150mm。

⑦ 单元式玻璃幕墙组件加工

a. 单元式玻璃幕墙在加工前应对各板块编号，并应注明加工、运输、安装的方向和顺序。

b. 单元板块的构件连接应牢固，构件连接处的缝隙应采用硅酮建筑密封胶密封，胶缝厚度应大于 3.5mm，其宽度不宜小于厚度的 2 倍；较深的密封槽口底部应采用聚乙烯发泡材料填塞；在接缝内应面对面粘接，不应三面粘接。

c. 单元板块的吊挂件、支承件应具备可调整范围，并应采用不锈钢螺栓将吊挂件与立柱固定牢固，固定螺栓不得少于 2 个。

d. 单元板块的硅酮结构密封胶不宜外露。

e. 明框单元板块在搬动、运输、吊装过程中，应采取措施防止玻璃滑动或变形。

f. 单元板块组装完成后，工艺孔宜封堵，通气孔及排水孔应畅通。

g. 当采用自攻螺钉连接单元组件框时，每处螺钉不应少于 3 个，螺钉直径不应小于 4mm。螺钉孔最大内径、最小内径和拧入扭矩应符合表 7-31 的要求。

表 7-31　螺钉孔内径和扭矩要求

螺钉公称直径/mm	孔　径/mm		扭矩/N·m
	最　小	最　大	
4.2	3.430	3.480	4.4
4.6	4.015	4.065	6.3
5.5	4.735	4.785	10.0
6.3	5.475	5.525	13.6

h. 单元组件框加工制作允许偏差应符合表 7-32 的规定。

表 7-32　单元组件框加工制作允许偏差

序号	项　目		允许偏差/mm	检查方法
1	框长(宽)度/mm	⩽2000	1.5	钢直尺
		＞2000	±2.0	
2	分格长(宽)度/mm	⩽2000	1.5	钢直尺
		＞2000	±2.0	
3	对角线长度差/mm	⩽2000	2.5	钢直尺
		＞2000	±3.5	
4	接缝高低差		⩽0.5	游标深度尺
5	接缝间隙		⩽0.5	塞尺
6	框面划伤		小于等于 3 处,且总长小于等于 100	
7	框料擦伤		小于等于 3 处,且总面积小于等于 $200mm^2$	

i. 单元组件组装允许偏差应符合表 7-33 的规定。

表 7-33　单元组件组装允许偏差

序号	项　目		允许偏差/mm	检查方法
1	组件长度、宽度/mm	⩽2000	1.5	钢直尺
		＞2000	±2.0	
2	组件对角线长度差/mm	⩽2000	2.5	钢直尺
		＞2000	±3.5	
3	胶缝宽度		+1.0,0	卡尺或钢直尺
4	胶缝厚度		+0.5,0	卡尺或钢直尺
5	各搭接量(与设计值比)		+1.0,0	钢直尺
6	组件平面度		⩽1.5	1m 靠尺
7	组件内镶板间接缝宽度(与设计值比)		±1.0	塞尺
8	连接构件竖向中轴线距纵件外表面(与设计值比)		±1.0	钢直尺
9	连接构件水平轴线距组件水平对插中心线		±1.0(可上、下调节时为±2.0)	钢直尺
10	连接构件竖向轴线距组件竖向对插中心线		±1.0	钢直尺
11	两连接构件中心线水平距离		±1.0	钢直尺
12	两连接构件上、下端水平距离差		±0.5	钢直尺
13	附连接件上、下端对角线差		±1.0	钢直尺

⑧ 施工测量。玻璃幕墙的施工测量应符合下列要求。

a. 玻璃幕墙分格轴线的测量应与主体结构测量相配合，其偏差应及时调整，不得积累。

b. 应定期对玻璃幕墙的安装定位基准进行校核。

c. 对高层建筑的测量应在风力不大于4级时进行。

⑨ 安装施工准备

a. 安装施工之前，幕墙安装厂商应会同土建承包商检查现场清洁情况、脚手架和起重运输设备，确认是否具备幕墙施工条件。

b. 构件储存时应依照安装顺序排列，储存架应有足够的承载能力和刚度。在室外储存时应采取保护措施。

c. 玻璃幕墙与主体结构连接的预埋件，应在主体结构施工时按设计要求埋设，预埋件位置偏差不应大于20mm。

d. 预埋件位置偏差过大或未设预埋件时，应制订补救措施或可靠连接方案，经与业主、土建设计单位洽商同意后，方可实施。

e. 由于主体结构施工的偏差而妨碍幕墙施工安装时，应会同业主和土建承建商采取相应措施，并在幕墙安装前实施。

f. 采用新材料、新结构的幕墙，宜在现场制作样板，经业主、监理、土建设计单位共同认可后方可进行安装施工。

g. 构件安装前均应进行检验与校正，不合格的构件不得安装使用。

h. 隔汽层宜采用1.5mm的聚氨酯涂层，隔汽层应完整、严密、位置正确，穿透隔汽层处的节点构造应采取密封措施。

⑩ 构件式玻璃幕墙安装

a. 玻璃幕墙立柱的安装应符合下列要求。

• 立柱安装轴线偏差不应大于2mm。

• 相邻两根立柱安装的标高偏差不应大于3mm，同层立柱的最大标高偏差不应大于5mm；相邻两根立柱固定点的距离偏差不应大于2mm。

• 立柱安装就位、调整后应及时紧固。

b. 玻璃幕墙横梁安装应符合下列要求。

• 横梁应安装牢固，设计中横梁和立柱间留有空隙时，空隙宽度应符合设计要求。

• 同一根横梁两端或相邻两根横梁的水平标高偏差不应大于1mm。同层横梁的水平标高偏差：当一幅幕墙宽度不大于35m时，不应大于5mm；当一幅幕墙宽度大于35m时，不应大于7mm。

• 当安装完成一层高度时，应及时对其进行检查、校正和固定。

c. 玻璃幕墙其他主要附件安装应符合下列要求。

• 玻璃幕墙使用的保温、防火隔断材料应铺设平整且可靠固定，其厚度应符合设计要求，拼接处不应留缝隙。

• 冷凝水排出管及其附件应与水平构件预留孔连接严密，与内衬板出水孔连接处应密封。

• 其他通气槽、孔及雨水排出口等应按设计要求施工，不得遗漏。

• 封口应按设计要求进行封闭处理。

• 玻璃幕墙安装用的临时螺栓等，应在构件紧固后及时拆除。

• 采用现场焊接或高强螺栓紧固的构件，应在紧固后及时进行防锈处理。

d. 幕墙玻璃安装应按下列要求进行。

• 玻璃安装前应进行表面清洁。除设计另有要求外，一般应将单片阳光控制镀膜玻璃的镀膜面朝向室内，非镀膜面朝向室外。

• 应按规定型号选用玻璃四周的橡胶条，其长度宜比边框内槽口长1.5%～2%；橡胶条

斜面断开后应拼成预定的设计角度，并应采用胶黏剂粘接牢固，镶嵌应平整。

e. 铝合金装饰压板的安装，应表面平整、色彩一致，接缝应均匀严密。

f. 硅酮建筑密封胶不宜在夜晚、雨天打胶，打胶温度应符合设计要求和产品要求，打胶前应使打胶面清洁、干燥。

g. 构件式玻璃幕墙中硅酮建筑密封胶的施工应符合下列要求。

• 硅酮建筑密封胶的施工厚度应大于3.5mm，施工宽度不宜小于施工厚度的2倍；较深的密封槽口底部应采用聚乙烯发泡材料填塞。

• 硅酮建筑密封胶在接缝内应两对面粘接，不应三面粘接。

⑪ 单元式玻璃幕墙安装

a. 单元吊装机具准备应符合下列要求。

• 应根据单元板块选择适当的吊装机具，并与主体结构安装牢固。

• 吊装机具使用前，应进行全面的质量、安全检验。

• 吊具设计应使其在吊装中与单元板块之间不产生水平方向的分力。

• 吊具的运行速度应可控制，并有安全保护措施。

• 吊装机具应采取防止单元板块摆动的措施。

b. 单元构件运输应符合下列要求。

• 运输前单元板块应按顺序编号，并做好成品保护。

• 装卸及运输过程中，应采用有足够承载力和刚度的周转架、衬垫弹性垫，以保证板块相互隔开并相对固定，不得相互挤压。

• 超过运输允许尺寸的单元板块，应采取特殊措施。

• 单元板块应按顺序摆放平衡，不应造成板块或型材变形。

• 运输过程中，应采取措施减小颠簸。

c. 在场内堆放单元板块时，应符合下列要求。

• 宜设置专用堆放场地，并应有安全保护措施。

• 宜存放在周转架上。

• 应依照安装顺序先出后进的原则按编号排列放置。

• 不应直接叠层堆放。

• 不宜频繁装卸。

d. 起吊和就位应符合下列要求。

• 吊点和挂点应符合设计要求，吊点不应少于2个，必要时可增设吊点加固措施并试吊。

• 起吊单元板块时，应使各吊点均匀受力，起吊过程中应保持单元板块平稳。

• 吊装升降和平移应使单元板块不摆动、不撞击其他物体。

• 吊装过程应采取措施保证装饰面不受磨损和挤压。

• 单元板块就位时，应先将其挂到主体结构的挂点上，板块未固定前，吊具不得拆除。

e. 连接件安装允许偏差应符合表7-34的规定。

表7-34 连接件安装允许偏差

序号	项　目	允许偏差/mm	检查方法
1	标高	±1.0(可上、下调节时为±2.0)	水准仪
2	连接件两端点平行度	≤1.0	钢直尺
3	距安装轴线水平距离	≤1.0	钢直尺
4	垂直偏差(上、下两端点与垂线偏差)	±1.0	钢直尺
5	两连接件连接点中心水平距离	±1.0	钢直尺
6	两连接件上、下端对角线差	±1.0	钢直尺
7	相邻三连接件(上下、左右)偏差	±1.0	钢直尺

f. 校正及固定应按下列规定进行。

• 单元板块就位后，应及时校正。

• 单元板块校正后，应及时与连接部位固定，并应进行隐蔽工程验收。

• 单元板块固定后，方可拆除吊具，并应及时清洁单元板块的型材槽口。

g. 施工中如果暂停安装，应将对插槽口等部位进行保护；安装完毕的单元板块应及时进行成品保护。

⑫ 全玻幕墙安装

a. 全玻幕墙安装前，应清洁镶嵌槽，中途暂停施工时，应对槽口采取保护措施。

b. 全玻幕墙安装过程中，应随时检测和调整面板、玻璃肋的水平度和垂直度，使墙面安装平整。

c. 每块玻璃的吊夹应位于同一平面，吊夹的受力应均匀。

d. 全玻幕墙玻璃两边嵌入槽口深度及预留空隙应符合设计要求，左右空隙尺寸应相同。

e. 全玻幕墙的玻璃安装宜采用机械吸盘安装，并应采取必要的安全措施。

⑬ 点支承玻璃幕墙安装

a. 点支承玻璃幕墙支承结构的安装应符合下列要求。

• 钢结构安装过程中，制孔、组装、焊接和涂装等工序均应符合现行国家标准《钢结构工程施工质量验收规范》(GB 50205—2001) 的有关规定。

• 大型钢结构构件应进行吊装设计，并应试吊。

• 钢结构安装就位、调整后应及时紧固，并应进行隐蔽工程验收。

• 钢构件在运输、存放和安装过程中损坏的涂层以及未涂装的安装连接部位，应按现行国家标准《钢结构工程施工质量验收规范》(GB 50205—2001) 的有关规定补涂。

b. 张拉杆、索体系中，拉杆和拉索预拉力的施加应符合下列要求。

• 钢拉杆和钢拉索安装时，必须按设计要求施加预拉力，并应设置预拉力调节装置，预拉力应采用测力计测定。采用扭力扳手施加预拉力时，应事先进行标定。

• 施加预拉力应以张拉力为控制量，拉杆、拉索的预拉力应分次、分批对称张拉，在张拉过程中，应对拉杆、拉索的预拉力随时调整。

• 张拉前必须对构件、锚具等进行全面检查，并应签发张拉通知单。张拉通知单应包括张拉日期、张拉分批次数、每次张拉控制力、张拉用机具、测力仪器及使用安全措施和注意事项等。

• 应建立张拉记录。

• 拉杆、拉索实际施加的预拉力值应考虑施工温度的影响。

c. 支承结构构件的安装偏差应符合表 7-35 的要求。

d. 点支承玻璃幕墙爪件安装前，应精确定出其安装位置。爪座安装的允许偏差应符合表 7-35 的规定。

表 7-35 支承结构安装技术要求

名 称	允许偏差/mm	名 称	允许偏差/mm
相邻两竖向构件间距	±2.5	同层高度内爪座高低差：	
竖向构件垂直度	l/1000 或≤5，l 为跨度	间距不大于 35m	5
相邻三竖向构件外表面平面度	5	间距大于 35m	7
相邻两爪座水平间距和竖向距离	±1.5	相邻两爪座垂直间距	±2.0
相邻两爪座水平高低差	1.5	单个分格爪座对角线差	4
爪座水平度	2	爪座端面平面度	6.0

⑭ 施工安全要点

a. 玻璃幕墙安装施工应符合现行行业标准《建筑施工高处作业安全技术规范》(JGJ 80—91)、《建筑机械使用安全技术规程》(JGJ 33—2001)、《施工现场临时用电安全技术规范》(JGJ 46—2005) 的有关规定。

b. 安装施工机具在使用前，应进行严格检查。电动工具应进行绝缘电压试验；手持玻璃吸盘及玻璃吸盘机应进行吸附重量和吸附持续时间试验。

c. 采用外脚手架施工时，脚手架应经过设计，并应与主体结构可靠连接。采用落地式钢管脚手架时，应双排布置。

d. 当高层建筑的玻璃幕墙安装与主体结构施工交叉作业时，在主体结构的施工层下方应设置防护网；在距离地面约3m的高度处，应设置挑出宽度不小于6m的水平防护网。

e. 采用吊篮施工时，应符合下列要求。

• 吊篮应进行设计，使用前应进行安全检查。

• 吊篮不应作为竖向运输工具，并不得超载。

• 不应在空中进行吊篮检修。

• 吊篮上的施工人员必须配系安全带。

f. 现场焊接作业时，应采取防火措施。

⑮ 以下施工部位应同步拍摄必要的图像资料

a. 被封闭的保温材料厚度和保温材料的固定。

b. 幕墙周边与墙体的接缝处保温材料的填充。

c. 构造缝、结构缝。

d. 隔汽层。

e. 热桥部位、断热节点。

f. 单元式幕墙板块间的接缝构造。

g. 冷凝水收集和排放构造。

h. 幕墙的通风换气装置。

(6) 质量标准

① 主控项目

a. 玻璃幕墙工程所使用的各种材料、构件和组件的质量，应符合设计要求及国家现行产品标准和工程技术规范的规定。

b. 玻璃幕墙的造型和立面分格应符合设计要求。

c. 玻璃幕墙使用的玻璃应符合下列规定。

• 幕墙应使用安全玻璃，玻璃的品种、规格、颜色、传热系数、遮阳系数、可见光透射比、中空玻璃露点应符合设计要求。

• 幕墙玻璃的厚度不应小于6.0mm。全玻幕墙肋玻璃的厚度不应小于12mm。

• 幕墙的中空玻璃应采用双道密封。明框幕墙的中空玻璃应采用聚硫密封胶及丁基密封胶；隐框和半隐框幕墙的中空玻璃应采用硅酮结构密封胶及丁基密封胶；镀膜面应在中空玻璃的第二或第三面上。

• 幕墙的夹层玻璃应采用聚乙烯醇缩丁醛 (PVB) 胶片干法加工合成的夹层玻璃。点支承玻璃幕墙夹层玻璃的夹层胶片 (PVB) 厚度不应小于0.76mm。

• 钢化玻璃表面不得有损伤，8.0mm厚以下的钢化玻璃应进行引爆处理。

• 所有幕墙玻璃均应进行边缘处理。

d. 玻璃幕墙使用的保温、防火隔断材料，其热导率、密度、燃烧性能应符合设计要求。

e. 玻璃幕墙与主体结构连接的各种预埋件、连接件、紧固件必须安装牢固，其数量、规格、位置、连接方法和防腐处理应符合设计要求。

f. 各种连接件、紧固件的螺栓应有防松动措施；焊接连接应符合设计要求和焊接规范的规定。

g. 隐框或半隐框玻璃幕墙，每块玻璃下端应设置两个铝合金或不锈钢托条，其长度不应小于 100mm，厚度不应小于 2mm。托条外端应低于玻璃外表面 2mm。

h. 明框玻璃幕墙的玻璃安装应符合下列规定。

• 玻璃槽口与玻璃的配合尺寸应符合设计要求和技术标准的规定。

• 玻璃与构件不得直接接触，玻璃四周与构件凹槽底部应保持一定的空隙，每块玻璃下部应至少放置两块宽度与槽口宽度相同、长度不小于 100mm 的弹性定位垫块，玻璃两边嵌入量及空隙应符合设计要求。

• 玻璃四周橡胶条的材质、型号应符合设计要求，橡胶条镶嵌应平整，橡胶条长度应比边框内槽长 1.5%～2.0%，橡胶条在边框转角处应斜面断开，并应用胶黏剂粘接牢固后嵌入槽内。

i. 高度超过 4m 的全玻幕墙应吊挂在主体结构上，吊夹具应符合设计要求，玻璃与玻璃、玻璃与玻璃肋之间的缝隙，应采用硅酮结构密封胶填嵌严密。

j. 点支承玻璃幕墙应采用带万向头的活动不锈钢爪，其钢爪间的中心距离应大于 250mm。

k. 玻璃幕墙四周、玻璃幕墙内表面与主体结构之间的连接节点、各种变形缝以及墙角的连接节点应符合设计要求和技术标准的规定。

l. 玻璃幕墙应无渗漏。

m. 玻璃幕墙结构胶和密封胶的打注应饱满、密实、连续、均匀、无气泡，其宽度和厚度应符合设计要求和技术标准的规定。

n. 玻璃幕墙开启窗的配件应齐全，安装应牢固，安装位置和开启方向、角度应正确，开启应灵活，关闭应严密。

o. 玻璃幕墙的防雷装置必须与主体结构的防雷装置可靠连接。

p. 玻璃幕墙使用的保温、防火隔断材料，其厚度应符合设计要求，应安装牢固，不得松脱。

q. 玻璃幕墙隔汽层应完整、严密、位置正确，穿透隔汽层处的节点构造应采取密封措施。

r. 玻璃幕墙冷凝水的收集和排放应通畅，并不得渗漏。

② 一般项目

a. 玻璃幕墙表面应平整、洁净，整幅玻璃的色泽应均匀一致，不得有污染和镀膜损坏。

b. 镀（贴）膜玻璃的安装方向、位置应正确。中空玻璃应采用双道密封，中空玻璃的均压管应密封处理。

c. 每平方米玻璃的表面质量和检验方法应符合表 7-36 的规定。

表 7-36　每平方米玻璃的表面质量和检验方法

项　次	项　目	质量要求	检验方法
1	明显划伤和长度>100mm 的轻微划伤	不允许	观察
2	长度≤100mm 的轻微划伤	≤8 条	用钢直尺检查
3	擦伤总面积	≤500mm^2	用钢直尺检查

d. 一个分格铝合金型材的表面质量和检验方法应符合表 7-37 的规定。

表 7-37　一个分格铝合金型材的表面质量和检验方法

项　次	项　目	质量要求	检验方法
1	明显划伤和长度>100mm 的轻微划伤	不允许	观察
2	长度≤100mm 的轻微划伤	≤2 条	用钢直尺检查
3	擦伤总面积	≤500mm^2	用钢直尺检查

e. 明框玻璃幕墙的外露框或压条应横平竖直，其颜色、规格应符合设计要求，压条安装应牢固。单元玻璃幕墙的单元拼缝或隐框玻璃幕墙的分格玻璃拼缝应横平竖直、均匀一致。

f. 单元式幕墙板块组装应符合下列要求。

- 密封条的规格正确，其长度无负偏差，接缝的搭接应符合设计要求。
- 保温材料应固定牢固，其厚度应符合设计要求。
- 隔汽层应密封完整、严密。
- 冷凝水排水系统通畅，且无渗漏。

g. 玻璃幕墙的密封胶缝应横平竖直、深浅一致、宽窄均匀、光滑顺直。

h. 保温、防火隔断材料填充应饱满、均匀，表面应密实、平整。

i. 玻璃幕墙隐蔽节点的遮封装修应牢固、整齐、美观。

j. 幕墙与周边墙体间的接缝处应采用弹性闭孔材料填充饱满，并应采用耐候密封胶密封。

k. 伸缩缝、沉降缝、抗震缝的保温或密封做法应符合设计要求。

l. 明框玻璃幕墙安装的允许偏差和检验方法应符合表7-38的规定。

表7-38 明框玻璃幕墙安装的允许偏差和检验方法

项次	项目		允许偏差/mm	检验方法
1	幕墙垂直度	幕墙高度≤30m	10	用经纬仪检查
		30m＜幕墙高度≤60m	15	
		60m＜幕墙高度≤90m	20	
		幕墙高度＞90m	25	
2	幕墙水平度	幕墙幅宽≤35m	5	用水平仪检查
		幕墙幅宽＞35m	7	
3	构件直线度		2	用2m靠尺和塞尺检查
4	构件水平度	构件长度≤2m	2	用水平仪检查
		构件长度＞2m	3	
5	相邻构件错位		1	用钢直尺检查
6	分格框对角线长度差	对角线长度≤2m	3	用钢直尺检查
		对角线长度＞2m	4	

m. 隐框、半隐框玻璃幕墙安装的允许偏差和检验方法应符合表7-39的规定。

表7-39 隐框、半隐框玻璃幕墙安装的允许偏差和检验方法

项次	项目		允许偏差/mm	检验方法
1	幕墙垂直度	幕墙高度≤30m	10	用经纬仪检查
		30m＜幕墙高度≤60m	15	
		60m＜幕墙高度≤90m	20	
		幕墙高度＞90m	25	
2	幕墙水平度	层高≤3m	3	用水平仪检查
		层高＞3m	5	
3	幕墙表面平整度		2	用2m靠尺和塞尺检查
4	板材立面垂直度		2	用垂直检测尺检查
5	板材上沿水平度		2	用1m水平尺和钢直尺检查
6	相邻板材板角错位		1	用钢直尺检查
7	阳角方正		2	用直角检测尺检查
8	接缝直线度		3	拉5m线，不足5m拉通线，用钢直尺检查
9	接缝高低差		1	用钢直尺和塞尺检查
10	接缝宽度		1	用钢直尺检查

7.3.2.2 金属幕墙施工工艺

（1）材料性能要求

① 板材铝合金板材包括铝合金单板（简称单层铝板）、铝塑复合板、铝合金蜂窝板（简称蜂窝铝板）；铝合金板材应达到国家相关标准及设计的要求，并应有出厂合格证。

a. 铝合金板材（单层铝板、铝塑复合板、蜂窝铝板）表面进行氟碳树脂处理时，应符合下列规定。

• 氟碳树脂含量不应低于75%，海边及严重酸雨地区，可采用三道或四道氟碳树脂涂层，其厚度应大于40μm；其他地区，可采用两道氟碳树脂涂层，其厚度应大于25μm。

• 氟碳树脂涂层应无起泡、裂纹、剥落等现象。

b. 幕墙用单层铝板厚度不应小于2.5mm。

c. 铝塑复合板的上下两层铝合金板的厚度均应为0.5mm，铝合金板与夹心层的剥离强度标准值应大于7N/mm。

d. 蜂窝铝板应符合设计要求。厚度为10mm的蜂窝铝板应由1mm厚的正面铝合金板、0.5～0.82mm厚的背面铝合金板及铝蜂窝粘接而成；厚度在10mm以上的蜂窝铝板，其正面、背面铝合金板厚度均应为1mm。

② 金属材料

a. 幕墙采用的不锈钢宜采用奥氏体不锈钢材，其技术要求应符合设计要求和国家现行标准的规定。

b. 钢结构幕墙高度超过40m时，钢构件宜采用高耐候结构钢，并应在其表面涂刷防腐涂料。

c. 钢构件采用冷弯薄壁型钢时，其壁厚不得小于3.5mm。

③ 铝合金型材所选用的铝合金型材应符合设计要求和现行国家标准《铝合金建筑型材》（GB/T 5237.1—2004）中有关高精级的规定；铝合金的表面处理层厚度和材质应符合现行国家标准《铝合金建筑型材》（GB/T 5237.2～5237.5—2004）的有关规定。

④ 非标准五金件应符合设计要求，并应有出厂合格证，同时应符合现行国家标准《紧固件机械性能不锈钢螺栓、螺钉和螺柱》（GB/T 3098.6—2000）和《紧固件机械性能不锈钢螺母》（GB/T 3098.15—2000）的规定。

⑤ 建筑密封材料

a. 金属幕墙采用的橡胶制品宜采用三元乙丙橡胶、氯丁橡胶；密封胶条应为挤出成型，橡胶块应为压模成型。密封胶条的技术性能应符合设计要求和国家现行标准的规定。

b. 金属幕墙应采用中性硅酮耐候密封胶，同一幕墙工程应采用同一品牌的硅酮结构密封胶和硅酮耐候密封胶配套使用。硅酮耐候密封胶的性能应符合表7-40的规定。

表7-40 金属幕墙硅酮耐候密封胶的性能

项 目	性 能	项 目	性 能
表干时间	1～1.5h	极限拉伸强度	0.11～0.14MPa
流淌性	无流淌	撕裂强度	3.8N/mm
初期固化时间(温度≥25℃)	3d	施工温度	5～48℃
完全固化时间(相对湿度≥50%,温度25℃±2℃)	7～14d	污染性	无污染
		固化后的变位承受能力	25%≤δ≤50%
邵氏硬度	20～30	有效期	9～12个月

⑥ 硅酮结构密封胶

a. 幕墙应采用中性硅酮结构密封胶，硅酮结构密封胶分单组分和双组分，其性能应符合现行国家标准《建筑用硅酮结构密封胶》（GB 16776—2005）的规定。

b. 同一幕墙工程应采用同一品牌的单组分或双组分的硅酮结构密封胶，并应有保质年限的质量证书和无污染的试验报告。

c. 同一幕墙工程应采用同一品牌的硅酮结构密封胶和硅酮耐候密封胶配套使用。

⑦ 保温、防火、防潮隔断材料。

宜优先采用岩棉、矿棉、防火板等不燃或难燃材料，保温隔热材料的热导率、密度、燃烧性能应符合国家现行标准的有关规定及设计要求。

(2) 施工工具与机具

① 机具。铆钉枪、冲击钻、电钻、电焊机、砂轮切割机、电动吊篮、电动螺钉旋具等。

② 工具。注胶枪、滚轮、螺钉旋具、钳子、扳手、锤子、錾子、吊线坠、水平尺、钢卷尺等。

(3) 作业条件

① 主体结构和湿作业已做完并验收合格。

② 主体结构上的预埋件已按设计要求预埋。

③ 幕墙安装的施工组织设计已编制完成，并经过审核批准。

④ 保温隔热材料的热导率、密度应符合设计要求，并经见证复验合格。

⑤ 其他幕墙材料已按设计要求配套进场，并复验合格。

⑥ 安装幕墙所用的垂直提升机、脚手架或吊篮已准备好，并经验收合格。

⑦ 作业时环境温度不应低于0℃，风力应不大于5级，风速不宜大于10m/s。不宜在雨雪天气中露天施工，雨季施工时应做好防雨措施。

(4) 施工工艺　金属幕墙施工工艺流程如下：

幕墙构件和金属板加工→施工测量→安装连接件→涂刷隔汽层→安装骨架→安装保温、防火隔断材料→安装金属幕墙板→板缝及节点处理→板面处理

(5) 施工要点

① 幕墙构件加工制作

a. 幕墙的金属构件加工制作要求，参见本章7.3.2.1节中关于玻璃幕墙的铝合金构件的加工要求。

b. 幕墙构件中槽、豁、榫的加工要求，参见本章7.3.2.1节中关于玻璃幕墙铝合金构件中槽、豁、榫的加工要求。

c. 幕墙构件装配尺寸允许偏差参见前面表7-26的规定。

d. 钢构件应符合现行国家标准《钢结构工程施工及验收规范》(GB 50205—2001) 的有关规定。

e. 钢构件焊接、螺栓连接应符合国家现行标准《钢结构设计规范》(GB 50017—2003) 及《钢结构焊接技术规程》(JGJ 81—2002) 的有关规定。

② 金属板加工制作

a. 金属板材的品种、规格及色泽应符合设计要求；铝合金板材表面氟碳树脂涂层厚度应符合设计要求。

b. 金属板材加工允许偏差应符合表7-41的规定。

c. 单层铝板的加工应符合下列规定。

- 单层铝板折弯加工时，折弯外圆弧半径不应小于板厚的1.5倍。
- 单层铝板加劲肋的固定可采用电栓钉，但应确保铝板外表面不变形、褪色，固定应牢固。
- 单层铝板的固定耳子应符合设计要求。固定耳子可采用焊接、铆接或在铝板上直接冲压而成，并应位置准确，调整方便，固定牢固。
- 单层铝板构件四周边应采用铆接、螺栓或胶粘与机械连接相结合的形式固定，并应做

到构件刚性好，固定牢固。

表 7-41 金属板材加工允许偏差 mm

项目		允许偏差
边长	≤2000	±2.0
	>2000	±2.5
对边尺寸	≤2000	±2.5
	>2000	±3.0
对角线长度	≤2000	±2.5
	>2000	±3.0
折弯高度		≤1.0
平面度		≤2/1000
孔的中心距		±1.5

d. 铝塑复合板的加工应符合下列规定。

• 复合板两端应加工成圆弧直角，嵌卡在直角铝型材内。

• 在切割铝塑复合板内层铝板和聚乙烯塑料时，应保留不小于 0.3mm 厚的聚乙烯塑料，并不得划伤外层铝板的内表面。

• 打孔、切口等外露的聚乙烯塑料及角缝，应采用中性硅酮耐候密封胶密封。

• 在加工过程中铝塑复合板严禁与水接触。

e. 蜂窝铝板的加工应符合下列规定。

• 应根据组装要求决定切口的尺寸和形状，在切除铝芯时不得划伤蜂窝铝板外层铝板的内表面；各部位外层铝板上，应保留 0.3～0.5mm 的铝芯。

• 直角构件的加工，折角应弯成圆弧状，角缝应采用硅酮耐候密封胶密封。

• 大圆弧角构件的加工，圆弧部位应填充防火材料。

• 边缘的加工，应将外层铝板折合 180°，并将铝芯包封。

f. 金属幕墙的女儿墙部分，应用单层铝板或不锈钢板加工成向内倾斜的盖顶。

g. 构件出厂时，应附有构件合格证书。

③ 施工准备

a. 构件储存时应依照安装顺序排列放置，放置架应有足够的承载力和刚度。在室外储存时应采取保护措施。

b. 构件安装前应检查构件的制造合格证，不合格的构件不得安装。

c. 金属幕墙与主体结构连接的预埋件应在主体结构施工时按设计要求埋设。预埋件应牢固，位置准确，预埋件的位置误差应按设计要求进行复查。当设计无明确要求时，预埋件的标高偏差不应大于 10mm，预埋件的位置偏差不应大于 20mm。

d. 预埋件位置偏差过大或未设预埋件时，应制订补救措施或可靠连接方案，并经与业主、土建设计单位洽商同意后，方可实施。

e. 由于主体结构施工偏差而妨碍幕墙施工安装时，应会同业主和土建承建商采取相应措施，并在幕墙安装前实施。

f. 采用新材料、新结构的幕墙，宜在现场制作样板，并经业主、监理、土建设计单位共同认可后方可进行安装施工。

g. 构件在安装前均应进行检验与校正，不合格的构件不得安装使用。

h. 隔汽层宜采用 1.5mm 厚的聚氨酯涂层，隔汽层应完整、严密、位置正确，穿透隔汽层处的节点构造应采取密封措施。

④ 施工测量。安装施工测量应与主体结构的测量配合，其误差应及时调整。

a. 金属幕墙立柱的安装应符合下列规定。

• 立柱安装标高偏差不应大于 3mm，轴线前后偏差不应大于 2mm，左右偏差不应大于 3mm。

• 相邻两根立柱安装标高偏差不应大于 3mm，同层立柱的最大标高偏差不应大于 5mm，相邻两根立柱间的距离偏差不应大于 2mm。

b. 金属幕墙横梁安装应符合下列规定。

• 应将横梁两端的连接件及垫片安装在立柱的预定位置，并应安装牢固，其接缝应严密。

• 相邻两根横梁的水平标高偏差不应大于 3mm。同层标高偏差：当一幅幕墙宽度小于或等于 35m 时，不应大于 5mm；当一幅幕墙宽度大于 35m 时，不应大于 7mm。

⑤ 安装连接件。应将固定立柱和横梁的连接件与主体结构上的预埋件焊接牢固。若主体结构上的预埋件漏埋时，应采用植筋或穿墙螺栓补设连接件，但不得在主体结构上钻孔安装膨胀螺栓固定连接件。

⑥ 安装立柱和横梁。按弹线位置将立柱和横梁焊接（用螺栓固定）在连接件上，先安装立柱，后安装横梁。安装过程中，应及时使用仪器进行矫正，保证立柱和横梁的标高及轴线误差不超过允许偏差。

⑦ 金属幕墙其他主要附件安装应符合下列要求。

• 金属幕墙使用的保温、防火、防潮隔断材料应铺设平整，且可靠固定，其厚度应符合设计要求，拼接处不应留缝隙。

• 冷凝水排出管及其附件应与水平构件预留孔连接严密，与内衬板出水孔连接处应密封。

• 其他通气槽孔及雨水排出口等应按设计要求施工，不得遗漏。

• 封口应按设计要求进行封闭处理。

• 金属幕墙安装用的临时螺栓等，应在构件紧固后及时拆除。

• 采用现场焊接或高强螺栓紧固的构件，应在紧固后及时进行防锈处理。

⑧ 安装金属幕墙板。金属幕墙板从面墙最下层边部第一块板开始逐排自下而上安装。安装过程中应及时对金属板进行检查、测量、调整，使其上下、左右的偏差不应大于 1.5mm。

• 铝合金板用螺钉（铆钉）固定于骨架上，螺钉（铆钉）间距 100～150mm，板缝留 10～20mm。

• 铝塑复合板用螺钉将节点型材与骨架进行连接。

⑨ 板缝处理。板缝按设计要求用橡胶压条压紧或注入硅酮结构密封胶封闭。

⑩ 板面清理。幕墙施工中其表面的黏附物应及时清除。

幕墙安装完毕后，应先对金属幕墙表面清理，最后揭除金属板表面的保护膜。

⑪ 雨水渗漏检验。幕墙安装过程中宜进行接缝部位的雨水渗漏检验。

⑫ 施工安全要点

a. 幕墙安装施工的安全措施除应符合现行行业标准《建筑施工高处作业安全技术规范》(JGJ 80—91) 的规定外，还应遵守施工组织设计确定的各项要求。

b. 安装幕墙用的施工机具和吊篮在使用前应进行严格检查，其符合规定后方可使用。

c. 施工人员作业时必须戴安全帽、系安全带，并配备工具袋。

d. 工程的上下部交叉作业时，结构施工层下方应采取可靠的安全防护措施。

e. 现场焊接时，在焊接下方应设防火斗。

f. 脚手板上的废弃杂物应及时清理，不得在窗台、栏杆上放置施工工具。

⑬ 以下施工部位应同步拍摄必要的图像资料。

a. 被封闭的保温材料厚度和保温材料的固定。

b. 幕墙周边与墙体的接缝处保温材料的填充。

c. 构造缝、结构缝。

d. 隔汽层。

e. 热桥部位、断热节点。

f. 单元式幕墙板块间的接缝构造。

g. 冷凝水收集和排放构造。

h. 幕墙的通风换气装置。

(6) 质量标准

① 主控项目

a. 金属幕墙工程所使用的各种材料和配件，应符合设计要求及国家现行产品标准和工程技术规范的规定。

b. 金属幕墙的造型和立面分格应符合设计要求。

c. 金属面板的品种、规格、颜色、光泽及安装方向应符合设计要求。

d. 金属幕墙主体结构上的预埋件、后置埋件的数量、位置及后置埋件的拉拔力必须符合设计要求。

e. 金属幕墙的金属框架立柱与主体结构预埋件的连接、立柱与横梁的连接、金属面板的安装必须符合设计要求，且安装必须牢固。

f. 金属幕墙使用的保温、防火、防潮隔断材料，其热导率、密度、燃烧性能应符合设计要求。隔断材料的厚度和安装部位应符合设计要求，且安装牢固、不得松脱。

g. 金属幕墙隔汽层应完整、严密、位置正确，穿透隔汽层处的节点构造应采取密封措施。

h. 金属幕墙冷凝水的收集和排放应通畅，并不得渗漏。

i. 金属框架及连接件的防腐处理应符合设计要求。

j. 金属幕墙的防雷装置必须与主体结构的防雷装置可靠连接。

k. 各种变形缝、墙角的连接节点应符合设计要求和技缩标准的规定。

l. 金属幕墙的板缝注胶应饱满、密实、连续、均匀、无气泡，其宽度和厚度应符合设计要求和技术标准的规定。

m. 金属幕墙不得有渗漏痕迹。

② 一般项目

a. 金属板表面应平整、洁净，色泽一致。

b. 金属幕墙的压条应平直、洁净、接口严密、安装牢固。

c. 金属幕墙的密封胶缝应横平竖直、深浅一致、宽窄均匀、光滑顺直。

d. 金属幕墙上的滴水线、流水坡向应正确、顺直。

e. 保温、防火、防潮隔断材料填充应饱满、均匀，表面应密实、平整。

f. 金属幕墙隐蔽节点的遮封装修应牢固、整齐、美观。

g. 金属幕墙与周边墙体间的接缝处应采用弹性闭孔材料填充饱满，并应采用耐候密封胶密封。

h. 伸缩缝、沉降缝、抗震缝的保温或密封做法应符合设计要求。

i. 每平方米金属板的表面质量和检验方法参见前面表 7-36 的规定。

j. 金属幕墙安装的允许偏差和检验方法参见前面表 7-40 的规定。

7.3.3 节能幕墙施工应用实例

某用房工程位于北京。该工程外幕墙局部为超薄型石材蜂窝铝板，总面积约为 4700m^2，其中雅士白石材蜂窝复合板应用约 1500m^2，白洞石石材蜂窝复合板 3200m^2，蜂窝石材幕墙主要用在北侧大面及东、西、南面部分位置。选用的石材蜂窝复合板组合为：雅士白石材/白洞石石材（5mm厚）后面内衬1mm厚铝板＋28mm厚蜂窝芯＋1mm厚铝板，铝蜂窝芯规格采用6mm×6mm（图7-32）。

图7-32　某业务用房工程

该工程是同类公建中外幕墙应用超薄型石材蜂窝铝板面积最大、平整度要求最高、控制难度最大的工程。该工程外幕墙超薄型石材蜂窝铝板组合的应用技术介绍如下。

(1) 施工工艺　通过试验方法论证各组合元素对温度的变形特征→确定最佳组合方案→（测量放线及预埋→角钢连接件安装→立柱安装→横梁安装→铝塑板龙骨安装→铝塑板面材安装→铝塑板注胶→淋水试验）→背栓挂件的安装→超薄型石材蜂窝铝板安装→清理。

施工工艺流程如图7-33所示。

(2) 施工控制措施

① 施工控制要素确定。针对本工程超薄型石材蜂窝铝板施工的工艺流程，及参照《金属与石材幕墙工程技术规范》(JGJ 133—2001) 分析，得出了在施工过程中可能影响施工质量的4个主要工作步骤：测量放线及预埋施工、连接码件施工、超薄型石材蜂窝铝板组合质量、超薄型石材蜂窝铝板安装。

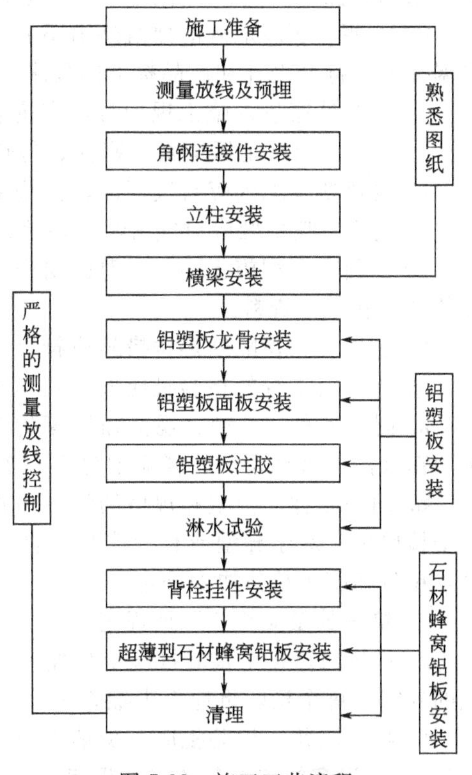

图7-33　施工工艺流程

② 施工控制措施

a. 控制措施1。测量仪器进场前送实验室校验，同时检测土建基准点，并通过考试择优选用测量人员。测量放线由专业测量员进行，仪器设备检测合格、有效。主要工作如下所述：

- 复核及校正基准轴线和水准点重新测量；
- 按设计在底层确定幕墙定位线和分格线位；
- 用经纬仪或激光垂直仪将幕墙的阳角和阴角引上，并用固定在钢支架上的钢丝线做标志控制线；
- 用水平仪和标准钢卷尺等引出各层标高线。其中包括：确定好每个立面的中线；测量时应控制分配测量误差，不能使误差积累；测量放线应在风力不大于4级情况下进行，并要采取避风措施；放线定位后要对控制线定时校核，以确保蜂窝铝板幕墙垂直度和金属竖框位置的正确；所有外立面装饰工程应统一放基准线。

b. 控制措施2。连接码件施工加强对工人的技术交底。连接码件安装注意事项：确保连接件的固定，应在码件固定时放通线定位，且在上板前严格检查蜂窝板质量，核对供应商提供的产品编号。

c. 控制措施3。加强对超薄型石材蜂窝铝板组合质量的监督及验收。定期组织对厂家加工制作期间的半成品加工质量进行抽查。石材蜂窝铝板进场后，材料员负责进行全检，要求对其上沿平直度和立面垂直度进行检查，并看石材表面是否有裂纹等，不合格的石材蜂窝铝板需清退出场。检查石材的产品检验报告，看其背栓挂件的拉拔力是否达到设计要求，不合格品亦一律退场。

d. 控制措施 4。超薄型石材蜂窝铝板安装精细化控制点。主要包括：

• 石材蜂窝铝板检查合格后，依据垂直钢丝线与横向钢丝线进行挂板，角位与玻璃幕墙连接的地方应由技术水平较高人员安装，安装后大面积铺开。

• 石材蜂窝铝板依据板片编号进行安装，石材打孔，孔中心距石材边开孔尺寸应符合加工图及规范要求，一般每块石板上下边各开两个孔位。

• 石材蜂窝铝板安装的调平。石材蜂窝铝板在安装过程中，有一块板材四个角不在同一平面，往往会造成一块石材蜂窝铝板安装不在同一平面上，此时应利用公差法进行调整。若三个角与相邻板在一平面，其中一个角凹入 1mm，则整个板向外调 0.5mm。

7.4 绿色建筑门窗施工工艺及实例

7.4.1 节能门窗施工要求及相关规定

7.4.1.1 节能建筑门窗施工工艺应遵循的要求

① 严寒、寒冷地区的建筑外窗不应采用推拉窗。其他地区设有空调的房间，其建筑外窗不宜采用推拉窗。当必须采用时，其气密性和保温性能指标应在原要求基础上提高一级。

② 严寒、寒冷地区的建筑外窗不宜采用凸窗。夏热冬冷地区当采用凸窗时，其气密性和保温性能应符合设计和产品标准的要求。凸窗凸出墙面部分应采取节能保温措施。

③ 建筑外窗进入施工现场时，应按下列要求进行复验：

a. 严寒、寒冷地区应对气密性、传热系数和露点进行复验；

b. 夏热冬冷地区应对气密性、传热系数进行复验；

c. 夏热冬暖地区应对气密性、传热系数、玻璃透过率、可见光透射比进行复验。

④ 外门窗工程施工中，应对门窗框与墙体缝隙的保温填充进行隐蔽工程验收，并应有详细的文字和图片资料。

⑤ 金属外门窗隔断热桥措施应符合设计要求和产品标准的规定。

⑥ 外门窗工程的检验批应按下列规定划分。

a. 同一品种、类型、规格和厂家的金属门窗、塑料门窗、木质门窗、各种复合门窗、特种门窗及门窗玻璃每 100 樘应划分为一个检验批，不足 100 樘也应划分为一个检验批。

b. 同一品种、类型和规格的特种门每 50 樘应划分为一个检验批，不足 50 樘也应划分为一个检验批。对于异型或有特殊要求的门窗，检验批的划分应根据其特点和数量，由监理（建设）单位和施工单位协商确定。

⑦ 检查数量应符合下列规定。

a. 建筑门窗每个检验批应至少抽查 5%，并不少于 3 樘，不足 3 樘时应全数检查；高层建筑的外窗，每个检验批应至少抽查 10%，并不得少于 6 樘，不足 6 樘时应全数检查。

b. 特种门每个检验批应至少抽查 50%，并不得少于 10 樘，不足 10 樘时应全数检查。

7.4.1.2 门窗施工工艺的相关规定

① 本施工工艺适用于民用建筑外墙保温与门窗工程的施工。

② 本施工工艺根据《建筑工程施工质量验收统一标准》(GB 50300—2001)、《建筑装饰装修工程质量验收规范》(GB 50210—2001)、《住宅建筑装修施工规范》(GB 50327—2001)、《塑料门窗安装及验收规程》(JGJ 103—1996)、《建筑玻璃应用技术规程》(JGJ 113—2003)、《建筑节能工程施工质量验收规范》(GB 50411—2007) 和相应的国家现行技术标准、规定进行编制。

③ 施工中的劳动保护、安全和防火措施等，必须按现行有关标准、规定执行。

7.4.2 建筑门窗施工工艺及施工要点

7.4.2.1 木门窗安装工艺

（1）材料性能要求

① 木门窗的规格、型号、数量、选材等级、含水率及制作质量必须符合设计要求，并应有出厂合格证。

外门窗的气密性、保温性能、中空玻璃露点、玻璃遮阳系数及可见光透射比应符合设计要求。

② 木门窗采用的玻璃品种应符合设计要求，中空玻璃应采用双道密封。

③ 门窗扇密封条和玻璃镶嵌的密封条，其物理性能应符合相关标准的规定。

④ 木门窗五金及其配件的种类、规格、型号必须符合设计要求，并应有产品合格证书。

⑤ 密封胶、油漆、防腐剂、沥青麻丝等应符合设计选用要求，并应有产品合格证书。

（2）施工工具与机具

① 机具。电锯、电刨、手电钻。

② 工具。螺钉旋具、斧、刨、锯、锤子及放线、检测工具。

（3）作业条件

① 进入施工现场的木门窗经见证取样送检，其气密性、传热系数、玻璃遮阳系数、可见光透射比、中空玻璃露点（按地区）复验合格。

② 门窗框靠墙、靠地的一面应涂刷防腐涂料，然后通风干燥。

③ 木门窗应按分类水平地码放在仓库内的垫木上，底层门窗距离地面应不小于200mm。每层门窗框或扇之间应垫木板条，以便通风。若在敞篷堆放，底层门窗距离地面应不小于400mm，并应采取措施严禁日晒雨淋。

④ 预装的门窗框，应分别在楼地面基层标高和墙砌到窗台标高时安装；后装的门窗框应在门窗洞口处按设计要求埋设预埋件或防腐木砖，应在主体结构验收合格后安装。

⑤ 门窗扇的安装应在饰面完成后进行。

⑥ 门窗安装前应先检查门窗框、扇有无翘扭、窜角、劈裂、榫槽间松散等缺陷，如有则进行修理。

（4）施工工艺　木门窗安装工艺流程如下：

安装定位→安装门窗框→嵌缝密封→安装门窗扇→安装贴脸板、筒子板、窗台板→安装窗帘盒→安装五金、配件

（5）施工要点

① 门窗框安装规定

a. 门窗框安装前，应按施工图要求分别在楼地面基层上和窗下墙上弹出门窗安装定位线。门窗框的安装必须符合设计图纸要求的型号和门窗扇的开启方向。

b. 预装的门窗框，按规格型号要求立起的门窗框应做临时支承固定，待墙体砌过两层木砖后，可拆除临时支撑并矫正门窗框垂直度。

后装的门窗框，在主体结构验收合格后，对其安装前应先检查门窗洞口的尺寸、标高和防腐木砖的位置。

c. 对等标高的同排门窗，应按设计要求拉通线检查门窗标高；外门窗应吊线坠或用经纬仪从上向下校核门窗框位置，使门窗的上下、左右在同一条直线上，对上下、左右不符线的结构边角应进行处理。

用垂直检测尺校正门窗框的正、侧面垂直度，用水平尺校正冒头的水平度。

d. 靠内墙皮安装的门窗框应凸出墙面，凸出的厚度应等于抹灰层或装饰面层的厚度。

用砸扁钉帽的铁钉将门窗框钉牢在防腐木砖上，钉帽要冲入木门窗框内 1～2mm，每块防腐木砖要钉两处以上。

e. 外门窗框洞口之间的间隙应采用沥青麻丝填充饱满，并使用密封胶密封。严寒、寒冷地区的外门窗安装，应按照设计要求采取保温、密封等节能措施。

② 门窗扇安装规定

a. 量出樘口净尺寸，考虑留缝宽度，定出扇高、扇宽尺寸，先画中间缝的中线，再画边线，并保证梃宽一致，四边划线后刨直。

b. 修刨时先锯掉余头，略修下边。双扇先做打叠高低缝，以开启方向的右扇压左扇。

若门窗扇的高、宽尺寸过小时，可在其下边或装合页一边用胶和铁钉补钉刨光木条。将钉帽砸扁，钉入木条内 1～2mm，锯掉余头刨平木条。

平开扇的底边、中悬扇的上下边、上悬扇的下边、下悬扇的上边应刨成 1mm 长的斜面。

c. 试装门窗扇时应先用木楔塞在门窗扇的下边，然后再检查缝隙，并注意窗棱和玻璃芯子应平直对齐。试装合格后画出铰链的位置线，剔槽装铰链。

③ 贴脸板、筒子板、窗台板和窗帘盒安装规定

a. 按图纸做好贴脸板，在墙面粉刷完毕后先量出横板长度，两头锯成 45°角，贴紧框子冒头钉牢，再量竖板并钉牢在门窗两侧框上。要求横平竖直、接角密合，贴脸板搭盖在墙上的宽度不少于 20mm。

b. 筒子板钉在墙上预埋的防腐木砖上，方法同贴脸板。

c. 窗台板应按设计要求制作，并钉在窗台口预埋木砖上。

d. 窗帘盒两端伸出洞口的长度应相等。在同一房间内其标高应一致，并保持水平。

④ 门窗五金安装规定

a. 铰链安装均应在门窗扇上试装合适后，划线剔槽，先安扇上后安框上。铰链距门窗扇上下端的距离为扇高、梃高的 1/10，且避开上下冒头。门窗扇往框上安装时，应先拧入一个螺钉，然后关上门窗扇检查缝隙是否合适，框与扇是否平整，无问题后方可将全部螺钉拧入并拧紧。门窗扇安好后必须开关灵活。

b. 安装地弹簧时，必须使两轴套在同一直线上，并与门扇底面垂直。从轴中心挂垂线，定出底轴中心，安好底座，并用混凝土固定底座外壳，待混凝土强度达到 C10 以上再安装门扇。

c. 装窗插销时应先固定插销底板，再关窗打插销压痕，凿孔，打入插销。门插销应位于门内拉手下边。

d. 风钩应装在窗框下冒头与窗扇下冒头夹角处，使窗扇开启后约成 90°角，并使上下各层窗扇开启后整齐一致。

e. 门锁距地面高约 900～100mm，并错开中冒头与立梃的结合处。

f. 门窗拉手应在扇上框前装设，其位置应在门窗扇中线以下。窗拉手距地面 1.5～1.6m，门拉手距地面 0.8～1.0m。

安装五金时，必须用木螺钉固定，不得用铁钉代替。固定木螺钉时应先用锤子打入其全长的 1/3，再用螺钉旋具拧入，严禁全部打入。

⑤ 密封条安装规定（设计有要求时）。密封条安装位置应正确，镶嵌牢固、不得脱槽，接头处不得开裂。关闭门窗时密封条应接触严密。

⑥ 木门窗施工中，应注意收集门窗框与墙体接缝处保温填充做法的图像资料。

（6）质量标准

① 主控项目

a. 木门窗的木材品种、材质等级、规格、尺寸、框扇的线形及人造木板的甲醛含量等应符合设计要求。设计未规定材质等级时，所用木材的质量应符合《建筑装饰装修工程质量验收

规范》(GB 50210—2001) 中附录A的规定。外门窗的气密性、保温性能、中空玻璃露点、玻璃遮阳系数和可见光透射比应符合设计要求。

b. 木门窗应采用烘干的木材，含水率应符合《建筑木门、木窗》(JG/T 122—2000) 的规定。

c. 木门窗的防火、防腐、防虫处理应符合设计要求。

d. 木门窗的结合处和安装配件处不得有木节或已填补的木节。木门窗如有允许限值以内的死节及直径较大的虫眼时，应采用同一材质的木塞加胶填补。对于清漆制品，木塞的木纹和色泽应与制品一致。

e. 门窗框和厚度大于50mm的门窗扇应用双榫连接，榫槽应采用胶料严密嵌合，并应用胶楔楔紧。

f. 胶合板门、纤维板门和模压门不得脱胶。胶合板不得刨透表层单板，不得有戗槎。制作胶合板门、纤维板门时，其边框和横楞应在同一平面上，面层、边框及横楞应加压胶结。横楞和上、下冒头应各钻两个以上的透气孔，透气孔应通畅。

g. 木门窗的品种、类型、规格、开启方向、安装位置及连接方式应符合设计要求。

h. 门窗框的安装必须牢固。预埋木砖的防腐处理，木门窗框固定点的数量、位置及固定方法应符合设计要求。

i. 门窗扇必须安装牢固，并应开启灵活、关闭严密，且无倒翘。

j. 木门窗采用的玻璃品种应符合设计要求，中空玻璃应采用双道密封。

k. 木门窗配件的型号、规格、数量应符合设计要求，安装应牢固，位置应正确，功能应满足使用要求。

l. 木门窗与墙体间缝隙的填嵌材料应符合设计要求，填嵌应饱满。外门窗框与洞口之间的间隙应采用弹性闭孔材料填充饱满，并使用密封胶密封。寒冷地区外门窗（或外门窗框）与砌体间的空隙应填充保温材料。严寒、寒冷地区的外门窗安装，应按照设计要求采取保温、密封等节能措施。

② 一般项目

a. 木门窗表面应洁净，不得有刨痕、锤印。

b. 木门窗的割角、拼缝应严密平整。门窗框、扇的裁口应顺直，刨面应平整。

c. 木门窗上的槽、孔应边缘整齐，无毛刺。

d. 木门窗的批水、盖口条、压缝条、密封条的安装应顺直，与门窗结合应牢固、严密。

e. 门窗扇密封条和玻璃镶嵌的密封条，其物理性能应符合相关标准的规定。密封条的安装位置应正确，镶嵌牢固、不得脱槽，接头处不得开裂。关闭门窗时密封条应接触严密。

f. 门窗镀（贴）膜玻璃的安装方向应正确，中空玻璃的均压管应密封处理。

g. 木门窗制作的允许偏差和检验方法应符合表7-42的规定。

h. 木门窗安装的留缝限值、允许偏差和检验方法应符合表7-43的规定。

7.4.2.2 铝合金门窗安装工艺

(1) 材料性能要求

① 铝合金门窗的品种、规格、型号、尺寸应符合设计要求，并应有出厂合格证。外门窗的气密性、保温性能、中空玻璃露点、玻璃遮阳系数和可见光透射比应符合设计要求。外门窗隔断热桥措施应符合设计要求和产品标准的规定，金属副框的隔断热桥措施应与门窗框的隔断热桥措施相当。

② 铝合金门窗采用的玻璃品种应符合设计要求，中空玻璃应采用双道密封。

③ 铝合金门窗扇密封条和玻璃镶嵌的密封条，其物理性能应符合相关标准的规定。

④ 铝合金门窗的五金及配件的种类、型号、规格应符合设计要求，并应有产品合格证。

⑤ 密封胶、密封条、嵌缝材料、防锈漆、连接铁脚、连接钢板等应符合设计选用的要求，

并应有产品合格证。

⑥ 铝合金门窗的外观、外形尺寸、装配质量、力学性能应符合设计要求和国家现行标准的有关规定。门窗表面不应有影响外观质量的缺陷。

表 7-42 木门窗制作的允许偏差和检验方法

项次	项 目	构件名称	允许偏差/mm		检 验 方 法
			普通	高级	
1	翘曲	框	3	2	将框、扇平放在检查平台上,用塞尺检查
		扇	2	2	
2	对角线长度差框	框	3	2	用钢直尺检查,框量裁口里角,扇量外角
		扇			
3	表面平整度	扇	2	2	用 1m 靠尺和塞尺检查
4	高度、宽度	框	0,−2	0,−1	用钢直尺检查,框量裁口里角,扇量外角
		扇	+2,0	+1,0	
5	裁口、线条结合处高低差框	框	1	0.5	用钢直尺和塞尺检查
		扇			
6	相邻棂子两端间距	扇	2	1	用钢直尺检查

表 7-43 木门窗安装的留缝限值、允许偏差和检验方法

项次	项目		留缝限值/mm		允许偏差/mm		检验方法
			普通	高级	普通	高级	
1	门窗槽口对角线长度差		—	—	3	2	用钢直尺检查
2	门窗框的正、侧面垂直度		—	—	2	1	用 1m 垂直检测尺检查
3	框与扇、扇与扇接缝高低差		—	—	2	1	用钢直尺和塞尺检查
4	门窗扇对口缝		1～2.5	1.5～2	—	—	用塞尺检查
5	工业厂房双扇大门对口缝		2～5	—	—	—	
6	门窗扇与上框间留缝		1～2	1～1.5	—	—	
7	门窗扇与侧框间留缝		1～2.5	1～1.5	—	—	
8	窗扇与下框间留缝		2～3	2～2.5	—	—	
9	门扇与下框间留缝		3～5	3～4	—	—	
10	双层门窗内外框间距		—	—	4	3	用钢直尺检查
11	无下框时门扇与地面间留缝	外门	4～7	5～6	—	—	用塞尺检查
		内门	5～8	6～7	—	—	
		卫生间门	8～12	8～10	—	—	
		厂房大门	10～20	—	—	—	

(2) 施工工具与机具

① 机具。电焊机、电锤、电钻、射钉枪、切割机。

② 工具。螺钉旋具、锤子、扳手、钳子及放线、检测工具。

(3) 作业条件

① 进入施工现场的铝合金门窗经见证取样送检，其气密性、传热系数、玻璃遮阳系数、可见光透射比、中空玻璃露点（按地区）复验合格。

② 运到现场的门窗应按型号、规格竖直排放在仓库内的专用木架上，樘与樘间用软质材料隔开，防止相互磨损，压坏玻璃及五金配件。露天存放时应用苫布覆盖。

③ 主体结构已施工完毕，并经有关部门验收合格。或墙面已粉刷完毕。

④ 主体结构施工时应检查门窗洞口四周的预埋铁件的位置、数量是否符合图纸要求，如有问题应及时处理。

⑤ 拆开包装，检查门窗的外观质量、表面平整度及规格、型号、尺寸、开启方向是否符合设计要求及国家现行标准的有关规定。检查门窗框、扇角梃有无变形，玻璃、零件是否损坏，如有破损，应及时更换或修复。门窗保护膜如发现有破损，应补粘后再安装。

⑥ 准备好安装脚手架或梯子，并做好安全防护。

（4）施工工艺 铝合金门窗安装工艺流程如下：

洞口检查→安装门窗框→嵌缝密封→安装门窗扇→安装玻璃→安装五金、配件→清洗保护

（5）施工要点

① 对等标高的同排门窗，应按设计要求拉通线检查门窗标高；外门窗应吊线坠或用经纬仪从上向下校核窗框位置，使门窗的上下、左右在同一条直线上，对上下、左右不符线的结构边角应进行处理。应注意门窗洞口比门窗框尺寸大30～60mm。

② 门窗框外表面的防腐处理应按设计要求或粘贴塑料薄膜进行保护，以免水泥砂浆直接与铝合金门窗表面接触产生电化学反应，腐蚀铝合金门窗。连接铁件、锚固板等安装用金属零件应优先选用不锈钢件，否则也必须进行防腐处理。

③ 根据设计要求，将门窗框立于墙的中心线部位或内侧，使门窗框表面与饰面层相适应。按照门窗安装的水平、垂直控制线，对已就位立樘的门窗进行调整、支垫，符合要求后，再将镀锌锚固板固定在门窗洞口内。

④ 门窗框上的锚固板与墙体的固定方法可采用射钉固定法、燕尾铁脚固定法及膨胀螺钉固定法等。当墙体上预埋件有铁件时，可把铝合金门窗框上的铁脚直接与墙体上的预埋铁件焊牢。锚固板的间距不应大于500mm。

带型窗、大型窗的拼接处，如需增设组合杆件（型钢或型铝）加固，则其上、下部均要与预埋钢板焊接，预埋件可按1000mm的间距在洞口内均匀设置。

严禁在铝合金门窗上连接地线进行焊接工作，当固定铁码与洞口预埋件焊接时，门窗框上要盖上橡胶石棉布，防止焊接时烧伤门窗。

⑤ 铝合金门窗安装固定后，应进行验收。验收合格后应及时按设计要求处理门窗框或副框与墙体洞口间的缝隙。若设计没有要求时，可采用矿棉条或玻璃棉毡条对其进行分层填塞，缝隙表面留5～8mm深的槽口填嵌密封材料，要求密封材料应填充饱满，并使用密封胶密封。外门窗框与副框之间的缝隙应使用密封胶密封。

严寒、寒冷地区的外门窗安装，应按照设计要求采取保温、密封等节能措施。

在施工中注意不得损坏门窗上面的保护膜，如表面沾上了水泥砂浆，应随时擦净，以免腐蚀铝合金，影响其外表美观。

⑥ 门窗扇及门窗玻璃安装应在室内外装修基本完成后进行。

a. 推拉门窗扇的安装。应先将外扇插入上滑道的外槽内，自然下落于对应的下滑道的外滑道内，然后再用同样的方法安装内扇。应注意推拉门窗扇必须有防脱落措施，扇与框的搭接量应符合设计要求。

可调导向轮应在门窗扇安装之后调整，调节门窗扇在滑道上的高度，并使门窗扇与边框间平行。

b. 平开门窗扇安装。应先把合页按要求位置固定在铝合金门窗框上，然后将门窗扇嵌入框内临时固定，调整合适后再将门窗扇固定在合页上，并必须保证上下两个转动部分在同一个轴线上。

c. 地弹簧门扇安装。应先将地弹簧的顶轴安装于门框顶部，然后挂垂线确定地弹簧的安装位置，安好地弹簧，并浇筑混凝土使其固定。待混凝土达到设计强度后，调节上门顶轴将门扇装上，最后调整门扇间隙及门扇开启速度。

d. 门窗镀（贴）膜玻璃的安装方向应正确，中空玻璃的均压管应密封处理。

e. 密封条安装位置应正确，镶嵌牢固、不得脱槽，接头处不得开裂。关闭门窗时密封条应接触严密。

f. 铝合金门窗交工前，应将型材表面的塑料胶纸撕掉，如果塑料胶纸在型材表面留有胶痕，宜用香蕉水将其清洗干净。

铝合金门窗框、扇，可用水或含量为1%～5%、pH值7.3～9.5的中性洗涤剂充分清洗，再用布擦干。不应用酸性或碱性制剂清洗，也不能用钢刷刷洗。

玻璃应用清水擦洗干净，对浮灰或其他杂物，要全部清除干净。

g. 铝合金门窗施工中，应注意收集门窗框与墙体接缝处保温填充做法的图像资料。

(6) 质量标准

① 主控项目

a. 铝合金门窗的品种、类型、规格、尺寸、性能、开启方向、安装位置、连接方式应符合设计要求。门窗的防腐处理及填嵌、密封处理应符合设计要求。

外门窗的气密性、保温性能、中空玻璃露点、玻璃遮阳系数和可见光透射比应符合设计要求。外门窗隔断热桥措施应符合设计要求和产品标准的规定，金属副框的隔断热桥措施应与门窗框的隔断热桥措施相当。

b. 铝合金门窗框的安装必须牢固。预埋件的数量、位置、埋设方式及其与框的连接方式必须符合设计要求。

c. 门窗扇必须安装牢固，并应开启灵活、关闭严密，且无倒翘。

d. 铝合金门窗采用的玻璃品种应符合设计要求，中空玻璃应采用双道密封。

e. 铝合金门窗配件的型号、规格、数量应符合设计要求，安装应牢固，位置应正确，功能应满足使用要求。

f. 铝合金外门窗框或副框与洞口之间的间隙应采用弹性闭孔材料填充饱满，并使用密封胶密封。严寒、寒冷地区的外门窗安装，应按照设计要求采取保温、密封等节能措施。

② 一般项目

a. 铝合金门窗表面应洁净、平整、光滑，色泽一致，无锈蚀。大面应无划痕、碰伤。漆膜或保护层应连续。

b. 推拉门窗扇的开关力应不大于100N。

c. 铝合金门窗框与墙体之间缝隙填嵌的密封胶表面应光滑、顺直，无裂纹。

d. 门窗扇密封条和玻璃镶嵌的密封条，其物理性能应符合相关标准的规定。密封条安装位置应正确，镶嵌牢固、不得脱槽，接头处不得开裂。关闭门窗时密封条应接触严密。

e. 铝合金门窗镀（贴）膜玻璃的安装方向应正确，中空玻璃的均压管应密封处理。

f. 有排水孔的铝合金门窗，排水孔应畅通，其位置和数量应符合设计要求。

g. 铝合金门窗安装的允许偏差和检验方法应符合表7-44的规定。

7.4.2.3 涂色镀锌钢板门窗安装工艺

(1) 材料性能要求

① 涂色镀锌钢板门窗的品种、规格、型号、尺寸应符合设计要求，并应有出厂合格证。外用窗的传热系数应符合节能设计要求。

外门窗的气密性、保温性能、中空玻璃露点、玻璃遮阳系数和可见光透射比应符合设计要求。外门窗隔断热桥措施应符合设计要求和产品标准的规定，金属副框的隔断热桥措施应与门窗框的隔断热桥措施相当。

表7-44 铝合金门窗安装的允许偏差和检验方法

项次	项目		允许偏差/mm	检验方法
1	门窗槽口宽度、高度	≤1500mm	1.5	用钢直尺检查
		>1500mm	2	
2	门窗槽口对角线长度差	≤2000mm	3	用钢直尺检查
		>2000mm	4	
3	门窗框的正、侧面垂直度		2.5	用垂直检测尺检查
4	门窗横框的水平度		2	用1m水平尺和塞尺检查
5	门窗横框标高		5	用钢直尺检查
6	门窗竖向偏离中心		5	用钢直尺检查
7	双层门窗内外框间距		4	用钢直尺检查
8	推拉门窗扇与框搭接量		1.5	用钢直尺检查

② 门窗采用的玻璃品种应符合设计要求，中空玻璃应采用双道密封。

③ 门窗扇密封条和玻璃镶嵌的密封条，其物理性能应符合相关标准的规定。

④ 涂色镀锌钢板门窗的五金及配件的种类、型号、规格应符合设计要求，并应有产品合格证。

⑤ 门窗的玻璃、密封胶、密封条、嵌缝材料、防锈漆、连接铁脚、连接钢板等应符合设计选用要求，并应有产品合格证。

⑥ 涂色镀锌钢板门窗的外观、外形尺寸、装配质量、力学性能应符合设计要求和国家现行标准的有关规定。门窗表面不应有影响外观质量的缺陷。

(2) 施工工具与机具

① 机具。电焊机、电锤、电钻、射钉枪、切割机。

② 工具。螺钉旋具、锤子、扳手、钳子及放线、检测工具。

(3) 作业条件

① 进入施工现场的门窗经见证取样送检，其气密性、传热系数、玻璃遮阳系数、可见光透射比、中空玻璃露点（按地区）复验合格。

② 运到现场的门窗应按型号、规格竖直排放在仓库内的专用木架上，樘与樘间用软质材料隔开，防止相互磨损，压坏玻璃及五金配件。露天存放时应用苫布覆盖。

③ 主体结构已施工完毕，并经验收合格。或墙面已粉刷完毕。

④ 主体结构施工时应检查门窗洞口四周的预埋铁件的位置、数量是否符合图纸要求，如有问题应及时处理。

⑤ 拆开包装，检查门窗的外观质量、表面平整度及规格、型号、尺寸、开启方向是否符合设计要求及国家现行标准的有关规定。检查门窗框、扇角梃有无变形，玻璃、零件是否损坏，如有破损，应及时更换或修复。门窗保护膜如发现有破损，应补粘后再安装。

⑥ 准备好安装脚手架或梯子，并做好安全防护。

(4) 施工工艺 涂色镀锌钢板门窗安装工艺流程如下：

洞口检查→安装门窗→嵌缝密封→安装五金、配件→清洗保护

(5) 施工要点

① 对等标高的同排门窗，应按设计要求拉通线检查门窗标高；外门窗应吊线坠或用经纬仪从上向下校核窗框位置，使门窗的上下、左右在同一条直线上，对上下、左右不符线的结构边角应进行处理。应注意门窗洞口比门窗框尺寸大30～60mm。

带副框的彩板门窗，一般是先装副框，待连接固定后再进行洞口及室内外的装饰作业；不

带副框的彩板门窗，通常是在室内外墙面及洞口粉刷完毕后进行安装。洞口粉刷后形成的尺寸必须准确，洞口精度应符合表 7-45 的规定。

表 7-45 洞口的精度要求 单位：mm

构造类别	宽度		高度		对角线差		垂直度		平行度
	≤1500	>1500	≤1500	>1500	≤2000	>2000	<2000	>2000	
有副框门窗或组合拼管	≤2.0	≤3.0	≤2.0	≤3.0	≤4.0	≤5.0	≤2.0	≤3.0	≤3.0
无副框门窗，洞口粉刷后	+3.0	+5.0	+6.0	+8.0	≤4.0	≤5.0	≤3.0	4.0	≤5.0

② 有副框涂色镀锌钢板门窗安装。用 M5×12 自攻螺钉将连接铁件固定到副框上，然后把副框装入洞口内的安装位置，并用木楔临时固定，校正副框水平和正、侧面垂直后，将连接铁件与预埋铁件焊牢。当门窗洞口无预埋件时，也可用射钉或膨胀螺栓进行固定。

进行室内外墙面及洞口侧面抹灰或粘贴装饰面层时，应嵌塞门窗副框四周与墙体之间的缝隙，并应及时将副框表面清理干净。

将门窗装入副框内，并进行适当调整，用 M5×20 自攻螺钉把门窗框与副框连接牢固，盖上螺钉盖。安装推拉门窗时，还应注意调整好滑块。

副框与洞口之间的间隙应采用弹性闭孔材料填充饱满，并使用密封胶密封；外门窗框与副框之间的缝隙应使用密封胶密封。

③ 无副框的涂色镀锌钢板门窗安装。按照门窗框上膨胀螺栓的位置，在洞口相应的墙体上钻出膨胀螺栓孔，然后将门窗樘装入洞口内的安装位置线上，校正门窗的水平和正、侧面垂直及标高后，并用木楔临时固定，最后用膨胀螺栓将门窗框与墙体固定牢靠。

外门窗框与洞口之间的间隙应采用弹性闭孔材料填充饱满，并使用密封胶密封。

④ 严寒、寒冷地区的外门窗安装，应按照设计要求采取保温、密封等节能措施。

⑤ 门窗镀（贴）膜玻璃的安装方向应正确，中空玻璃的均压管应密封处理。

⑥ 密封条安装位置应正确，镶嵌牢固、不得脱槽，接头处不得开裂。关闭门窗时密封条应接触严密。

⑦ 交工前揭去门窗表面的保护膜，擦净门窗框、扇、玻璃、洞口及窗台上的灰尘和污物。

⑧ 涂色镀锌钢板门窗施工中，应注意收集门窗框与墙体接缝处保温填充做法的图像资料。

(6) 质量标准

① 主控项目

a. 涂色镀锌钢板门窗的品种、类型、规格、尺寸、性能、开启方向、安装位置、连接方式应符合设计要求。钢门窗的防腐处理及填嵌、密封处理应符合设计要求。

b. 外门窗的气密性、保温性能、中空玻璃露点、玻璃遮阳系数和可见光透射比应符合设计要求。外门窗隔断热桥措施应符合设计要求和产品标准的规定，金属副框的隔断热桥措施应与门窗框的隔断热桥措施相当。

c. 涂色镀锌钢板门窗框的安装必须牢固。预埋件的数量、位置、埋设方式及其与框的连接方式必须符合设计要求。

d. 门窗扇必须安装牢固，并应开启灵活、关闭严密，且无倒翘。

e. 涂色镀锌钢板门窗采用的玻璃品种应符合设计要求，中空玻璃应采用双道密封。

f. 涂色镀锌钢板门窗配件的型号、规格、数量应符合设计要求，安装应牢固，位置应正确，功能应满足使用要求。

g. 涂色镀锌钢板外门窗框或副框与洞口之间的间隙应采用弹性闭孔材料填充饱满，并使用密封胶密封。严寒、寒冷地区的外门窗安装，应按照设计要求采取保温、密封等节能措施。

② 一般项目

a. 涂色镀锌钢板门窗表面应洁净、平整、光滑，色泽一致，无锈蚀。大面应无划痕、碰伤。漆膜或保护层应连续。

b. 涂色镀锌钢板门窗框与墙体之间缝隙填嵌的密封胶表面应光滑、顺直，无裂纹。

c. 门窗扇密封条和玻璃镶嵌的密封条，其物理性能应符合相关标准的规定。密封条安装位置应正确，镶嵌牢固、不得脱槽，接头处不得开裂。关闭门窗时密封条应接触严密。

d. 涂色镀锌钢板门窗镀（贴）膜玻璃的安装方向应正确，中空玻璃的均压管应密封处理。

e. 有排水孔的钢板门窗，排水孔应畅通，其位置和数量应符合设计要求。

f. 钢板门窗安装的允许偏差和检验方法应符合表 7-46 的规定。

表 7-46　涂色镀锌钢板门窗安装的允许偏差和检验方法

项次	项　　目		允许偏差/mm	检 验 方 法
1	门窗槽口宽度、高度	≤1500mm	2	用钢直尺检查
		＞1500mm	3	
2	门窗槽口对角线长度差	≤2000mm	4	用钢直尺检查
		＞2000mm	5	
3	门窗框的正、侧面垂直度		3	用垂直检测尺检查
4	门窗横框的水平度		3	用 1m 水平尺和塞尺检查
5	门窗横框标高		5	用钢直尺检查
6	门窗竖向偏离中心		5	用钢直尺检查
7	双层门窗内外框间距		4	用钢直尺检查
8	推拉门窗扇与框搭接量		2	用钢直尺检查

7.4.2.4　塑料门窗安装工艺

（1）材料性能要求

① 塑料门窗的品种、规格、型号、尺寸应符合设计要求，并应有出厂合格证。外用窗的传热系数应符合节能设计要求。

外门窗的气密性、保温性能、中空玻璃露点、玻璃遮阳系数和可见光透射比应符合设计要求。

② 塑料门窗采用的玻璃品种应符合设计要求，中空玻璃应采用双道密封。

③ 塑料门窗扇密封条和玻璃镶嵌的密封条，其物理性能应符合相关标准的规定。

④ 塑料门窗的五金及配件的种类、型号、规格应符合设计要求，并应有产品合格证。

⑤ 塑料门窗的玻璃、密封胶、嵌缝材料等应符合设计选用的要求，并应有产品合格证。

⑥ 塑料门窗的外观、装配质量、力学性能应符合设计要求和国家现行标准的有关规定。塑料门窗中的竖框、中横框或拼樘等主要受力杆件中的增强型钢，应在产品说明书中注明其规格和尺寸。门窗表面不应有影响外观质量的缺陷。

（2）施工工具与机具

① 机具。电锤、电钻、射钉枪。

② 工具。螺钉旋具、锤子、扳手及放线、检测工具。

（3）作业条件

① 进入施工现场的塑料门窗经见证取样送检，其气密性、传热系数、玻璃遮阳系数、可见光透射比、中空玻璃露点（按地区）复验合格。

② 运到现场的塑料门窗应按型号、规格竖直排放在仓库内的专用木架上，应远离热源 1m 以上，环境温度应低于 50℃。露天存放时应用苫布覆盖。

③ 主体结构已施工完毕，并经有关部门验收合格。或墙面已粉刷完毕。

④ 当门窗用预埋木砖与墙体连接时，墙体中应按设计要求埋置防腐木砖。对于加气混凝土墙应预埋粘胶圆木。

⑤ 安装组合窗的洞口，应在拼樘料的对应位置设预埋件或预留洞。

⑥ 安装前应先检查门窗框、扇有无变形、劈裂等缺陷，如有则进行修理或更换。

⑦ 安装塑料门窗时的环境温度不宜低于 5℃。

⑧ 准备好安装脚手架或梯子，并做好安全防护。

(4) 施工工艺　塑料门窗安装工艺流程如下：

洞口检查→安装门窗→嵌缝密封→安装门窗扇→安装玻璃→安装五金、配件→清洗保护

(5) 施工要点

① 对等标高的同排门窗，应按设计要求拉通线检查门窗标高；外门窗应吊线坠或用经纬仪从上向下校核窗框位置，使门窗的上下、左右在同一条直线上，对上下、左右不符线的结构边角应进行处理。注意门窗洞口应比门窗框尺寸大 30～60mm。

② 将塑料门窗按设计要求的型号、规格搬到相应的洞口旁竖放。当塑料门窗在 0℃以下的环境中存放时，安装前应在室温下放置 24h。当塑料门窗有保护膜脱落时，应补贴保护膜。在门窗框上划中线。

③ 如果玻璃已装在门窗框上，应卸下玻璃，并做好标记。

④ 塑料门窗框与墙体的连接固定点应按表 7-47 设置。在连接固定点位置，用直径 3.5mm 的钻头在塑料门窗框的背面钻安装孔，并用 M4×20 自攻螺钉将固定片拧固在框背面的燕尾槽内。

表 7-47　连接固定点间距

项　　目	尺寸要求/mm
连接固定点中距	≤600
连接固定点距框角的距离	≤150

⑤ 根据设计要求的位置和门窗开启方向，确定门窗框的安装。将塑料门窗框放入洞口内，使其上下框中线与洞口中线对齐，无下框平开门应使两边框的下脚低于地面标高线 30mm；带下框的平开门或推拉门应使下框低于地面标高线 10mm。然后将上框的一个固定片固定在墙体上，并应调整门框的水平度、垂直度和直角度，用木楔临时固定。

⑥ 门窗框与墙体固定时，应先固定上框，后固定边框。固定方法应符合表 7-48 要求。

表 7-48　门窗框固定方法

项　　目	方　　法
混凝土墙洞口	应采用射钉或塑料膨胀螺钉固定
砖墙洞口	采用塑料膨胀螺钉或水泥钉固定，但不得固定在砖缝上
加气混凝土墙洞口	采用木螺钉将固定片固定在胶粘圆木上
设有预埋铁件的洞口	采用焊接方法固定，也可先在预埋件上按紧固件打基孔，然后用紧固件固定
设有防腐木砖的墙面	采用木螺钉把固定片固定在防腐木砖上
窗下框与墙体的固定	将固定片直接伸入墙体预留孔内，用砂浆填实

⑦ 安装门连窗或组合窗时，门与窗应采用拼樘料拼接，拼樘料与洞口的连接方法有两种。

a. 拼樘料与混凝土过梁或柱子连接时，应将拼樘料内增强型钢与梁或柱上的预埋铁件焊接牢固。

b. 拼樘料与砖墙连接时，应先将拼樘两端插入预留洞中，然后用C20细石混凝土浇筑固定。

⑧ 应将门窗框或两窗框与拼樘料卡接，并用紧固件双向扣紧，其间距不大于600mm；紧固件端头及拼樘料与窗框之间的缝隙用嵌缝油膏密封处理。

⑨ 嵌缝密封方法。塑料门窗上的连接件与墙体固定后，卸下木楔，清除墙面和边框上的浮灰，然后便可进行门窗框与墙体间的缝隙处理，缝隙处理应符合以下要求。

a. 在门窗框与墙体之间的缝隙内嵌塞PE高发泡条、矿棉毡或其他弹性闭孔材料，其外表面留出10mm左右的空槽。

b. 将软填料内外两侧的空槽内密封。

c. 注入密封胶时墙体需干净、干燥，注胶时室内外的周边均需注满、打匀，密封胶密封后应保持24h不得见水。

严寒、寒冷地区的外门窗安装，应按照设计要求采取保温、密封等节能措施。

⑩ 门窗扇安装

a. 平开门窗。应先剔好框上的铰链槽，再将门窗扇装入框中，调整扇与框的配合位置，并用铰链将其固定，然后复查开关是否灵活自如。

b. 推拉门窗。由于推拉门窗扇与框不连接，因此对可拆卸的推拉扇，则应先安装好玻璃后再安装门窗扇。

c. 对出厂时框扇就连在一起的平开塑料门窗，则可将其直接安装，然后再检查开闭是否灵活自如，如发现问题，则应进行必要的调整。

⑪ 五金、配件安装

a. 安装五金配件时，应先在框、扇杆件上钻出略小于螺钉直径的孔眼，然后用配套的自攻螺钉拧入，严禁将螺钉用锤直接打入。

b. 安装门窗铰链时，固定铰链的螺钉应至少穿过塑料型材的两层中空腔壁，或与衬筋连接。

c. 在安装平开塑料门窗时，剔凿铰链槽不可过深，不允许将框边剔透。

d. 平开塑料门窗安装五金时，应给开启扇留一定的吊高，正常情况是门扇吊高2mm，窗扇吊高1.2mm。

e. 安装门锁时，应先将整体门扇插入门框铰链中，再按门锁说明书的要求装配门锁。

f. 塑料门窗的所有五金配件均应安装牢固、位置端正、使用灵活。

⑫ 塑料门窗镀（贴）膜玻璃的安装方向应正确，中空玻璃的均压管应密封处理。

⑬ 密封条安装位置应正确，镶嵌牢固、不得脱槽，接头处不得开裂。关闭门窗时密封条应接触严密。

⑭ 交工前揭去塑料门窗表面的保护膜，擦净门窗框、扇、玻璃、洞口及窗台上的灰尘和污物。

⑮ 塑料门窗施工中，应注意收集门窗框与墙体接缝处保温填充做法的图像资料。

（6）质量标准

① 主控项目

a. 塑料门窗的品种、类型、规格、尺寸、开启方向、安装位置、连接方式及填嵌密封处理应符合设计要求，内衬增强型钢的壁厚及设置应符合国家现行产品标准的质量要求。

b. 外门窗的气密性、保温性能、中空玻璃露点、玻璃遮阳系数和可见光透射比应符合设计要求。

c. 塑料门窗框、副框和扇的安装必须牢固。固定片或膨胀螺栓的数量与位置应正确，连接方式应符合设计要求。固定点应距窗角、中横框、中竖框 150～200mm，固定点间距应不大于 600mm。

d. 塑料门窗拼樘料内衬增强型钢的规格、壁厚必须符合设计要求，型钢应与型材内腔紧密吻合，其两端必须与洞口固定牢固。窗框必须与拼樘料连接紧密，固定点间距应不大于 600mm。

e. 塑料门窗扇应开启灵活、关闭严密，且无倒翘。推拉门窗扇必须有防脱落措施。

f. 塑料门窗配件的型号、规格、数量应符合设计要求，安装应牢固，位置应正确，功能应满足使用要求。

g. 门窗框与墙体间缝隙应采用闭孔弹性材料填嵌饱满，其表面应采用密封胶密封。密封胶应粘接牢固，表面应光滑、顺直、无裂纹。

h. 塑料门窗采用的玻璃品种应符合设计要求，中空玻璃应采用双道密封。

i. 门窗配件的型号、规格、数量应符合设计要求，安装应牢固，位置应正确，功能应满足使用要求。

j. 外门窗框或副框与洞口之间的间隙应采用弹性闭孔材料填充饱满，并使用密封胶密封。严寒、寒冷地区的外门窗安装，应按照设计要求采取保温、密封等节能措施。

② 一般项目

a. 塑料门窗表面应洁净、平整、光滑，大面应无划痕、碰伤。

b. 旋转窗间隙应基本均匀。

c. 塑料门窗扇的开关力应符合下列规定。

• 平开门窗扇平铰链的开关力应不大于 80N；滑撑铰链的开关力应不大于 80N，并且不小于 30N。

• 推拉门窗扇的开关力应不大于 100N。

d. 门窗框与墙体之间缝隙填嵌的密封胶，其表面应光滑、顺直，无裂纹。

e. 门窗扇密封条和玻璃镶嵌的密封条，其物理性能应符合相关标准的规定。密封条的安装位置应正确，镶嵌牢固、不得脱槽，接头处不得开裂。关闭门窗时密封条应接触严密。

f. 门窗镀（贴）膜玻璃的安装方向应正确，中空玻璃的均压管应密封处理。

g. 门窗的排水孔应畅通，其位置和数量应符合设计要求。

h. 门窗安装的允许偏差和检验方法应符合表 7-49 的规定。

表 7-49 塑料门窗安装的允许偏差和检验方法

项次	项目		允许偏差/mm	检验方法
1	门窗槽口宽度、高度	≤1500mm	2	用钢直尺检查
		＞1500mm	3	
2	门窗槽口对角线长度差	≤2000mm	3	用钢直尺检查
		＞2000mm	5	
3	门窗框的正、侧面垂直度		3	用 1m 水平尺和塞尺检查
4	门窗横框的水平度		3	用 1m 水平尺和塞尺检查
5	门窗横框标高		5	用钢直尺检查
6	门窗竖向偏离中心		5	用钢直尺检查
7	双层门窗内外框间距		4	用钢直尺检查
8	同樘平开门窗相邻扇高度差		2	用钢直尺检查
9	平开门窗铰链部位配合间隙		+2，−1	用塞尺检查
10	推拉门窗扇与框搭接量		+1.5，−2.5	用钢直尺检查
11	推拉门窗扇与竖框平行度		2	用 1m 水平尺和塞尺检查

7.4.2.5 自动门安装工艺

(1) 材料性能要求

① 自动门的品种、类型、规格及各项性能必须符合设计要求，并应有出厂合格证。自动门的气密性、保温性能、中空玻璃露点、玻璃遮阳系数和可见光透射比应符合设计要求。自动门的隔断热桥措施应符合设计要求和产品标准的规定。

② 自动门采用的玻璃品种应符合设计要求，中空玻璃应采用双道密封。

③ 门扇密封条和玻璃镶嵌的密封条，其物理性能应符合相关标准的规定。

④ 自动门的机械装置、自动装置或智能化装置的功能必须符合设计要求，并应有产品合格证。

⑤ 自动门的配件必须齐全，符合设计要求，并应有产品合格证。

⑥ 自动门的外观、装配质量、力学性能应符合设计要求和国家现行标准的有关规定，并经进场验收检验合格。

(2) 施工工具与机具

① 机具。电焊机、手提砂轮机、切割机、电锤。

② 工具。螺钉旋具、锤子、扳手、钳子、密封胶注射枪、玻璃吸盘器、检测工具。

(3) 作业条件

① 进入施工现场的自动门经见证取样送检，其气密性、传热系数、玻璃遮阳系数、可见光透射比、中空玻璃露点（按地区）复验合格。

② 墙地面的饰面已施工完毕，现场已清理干净，并经验收合格。

③ 安装地面导向轨的预留槽已预留好，并经检查符合设计要求。

④ 安装上部机箱横梁的预埋铁件已预埋好，并经检查其标高、位置正确，符合设计图纸要求。

(4) 施工工艺　自动门安装工艺流程如下：

洞口检查→地面导向轨安装→横梁及上部机箱安装→安装门框→嵌缝密封→安装门扇
→调试探测传感器及控制箱→安装五金、配件→清洗保护

(5) 施工要点

① 地面导向轨安装。铝合金自动门、无框全玻璃自动门均在地面装有导向性下导轨。地坪施工时，应在地面内预埋一根 50mm×75mm 的方木条，安装自动门时，取出方木条，将下导轨安放在预留槽内，并调整好位置，然后用砂浆将其固定牢固。下导轨长度应为开启门宽的2倍。

② 上部机箱横梁安装。自动门上部机箱横梁固定是自动门安装中的重点，常用的横梁固定方法按支承结构不同有两种（图 7-34）。机箱固定在横梁上后，不能挤压自动门门框。安装上导轨时，应考虑门上盖拆卸的方便程度。

③ 安装门框。根据设计要求，将门框立于安装中心线部位，使门框表面与饰面层相适应。

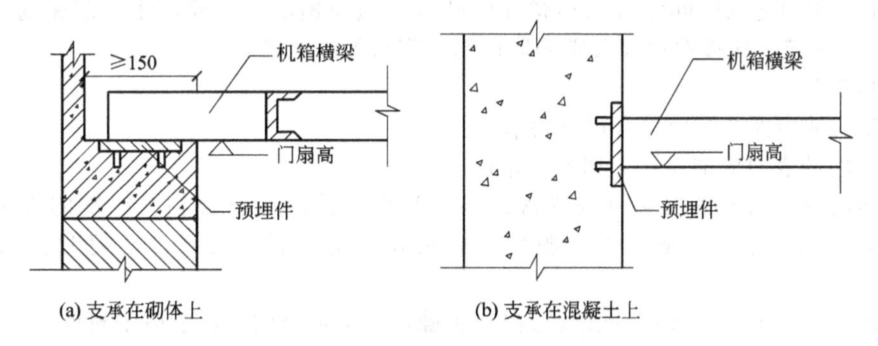

(a) 支承在砌体上　(b) 支承在混凝土上

图 7-34 自动门上部机箱横梁固定示意图

按照门框安装的水平、垂直控制线，对已就位立樘的门框进行调整、支垫，符合要求后，再将镀锌锚固板固定在门窗洞口内。门框上的锚固板与墙体的固定方法可采用射钉固定法及膨胀螺钉固定法等。当墙体上预埋有铁件时，可把铝合金门框上的铁脚直接与墙体上的预埋铁件焊牢。锚固板的间距不应大于500mm。

门框安装固定后，应进行验收，验收合格后应及时按设计要求处理门框与墙体洞口间的缝隙。若设计没有要求时，可采用矿棉条或玻璃棉毡条分层填塞，缝隙表面留 5～8mm 深的槽口，填嵌密封材料时，要求填充饱满，并用密封胶密封。

严寒、寒冷地区的外门安装，应按照设计要求采取保温、密封等节能措施。

施工中注意不得损坏门框上面的保护膜，如表面沾上了水泥砂浆，应随时擦净，以免腐蚀铝合金，影响其外表美观。

④ 安装门扇。应先将门扇在下导轨关闭位置立起，垫起门扇至上导轨处，将门扇与开关驱动机构连接，安装可调导向轮，调节门扇在滑道上的高度，并使门扇与边框间平行。

⑤ 微波传感器及控制箱等的调试。门扇安装后，对传感器、控制箱和机电装置应认真调试，保证其探测距离、感应灵敏度、开闭速度符合设计和使用要求。

⑥ 自动门上安装的镀（贴）膜玻璃方向应正确，中空玻璃的均压管应密封处理。

⑦ 密封条安装位置应正确，镶嵌牢固、不得脱槽，接头处不得开裂。关闭自动门时密封条应接触严密。

⑧ 自动门交工前，应将型材表面的塑料胶纸撕掉，如果塑料胶纸在型材表面留有胶痕，宜用香蕉水清洗干净。

铝合金门框扇，可用水或质量分数为1%～5%的 pH 值 7.3～9.5 的中性洗涤剂充分清洗，再用布擦干。不得用酸性或碱性制剂清洗，也不能用钢刷刷洗。

⑨ 玻璃应用清水擦洗干净，对浮灰或其他杂物，应全部清除干净。

⑩ 自动门施工中，应注意收集门框与墙体接缝处保温填充做法的图像资料。

（6）质量标准

① 主控项目

a. 自动门的质量和其气密性、保温性能、中空玻璃露点、玻璃遮阳系数及可见光透射比应符合设计要求。采用的玻璃品种应符合设计要求，中空玻璃应采用双道密封。

b. 自动门的品种、类型、规格、尺寸、开启方向、安装位置及防腐处理应符合设计要求。

c. 自动门的机械装置、自动装置或智能化装置的功能应符合设计要求和有关标准的规定。

d. 自动门的安装必须牢固。预埋件的数量、位置、埋设方法及其与框的连接方式必须符合设计要求。

e. 自动门的配件应齐全、位置应正确、安装应牢固，其功能应满足使用要求和自动门的各项性能要求。

f. 门框与洞口之间的间隙应采用弹性闭孔材料填充饱满，并使用密封胶密封。严寒、寒冷地区的外门安装，应按照设计要求采取保温、密封等节能措施。

② 一般项目

a. 自动门的表面装饰应符合设计要求。

b. 自动门的表面应洁净，无划痕、碰伤。

c. 自动门扇密封条和玻璃镶嵌的密封条，其物理性能应符合相关标准的规定。密封条安装位置应正确，镶嵌牢固、不得脱槽，接头处不得开裂。关闭自动门时密封条应接触严密。

d. 自动门镀（贴）膜玻璃的安装方向应正确，中空玻璃的均压管应密封处理。

e. 推拉自动门安装的留缝限值、允许偏差和检验方法应符合表 7-50 的规定。

表7-50　推拉自动门安装的留缝限值、允许偏差和检验方法

项次	项　目		留缝限值/mm	允许偏差/mm	检验方法
1	门窗槽口宽度、高度	≤1500mm	—	1.5	用钢直尺检查
		>1500mm	—	2	
2	门窗槽口对角线长度差	≤2000mm	—	2	用钢直尺检查
		>2000mm	—	2.5	
3	门框的正、侧面垂直度		—	1	用1m垂直检测尺检查
4	门构件装配间隙		—	0.3	用塞尺检查
5	门梁导轨水平度		—	1	用1m水平尺和塞尺检查
6	下导轨与门梁导轨平行度		—	1.5	用钢直尺检查
7	门扇与侧框间留缝		1.2～1.8	—	用塞尺检查
8	门扇对口缝		1.2～1.8	—	用塞尺检查

f. 推拉自动门的感应时间限值和检验方法应符合表7-51的规定。

表7-51　推拉自动门的感应时间限值和检验方法

项次	项　目	感应时间限值/s	检验方法
1	开门响应时间	≤0.5	用秒表检查
2	堵门保护延时	16～20	用秒表检查
3	门扇全开启后保持时间	13～17	用秒表检查

7.4.2.6　门窗玻璃安装工艺

(1) 材料性能要求

① 玻璃的品种、规格、中空玻璃露点、玻璃遮阳系数和可见光透射比及其他质量标准应符合设计要求。

② 腻子（油灰）应是具有柔软性、弹性，呈灰白色的塑性膏状物，且具有塑性、不泛油、不粘手的特征，常温下20d内硬化。

③ 其他材料，如玻璃钉、钢丝卡子、油绳、橡胶垫、木压条、红丹、铅油、煤油等应满足设计及规范要求。

(2) 施工工具　工作台、玻璃刀、尺板、钢卷尺、木折尺、方尺、手钳、扁铲、批灰刀、锤子、棉纱或破布、毛笔、工具袋和安全带等。

(3) 作业条件

① 门窗安装完，初验合格，并在涂刷最后一道漆前进行玻璃安装。

② 进入施工现场的玻璃经见证取样送检，其可见光透射比、玻璃遮阳系数、中空玻璃露点（按地区）复验合格。

③ 玻璃安装前，应按照设计要求的尺寸并结合实测尺寸，预先集中裁割，并按不同规格和安装顺序将其码放在安全地方待用。

④ 对于加工后进场的半成品玻璃，应提前核实来料的尺寸余量（上下余量为3mm，宽窄余量为4mm），其边缘不得有斜曲或缺角等情况，并应进行试安装，如有问题，应做再加工处理或更换。

⑤ 使用熟桐油等天然干性油自行配制的油灰，可直接使用；如用其他油料配制的油灰，必须经过检验合格后方可使用。

⑥ 施工时环境温度应在0℃以上，如果玻璃从过冷或过热的环境中运入施工地点，应等待玻璃温度与室内温度相近后再进行安装；如条件允许，要将预先裁割好的玻璃提前运入施工地点。外墙铝合金框扇玻璃不宜在冬期安装。

(4) 施工工艺　门窗玻璃安装工艺流程如下：

裁割玻璃→清理裁口→安装玻璃→清理

(5) 施工要点

① 玻璃裁割应根据所需安装的玻璃尺寸，结合玻璃规格统筹裁割。

② 门窗玻璃安装顺序应按先安外门窗、后安内门窗的顺序安装。

③ 玻璃安装前应清理裁口，先在玻璃底面与裁口之间，沿裁口的全长均匀涂抹1～3mm厚的底油灰，接着把玻璃推铺平整、压实，然后收净底油灰。

④ 木门窗玻璃推平压实后，四边应分别钉上钉子，钉子间距为100～150mm，每边不少于2个钉子，钉完后用手轻敲玻璃，若响声坚实，说明玻璃安装平实。否则应取下玻璃，重新铺实底油灰后，再推压挤平，然后用油灰填实，将灰边压光压平，并不得将玻璃压得过紧。

⑤ 钢门窗安装玻璃，应用钢丝卡固定，钢丝卡间距不得大于200mm，且每边不得少于2个，并用油灰填实抹光；如果采用橡胶垫固定，应先将橡胶垫嵌入裁口内，并用压条和螺钉加以固定。

⑥ 安装斜天窗的玻璃，如设计没有要求时，应采用夹丝玻璃，并应从顺水方向盖叠安装。盖叠搭接长度应视天窗的坡度而定，当坡度为1/4或大于1/4时，盖叠搭接长度不小于30mm；当坡度小于1/4时，盖叠搭接长度不小于50mm，盖叠处应用钢丝卡固定，并在缝隙中用密封膏嵌填密实。如果用平板或浮法玻璃时，要在玻璃下面加设一层镀锌钢丝网。

⑦ 门窗安装彩色玻璃和压花玻璃时，应按照设计图案仔细裁割，拼缝必须吻合，不允许出现错位松动和斜曲等缺陷。

⑧ 安装窗中玻璃时，应按其开启方向确定定位垫块的位置，定位垫块的宽度应大于玻璃的厚度，其长度不宜小于25mm，并应符合设计要求。中空玻璃的均压管应密封处理。

⑨ 铝合金框扇玻璃安装时，玻璃就位后，其边缘不得与框扇及其连接件相接触，所留间隙应符合有关标准规定，所用材料不得影响流水孔。密封膏封贴缝口，封贴的宽度及深度应符合设计要求，必须密实、平整、光洁。

⑩ 门窗镀（贴）膜玻璃的安装方向应正确。

⑪ 密封条安装位置应正确，镶嵌牢固、不得脱槽，接头处不得开裂。关闭门窗时密封条应接触严密。

⑫ 玻璃安装好后，应随即进行清理，将油灰、钉子、钢丝卡及木压条等清理干净，关好门窗。

(6) 质量标准

① 主控项目

a. 玻璃的品种、规格、尺寸、色彩、图案和涂膜朝向、中空玻璃露点、玻璃遮阳系数和可见光透射比应符合设计要求。单块玻璃大于1.5m^{2}时应使用安全玻璃，中空玻璃应采用双道密封。

b. 门窗玻璃裁割尺寸应正确，安装后的玻璃应牢固，不得有裂纹、损伤和松动。

c. 玻璃的安装方法应符合设计要求，固定玻璃的钉子或钢丝卡的数量、规格应能保证玻璃安装牢固。

d. 镶钉木压条接触玻璃处，应与裁口边缘平齐，木压条应互相紧密连接，并与裁口边缘紧贴，割角应整齐。

e. 密封条与玻璃、玻璃槽口的接触应紧密、平整；密封胶与玻璃、玻璃槽口的边缘应粘接牢固、接缝平齐。

f. 带密封条的玻璃压条，其密封条必须与玻璃全部贴紧，压条与型材之间应无明显缝隙，压条接缝应不大于0.5mm。

② 一般项目

a. 玻璃表面应洁净，不得有腻子、密封胶、涂料等污渍。中空玻璃内外表面均应洁净，玻璃中空层内不得有灰尘和水蒸气。

b. 门窗玻璃不应直接接触型材。单面镀膜玻璃的镀膜层及磨砂玻璃的磨砂面应朝向室内；中空玻璃的单面镀膜玻璃应在最外层，镀膜层应朝向室内。

c. 腻子应填抹饱满、粘接牢固，腻子边缘与裁口应平齐。固定玻璃的卡子不应在腻子表面显露。

d. 中空玻璃的均压管应密封处理。

7.4.3 节能门窗施工应用实例

某湖畔美居工程位于广州市，地下3层，地上26层，其中1～6层为裙楼，第7层为架空层，8～26层为4栋塔楼，框架剪力墙结构。门窗节能设计概况为裙楼采用玻璃幕墙及铝合金窗，玻璃为Low-E中空玻璃。塔楼采用塑钢门窗，玻璃为透明中空玻璃。门窗施工工艺简介如下。

(1) 工艺流程

型材检验入库→型材下料→安装衬钢→焊接型材→清理焊缝→安装辅件→检验→包装→发往工地→装固定片→定安装点→框进洞口→调整定位→与墙体固定→填充性材料→洞口抹灰→清理砂浆→施打密封胶→安装门窗扇→装五金配件→清理表面排水孔一撕下保护膜

(2) 施工及质量及控制要点

① 做到提高住宅外窗的气密性，减少冷空气渗透。如设置泡沫塑料密封条，使用新型的密封性能良好的门窗材料。门窗框与墙间的缝隙可用弹性松软型材料，如毛毡；弹性密闭型材料，如聚苯乙烯泡沫材料等密封。框与扇的密封可用橡胶、橡塑密封条及高低缝等。扇与扇之间的密封可用密封条及高低缝等。扇于玻璃之间的密封可用各种弹压条等。

② 改善门窗的保温性能。户门与阳台结合防火、防盗要求，在门的空腹内填充聚苯乙烯板或岩棉板，以增加其绝热性能；窗户采用钢塑复合窗和塑料窗，这样可以避免金属窗产生的冷桥，可设置双玻璃或三玻璃，并积极采用中空玻璃、镀膜玻璃，有条件的住宅可采用低辐射玻璃；缩短门窗缝隙长度，采用大窗扇，减少小窗扇，合理减少可开启的窗扇面积。

③ 门窗框安装固定前由公司技术人员对提供的产品尺寸复核，对预留墙洞口进行复核，用防水砂浆刮糙处理好后安装。窗安装采用镀锌铁片连接固定，固定点间距：转角处150～200mm，框边处小于或等于500mm，在安装过程中对每一樘已安装好的门窗有专职质检员进行检验，保证门窗的水平度及垂直度符合验收要求；严禁用长脚膨胀螺栓穿透型材固定门窗框。

④ 门窗框边及底面应贴上保护膜，如发现保护膜脱落时，应补贴保护膜；门窗洞口清理干净及干燥后，施打发泡剂，应连续施打，一次成型饱满。

⑤ 门窗框扇表面若沾止水砂浆时，应在其硬化前用湿布擦拭干净，不得用硬质材料铲刮表面。

7.5 绿色建筑屋面施工工艺及实例

屋面作为建筑物外围护结构之一，所造成的热损失大于外墙和地面。在城市，由于建筑采用多层或高层结构，屋面相对面积较小，产生的能耗约占建筑总能耗的8%～10%。而在农村地区，通过屋面造成的能耗损失所占比例更大，甚至达到40%。因此，屋面是建筑节能的重要部位。在屋面结构中合理地设置保温层，可以提高建筑物的保温隔热效果，降低采暖空调能源损耗，改善室内热舒适度。另外，保温层处理的好坏还直接影响屋面的防水效果，大量工程实践表明，在同等结构材料和施工水平条件下，保温隔热做得好的屋面，屋面结构所承受的温度应力小，防水层出现空鼓裂缝及由此而引起的屋面渗漏现象也少。

7.5.1 节能建筑屋面施工要求及相关规定

（1）节能屋面施工工艺应遵循的要求

① 屋面保温隔热工程的施工，应在基层质量验收合格后进行。

② 屋面保温隔热工程采用的保温材料，进场时应对其下列性能进行复验：

a. 板材、块材及现浇等保温材料的热导率、密度、压缩（10%）强度、阻燃性；

b. 松散保温材料的热导率、干密度和阻燃性。

③ 屋面保温隔热工程应对下列部位进行隐蔽工程验收，并应有详细的文字和图片资料：

a. 基层；

b. 保温层的敷设方式、厚度和缝隙填充质量；

c. 屋面热桥部位；

d. 隔气层。

④ 屋面保温隔热层施工完成后，应及时进行找平层和防水层的施工，避免保温层受潮、浸泡或受损。

⑤ 建筑屋面节能工程的检验批划分参照《屋面工程质量验收规范》(GB 50207—2002) 执行。

⑥ 建筑屋面节能工程的检查数量应按下列规定执行：

a. 按屋面积每100m² 抽查1处，每处10m²，且不得少于3处；

b. 热桥部位的保温做法全数检查；

c. 保温隔热材料进场复检按同一单体建筑、同一生产厂家、同一规格、同一批材料为一个检验批，每个检验批随机抽取一组。

（2）节能屋面与楼地面施工工艺相关规定

① 本施工工艺适用于民用建筑屋面工程的施工。

② 本施工工艺是遵照《建筑工程施工质量验收统一标准》(GB 50300—2001)、《屋面工程质量验收规范》(GB 50207—2002)、《屋面工程技术规范》(GB 50345—2004)、《建筑节能工程施工质量验收规范》(GB 50411—2007)、《建筑工程施工质量验收统一标准》(GB 50300—2001) 和相应的国家现行技术标准进行规定编制。

③ 施工中的劳动保护、安全和防火措施等，必须按现行有关标准、规定执行。

7.5.2 建筑屋面施工工艺和施工要点

7.5.2.1 屋面保温层施工工艺

（1）材料性能要求

① 水泥采用强度等级不小于32.5级的硅酸盐水泥、普通硅酸盐水泥或矿渣硅酸盐水泥。

② 膨胀珍珠岩粒径宜大于0.15mm；粒径小于0.15mm的含量不应大于8%；堆积密度≤120kg/m³，热导率≤0.07W/(m·K)。

③ 膨胀蛭石粒径为3～15mm；堆积密度≤300kg/m³，热导率≤0.14W/(m·K)。

④ 炉渣粒径为5～40mm，堆积密度≤1000kg/m³，热导率≤0.25W/(m·K)。

⑤ 加气混凝土板表观密度≤600kg/m³，热导率≤0.2W/(m·K)，抗压强度应不低于2.0MPa。

⑥ 蛭石混凝土（膨胀珍珠岩）板表观密度≤500kg/m³，热导率≤0.12W/(m·K)，抗压强度不低于0.3MPa。

⑦ 挤塑聚苯板（XPS）表观密度30～50kg/m³，热导率≤0.030W/(m·K)，抗压强度不低于0.18MPa。

⑧ 沥青应符合《建筑石油沥青》（GB/T 494—1998）的规定。其软化点宜为50～60℃，不得大于70℃。

⑨ 耐碱网布性能要求参见前面表7-5。

（2）施工工具与机具

① 机具。砂浆搅拌机、平板式振捣器、垂直提升设备、手推车等。

② 工具。平锹、钢抹子、木抹子、大杠尺、铁滚筒、手推加热滚筒、烙铁、筛子、钢丝刷、笤帚等。

（3）作业条件

① 屋面结构层施工完成，已办理验收手续和隐蔽工程记录。

② 穿过屋面的各种管道根部已固定牢固，并使用细石混凝土填塞密实。

③ 有隔汽层的屋面，隔汽层已按设计要求和施工规范规定铺设。

④ 保温材料已运到现场，其热导率、密度、抗压强度经见证取样送检复验合格；保温材料配合比已经确认。

⑤ 施工机具已备齐，水、电已接通。

⑥ 气温不低于5℃。

（4）施工工艺　屋面保温层施工工艺流程如下：

基层清理→弹线找坡→铺设保温层

（5）施工要点

① 基层清理。铺设保温层前，预制或现浇混凝土屋面基层表面的泥土、杂物应清理干净，基层应平整、干燥。

检查穿过屋面的各种管道根部是否已固定牢固。

有隔汽层的屋面，应检查隔汽层是否完整，在屋面和墙体交界处，隔汽层是否沿墙铺设并高出保温层上表面150mm。

② 水泥现浇整体保温层铺设

a. 保温层应先按设计要求拉线找出2%的坡度，松散保温材料应分层铺设，每层铺设厚度不大于150mm，适当整平后，用铁滚筒压实，或用平板式振捣器振捣密实。压实程度应根据设计要求和试验确定，压实完成后的保温层厚度允许偏差为+10%或−5%。铺完的保温层表面应抹平，做成粗糙面，以便与找平层结合。

b. 保温层铺设完成后，应在12h内加以覆盖和浇水，养护时间不少于7d。

c. 保温层未达到要求的强度前，不得在保温层上施工或堆放重物。

③ 沥青整浇保温层铺设

a. 沥青加热温度不应高于240℃，使用温度不应低于190℃，膨胀珍珠岩或膨胀蛭石的预热温度宜为100～120℃。

b. 沥青膨胀（珍珠岩）蛭石宜采用机械拌合，应将其拌合均匀、色泽一致，无沥青团。

c. 铺设宜采用“分仓”施工，压实程度根据试验确定，其厚度应符合设计要求，表面应平整。

d. 沥青整浇保温层应留置分格缝，其间距≤6m。分格缝不填死，可作为排气通道与大气连通。

e. 雨雪天和5级风以上的天气时不得露天施工，如露天施工中途下雨、下雪时应采取遮盖措施。

④ 板状保温层铺设

a. 铺前先将接触面清扫干净，板状保温层铺设时应找平拉线铺设，板块铺设应粘贴紧密、垫稳、铺平。分层铺设的板块，上下两层应错开，各层板块间的缝隙，应用同类材料的碎料填实，表面应与相邻两板高度一致。

b. 板状保温层如需留设与大气连通的排气通道时，应在做砂浆找平层分格缝排气道处留设。

c. 需要在铺完的板块上行走或使用手推车时，应在保温层上铺垫板。

⑤ 以下施工部位应同步拍摄必要的图像资料。

a. 基层。

b. 保温层的敷设方式、厚度，板材缝隙填充质量。

c. 屋面热桥部位。

d. 隔汽层。

(6) 质量标准

① 主控项目

a. 用于屋面节能工程的保温隔热材料，其品种、规格应符合设计要求和相关标准的规定。

b. 屋面节能工程使用的保温隔热材料，其热导率、密度、抗压强度、燃烧性能应符合设计要求。

c. 保温层的含水率必须符合设计要求。

d. 屋面保温隔热层的敷设方式、厚度、缝隙填充质量及屋面热桥部位的保温隔热做法，必须符合设计要求和有关标准的规定。

e. 屋面的隔汽层位置应符合设计要求，隔汽层应完整、严密。

② 一般项目

a. 松散保温材料，要求分层铺设、压实适当、表面平整、找坡正确。

b. 板状保温材料，要求紧贴基层粘贴牢固、铺平垫稳、拼缝严密、找坡正确。

c. 整体现浇保温层，要求其配合比应计量准确、拌合均匀，分层连续铺设，压实适当、表面平整、找坡正确。

d. 保温层厚度的允许偏差，松散保温材料和整体现浇保温层允许偏差分别为＋10%、－5%；板状保温材料允许偏差为±5%，且不得大于4mm。

e. 当倒置式屋面保护层采用卵石铺压时，卵石应分布均匀，卵石的质（重）量应符合设计要求。

7.5.2.2 架空隔热屋面施工工艺

架空隔热屋面构造如图7-35所示。

(1) 材料性能要求

① 烧结砖。宜采用烧结空心砖，砖的品种、强度等级必须符合设计要求，并应有出厂合格证及复验单。

② 水泥。宜采用强度等级为32.5级的普通硅酸盐水泥或矿渣硅酸盐水泥，并应有出厂合格证及复验报告。

③ 砂。宜用中砂，并通过5mm筛孔。配制M5（含M5）以上的砂浆，砂的含泥量不应超过2%；配制M5以下的砂浆，砂的含泥量不应超过3%，且不得含有草根等杂物。

④ 掺合料。有石灰膏、磨细生石灰粉、电

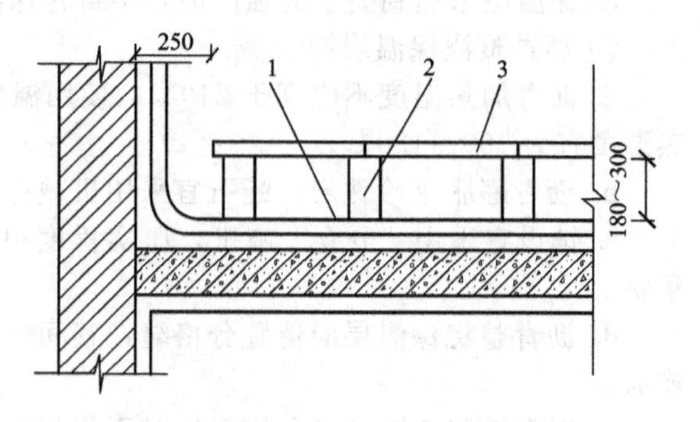

图7-35 架空隔热屋面构造（单位：mm）

1—防水层；2—支座；3—架空板

石膏和粉煤灰等，石灰膏的熟化时间不应少于7d，严禁使用冻结或脱水硬化的石灰膏。

⑤ 外加剂。多使用微沫剂或各种不同品种的有机塑化剂，其掺量、稀释办法、拌合要求和使用范围应严格按有关技术规定执行，并由试验室试配确定。

⑥ 水。应使用自来水或不含有害物质的洁净水。

(2) 施工工具与机具

① 机具。砂浆搅拌机、垂直提升设备、手推车等。

② 工具。水平仪、水平尺、平锹、钢抹子、瓦刀、筛子、钢丝刷、笤帚等。

(3) 作业条件

① 屋面防水层（防水保护层）施工完成，已办理验收手续和隐蔽工程记录。

② 穿过屋面的各种管件根部及屋面构筑物、伸缩缝、天沟等根部均已按设计要求施工完毕。

③ 屋面杂物已清理干净。

④ 砌筑砂浆配合比已经确认。

⑤ 施工机具已备齐，水、电已接通。

⑥ 气温不低于5℃。

(4) 施工工艺　架空隔热屋面施工工艺流程如下：

基层清理→弹线分格→砖墩砌筑→隔热板坐砌→养护→板面勾缝→勾缝养护→验收

(5) 施工要点

① 基层清理。屋面防水层（防水保护层）验收合格后，将屋面余料、杂物清理干净，并清扫表面灰尘。

② 弹线分格。按设计及有关标准要求进行隔热板平面布置的分格弹线，注意进风口设于炎热季节最大频率风向的正压区，出风口设在负压区。

③ 分格缝设置。按设计要求设置分格缝，若设计无要求，可依照防水保护层的分格间距留设，或以分格缝不大于8m为原则进行分格。

④ 砖墩砌筑。按砌体施工工艺要求施工，要求灰缝饱满，平滑，并及时清理落地灰和砖碴。

⑤ 隔热板坐砌。要求拉线定位、坐浆饱满，确保板缝的顺直、板面的坡度和平整。施工中注意随砌随清理落地灰和砖碴。

⑥ 养护。隔热板坐砌后，应进行1～2d的湿润养护，待砂浆强度达1MPa以后，方可进行板面勾缝。

⑦ 板面勾缝。板缝应先润湿、阴干，然后用1∶2水泥砂浆勾缝。勾缝砂浆表面应反复压光，做到平滑顺直，余灰随勾随清扫干净。勾缝施工完毕后，应湿润养护1～2d，然后准备分项验收。

⑧ 以下施工部位应同步拍摄必要的图像资料。

a. 基层。

b. 支座砌筑方式。

c. 板缝隙填充质量。

(6) 质量标准

① 主控项目

a. 架空隔热制品的质量必须符合设计要求，严禁有断裂和露筋等缺陷。

b. 架空隔热层的架空高度、安装方式、通风口位置及尺寸应符合设计及有关标准要求。架空层内不得有杂物。架空面层应完整，不得有断裂和露筋等缺陷。

② 一般项目

a. 架空隔热制品的铺设应平整、稳固，缝隙勾填应密实；架空隔热制品距女儿墙不得小于250mm，架空高度及变形缝做法应符合设计要求。

b. 相邻两块架空隔热制品的高差不得大于3mm。

7.5.2.3 种植屋面施工工艺

种植屋面构造如图7-36所示。

(1) 材料性能要求

① 水泥。采用强度等级不小于32.5级的硅酸盐水泥、普通硅酸盐水泥或矿渣硅酸盐水泥。

② 砂。采用中砂或粗砂，含泥量不大于2%。

③ 石子。碎石，粒径5～15mm，含泥量不大于1%，用于细石混凝土；卵石，粒径10～40mm。

④ 含泥量不大于1%，用于排水层。

⑤ 防水材料。符合设计要求和现行国家行业标准的规定，并有产品出厂合格证。

⑥ 种植介质。蛭石、木屑、种植土等，均应符合设计要求。

⑦ 聚酯纤维土工布。应符合设计要求和现行国家行业标准的规定。

⑧ 塑料排水板。应符合设计要求和现行国家行业标准的规定。

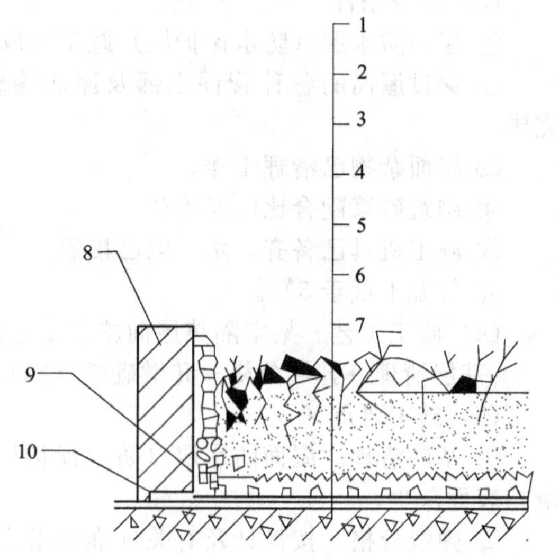

图7-36 种植屋面构造

1—植物层；2—种植介质层；3—隔离过滤层；4—排水层；5—防水保护层；6—防水层；7—屋面结构层；8—挡土墙；9—卵石疏水骨料；10—泄水口

(2) 施工工具与机具

① 机具。混凝土搅拌机、砂浆搅拌机、垂直提升设备、手推车等。

② 工具。水平仪、水平尺、平锹、钢抹子、大杠尺、筛子、钢丝刷、笤帚等。

(3) 作业条件

① 屋面结构层和挡土墙施工完成，已办理验收手续和隐蔽工程记录。

② 穿过屋面的各种管件根部及屋面构筑物、伸缩缝、天沟等根部均已按设计要求施工完毕。

③ 屋面标高和排水坡度的基准点和水平基准控制线已设置或已做标志。

④ 种植屋面所用材料已运到现场，经复检材料质量符合要求；(细石混凝土) 配合比已经确认。

⑤ 施工机具已备齐，水、电已接通。气温不低于5℃。

(4) 施工工艺 种植屋面施工工艺流程如下：

基层清理→防水层施工→保护层施工→排水层施工→隔离过滤层施工→种植介质层铺设→植物层种植

(5) 施工要点

① 基层清理。施工前，应将基层表面的泥土、杂物清理干净，不平度超过10mm要用1∶2水泥砂浆找平。穿过屋面的各种管道根部应固定牢固。

② 防水层施工，根据设计要求和相关施工工艺进行。

③ 保护层施工。采用柔性防水层的种植屋面应设细石混凝土保护层，其厚度为100mm，强度为C15。

混凝土浇筑由一端向另一端进行，采用平板式振捣器振捣。混凝土振捣密实后，用大杠尺

细致刮平表面，保证排水坡度符合设计要求，然后用抹子收面。

大面积浇筑混凝土时，应分区块进行。每块混凝土应一次连续浇筑完成，如有间歇，应按规定留置施工缝。变形缝按不大于6m的间距设置。

混凝土浇筑完后，应在12h内覆盖浇水养护，养护时间一般不少于7d。待混凝土的抗压强度达到1MPa以后，方可进行上部施工。

④ 排水层施工，塑料排水板按设计要求进行排放固定。挡土墙泄水孔处应先按设计要求设置钢丝挡水网片，然后在其周围放置卵石疏水骨料。

⑤ 隔离过滤层施工。隔离过滤层是在种植介质和排水层之间铺设的一层聚酯纤维土工布（单位面积质量大于等于250g/m^2）。施工时，先在排水层上铺50mm厚的中砂，然后铺设聚酯纤维土工布，土工布压边大于等于100mm，随铺随用种植介质土覆盖，并用大杠尺刮平表面。

⑥ 种植介质层施工。按设计要求的层次、厚度和压实系数进行装填，装填不得扰动隔离过滤层，并使种植介质层上表面基本平整且低于四周挡土墙100mm。

⑦ 植物层种植。按设计要求的植物种类，选合适的季节进行种植，并按规定进行养护。

⑧ 以下施工部位应同步拍摄必要的图像资料。

a. 基层。

b. 防水层及保护层施工方式。

c. 排水层、隔离过滤层施工方式。

d. 种植介质层施工方式。

（6）质量标准

① 主控项目

a. 种植屋面挡土墙泄水孔的留设必须符合设计要求，并不得堵塞。

b. 种植屋面防水层施工必须符合设计要求，不得有渗漏。

② 一般项目

a. 种植土表面的平整度、厚度、质量和排水坡度应符合设计要求。

b. 排水层厚度和泄水口高度应符合所种植的植物的耐旱和耐水要求。

c. 种植屋面在装填种植土、饰面层施工和种植花草、树木时，应避免对防水层产生破坏。

d. 屋面防水层和防水保护层施工完毕后，严禁在屋面防水层上凿孔打洞，避免重物冲击，不得任意在屋面防水层上堆放杂物及增设构筑物。

7.5.2.4　蓄水屋面施工工艺

蓄水屋面构造如图7-37所示。

（1）材料性能要求

① 水泥宜采用强度等级为42.5级的普通硅酸盐水泥或矿渣硅酸盐水泥，应有出厂合格证及复验报告。

② 砂宜采用中粗砂，含泥量不应超过2%，不得含有草根等杂物。

③ 石子粒径5～15mm，含泥量不应超过1%。

④ 掺合料磨细矿粉、粉煤灰等。

⑤ 外加剂按有关技术规定执行，并由试验室试配确定。

⑥ 水应用自来水或不含有害物质的洁净水。

⑦ 柔性防水材料应符合设计要求和国家现行标

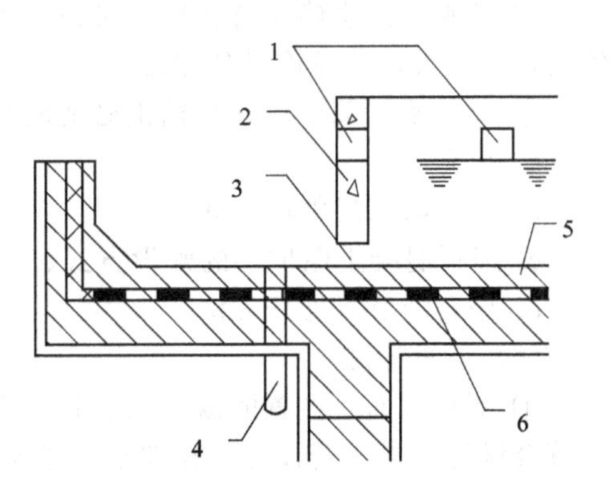

图7-37　蓄水屋面构造

1—溢水口；2—分仓墙；3—过水孔；4—排水管；5—细石混凝土保护层；6—柔性防水层

准规定，并有产品出厂合格证。

(2) 施工工具与机具

① 机具。混凝土搅拌机、砂浆搅拌机、平板式振捣器、垂直提升设备、手推车等。

② 工具。水平仪、水平尺、平锹、钢抹子、大杠尺、筛子、钢丝刷、笤帚等。

(3) 作业条件

① 屋面结构和分仓墙施工完成，已办理验收手续和隐蔽工程记录。

② 穿过屋面的各种管件根部及屋面构筑物、伸缩缝、天沟等根部均已按设计要求施工完毕。

③ 柔性防水材料已进场，并复验合格。

④ 细石混凝土配合比已经确认。

⑤ 施工机具已备齐，水、电已接通。

⑥ 气温不低于5℃。

(4) 施工工艺　蓄水屋面施工工艺流程如下：

基层清理→柔性防水层施工→细石混凝浇筑→养护→试水→蓄水

(5) 施工要点

① 基层要求。屋面结构层为现浇混凝土时，表面不得有蜂窝、空洞；屋面结构层为装配式钢筋混凝土面板时，板缝应使用强度等级不小于C20的细石混凝土（掺膨胀剂）嵌填严密，板缝不得在荷载作用时颤动。

穿越屋面的孔洞应预留，不得后凿。各类穿越屋面的管道等应在防水层施工前安装完毕，预留洞已按设计要求嵌封严密，经试水无渗漏。

② 基层清理。先用打磨机将突出基层的多余混凝土或砂浆结块清除，再用钢丝刷和清水清除基层表面的浮浆、泛碱、尘土、油污以及表面涂层等杂物，并使光滑的混凝土表面变成粗糙面，然后用清水冲洗至中性。

③ 柔性防水层施工，根据设计要求和相关施工工艺进行。

④ 细石混凝土浇筑

a. 细石混凝土应掺加减水剂、膨胀剂等外加剂，减少混凝土的收缩。

b. 细石混凝土浇筑时，每个蓄水区必须一次浇筑完毕，不得留施工缝，其立面与平面的防水层必须同时进行施工。

c. 细石混凝土浇筑施工的气温宜为5～35℃，并应避免在烈日暴晒下进行施工。

⑤ 养护。细石混凝土浇筑完成12h内，应进行覆盖，并对其湿润养护7d以上。然后对分仓缝等处按设计要求进行处理，并进行试水。

⑥ 蓄水。试水确认合格后，可以开始蓄水，屋面蓄水后，应保持蓄水层的设计厚度，严禁因蓄水流失、蒸发而导致屋面干涸。

⑦ 以下施工部位应同步拍摄必要的图像资料。

a. 基层。

b. 柔性防水层敷设方式。

c. 细石混凝土保护层的敷设方式、厚度。

d. 分仓缝节点处理方法。

(6) 质量标准

① 蓄水屋面上设置的溢水口、过水孔、排水管、溢水管，其大小、位置、标高的留设必须符合设计要求。若设计未作要求，蓄水屋面的溢水口应距分仓墙顶面100mm（图7-38）；过水孔应设在分仓墙底部，排水管应与水落管连通（图7-39）；分仓缝内应嵌填泡沫塑料，上部用卷材封盖，然后加扣混凝土盖板（图7-40）。

② 蓄水屋面防水层施工必须符合设计要求，不得有渗漏现象。

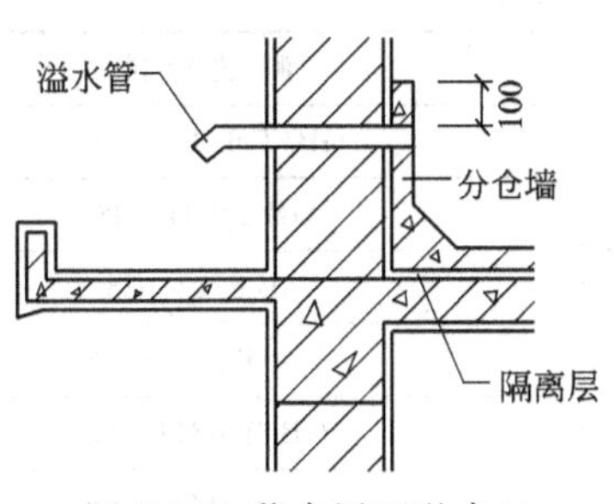

图 7-38　蓄水屋面溢水口

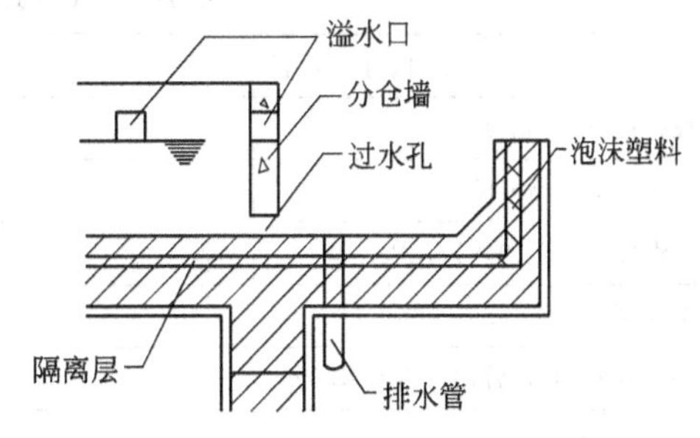

图 7-39　蓄水屋面过水孔、排水

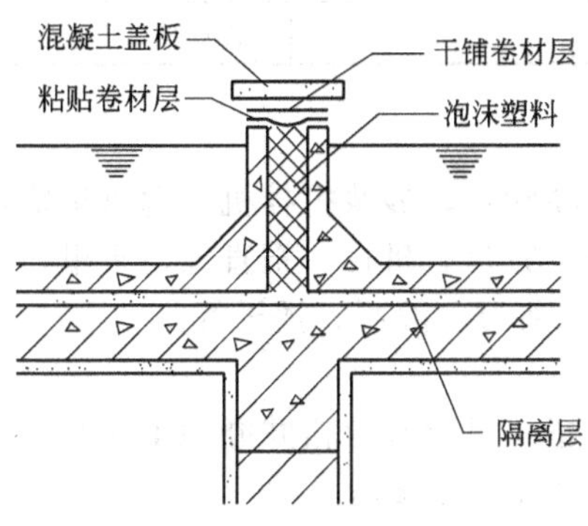

图 7-40　蓄水屋面分仓缝

7.5.2.5　喷涂硬质聚氨酯泡沫塑料屋面保温层施工工艺

本工艺适用于钢筋混凝土平屋面、坡屋面的保温施工，构造见图 7-41、图 7-42。

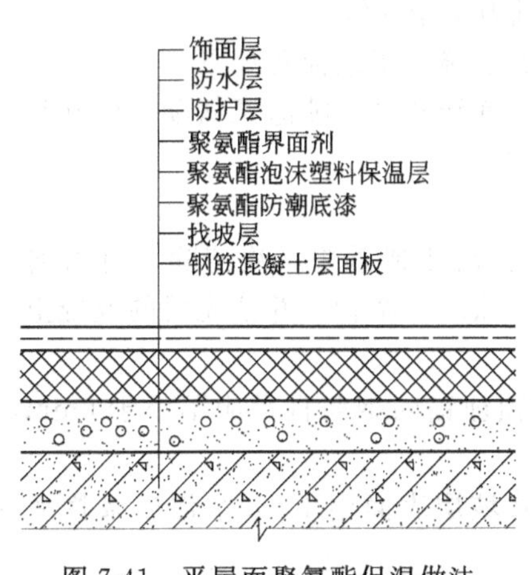

图 7-41　平屋面聚氨酯保温做法

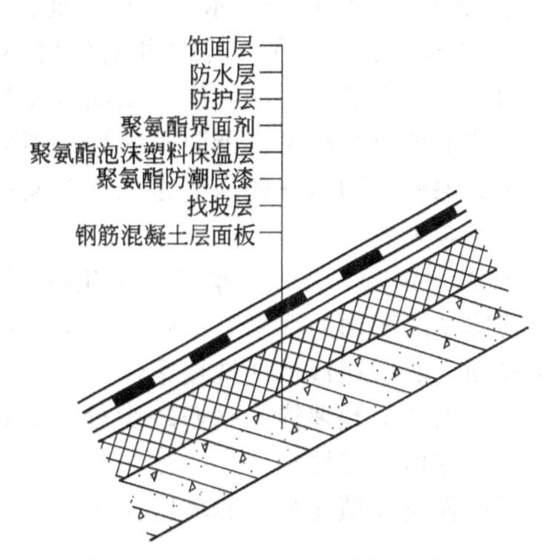

图 7-42　坡屋面聚氨酯保温做法

（1）材料性能要求

① 硬质聚氨酯泡沫塑料性能要求见表 7-52。

② 耐碱网布性能要求参见 7-5。

③ 聚氨酯防潮底漆、聚氨酯界面砂浆、抗裂砂浆的性能指标应符合设计要求和现行国家行业标准的规定，并有出厂合格证。

④ 水泥。采用强度等级不小于 42.5 级的硅酸盐水泥、普通硅酸盐水泥或矿渣硅酸盐水泥。

⑤ 砂。采用中砂，含泥量不大于 2%。

表 7-52 硬质聚氨酯泡沫塑料性能要求

检验项目	性能要求	测试标准
表观密度/(kg/m³)	≥35	GB/T 6343—1995
热导率/[W/(m·K)]	≤0.03	GB 10294—88
压缩性能(形变 10%)/MPa	≥0.25	GB 8813—88
抗拉强度/MPa	≥0.3	GB/T 9641—88
−30～70℃,48h 后尺寸变化率/%	≤3.0	GB/T 8811—88
闭孔率/%	≥95	GB/T 10799—89
吸水率/%	≤2.0	GB/T 5486—2001
燃烧性能	阻燃型	GB/T 10801.1—2002

(2) 施工工具与机具

① 机具。空压机、聚氨酯喷涂机、砂浆搅拌机、垂直运输机械、手推车等。

② 工具。水平仪、水平尺、方尺、量针、钢直尺、平锹、钢抹子、大杠尺、筛子、手锯、钢丝刷、手提式搅拌器、水桶、剪刀、滚刷、锤子等。

(3) 作业条件

① 钢筋混凝土屋面施工完毕，已验收合格并办理了隐蔽工程记录。

② 基层干燥、平整，含水率不大于 8%。

③ 硬质聚氨酯泡沫塑料热导率、密度、抗压强度经见证取样送检合格。

④ 其他材料已进场，并复验合格。

⑤ 垂直提升设备和防护栏杆已搭设完毕。

⑥ 施工机械已备齐，水、电已接通。

⑦ 气温不低于 10℃，空气相对湿度小于 90%，风力小于 5 级。

(4) 施工工艺　喷涂硬质聚氨酯泡沫塑料屋面保温层施工工艺流程如下：

基层清理→满刷聚氨酯防潮底漆→喷涂硬质聚氨酯泡沫塑料→喷涂聚氨酯界面砂浆→抹抗裂砂浆、铺耐碱网布→防水层施工→饰面层施工→验收

(5) 施工要点

① 基层清理。先用打磨机将突出屋面基层的多余混凝土或砂浆结块清除，再用钢丝刷和清水清除基层表面的浮浆、泛碱、尘土、油污以及表面涂层等杂物，并使光滑的混凝土表面变成粗糙面，然后用清水冲洗至中性。

坡屋面基层预埋锚固钢筋缺少处，应进行补埋（预埋锚固钢筋直径应不小于 6mm，外露长度不应穿出保温层）。

平屋面设计填充材料和坡度应进行找坡层施工，找坡层表面用 1∶3 水泥砂浆找平（厚度 20mm）。

② 聚氨酯防潮底漆涂刷。待基层含水率小于 8%后，用滚刷将聚氨酯底漆均匀地涂刷于基层表面。涂刷两遍，时间间隔为 2h，以第一遍表干为标准。阴雨天、大风天不得施工。

③ 喷涂硬质聚氨酯泡沫塑料

a. 做好相邻部位防污染遮挡后，开启喷涂机将硬质聚氨酯泡沫塑料均匀地喷涂于屋面之上，喷涂次序应从屋面边缘向中心方向喷涂，待聚氨酯发起泡后，沿发泡边沿喷涂施工。

b. 第一遍喷涂厚度宜控制在 10mm 左右。喷涂第一遍之后在喷涂保温层上插标准厚度标杆（间距 300～400mm），然后继续喷涂施工，喷涂可多遍完成，每遍喷涂厚度宜控制在 20mm 以内，控制喷涂厚度至刚好覆盖标准厚度标杆为止。

c. 喷施聚氨酯保温材料时要注意防风，风速超过 5m/s 时应停止施工。

d. 喷涂过程中要严格控制保温层的平整度和厚度，对于保温层厚度超出5mm的部分，可用手锯将过厚处修平。

e. 硬质聚氨酯泡沫塑料保温层喷涂施工完成后，应按要求检查保温层厚度。

④ 喷涂聚氨酯界面砂浆。硬质聚氨酯泡沫塑料保温层喷涂4h后，可用滚刷将聚氨酯界面砂浆均匀地涂于保温基层上，也可以使用喷斗喷涂施工。

⑤ 抹抗裂砂浆、铺耐碱网布。硬质聚氯氨酯泡沫塑料保温层施工完成3～7d后，即可进行抗裂砂浆层施工。

先在保温层上抹2mm厚抗裂砂浆，待抗裂砂浆初凝后，分段铺挂耐碱网布，然后在底层抗裂砂浆终凝前再抹一道抗裂砂浆罩面，厚度为2～3mm。耐碱网布之间的搭接宽度不应小于50mm，先压入一侧，再压入另一侧，严禁干搭。耐碱网布应含在抗裂砂浆中，铺贴要平整，无褶皱，可隐约见网格，抗裂砂浆饱满度应达到100%，局部不饱满处应随即补抹抗裂砂浆找平并压实。

⑥ 防水层施工，根据设计要求和相关施工工艺进行。

⑦ 饰面层施工，根据设计要求和相关施工工艺进行。

⑧ 以下施工部位应同步拍摄必要的图像资料。

a. 基层。

b. 保温层的敷设方式、厚度。

c. 屋面热桥部位。

d. 防水层。

(6) 质量标准

① 主控项目

a. 保温材料的品种、规格应符合设计要求和相关标准的规定。

b. 保温材料的热导率、密度、抗压强度、燃烧性能应符合设计要求。

c. 保温层厚度及构造做法应符合设计要求。保温层厚度应均匀，不得有负偏差。

d. 保温层与基层必须粘接牢固，保温层应无脱层、空鼓、裂缝，面层无粉化、起皮、暴灰等现象。

② 一般项目

a. 保温层表面应平整、洁净，接槎平整，无明显抹纹，线脚、分层条顺直、清晰，管道后面抹灰平整。

b. 平屋面、天沟、檐沟等的表面排水坡度应符合设计要求。

c. 屋面与山墙、女儿墙、天沟、檐沟以及突出屋面结构连接处的连接方式与结构形式应符合设计要求。

7.5.2.6 保温瓦屋面施工工艺

本工艺适合钢筋混凝土保温坡屋面平瓦施工，构造如图7-43所示。

(1) 材料性能要求

① 黏土瓦。平瓦及其脊瓦应边缘整齐、表面光洁，不得有分层、裂纹和露砂等缺陷。平瓦的瓦爪与瓦槽的尺寸应准确，其规格、技术性能应符合设计要求和现行国家行业标准的规定，并有出厂合格证。

② 水泥。采用强度等级不小于32.5级的硅酸盐水泥、普通硅酸盐水泥或矿渣硅酸盐水泥。

③ 砂。采用中砂，含泥量不大于2%。

④ 石子。粒径5～15mm，含泥量不应超过1%。

⑤ 挂瓦条采用截面30mm×30mm以上不易变形的木材，其种类、规格应符合设计要求。设计若无要求时，建议采用红、白松。

⑥ 防水材料其技术性能应符合设计要求和现行国家行业标准的规定，并有产品出厂合格证。

⑦ XPS板性能要求参见前面表7-16。

(2) 施工工具与机具

① 机具。混凝土搅拌机、砂浆搅拌机、平板式振捣器、垂直提升设备、电动搅拌器、角磨机、手推车等。

② 工具。水平仪、水平尺、平锹、钢抹子、大杠尺、筛子、钢丝刷、密齿手锯、剪子、滚刷、铁锹、钢丝刷、锤子、錾子、壁纸刀、托线板、方尺、靠尺、塞尺、量针、钢直尺、墨线盒、笤帚等。

(3) 作业条件

① 钢筋混凝土坡屋面施工完毕，已验收合格并办理了隐蔽工程记录。

② 平瓦、脊瓦等材料已运到现场，经复检材料质量符合要求。

③ XPS板的热导率、密度、抗压强度经见证取样送检合格。

④ 柔性防水材料已进场，并复验合格。

⑤ 细石混凝土、找平砂浆配合比已经确认。

⑥ 脚手架及垂直提升设备已搭设完毕。

⑦ 施工机械已备齐，水、电已接通。

⑧ 气温不低于5℃。

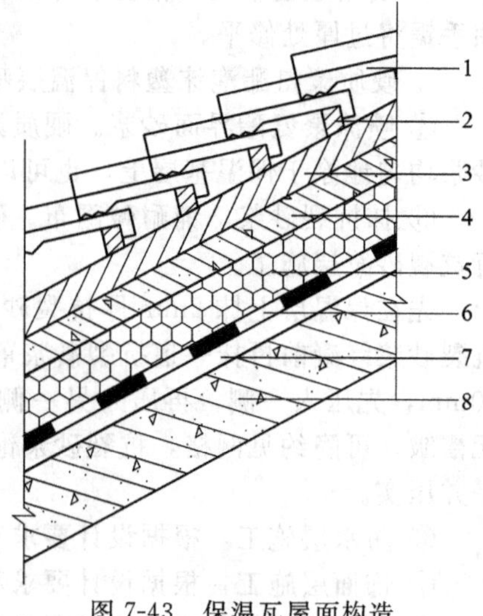

图7-43 保温瓦屋面构造
1—平瓦；2—挂瓦条；3—顺水条；4—细石混凝土；5—XPS板；6—防水层；7—找平层；8—钢筋混凝土坡屋面

(4) 施工工艺 保温瓦屋面施工工艺流程如下：

基层清理→找平层施工→防水层施工→保温层施工→细石混凝土层施工→钉顺水条→钉挂瓦条→铺瓦→验收

(5) 施工要点

① 节点处理

a. 平瓦屋面的瓦头挑出封檐的长度宜为50～70mm（图7-44）。

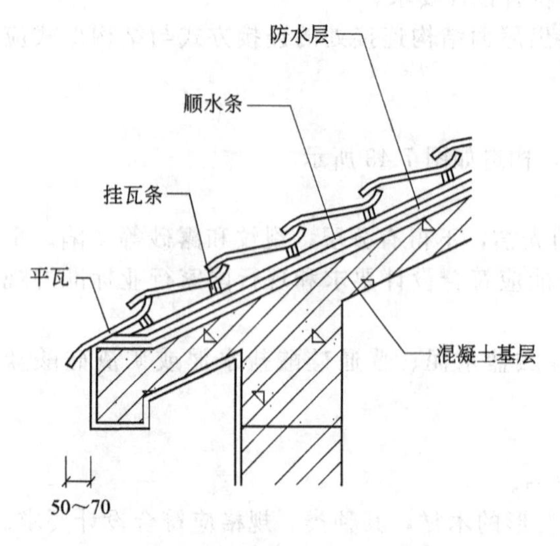

图7-44 平瓦屋面檐口（单位：mm）

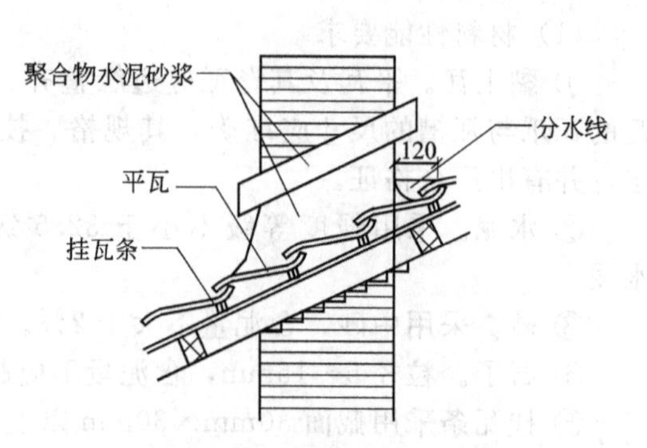

图7-45 平瓦屋面烟囱泛水（单位：mm）

b. 平瓦屋面的泛水，宜采用聚合物水泥砂浆或掺有纤维的混合砂浆分次抹成；烟囱与屋面的交接处，在迎水面中部应抹出分水线，并应高出两侧各30mm（图7-45）。

c. 平瓦伸入天沟、檐沟的长度宜为50～70mm（图7-46）。

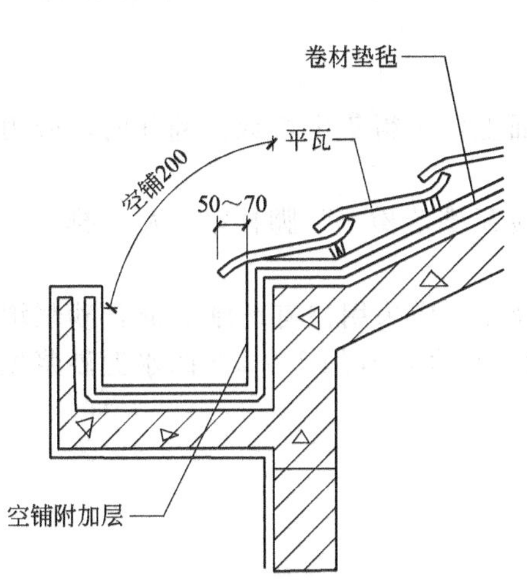

图7-46 平瓦屋面檐沟（单位：mm）

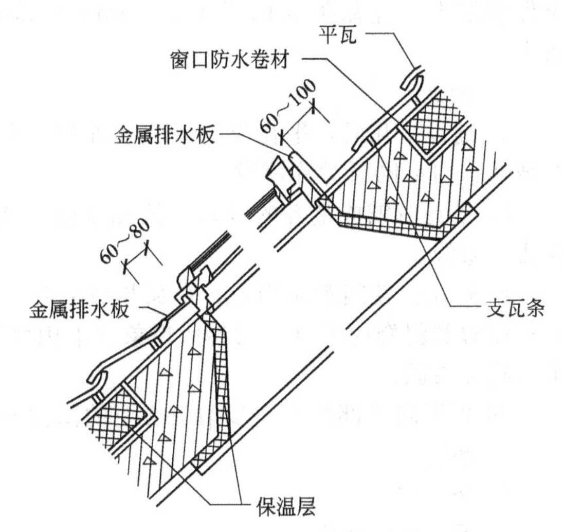

图7-47 平瓦屋面屋顶窗（单位：mm）

d. 平瓦屋面的脊瓦下端距坡面瓦的高度不宜大于80mm，脊瓦在两坡面瓦上的搭盖宽度，每边不应小于40mm。

e. 瓦屋面与屋顶窗交接处，应采用金属排水板、窗框固定铁角、窗口防水卷材、支瓦条等连接（图7-47）。

② 基层清理。先用打磨机将突出屋面基层的多余混凝土或砂浆结块清除，再用钢丝刷和清水清除基层表面的浮浆、泛碱、尘土、油污以及表面涂层等杂物，并使光滑的混凝土表面变成粗糙面，然后用清水冲洗至中性。

屋面基层预埋锚固钢筋缺少处，应进行补埋（预埋锚固钢筋直径应不小于10mm，长度应能进入细石混凝土层不小于30mm）。

③ 找平层施工。用1∶2水泥砂浆在湿润的屋面基层上抹10～15mm厚，平整度以满足防水层施工要求为准。

④ 防水层施工，根据设计要求和相关施工工艺进行。防水层铺贴完成后，应使用防水油膏对预埋锚固钢筋根部进行密封。

⑤ 保温层施工

a. XPS板边长应小于600mm。

b. 粘贴XPS板前，应采用刷涂方式对XPS板的粘接面进行界面剂处理，待界面剂充分干燥后方可粘贴XPS板。

c. 涂胶黏剂的面积不得小于XPS板面积的40%，胶黏剂涂好后应立即将XPS板贴在墙面上，动作要迅速，以防止胶黏剂结皮而失去粘接作用。XPS板粘贴时，竖缝应逐行错缝搭接，搭接长度不小于10cm。

d. XPS板贴完后至少24h，且待胶黏剂达到一定粘接强度后，方可进行后续施工。

⑥ 细石混凝土保护层施工

a. 细石混凝土保护层一般采用40mm厚的C20细石混凝土，配φ4@200钢筋网。

b. 钢筋网应跨屋脊绷紧，与屋面板内预埋锚固钢筋连接牢固。

c. 细石混凝土坍落度为40～60mm，随浇随用抹子抹平压实，不得露出钢筋。

d. 细石混凝土浇筑完成12h内，应进行覆盖，并将其湿润养护7d以上。

⑦ 钉顺水条、挂瓦条。先在细石混凝土保护层上弹出顺水条、挂瓦条位置线，顺水条间距小于等于 500mm，挂瓦条按挂瓦间距。

顺水条选用不小于 30mm×20mm 的木条，用 4×50 水泥钉按@600mm 固定在细石混凝土保护层上。挂瓦条选用不小于 30mm×25mm 的木方，用 4×70 水泥钉固定在每块顺水条上。

⑧ 铺瓦

a. 铺设平瓦时，平瓦应均匀分散堆放在两坡屋面上，不得集中堆放。铺瓦时，应由屋面两坡从下向上同时对称铺设。

b. 平瓦应铺成整齐的行列，彼此紧密搭接，并应瓦榫落槽、瓦脚挂牢、瓦头排齐，檐口应成一直线。

c. 脊瓦搭盖间距应均匀；脊瓦与坡面瓦之间的缝隙，应采用掺有纤维的混合砂浆填实抹平；屋脊和斜脊应平直，无起伏现象。沿山墙封檐的一行瓦，宜用 1∶2.5 的水泥砂浆做出披水线将瓦封固。

⑨ 以下施工部位应同步拍摄必要的图像资料。

a. 基层。

b. 防水层。

c. 屋面热桥部位。

d. 保温层的敷设方式、厚度。

e. 屋顶窗与墙体接缝处的保温填充做法。

(6) 质量标准

① 主控项目

a. 保温材料的品种、规格应符合设计要求和相关标准的规定。

b. 保温材料的热导率、密度、抗压强度、燃烧性能应符合设计要求。

c. 保温层的含水率必须符合设计要求。

d. 保温层的敷设方式、厚度、缝隙填充质量及屋面热桥部位的保温隔热做法，必须符合设计要求和有关标准的规定。

e. 屋面防水层施工必须符合设计要求，不得有渗漏现象。

f. 平瓦及其脊瓦的质量必须符合设计要求。

g. 平瓦必须铺置牢固。地震设防地区或坡度大于 50%的屋面，应采取加固措施。

h. 天沟、檐沟的防水层，应采用合成高分子防水卷材、高聚物改性沥青防水卷材、沥青防水卷材、金属板材或塑料板材等铺设。

i. 天窗安装的位置、坡度应正确，封闭严密，嵌缝处不得渗漏。

② 一般项目

a. 保温材料要求紧贴基层粘贴牢固、铺平垫稳、拼缝严密、找坡正确。保温层厚度的允许偏差为±5%，且不得大于 4mm。

b. 挂瓦条应分挡均匀，铺钉平整、牢固，瓦面平整、行列整齐、搭接紧密、檐口平直。

c. 脊瓦应搭盖正确、间距均匀、封固严密；屋脊和斜脊应顺直，无起伏现象。

d. 泛水做法应符合设计要求，泛水板应顺直整齐，结合严密，无渗漏。

7.5.2.7 金属保温板材屋面施工工艺

(1) 材料性能要求

① 金属保温板材。金属保温板材的品种、规格、质量应符合设计要求和现行国家标准的规定。保温材料的热导率、密度、抗压强度或压缩强度、燃烧性能应符合设计要求。

② 配件。脊盖板、天沟、落水管、落水斗等应与压型钢板配套，其品种、规格、质量应符合设计要求和现行国家标准的规定。

③ 辅料。支架、紧固件、密封材料等的规格、质量应符合设计要求和现行国家标准的规定。

(2) 施工工具与机具

① 提升设备。包括汽车式起重机、卷扬机、滑轮、拨杆、吊盘等。

② 手提工具。包括电钻、自攻枪、拉铆钉、手提圆盘锯、钳子、螺钉旋具、铁剪、手提工具袋等。

③ 电源连接器具。包括配电柜、分线插座、电线等。

④ 脚手架系统。包括脚手架、架板、安全防护网。

(3) 作业条件

① 屋面结构系统安装完毕，已验收合格并办理了隐蔽工程记录。

② 金属保温板材及辅助材料已运到现场，经复检材料质量符合要求。

③ 操作台、脚手架和临时固定支架已搭设完毕。

④ 施工机械已备齐，水、电已接通。

(4) 施工工艺　金属保温板材屋面施工工艺流程如下：

檩条上弹线→固定支架安装→屋面檐沟、泛水安装→屋面金属板材安装→屋面包角安装→檐沟挡水板、落水斗安装→屋面外露螺栓剪切密封并盖铝保护帽

(5) 施工要点

① 节点处理

a. 金属保温板材屋面檐口挑出的长度不应小于200mm（图7-48)。

b. 金属保温板材屋面脊部应用金属屋脊盖板，并在屋面板端头设置泛水挡水板和泛水堵头板（图7-49)。

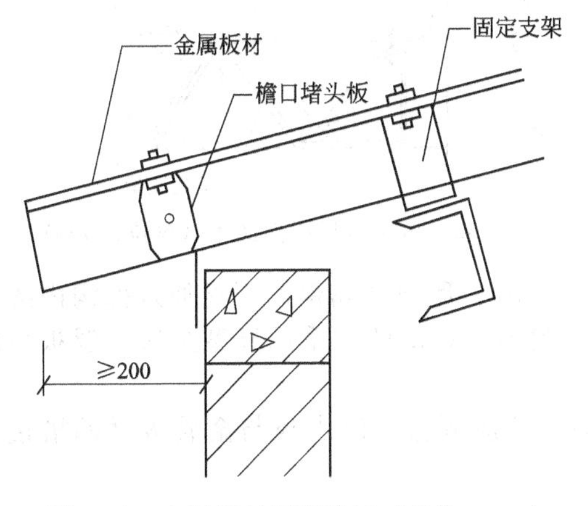

图7-48　金属板材屋面檐口（单位：mm）

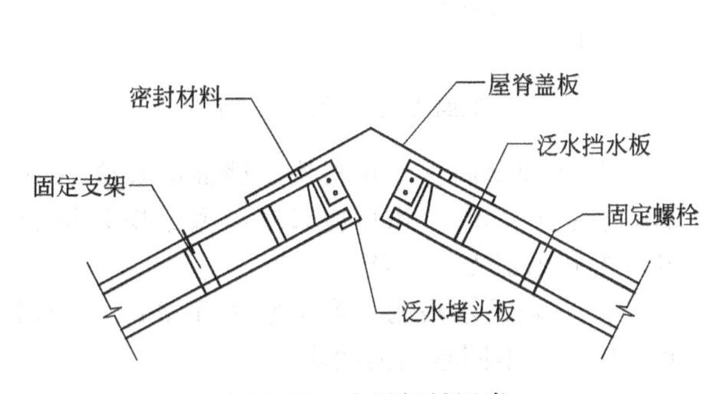

图7-49　金属板材屋脊

c. 外排水天沟檐口见图7-50。

d. 高低跨处的构造。对于双跨平等的高低跨，宜将低跨设计成单坡，且从高跨处向外坡下，高低跨之间用泛水连接（图7-51)。当低跨屋面需要坡向高跨时，应设置钢天沟。

e. 压型钢板屋面的泛水板，与突出屋面的墙体搭接高度不应小于250mm（图7-52)。屋面金属板材与泛水的搭接宽度不小于250mm。

② 金属保温板材应采用专用吊具吊装，吊装时不得损伤金属板材。

③ 金属保温板材应根据板型和设计的配板图铺设。铺设时，应先在檩条上安装固定支架，板材和支架的连接，应按所采用板材的质量要求确定。

④ 铺设金属保温板材屋面时，相邻两块板应顺年最大频率风向搭接；上下两排板的搭接长度，应根据板型和屋面坡长确定，并应符合板型的要求，搭接部位用密封材料封严；对接拼

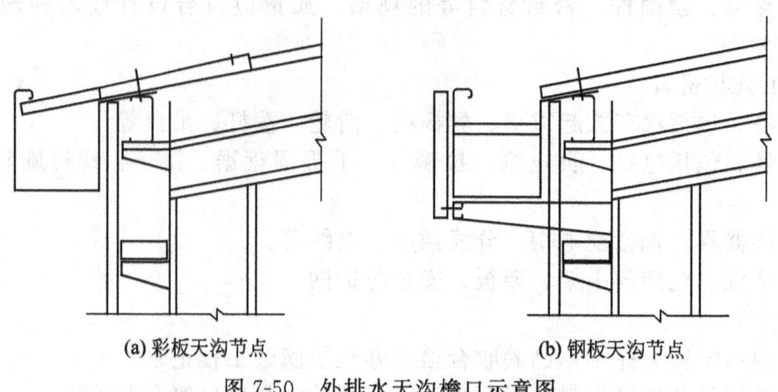

图 7-50 外排水天沟檐口示意图

缝与外露钉帽应做密封处理。

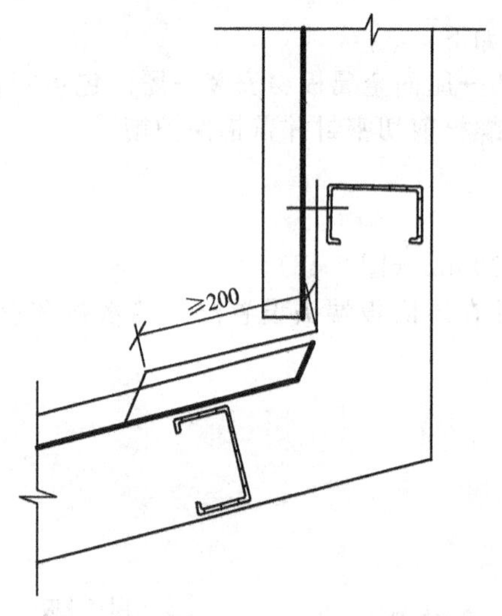

图 7-51 高低跨处构造示意图（单位：mm）

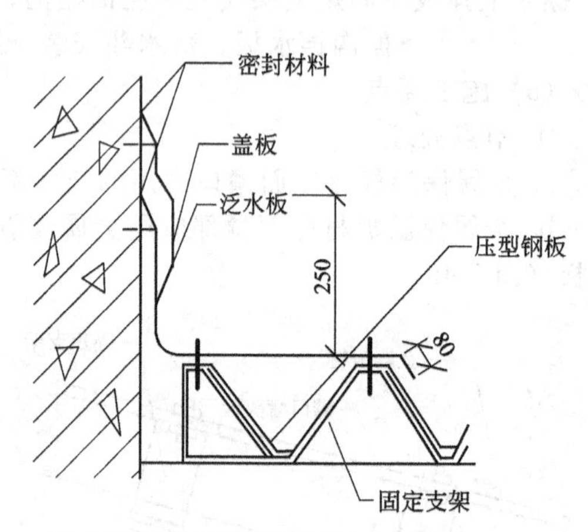

图 7-52 压型钢板屋面泛水（单位：mm）

⑤ 屋面金属保温板材挑出墙面的长度不小于 200mm；屋面金属保温板材伸入檐沟内的长度不小于 150mm。檐口应采用异型金属板材的堵头封檐板；山墙应采用异型金属保温板材的包角板和固定支架封严。

⑥ 每块泛水板的长度不宜大于 2m，泛水板的安装应顺直；泛水板与金属板材的搭接宽度，应符合不同板型的要求。

(6) 质量标准

① 主控项目

a. 保温板材及辅助材料的规格和质量，必须符合设计要求。

b. 保温材料的热导率、密度、抗压强度、燃烧性能应符合设计要求。

c. 保温板材的连接和密封处理必须符合设计要求，不得有渗透现象。

② 一般项目

a. 保温板材屋面应安装牢固，表面应平整、洁净，其固定方法应正确，接口严密、密封完整，排水坡度应符合设计要求。

b. 保温板材屋面的檐口线、泛水段应顺直，无起伏现象。

7.5.2.8 屋面保温层节点处理施工工艺

对于屋面热桥部位如檐沟、女儿墙、山墙、变形缝以及凸出屋面的结构部位，均应做保温处理。如果处理不当，可能会引起屋顶结露，这不仅将降低室内环境的舒适度，破坏室内装

饰，严重时还将对人们正常的居住生活带来影响。

(1) 屋面檐沟保温做法　见图7-53。檐沟上表面采用胶粉聚苯颗粒保温，檐沟找坡坡度应≥0.5%，最薄处厚度应≥40mm，胶粉聚苯颗粒胶浆上表面应随铺随贴一层耐碱网布（单位面积质量130g/m²），并用水泥浆将耐碱网布覆盖，厚度为2～3mm，养护14d，待其干燥后方可进行面层防水施工。檐沟下表面保温与外墙外保温设计要求相同。

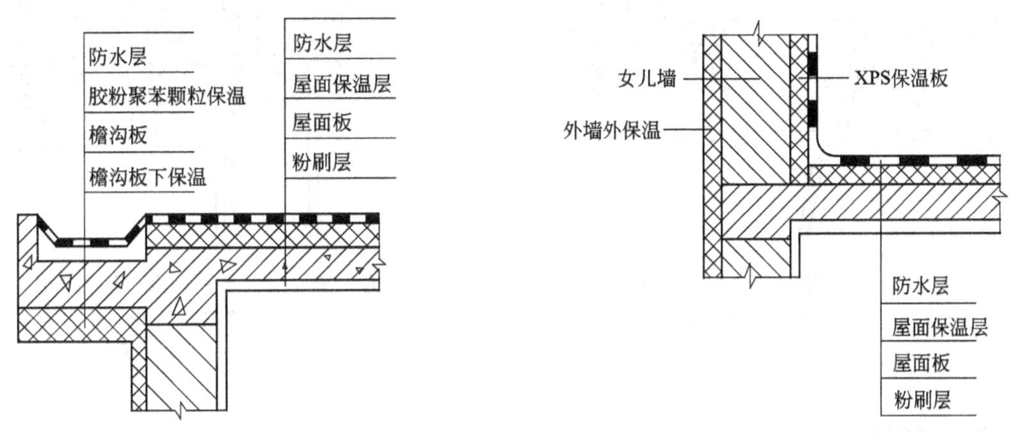

图7-53　屋面檐沟保温做法

图7-54　女儿墙保温做法

(2) 女儿墙保温做法　见图7-54。女儿墙内表面采用XPS板保温，厚度同外墙，施工方法见XPS板外墙外保温施工工艺，面层防水材料应将XPS板包裹严密，防止漏水。女儿墙外表面保温与外墙外保温设计要求相同。

(3) 屋面变形缝保温做法　见图7-55。变形缝采用XPS板保温，厚度同外墙，施工方法见XPS板外墙外保温施工工艺，面层防水材料应将XPS板包裹严密，防止漏水。盖板应进行防锈处理，并固定牢固。

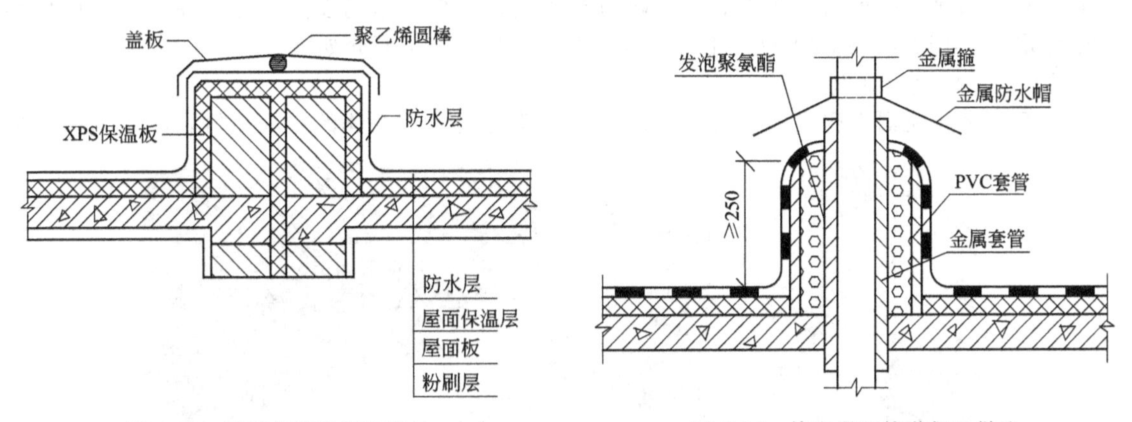

图7-55　屋面变形缝保温做法

图7-56　伸出屋面管道保温做法

(4) 伸出屋面管道的保温做法　见图7-56。伸出屋面管道的套管外采用发泡聚氨酯保温，厚度同外墙。施工时，先在管道套管安放一根PVC套管，然后向PVC套管内灌注发泡聚氨酯。屋面防水施工和管道安装完成后，应装好金属防水帽。

(5) 落水口保温处理　屋面垂直落水口保温做法见图7-57，屋面水平落水口保温做法见图7-58。落水口周围的水平保温采用胶粉聚苯颗粒胶浆，施工方法参照檐沟上表面保温做法；落水口周围的垂直保温采用XPS板保温，施工方法参见XPS板外墙外保温施工工艺。落水斗与结构之间应使用密封膏封闭严密，防止漏水。

(6) 屋面热桥部位施工完成后，应注意收集相关的图像资料。

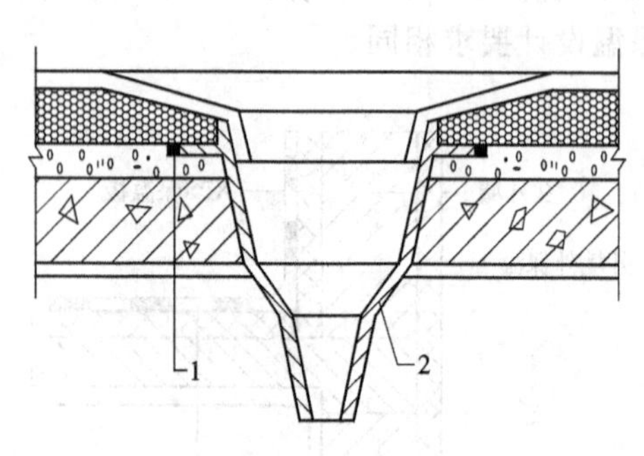

图 7-57　屋面垂直落水口保温做法
1—密封膏；2—雨水斗

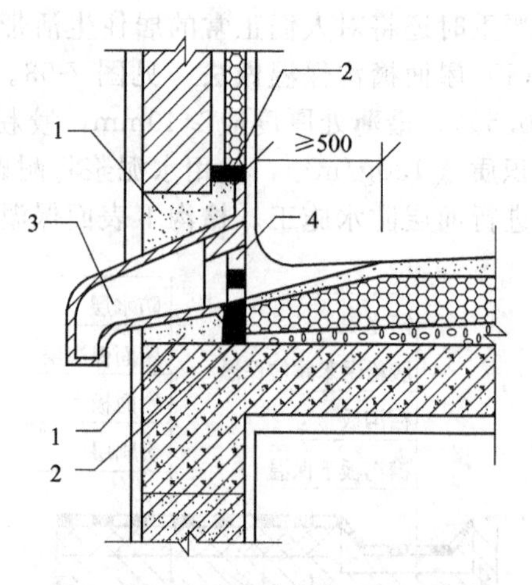

图 7-58　屋面水平落水口保温做法
1—混凝土灌实；2—密封膏；
3—雨水斗；4—雨水箅子

7.5.3 建筑屋面绿色施工应用实例

2008 年奥运北京射击馆由资格赛馆、决赛馆以及连接体三部分组成，屋面结构形式包括桁架结构、网架结构以及混凝土钢梁框架结构。屋面造型呈单坡高低跨形式，柱间距最大为 8.4m，并在檐口部位设有铝合金遮阳百叶、氟碳喷涂铝板等。资格赛馆低跨、连接体、决赛馆主入口处采用铝锰镁合金板屋面，资格赛馆高跨、决赛馆观众厅、决赛馆靶区采用镀铝锌彩色钢板屋面，资格赛馆采光带的开启窗 A 区达到了 38 扇，B 区有 28 扇，北立面采光窗 A 区有 32 扇，B 区 20 扇，决赛馆靶区的开启窗为 12 扇，各部分开启窗的最大总长度达到了 130m，对于如此长的距离，必须采用合理的布线方式及控制箱的设置，才能在最经济的原则下控制所有的开启窗（图 7-59）。北京射击馆中屋面绿色施工简介如下。

（1）工程特点与难点

① 整个金属屋面工程是一个较复杂、集多种功能用途于一体的屋面系统，不仅包括了屋

图 7-59　北京射击馆鸟瞰图

面最基本的防水保温功能，还有采光功能、消防排烟功能、吸声功能、虹吸排水功能等。

② 施工内容广泛，与其他工种的交叉作业及收边、收尾工作多，收边、收口部位往往涉及到多家的汇合问题，均需由金属屋面专业进行交叉汇总处理。

③ 一年365天，一天24小时的温度变化，使金属材料产生热胀冷缩的延伸率，表现就是屋面板在屋顶上不时地变长、变短、延伸、收缩。北京射击馆屋面在早晚温差下，屋面板至少有近60mm的延伸率位移。

④ 如果屋面构造系统不合理，屋面板在热胀冷缩反复作用下就会产生拉裂，必定会产生屋面漏水情况，而且无法彻底解决。

⑤ 根据金属屋面不同部位及所要表现的效果，对所有节点进行合理的深化、完善设计。

⑥ 对屋面排水系统进行优化设计，选择合理的雨水系统，以最优的配比完成屋面雨水的排放。

⑦ 以突出北京射击馆工程的整体设计理念，在东、西侧将金属屋面设计成180°弧形造型与决赛馆部分屋面和连接体屋面相衔接，并与资格赛馆相呼应。决赛馆南立面的屋面、檐口也做成180°圆弧渐变。

(2) 金属屋面施工方法 北京射击馆资格赛馆低跨屋面、决赛馆主入口处的屋面、连接体屋面采用铝锰镁合金板屋面。

① 施工工序

a. 资格赛馆低跨屋面。屋面构造由下至上依次为底板、铝箔、保温棉、檩条支托、次檩条、屋面支架、屋面板。施工工序为：

屋面底板安装→檩条支托放线定位→屋面次檩条安装→屋面支架放线定位→屋面支架安装→铝箔铺装→保温棉铺装→屋面板安装

b. 决赛馆主入口处的屋面。分室内、室外两部分。室内屋面构造由下至上依次为底板、吸声棉、次檩条、屋面支架、屋面板。施工工序为：

次檩条放线定位→次檩条安装→屋面底板安装→屋面支架放线定位→屋面支架安装→吸声棉铺装→屋面板安装

室外屋面构造由下至上依次为底板、支撑层、无纺布、吸声棉、次檩条、屋面支架、屋面板。施工工序为：

次檩条放线定位→次檩条安装→屋面底板安装→支撑层安装→屋面支架放线定位→屋面支架安装→无纺布铺装→吸声棉铺装→屋面板安装

c. 连接体屋面同决赛馆主入口室外屋面构造。

② 施工工艺

a. 彩色钢底板施工工艺

• 将彩色钢板卷材加工压制成30/150型、宽762.5mm的瓦楞板，板长、用量根据施工现场所提供的复测尺寸进行生产。压型后的瓦楞板直接运至北京射击馆工地安装。

• 压型后的钢底板在施工现场采用现场塔吊吊至屋面工作平台上，不能用塔吊直接吊运就位的板采取人工搬运的方式运至屋面施工工作面。

• 根据屋面底板排板设计要求铺装底板，并用自攻螺丝将钢底板固定在屋面主钢结构上，螺丝固定间距需符合设计要求，底板与檩条的连接需锚固可靠，每件底板间纵向搭接长度不得小于100mm。

• 底板铺张过程中板间横向搭接一个波壳，如板间接触发生较大缝隙时需用ϕ4mm铝拉铆紧固。

• 为防止底板上施工荷载过大，宜在工作面上铺放些废底板、脚手板，防止底板产生较大变形。

• 底板安装完毕，应保持外形完好，板面无显著变形。

• 压型钢底板安装完毕需符合排板设计，边部连接牢固，与檩托相交处开口准确，板面无残留物及污物。

• 安装好的压型钢底板接缝严密，接槎顺直，表面平整，板缝接触严密，板面干净。

b. 高强铝合金支架施工工艺

• 首先在檩条上放线，确定第1排支架安装的控制线，并垂直于屋脊，允许偏差为$L/1000$；

• 用尺划线定位支架400mm的间距；

• 支架采用M6.3×25的自攻螺丝与檩条连接；

• 支架安装时底部应带有塑料保温垫；

• 支架安装朝向正确，自攻螺丝固定牢靠，支架间距为400mm+δmm（δ为调整值），支架纵向间距≤1500mm；

• 支架安装横向间距偏差≤5mm，纵向直线度偏差±5mm内，纵向偏离中心偏差±6mm。

c. 带铝箔保温棉施工工艺

• 在彩色钢底板上铺设保温棉，必须满铺，不得漏铺或少铺，边角部位需铺设严密。

• 保温棉的铺设需符合工序要求，铺装时铝箔面与彩钢底板面层直接接触，上、下层错缝铺设搭接长度≥100mm，缝隙间挤紧严密，边角部位填充饱满，外形保持完好。

• 浸水泡湿的保温棉不得使用，以确保工程质量。

d. 铝锰镁合金屋面板施工工艺

• 将0.9mm厚金属银灰色氟碳漆铝锰镁合金卷板及铝合金屋面系统专用压型设备运至施工现场，根据测量所得屋面板长度压制面板。压型后的面板肋高65mm，板宽400mm，每件板在铺张时纵向无接口，通常为一件。其板型优点在于采用隐蔽式连接技术，使屋面上无螺栓外露，防水、防腐蚀性能好。

• 由于屋面板制作长度可达任意要求，成型板的长度较大，为防止起吊过程中变形，施工前拟搭设马道，以人工搬运方式运至屋面安装位置，保证板材质量。

• 依屋面排板设计，将屋面压型板铺设在保温层上，固定点位置正确、牢固。

• 屋面板安装时，立壁小卷边朝安装方向一侧。面板铺设完毕，应尽快使用专用咬边机将板咬合在一起。接口咬合紧密，板面无裂缝或孔洞，以获得必要的组合效果，这也是屋面系统承载力和抗风的必要保护措施。

• 屋面板接口的咬合方向符合设计要求，即相邻两板接口咬合方向应顺着最大频率风向。

• 屋面板在天沟上口伸入天沟内的长度不得小于50mm，通常为70～120mm。

• 屋面板安装完毕，应仔细检查其咬合质量，如发现有局部拉裂或损坏，应及时做出标记，以便焊接修补完好，以防渗漏现象发生；同时檐口收边工作应尽快完成，防止遇特大风吹起屋面发生事故，要求泛水板、封檐板安装牢靠，包封严密，棱角顺直，成型良好。

• 安装完毕的屋面板外观质量符合设计要求及国家标准规定，面板不得有裂纹，安装符合排板设计，固定点设置正确、牢固；面板接口咬合正确紧密，板面无裂缝或孔洞。

7.6 绿色建筑楼地面施工工艺及实例

7.6.1 节能楼地面施工要求及相关规定

（1）节能楼地面施工工艺应遵循的要求

① 地面各构造层采用的材料、品种、规格、配合比、强度等级等，应按设计要求选用。

② 地面各构造层采用拌合料的配合比或强度等级，按施工规范规定和设计要求通过试验确定。

③ 地面工程下部如有沟槽、管道等工程时，应待该项工程完工经检验合格做好隐蔽工程记录后，方可进行上部建筑地面工程施工，以免造成不必要返工而影响工程质量。

④ 建筑地面各构造层施工时，其下一层质量符合规范的规定，并在有可能损坏其下层的其他工程完工后，方可进行其上一层施工。

(2) 地面施工工艺相关规定

① 本施工工艺适用于民用建筑地面工程的施工。

② 本施工工艺是遵照《建筑工程施工质量验收统一标准》(GB 50300—2001)、《建筑节能工程施工质量验收规范》(GB 50411—2007)、《建筑地面工程施工质量验收规范》(GB 50209—2002)、《地面辐射供暖技术规程》(JGJ 142—2004) 和相应的国家现行技术标准进行规定编制。

③ 施工中的劳动保护、安全和防火措施等，必须按现行有关标准、规定执行。

7.6.2 楼地面节能工程施工工艺和施工要点

7.6.2.1 炉渣垫层铺设工艺

(1) 材料性能要求

① 炉渣。密度在 800kg/m^3 以下的锅炉炉渣，炉渣内不应含有有机杂质和未燃尽的煤块，粒径不应大于 40mm，且粒径在 5mm 及其以下的颗粒不得超过总体积的 40%。

② 水泥。采用强度等级不小于 32.5 级的普通硅酸盐水泥或矿渣硅酸盐水泥。

③ 石灰。石灰中的块灰不应小于 70%，提前 3～5d 浇水淋化，颗粒不得大于 5mm。

(2) 施工工具与机具

① 机具。蛙式打夯机、混凝土搅拌机、机动翻斗车、平板式振捣器、手推车等。

② 工具。平锹、铁抹子、大杠尺、木拍板、木锤、铁辊等。

(3) 作业条件

① 基层已铺设完毕，经检验符合设计要求。

② 垫层下管道及地下埋设物已埋设完毕，门框已安装，并已办理验收手续。

③ 石灰、水泥、炉渣的质量经检验符合要求，级配符合设计要求。

④ 垫层标高和排水坡度的基准点和水平基准控制线已设置或已做标志。

⑤ 施工机具已备齐，水、电已接通。

⑥ 作业时环境气温不低于 5℃。

(4) 施工工艺 炉渣垫层铺设工艺流程如下：

基层清理验收→抄平放线→铺设垫层→养护

(5) 施工要点

① 生石灰在使用前 3～4d 洒水熟化，并加以过筛，其粒径不得大于 5mm，并不得夹有未熟化的生石灰块，亦不得含有过多的水分。

② 炉渣使用前过两遍筛，第一遍过 40mm 筛孔，第二遍过 5mm 筛孔，去除杂质和粉渣。配制炉渣或水泥炉渣拌合物时，炉渣使用前应浇水闷透；配制水泥石灰炉渣拌合物时，炉渣使用前应用石灰浆或熟化石灰浇水拌合闷透，闷透时间均不得少于 5d。

③ 水泥炉渣配合比宜采用 1∶6 (体积比)；水泥、白灰、炉渣配合比宜采用 1∶1∶8 (体积比)。拌合料必须拌合均匀，颜色一致。其干湿程度，以便于滚压密实、含少量浆而不出现泌水现象为宜。当天拌合的水泥炉渣或水泥白灰炉渣，必须在当天规定的时间内用完，以避免硬化，影响垫层强度。

④ 基土上做垫层，应将杂物、松土清理干净，并打底夯两遍；混凝土基层上做垫层，应

将松动颗粒及杂物清除掉。清理后表面洒水湿润。

⑤ 拌合料铺设后，按找平墩先用平锹粗略找平，再用大杠细找平，分段或全部铺好后，用铁辊滚压，局部凹陷可撒填拌合料找平，至表面平整出浆、厚度符合设计要求为止。对墙根、边缘、管根等滚压不到之处，应用木拍拍打平整，密实至出浆为止。当垫层厚度大于120mm时，应分层铺设，并滚压密实，每层压实后的厚度不应大于虚铺厚度的3/4，亦可不分层而采用平板振捣器振平捣实。水泥炉渣垫层施工应随拌、随铺、随压实，全部操作过程应在2h内完成。

⑥ 炉渣垫层一般不宜留施工缝，如必须留设时，应用木方挡好接槎处，继续施工时在接槎处涂刷水泥浆一层，再浇筑，以利于结合良好。

⑦ 垫层施工完毕，为防止其受水浸润，应做好养护工作。常温条件下，水泥炉渣垫层至少养护2d，水泥石灰炉渣垫层至少养护7d，待其凝固后方可进行下道工序的施工。

⑧ 炉渣垫层冬期施工时，水闷炉渣表面应加保温材料覆盖，防止受冻。做炉渣垫层前3d应做好房间保暖措施，房间温度低于5℃时不宜施工。已铺好的垫层应适当覆盖，防止受冻。

⑨ 施工中应同步拍摄被封闭炉渣垫层厚度的图像资料。

(6) 质量标准

① 主控项目

a. 炉渣内不应含有有机杂质和未燃尽的煤块，颗粒粒径不应大于40mm，且粒径在5mm及其以下的颗粒，不得超过总体积的40%；熟化石灰颗粒粒径不得大于5mm。

b. 炉渣垫层的体积比应符合设计要求。

② 一般项目

a. 炉渣垫层应与下一层结合牢固，不得有空鼓和松散炉渣颗粒。

b. 炉渣垫层表面的允许偏差应符合表7-53的规定。

表7-53 炉渣垫层表面的允许偏差和检验方法

项次	项 目	允许偏差	检验方法
1	表面平整度	10mm	用2m靠尺和楔形塞尺检查
2	标高	±10mm	用水准仪检查
3	坡度	不大于房间相应尺寸的2/1000,且不大于30mm	用坡度尺检查
4	厚度	在个别地方不大于设计厚度的1/10	用钢直尺检查

7.6.2.2 水泥混凝土垫层铺设工艺

(1) 材料性能要求

① 水泥。采用强度等级不小于32.5级的硅酸盐水泥、普通硅酸盐水泥或矿渣硅酸盐水泥。

② 石子。采用卵石或碎石，粒径5～30mm，含泥量不大于2%。

③ 砂。采用中砂或粗砂，含泥量不大于3%。

(2) 施工工具与机具

① 机具。混凝土搅拌机和计量装置、机动翻斗车、平板式振捣器、手推车等。

② 工具。平锹、钢抹子、大杠尺等。

(3) 作业条件

① 基层已铺设完毕，经检验符合设计要求。

② 垫层下管道及地下埋设物已埋设完毕，门框已安装，并已办理验收手续。

③ 混凝土的配合比已经确认，混凝土搅拌设备和计量装置已经校核。

④ 垫层标高和排水坡度的基准点和水平基准控制线已设置或标示。

⑤ 施工机具已备齐，水、电已接通。

⑥ 作业时环境气温不低于5℃。

（4）施工工艺　水泥混凝土垫层铺设工艺流程如下：

基层清理验收→抄平放线→支模→浇筑混凝土→养护

（5）施工要点

① 支模应考虑变形缝、预留孔洞、预埋件及施工缝的位置。经检查模板的牢固性、几何尺寸、位置合格后，在浇筑混凝土前，应先将模板洒水湿润。

② 混凝土的坍落度宜为30～50mm。

③ 混凝土浇筑。基土上做垫层，应将杂物、松土清理干净，并打底夯两遍；混凝土基层上做垫层，应将松动颗粒及杂物清除掉。清理后表面洒水湿润。

混凝土浇筑由一端向另一端进行，采用平板式振捣器振捣。如垫层厚度超过200mm时，应使用插入式振捣器。

大面积浇筑混凝土时，应分区分块进行。每块混凝土应一次连续浇筑完成，如有间歇，应按规定留置施工缝。

混凝土振捣密实后，其表面应用木抹子搓平。如垫层的厚度较薄，应严格控制摊铺厚度，用大杠细致刮平表面。有排水要求的垫层，应按放线找出坡度，坡度一般不应小于2%。

④ 变形缝设置。室内地面的水泥混凝土垫层，应设置纵向缩缝和横向缩缝，纵向缩缝间距不得大于6m，横向缩缝不得大于12m。

垫层的纵向缩缝或加肋板平头缝，当垫层厚度大于150mm时，可做企口缝。横向缩缝应做假缝，其宽度为5～20mm，深度为垫层厚度的1/3，缝内填水泥砂浆。

⑤ 混凝土养护。垫层浇筑完后，应在12h内覆盖浇水养护，养护时间一般不少于7d。混凝土的抗压强度达到1MPa后，方可进行上部施工。

⑥ 施工中应同步拍摄被封闭垫层厚度的图像资料。

（6）质量标准

① 主控项目

a. 水泥混凝土垫层采用的粗骨料，其最大粒径不应大于垫层厚度的2/3，含泥量不应大于2%；砂为中粗砂，其含泥量不应大于3%。

b. 混凝土强度等级应符合设计要求，且不应小于C10。

② 一般项目。水泥混凝土垫层表面的允许偏差参见相关标准的规定。

7.6.2.3　找平层铺设工艺

（1）材料性能要求

① 水泥。采用强度级别不小于32.5级的硅酸盐水泥、普通硅酸盐水泥或矿渣水泥。

② 石子。采用碎石，粒径5～10mm，且不大于找平层厚度的2/3，含泥量不大于2%。

③ 砂。采用中砂或粗砂，含泥量不大于3%。

（2）施工工具与机具

① 机具。混凝土搅拌机和计量装置、砂浆搅拌机和计量装置、机动翻斗车、平板式振捣器、手推车等。

② 工具。平锹、钢抹子、大杠尺等。

（3）作业条件

① 基层已铺设完毕，经检验符合设计要求。

② 水泥砂浆、混凝土的配合比已经确认，搅拌设备和计量装置已经校核。

③ 施工机具已备齐，水、电已接通。

④ 作业时环境气温不低于5℃。

（4）施工工艺　找平层铺设工艺流程如下：

基层表面清理→板缝嵌缝→铺设找平层→养护

(5) 施工要点

① 水泥砂浆体积比不宜小于1∶3，水泥混凝土强度等级不应低于C15。

② 在铺设找平层前，应将基层表面清理干净。当找平层下有松散填充层时，应将其铺平振实。

③ 用水泥砂浆或水泥混凝土铺设找平层，其下一层为水泥混凝土垫层时，应予以湿润；当表面光滑时，还应划毛或凿毛。铺设时先刷一遍水泥浆，其水灰比宜为0.4～0.5，并应随刷随铺。

④ 在预制钢筋混凝土板（或空心板）上铺设找平层前，板缝嵌缝施工时应符合下列规定。

a. 预制钢筋混凝土板相邻的板缝底宽不应小于20mm。

b. 填嵌时，板缝内应清理干净，保持湿润。

c. 填缝采用细石混凝土，其强度等级不得小于C20。

d. 浇筑时混凝土的坍落度应控制在10mm，振捣应密实。其灌缝高度应低于板面10～20mm，表面不宜压光。

e. 当板缝间分两次灌缝时，可先灌水泥砂浆，其体积比为（1∶2）～（1∶2.5）（水泥∶砂），后浇筑细石混凝土。吊模，用角钢或木棱把棱角吊入板缝内5～10mm，形成八形槽。

f. 当板缝宽度大于40mm时，板缝内应按设计要求配置钢筋。施工时应支底模，并应嵌入缝内5～10mm。

g. 板缝浇筑混凝土后应养护7d，当混凝土强度等级达到C15时，方可继续施工。

h. 在预制钢筋混凝土板上铺设找平层时，其板端间应按设计要求采取防止裂缝的构造措施。

i. 对有防水要求的楼面工程，在铺设找平层前，应对立管、套管与楼板节点之间进行密封处理。地漏的周围，应采用水泥砂浆或细石混凝土对其管壁四周处堵严并进行密封处理，并应在管四周留出深8～10mm的沟槽，采用防水卷材或防水涂料裹住管口和地漏的沟槽（图7-60）。

j. 在水泥砂浆或水泥混凝土找平层上铺涂防水卷材或防水涂料隔离层时，找平层表面应洁净、干燥，其含水率不应大于9%，并应涂刷基层处理剂。基层处理剂应采用与卷材性能配套的材料或采用同类涂料的底子油。铺设找平层后，涂刷基层处理剂的相隔时间以及其配合比均应通过试验确定。

k. 施工中应同步拍摄被封闭找平层厚度的图像资料。

(6) 质量标准

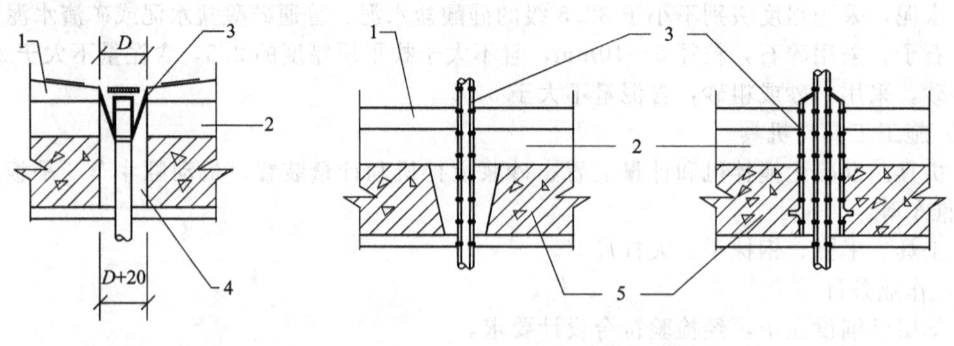

(a) 地漏与楼面防水构造　　(b) 立管、套管与楼面防水构造

图7-60　管道与楼面防水构造

1—面层；2—找平层（防水层）；3—地漏（管）四周留出8～10mm小沟槽；4—1∶2水泥砂浆填实；5—1∶2水泥砂浆或细石混凝土

① 主控项目

a. 找平层采用碎石或卵石的粒径不应大于其厚度的2/3，含泥量不应大于2%；砂为中粗砂，其含泥量不应大于3%。

b. 水泥砂浆体积比或水泥混凝土强度等级应符合设计要求，且水泥砂浆体积比不应小于1∶3（或相应的强度等级），水泥混凝土强度等级不应小于C15。

c. 有防水要求的建筑地面工程的立管、套管、地漏处严禁渗漏，坡向应正确、无积水。

② 一般项目

a. 找平层应与其下一层结合牢固，不得有空鼓。

b. 找平层表面应密实，不得有起砂、蜂窝和裂缝等缺陷。

c. 找平层的表面允许偏差应符合表7-54的规定。

表7-54 找平层表面允许偏差和检验方法

项目		表面平整度	标高	坡度	厚度
木格栅		3mm	±5mm	不大于房间相应尺寸的1/10，且不大于30mm	在个别地方不大于设计厚度的1/10
毛地板	拼花实木地板、拼花实木复合地板面层	3mm	±5mm		
毛地板	其他种类面层	5mm	±8mm		
用沥青玛琋脂做结合层铺设拼花木板、板块面层		3mm	±5mm		
用水泥砂浆做结合层铺设板块面层		5mm	±8mm		
用胶黏剂做结合层铺设拼花木板、塑料板、强化复合地板、竹地板面层		2mm	±4mm		
检验方法		用2m靠尺和楔形塞尺检查	用水准仪检查	用坡度尺检查	用钢直尺检查

7.6.2.4 隔离层铺设工艺

（1）材料性能要求

① 沥青。沥青应符合《建筑石油沥青》（GB/T 494—1998）的规定，其软化点宜为50～60℃，不得大于70℃。

② 防水卷材、防水涂料的品种、规格、性能应符合现行国家产品标准和设计要求。

（2）施工工具与机具

① 机具。空压机、喷灯等。

② 工具。平铲、滚刷、裁刀、抹子、压辊、铲刀等。

（3）作业条件

① 基层已铺设完毕，经检验符合设计要求。

② 防水材料性能经检验合格。

③ 施工机具已备齐，水、电已接通。

④ 作业时环境气温不低于5℃。

（4）施工工艺　隔离层铺设工艺流程如下：

基层表面处理→穿楼板管道防水处理→隔离层铺设→检验清理

（5）施工要点

① 隔离层铺设前，应进行基层表面处理，要求基层表面平整、洁净和干燥，并不得有空鼓、裂缝和起砂现象。

② 厕浴间和有防水要求的建筑地面应铺设隔离层。楼面结构层应采用现浇混凝土或整块预制钢筋混凝土板，其混凝土强度等级不应小于C20。楼面结构层四周支承处除门洞外，均应设置向上翻的边梁，其高度不应小于120mm，宽度不应小于100mm。施工时，结构层标高和

预留孔洞位置应准确。

③ 铺设防水类材料时，宜制定施工程序。在穿过楼板面管道四周处，防水材料应向上铺涂，并应超过套管的上口；在靠近墙面处，防水材料应向上铺涂，并应高出面层200～300mm，或按设计要求的高度铺涂。阴阳角和穿过楼板面管道的根部还应增加铺涂防水材料。

铺设完毕后，应作蓄水检验，蓄水深度宜为20～30mm，24h内无渗漏为合格，并做记录。

④ 当隔离层采用水泥砂浆或水泥混凝土找平层作为地面与楼面防水时，应在水泥砂浆或水泥混凝土中掺防水剂。

⑤ 在沥青类（掺有沥青的拌合料，下同）隔离层上铺设水泥类面层或结合层前，其表面应洁净、干燥，并应涂刷同类的沥青胶结料，其厚度宜为1.5～2.0mm。

涂刷沥青胶结料的温度不应低于160℃，并应随即将预热的绿豆砂均匀撒入沥青胶结料内，压入1～1.5mm。绿豆砂的粒径宜为2.5～5mm，预热温度宜为50～60℃。表面过多的绿豆砂应在胶结料冷却后扫去，绿豆砂使用前应筛洗、晾干。

⑥ 防水卷材铺设应粘实、平整，不得有皱折、空鼓、翘边和封口不严等缺陷。被挤出的沥青胶结料应及时刮去。

⑦ 施工中应同步拍摄被封闭隔离层的图像资料。

（6）质量标准

① 主控项目

a. 隔离层材质必须符合设计要求和国家产品标准的规定。

b. 厕浴间和有防水要求的建筑地面必须设置防水隔离层。楼层结构必须采用现浇混凝土或整块预制混凝土板，混凝土强度等级不应小于C20。楼板四周除门洞外，均应做混凝土翻边，其高度不应小于120mm。施工时结构层标高和预留孔洞位置应准确，严禁乱凿洞。

c. 水泥类防水隔离层的防水性能和强度等级必须符合设计要求。

d. 防水隔离层严禁渗漏，其坡向应正确、排水通畅。

② 一般项目

a. 隔离层厚度应符合设计要求。

b. 隔离层应与其下一层粘接牢固，不得有空鼓；防水涂层应平整、均匀，无脱皮、起壳、裂缝、鼓泡等缺陷。

c. 隔离层表面的允许偏差应符合表7-55的规定。

表7-55 隔离层表面允许偏差和检验方法

项　目	表面平整度	标　高	坡　度	厚　度
松散材料	7mm	±4mm	不大于房间相应尺寸的1/10，且不大于30mm	在个别地方不大于设计厚度的1/10
板块材料	5mm			
检验方法	用2m靠尺和楔形塞尺检查	用水准仪检查	用坡度尺检查	用钢直尺检查

7.6.2.5 填充层铺设工艺

（1）材料性能要求

① 松散保温材料。可采用炉渣、陶粒、加气混凝土碎块等，粒径一般应控制在5～40mm，炉渣经筛选，不应含有有机杂物、土块和未燃尽的煤块。

② 板状保温材料。可采用泡沫塑料板、膨胀珍珠岩板、膨胀蛭石板、加气混凝土板、泡沫混凝土板、矿物棉板、加气混凝土板等，且其热导率、密度、抗压强度、燃烧性能应符合国家现行产品标准规定。

③ 现浇成形材料。可采用沥青膨胀蛭石、沥青膨胀珍珠岩、水泥膨胀蛭石、水泥膨胀珍

珠岩和轻骨料混凝土等。

④ 水泥。采用强度等级不低于32.5级的硅酸盐水泥、普通硅酸盐水泥或矿渣硅酸盐水泥。

(2) 施工工具与机具

① 机具。砂浆搅拌机、机动翻斗车、手推车等。

② 工具。平锹、钢抹子、木拍板、刷子等。

(3) 作业条件

① 基层已铺设完毕，经检验符合设计要求。

② 填充材料的热导率、密度、抗压强度经见证取样送检复验合格。

③ 施工机具已备齐，水、电已接通。

④ 作业时环境气温不低于5℃。

(4) 施工工艺 填充层铺设工艺流程如下：

基层表面处理→填充层铺设→检验清理

(5) 施工要点

① 填充材料在贮运和保管中应防止吸水、受潮、受冻，应分类堆放，不得混杂，避免磕碰、重压造成其缺棱掉角、断裂损坏。

② 填充层铺设前，应进行基层处理，要求基层表面平整、洁净和干燥。

③ 当采用松散材料做填充层时，应分层铺平拍实，每层厚度为100～150mm。拍实后的填充层应避免受重压。

④ 当采用板块状材料做填充层时，应分层错缝铺贴，每层应选用同一厚度的板、块料，其铺设厚度均应符合设计要求。

⑤ 当采用沥青胶结料粘贴板块状填充层材料时，应边刷、边贴、边压实，防止板块材料翘曲。

⑥ 采用砂浆粘贴板材时，板缝应使用保温灰浆填实并勾缝。

⑦ 施工中应同步拍摄被封闭填充层的图像资料。

(6) 质量标准

① 主控项目

a. 填充层使用的保温材料，其热导率、密度、抗压强度、燃烧性能应符合设计要求和国家产品标准的规定。

b. 填充层的配合比必须符合设计要求。

② 一般项目

a. 松散材料填充层铺设应密实；板块状材料填充层应压实、无翘曲。

b. 填充层表面的允许偏差应符合表7-56的规定。

表7-56 填充层表面的允许偏差和检验方法

项次	项目	允许偏差	检验方法
1	表面平整度	3mm	用2m靠尺和楔形塞尺检查
2	标高	±4mm	用水准仪检查
3	坡度	不大于房间相应尺寸的2/1000,且不大于30mm	用坡度尺检查
4	厚度	在个别地方不大于设计厚度的1/10	用钢直尺检查

7.6.2.6 低温热水地板辐射供暖施工工艺

低温热水地板辐射供暖基本构造见图7-61。

(1) 材料性能要求

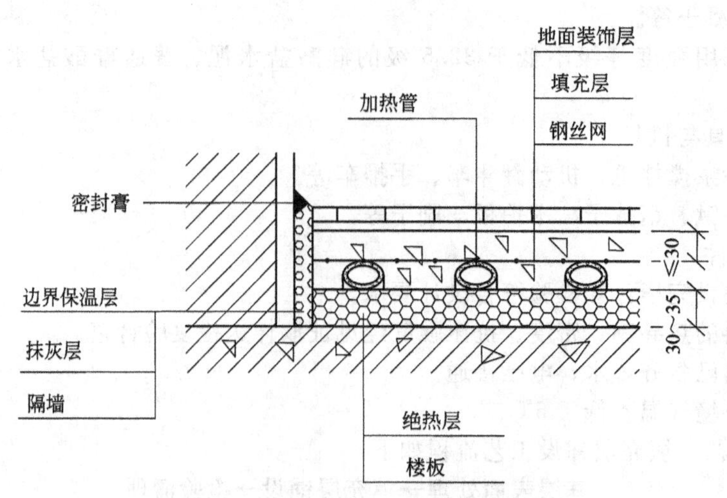

图 7-61 低温热水地板辐射供暖基本构造

① 保温板材。地面辐射供暖工程中采用的保温板材，其质量应符合表 7-57 的规定。

表 7-57 保温板材主要技术指标

项 目	单 位	性能指标	项 目	单 位	性能指标
表观密度	kg/m	≥20.0	水蒸气透过系数	ng/(Pa·m·s)	≤4.5
抗压强度(即在10%形变下的压缩应力)	kPa	≥100	熔结性(弯曲变形)	mm	≥20
热导率	W/(m·K)	≤0.041	氧指数	%	≥30
吸水率(体积分数)	%	≤4	燃烧分级	达到B级	
尺寸稳定性	%	≤3			

② 加热管。加热管质量必须符合国家相应标准中的各项规定与要求，并提供国家授权机构提供的有效期内的符合相关标准要求的检验报告、产品合格证。有特殊要求的管材，厂家应提供相应的说明书。

加热管外壁标识应按相关管材标准执行，有阻氧层的加热管宜注明。

加热管的内外表面应光滑、平整、干净，不应有可能影响产品性能的明显划痕、凹陷、气泡等缺陷。

加热管的物理性能应符合《地面辐射供暖技术规程》(JGJ 142—2004) 中附录 D 的规定。

塑料管管材及其公称外径、最大、最小平均外径，应符合表 7-58 的要求。

表 7-58 塑料管管材、公称外径、最大、最小平均外径 单位：mm

塑料管材	公称外径	最小平均外径	最大平均外径
PE-X管、PB管、PE-RT管、PP-R管、PP-B管	16	16.0	16.3
	20	20.0	20.3
	25	25.0	25.3

铝塑复合管的公称外径、公称壁厚与允许偏差，应符合表 7-59 的要求。

③ 分水器、集水器及其连接件。分水器、集水器（含连接件等）的材料宜为铜质。

分水器、集水器（含连接件等）的表观、内外表面应光洁，不得有裂纹、砂眼、冷隔、夹渣、凹凸不平及其他缺陷。

表面电镀的连接件，色泽应均匀，镀层应牢固，不得有脱镀的缺陷。金属连接件间的连接及过渡管件与金属连接件间的连接密封应符合《550密封管螺纹》(GB/T 7306—2000)的规定。永久性的螺纹连接，可使用厌氧胶密封粘接；可拆卸的螺纹连接，可使用不超过0.25mm总厚的密封材料密封连接。

表7-59　铝塑复合管公称外径、壁厚与允许偏差　单位：mm

铝塑复合管焊接形式	公称外径	公称外径允许偏差	参考内径	壁厚最小值	壁厚允许偏差
搭接焊	16	+0.3	12.1	1.7	+0.5
	20		15.7	1.9	
	25		19.9	2.3	
对接焊	16	+0.3	10.9	2.3	+0.5
	20		14.5	2.5	
	25(26)		18.5(19.5)	3.0	

铜制金属连接件与管材之间的连接结构形式宜为卡套式或卡压式夹紧结构。

连接件的物理力学性能测试应采用管道系统适应性试验的方法，管道系统适应性试验的条件及要求应符合相关标准的规定。

(2) 施工工具与机具　专用管剪、管钳、冲击钻、胀铆螺栓、手钳、抹子、推车、手动加压泵、压力表等。

(3) 作业条件

① 土建部分已完成墙面粉刷(不含面层)，外窗、外门已安装完毕，并已将地面清理干净；厨房、卫生间已做完闭水试验并经验收合格。

② 相关电气预埋等工程已完成。

③ 施工现场具有供水、供电条件，有存放材料的临时设施。

④ 设计施工图纸和有关技术文件齐全。

⑤ 施工方案已经通过监理、设计单位审查同意，并已进行了技术交底。

⑥ 绝热层保温材料的热导率、密度、抗压强度复验合格。其他材料、产品的技术文件齐全，标志清晰，外观检查合格。必要时还应抽样进行相关检测。

⑦ 施工的环境温度不宜低于5℃。若在低于0℃的环境下施工，现场应采取升温措施。

(4) 施工工艺　低温热水地板辐射供暖施工工艺流程如下：

基层处理→隔离层铺设→绝热层铺设→加热管安装→钢丝网铺设→水压试验→填充层施工→面层施工→调试与试运行→质量验收

(5) 施工要点

① 基层处理。施工前要求楼面结构层平整，不平度超过10mm要用1∶2的水泥砂浆找平；表面的砂石碎块、杂物要打扫干净；墙面根部应平直，且无积灰现象。

② 隔离层铺设。根据设计所选隔离材料，按本章7.6.2.4的隔离层铺设工艺要求施工。

③ 绝热层铺设。绝热层的铺设应平整，不得架空，绝热层相互间接合应严密。铺设过程中，绝热层板材上严禁重载以免造成永久变形。除将加热管固定在绝热层上的塑料卡钉穿过绝热层外，不得有其他破损绝热层的现象。

④ 加热管安装。

a. 加热管应按照设计图纸标定的管间距和走向敷设，加热管应保持平直，管间距的安装误差不应大于10mm。加热管敷设前，应对照施工图纸核定加热管的选型、管径、壁厚，并应检查加热管外观质量，管内部不得有杂质。加热管在安装间断或完毕时，敞口处应随时封堵。

b. 加热管切割，应采用专用工具，切口应平整，断口面应垂直管轴线。

c. 加热管安装时，应防止管道扭曲。弯曲管道时，圆弧的顶部应加以限制，并用管卡进行固定，不得出现“死折”。塑料及铝塑复合管的弯曲半径不宜小于6倍管外径，铜管的弯曲半径不宜小于5倍管外径。

d. 埋设于填充层内的加热管不应有接头。

e. 施工验收后，如发现加热管损坏需要增设接头时，应先报建设单位或监理工程师，提出书面补救方案，经批准后方可实施。增设接头时，应根据加热管的材质，采用热熔或电熔插接式连接，或采用卡套式、卡压式铜制管接头连接，并应做好密封，铜管宜采用机械连接或焊接连接。无论采用何种接头，均应在竣工图上清晰标示，并记录归档。

f. 加热管应设固定装置。

g. 加热管弯头两端宜设固定卡。加热管固定点的间距，直管段固定点间距宜为0.5～0.7m，弯曲管段固定点间距宜为0.2～0.3m。

h. 在分水器、集水器附近以及其他局部加热管排列比较密集的部位，当管间距小于100mm时，加热管外部应设置柔性套管等措施。

i. 加热管出地面至分水器、集水器连接处，弯管部分不宜露出地面装饰层。加热管出地面至分水器、集水器下部球阀接口之间的明装管段，外部应加装塑料套管，且套管应高出装饰面150～200mm。

j. 加热管与分水器、集水器连接，应采用卡套式、卡压式挤压夹紧连接，连接件材料宜为铜质，铜质连接件与PP-R管或PP-B管直接接触的表面必须镀镍。

k. 加热管的环路布置不宜穿越填充层内的伸缩缝，必须穿越时，伸缩缝处应设长度不小于200mm的柔性套管。

l. 分水器、集水器宜在开始铺设加热管之前进行安装。水平安装时，宜将分水器安装在上，集水器安装在下，中心距宜为200mm，集水器中心距地面不应小于300mm。

m. 伸缩缝的设置应符合规定。

n. 施工时不宜与其他工种交叉施工作业，施工过程中严禁人员踩踏加热管，并应防止油漆、沥青或其他化学溶剂接触污染加热管的表面。

⑤ 钢丝网铺设。为防止填充层开裂，在加热管盘上铺设一层钢丝网，钢丝网的钢丝直径为4mm，网孔尺寸为100mm×100mm。钢丝网采用搭接，用钢丝扎带绑扎连接成片。钢丝网要铺设平整、均匀。

⑥ 水压试验

a. 水压试验应在系统冲洗之后进行。冲洗应在分水器、集水器以外的主供回水管道冲洗合格后，再进行室内供暖系统的冲洗。

b. 水压试验应进行两次，分别在振捣混凝土填充层之前和填充层养护期满后；水压试验应以每组分水器、集水器为单位，逐回路进行。

c. 试验压力应为工作压力的1.5倍，且不应小于0.6MPa。

d. 在试验压力下，稳压1h，其压力降不应大于0.05MPa。

e. 水压试验宜采用手动泵缓慢升压，升压过程中应随时观察与检查管道，不得有渗漏，不宜以气压试验代替水压试验。

f. 在有冻结可能的情况下试压时，应采取防冻措施，试压完成后必须及时将管内的水吹净、吹干。

⑦ 填充层施工

a. 混凝土填充层施工，混凝土强度等级应符合设计要求，供暖系统安装单位应密切配合。

b. 混凝土填充层施工中，应保证加热管内的水压不低于0.6MPa，填充层养护过程中，系统水压应保持不低于0.4MPa。

c. 混凝土填充层施工中，严禁使用机械振捣设备，施工人员应穿软底鞋，采用平头铁锹。

d. 在加热管的铺设区内，严禁穿凿、钻孔或进行射钉作业。

e. 系统初始加热前，混凝土填充层的养护期不应少于21d。施工中，应对地面采取保护措施，严禁在地面上加以重载、高温烘烤或直接放置高温物体和高温加热设备。

f. 严格控制混凝土表面标高及平整度，加热管上的混凝土层厚度不应小于30mm。混凝土强度达到60%以前应封闭现场，以免损坏管材。

⑧ 面层施工

a. 装饰地面宜采用水泥砂浆、混凝土地面和瓷砖、大理石、花岗石等地面以及符合国家标准的复合木地板、实木复合地板及耐热实木地板。

b. 面层施工前，填充层应达到面层需要的干燥度。

c. 以木地板作为面层时，木材必须经过干燥处理，且应在填充层和找平层完全干燥后，才能进行地板施工。

d. 瓷砖、大理石、花岗石面层施工时，在伸缩缝处宜采用干贴。

⑨ 调试与试运行

a. 地面辐射供暖系统的调试工作应在具备正常供暖的条件下进行。

b. 地面辐射供暖系统的调试工作应由施工单位在建设单位的配合下进行。

c. 地面辐射供暖系统的调试与试运行，应在施工完毕且混凝土填充层养护期满后，正式采暖运行前进行。

d. 初始加热时，热水升温应平缓，供水温度应控制在比当时环境温度高10℃左右，且供水温度不应高于32℃，并应连续运行48h。以后每隔24h水温升高3℃，直至达到设计的供水温度。在此温度下应对每组分水器、集水器连接的加热管逐路进行调节，直至达到设计要求。

e. 地面辐射供暖系统的供暖效果，应以房间中央离地面1.5m处黑球温度计指示的温度作为评价和考核的依据。

f. 地面辐射供暖系统未经调试严禁运行使用。

⑩ 以下施工部位应同步拍摄必要的图像资料。

a. 基层。

b. 隔离层。

c. 绝热层厚度。

d. 加热管安装情况。

⑪ 施工结束后应绘制竣工图，并准确标注加热管的敷设位置与地温传感器的埋设地点。

(6) 质量标准

① 主控项目

a. 保温材料的品种、规格应符合设计要求和相关标准的规定。

b. 保温材料的热导率、密度、抗压强度经见证取样送检合格。

c. 地面辐射供暖系统所使用的主要材料、设备组件、配件、绝热材料必须具有质量合格证明文件，其规格、型号及性能技术指标应符合国家现行有关技术标准的规定。这些材料、设备进场时应做检查验收，并经监理工程师核查确认。

d. 阀门、分水器、集水器组件安装前，应作强度和严密性试验。试验应在每批数量中抽查10%，且不得少于一个。对安装在分水器进口、集水器出口及旁通管上的旁通阀门，应逐个作强度和严密性试验，合格后方可使用。

e. 阀门的强度试验压力应为工作压力的1.5倍，严密性试验压力应为工作压力的1.1倍，公称直径不大于50mm的阀门强度和严密性试验持续时间为15s，其间压力应保持不变，且壳体、填料及密封面应无渗漏。

f. 绝热层的厚度、铺设应符合设计规定。

g. 加热管的材料、管外径、壁厚、管间距、弯曲半径应符合设计规定，并应可靠固定。

h. 伸缩缝应按规定敷设完毕。

i. 加热管与分水器、集水器的连接处应无渗漏。

j. 填充层内加热管不应有接头。

k. 竣工图绘制完成，应准确标注加热管的敷设位置与地温传感器的埋设地点。

② 一般项目

a. 管道安装工程施工标准及允许偏差应符合表 7-60 的规定。

b. 原始地面、填充层、面层施工标准及允许偏差应符合表 7-61 的规定。

表 7-60 管道安装工程施工标准及允许偏差

序号	项　目	条　件	标　准	允许偏差/mm
1	绝热层	接合	无缝隙	—
		厚度	—	＋10
2	加热管安装	间距	不宜大于 300mm	±10
3	加热管弯曲半径	塑料及铝塑管	不小于 6 倍管外径	－5
		铜管	不小于 5 倍管外径	－5
4	加热管固定点间距	直管	不大于 700mm	±10
		弯管	不大于 300mm	
5	分水器、集水器安装	垂直间距	200mm	±10

表 7-61 原始地面、填充层、面层施工标准及允许偏差

序号	项　　目	条　　件	标　　准	允许偏差
1	原始地面	铺绝热层前	平整	满足相应土建施工标准
2	填充层	骨料	$\phi \leqslant 12$mm	－2mm
		厚度	不宜小于 50mm	±4mm
		当面积大于 30m²，或长度大于 6m	留 8mm 伸缩缝	＋2mm
		与内外墙、柱等垂直部件	留 10mm 伸缩缝	＋2mm
3	面层	与内外墙、柱等垂直部件	留 10mm 伸缩缝	＋2mm
			面层为木地板时，留大于或等于 14mm 伸缩缝	＋2mm

7.6.2.7 发热电缆地板辐射供暖施工工艺

发热电缆地板辐射供暖基本构造见图 7-62。

(1) 材料性能要求

① 保温板材。地面辐射供暖工程中采用的保温板材，其技术指标应参见前面表 7-57 的规定。

② 发热电缆。发热电缆质量必须符合国家相应标准中的各项规定与要求，发热电缆应经国家电线电缆质量监督检验部门检验合格。产品的电气安全性能、机械性能应符合《地面辐射供暖技术规程》(JGJ 142—2004) 中附录 E 的规定。

发热电缆的型号和商标应有清晰标志，冷热线接头的位置应有明显标志。

发热电缆热线部分的结构在径向上从里到外应由发热导线、绝缘层、接地屏蔽层和外护套等组成，其外径不宜小于 6mm。

发热电缆的发热导体宜使用纯金属或金属合金材料。发热电缆必须有接地屏蔽层。

发热电缆的轴向上分别为发热用的热线和连接用的冷线，其冷热导线的接头应安全可靠，并应满足至少 50 年的非连续正常使用寿命。

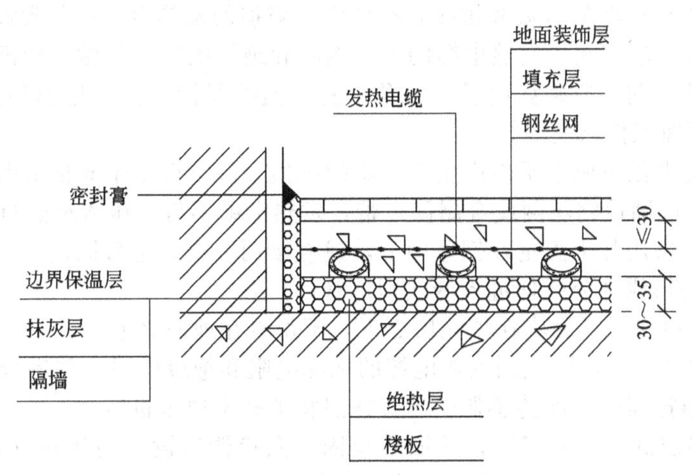

图 7-62 发热电缆地板辐射供暖基本构造

③ 温控器。发热电缆系统用温控器应符合国家相关标准。

发热电缆系统的温控器外观不应有划痕，标记应清晰，面板扣合应严密，开关应灵活自如，温度调节部件应使用正常。

(2) 施工工具与机具 冲击钻、胀铆螺栓、手钳、电工刀、螺钉旋具、电烙铁、万用表、绝缘电阻表、抹子、推车等。

(3) 作业条件

① 土建专业已完成墙面粉刷（不含面层），外窗、外门已安装完毕，并已将地面清理干净。

② 厨房、卫生间应做完闭水试验并经过验收。

③ 相关电气预埋等工程已完成。

④ 施工现场具有供水或供电条件，有存放材料的临时设施。

⑤ 设计施工图纸和有关技术文件齐全。

⑥ 施工方案已经通过监理、设计单位审查同意，并已进行了技术交底。

⑦ 绝热层保温材料的热导率、密度、抗压强度复验合格；其他材料、产品的技术文件齐全，标志清晰，外观检查合格。必要时还应抽样进行相关检测。

⑧ 施工的环境温度不宜低于5℃，若在低于0℃的环境下施工时，现场应采取升温措施。

(4) 施工工艺 发热电缆地板辐射供暖施工工艺流程如下：

基层处理→隔离层铺设→绝热层铺设→发热电缆敷设→钢丝网铺设→水压试验
→填充层施工→面层施工→调试与试运行→质量验收

(5) 施工要点

① 基层处理。施工前要求楼面结构层平整，不平度超过10mm要用1∶2的水泥砂浆找平；表面的砂石碎块、杂物要打扫干净；墙面根部应平直，且无积灰现象。

② 隔离层铺设。根据设计所选隔离材料按7.6.2.4的隔离层铺设工艺要求施工。

③ 绝热层铺设。绝热层的铺设应平整，不得架空，绝热层相互间接合应严密。铺设过程中，绝热层板材上严禁重载以免造成永久变形，除将加热管固定在绝热层上的塑料卡钉穿过绝热层外，不得有其他破损绝热层的现象。

④ 发热电缆敷设

a. 发热电缆应按照施工图纸标定的电缆间距和走向敷设，发热电缆应保持平直，电缆间距的安装误差不应大于10mm。发热电缆敷设前，应对照施工图纸核定发热电缆的型号，并应检查电缆的外观质量。

b. 发热电缆出厂后严禁剪裁和拼接，有外伤或破损的发热电缆严禁敷设。

c. 发热电缆安装前应测量发热电缆的标称电阻和绝缘电阻，并做自检记录。

d. 发热电缆施工前，应确认电缆冷线预留管、温控器接线盒、地温传感器预留管、供暖配电箱等预留、预埋工作已完毕。

e. 电缆的弯曲半径不应小于生产企业规定的限值，且不得小于6倍电缆直径。

f. 发热电缆下应铺设钢丝网或金属固定带，发热电缆不得被压入绝热材料中。

g. 发热电缆应采用扎带固定在钢丝网上，或直接用金属固定带固定。

h. 发热电缆的热线部分严禁进入冷线预留管。

i. 发热电缆的冷热线接头应在填充层之下，不得设在地面之上。

j. 发热电缆安装完毕，应检测发热电缆的标称电阻和绝缘电阻，并进行记录。

k. 发热电缆温控器的温度传感器安装应按照相关技术要求进行。

l. 发热电缆温控器应水平安装，并固定牢固。温控器应设在通风良好且不被风直吹的位置，不得被家具遮挡，温控器的四周不得有热源体。

m. 发热电缆温控器安装时，应将发热电缆可靠接地。

n. 发热电缆间有搭接时，严禁电缆通电。

o. 伸缩缝的设置应符合规定。

p. 施工时不宜与其他工种交叉施工作业，施工过程中严禁人员踩踏发热电缆，并应防止油漆、沥青或其他化学溶剂接触污染发热电缆的表面。

⑤ 钢丝网铺设。为防止填充层开裂，在加热管盘上铺设一层钢丝网，钢丝网的钢丝直径为4mm，网孔尺寸为100mm×100mm。钢丝网采用搭接，用钢丝扎带绑扎连接成片。钢丝网要铺设平整、均匀。

⑥ 填充层施工

a. 混凝土填充层施工应要求发热电缆经电阻检测和绝缘性能检测合格、所有伸缩缝已安装完毕、温控器的安装盒、发热电缆冷线穿管已经布置完毕、通过隐蔽工程验收。

b. 混凝土填充层施工，混凝土强度等级应符合设计要求，供暖系统安装单位应密切配合。

c. 混凝土填充层施工中严禁使用机械振捣设备，施工人员应穿软底鞋，采用平头铁锹。

d. 在发热电缆的敷设区内，严禁穿凿、钻孔或进行射钉作业。

e. 系统初始加热前，混凝土填充层的养护期不应少于21d。施工中，应对地面采取保护措施，严禁在地面上加以重载、高温烘烤或直接放置高温物体和高温加热设备。

f. 严格控制混凝土表面标高及平整度，发热电缆上的混凝土层厚度不应小于30mm。混凝土强度达到60%以前应封闭现场，以免损坏发热电缆。

g. 填充层施工完毕后，应进行发热电缆的标称电阻和绝缘电阻检测，验收并做好记录。

⑦ 面层施工

a. 装饰地面宜采用水泥砂浆、混凝土地面和瓷砖、大理石、花岗石等地面以及符合国家标准的复合木地板、实木复合地板及耐热实木地板。

b. 面层施工前，填充层应达到面层需要的干燥度。

c. 以木地板作为面层时，木材必须经过干燥处理，且应在填充层和找平层完全干燥后，才能进行地板施工。

d. 瓷砖、大理石、花岗石面层施工时，在伸缩缝处宜采用干贴。

⑧ 调试与试运行

a. 地面辐射供暖系统未经调试，严禁运行使用。

b. 地面辐射供暖系统的运行调试，应在具备正常供暖和供电的条件下进行。

c. 地面辐射供暖系统的调试工作应由施工单位在建设单位的配合下进行。

d. 地面辐射供暖系统的调试与试运行，应在施工完毕且混凝土填充层养护期满后，正式

采暖运行前进行。

e. 发热电缆地面辐射供暖系统初始通电加热时，应控制室温平缓上升，直至达到设计要求。

f. 发热电缆温控器的调试应按照不同型号温控器安装调试说明书的要求进行。

g. 地面辐射供暖系统的供暖效果，应以房间中央离地 1.5m 处黑球温度计指示的温度作为评价和考核的依据。

⑨ 以下施工部位应同步拍摄必要的图像资料。

a. 基层。

b. 隔离层。

c. 绝热层厚度。

d. 发热电缆安装情况。

⑩ 施工结束后应绘制竣工图，并应准确标注发热电缆的敷设位置与地温传感器的埋设地点。

(6) 质量标准

① 主控项目

a. 保温材料的品种、规格应符合设计要求和相关标准的规定。

b. 保温材料的热导率、密度、抗压强度经见证取样送检合格。

c. 地面辐射供暖系统所使用的主要材料、设备组件、配件、绝热材料必须具有质量合格证明文件，其规格、型号及性能技术指标应符合国家现行有关技术标准的规定。材料、设备进场时应做检查验收，并经监理工程师核查确认。

d. 绝热层的厚度、铺设应符合设计规定。

e. 发热电缆的敷设间距、弯曲半径、型号等应符合设计的规定，并应可靠固定。

f. 伸缩缝应按规定敷设完毕，系统的每个环路应无短路和断路现象。

g. 填充层内发热电缆不应有接头。

h. 竣工图绘制完成，并准确标注加热管的敷设位置与地温传感器的埋设地点。

② 一般项目

a. 绝热层施工标准及允许偏差应参见前面表 7-60 的规定。

b. 原始地面、填充层、面层施工标准及允许偏差应参见前面表 7-61 的规定。

7.6.2.8 EPS 板薄抹灰楼板底面保温施工工艺

EPS 板薄抹灰楼板底面保温基本构造见图 7-63。

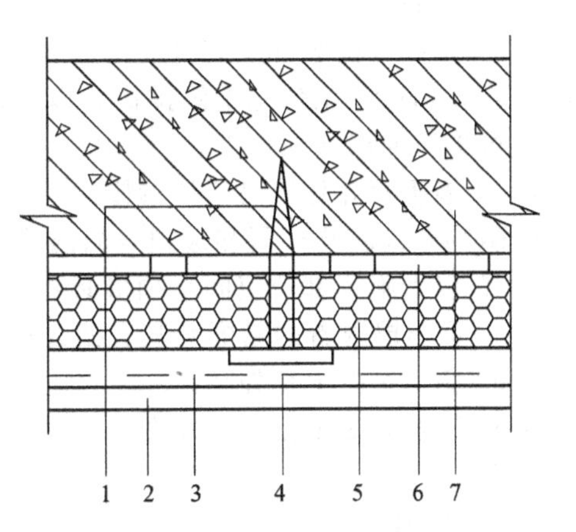

图 7-63 EPS 板薄抹灰楼板底面保温基本构造

1—锚栓；2—饰面层；3—抗裂砂浆面层；4—耐碱网布；5—EPS 板；6—胶黏剂；7—钢筋混凝土顶板

(1) 材料性能要求

① EPS 板薄抹灰保温材料性能要求参见表 7-4。

② 耐碱网布性能要求参见表 7-5。

③ 锚栓技术性能指标表 7-7。

(2) 施工工具与机具

① 机具垂直运输机械、水平运输车、电动搅拌器、角磨机、电锤、射钉枪等。

② 工具常用抹灰工具及抹灰的专用检测工具、经纬仪及放线工具、密齿手锯、水桶、剪子、滚刷、铁锹、钢丝刷、扫帚、锤子、錾子、壁纸刀、托线板、方尺、靠尺、塞尺、量针、钢直尺、墨线盒等。

③ 脚手架内粉施工脚手架。

(3) 作业条件

① 顶板和墙体工程经检查验收合格。

② 穿过顶板的各种管件根部已固定牢固。

③ 板面防水工程应在抹灰前施工完。否则，必须采取有效的防水措施。

④ 房间内电气安装预埋盒、配电箱、采暖、水管、设备等的预埋件已准确埋设完毕。

⑤ EPS 板的热导率、密度、抗压强度经见证取样送检合格。

⑥ 耐碱网布的力学性能经见证取样送检合格。

⑦ 后置锚栓拉拔力现场拉拔试验符合设计要求。

⑧ 施工机具已备齐，水、电已接通。

⑨ 内粉施工用脚手架搭设牢固。

⑩ 室内环境温度应在 5℃以上，房间内应干燥通风。

（4）施工工艺　EPS 板薄抹灰楼板底面保温施工工艺流程如下：

板底清理→涂抹界面剂→配聚合物胶黏剂→粘贴 EPS 板→配制抗裂砂浆→隐蔽工程验收→抹抗裂砂浆，铺挂耐碱网布（养护 7d）→施工饰面层

（5）施工要点

① 板底清理。板底应清理干净，无油渍、浮尘等，板底面凸起物大于等于 10mm 应铲平。

② 基层应涂满界面砂浆，用滚刷或扫帚将界面砂浆均匀涂刷在基层上。

③ 按厚度拉水平控制线，并标出板底管线走向。

④ 裁板。EPS 板宽度应小于等于 1200mm，高度应小于等于 600mm。

⑤ 粘贴 EPS 板时，应将胶黏剂涂在 EPS 板背面，涂胶黏剂面积不得小于 EPS 板面积的 40%。

⑥ 涂好胶黏剂后应立即将 EPS 板贴在墙面上，动作要迅速，以防止胶黏剂结皮而失去粘接作用。EPS 板贴在墙上时，应用 2m 靠尺进行压平操作，保证其平整度和粘接牢固。板与板之间要挤紧，不得有较大的缝隙。若因保温板面不方正或裁切不直形成大于 2mm 的缝隙，应用 EPS 板条塞入并打磨平。

⑦ EPS 板贴完后至少 24h，且待胶黏剂达到一定粘接强度时，用专用打磨工具对 EPS 板表面不平处进行打磨，打磨动作最好是轻柔的圆周运动，不要沿着与保温板接缝平行的方向打磨。打磨后应用刷子将打磨操作中产生的碎屑清理干净，并标出板底管线走向。

⑧ 在 EPS 板上先抹 2mm 厚的抗裂砂浆，待抗裂砂浆初凝后，分段铺挂耐碱网布并安装锚栓（锚栓呈梅花状布置，5～6 个/m^2），锚栓锚入墙体孔深应大于 30mm，锚栓安装位置应避开板底管线。

⑨ 在底层抗裂砂浆终凝前再抹一道抗裂砂浆罩面，厚度为 2～3mm，以覆盖耐碱网布轮廓为宜。面层砂浆切忌不停揉搓，以免形成空鼓。在面层抗裂砂浆抹完后养护 7d，待其干燥后方可进行面层涂料施工。

⑩ 墙板交界处容易碰撞的阳角及不同材料基体的交接处等特殊部位，其保温层应增设一层耐碱网布以防止开裂和破损（耐碱网布在每边铺设宽度为 EPS 板厚度+50mm）。

⑪ 以下施工部位应同步拍摄必要的图像资料。

a. 保温层附着的基层及其表面处理。

b. 墙体热桥部位处理。

c. 保温板粘接和固定方法。

d. 锚固件。

e. 增强网铺设。

f. 被封闭的 EPS 板厚度。

（6）质量标准

① 主控项目

a. 保温材料和耐碱网布的品种、规格应符合设计要求和相关标准的规定。

b. 保温材料的热导率、密度、抗压强度应符合设计要求，并见证取样送检合格。

c. 耐碱网布的力学性能应符合设计要求，并见证取样送检合格。

d. 后置锚栓技术性能指标应符合设计要求，拉拔力现场拉拔试验合格。

e. 处理后的基层不得有影响墙体热工性能的热桥。

f. 保温层厚度应符合设计要求。

g. 基层应有足够的强度，表面平整、清洁，无起砂、起壳、裂缝、蜂窝、麻面等现象。

h. 各抹灰层之间及抹灰层与基体之间必须粘接牢固，抹灰层应无脱层、空鼓、面层无暴灰和裂缝等缺陷。

② 一般项目

a. 进场的节能保温材料与构件的外观和包装应完整无破损，保温材料与构件应符合设计要求和产品标准的规定。

b. 保温浆料层宜连续施工，保温浆料厚度应均匀、接槎应平顺密实。

c. 普通抹灰表面应光滑、洁净，接槎平整。高级抹灰表面应光滑、洁净，颜色均匀，无抹纹，线角和灰线平直方正、清晰美观。

d. 孔洞、槽、盒、管道后面的抹灰表面，其尺寸应正确，边缘应整齐、光滑，管道后面应平整。

e. 门窗框与墙体间的缝隙应填塞密实，表面平整。门窗洞口四周的墙体应做保温，并采取增设一层耐碱网布以防止保温层开裂和破损的措施。

f. 抹灰表面允许偏差及检验方法参见表 7-3。

7.6.3 节能地面施工应用实例

烟台某厂筹建的大型供暖公司是国家住房和城乡建设部环保示范项目，总供热面积已达 $800\times10^4 m^2$。目前设换热站 70 余座，二级网、站普遍按照散热器采暖参数设计施工，网内用户 95%以上采用散热器采暖系统。

根据最近几年来的经验，低温地板辐射采暖系统可以采用直接连接的方式，也可以采用加换热器间接连接的方式并入公司热网，这两种方案的优缺点及其应用范围分析如下。

(1) 间接连接方案是在低温地板辐射采暖系统建筑地下层设换热站，换热后的参数根据低温地板辐射采暖系统的要求确定。该方案的优点是完全解决了地板辐射采暖接入热网存在的所有问题，能够确保供暖的效果和舒适性。该方案的优点虽然明显，但缺点也同样明显，主要表现在以下两方面。

① 初投资较大，与直接连接方式相比，间接连接需增加换热器、地暖循环泵、地暖定压泵等设备，同时由于换热后降低了低温辐射采暖系统循环水温，室内加热管间距也要缩小，室内加热管耗量也要增大。

② 运行管理不便，维护费用较高，由于增加了换热器、地暖循环泵、地暖定压泵等设备，使系统更加复杂，必然要增加运行电耗及维护成本，同时运行期间也需要定期巡检，增加了运行管理难度。因此，只有在热网末端热网循环压差无法满足低温地板辐射采暖系统的必须压差的情况下才需用此方案。

(2) 直接连接方案是将低温地板辐射采暖系直接接入公司二次网，不设换热器与公司二次网隔离的连接方式，该方式又可分为加混水泵的直接连接方式和不加混水泵的直接连接方式。

① 加混水泵的直接连接方式，在地暖用户入口设混水泵，抽取用户地暖系统回水与供水混合，将混合后的供水温度控制在 60℃以下。该方式的优点是解决了公司热网水温与地暖系统不匹配的问题，初投资较低。缺点是运行管理不便，给热网调节带来困难。

② 不设混水泵的直连方式，在地暖用户入口不设任何其他附加设施，直接与热网系统连接。这种连接方式优点是初投资较低，运行管理方便，运行维护费用也较低。缺点是没有解决

公司热网水温与循环压差不匹配的问题，实施技术难度较高。为解决公司热网水温、循环流量、循环压差不匹配的问题，主要从以下几方面着手解决。

a. 管材选择，PP-R、PE-X、PB管材均可在水温条件下长期安全运行，PP-R管许用应力随着使用温度的升高急剧下降，PB、PE-X管随温度升高许用应力下降则缓和得多，由于PB管价格较高，最终选用PE-X管作为公司地暖系统加热管。

b. 加热管布置，由于热网水温较正常地板辐射供暖系统水温要高，若不适当增大加热管间距势必造成地板表面温度过高，影响舒适性；另外，由于热网均按散热器供暖设计，用户资用压头均按1～3 mH_2O考虑，若不适当控制单根加热管的长度势必造成循环阻力过大，循环速度过慢甚至停滞，影响采暖效果。因此，公司地板辐射采暖设计过程中均按供回水平均温度55℃，室内空气温度16℃选取加热管间距。布管尽量采用“回形”布置，避免出现高低温区，通过上述措施防止出现地板表面温度过高的情况。此外，设计过程中还进行严格的水力计算，确保单根加热管的沿程阻力和局部阻力之和不大于1.0mH_2O，一旦超过1.0mH_2O则对加热管布置重新分区，减少单根加热管长度，通过该项措施，防止出现地暖系统与散热器系统接入同一热网时地暖系统被散热器系统“抢水”的现象。

c. 加热管固定及填充层加强，由于热网水温比普通地面辐射采暖系统水温要高，因此加热管所产生的热应力比普通地面辐射采暖系统的热应力要大，再加上公司地暖系统加热管壁厚选择较普通地面辐射采暖系统加热管壁厚要厚，所以加热管对于管卡的推力也比普通地面辐射采暖系统的要大，一旦处理不好，极易出现地面开裂的情况，因此适当增加加热管的固定管卡，以分散加热管推力。管卡间距按设计规程中下限取值，直管段取0.5m，弯曲管段取0.2m，这样一来就确保了加热管的可靠固定；为充分防止地面开裂情况的发生，在做好加热管固定的同时，还对填充层进行了加强，方法是在加热管上的细石混凝土填充层加一层直径2mm，100mm×100mm的铁丝网，以提高填充层的抗拉强度，防止地面开裂。

通过以上措施，实现了地面辐射采暖系统在不加混水泵的情况下直接并入散热器采暖热网，节省了投资，简化了系统，减少了运行维护费用。从并入热网的地面辐射采暖系统运行情况来看，达到了地面辐射采暖系统美观、舒适、节能要求，运行也稳定可靠。

第8章 既有建筑节能改造技术与实例

8.1 既有建筑节能改造技术

我国严寒和寒冷地区，主要包括东北、华北和西北地区（简称三北地区，习惯上称采暖地区），占我国国土面积的70%以上，这些地区的既有居住建筑，建筑物围护结构保温能力低，采暖设备陈旧，保温性能差，浪费大量能源。

根据住房和城乡建设部公布的数据，我国现有城乡建筑面积400多亿平方米，95%左右都是高耗能建筑。为实现建筑节能的既定目标，在新建建筑严格执行节能设计标准的同时，既有建筑节能改造也很重要。既有建筑节能改造潜力巨大，具有良好的节能效果和环境效益。

8.1.1 既有建筑节能改造现状及实施步骤

随着建筑节能步伐的加快，既有建筑物的节能改造显得越来重要。1986年，国家提出了建筑物执行第一步节能30%的标准要求，2000年，第二步节能50%标准要求，如今，国内少数省区已开始执行第三步节能65%的标准工作。这三步标准的依次实施，使国内建筑节能的整体水平上升到了新的台阶，为国家顺利实现可持续发展做出了巨大贡献。到目前为止，住房和城乡建设部不仅颁发了寒冷、严寒地区的强制节能标准，而且也颁发了夏热冬冷地区的强制节能标准和炎热地区的强制节能标准。这些标准的出台，证明了建筑节能对社会发展的现实意义，从中也可以看出国家对建筑节能的重视。因此，对既有建筑物的节能改造势在必行。

8.1.1.1 既有建筑节能改造现状

（1）采暖地区

① 采暖地区供热体制改革举步维艰。冬季采暖是我国三北地区居民的基本生活需求。每年采暖期较长，少则4个月，多的达6个月，保障这些地区城镇居民冬季采暖是事关城镇经济社会发展与稳定的大事。新中国成立以来，国家非常重视三北地区城镇居民的冬季采暖问题，采取了强有力的措施，大力发展城镇集中供热事业。在计划经济体制下形成了职工家庭用热，单位交费的福利供热制度。近几年，集中供热的热费收缴难度越来越大。加之三北地区大部分是国家的老工业基地，在经济结构调整过程中，不少企业处于停产、半停产状态，甚至进入破产程序，为职工支付采暖费的能力大大降低，所以造成热费大量拖欠。由于欠费严重，供热企业资金严重短缺，供热难以正常进行，无力进行设施的维修、改造，造成供热设备老化、管网超期服役等问题，供热质量越来越不稳定，严重影响了北方城镇居民冬季的日常工作和生活。

为了解决这些问题，2003年7月，国家在东北、华北、西北及山东、河南等地开展了城镇供热体制改革的试点工作，其具体内容包括四个方面：一是停止福利供热，实行用热商品化、货币化；二是逐步推行按用热量分户计量收费的办法，提高节能积极性，形成节能机制；三是加快城镇现有住宅节能改造和供热采暖设施改造，提高热能利用效率和环保水平；四是引入竞争机制，深化供热企业改革，实行城镇供热特许经营制度。

② 采暖地区居住建筑节能改造零星分散。北方采暖地区的既有居住建筑节能改造主要是结合供热体制改革进行的。在辽宁、黑龙江和天津等省市前些年开展了供热系统分户控制改造，主要是为了解决供热费收缴难的问题，而对围护结构的节能改造考虑很少，谈不上进行节能改造。并且在实施过程中，为了实现分户控制，在楼梯间和室内设置了许多立管和水平管，对用户的室内空间影响较大，造成许多纠纷，群众的抵触情绪和反对意见较大。总体来说，北方采暖地区的既有居住建筑节能改造是零星的、分散的或自发的、探索性的，未形成较大的规模和体系，并且技术不够成熟，方案不够合理，改造资金的筹措主要靠供热单位出资解决，未能与用户利益直接挂钩，存在很大的盲目性，也不规范，这是目前这些地方热改和既有建筑节能改造不能全面推进的主要原因。

但是，哈尔滨市一栋既有居住建筑的节能改造项目却是比较成功的。该住宅楼为一栋六层砖混结构建筑，通过在建筑物顶层增加一层斜屋顶房间，用该房屋新增房间建筑面积出售获得的资金为该楼墙面增加保温层，而原有住户不对外墙保温工程支付任何费用，只是对自家的外墙窗户由自己出钱更换为塑钢中空玻璃节能型的，大大改善了室内热环境。

③ 采暖地区公共建筑节能改造尚在启动。北方采暖地区的既有公共建筑节能改造目前处于启动状态，一些省市结合国家对政府机构节能的政策要求正在对办公建筑筹划进行建筑节能改造，比如黑龙江、辽宁、宁夏等省区已经对部分办公建筑的能耗现状进行调查评估，并初步确定了节能改造的技术方案，待资金筹措到位后将予以实施。一些能耗高的大型商业建筑、公益性公共建筑也在建设节约型社会和降低建筑能耗的呼声中，筹划进行节能改造，但却苦于缺乏资金和技术难以起步。

(2) 过渡地区　既有建筑节能改造处于论证规划阶段。过渡地区目前正在对既有居住建筑和公共建筑的节能改造进行调查摸底、论证规划和前期准备。该地区的既有建筑外墙保温隔热性能普遍低于北方采暖地区，尤其是20世纪五六十年代建造的居住建筑，其外墙的厚度一般仅为180mm，屋顶的保温隔热性能、窗户的保温隔热和遮阳性能也都较差，并不设置集中供热采暖系统，冬季室内温度很低、热环境质量低劣。改革开放以来随着人民生活水平的提高，许多家庭在冬季开始采用空调采暖。该地区既有公共建筑特别是20世纪八九十年代建成的公共建筑，尤其是大型商业和公益性公共建筑，其围护结构较多采用玻璃幕墙，导致建筑物冬季大量散热和夏季大量吸热，室内热环境质量很差，建筑能耗特别是夏季空调用能量很大。据调查分析，该地区既有非节能建筑的围护结构整体热工性能大大低于现行节能50%的夏热冬冷地区建筑节能设计标准的要求。但由于该地区建筑节能工作开展较晚，各地区工作发展很不平衡，除了上海等个别城市对其既有建筑的节能改造做了规划外，其他地方对其既有建筑的节能改造尚未列入议事日程。

(3) 南方地区　既有建筑节能改造尚处于调查摸索阶段。南方炎热地区多数属于夏热冬暖地区，该地区常年温度、湿度较高，许多城市的空调制冷期长达四至六个月之久。既有建筑通常较少考虑保温，传统的既有建筑特别是带有异域色彩的遗存建筑比较注意屋顶隔热和窗户遮阳设置，但在该地区改革开放以来建成的大量建筑中，其居住建筑开窗率普遍较大，且很少设置遮阳设施；其公共建筑大量采用玻璃幕墙，并普遍未采取遮阳措施，导致夏季因太阳辐射得热量过多，对建筑物室内热环境质量影响很大，大大加剧了建筑物空调制冷用能。该地区建筑节能工作刚刚开始，主要是针对新建建筑执行节能设计标准，建筑门窗隔热遮阳的技术和设备尚在研究开发之中，立足当地资源的一些新型墙体材料应用技术规程和标准图集正在编制之中，而大多数地方对既有建筑节能改造未予重视。但从美国能源基金会（EF）正在支持的深圳、广州、福州、厦门四个南方城市夏热冬暖地区建筑节能示范项目的进展情况来看，由于该地区经济发达、对人才的吸引力强，有对建筑节能加大投资的愿望，其工作大有后发之势。

8.1.1.2 既有建筑节能改造实施步骤

既有建筑节能改造问题是一个综合性的问题，涉及的范围较广、层面较多，在我国夏热冬冷地区，由于对该地区进行的研究工作不多，因此，在节能改造经验方面积累不足。在参照相关地区的改造经验和方法时，对既有建筑的节能改造应把握以下几个原则：一是对改造的必要性、可行性以及投入收益比进行科学论证，改造收益大于改造成本时方可改造；二是建筑围护结构改造应当与采暖供热系统改造同步进行；三是符合建筑节能设计标准要求；四是充分考虑采用可再生能源。

对既有建筑的节能改造，分以下几个步骤进行：

① 对整个建筑进行系统测试，全面调查和采集数据，分析既有建筑物的能耗现状，定性分析部位的节能潜力；

② 然后通过对既有建筑的全年（尤其是夏、冬两季）动态能耗模拟，计算和测定能耗数据的分析，依照相关节能设计标准规范的要求，制定既有建筑物节能改造方案，同时通过技术分析，对比各种节能措施的节能效果，确定最优的综合改造方案；

③ 按照既定方案实施节能改造工程；

④ 运行一个周期后对系统进行评估，总结节能效果，按照计算结果，计算应支付的节能承包的费用。

8.1.2 既有建筑能耗分析

（1）既有建筑能耗现状　中国既有建筑量大面广，其中绝大多数都属于非节能高能耗建筑。我国城乡目前既有建筑总面积约400亿平方米，其中城镇约为150亿平方米，在城镇中居住建筑面积约为105亿平方米，公共建筑面积约为45亿平方米，能够达到建筑节能标准的仅占5%，其余95%都是非节能高能耗建筑。尤其在北方采暖地区，这些非节能建筑围护结构如墙体、门窗、屋顶普遍保温隔热性能很差，供热系统效率很低，其单位面积的耗热量指标是同气候区域西方发达国家的2～3倍。而公共建筑除了围护结构保温隔热性能差外，由于供热和空调系统缺乏调节、室内温度不能灵活控制，导致许多公共建筑单位面积的耗能量达到当地居住建筑单位面积耗能量的8～15倍，在一些地方的大型商业建筑中冬季出现由于室内温度过高工作人员穿单衣、而夏季出现由于室内温度过低穿制服的不合理现象。比如北京市，仅占既有建筑面积总量不到5%的公共建筑消耗的电量基本与全部居住建筑消耗的电量持平。

从现在起到2020年，我国城乡建设建筑总量仍将保持持续增长，每年城乡新增建筑面积约为20亿平方米，其中城市新增建筑面积为10亿平方米，在城市新增建筑面积中有3亿～4亿平方米为公共建筑，其余为居住建筑。由于建筑节能标准执行率较低，近些年新增建筑面积中只有20%符合现行建筑节能设计标准的要求，其余80%均是低于建筑节能标准要求的非节能建筑，这些新增的非节能建筑连同既有的非节能建筑都大量吞噬、浪费宝贵能源，并由于燃烧煤炭、石油、天然气等化石能源造成大量的环境污染。

（2）既有建筑能耗计算分析　既有建筑物的能耗分析，依据《公共建筑节能设计标准》(GB 50189—2005)、《夏热冬冷地区居住建筑节能设计标准》(JGJ 134—2001）及《居住建筑节能设计标准》(DB 42/301—2005）中有关规定进行。在围护结构中，由于两侧存在空气温差，以及太阳辐射、天空辐射、空气对流引起的得热或失热而造成能耗。因此，通过计算得出满足人们舒适环境条件下围护结构各部位的能耗指标，从而分析影响既有建筑能耗的因素。

8.1.3 既有建筑的节能改造措施

8.1.3.1 围护结构节能改造

（1）外墙节能改造　由于外墙外保温和外墙内保温相比，具有十分明显的优点，既有建筑外墙节能改造一般采用外墙外保温形式。外墙改造后最小传热阻值应符合相关标准的规定。改造做法及构造要求，当设计具体规定时，按设计要求进行。

外墙隔热保温改造施工顺序为：外墙脚手架搭设及安全防护布置、墙面基层清理、基层界面处理、外墙保温隔热层施工、外墙装饰面层（保护层）施工、验收。

① 外墙脚手架搭设及安全防护。由于对既有建筑进行节能改造时，原建筑物仍在正常使用。因此，必须要进行周密的现场安全防护布置，尽量减少对人们生活和工作的干扰，保证住户安全，确保在施工期间，无物件坠落的现象。

② 墙面基层清理。将外墙墙面渗漏、风化、起酥部分剔除，清理干净，墙面不平之处，采用水泥砂浆补平，补后砂浆必须与基层连接牢固，以保证墙体基层与外保温隔热层的连接性能。墙面如果有水管等设施，应暂时拆除，等保温隔热改造完毕后再安装。

③ 基层界面处理。对基层界面进行处理，提高外保温隔热层与基层的黏结强度。

④ 外墙保温隔热层施工。保温隔热材料的实际热工性能及其厚度应满足节能设计标准及设计图纸的要求；应采取适当的构造措施，避免某些局部部位产生冷、热桥现象。一般来说，墙面上永久性的机械锚固、临时性的固定，甚至于穿墙管道或者外墙上的附着物固定支架等，都会造成局部冷、热桥。在施工中，应注意这些连接件对外墙的保温隔热性能产生的影响。无论是外墙保温隔热砂浆施工，还是保温隔热板施工，均应保证保温隔热层与墙体牢固结合。为防止温度剧烈变化对外墙保温隔热层的破坏，外墙保温隔热层施工时按 7m×7m 以内布置伸缩缝；同时采取措施，避免墙体的变形缝及抹灰接缝的边缘（如门窗洞口、边角处等）产生裂缝，并注意现场施工的相关要求，其施工质量应符合国家相关标准规范的质量要求。

⑤ 外墙装饰面层施工。一般外墙饰面层应使用配套的建筑外墙柔性耐水腻子和弹性涂料，在施工时，应符合相关国家标准规范的要求。

（2）屋面节能改造　屋面保温隔热改造做法及构造要求应符合设计要求，其改造后的保温热阻值应符合当地有关标准的规定。

屋面的节能改造施工，其构造较外墙改造简单容易得多。施工时应注意施工荷载及所增加的自重荷载对屋面板结构的影响；当采用坡屋面改造时，亦应考虑到其抗震构造要求。屋面的节能改造施工及其节能处理，须符合现行国家规范《屋面工程施工及验收规范》中的有关要求，其施工质量须符合有关标准规范的规定。

（3）门窗节能改造　既有非节能住宅建筑应尽量提高门窗的节能效果，减少外墙的节能分配。门窗在围护结构中是耗能较高的部分，传统的塑钢窗、木窗或铝合金窗热桥严重、气密性差。在夏季，由于遮阳不足，门窗的隔热性能较差，室外大量热源通过门窗传至室内。

对于外门窗的节能改造，可以采取在既有门窗不动的基础上安装新的节能门窗，最后再拆除旧的门窗（或采用双层窗），以保证建筑物在改造过程中的使用功能。合理地选用玻璃，可提高建筑外窗保温隔热性能。门窗的设置应有利于自然通风。改造所用门窗，应有相关部门出具的“三性”，即气密性、水密性、抗风压和其保温性能及力学性能的检测证书，其性能应符合当地有关标准的规定，且应符合国家相关规范的要求。做好门窗框周边与墙体间的密封处理，减少冷、热桥现象。同时，做好遮阳措施，减少室外阳光等辐射热传递。

门窗的安装施工应符合国家相关标准规范的规定。

8.1.3.2 采暖制冷节能改造

减少建筑采暖制冷所需的能源消耗以及加强运行维护管理，也是既有建筑节能改造的路径

之一。由于暖通空调系统的方式很多，设备产品较多，系统的设计与运行技术要求较高，因此，对原来系统的运行状况，如能耗指标、运行费用、维护费用、设备性能及空调质量等要有充分认识。在确定改造方案时，与建筑、装修一起，充分考虑建筑结构对空调热负荷的影响，尽量利用建筑物的方位、形状和平面布置设计来减少建筑物的空调负荷。对空调系统及设备的选用，也应尽量采用新型、较成熟的节能技术。

① 冷热源设备应尽量采用热泵机组。热泵的种类有很多，应具体结合当地气候及资源（包括电力、水、蒸汽等）环境加以选择。

② 对采取峰谷分时电价政策的地区，可考虑冰蓄冷等技术。

③ 采用节能的空调方式，如变风量空调系统、低温送风方式。根据建筑物内冷热负荷偏差较大的特点，可采用分层、分区等的空调方式。

对改造工程的施工，应严格把握好工程的施工质量。不得随意更改设计好的系统；严格控制风管的制作和安装质量，风管系统安装完毕应进行严密性测试，并达到规范要求；严格把握保温工程的施工质量，其质量的优劣直接影响保温效果和使用寿命；应认真合理地组织好系统的调试，达到设计的要求。

8.1.4　节能改造的综合效果评价

在节能改造项目建设过程中及竣工后，需要对部分材料、构件、建筑物的热工性能、采暖空调系统效果进行检测。通过对既有建筑节能改造前节能计算与实测、设计方案预定数据及节能改造后相关数据的测定，得出节能改造前后的能耗差异，以及节能改造后实际节能数值与设计方案预定节能数值间的差异，同时，也可以计算出节能投资的收益率。得出的数据及改造经验为其他既有建筑的节能改造提供参考数据，同时，也有利于促进既有建筑节能改造工作的开展。

通过对既有建筑物的节能改造，改善了建筑物的保温隔热性能，提高了人们的居住品质和工作环境，降低了建筑物使用能耗，减少温室效应，让改造后的建筑物实现低能耗的运行，也缓解社会经济发展的矛盾，确保国民经济的可持续发展。

8.2　既有建筑墙体节能改造技术

8.2.1　国内既有建筑墙体的现状与节能前景

我国住宅墙体的传统材料是实心黏土，在节能工作开展之前，城镇一般居住建筑墙体的厚度在夏热冬冷地区为240mm以下，在寒冷地区是370～490mm，在严寒地区是490～600mm。

黏土砖的保温性能不好，在上述厚度的情况下，其传热厚度都大大超过了建筑节能设计标准提出的要求。除了黏土砖之外其他单一材料的外墙，也都主要是考虑其承重功能，但这些重质材料的墙体保温性能都较差，都无法达到建筑节能的要求。而采用高效保温材料与之复合，则可以发挥二者的长处，既能承重又能保温，而且墙体厚度增加不大。随着我国建筑节能和墙材革新工作的深入，实心黏土砖被全面禁止，复合墙体将会普遍采用。

复合墙体是在传统的砖墙、混凝土墙上再加一层高效保温材料层，这样就能大幅度地提高墙体的隔热保温性能，不同材料阻止传热的能力差异很大，以常见的聚苯乙烯泡沫塑料为例，50mm厚的一层材料，其热阻就相当于1000mm厚的砖墙或2000mm厚的钢筋混凝土墙的热阻。因此，在砖墙或混凝土墙上再复合上薄薄的一层聚苯乙烯泡沫塑料，墙体的传热系数就能满足建筑节能设计标准的要求。

复合墙体按照保温材料在墙体所处的位置不同可分为三种：内保温复合墙体、夹芯保温复合墙体、外保温复合墙体。

① 内保温复合墙体。即在外墙内侧（室内）粘贴保温材料。内保温具有投资少、施工可在室内进行、构造相对简单等优点。外墙内保温工艺的成功与否关键在于：能否控制墙体保温层的吸湿和受潮，能否采取有效措施防止热桥部位的内表面在冬季不结露，能否有效降低热桥引起的附加热损失。

② 夹芯保温复合墙体。即把保温材料（聚苯板）放在墙体中间形成夹芯墙。这种做法，墙体和保温层同时完成，对保温材料的保护较为有利。这种做法施工工艺较为复杂，且施工质量难以控制，对于墙体的穿筋锚固方式和抗震措施都有待于改进和研究，用于墙体节能改造不太可行。

③ 外保温复合墙体。即在外墙外侧粘贴保温材料。一般基底为结构承重墙体，为黏土多孔砖、混凝土空心砌块、灰砂砖、炉渣砖等新型墙材砌块，保温材料为膨胀型聚苯乙烯（EPS）板、挤塑型聚苯乙烯（XPS）板、岩棉板、玻璃棉制品等，以EPS板最为普遍。此类做法对既有建筑节能改造较为合适。目前国内常用外墙外保温做法见表8-1。

表8-1 目前国内常用外墙外保温做法

外墙外保温方式	保温层	保温层施工方式	防护层	饰面层	技术特点
GKP聚苯板外保温	自熄型发泡聚苯乙烯板（容重＞18kg/m³）	粘贴与机械拉结件固定相结合	玻璃纤维网格布与低碱水泥	喷涂丙烯酸外墙涂料	保温层牢固性较好
ZL聚苯颗粒外保温	聚苯颗粒轻骨料、胶粉料和水泥合成的保温浆料	抹灰法施工	玻璃纤维网格布与低碱水泥	喷涂丙烯酸外墙涂料	不受外墙形状影响；废物利用；抗裂性好
现浇混凝土聚苯板外保温	带钢丝网架的自熄型发泡聚苯乙烯板（容重＞18kg/m³）	钢丝网架聚苯板置于将要浇注墙体的外模内侧，墙体混凝土浇灌完毕，外保温板与墙体一次成型	低碱水泥	喷涂丙烯酸外墙涂料	节约工时；保温层牢固性好
聚氨酯外保温	硬质聚氨酯泡沫塑料	现场直接喷涂	钢丝网与低碱水泥	喷涂丙烯酸外墙涂料	保温性能最好
岩棉外保温	岩棉	粘贴与机械拉结件固定相结合	玻璃纤维网格布与低碱水泥	喷涂丙烯酸外墙涂料	保温层牢固性较好

外保温复合墙体的保温层施工较内保温困难，饰面层的使用环境恶劣，要经受得起风吹、雨淋、冻融和暴晒的考验，工程造价相对偏高。但外保温复合墙体的优点更为显著。

① 外保温墙体对建筑主体结构有保温作用，可避免主体结构产生大的温度变化，减少热应力，延长建筑物寿命。

② 外保温墙体能有效阻止或减弱建筑物热桥的影响，提高墙体保温的整体性和有效性，并可避免内保温墙体的表面潮湿、结露、发霉等问题。

③ 保温层在室外侧，结构墙体在室内侧，墙体蓄热能力强，房间的热舒适性好。

④ 墙体外保温改造可减少对住户家庭生活的干扰，并可避免住户对保温层的破坏。

目前华北地区墙体构造可分为以下三种类型。

① 20世纪50～80年代建造的大量既有非节能建筑，以实心黏土砖为主。

② 采用外保温技术对既有建筑进行节能改造后的节能建筑，即对墙体进行外保温改造。

③ 按照墙材革新和建筑节能标准要求建造的节能建筑，此类墙体的重质材料为黏土多孔砖、混凝土空心砌块、灰砂砖、炉渣砖等，厚度已由370mm降为240mm，然后外贴或内贴聚苯板保温材料。上述墙体组成材料的热物性指标见表8-2，墙体类型见表8-3。目前在一些大城市已全面禁止使用实心黏土砖，实际工程应用以6～8号等类型复合墙体为主。

表 8-2　墙体材料的热物性能指标

材料名称	密度 ρ/(kg/m^3)	比热容 c /[kJ/(kg·℃)]	热导率 λ /[W/(m·℃)]	蓄热系数 S(周期 24h) /[W/(m^2·℃)]
灰砂砖砌体	1900	1.05	1.1	12.72
黏土实心砖砌体	1800	1.05	0.81	10.63
炉渣砖砌体	1700	1.05	0.81	10.43
多孔砖砌体	1400	1.05	0.58	7.92
水泥砂浆	1800	1.05	0.93	11.37
聚苯板	30	1.38	0.042	0.36
混凝土	2300	0.92	1.51	0.36

表 8-3　墙体的基本类型

编号	墙体材料	墙体构造	建筑类型
1	240 实心黏土砖	①240mm 黏土砖；②20mm 水泥内抹灰	既有建筑
2	370 实心黏土砖	①370mm 黏土砖；②20mm 水泥内抹灰	
3	370 实心黏土砖外保温	①6mm 水泥抹灰外保护层；②50mm 聚苯板；③370mm黏土砖；④20mm 水泥内抹灰	既有建筑节能改造后
4	240 实心黏土砖外保温	①6mm 水泥抹灰外保护层；②50mm 聚苯板；③240mm黏土砖；④20mm 水泥内抹灰	新建节能建筑
5	240 实心黏土砖内保温	①240mm 黏土砖；②50mm 聚苯板；③10mm 水泥内抹灰	
6	240 实心黏土多孔砖外保温	①6mm 水泥抹灰外保护层；②50mm 聚苯板；③240mm黏土多孔砖；④20mm 水泥内抹灰	
7	240 灰砂砖外保温	①6mm 水泥抹灰外保护层；②50mm 聚苯板；③240mm灰砂砖；④20mm 水泥内抹灰	
8	240 炉渣砖外保温	①6mm 水泥抹灰外保护层；②50mm 聚苯板；③240mm炉渣砖；④20mm 水泥内抹灰	

表 8-4 为经过计算的复合墙体的稳态热工性能。

表 8-4　复合墙体的稳态热工性能

墙体编号	墙体类型	冬季传热系数 K/[W/(m^2·℃)]	夏季传热系数 K/[W/(m^2·℃)]	热惰性指标 D
1	240 墙体	2.10	2.05	3.37
2	370 墙体	1.57	1.55	5.06
3	370 墙体外保温	0.54	0.53	5.57
4	240 墙体外保温	0.59	0.58	3.88
5	240 墙体内保温	0.59	0.58	3.77
6	240 多孔砖外保温	0.55	0.55	4.01
7	240 灰砂砖外保温	0.62	0.61	3.51
8	240 炉渣砖外保温	0.59	0.58	3.79

由表 8-4 可知复合墙体的传热系数明显减小，尤其是既有建筑改造后节能效果最好，3 号墙体的传热系数已降为 0.54W/(m^2·℃)。除 3 号墙体外热惰性指标 D（热惰性指标 D 为各墙体材料的热阻 R 与蓄热系数 S 的乘积）有所下降，这是由于新建节能建筑的结构墙体变薄、重质材料减少所致，标志着此类复合墙体的蓄热性能有所降低。

8.2.2 既有建筑墙体节能改造方法

8.2.2.1　墙体节能改造采用的保温材料

通常用作墙体保温的材料类型有：保温棉，它由玻璃纤维制成，如棉毡；半硬性材料，它是用热固性黏合剂以玻璃纤维或矿棉纤维制成的绝热板，如矿棉板、玻璃棉板；硬性材料，是用聚苯乙烯、聚氨酯、酚醛树脂和高密度玻璃纤维制成的保温板，其中聚苯乙烯板有膨胀型（EPS）和挤塑型（XPS）两种；松散材料，主要是珍珠岩、蛭石、聚苯颗粒等轻质粒状材料。这些材料中的大多数都可用于建筑墙体的节能改造。

8.2.2.2　墙体节能改造的构造设计

（1）墙体外保温节能改造　墙体外保温是在主体墙结构外侧，在粘接材料的作用下，固定一层保温材料，并在保温材料的外侧抹砂浆或做其他保护装饰。对于既有采暖居住建筑的节能改造来说，采用墙体外保温做法在技术上已经成熟，国内外已大规模推广。在欧美等发达国家，墙体外保温技术已成功应用了三十余年，在国内的应用也有了十多年历史。国外的外墙外保温系统已引入我国，并开始了试生产及成功的试点应用，国内一些单位开发的EC胶黏剂与耐碱玻璃纤维布、聚苯板相配套应用于外墙外保温，在我国三北地区的试点工程已达到相当规模；钢丝网水泥砂浆复合岩棉板外保温技术也在一些省市得到推广。此外，加气混凝土等轻质材料保温技术在华北、西北地区也有数量可观的应用面。这些成熟的技术及成功的经验为因地制宜地开展既有建筑墙体节能改造提供了有效的技术途径。

① 墙体外保温节能改造的基本构造形式。墙体外保温节能改造按照保温层与主体的结合方式大致分为喷涂式、抹灰式、粘接式、挂装式及混合式。基本的构造形式如图8-1所示。

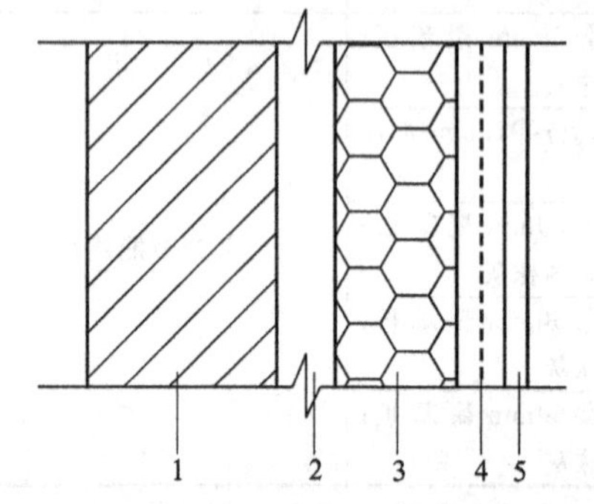

图8-1　墙体外保温节能改造构造示意图
1—墙体；2—黏结层，胶黏剂；3—保温层，保温板；4—保护层底层抹灰材料＋网布；5—饰面层装饰面层＋罩面材料

② 墙体外保温节能改造施工前的准备工作。在对墙面状况进行勘察的基础上，施工前应对原墙面上由于冻害、析盐或侵蚀所产生的损害予以修复；油渍应进行清洗；损坏的砖或砌块应更换；墙面的缺损和孔洞应填补密实；墙面上疏松的砂浆应清除；不平的表面应事先抹平；墙外侧管道、线路应拆除，在可能的条件下，宜改为地下管道或暗线；原有窗台宜接出加宽，窗台下宜设滴水槽；脚手架宜采用与墙面分离的双排脚手架。

③ 墙体外保温节能改造的施工要求（以常用的粘接式聚苯板外保温为例）。保温板应从墙壁的基部或坚固的支撑处开始，自下而上逐排沿水平方向依次安设，拉线校核，并逐列用铅坠校直，在阳角与阴角的垂直接缝处应交错排列。安设时，应采用点粘或条粘的方法，通过挤紧胶黏剂层，使保温板有规则地牢固粘接在外墙面上。保温板安设时及安设后至少24h之内，空气温度和外墙表面温度不应低于50℃。

在保温板的整个表面上，应均匀抹一层聚合物水泥砂浆，并随抹随铺增强网布。抹灰层厚度宜为3～4mm，且应均匀一致。增强网布应拉平，全部压埋在抹灰层内，不应裸露。遇门窗口、通风口不同材质的接合处（配电箱、水管等），应将增强网布翻边包紧保温板；洞口的四角应各贴一块增强网布，并用聚合物砂浆将网布折叠部分抹平封严。

每块保温板宜在板中央部位钉一枚膨胀螺栓。螺栓应套一块直径5cm的垫片，栓铆后应对螺栓表面进行抹灰平整处理。

应在抹灰工序完成后，进行外装修，宜采用薄涂层。

④ 常用的实心砖墙外保温节能改造构造做法。适用于主体结构为实心砖墙的墙体外保温改造做法很多，通常的构造做法有以下几种：聚苯板外保温（粘接式）、岩棉板外保温（挂装式）、聚氨酯外保温（喷涂式）及聚苯颗粒外保温（抹灰式）。

（2）墙体内保温节能改造　墙体内保温是在墙体结构内侧覆盖一层保温材料，通过黏结剂固定在墙体结构内侧，之后在保温材料外侧做保护层及饰面。

在我国，墙体内保温技术的应用远较墙体外保温技术要早，因为内保温做法不会遇到外保温那样严酷的环境条件（风吹、日晒、雨淋等），因此技术难度相对较小；同时，内保温做法可以一家一户地单独实施，不一定要像外保温那样整幢建筑同步进行。所以，内保温做法有其自身的优势及实施的灵活性。现有成熟的墙体内保温经验为各地开展既有建筑墙体内保温节能改造提供了可供选择的技术途径。

① 墙体内保温节能改造的基本构造形式。考虑到旧房改造中挂装的诸多不便，墙体内保温节能改造按照保温层与主体的结合方式以抹灰式、粘接式、砌筑式为主，必要的时候也会采用粘接式与机械固定相结合的方法。

② 墙体内保温节能改造施工前的准备工作。施工前遇有墙体疏松、脱落、霉烂等情况应修复；原墙面涂层应刮掉并打扫干净；墙面潮湿时应先晾干或吹干，墙面过干应予以湿润。

③ 墙体内保温节能改造的施工要求（以常用的聚苯板复合内保温为例）。在粘贴保温层前先清除主墙面的浮尘；若墙面潮湿需先晾干，若墙面过干应稍予湿润；挂线、找平坐标，用适用胶黏剂点粘聚苯板，拍压贴紧在主墙面上；在聚苯板上刮适用胶黏剂然后满铺一层玻璃纤维网布；面层的饰面石膏分两遍涂抹成活，第一遍用掺细砂的膏浆，表面用不掺砂的饰面石膏，总厚度 5mm。

与墙体外保温改造相比，墙体内保温施工相对简单，保温层与原墙体要固定牢靠，饰面层与保温层应连接牢靠，不得出现空鼓、裂缝及脱落现象。采用墙体内保温时，对围护结构易出现热桥的部位，如混凝土梁、边柱或丁字墙的外柱等应采取有效的保温措施。

④ 常用的实心砖墙内保温节能改造构造做法。适用于主体结构为实心砖墙的墙体内保温改造做法很多，通常的构造做法有以下几种：保温砂浆内保温（抹灰式）、保温板内保温（粘接式）、轻质砌块内保温（砌筑式）、其他做法（贴保温壁纸、热反射材料）。

a. 保温砂浆内保温　在进行室内墙面装修时，通常需要重新刷一层砂浆，利用这个机会人们刷上一层保温砂浆（珍珠岩砂浆、聚苯颗粒浆料等），能起到一定的保温作用。

b. 保温板内保温　一种情况是直接在外墙内表面粘贴石膏板后抹饰面材料，也是最简单、常采用的方法；或是在外墙内表面粘贴玻璃棉板、岩棉板、聚苯板等预制保温板，改造后效果较显著。另一种情况是石膏板（包括饰面石膏板、纸面石膏板、无纸石膏板）复合岩棉板、玻璃棉板或聚苯板等保温材料，这种方法比较复杂，但保温效果较好。

c. 轻质砌块内保温直接在外墙内表面上砌筑轻质砌块保温材料，比如常用的加气混凝土砌块、泡沫珍珠岩块等。

d. 其他做法还可以在外墙内表面上贴保温壁纸、悬挂保温窗帘；在暖气散热器后的内墙面上加贴铝箔热反射板，都可以不同程度地达到保温的目的。

8.2.2.3　墙体节能改造构造方式的选择

随着建筑节能技术的不断完善和发展，外墙外保温技术逐渐成为建筑保温节能形式的主流。从科学的合理性而言，外墙外保温形式是一种先进的、有应用前景的保温节能技术，在对墙体进行保温改造时，应优先选用外保温技术。

外墙节能改造中采用墙体内保温改造方式缺点很明显：影响住户的室内活动和正常生活，不利于改造的进行；占用室内的使用面积；不利于室内装修，给安装空调、电话及其他饰物带来不便；由于外墙受到的温差大而引起保温层易出现裂缝等。采用墙体外保温改造方式的优点也很明显：除了能避免上述墙体内保温的缺点外，还能保护主体结构，延长建筑物的寿命；避免了墙体内部冷凝现象的发生，有利于室温的稳定；提高了墙体的防水功能和气密性等。

有资料显示，与内保温相比，外保温可大大减少保温材料的用量，从而减少保温材料的使用厚度，具有明显的经济综合优势，适合旧建筑物的节能改造工程。

从以上总结看出，外保温做法是墙体节能改造的最佳选择。

8.2.3 既有建筑墙体节能改造应用实例

8.2.3.1 某小区墙体节能改造

某小区是住房和城乡建设部中德技术合作的示范项目，改造前保温效果差，室内温度低，部分墙体结露发霉严重，属于典型的非节能住宅（见图 8-2）。项目改造方案按照“全面保温，综合改造”的理念进行设计，节能改造按照“总体规划，分步实施的原则”为两个阶段。第一阶段改造工作包括外墙外保温、外门窗、户内新风系统和外管网的改造；第二阶段工程包括采暖系统改造和屋面改造两部分。改造后，冬季室内温度有了显著提高，室内平均温度保持在23℃左右，室内外空气流通，使居住环境更加舒适。下面简介其采用的外墙外保温技术。

图 8-2 某小区外墙保温改造工程

本示范项目外墙保温节能技术的突出特点如下所述。

① 保温层厚度大。按照 65%节能要求，外墙保温材料采用聚苯板，厚度达到 70mm 即可满足要求。而本工程采用标准层 100mm，首层 120mm 厚聚苯板，充分改善了原外墙的保温效果。

② 保温全面。充分贯彻“全面保温，综合改造”的理念，外墙保温工程不局限于外墙面，保温改造部位还包括屋面、地下室、首层阳台底板等部位，实现了建筑物的全面保温。

③ 技术先进。外墙外保温工程改造采用全套德国外保温技术，与国内做法相比，更加注重细节的处理，多种节点处理方法实用、方便、高效，并首次在国内既有建筑节能改造中采用。

主要技术特点如下所述。

① 首层托架。基面处理完毕后，粘贴聚苯板之前，在首层聚苯板起步处，安装不锈钢金属托架，托架为聚苯板提供了一个基准面，避免聚苯板粘贴后向下流坠，保证起始聚苯板在同一个水平面上，有利于聚苯板排列整齐。

② 阴、阳角处理。在聚苯板安装完毕后，抹底层砂浆之前，在阴、阳角预埋角网。预埋角网降低了阴阳角抹灰难度，容易保证施工质量。

③ 窗口滴水檐处理。本工程采用预埋滴水檐预制件的做法，方便、高效地解决了窗口滴水檐处理问题。

④ 窗台处理。采用了预制窗台板做法，该做法具有如下优点：

a. 铝制滴水板将雨水直接导流至地面，避免雨水沿窗口流下污染墙面。

b. 铝制滴水板与窗框节点采用密封条和硅酮胶双重防水措施，防水性能优异。

c. 铝制滴水板增加了窗台的承载能力。

8.2.3.2　某通信机房墙体节能改造

某通信机房工程是购置的现有厂房，由1号～2号、3号～4号、5号、6号楼组成，均为框架结构。该厂房群原设计功能为厂房（1号～4号楼）和办公楼（5号、6号），改造后其使用功能变更为通信机房（1号～4号楼）、研发中心（5号）和呼叫中心（6号）。

在1号～4号楼通信机房的土建改造中，采用了热导率较低，热工性能好的聚氨酯泡沫塑料喷涂外墙保温系统。由于1号～4号楼原厂房对节能要求低，其外墙为普通多孔砖＋混合砂浆＋外墙涂料做法，其外墙全楼加权平均传热系数高达2.29W/(m^2·K)。为了达到节能规范要求，比较了聚氨酯［0.027W/(m^2·K)］、挤塑聚苯板［0.030W/(m^2·K)］、胶粉聚苯颗粒浆料［0.060W/(m^2·K)］三种保温材料的传热系数后，同时考虑到聚氨酯具有施工速度较快，对基层无找平要求；整体强度高，附着力强，可用于弧形、异形墙面；具有良好的防水效果等优点，最终选取了聚氨酯作为1号～4号楼外保温用材。在施工时，先对原外墙窗进行了改造，然后按界面处理→聚氨酯喷涂→表面修整→界面处理→抹抗裂砂浆→网格布→抹面抗裂砂浆的工序完成了外墙保温层的施工。经过该保温加强，外墙全楼加权平均传热系数下降为1.05W/(m·K)。

8.3　既有建筑门窗节能改造技术

实践证明，建筑节能的关键是门窗节能。采用新型节能门窗，并对现有建筑门窗幕墙进行节能改造，是我国能源形势的客观要求，也是市场发展的必然趋势。

门窗是围护能耗的主要通道，那么对门窗进行节能改造，堵住能耗的主要通道或提高能量流损的阻抗，大大降低窗户能耗自然是建筑节能改造的重点。而且，改造门窗比外墙相对容易。根据先易后难原则，窗户节能改造必定是一个重点。

8.3.1　国内既有建筑门窗的现状及其节能改造的意义

8.3.1.1　我国既有建筑门窗现状

(1) 门窗空气渗漏现状　门窗的空气渗漏现象在住宅中是比较常见的，也是较难根治的顽疾。它对人们生活的质量影响很大。随着我国民用住宅的大规模发展，住宅建筑日趋高层化，为满足建筑采光和外观美化的需要，门窗的单体面积日趋大型化和墙体化，导致其空气渗漏问题越来越突出。解决好外门窗空气渗漏问题，对建筑节能和发展节能外门窗都有着重要的作用。

目前空气渗漏主要的现象如下。

① 门窗框与四周的墙体连接处渗漏。

② 推拉窗滑槽构造不合理，空气渗漏严重。

产生以上现象的主要原因如下。

① 门窗框与墙体用水泥砂浆嵌缝。

② 门窗框与墙体间注胶不严，有缝隙。

③ 门窗工艺不合格，窗框与窗扇之间结合不严。

④ 窗扇密封条安装不合格。

解决外门窗雨水渗漏的措施可以用以下方法。

① 门窗框与墙体不得用水泥砂浆嵌缝。应采用弹性连接，用密封胶嵌填密封，不能有缝隙。

② 安装前检查门窗是否合格，窗框与窗扇之间结合是否严密，窗扇密封条安装是否合格。

③ 改善窗框型材的设计。

④ 胶条的设计充分考虑水密性和气密性。

(2) 住宅门窗面积的现状 目前我国住宅正在蓬勃发展，出现了新一轮的住宅热。社会高速发展造成能源的紧缺问题，虽然国家相关部门颁发的建筑节能标准对住宅窗户的面积做出了明确的限制，规定无阳台的卧室的窗墙面积比要控制在小于0.3的范围内，才能基本满足建筑节能标准的要求；但大多数带阳台的卧室和客厅的窗墙面积比都比较大，有的住宅使用全玻璃推拉门分隔客厅与外阳台，窗墙面积比甚至达到了0.7左右（按建筑节能标准的规定阳台门透明部分的面积应按窗户来考虑），远远超过了节能标准的限制。

原因大致有下列几个方面。

① 现在新建的住宅建筑面积一般都比较大，120～130m^2的住宅建筑面积比较常见，特别是厅的面积较大，因此按照采光要求的窗地比计算，导致开窗的面积增大。

② 在广大购房消费者心里存在窗子越大，室内越亮就越好的观念，事实上，窗子面积同样是一把双刃剑，它既有提高室内亮度，改善室内光环境的有利一面，又有使房屋保温隔热能力降低，导致采暖空调能耗增大的不利一面。

③ 建筑设计单位仅从追求建筑的立面效果出发随意加大窗子，没有严格按照建筑节能标准控制开窗面积。

(3) 门窗遮阳现状 目前，我国住宅的外遮阳大多以水平遮阳板为主，内遮阳则用窗帘装饰为主。遮阳对于建筑节能有重要影响，但是早期的住宅遮阳设计中，没有充分考虑我国冬冷夏热地区，给人们生活带来了一定程度的影响。由于遮阳设计的不合理，为了解决遮阳问题，人们不得不自行增加遮阳设施。没经过设计增加设施，一方面影响到住宅的外观情况，另一方面是安全性没有保障。住户自行安装的遮阳设施已影响到住宅的美观、安全，同时也增加了住户的经济投入。

8.3.1.2 既有建筑门窗节能改造的意义

在建筑围护结构的门窗、墙体、屋面、地面四大围护部件中，门窗的绝热性能最差，是影响室内热环境质量和建筑节能的主要因素之一。就我国目前典型的围护部件而言，门窗的能耗约为墙体的4倍、屋面的5倍、地面的20多倍，约占建筑围护部件总能耗的40%～50%。据统计，在采暖或空调的条件下，冬季单玻窗所损失的热量约占供热负荷的30%～50%，夏季因太阳辐射热透过单玻窗射入室内而消耗的冷量约占空调负荷的20%～30%。因此，增强门窗的保温隔热性能，减少门窗能耗，是改善室内热环境质量和提高建筑节能水平的重要环节。另一方面，建筑门窗承担隔绝与沟通室内外两种环境两个互相矛盾的任务，不仅要求它具有良好的绝热性能，同时还应具有采光、通风、装饰、隔声、防火等多项功能，因此，在技术处理上相对于其他围护部件，难度更大，涉及问题也更为复杂。

从建筑节能的角度看，建筑外窗一方面是能耗大的构件，另一方面它也可能成为得热构件，即通过太阳光透射入室内而获得太阳热能，因此，应该根据当地的建筑气候条件、功能要求以及其他围护部件的情况等因素来选择适当的门窗材料、窗型和相应的节能技术，这样才能取得良好的节能效果。

8.3.2 既有建筑门窗节能改造方法

门窗是围护结构保温的薄弱环节，对建筑能耗组成进行分析，可以发现通过房屋外窗所损失的能量是十分严重的，是影响建筑热环境和造成能耗过高的主要原因。传统建筑中，通过窗的传热量占建筑总能耗 20%以上；节能建筑中，墙体采用保温材料热阻增大以后，窗的热损失占建筑总能耗的比例更大。导致门窗能量损失的原因是门窗与周围环境进行的热交换，其过程包括：通过玻璃进入建筑的太阳辐射的热量；通过玻璃的传热损失；通过窗格与窗框的热损失；窗洞口热桥造成的热损失；缝隙冷风渗透造成的热损失等。

8.3.2.1　既有建筑门窗节能改造的一般措施

总体上门窗的节能主要体现在门窗保温隔热性能的改善。北方寒冷地区门窗的节能侧重于保温，南方夏热冬暖地区侧重于隔热，而夏热冬冷地区则要兼顾保温和隔热。可以从以下几个方面考虑提高门窗的保温隔热性能。

(1) 加强门窗的隔热性能　门窗的隔热性能主要是指在夏季门窗阻挡太阳辐射热射入室内的能力。影响门窗隔热性能的主要因素有门窗框材料、镶嵌材料（通常指玻璃）的热工性能和光物理性能等。门窗框材料的热导率越小，则门窗的传热系数也越小。对于窗户来说，采用各种特殊的热反射玻璃或贴热反射薄膜有很好的效果，特别是选用对太阳光中红外线反射能力强的热反射材料更理想，如低辐射玻璃。但在选用这些材料时要考虑到窗的采光问题，不能以损失窗的透光性来提高隔热性能，否则它的节能效果会适得其反。

(2) 加强窗户内外的遮阳措施　在满足建筑立面设计要求的前提下，增设外遮阳板、遮阳篷及适当增加南向阳台的挑出长度都能起到一定的遮阳效果。在窗户内侧设置镀有金属膜的热反射织物窗帘，正面具有装饰效果，在玻璃和窗帘之间构成约 50mm 厚的流动性较差的空气间层。这样可取得很好的热反射隔热效果，但直接采光差，应做成活动式的。另外，在窗户内侧安装具有一定热反射作用的百叶窗帘，也可获得一定的隔热效果。

(3) 改善门窗的保温性能　改善建筑外门窗的保温性能主要是指提高门窗的热阻。由于单层玻璃窗的热阻很小，内外表面的温差只有 0.4℃，因此，单层窗的保温性能很差。采用双层或多层玻璃窗，或中空玻璃，利用空气间层热阻大的特点，能显著提高窗的保温性能。另外，选用热导率小的门窗框材料，如塑料、断热处理过的金属框材等，均可改善外门窗的保温性能。一般来讲，这一性能的改善也同时提高了隔热性能。

另外，提高门窗的气密性可以减少对该换热所产生的能耗。目前，建筑外门窗的气密性较差，应从门窗的制作、安装和加设密封材料等方面提高其气密性。在设计时，这一指标的确定可根据卫生换气量 1.5 次/h 来考虑，即不一定要求门窗绝对密不透气。

8.3.2.2　既有建筑门窗节能改造的具体措施

(1) 入户门的节能改造

① 参照标准

a. 城镇限制使用的入户门有非中空玻璃单框双玻门；寒冷地区建筑不得使用的入户门有无预热功能焊机制作的塑料门。

b. 入户门的保温、密闭性能应实地考察并进行传热系数计算。应在入户门关闭的状态下，测量门框与墙身、门框与门扇、门扇与门扇之间的缝隙宽度。

② 改造原则。当原入户门不符合参照标准 a 时，应进行更新；不符合参照标准 b 时，应进行更新或改造。

更新时建议采用的门的类型有中间填充玻璃棉板或矿棉板的双层金属门、内衬钢板的木或塑料夹层门等入户门及其他能满足传热系数要求的保温型入户门。

③ 改造措施。入户门的改造主要是在缝隙部位设置耐久性和弹性均比较好的密封条（橡胶、聚乙烯泡沫塑料、聚氨酯泡沫塑料等）；在入户门的门芯板内加贴高效保温材料（聚苯板、玻璃棉、岩棉板、矿棉板等），并使用强度较高且能阻止空气渗透的面板加以保护，以提高其保温性能。

(2) 外窗的节能改造　热能往往是从暖的一面流向冷的一面，通过窗户的能量传递方式有对流、辐射、传导，是构成能量损失的主要因素。可以通过窗户的合理配置，将这个过程减慢；同时尽量减少空气渗透，来共同达到减少窗户能量损失的目的。

① 参照标准

a. 城镇住宅限制使用的外窗有框厚 50mm（含 50mm）以下单腔结构型材的塑料平开窗、32 系列实腹钢窗、25 系列空腹钢窗、35 系列空腹钢窗。

b. 对原有的窗户（包括阳台门上部透明部分）应进行气密性检查或抽样检测。其气密性等级，在 1～6 层建筑中，不应低于现行国家标准《建筑外窗气密性能分级及检测方法》（GB/T 7107—2002）规定的 3 级水平；在 7～30 层建筑中，不应低于上述标准中规定的 2 级水平。

c. 按照现行节能标准（目标节能率 50%）中外窗传热系数限值进行参考。

② 改造原则。当原有外窗不符合参照标准 a 时，原窗应进行更新；当原窗不符合参照标准 b 和 c 时，应对原窗进行更新或改造。

对于窗户的更新就是把原有窗户全部更换成节能型窗，例如采用中空塑料窗或经过特殊处理的钢窗、铝合金窗，更新后节能效果明显，但这种改造投资量大，比较适合在建筑改建中采用。

③ 改造措施

a. 减少传热量

• 设计大小适当、位置适当、形状适当的窗户。首先，窗户不应过大，只需满足必要的采光条件即可，这样就可减少传热面。其次，窗户应尽量设置在南向，北向应不设或少设，绝对不应为追求立面效果在北向多设窗、设大窗，不能舍本逐末。另外，在采光面积相同的情况下，扁形的窗口形状可获得较多的日照时间，从而能收集到比方形窗口和长形窗口多的太阳能。以上三点简单易行，只需设计者在设计时以节能为本，就可取得节能的实效。

• 采用双层窗或单层双玻璃窗。目前，这样的窗户在北方地区已被普遍采用，其原理是利用两层玻璃中间的空气间层来增加窗户的热阻，减少热传递。玻璃间层的薄厚与传热系数的大小有一定的规律性，在同样的材质、构造中，空气间层越大，传热系数越小。但是，当空气间层达到一定的厚度以后，传热系数的降低率就很小了。例如，空气间层由 9mm 增至 15mm，传热系数降低 10%；由 15mm 增至 20mm，传热系数降低 2%。因此，超过 20mm 厚的空气间层，其厚度再加大效果就不明显了。

值得注意的是，目前我国采取的双玻构造绝大部分是简易型的，双玻形成的空气间层并非绝对严密，冬季外层玻璃的内侧有时会形成冷凝，因此，设计窗型时应在构造上提供容易擦抹玻璃内侧表面和下方框扇部位的条件。另外，应重点解决双玻型窗的密封问题，尽快提高其工艺水平，降低造价，使其能早日普遍使用。

• 选用传热系数小的框材。虽然窗框部分占整个窗户面积的比率较小，但是也不能忽视其节能作用，应选择传热系数小的材料。过去普遍采用的木窗框传热系数就比较小，现在随着环保意识的加强以及其他材料的发展，纯木窗框已基本被其他材料的窗框所替代。用传热系数小的材料截断其他框扇型材的热桥，效果较好。目前广泛使用的中空塑料窗框和铝合金窗框就是利用空气截断框扇的热桥。要取得更好的节能效果，还应加强开发铝塑、钢塑、木塑等复合型框材及其复合型配套附件及密封材料。

• 利用节能窗型。节能窗是指达到现行节能建筑设计标准的窗型，或者说，是保温隔热性能和空气渗透性能两项物理性能指标达到或高于所在地区《民用建筑节能设计标准》及其各省、市、区实施细则技术要求的建筑窗型。现阶段推广下列节能窗设计标准实施细则要求：传热系数 $K<4.7\mathrm{W/(m^2 \cdot K)}$；气密性 $A<1.5\mathrm{m^3/(m \cdot h)}$；单玻塑料窗，$K<4.63\mathrm{W/(m^2 \cdot K)}$，$A<1.2\mathrm{m^3/(m \cdot h)}$；双玻彩板窗，$K<3.75\mathrm{W/(m^2 \cdot K)}$，$A<0.83\mathrm{m^3/(m \cdot h)}$；双玻铝合金窗，$K<4.20\mathrm{W/(m^2 \cdot K)}$，$A<1.12\mathrm{m^3/(m \cdot h)}$。目前，

由于贯彻国家关于发展化学建材的产业政策和建筑节能的技术政策，在节能窗型中要优先推广应用节能型塑料窗。

• 采用保温窗板和窗帘。在冬天的晚上，给窗户加上一层保温窗板或窗帘，是既简单易行，保温效果又不错的有效措施。充填泡沫珍珠岩的保温窗板效果良好。对于窗帘，可根据所在地区选择其薄厚，北方寒冷地区可用棉窗帘。另外，可借鉴国外研制的多层镀铝薄膜窗帘，这种窗帘拉开时会形成多层空气间隙，减少了对流热损失。由于每层镀铝薄膜表面发射率都很小，所以又能减少热辐射损失，窗帘收起时，会自动收拢，占用空间很小。我国也可研究和推广自己的同类产品。

b. 提高密闭性能

• 设置密闭条。设置密闭条是达到气密、隔声的必要措施之一。不过，目前有些密闭条并不能达到最佳效果，主要原因是用注模法生产的橡胶密封条硬度超过要求，断面尺寸不准确，且不稳定。一些其他纤维材料的软质密封条也有不稳定的缺点，它们会随着窗户的使用而脱离其原来的位置。随着各种窗型的改进，必须生产、使用具有断面准确、质地柔软、压缩性较大、耐火性较好等特点的密封条。另外，还应提高其安装后的稳定性。

• 确定和应用密闭系数。建筑物由窗户缝隙渗入的冷空气量是由窗户两侧所承受的风压差和热压差所决定的。一般来说，风压差和热压差与建筑物的形式、窗所处的高度、朝向及室内外温差等因素有关。在实际应用中，可以把采取密闭措施的各种窗型测出的气密性数据与没加密闭处理的窗型气密性数据相比，求出密闭系数，然后在工程计算中用处于不同朝向、高度等条件下的窗户渗透量乘以密闭性能不同的密闭系数来解决窗户渗透量的计算问题。

c. 窗型的改造。目前，我国常用的窗型有多种，关于窗户的开启方式，似乎其使用方便性与外观因素显得更为重要。但是开启方式也与窗户的气密性有关，影响到其保温性能。在我国门窗市场中，推拉窗和平开窗产量最大，其中左右推拉窗使用量最多，它有安全、五金件简便、成本低等优点，但开启面积只有 1/2，不利于通风，在南方地区这是最大的缺点。平开窗虽然价格比推拉窗稍大，但其通风面积大，且气密性较好。

8.3.3 既有建筑门窗节能改造应用实例

目前我国城乡住宅建筑的总量为 $3.06\times10^{11}\,m^2$，农村住宅就占了 78.1%，几乎都没采取节能措施，其用电量每年正以 15%左右的速度递增。我国农村的建筑能耗达到了同等气候条件发达国家的 5 倍以上。所以，农村住宅的节能是建筑节能的重头戏。又基于农民用上 10 年、20 年甚至半辈子积蓄建造的住宅，不可能推翻重建，新农村建设要改善农村居住环境，减少能耗，既有住宅的节能改造势在必行。本节介绍湖南某地农村既有住宅建筑门窗节能改造措施(见图 8-3)。

(1) 该地区农村既有住宅现状及合适的改造措施

① 既有住宅现状　目前该地区农村约 60%是上世纪八九十年代建造的 2～3 层砖混结构住宅，采用木门窗，30%～35%为近几年建造的 2～5 层砖混结构住宅，一般采用单框单玻铝合金窗、钢质大门，还有极少数单层的砖木住宅或土砖房。约一半为现浇钢筋混凝土平屋顶，一半为“人字型”小青瓦或机平瓦坡屋顶，没有采取任何的冬季保温、夏季隔热节能措施，住宅内热工性能极差。

② 适合该地区既有住宅节能的改造措施。该地区既有住宅节能改造，重点要解决夏季隔热通风，在隔热处理时，既要保障白天的有效隔热，又要保障夜晚的快速散热；而在冬季，还要做好一定的保温处理，争取更多的南向阳光，达到满足冬季保温要求。所以住宅围护结构

图 8-3 湖南某地既有住宅

（墙、门窗及屋顶）是节能改造的首选对象，但由于墙体多是住宅的承重结构，改造工程量大、造价高，而且施工复杂，目前墙体节能改造在湖区实行有困难。

（2）门窗的改造措施 门窗占住宅采暖、空调能耗的50%左右。门窗节能是改善室内热环境和提高建筑节能水平的关键。其能耗一是渗透，即室内的暖冷空气经过窗樘与窗洞以及窗扇之间的缝隙与室外的冷暖空气产生对抗；二是传导散热，热量通过玻璃的内表面传到室外。所以应从增大热阻和减小气密性两方面着手增加门窗的保温隔热性能，减少门窗能耗。门窗承担着隔绝与沟通室内外环境的双重任务：一方面要有良好的绝热性能；另一方面又应具有采光、通风、装饰、隔声、防火等多项功能，所以在材料选择、技术处理上涉及的问题多，难度也大些。

① 增加窗的层数。对变形小，密封较好的窗，如近年建造的单玻塑钢、铝合金窗，在其外侧结合住宅立面增加一层普通玻璃窗，两层窗之间的空气间层能够满足最大热阻的要求，这种改造方法成本低，因考虑了住宅立面，改造后的住宅美观大方且施工简便，住户乐于接受。如一栋250～300m^2的住宅窗户总面积约为30m^2，加一层单价160元/m^2单框单玻铝合金窗，总造价约为4800元，可今后的能耗花费大为减少。

② 更换成节能型窗。针对变形大、透风的旧木窗等，无论是节能还是外观上都必须改造，拆除旧窗户，更换为单框双玻塑钢或铝合金窗即可。同时在窗框与窗扇、窗扇与窗扇之间设密封条，在推拉窗的轨道处增加密封处理。更换窗体后节能效果明显，提高了室内居住舒适度。

③ 加设有效遮阳措施。对朝向不利的窗洞，特别是东西向窗户，应加强遮阳防晒处理。夏季太阳直晒的墙体外表面温度可达45℃以上，当采用高效、可调的遮阳措施后，可降低到与室外空气相近的温度，甚至更低。所以在夏热冬冷的地区，遮阳防晒是夏季节能的重要手段。利用百叶窗或防晒布等，根据窗户的防晒要求，选取合适的防晒方式来防止夏季太阳直射窗扇，从而进一步减少窗户的能耗，达到节能目的。

④ 门的节能改造。湖区目前普遍使用的传统木门，是隔热性能较好的门类型，只要提高施工技术，加强维护，通过门套或贴压板等严格控制门扇与门框的密封性，能有效地阻挡热量的散失。而近年常用的钢质大门，在门扇中间夹上玻璃棉板、岩棉板或EPS板等保温隔热层就能大大提高钢门的热工能性，满足节能要求。

8.4　既有建筑屋面节能改造技术

8.4.1　国内既有建筑屋面的现状及其节能改造意义

（1）我国屋面保温工程的发展概况　我国屋面保温工程大约经历了三个发展阶段。

第一阶段，即 20 世纪 50～60 年代，当时屋面保温做法主要是干铺炉渣、焦渣或水淬矿渣，在现浇保温层方面主要采用石灰炉渣，在块状保温材料方面，仅少量采用了泡沫混凝土预制块。

第二阶段，即 20 世纪 70～80 年代，随着建材生产的发展，出现了膨胀珍珠岩、膨胀蛭石等轻质材料，于是屋面保温层出现了现浇水泥膨胀珍珠岩、现浇水泥膨胀蛭石保温层，以及沥青或水泥作为胶结与膨胀珍珠岩、膨胀蛭石制成的预制块及岩棉板等保温材料。

第三阶段，即 20 世纪 80 年代以后，随着我国化学工业的蓬勃发展，开发出了重量轻、热导率小的聚苯乙烯泡沫塑料板、泡沫玻璃块材等屋面保温材料，近年来又推广使用重量轻、抗压强度高、整体性能好、施工方便的现喷硬质聚氨酯泡沫塑料保温层，为屋面工程的节能提供了物质基础。

（2）屋面节能改造的意义　屋面作为一种建筑物外围护结构所造成的室内外温差传热耗热量，大于任何一面外墙或地面的耗热量。提高屋面的保温隔热性能，对提高抵抗夏季室外热作用的能力尤其重要，这也是减少空调能耗，改善室内热环境的一个重要措施。在多层建筑围护结构中，屋面所占面积较小，能耗约占总能耗的 8%～10%。据测算，室内温度每降低 1℃，空调减少能耗 10%，而人体的舒适性会大大提高。因此，加强屋面保温节能对建筑造价影响不大，节能效益却很明显。

（3）屋面保温隔热材料的技术要求　屋面保温隔热材料的技术指标，直接影响节能屋面质量的好坏，在确定材料时应从以下几个方面对材料提出要求。

① 热导率是衡量保温材料的一项重要技术指标。热导率越小，保温性能越好；热导率越大，保温效果越差。

② 保温材料的堆积密度和表观密度是影响材料热导率的重要因素之一。材料的堆积密度、表观密度越小，热导率越小；堆积密度、表观密度越大，则热导率越大。

③ 屋面保温材料的强度和外观质量对保温材料的使用功能和技术性能有一定影响。

④ 保温材料的热导率随含水率的增大而增大，含水率越高，保温性能就越低。含水率每增加 1%，其热导率相应增大 5%左右。含水率从干燥状态增加到 20%时，其热导率几乎增大一倍。

8.4.2　既有建筑屋面节能改造方法

8.4.2.1　既有建筑屋面节能改造的一般方法

（1）在屋面上加设保温隔热层　屋面节能改造一般是在屋面上加设保温隔热层，可以用加气混凝土块架空设置，利用水泥珍珠岩、浮石砂、陶粒混凝土、水泥聚苯板、膨胀珍珠岩等，也可以用技术上比较成熟，且适应于农村住宅建设的屋面保温材料防水珍珠岩保温块，其块型设计新颖，带排气孔，表观密度小，不含水，憎水率高，强度高，施工方便，冷作业，不污染环境，保温性能好，90mm 厚的防水珍珠岩屋面保温块则相当于 250mm 厚的加气混凝土块的保温性能。

传统屋面构造做法，即正置式屋面，其构造一般为保温隔热层在防水层的下面。因为传统屋面保温隔热层的选材一般为珍珠岩、水泥聚苯板、加气混凝土、陶粒混凝土、聚苯乙烯板等材料。这些材料吸水率高，如果吸水，就无法满足保温隔热的要求，所以一定要做在防水层的下面，防止水分渗入，保证保温隔热层的干燥，才能达到保温隔热的效果。因为寒冷地区夏季也需要隔热，这就要求选择既保温又隔热的改造方案，常用方法有聚氨酯保温防水一体喷涂、铺设隔热板、铺设膨胀珍珠岩垫层、铺设聚苯乙烯板、涂上高反射率的涂料等。

由于是既有建筑的改造，所以在防水层没有产生严重渗漏的情况下，应该尽量对已有的防水层进行修补而非拆除，修补后再进行改造，以降低造价。在这种情况下，更适合采用倒置式屋面进行改造。因为倒置式屋面中，防水层在保温层的下面，可以避免外界环境对防水层的影响，提高防水层的使用寿命。倒置式屋面省去了传统屋面中的隔气层及保温层上的找平层，施工简化，更加经济，易于维修。但倒置式保温屋面要求保温隔热层应采用吸湿性小的憎水材料，如聚苯乙烯泡沫塑料板、聚氨酯泡沫塑料板等，且在保温隔热层上应铺设保护层，可选择大粒径的石子或混凝土板做保护层，以防止保温隔热材料表面破损和延缓其老化过程。

(2) 架空平屋面　方案可有两种：第一种是在横墙部位砌筑 100～150mm 高的导墙，在墙上铺设配筋加气混凝土面板，再在上部铺设防水层，形成一个封闭空间保温层，这种做法适用于下层防水层破坏，保温层失效的屋面；第二种是在屋面荷载条件允许下，在屋面上砌筑 150mm×150mm 左右方垛，在其上铺设 500mm×500mm 水泥薄板，一般上面不做防水层，主要解决隔热问题，同时对屋面防水层也起到一定保护作用。

(3) 加设坡屋顶（平改坡）　将保温性能较差的平屋顶改为坡屋顶或斜屋顶，同时还可以利用“烟囱效应”原理，把屋面做成屋顶檐口与屋脊通风或老虎窗通风（冬天关闭风口，以达到保温目的）。坡屋顶利用自然通风，可以把热量及时送走，减少太阳辐射，达到降温作用。既改善屋顶的热工性能，又有利于屋顶防水，设计得当能增加建筑的使用空间，还有美化建筑外观的作用。

(4) 种植屋面　在屋顶上种植植物，利用植物的光合作用，将热能转化为生化能；利用植物叶面的蒸腾作用增加蒸发散热量，均可大大降低屋顶的室外综合温度；利用植物培植基质材料的热阻与热惰性，降低内表面温度与温度振幅。据研究，种植屋面的内表面温度比其他屋面低 2.8～7.7℃，温度振幅仅为无隔热层刚性防水屋顶的 1/4。

8.4.2.2　典型建筑屋面改造方法详述

在实际工程中，倒置式屋面、平改坡和种植屋面是典型也是最有效的屋面节能改造方法，下面将分别详细讨论。

(1) 倒置式屋面

① 倒置式屋面的定义。所谓倒置式屋面就是将传统屋面构造中保温隔热层与防水层“颠倒”。则将保温隔热层设在防水层上面，故有“倒置”之称，所以称“侧铺式”或“倒置式”屋面。倒置式屋面的定义中，特别强调了“憎水性”保温材料。

首先，工程中常用的保温材料如水泥膨胀珍珠岩、水泥蛭石、矿棉、岩棉等都是非憎水性的，这类保温材料如果吸湿后，其热导率将陡增。因此普通保温屋面中需在保温层上做防水层，在保温层下做隔气层，从而增加造价，使构造复杂化。

其次，防水材料暴露于最上层，加速其老化，缩短了防水层的使用寿命，故应在防水层上加做保护层，这又将增加额外的投资。

再次，对于封闭式保温层而言，施工中因受天气、工期等影响，很难做到其含水率相当于自然风干状态下的含水率；如因保温层和找平层干燥困难而采用排气屋面，则由于屋面上伸出大量排气管，不仅影响屋面使用和观瞻，而且人为地破坏了防水层的整体性，排气管上防雨盖又常常容易脱落，反而使雨水灌入管内。

由于倒置式屋面为外隔热保温形式，外隔热保温材料层的热阻作用对室外综合温度波首先进行了衰减，使其后产生在屋面重质材料上的内部温度分布低于传统保温隔热屋顶内部温度分布，屋面所蓄有的热量始终低于传统屋面保温隔热方式，向室内散热也小，因此，是一种隔热保温效果更好的节能屋面构造形式。

② 改建后倒置式屋面的特点。改建后的倒置式屋面主要特点如下。

a. 可以有效延长防水层使用年限。“倒置式屋面”将保温层设在防水层之上，大大减弱了防水层受大气、温差及太阳光紫外线照射的影响，使防水层不易老化，因而能长期保持其柔软性、延伸性等性能，有效延长使用年限。据国外有关资料介绍，可延长防水层使用寿命2～4倍。

b. 保护防水层免受外界损伤。由于保温材料组成不同厚度的缓冲层，使卷材防水层不易在施工中受外界机械损伤，同时又能衰减各种外界对屋面冲击产生的噪声。

c. 保温材料做成放坡。如果保温材料有一定坡度（一般不小于2%），雨水可以自然排走。因此进入屋面体系的水和水蒸气不会在防水层上冻结，也不会长久凝聚在屋面内部，而能通过多孔材料蒸发掉，同时也避免了传统屋面防水层下面水汽凝结、蒸发，造成防水层鼓泡而被破坏的质量通病。

d. 施工简便。利于维修倒置式屋面省去了传统屋面中的隔气层及保温层上的找平层，施工简便，更加经济。即使出现个别地方渗漏，只要揭开几块保温板，就可以进行处理，所以易于维修。

综上所述，倒置式屋面具有良好的防水、保温隔热功能，特别是对防水层起到保护、延缓老化、延长使用年限作用，同时还具有施工简便、速度快、耐久性好、可在冬季或雨季施工等优点。在国外被认为是一种可以弥补传统做法缺陷而且比较完善与成功的屋面构造设计。

③ 改建倒置式屋面的构造层次及其做法。倒置式屋面基本构造层次由下至上为结构层、找平层、结合层、防水层、保温层、保护层等，其做法有如下几种类型。

a. 采用保温板直接铺设于防水层，再敷设纤维织物一层，上铺卵石或天然石块或预制混凝土块等作保护层。优点是施工简便，经久耐用，方便维修。

b. 采用发泡聚苯乙烯水泥隔热砖用水泥砂浆直接粘贴于防水层上。优点是：构造简单，造价低，目前大量住宅小区已使用，效果很好。缺点是：使用过程中会有自然损坏，维修时需要凿开，易损坏防水层。发泡聚苯乙烯虽然密度、热导率和吸水率均较小，价格便宜，但使用寿命相对有限，不能与建筑物寿命同步。

c. 采用挤塑聚苯乙烯保温隔热板（以下简称保温板）直接铺设于防水层上，上做配筋细石混凝土，如需美观，还可再做水泥砂浆粉光、粘贴缸砖或广场砖等。这种做法适用于上人屋面，经久耐用，缺点是不便维修。

d. 对于坡屋顶建筑，屋顶采用瓦屋面，保温层设于防水层与瓦材之间，防水及保温效果均较好。

④ 倒置式屋面的施工

a. 基层施工

• 屋面结构层板面应清理干净，表面不得有疏松、起皮、起砂现象。

• 对于平屋面，排水坡宜优先采用结构找坡，坡度为3%，以便减轻结构自重，省去找坡层。若因建筑平面和结构布置较为复杂，不得不采用材料找坡时，坡度应不小于2%，且应选用价廉物美的轻质材料做找坡层。

• 用20mm厚1∶2.5水泥砂浆找平，要求压光、平整、不起壳、不开裂，屋面与墙、管道交接处及转角墙的阴阳角均做成圆弧，以便于防水层的施工。

b. 防水层施工

• 防水层宜选用两种防水材料复合使用，耐老化、耐穿刺的防水材料应设在防水层的最上面。

• 天沟、泛水等保温材料无法覆盖的防水部位，应选用耐老化性能好的防水材料，或用多道设防提高防水层耐久性；而水落口、出屋面管道等形状复杂节点，宜采用合成高分子防水涂料进行多道密封处理。

• 应根据防水材料的不同，严格按照相应的施工方法和工艺施工。

c. 保温层施工

• 保温材料可以直接干铺或用专用黏结剂粘贴，聚苯板不得选用溶剂型胶黏剂粘贴。

• 保温材料接缝处可以是平缝也可以是企口缝，接缝处可以灌入密封材料以连成整体；块状保温材料的施工应采用斜缝排列，以利于排水。

• 当采用现喷硬泡聚氨酯保温材料时，要在成型的保温层面进行分格处理，以减少收缩开裂，大风天气和雨天不得施工，同时注意喷施人员的劳动保护。

d. 面层施工

• 上人屋面。采用 40～50mm 厚钢筋细石混凝土做面层时，应配双向φ4@150×150 的冷拔钢筋网，以增强刚性防水层刚度和板块的整体性。钢筋网在刚性防水层中的布置应在尽量偏上的部位，混凝土的厚度不应小于 40mm，水灰比不应大于 0.55，强度等级不应小于 C20，且应采用机械搅拌，机械振捣。

同时其表面处理要加以重视，混凝土收水后进行二次压光，以切断和封闭混凝土中的毛细管，提高其密实性和抗渗性。抹压面层时，严禁在表面洒水、加水泥浆或撒干水泥，以防龟裂脱皮，降低防水效果。混凝土浇筑 12～24h 后，即可进行养护，覆盖时间不少于 14h，养护初期不得上人。应按刚性防水层的设计要求进行分格缝的节点处理。

分格缝的布置应考虑柱墙的轴线位置、屋面转角、结构高低的变化等因素，应使刚性防水层能消除温差的影响以及混凝土干缩变形的影响，一般间距为 6m。分格缝的宽度宜为 20mm，深度应达到刚性防水层厚度的 3/4，缝内嵌填满油膏。

采用混凝土块材做上人屋面保护层时，应用水泥砂浆坐浆平铺，板缝用砂浆勾缝处理。

• 不上人屋面。当屋面是非功能性上人屋面时，可采用平铺预制混凝土板的方法进行压埋，预制板要有一定强度，厚度也应小于 30mm。选用卵石或砂砾做保护层时，其直径应在 20～60mm 之间，铺埋前，应先铺设 250g/m^2 的聚酯纤维无纺布或油毡等隔离，再铺埋卵石，并要注意雨水口的畅通。压置物的质量应保证最大风力时保温板不被刮起和保证保温层在积水状态下不浮起。

聚苯乙烯保温层不能直接接受太阳光照射，以防紫外线照射导致老化，还应避免与溶剂接触和在高温环境下（80℃以上）使用。

⑤ 倒置式屋面的质量控制

a. 倒置式防水屋面的构造设计。在设计构造上，要设法让底层防水层的坡度走向与将来屋面层的排水走向完全一致，以便使渗进保温层的水能沿底层的防水层表面流向排水口附近，然后再在排水口周围预埋刚性透水层，让汇集于此的水能透过刚性层进入排水口内流走。这样，即使将来保温层内进水，渗入的水也不至于大量蓄存起来，形成隐患。

b. 保温板施工应注意的问题。保温板宜采用吸水率小、热导率小的材料，抗压强度不小于 20kPa。由于一般工地保温板大多由泥水工进行铺设，故应加强培训，持证上岗。在施工中应注意以下几个问题。

• 保温板的铺设程序应从周边开始，然后向两侧及中心铺设。

• 保温板铺设时，可按其顺排水方向铺设，横向接缝应错缝铺设，在板尚未铺设保护层前应压置重物，以免被风刮跑。

• 对于平屋面，可采用空铺等方法。对于坡屋面，当屋面坡度小于 26°时，应用胶黏剂粘贴；当屋面坡度大于 26°时，应用锚钉固定。

• 应在水落口、屋面檐沟落水处设置混凝土堵头，要求每隔 200mm 左右预留一个 50mm×30mm 的泄水孔。

• 保温板应用专用工具裁切，裁切边要求垂直、平整，拼缝处应严密，不得张口。保温板应紧靠需保温的基层表面并铺平垫稳，分层铺设的保温板上下层接缝应相互错开，板间缝隙应采用同质材料嵌填密实。

c. 防水细部应严格按技术规范施工。由于倒置式屋面的防水层直接与结构层满粘，为了使防水层与基层完全粘牢，一定要先处理好节点，特别是伸缩缝等的弹性密封；然后再做柔性防水层，以适应结构基层的变形。水落管口、天沟、泛水等处均要符合下述规定。

ⅰ. 水落口埋设标高应考虑水落口防水时增加的附加层、柔性密封层等的厚度及排水坡度，留足尺寸。

ⅱ. 水落管口周围直径 500mm 范围内坡度不小于 5°，并且应用防水涂料或密封涂料封涂，厚度不小于 2mm；水落口杯与基层接触处应留宽 20mm、深 20mm 凹槽，嵌填密封材料。

分格缝的布置应考虑柱墙的轴线位置、屋面转角、结构高低的变化等因素，应使刚性防水层能消除温差的影响以及混凝土干缩变形的影响，一般间距为 6m。分格缝的宽度宜为 20mm，深度应达到刚性防水层厚度的 3/4，缝内嵌填满油膏。

泛水处应铺设卷材或涂抹防水层，伸出屋面的管道与刚性防水层的交接处应留缝隙，先用护坡，再用密封材料嵌填密实。

(2) 建筑屋面“平改坡”

① 平屋面的缺点

a. 顶层住房“冬冷夏热”。据有关部门试验，平屋面住宅楼的顶层室内温度在冬季比其他楼层的室内温度要低 3～4℃，而在夏季则要高 4～5℃，“冬冷夏热”现象十分明显。即使是采用目前国内最先进的保温隔热材料，这个问题还是不可避免的。

b. 屋面渗漏。由于现场施工、管理水平的高低不一，屋面渗漏的建筑通病至今仍然未能根除，这也成了住户们投诉的热点之一。在国家规定的三年保修期内，住户们还可以找售房单位维修，而超过保修期后就须住户自行解决。即使在短期内没有问题，但也不能保证屋面永久不渗漏。因为防水材料的使用寿命远远小于住房本身的使用寿命，后顾之忧也就必然存在。

c. 屋面上脏、乱、差。几乎在每个城市未实行有效物业管理的老住宅小区中都可以看到这样的情景：有的住户在屋面上搭起了鸽棚，有的住户在楼顶上建起了坡屋，砌起了花房，至于杂乱无章地安装着的太阳能热水器那更是到处可见。尤其是沿街住宅楼屋面上的上述脏、乱、差状况，更是直接影响了城市的市容市貌。

为了使上述问题能得到妥善解决，对平屋面住宅楼进行综合整治和实施“平改坡”改造便是一种理想的方法。如将老式平屋面统一改造为带有部分小阁楼的坡屋面，不但会受到顶层住户们的欢迎，而且可取得较好的经济效益、社会效益和环境效益。

② 坡屋面的优点

a. 解决渗漏。平屋面住房如屋面出现渗漏，维修一般都很麻烦，有的要修好几次以后才能修好渗漏的根源。就是暂时修好了，因为维修材料的使用寿命有限，也不能保证以后就长久不漏。此外，由于维修的专业性较强，技术要求也不低，屋面渗漏后住户自己一般无法根除，需要请专业维修单位才能处理。修理一次的费用，少则数百元，多则上千元。而改造成坡屋面后渗漏现象将可大为减少。就是出现渗漏，只要问题不大，住户自己一般也可以维修，每次一般花费数十元即可。

b. 扭转“冬冷夏热”现状。坡屋面建成后，原有的顶层即变为“非顶层”，由于夏季避免了阳光的“直接”照晒，冬季避免了冰雪的“直接”覆盖，加之通风采光条件较好，和改造前相比，它将由过去的“冬冷夏热”变为“冬暖夏凉”，隔热保温效果也就无须多言。

c. 增大顶层住户的储藏空间。一般而言，住在顶层的居民，家庭经济收入有些不十分宽裕，通过再去买新房来改善自己住房的能力也很有限。而将平屋面改造为带有部分小阁楼的坡屋面，由于小阁楼的投资只需购买同等面积住房的 50%左右，不但一般市民都能承受，而且是顶层住户们改善住房条件的一个有效办法。

d. 美化居住环境和提高空气质量。绝大多数市民都有养花种草的习惯，但苦于阳台面积限制，花草数量十分有限。在平改坡时，可以留出一定的空间建花房，搭花架，搞平面和垂直绿化，形成一定规模的屋顶花园。绿化面积增加了，空气质量也必然随之提高。

e. 改观城市的空中景观。在改造前首先必须对原平屋面上的违章建筑物等进行综合整治，改造后展现在人们眼前的是整旧如新的新景观，原有的脏、乱、差状况已不复存在。无论是在空中，还是在地面观看沿街原平屋面住宅楼，留给人们的都是焕然一新的感觉。

f. 提高现有土地的利用率。由于改造工程是在屋面上进行，在不新占用一寸土地的情况下却为居民增加了一定数量的居住活动面积，这与新占用土地建造同样面积、功能的房屋相比，土地无疑得到了节约，现有土地的利用率得到了提高。如果全国的平屋面住宅楼都这样改造，所节省的土地数量累计起来将十分惊人。

③“平改坡”技术方案

a. “平改坡”方案及比较。“平改坡”的建设性质属已有建筑改造类。已有建筑改造受到条件限制，因此远比新建筑要复杂得多，多层住宅也不例外。抛开政策的、社会的、产权的、资金的、使用的影响因素，建筑的、技术的、结构的、设备的、施工的因素都会制约影响到“平改坡”。所以“平改坡”绝对不是一种标准化方案就能解决问题的，它应有灵活的解决办法。“平改坡”几种可能的方案如下。

• 在保温平屋顶上再加坡顶。保温由原平顶承担，新坡顶解决防水问题，并由新坡顶、新材料、新色彩带来建筑新形象。这种方案实施起来相对比较简单容易，对下层住宅影响最小。

• 拆掉原有建筑旧平顶，换成坡顶此方案实施难度较大，对下层住户影响很大，不具备一定条件，不应采取此方案。

• 原平顶改造成楼板，利用新坡顶的三角形空间做成阁楼。这个方案实际上是借“平改坡”的机会，比第一种方案增加一些投资，就可增加建筑面积。如果阁楼中最低点保证2.2m净高，甚至可增加一层的建筑面积。这是凡有条件的多层住宅应首选的“平改坡”方案。

b. “平改坡”建筑技术。

• 建筑技术原则。第一，“平改坡”建筑技术要与结构方案有机结合。无论采取哪种改造方案都要保证房屋结构的整体完整性；第二，新建筑坡顶在选材构造上既要满足防水、防火、保温等功能，也要少增加建筑静荷载；第三，“平改坡”建筑技术方案应做到标准化、装配化，为减少湿作业量、缩短施工周期创造条件；第四，有条件的“平改坡”项目，应把“平改坡”与建筑其他部分改造结合起来，做到社会效益、环境效益、经济效益的统一。

• 构件材料选择。新坡屋面结构应采用轻型钢结构体系，屋面保温和防水第三种方案宜采用带保温的轻型彩色压型钢板；第一种方案宜采用不带保温的轻型彩色压型钢板和其他轻型材料；“平改坡”第三种方案中新增加的外纵墙和山墙，宜采用轻质保温性能好的材料，如陶粒混凝土或带保温的彩色压型墙板等；“平改坡”第三种方案中，新增加阁楼的采光，可通过设老虎窗和平天窗的办法来解决。

④“平改坡”工程应注意的问题

a. 改造前，政府有关管理部门要对平屋面上的违章搭建等进行综合整治，为改造工程扫除障碍。

b. 要取得规划、计划等有关政府部门的大力支持，使该项改造工程能合法施工。由于“平改坡”工程在有的城市目前仍未引起政府的足够重视，计划、规划等部门在审批时都十分谨慎。既然该项工程能利国利民，政府理应要给予大力支持，让具体实施单位合法施工，并将此项目工程当作一项为民办实事的工程来抓。

c. 要统一规划、统一设计、统一施工。不统一规划将会杂乱无章，不统一设计将可能会留下种种隐患，不统一施工，将会形成各自为战，乱搭乱建。只有实行以上三个统一，才能符合建筑规划，取得较好的改造效果。

d. 要协调好与楼下住户的关系，取得一层至次顶层住户的理解和支持。因为如今大多数住房为私人财产，有的楼下住户可能会担心改造后增加的负荷会影响他们住房的使用寿命。这个问题不解决好，施工就肯定不会顺利。

e. 要采用新型轻质材料施工，在设计值允许的范围内使负荷尽可能降低，以避免因负荷的增加而对建筑物产生破坏，使整幢楼住户的利益受到侵害。在外观色彩的搭配上要科学，要符合城市的主色调，并注意和周围其他建筑物的色彩相协调。

（3）种植屋面

① 种植屋面的节能环保性。近年来城市中的土地资源紧缺、能源过度消耗和环境恶化，使得人们将视线聚焦于以往被忽略的建筑屋顶。建筑物的屋顶是建筑的主要围合面之一，屋顶绿化作为一种有效的节能环保措施，越来越受到人们的重视。种植屋面就是对屋顶进行绿化处理，它能够增强建筑的隔热保温效果，反射、吸收太阳光辐射热，保护混凝土屋面不受夏季烈日暴晒和冬季冰雪侵蚀，避免混凝土热胀冷缩而产生裂缝和变形，延长屋面材料和结构的使用寿命，使防水层寿命延长2～3倍，不仅不会使屋顶漏水，反而会起到保护作用，相应减少了房屋的维修费用。

屋顶绿化还能够有效缓解“热岛效应”（据介绍，植物的蒸腾作用可以缓解热岛效应达62%），改善建筑物气候环境，净化空气（屋顶绿化较之地面绿化更可以吸收高空悬浮灰尘），降低城市噪声，能够增加城市绿化面积，提高国土资源利用率，能够改善建筑硬质景观，提高市民生活和工作环境质量等。总之，屋顶绿化是改善城市生态环境的有效途径之一，是实现建筑节能的一种有效措施，值得大力推广应用。

许多国家对屋顶绿化的研究和应用起步较早，这种绿化方式在欧洲相当流行，亚洲地区如日本、新加坡等国也将屋顶绿化作为建筑物不可分割的重要组成部分。我国从20世纪80年代初开始尝试建筑物屋顶绿化。随着社会经济的发展以及城市规模的迅速扩大，人们对屋顶绿化的作用、性能逐渐认识，并开始将试验结果应用于实际工程中。

② 改建种植屋面构造。将屋面改建成种植屋面，由结构层至种植层在构造上可按以下步骤进行。

a. 找坡层。屋顶结构层上做1∶6蛭石混凝土，找坡1%～5%，最薄处20mm。

b. 防水层。屋顶绿化是否会对屋顶的防水系统造成破坏一直都是人们关注的焦点，找坡层上的防水层若出现渗漏，则屋顶绿化就是漏雨的代名词，因此，解决好屋顶渗漏是屋顶绿化的关键所在。如今高性能的防水材料和可靠的施工技术已经为屋顶绿化创造了条件，目前已有工程实例说明，使用轻且耐用的新型塑料排水板，可以有效避免屋顶渗漏水。做复合防水层，柔性防水可采用高分子卷材一层，最上层刚性防水为40mm厚细石混凝土内置双向钢筋网。分格缝用一布四涂盖缝，选用耐腐蚀性能好的嵌缝油膏。不宜种植根系发达的植物（如松树、柏树、榕树等），以免侵蚀防水层。

c. 排水层。普通做法是在防水层上铺50～80mm厚粗炭渣、砾石或陶粒，作为排水层，将种植层渗下的水排到屋面排水系统，以防积水。上面提及的塑料架空排水板（带有锥形的塑料层板），可以用来替代种植土下面的砾石或陶粒排水层，它可将排水层的荷载由$100kg/m^2$减少到$3kg/m^2$，厚度减少到28mm。用架空排水板排水能大大降低建筑物种植屋面的荷载，既省时、省力又可节省费用，目前已在许多工程中得到了推广使用。

d. 过滤层。排水层上的过滤层可铺聚酯无纺布或是具有良好内部结构、可以渗水、不易腐烂又能起到过滤作用的土工布，它不仅能让种植土的微小颗粒通过，又能使土中多余的水分滤出，进入下面的排水层中。

e. 种植层。屋面荷载设计时要考虑种植层的重量，包括在吸水饱和状态时的重量。现在研制出的轻质营养土，保水保肥性能优良，种植基质层的厚度较普通种植土可以减少一半以上，其湿容重约为普通的1/2，这样，种植基质层的总重量就能减轻75%，大大降低了屋面荷载，整个房屋结构的受力也不会因种植层的增加而产生太大影响。不过，种植层最好应均匀、整齐地铺在屋面上，这会对结构受力有利。植物的选择应采用适应性强、耐干旱、耐瘠薄、喜光的花、草、地被植物、灌木、藤本植物和小乔木，不宜采用根系穿透性强和抗风能力弱的乔木、灌木（如黄葛树、小榕树、雪松等）。

f. 种植床埂。在种植屋面的施工过程中，应根据屋顶绿化设计用床埂进行分区，床埂用加气混凝土砌块垒起，高过种植层60mm，床埂每隔1200～1500mm设一个溢水孔，溢水孔处铺设滤水网，一是防止种植土流失，二是防止排水管道被堵塞造成排水不畅。为便于种植屋面的管理和操作，在种植床埂与女儿墙之间（或床埂与床埂之间）设置架空板，通常用40mm厚预制钢筋混凝土板，将其与两边支承固定牢靠。如果能将供水管及喷淋装置埋入屋面种植土中，用雾化的水进行喷洒浇灌，既可达到节水目的，又减少了屋面积水渗漏的可能性，是值得推广的做法。一般建筑物屋面应做保温隔热层，以获得适宜的温、湿度，若采用种植屋面，其他的保温设施就可大大精简了，且其降温隔热效果优于其他保温隔热屋面。种植屋面的构造并不复杂，只要按照相关技术规范操作，就能达到理想效果。考虑到风荷载的作用，种植屋面应做好防风固定措施。

③ 改建后种植屋面的性能特点

a. 屋面绿化的保温隔热性能。当平屋面上的找坡层平均厚100mm，再加上覆土厚度为80mm的屋面，其传热系数$K<1.5\text{W}/(\text{m}^2\cdot\text{K})$，若覆土厚度大于200mm时，其传热系数$K<1.0\text{W}/(\text{m}^2\cdot\text{K})$。夏季绿化屋面与普通隔热屋面比较，表面温度平均要低6.3℃，屋面下的室内温度相比要低2.6℃。因此，屋顶绿化作为夏季隔热有着显著效果，可以节省大量空调用电量。提高建筑物的隔热功能，可以节省电能耗20%。对于屋面冬季保温，采用轻质种植土，如80%的珍珠岩与20%的原土，再掺入营养剂等，其密度小于650kg/m³，热导率取值为0.24W/(m·K)，基本覆土厚度为220mm，可计算出$K<1\text{W}/(\text{m}^2\cdot\text{K})$。由于我国地域广阔，冬季温度的差别很大，因此可结合各地的实际情况做不同的工艺处理。

b. 屋面绿化对周围环境的影响。建筑屋顶绿化可明显降低建筑物周围环境温度（0.5～4.0℃），而建筑物周围环境的温度每降低1℃，建筑物内部空调的容量可降低6%，对低层大面积的建筑物，由于屋面面积比墙面面积大，夏季从屋面进入室内的热量占总围护结构得热量的70%以上，绿化的屋面外表面最高温度比不绿化的屋面外表面最高温度（可达60℃以上）可低20%以上；而且城市中心地区热气流上升时，能得到绿化地带比较凉爽空气流的自然补充，以调节城市气候。种植绿化的屋面保温效果很明显。特别是干旱地区，入冬后草木枯死，土壤干燥，保温性能更佳。保温效果随土层厚度增加而增加。种植绿化的屋顶有很好的热惰性，不随大气气温骤然升高或骤然下降而大幅度波动。绿色植物可吸收周围的热量，其中大部分用于蒸发作用和光合作用，所以绿地温度增加并不强烈，一般绿地中的地温要比空旷广场低10～17.8℃。另外，屋面绿化可使城市中的灰尘降低40%左右，还能吸收诸如SO_2、HF、Cl_2、NH_3等有害气体，对噪声也有吸附作用，最大减噪量可达10dB。而且绿色植物可杀灭空气中散布着的各种细菌，使空气新鲜清洁，增进人体健康。

c. 绿化屋面的防水。土壤在吸水饱和后会自然形成一层憎水膜，可起到滞阻水的作用，从这个角度看对防水有利。并且覆土种植后，可以起到保护作用，使屋面免受夏季阳光的暴晒、烘烤而显著降低温度，这对刚性防水层避免干缩开裂、缓解屋面震动影响，柔性防水层和涂膜防水层减缓老化、延长寿命十分有利。

当然也有不利影响：当浇灌植物用的水肥呈一定的酸碱性时，会对屋面防水层产生腐蚀作用，从而降低屋面防水性能。克服的办法是：在原防水层上加抹一层厚1.5～2.0cm的火山灰硅酸盐水泥砂浆后再覆土种植。同普通硅酸盐水泥砂浆相比，火山灰硅酸盐水泥砂浆具有耐水性、耐腐蚀性、抗渗性好及喜湿润等显著优点，平常多用于液体池壁的防水上。将它用于屋顶覆土层下的防水处理，正好物尽其用，恰到好处。在它与覆土层的共同作用下，屋顶的防水效果将更加显著。

d. 绿化屋面的荷重及植被。屋顶绿化与地面绿化的一个重要区别就是种植层荷重限制。应根据屋顶的不同荷重以及植物配置要求，制定出种植层高度。种植土宜采用轻质材料（如珍珠岩、蛭石、草炭腐殖土等）。种植层容器材料也可采用竹、木、工程塑料、PVC等以减轻荷重。若屋顶覆土厚度超过允许值，也会导致屋顶钢筋混凝土板产生塑性变形裂缝，从而造成渗漏。所以必须严格按照前面所述，确定覆土层厚度。

由于屋顶绿化的特殊性，种植层厚度的限制，植物配植以浅根系的多年生草本、匍匐类、矮生灌木植物为宜。要求耐热、抗风、耐旱、耐贫瘠，如彩叶草、三色堇、假连翘、鸭跖草、麦冬草等。

8.4.3 既有建筑屋面节能改造应用实例

8.4.3.1 湖南某地既有住宅建筑屋面节能改造措施

该既有住宅项目基本情况见本章8.3.3节。该地区年绝对最高与最低温差近50.0℃，日温差有时接近24.0℃。夏季日照时间长，且太阳辐射强度大，通常平屋顶外表面的空气综合温度达到60～80℃，顶层室内温度比其下层室内温度要高出3～5℃。因此，屋面的保温隔热性能对提高抵抗夏季室外热作用的能力尤其重要，这能大大改善室内热环境，减少夏季降温的能耗。以湖区农村住宅的现状及当地经济、技术水平，可采取以下4种屋面节能措施。

（1）坡屋顶的节能改造　坡屋顶是传统的屋面做法，加之便于排水，采用的较多，但瓦屋面的冬季灌风、夏季传热严重影响了其热工性能。可在坡屋顶的檩条下悬挂吊筋，在吊筋下固定龙骨，再在龙骨下方固定一层聚苯板，既经济美观，又增强了屋面保温隔热效果。同时为加强屋顶自然通风，提高其在夜晚的散热效果，可在屋顶南北增设天窗，进一步改善屋顶夏季的闷热状况。这种改造方法造价低廉、结构简单，又便于施工，局部吊顶增加承载力强度后变成阁楼，以堆放杂物。

（2）平屋顶的节能改造　湖区农村平房屋顶多以现浇钢筋混凝土板做防水层，也为结构层，少数用预制空心板做结构层后其上做防水层。

① 改成种植屋面。农村的现浇平屋顶施工时都考虑了晒稻谷等之用，荷载承受力较大，所以可将其改造成种植屋面。在防水层上铺聚乙烯土工膜、聚氯乙烯卷材等作耐根系穿刺防水层，再用轻质耐久、排水通畅的凹凸塑料排水板，取代容量大的卵石做排（蓄）水层，其上铺土工无纺布作隔离层防泥沙通过，再采用两份普通土中渗入一份泥炭做成混合土作种植土，利于减轻重量，最后在20cm厚左右的种植土中种地被植物即可。为节约土地，可种蔬菜、水果（除果树），种植层面的隔热性能好且兼具冬季的保温，有利于增加防水层的耐久性，也利于美化环境。值得注意的是种植屋面应设人行道，四周应设围护墙及泄水孔、排水管。

② 加保温隔热层后设架空通风层。在平屋顶的防水层上铺设一层50mm厚聚苯乙烯泡沫塑料板或聚氨酯泡沫塑料板后，加盖50mm厚较重的20～30mm大颗粒石子或混凝土板保护层即可。同时，为了夏季屋顶的通风降温，在屋面上设置通风层，用3～4皮半砖架起500mm×500mm的混凝土板，并且在夏季主导风向的女儿墙上开设通风孔。这种方式施工简单，为了省钱，可在平屋顶上直接铺设架空隔热层。

③ 改成坡屋顶（即平改坡）。在平屋顶上沿山墙砌山尖，正如坡屋顶的施工方法，山尖上搁檩条、椽子再铺瓦，且必须做成通风屋顶，便于夏季及时送走热量，也须在冬季能关闭，以达到保温效果。其一是在檐口做进风口，屋脊做出风口；其二是在坡层面做天窗。这种方法通风隔热效果好，又由于增加了一层防水坡层面，进而加强了屋顶防水效果。平屋顶上还可存物

等加以利用，既经济又适用，所以农村平屋顶的改造多采用此方法。

8.4.3.2 某综合楼屋面节能改造

某综合楼始建于20世纪90年代初期，砖砌体结构，主体5层，建筑非常简朴，设施较为简陋。屋面是架空通风隔热小板，刚性防水无保温的屋面构造是非节能型的公共建筑。

原有屋面构造（自上而下）为：预制混凝土隔热小板（砖墩支撑）＋空气间层＋细石混凝土刚性防水层＋油毡隔离层＋水泥砂浆找平层＋预制钢筋混凝土圆孔板屋面结构层（结构找坡）。预制混凝土隔热小板已破损严重，细石混凝土刚性防水层多处出现裂缝，屋面局部有渗漏水现象。针对屋面现状，改造的技术路线确定为拆除隔热小板，增加保温层。具体的改造措施及步骤为：首先清理原有屋面各构造层，修复裂缝、孔洞等缺陷；然后重新进行屋面施工，即进行找平，铺贴复合防水卷材，增加40mm厚挤塑聚苯板保温层，设置隔离层，浇捣细石混凝土钢筋刚性防水层。

参 考 文 献

[1] 住房和城乡建设部科技发展促进中心，西安建筑科技大学，西安交通大学．绿色建筑的人文理念 [M]. 北京：中国建筑工业出版社，2010.

[2] 仇保兴．贯彻落实科学发展观 大力发展节能和绿色建筑 [J]. 中华建设，2005，1：8-10.

[3] [美] 芭芭拉·沃德和勒内·杜博斯．只有一个地球 [M].《国外公害丛书》编委会译校．长春：吉林人民出版社，1997.

[4] TopEnergy 绿色建筑论坛．绿色建筑评估 [M]. 北京：中国建筑工业出版社，2007.

[5] 陈庆修．发展绿色建筑要突出节能降耗 [J]. 中国住宅设施，2010，11：31-33.

[6] 《绿色建筑》教材编写组．绿色建筑 [M]. 北京：中国计划出版社，2008.

[7] 宗敏．绿色建筑设计原理 [M]. 北京：中国建筑工业出版社，2010.

[8] 李汉章．建筑节能技术指南 [M]. 北京：中国建筑工业出版社，2006.

[9] 中国建筑材料科学研究院．绿色建材与建材绿色化 [M]. 北京：化学工业出版社，2003.

[10] 陈莉，汪青松，赵凤．绿色建筑评估与安徽建筑业科技创新 [M]. 合肥：合肥工业大学出版社，2008.

[11] 卢求．德国 DGNB——世界第二代绿色建筑评估体系 [J]. 世界建筑，2010，1：105-107.

[12] 中华人民共和国建设部．绿色建筑评价标准（GB/T 50378—2006)[S]. 北京：中国建筑工业出版社，2006.

[13] 绿色奥运建筑研究课题组．绿色奥运建筑实施指南 [M]. 北京：中国建筑工业出版社，2004.

[14] 李百战．绿色建筑概论 [M]. 北京：化学工业出版社，2007.

[15] 龙惟定，武涌．建筑节能技术 [M]. 北京：中国建筑工业出版社，2009.

[16] 本书编委会．建筑工程节能设计手册 [M]. 北京：中国计划出版社，2007.

[17] 徐春霞．建筑节能和环保应用技术 [M]. 北京：中国电力出版社，2006.

[18] 卜一德．建筑节能工程施工质量控制与验收手册 [M]. 北京：中国建筑工业出版社，2008.

[19] 骆中钊．小城镇现代住宅设计 [M]. 北京：中国电力出版社，2006.

[20] 徐峰，张国强，解明镜．以建筑节能为目标的集成化设计方法与流程 [J]. 建筑学报，2009，11：55-57.

[21] 汤民，戴起旦．绿色建筑的规划设计 [J]. 浙江建筑，2007，24：10-13.

[22] 洪昌富，刘海龙，魏保军，张中秀．北川新县城低碳生态城规划建设 [J]，建设科技，2010，9：22-26.

[23] 翁丽芬，张楠，陈俊萍．我国建筑能耗现状下的建筑节能标准解析及节能潜力 [J]. 制冷与空调，2011，25（1)：10-14.

[24] 胡望社，姜利勇，薛明，袁楠．校园可持续建筑实践——后勤工程学院绿色建筑示范楼设计 [J]. 后勤工程学院学报，2010，26（1)：1-5.

[25] 袁镔．山东交通学院图书馆绿色建筑实践 [J]. 建设科技，2009，14：50-52.

[26] 王卡，杨毅，沈济黄，张景礴．绿色形态研究——宁波工程学院新校区行政楼建筑节能设计实践 [J]. 华中建筑，2005，6：73-76.

[27] 李桂贞，韩峰，吴钦宽．绿色理念在图书馆建筑中的体现——以南京工程学院逸夫图书信息中心为例 [J]. 南京工程学院学报（社会科学版)，2009，9（2)：25-29.

[28] 周晓艳，刘敏．地域性绿色建筑：建筑与当地自然环境和谐共生 [J]. 生态经济，2010，8：188-192.

[29] 曹启坤．建筑节能工程材料与施工 [M]. 北京：化学工业出版社，2009.

[30] 陈慢勤，陈莉著．建筑节能工程常用数据速查手册 [M]. 北京：机械工业出版社，2010.

[31] 罗忆，刘伟忠．建筑节能技术与应用 [M]. 北京：化学工业出版社，2007.

[32] 葛新亚．建筑装饰材料 [M]. 武汉：武汉理工大学出版社，2009.

[33] 龙艾．绿色环保型建筑装饰工程规划、设计施工实用手册（中卷）[M]. 北京：中国工人出版社，2001.

[34] 中国城市科学研究会．绿色建筑 [M]. 北京：中国建筑工业出版社，2010.

[35] 建设部信息中心编．绿色节能建筑材料选用手册 [M]. 北京：中国建筑工业出版社，2008.

[36] 中华人民共和国建设部．民用建筑节能管理规定 [M]. 北京：中国建筑工业出版社，2006.

[37] 中华人民共和国建设部．夏热冬冷地区居住建筑节能设计标准（JGJ 134—2001）[S]. 北京：中国建设工业出版社，2001.

[38] 中国建筑科学研究院．夏热冬冷地区居住建筑节能设计标准（JGJ 134—2001）[S]. 北京：中国计划出版社，2001.

[39] 清华大学建筑节能研究中心．中国建筑节能年度发展研究报告 [R]. 北京：中国建筑工业出版社，2008.

[40] 建筑工程节能技术手册编委会．建筑工程节能设计手册 [M]. 北京：中国计划出版社，2007.

[41] 《中国建设科技文库》编委会．中国建设科技文库 建筑材料卷 [M]. 北京：中国建材工业出版社，1998.

[42] 徐占发．建筑节能技术实用手册 [M]. 北京：机械工业出版社，2005.

[43] 牛威，周科志，谷冰．可“呼吸”的幕墙在建筑通风中的应用 [J]. 建筑施工，2009，31（5)：361-363.

[44] 黄东光，刘春常，魏国锋，周贤军．墙面绿化技术及其发展趋势——上海世博会的启发 [J]. 中国园林，2011，2：

63-67.
[45] 罗能，朱国卓．墙体材料节能技术发展初探 [J]. 浙江建筑，2010，27 (1)：60-62.
[46] 中国城市科学研究会主编．绿色建筑 2009 [M]. 北京：中国建筑工业出版社，2009.
[47] 杨绍．建筑节能技术在华景公寓工程中的应用 [J]. 科学之友，2010，11：158-159.
[48] 李亚轩，王利敏．洛阳市香港城住宅小区建筑节能措施 [J]. 21 世纪建筑材料，2010，2 (1)：64-65.
[49] 何水清，董安民，何劲波，朱雷明．徐州碧螺山庄节能利废样板工程 [J]. 保温材料与建筑节能，2004，2：56-59.
[50] 张晓锋．种植屋面的节能作用及其构造做法 [J]. 苏州大学学报 (工科版)，2006，6：86-87.
[51] 李亚峰，邵宗义．建筑设备工程 [M]. 北京：机械工业出版社，2009.
[52] 张雄，张永娟．建筑节能技术与节能材料 [M]. 北京：化学工业出版社，2009.
[53] 张东放，梁吉志．建筑设备安装工程施工组织与管理 [M]. 北京：机械工业出版社，2009.
[54] 冉茂宇，刘煜主编．生态建筑 [M]. 武汉：华中科技大学出版社，2008.
[55] 张晓峰．蓄水屋面隔热构造与节能性能研究——以苏州大学炳麟图书馆为例 [J]. 建筑节能，2008，1：23-25.
[56] 关旋晖．2009 年度绿色建筑设计评价标识项目 (★★★) ——城市动力联盟大楼 [J]. 建设科技，2010，6：61-67.
[57] 代小燕，周杰，文高朋．重庆市别墅低温热水地板辐射采暖工程案例分析 [J]. 建筑节能，2010，6：26-28.
[58] 中华人民共和国建设部．地面辐射供暖技术规程 (JGJ142—2004)[S]. 北京：中国建筑工业出版社，2004.
[59] 胡伦坚．建筑节能工程施工工艺 [M]. 北京：机械工业出版社，2008.
[60] 北京土木建筑学会，北京科智成市政设计咨询有限公司主编．新农村建设建筑节能技术 [M]. 北京：中国电力出版社，2008.
[61] 王宇新，许前进，杨玲．浅谈建筑施工临时用地的管理 [J]. 石河子科技，2001，1：40-41.
[62] 吴丽莉．绿色施工中的节能措施 [J]. 施工技术，2009，38 (6)：105-106.
[63] 李美云，范参良．绿色施工评价指标体系研究 [J]. 工程建设，2008，40 (1)：56-60.
[64] 沈凤云，王颖，魏小东，周静．北京射击馆多功能复杂建筑造型金属屋面施工技术 [J]. 施工技术，2009，38 (2)：7-12.
[65] 黄泽红．广东省档案馆新馆复合保温墙体设计与施工 [J]. 施工技术，2010，39 (7)：88-90.
[66] 北京市建设委员会主编．节水、节地与节材措施 [M]. 北京：冶金工业出版社，2006.
[67] 肖群芳，蔡鲁宏．加气混凝土在外墙外保温体系中的应用 [J]. 中国建材，2009，11：74-75.
[68] 张舒岳．浅谈住宅建筑节能施工质量控制的要点 [J]，建材与装饰，2010，5：10-11.
[69] 卢嫔婷，葛兆．上海世博会瑞士展馆种植屋面设计及施工 [J]，中国建筑防水，2010，11：1-4.
[70] 邓战平，高桂祥，步洪庆．地面辐射供暖技术在烟台 500 供热有限公司的应用 [J]，区域供热，2007，2：50-52.
[71] 黄森，钱明，张俊．加强节能降耗管理引领世博工程绿色施工 [J]. 建筑施工，2008，30 (7)：591-592.
[72] 中国建筑科学研究院．民用建筑节能设计标准 (采暖居住建筑部分) (JGJ26—95) [S]. 北京：中国建筑工业出版社，1995.
[73] 本书编委会编．建筑工程节能施工手册 [M]. 北京：中国计划出版社，2007.
[74] 武涌，刘长滨，刘应宗，屈宏乐．中国建筑节能管理制度创新研究 [M]. 北京：中国建筑工业出版社，2007.
[75] 周拥军，聂智平．洞庭湖区农村既有住宅节能改造措施 [J]. 住宅科技，2010，6：5-7.
[76] 北京住总集团有限责任公司．惠新西街小区节能改造示范项目节能技术体现 [J]. 中国建设信息，2009，11：48-49.
[77] 宋文杰．既有建筑节能改造工程实践 [J]. 浙江建筑，2010，27 (12)：47-50.
[78] 杜礼琪．浅谈既有公共建筑节能改造——以金华市妇幼保健院门诊综合楼节能改造为例 [J]. 浙江建筑，2010，27 (3)：48-49.
[79] 何纯涛，陈明，邓建．外幕墙超薄型石材蜂窝铝板组合的选择与应用 [J]. 施工技术，2009，38 (11)：58-61.